计算机科学丛书

云计算系统 与人工智能应用

[美] 黄 铠（Kai Hwang）著　　袁志勇 杜瑞颖 张立强 伍春香 蔡朝晖 译

香港中文大学（深圳）　　　　　　　　武汉大学

Cloud Computing for Machine Learning and Cognitive Applications

KAI HWANG

CLOUD COMPUTING FOR
MACHINE LEARNING AND
COGNITIVE APPLICATIONS

机械工业出版社
China Machine Press

图书在版编目（CIP）数据

云计算系统与人工智能应用 /（美）黄铠（Kai Hwang）著；袁志勇等译 . —北京：机械工业出版社，2018.5

（计算机科学丛书）

书名原文：Cloud Computing for Machine Learning and Cognitive Applications

ISBN 978-7-111-59883-1

I. 云… II. ①黄… ②袁… III. ①云计算 – 研究 ②人工智能 – 研究 IV. ① TP393.027 ② TP18

中国版本图书馆 CIP 数据核字（2018）第 081967 号

本书关注云计算、大数据、物联网、认知计算、机器学习的基本原理、智能应用和编程实战，包括 AWS、微软 Azure 云、谷歌 DeepMind 和寒武纪神经芯片等大量案例。全书共四个部分，第一部分介绍云计算、数据科学和自适应计算的基本原理，第二部分涵盖云架构、虚拟机、Docker 容器和多云混搭服务等，第三部分讲解机器学习、深度学习、类脑计算机和 AR/VR 等的原理，第四部分讨论 MapReduce、Hadoop、Spark、TensorFlow 和 GraphX 云编程。

本书适合作为高等院校计算机相关专业高年级本科生和研究生的教材，也适合互联网、物联网等领域的专业技术人员参考。

出版发行：机械工业出版社（北京市西城区百万庄大街 22 号 邮政编码：100037）

责任编辑：曲 熠　　　　　　　　　　　责任校对：殷 虹

印　刷：北京瑞德印刷有限公司　　　　　版　次：2018 年 5 月第 1 版第 1 次印刷

开　本：185mm×260mm 1/16　　　　　印　张：27.25

书　号：ISBN 978-7-111-59883-1　　　　定　价：99.00 元

凡购本书，如有缺页、倒页、脱页，由本社发行部调换

客服热线：（010）88378991 88361066　　　投稿热线：（010）88379604

购书热线：（010）68326294 88379649 68995259　读者信箱：hzjsj@hzbook.com

译者序

Cloud Computing for Machine Learning and Cognitive Applications

本书根据黄铠教授在美国南加州大学完成的英文原著《Cloud Computing for Machine Learning and Cognitive Applications》翻译而成，英文原版由美国麻省理工学院出版社（The MIT Press）于2017年6月出版发行。本书适合作为高等院校计算机、电子信息等相关专业的教材，也适合作为专业技术人员的参考书籍。

本书由武汉大学计算机学院五位教学科研一线的教师翻译。其中，蔡朝晖副教授负责翻译第1章，伍春香副教授负责翻译第2章、第5章，张立强副教授负责翻译第3章、第4章、第8章，袁志勇教授负责翻译第6章、第7章、第9章和前言，杜瑞颖教授负责翻译第10章。杜瑞颖教授和蔡朝晖副教授共同负责翻译索引。最后由袁志勇教授和杜瑞颖教授对全书进行统稿。

本书中文版能够在国内出版，机械工业出版社华章公司做了大量工作，译者在此表示衷心感谢！

由于时间及水平所限，书中译文不当之处，恳请学术界同仁及广大读者批评指正。

译者
2018年3月于武汉

文艺复兴以来，源远流长的科学精神和逐步形成的学术规范，使西方国家在自然科学的各个领域取得了垄断性的优势；也正是这样的优势，使美国在信息技术发展的六十多年间名家辈出、独领风骚。在商业化的进程中，美国的产业界与教育界越来越紧密地结合，计算机学科中的许多泰山北斗同时身处科研和教学的最前线，由此而产生的经典科学著作，不仅擘划了研究的范畴，还揭示了学术的源变，既遵循学术规范，又自有学者个性，其价值并不会因年月的流逝而减退。

近年，在全球信息化大潮的推动下，我国的计算机产业发展迅猛，对专业人才的需求日益迫切。这对计算机教育界和出版界都既是机遇，也是挑战；而专业教材的建设在教育战略上显得举足轻重。在我国信息技术发展时间较短的现状下，美国等发达国家在其计算机科学发展的几十年间积淀和发展的经典教材仍有许多值得借鉴之处。因此，引进一批国外优秀计算机教材将对我国计算机教育事业的发展起到积极的推动作用，也是与世界接轨、建设真正的世界一流大学的必由之路。

机械工业出版社华章公司较早意识到"出版要为教育服务"。自1998年开始，我们就将工作重点放在了遴选、移译国外优秀教材上。经过多年的不懈努力，我们与Pearson, McGraw-Hill, Elsevier, MIT, John Wiley & Sons, Cengage等世界著名出版公司建立了良好的合作关系，从他们现有的数百种教材中甄选出Andrew S. Tanenbaum, Bjarne Stroustrup, Brian W. Kernighan, Dennis Ritchie, Jim Gray, Afred V. Aho, John E. Hopcroft, Jeffrey D. Ullman, Abraham Silberschatz, William Stallings, Donald E. Knuth, John L. Hennessy, Larry L. Peterson等大师名家的一批经典作品，以"计算机科学丛书"为总称出版，供读者学习、研究及珍藏。大理石纹理的封面，也正体现了这套丛书的品位和格调。

"计算机科学丛书"的出版工作得到了国内外学者的鼎力相助，国内的专家不仅提供了中肯的选题指导，还不辞劳苦地担任了翻译和审校的工作；而原书的作者也相当关注其作品在中国的传播，有的还专门为其书的中译本作序。迄今，"计算机科学丛书"已经出版了近两百个品种，这些书籍在读者中树立了良好的口碑，并被许多高校采用为正式教材和参考书籍。其影印版"经典原版书库"作为姊妹篇也被越来越多实施双语教学的学校所采用。

权威的作者、经典的教材、一流的译者、严格的审校、精细的编辑，这些因素使我们的图书有了质量的保证。随着计算机科学与技术专业学科建设的不断完善和教材改革的逐渐深化，教育界对国外计算机教材的需求和应用都将步入一个新的阶段，我们的目标是尽善尽美，而反馈的意见正是我们达到这一终极目标的重要帮助。华章公司欢迎老师和读者对我们的工作提出建议或给予指正，我们的联系方法如下：

华章网站：www.hzbook.com

电子邮件：hzjsj@hzbook.com

联系电话：（010）88379604

联系地址：北京市西城区百万庄南街1号

邮政编码：100037

华章教育

华章科技图书出版中心

以"云大物移智"为标志的新技术革命开启了科技的新时代，我们看到了云计算、大数据、物联网、移动互联网与人工智能等新兴领域的蓬勃发展。这对计算机科学与信息工程专业人才的知识结构与创新能力提出了新的要求。在这样的智能时代，计算机与人工智能学科的教育及人才培养需要结合数理基础知识、算法与软件知识以及云平台核心知识与能力，特别是在领域应用与知识交叉方面需要新的教材，这也是出版本书的主要目的。

本书英文版在美国南加州大学完成，中文版的翻译由武汉大学计算机学院的五位老师承担：袁志勇，杜瑞颖，张立强，伍春香，蔡朝晖。全书的翻译与校对工作在袁志勇教授和杜瑞颖教授的协调下完成。我在此对他们专业的学术工作与敬业精神表示由衷的感谢。

全书共 10 章，强调云计算、大数据、物联网、认知计算、机器学习的基本原理与智能应用。本书可作为高等院校与研究院的基础教材，专业领域跨越计算机科学、人工智能、机器学习与大数据。本书之前的版本《云计算与分布式系统》曾作为美国南加州大学、清华大学与武汉大学的教材。我们为授课教师提供配套的课件与习题解答，请访问华章网站（www.hzbook.com）下载教辅资料。

计算机、互联网与人工智能的突飞猛进

自新旧千年交替以来，计算机和信息技术在规模、设备以及平台方面都发生了重大变化。全球数以千计的数据中心正在转化为云端，使数以亿计的个人、企业和政府用户受益。30 亿部智能手机正在用于与社交网络云进行互动。所有这些都大大改变了人类的活动和交往。物联网（IoT）和机器智能正在重塑我们的生活方式。这些信息技术的进展正在把我们的社会转变为由许多人工智能（AI）和自动化认知解决方案所支撑的规模经济。事实上，我们正在进入一个拥有云数据分析、智能机器人、机器学习和认知服务的时代。

为实现新的计算和通信模式，我们必须用新功能提升云计算生态系统，这些新功能涵盖机器学习、物联网感知、数据分析以及能模拟或增强人类智能的认知能力。最终目标是建立大数据产业，提供认知服务，在更高的效率下处理劳动密集型任务，从而弥补人类在这方面的缺陷。我们必须设计成功的云系统、网络服务和数据中心，用于存储、处理、学习和分析大数据，以发现新知识或做出重要决策。这些目标可通过硬件虚拟化、机器学习、经训练的深度学习、神经形态计算机架构以及认知服务来实现。例如，新的云服务可以包括学习即服务（LaaS）、分析即服务（AaaS）或安全即服务（SaaS）等。

如今，IT 公司、大型企业、大学和政府正逐渐将其数据中心转移到云设施中，以支持移动和网络应用。拥有类似于云的集群架构的超级计算机也正在转型，以处理大数据集或数据流。智能云对于支持社交、媒体、移动端、商业和政府运营的需求量极大。谷歌、亚马逊、微软、脸书、苹果、百度、阿里巴巴、腾讯和 IBM 等公司正在争相开发物联网设备、智能机器人、自动驾驶汽车、飞行汽车和认知系统。高科技产业正在进入一个挑战与机遇并存的新世界。

本书速览与导读

本书旨在帮助高年级本科生或研究生掌握现代云系统架构、机器学习算法、并行和分布式编程以及用于大数据挖掘、预测分析和认知服务应用的软件工具，并推动大数据和机器智能时代的职业发展和业务转型。它也可以作为专业人士、科学家或工程师的参考书。本书是我过去二十年的研究、教学和授课经验的结晶，读者可利用本书学习云和机器学习方面的技能。本书共四个部分，包含 10 章，现简要介绍如下。

- 第一部分有两章，介绍大数据应用中的云计算、数据科学和自适应计算的基本原理。这两章为后续八章提供了必要的理论基础和技术基础。
- 第二部分有三章，涵盖云架构、虚拟机、Docker 容器、移动云、物联网和多云混搭服务，案例研究包括 AWS、谷歌云、微软 Azure 云、IBM 智能云、Salesforce 云、SGI Cyclone、苹果 iCloud、NASA Nebula 云及 CERN 云。
- 第三部分有两章，主要介绍机器学习、深度学习、人工智能机器、智能机器人、神经形态处理器、类脑计算机、增强现实（AR）和虚拟现实（VR）的原理，涵盖谷歌脑计划、DeepMind、X-Lab 计划、IBM SyNapse 神经形态芯片、Bluemix 云和认知计划以及中国的寒武纪神经芯片。
- 第四部分有三章，介绍关于 MapReduce、Hadoop、Spark、TensorFlow 和 GraphX 的云编程范例、软件工具以及应用开发，最后一章专门讨论云性能、隐私和安全问题。所有云系统、编程范例、机器学习方法和软件工具在书中都有具体的应用示例。

将人工智能赋予云端和物联网平台

本书将大数据理论与智能云中的新兴技术相结合，并利用新的应用探索分布式数据中心。如今，信息物理系统（CPS）出现在智慧城市、自动驾驶、情感检测机器人、送货无人机、虚拟现实、增强现实以及认知服务中。为促进智能云或数据中心的有效大数据计算，本书采用技术融合方式将大数据理论与云设计原理及超级计算标准相结合。物联网感知技术可实现大规模的数据采集和筛选。在云端或物联网平台上，机器学习和数据分析有助于智能决策，自动且无人为干预。

拥有 AI 特性的增强云和超级计算机是我们的根本目标。这些人工智能和机器学习任务在实际中的应用由 Hadoop、Spark 和 TensorFlow 程序库支持。数据分析师、认知科学家和计算机专业人士须共同努力解决实际问题。这种协作学习必须包含云端、移动设备、数据中心和物联网资源，最终目标是发现新知识或者做出重要决策。多年以来，我们一直在探索如何建造类脑计算机，它能在感知、记忆、识别和理解中模仿或增强人类功能。

当今，谷歌、IBM、微软、脸书、中国科学院以及百度都在探索云计算、机器学习和物联网应用中的人工智能。本书涵盖一些新的神经形态芯片和领先的研究中心构建的软件平台，它使认知计算成为可能。本书考察了在硬件、软件和生态系统方面的进步，不仅注重机器学习技术，包括模式识别、语音/图像理解以及低成本、低功耗需求的语言翻译和理解，而且强化了用手机、机器人、物联网平台、数据中心以及云计算构建未来网络空间的新方法。

读者对象和教师指南

本书是为满足日益增长的计算机科学和电气工程教育课程的需求而编写的。教师可选择与课程相适应的不同章节进行讲授，从而满足各层次学生的需求。本书适合在高年级本科生和研究生的教学中使用，同时，也能帮助那些希望增进技能以迎接新的 IT 技术挑战的计算机专业人士。

讲授云计算课程应至少覆盖 8 章。如果教学课时有限，可跳过第 2 章和第 7 章。对于机器学习课程，可跳过第 3 章或第 10 章。对于高年级本科生课程，讲授 7 章（1，2，3，4，5，6，8）足够。任何课程都要覆盖云计算和机器学习两个主题，此外，本书也适合作为大数据科学、物联网应用和分布式计算课程的参考书。

计算机、互联网等高科技行业的工程师、科学家及管理者也能从本书中找到有益的参考。例如：英特尔工程师可能会发现本书有助于推动物联网的概念；亚马逊、谷歌、微软、Apache、Databricks 和 Cloudera 的软件工程师及大数据分析师可能会发现它在日常工作中有用；谷歌脑计划、X-Lab 计划和 DeepMind 的开发人员可在深度学习服务中使用书中知识进行语音、文字、图像理解以及医疗保健和自动驾驶开发；在新兴认知行业中，IBM 已确定将物联网和认知服务用于扩大其在社会和政府部门的业务；脸书、苹果和百度可能希望利用 AR 和 VR 技术探索新的 AI 特性、社交服务与个性化娱乐；最后，亚马逊和阿里巴巴云的买卖双方可能希望在电子商务和 P2P 社交服务之外拓展网络购物及交易业务。

黄铠
2018 年 5 月于深圳

黄铠教授是计算机系统和互联网技术领域的国际知名资深学者。目前，他是香港中文大学（深圳）校长讲座教授，兼任中国科学院云计算中心首席科学家。他拥有加州大学伯克利分校的博士学位，主要研究领域为计算机体系结构、并行与分布式处理、云计算、大数据、物联网、移动互联网、网络安全与人工智能应用等方面，目前主要关注大数据在医疗保健、智慧城市与移动社交网络方面的应用。

加盟香港中文大学与中国科学院之前，他是美国南加州大学（USC）电子工程与计算机科学系的终身教授，现在已从该校退休。他曾在普渡大学任教多年，并先后在清华大学、香港大学、台湾大学和浙江大学担任特聘讲座教授。他在专业领域发表了260篇科学论文，截至2018年4月在谷歌学术搜索中被引次数超过17400次，h指数为55。他是IEEE计算机协会的终身会士。他于2012年获得国际云计算大会（IEEE CloudCom）终身成就奖，2004年获得中国计算机学会（CCF）首届海外杰出贡献奖。

黄教授创作或合著了10余本英文学术专著，被翻译为五国语言。其中，有5本被翻译为中文，包括清华大学出版社出版的《高等计算机系统结构》（1995），以及机械工业出版社出版的《可扩展并行计算》（2000）、《云计算与分布式系统》（2013）与《认知计算与深度学习：基于物联网云平台的智能应用》（2018）等。这些书与本书是配套的关系。此外，他曾担任《并行与分布式计算》（JPDC）杂志主编28年，还曾担任IEEE《云计算会刊》（TCC）、《并行和分布式系统》（TPDS）、《服务计算》（TSC）以及《大数据智能》杂志的编委。

多年来，黄教授在南加州大学和普渡大学共培养博士生21人，其中4人晋升为IEEE会士，1人为IBM会士。他在IEEE与ACM国际会议和全球领先的大学进行过60多次主题演讲和杰出讲座。他曾在IBM研究院、Intel公司、富士通研究院、麻省理工学院林肯实验室、加州理工学院喷气推进实验室（JPL）、台湾工业技术研究院（ITRI）、法国国家计算科学研究中心（ENRIA）和中国科学院计算所担任高级顾问或首席科学家。

第二部分　云系统架构与服务平台设计

云平台、大数据与认知计算

本部分包括两章，介绍云计算、数据科学和认知计算在大数据应用领域中的基本原理。第 1 章介绍云计算原理，第 2 章介绍支持大数据科学技术的必要背景。我们尝试将三个相互支持的领域——云计算、认知服务和大数据科学——进行整合。

这两章为阅读本书后续内容奠定了必要的理论基础和技术基础。第二部分将介绍虚拟化、云架构、移动云、社交媒体以及混合服务。第三部分内容涉及机器学习以及数据分析原理与算法。第四部分探讨大数据编程支持和云性能提升。

第 1 章 云计算系统原理

摘要：这一章致力于建立智能云和高效云的必要基础知识，这些云在编程能力和生产力方面具备用户友好特性。我们将介绍基础云模型和通用构架，特别是解决采用弹性云时的可扩展性、可用性、移动性和性能问题。这里指定了基本的云服务模型，第 2 章将给出用于支撑云端大数据计算的专用架构。后续章节将详细介绍这些硬件、软件和网络技术。

第 2 章 数据分析、物联网与认知计算

摘要：这一章将介绍数据科学和云分析，同时涵盖物联网和认知计算的相关问题。我们首先回顾大数据的特征，然后学习数据挖掘和机器学习技术的基础知识。接下来介绍关于大数据分析的基础构架。最后，我们给出认知计算和神经信息学的关键概念，并将 IBM、谷歌以及中科院的神经形态处理器、类脑计算机和认知研究项目作为示例进行综述。

云计算系统原理

1.1 可扩展计算的弹性云系统

多年以来,传统的计算机系统都强调高性能计算(High-Performance Computing,HPC)系统中批处理的原生速度性能。现阶段每天有数十亿人使用互联网,因此,针对网络计算的新需求需要高吞吐量计算(High-Throughput Computing,HTC)系统,这些系统是用并行和分布式计算技术构建的。这种需求已经引发了许多数据中心升级到可以同时为数百万用户提供服务的互联网云。本章重点介绍如何利用低成本服务器、分布式存储系统和高带宽网络构建 HTC 云,以便在 Web、云和物联网(Internet of Things,IoT)服务中推进大数据计算。主要内容包括云系统设计原理、硬件和软件基础设施以及虚拟化资源管理。

1.1.1 云计算的驱动技术

云计算背后的关键驱动力是宽带和无线网络的普及、存储成本的下降以及互联网计算软件的逐步改进。云端用户能够在高峰时段请求更多容量、降低成本、尝试新服务,并消除不必要的容量占有,而服务供应商可以通过复用、虚拟化和动态资源配置来提高系统利用率。

云计算的概念从集群、网格和效用计算发展而来,集群和网格计算需要并行利用大量计算机。效用计算和软件即服务(Software as a Service,SaaS)提供计算资源。云计算利用动态资源为终端用户提供大量服务,它将用户解放出来,通过将作业外包给云供应商,使用户专注于应用程序的开发。

关键技术

硬件、软件和网络技术的不断改进使云得以实现(见表 1.1)。这些技术在使云计算成为现实方面发挥了重要作用。今天,这些技术大多数已经足够成熟,可以满足日益增长的需求。在硬件领域,多核 CPU、内存芯片和磁盘阵列的快速发展,使得建立拥有巨大的存储空间且更快的数据中心成为可能。资源虚拟化使得用 HTC 快速部署云和灾难恢复成为可能。

表 1.1　硬件、软件和网络中的关键技术

技术	要求和好处
快速平台配置	快速、有效和灵活的云资源配置,以为用户提供动态计算环境
按需的虚拟集群	满足用户需求的预分配的虚拟化虚拟机集群,以及根据负载变化重新配置的虚拟集群
多租户技术	用于分布式软件的 SaaS,可以满足大量用户的同时使用和所需的资源共享
海量数据处理	互联网搜索和 Web 服务通常都需要进行海量数据处理,特别是要支持个性化服务
Web 规模通信	支持电子商务、远程教育、远程医疗、社交网络、电子政务和数字娱乐等
分布式存储	个人记录和公共档案信息的大规模存储,要求云上的分布式存储
授权和计费服务	许可证管理和计费服务有益于效用计算中的各类云计算

SaaS 的供应、Web 2.0 标准和互联网性能的进步都促进了云服务的涌现。今天,云应该

能在巨大数据量之上满足众多租用者的需求。大规模分布式存储系统的可用性是当今数据中心的基础。当然，在许可证管理和自动计费技术方面取得的进步也使云计算受益匪浅。

　　企业内部的私有云更容易得到保护，因此比公共云更可靠。一旦私有云技术变得更加成熟和安全，就可以开放或转换成公共云。因此，未来公共云和私有云之间的界限可能会变得模糊，未来大多数云可能是混合的。

技术的融合

　　云计算依托以下四个方面技术的融合（如图 1.1 所示）：（1）硬件虚拟化和多核芯片使得在云中的动态配置成为可能；（2）效用和网格计算技术为云计算奠定了必要的基础；（3）最近，面向服务的架构（Service Oriented Architecture，SoA）、Web 2.0 和混搭平台的进步推动了云的进一步发展；（4）自主计算和自动化的数据中心运作使云计算成为可能。

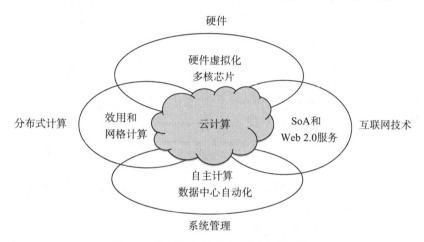

图 1.1　技术融合促成互联网的云计算

　　云计算探讨了多核和并行计算技术。要实现数据密集型系统的构想，需要集成硬件、互联网和数据中心。今天的互联网技术强调 SoA 和 Web 2.0 服务。效用和网格计算是云计算所需的分布式计算基础。最后，我们不能忽视数据中心的广泛应用，以及使用虚拟化技术将资源配置过程自动化。

　　效用计算基于用户从云或物联网服务供应商处获取计算资源的商业模式。这在计算机科学与工程的几乎所有方面都面临着许多技术挑战。例如，用户需求新的高效网络处理器、可扩展的内存和存储方案、分布式操作系统（OS）、机器虚拟化中间件、新的编程模型、有效的资源管理和应用程序开发。这些硬件和软件的进步对于促进不同物联网应用领域的移动云计算是必要的。

1.1.2　可扩展的分布式 / 并行计算的演化

　　一般的计算趋势是通过互联网增加共享网络资源的利用。图 1.2 阐述了 HPC 系统和 HTC 系统的演化。在 HPC 方面，超级计算机（大规模并行处理器（Massively Parallel Processors，MPP））逐渐被协同计算机集群所替代，这是出于共享计算资源的愿望。集群通常是一个同构计算节点的集合，这些节点在物理上处于近距离范围且彼此连接。在 HTC 方面，对等（Peer-to-Peer，P2P）网络起源于分布式文件共享和内容分发应用。

　　从 HPC 范式到 HTC 范式的重点已经有了战略性的变化。P2P、云计算和 Web 服务平台更

6　关注 HTC 而不是 HPC 应用。HTC 范式更关注高通量计算，高通量计算主要应用于被数百万用户同时请求的互联网搜索和 Web 服务。因此，新的性能目标已经从速度转移到度量高吞吐量或单位时间完成的任务数量。此外，云的成本、能源效率、安全性和可靠性也至关重要。

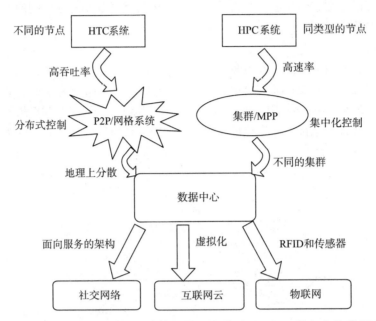

图 1.2　使用集群、MPP、P2P 网络、计算网格、互联网云、Web 服务和物联网的并行、分布式和云计算的发展趋势（HPC：高性能计算。HTC：高通量计算。P2P：对等网。MPP：大规模并行处理器。RFID：射频识别）

在这个大数据时代，我们正面临着数据洪流的问题。数据来自物联网传感器、实验室的实验、仿真、社会档案，以及各种规模和格式的网络。大型数据集的保存、移动和访问需要通用的工具来支持高性能、可扩展的文件系统、数据库、算法、工作流和可视化。一种新的以数据为中心的科学研究模式是以数据密集型技术为基础，并且需要用于数据采集、数据创建和数据分析的新工具。数据洪流问题促进了云技术和物联网技术的快速发展。

每天有数十亿人使用互联网和万维网。因此，大型数据中心或云必须设计成不仅能提供大容量的存储，而且还能提供分布式计算能力，以同时满足大量用户的请求。公共云或混合云的出现需要使用更大的服务器集群、分布式文件系统和高带宽网络来升级众多的数据中心。随着智能手机和平板电脑的大量使用，云引擎、分布式存储和移动网络必须与互联网紧密互动，以便在社交和媒体网络的移动计算中提供混搭服务。

虚拟化的进步使得我们可以使用互联网云来处理大量的用户服务请求。事实上，集群、P2P 系统和云之间的差异可能会变得模糊。有些人把云看作计算集群，认为虚拟化的变化不大。另一些人则期望由 Web 服务、社交网络和物联网产生的巨大数据集能得到有效处理。在这个意义上，许多用户将云平台视为效用计算或服务计算的一种形式。

下面几节将介绍数据中心的基本架构和设计注意事项。云架构是用商品硬件和网络设备构建的。几乎所有的云平台都选择流行的 x86 处理器，用低成本的 TB 级磁盘和千兆以太网构建数据中心。数据中心设计更多地关注性能 / 价格比，而不仅仅是速度性能。存储和能耗比纯粹的速度性能更重要。

数据中心增长和成本分析

大型数据中心可能使用数千台服务器构建，而较小的则仅使用数百台服务器。截至 2010 年，全球约有 4300 万台服务器。建立和维护数据中心服务器的成本多年来一直在增加，效用成本在短短三年后就超过了硬件成本。根据 IDC（International Data Corporation）2009 年的一份报告（图 1.3），通常数据中心成本中只有 30% 用于购买 IT 设备（如服务器、磁盘等），33% 用于冷却，18% 用于不间断电源供应（Uninterruptible Power Supply，UPS），9% 用于机房空调，剩余 7% 为配电、照明和变压器成本。因此，60% 左右的数据中心运行成本用于管理和维护。服务器的购买成本并没有随着时间的推移而增加，但 15 年来电能和冷却成本却从 5% 上升到 14%。

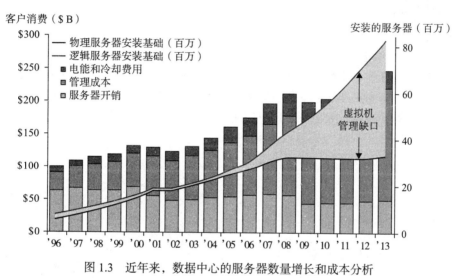

图 1.3　近年来，数据中心的服务器数量增长和成本分析

低成本设计原则

在构建数据中心时，高端交换机或路由器可能成本太高。因此，使用高带宽网络可能不符合云计算的经济性要求。鉴于固定预算，数据中心首选商用交换机和网络。类似地，使用商用 x86 服务器比使用昂贵的大型机更为理想。软件层处理网络流量均衡、容错和可扩展性。目前，几乎所有的云计算数据中心都采用以太网作为基础网络技术。

随着科学变成以数据为中心，一个新的科学研究范式是以数据密集型技术为基础。在不同技术领域之间存在一个相互作用的循环：数据洪流驱动云技术的发展；云计算大大影响了计算机科学，开拓了多核和并行计算技术，这反过来又使数据泛滥；为了实现数据密集型系统和构建通用工具，需要解决工作流、数据库、算法和虚拟化问题。

通过将计算机科学技术与科学家连接起来，计算机辅助科学和研究在生物学、化学、物理、社会科学和人文学科等跨学科活动中已经形成新的应用前景。云计算是一种变革性的尝试，因为它比数据中心模型更有意义，而且从根本上改变了我们与信息的交互方式。云计算在基础设施、平台或软件级别提供按需服务。在平台级别，MapReduce 提供了一种新的编程模型，它透明地处理数据并行性并且具有自然容错能力。

1.1.3　云系统中的虚拟资源

Gordon Bell、Jim Gray 和 Alex Szalay 说 [3]：“计算科学正向数据密集型转变。超级计算

机必须是一个平衡的系统，不仅仅是 CPU，还要有千兆级的 I/O 和网络阵列。"将来，处理大数据集通常意味着将计算（程序）发送到数据，而不是将数据复制到工作站。这反映了 IT 业计算和数据从桌面移动到大型数据中心的趋势，在这些数据中心，以服务的方式按需提供软件、硬件和数据。数据爆炸促进了云计算思想的发展。

许多用户和设计人员对云计算的定义有所不同。例如，IBM[5] 将云计算定义为："云是虚拟化计算机资源池。云可以处理各种不同的负载，包括批处理式后端作业和交互式用户界面应用。"基于这个定义，云通过迅速提供虚拟机（VM）或物理机（PM）使得负载能够快速得到配置和划分。云支持冗余、自恢复和高可扩展编程模型，这种编程模型允许负载从许多不可避免的硬件或软件故障中恢复。最后，云系统应该能够实时监视资源的利用，以便在需要时重新平衡分配。

互联网云

云计算通过应用虚拟化的弹性资源平台按需动态配置硬件、软件和数据集（参见图1.4）。它的思想是将桌面计算转移到一个面向服务的平台上，使用数据中心的服务器集群和大型数据库。云计算利用其低成本和易用性，为用户和供应商带来了好处。机器虚拟化使之如此划算。云计算旨在同时满足许多用户应用，因此云生态系统必须设计为安全、可信赖和可靠的。一些计算机用户认为云是一个集中式资源池。另一些人认为云是一个服务器集群，该集群对所有使用的服务器进行分布式计算。

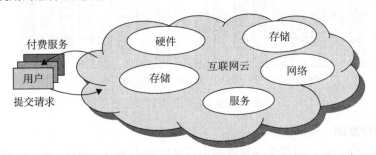

图 1.4　数据中心的虚拟化资源形成互联网云，向付费用户提供硬件、软件、存储、网络和服务以运行他们的应用

Foster 等人 [13] 将云计算定义为："云计算是一种大型分布式计算范式，它由规模效益所驱动，通过互联网向外部用户依需求提供抽象、虚拟、动态可扩展、可管理的计算能力、存储、平台和服务。"互联网云的六个共同特征如下：

1. 云平台提供了构建数据中心的可扩展计算范式。
2. 数据中心根据用户需求动态提供云资源。
3. 云系统为升级的 Web 服务提供了计算、存储和灵活的平台。
4. 云计算在很大程度上依赖于各种资源的虚拟化。
5. 云计算定义了通过互联网进行集体计算、数据消费和信息服务的新范式。
6. 云的重点是减少大数据中心拥有者的开销。

传统上，分布式计算系统往往由一个单位（例如研究实验室或公司）拥有和运维，用于内部的计算需求。然而，这些传统系统遇到了几个性能瓶颈：长期的系统维护，利用率低，以及硬件 / 软件升级带来的成本增加。云计算是一种按需计算范式，可以解决或减轻这些问题。

1.1.4　云计算与本地计算

传统的计算系统包括购买硬件设备、获取必要的系统软件、安装系统、测试配置以及执行应用程序代码和资源管理等。在云的情况下，所有的硬件和软件资源从供应商处租赁，而用户方不需要大量的资金投入，只有执行阶段需要一些服务费。通过使用云，执行小型任务可以很容易地节省 80% ~ 95% 的成本，这对于小企业非常有吸引力，因为不需要长期对昂贵的电脑或服务器进行投资。

传统的计算应用程序主要在本地主机上执行，例如台式机、工作站、笔记本电脑、平板电脑等。本地计算与云计算的区别主要在于资源控制和基础设施管理。在表 1.2 中，我们将三种基本云服务模式与本地计算模式进行了比较。我们考虑五种类型的硬件和软件资源：存储、服务器、虚拟机、网络和应用软件。

10

表 1.2　三种云服务模型与本地部署计算的差异

资源类型	本地部署计算	IaaS 模型	PaaS 模型	SaaS 模型
应用软件	用户	用户	共享	供应商
虚拟机	用户	共享	共享	供应商
服务器	用户	供应商	供应商	供应商
存储	用户	供应商	供应商	供应商
网络	共享	供应商	供应商	供应商

基础云服务模式是：基础设施即服务（IaaS）或基础设施云，平台即服务（PaaS）或平台云，软件即服务（SaaS）或应用云。在本地主机进行内部部署计算的情况下，除了网络以外，所有资源必须由用户获取，网络是用户和供应商之间共享的。这给用户造成沉重的负担和运营费用。在云计算中，用户通过互联网将程序的执行委托给远程云，从而省去了这些开销。

云计算不同于传统的网络计算或外包计算，因为用户将大部分或全部基础设施管理和程序执行留给云平台。云平台作为计算 / 存储租赁公司，用户从云供应商租用计算能力。云平台提供了许多虚拟机，可以分别及同时为大量用户执行专门的服务。因此，云可以同时使个人、家庭、社区和组织受益。

在 IaaS 云中，例如 AWS EC2，用户只需要担心应用软件的部署，虚拟机由用户和供应商联合部署，供应商负责提供剩余的硬件和网络。在 PaaS 云中，例如 Google AppEngine，应用程序代码和虚拟机都由用户与供应商联合部署，剩余的资源由供应商提供。最后，在 Salesforce 云使用的 SaaS 模式中，所有内容都由供应商提供，包括应用软件。总之，我们看到，随着从 IaaS 转向 PaaS 和 SaaS 服务，云计算将用户的基础设施管理负担从两个资源减少到零。这清楚地说明了将应用从资源投资和管理中分离出来的好处。

11

云设计目标

尽管围绕数据中心或大型 IT 公司的集中计算和存储服务取代桌面计算的争议不断，但是云计算组织已经就如何使云计算被普遍接受的问题达成了一些共识。云计算的六个设计目标如下。

1. 将计算从桌面迁移到数据中心：将计算机处理、存储和软件从桌面与本地服务器通过互联网转移到数据中心。

2. 服务配置和云效益：供应商提供云服务时必须与消费者和终端用户签署服务等级协议（SLA）。在计算、存储、功耗等方面保证效率的同时，这些服务在经济上也是可行的。定价模式基于按量付费政策。

3. 性能可扩展性：云平台、软件和基础设施服务必须能够随着用户数量的增加而相应扩容。

4. 数据隐私保护：对用户数据和记录隐私的关注旨在使云成为一个成功和值得信赖的服务。

5. 高质量的云服务：云计算的 QoS 必须标准化，这才能使云可以在多个供应商之间进行互相操作。

6. 新标准和接口：主要解决与数据中心或云供应商相关的数据锁定问题。通用的应用程序编程接口（API）和接入协议需要虚拟化应用程序能提供较好的兼容性和灵活性。

许多可执行的应用程序代码远远小于它们处理的 Web 规模数据集。云计算在执行过程中避免了大量数据移动。这将导致互联网上的流量减少，网络利用率提高。我们将在第 10 章中对云计算的性能，以及数据保护、安全措施、服务可用性、容错能力和运营成本进行建模。云的核心是服务器集群（或虚拟机集群）。集群节点用作计算节点，几个控制节点用于管理和监视云活动。

1.2　云平台架构与分布式系统的比较

本节研究当代云的一般架构。我们提出了基于服务模式、应用、所有权等的云分类。云可以被视为集中式系统，因为大多数云可以从大型数据中心和数据仓库系统转换而来。另一方面，云也可以被认为是分布式系统，因为许多云被用于协同配置或混搭配置，云应用程序经常被分布到大数据所在的远端云。我们将比较云与其他并行和分布式系统。

1.2.1　基本云平台的架构

下面我们引入通用云架构和层次化的云平台开发。

通用云架构

通用的云架构如图 1.5 所示。互联网云被想象为大量的服务器集群。这些服务器根据需要进行配置，使用数据中心资源执行集体 Web 服务或分布式应用。云平台根据配置或者移除服务器、软件和数据库资源动态形成。云服务器可以是物理机或虚拟机，用户接口用于请求服务，配置工具对云系统进行拓展，以发布请求服务。除了构建服务器集群外，云平台还需要分布式存储及相关服务。云计算资源被构建到数据中心，通常属于第三方供应商并由其管理，客户不需要知道底层技术。

在云端，软件成为一种服务。云需要对从大型数据中心获取的海量数据给予高度信任，因此，需要构建一个框架来处理存储在存储系统中的大量数据，该框架需要一个建立在数据库系统之上的分布式文件系统。其他云资源被加到云平台中，包括存储区域网络（SAN，Storage Area Networks）、数据库系统、防火墙和安全设备。为了使开发人员能够利用互联云，Web 服务供应商提供了特定 API。监视和计量单元用于跟踪分配资源的用途及性能。

虚拟机

在单个物理机上可以根据需要启动和停止多台虚拟机，以满足接受的服务请求，将同一台物理机上的各种资源分区配置为不同特定要求的服务请求，从而提供最大的灵活性。此外，由于每一个虚拟机在同一台物理机上彼此隔离，因此多台虚拟机可以在同一台物理机上同时运行多个不同操作系统环境的应用程序。虚拟机和容器的详细信息将在第 3 章中讨论。

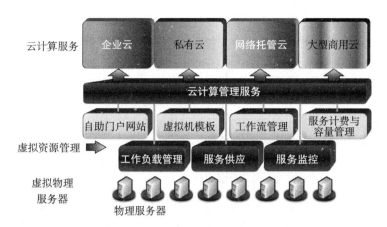

图 1.5　云计算系统的通用架构，其中物理服务器在资源管理系统的控制下虚拟化为虚拟机实例

云平台的软件基础设施必须管理所有资源并自动维护大量任务。软件必须检测每个节点的状态以及服务器的进入和离开，并执行相应的任务。云计算供应商（如谷歌和微软）已经在世界各地建立了大量的数据中心。每个数据中心都可能有数千台服务器，通常需要仔细选择数据中心的位置，以降低功耗和冷却成本。因此，数据中心通常建在水力发电站周围。与绝对速度性能相比，云的物理平台建造商更关心性能 / 价格比和可靠性问题。

层次化的服务云开发

云架构的开发有如下三层：基础设施层、平台层和应用程序层（如图 1.6 所示）。这三个开发层使用云中分配的经虚拟化和标准化的硬件与软件资源实现。公共云、私有云和混合云提供的服务通过互联网和局域网上的网络支持传递给用户。显然，首先部署基础设施层来支持 IaaS 服务。基础设施层是支持 PaaS 服务构建云平台层的基础。反过来，平台层是为 SaaS 应用而实现应用层的基础。

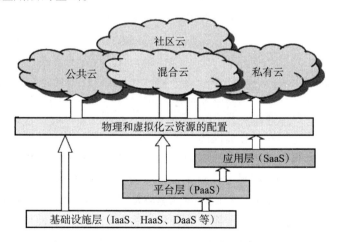

图 1.6　IaaS、PaaS、SaaS 云平台的多层架构开展

1. 基础设施层采用虚拟化的计算、存储和网络资源构建而成。这些硬件资源的抽象意味着为用户提供所需的灵活性。在内部看，虚拟化实现了资源的自动分配，并优化了基础设施管理进程。应该注意的是，并不是所有的云服务都限于一层。事实上，许多应用可能使用混合层的资源。毕竟，这三层是相互依赖、自底向上构建而成。

2. 平台层是为了通用目的和重复使用软件资源。该层为用户提供了一个开发应用程序、测试操作流程、监视程序执行结果和性能的环境。该平台应该能够确保对用户的可扩展性、可靠性和安全性保护。在这种方式下，虚拟化的云平台是云的基础设施和应用层之间的系统中间件。

3. 应用程序层由 SaaS 应用所需的所有软件模块集合组成。该层的服务应用程序包括日常办公管理工作，如信息检索、文档处理、日历管理和认证服务。这一层也被企业在市场营销和销售中广泛使用，因为它加强了与消费者之间的联系。

从供应商的角度来看，不同层的服务需要不同的功能支持和供应商的资源管理。一般来说，SaaS 需要供应商的工作最多，PaaS 居中，IaaS 需要的最少。例如，亚马逊的 EC2 不仅为用户提供虚拟化的 CPU 资源，而且提供了对这些分配资源的管理。应用程序层的服务需要供应商的工作更多。典型的例子是 Salesforce 的 CRM 服务，其中供应商不仅提供底层的硬件和上层的软件，还提供开发与监视用户应用程序的平台和软件工具。

应该注意的是，IaaS 云可以由用户直接使用。IaaS 云通常与亚马逊等大型网站或谷歌等搜索引擎共享资源，也可以作为 PaaS 云或 SaaS 云的基础。许多像 Salesforce 这样的公司开始都没有建 IaaS 平台，他们只是从亚马逊云租赁设施。现在，这些公司能负担得起建立自己的基础设施云来支持 PaaS 或 SaaS 应用。事实上，这三种云类型通常都是建立在相同的硬件上的。通过云操作系统支持，可轻松将 IaaS 云转换为 PaaS 云。然后，在建立的云平台上，可以轻松地向用户提供 SaaS 应用软件。

1.2.2 公共云、私有云、社区云和混合云

云给 IT 企业提供了巨大的好处，使其不需要设置服务器硬件和管理系统软件工具。云计算使用虚拟化平台，通过按需动态配置硬件、软件和数据集，将弹性资源组合在一起。云的主要思想是使用数据中心的服务器集群和大规模数据库，将桌面计算转向基于服务的平台，利用其对供应商和用户的低成本与简单性。下面将介绍不同的云平台。

集中式计算与分布式计算

一部分人认为云计算是数据中心的集中式计算，另一部分人认为云计算是在数据中心资源上实施分布式并行计算。这分别代表了云计算的两个不同观点。云应用的所有计算任务被分配到数据中心的服务器上。这些服务器主要是由数据中心资源创建的虚拟集群中的虚拟机。从这点来看，云平台是通过虚拟化分布的系统。如图 1.7 所示，公共云和私有云都是在互联网上开发的。这些云在下面分别描述，尽管它们在功能上可以互补。

由于许多云由商业供应商或企业以分布式方式产生，所以它们可以通过互联网进行互连，以实现可扩展和高效的计算服务。商业云供应商（如 Amazon、Google 和 Microsoft）在不同地方创建了平台，这种分布对容错、降低响应延迟甚至法律因素等有益。基于局域网的私有云可以连接到公共云，从而获得额外的资源。然而，欧洲用户使用美国云时，用户体验可能并不好，反之亦然，除非在两个用户社区之间开发了广泛的服务级别协议（SLA）。根据美国国家标准与技术研究院（NIST）对云计算的定义，公共云、私有云、社区云和混合云如图 1.8 所示。

公共云

公共云构建在互联网之上，任何已付费的用户都可以访问。公共云属于服务供应商，用户通过订阅即可访问。众所周知的公共云包括 Google AppEngine（GAE）、Amazon Web

Service（AWS）、Microsoft Azure、IBM Smart Cloud 和 Salesforce Sales Cloud 等。这些云由供应商提供了一个可公共访问的远程接口，用于在它们各自的系统中创建和管理虚拟机实例。 `18`

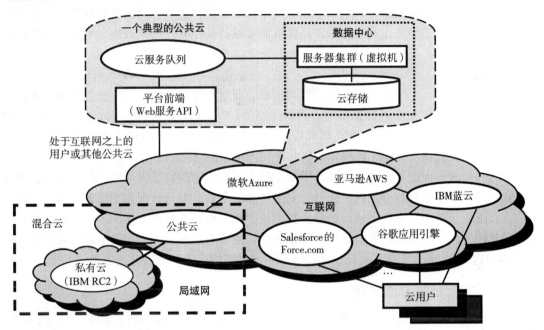

图 1.7 公共云、私有云和混合云。框显示了典型公共云的架构。私有云是内部网建立的。混合云涉及其操作范围中的两种类型。用户可以通过网络浏览器或特殊的 API 工具访问云端

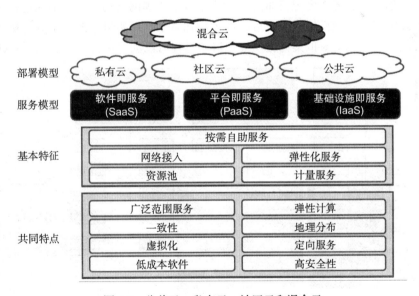

图 1.8 公共云、私有云、社区云和混合云

社区云

这是一个不断增长的公共云的子类。这些云看起来是由多个组织共享的协作基础设施，具有共同的社会或商业利益、科学发现、高可用性等。社区云通常建立在多个数据中心之

上。近年来，社区云在教育、商业、企业和政府部门迅速发展，以满足大数据应用的发展。

私有云

私有云构建在局域网内，属于一个独立的组织。因此，它由客户拥有和管理。私有云提供更高效和方便的云服务，同时为用户提供灵活和敏捷的私有云基础设施，可以在其管理域中运行服务负载。私有云将有希望获得更大的可定制化和组织控制力。

混合云

混合云由公共云、社区云和私有云共同构成。通过用外部公共云的计算能力补充本地基础设施，私有云也能支持混合云模式。例如，RC2（Research Compute Cloud）是IBM构建的一个私有云，它连接了8个IBM研究中心的计算资源，这些研究中心分散在美国、欧洲和亚洲。混合云提供对终端、合作者网络和第三方组织的访问。

总之，公共云促进了标准化，节约了资金投入，为应用提供了灵活性。私有云尝试进行定制化，可以提供更高的有效性、弹性、安全性和隐私性。混合云则处于两者之间，在资源共享方面进行了折中。一般来说，私有云更容易管理，而公共云更容易访问。云发展的趋势是越来越多的云变得混合。我们将在后续章节中讨论所有这些需求。总的来说，云系统需要HPC和HTC计算能力支持。此外，在任何云系统中都应该强调按需自助服务。

1.2.3　物理集群与虚拟集群

物理集群是指一组通过物理网络（如LAN）互连的服务器（物理机）集合。在图1.9中，物理集群由其控制器在顶部框中标识，服务器由底部的小方框标识。在这里，我们介绍虚拟集群，研究其属性并探索其潜在应用。物理集群和虚拟集群之间的区别如图1.9所示。虚拟集群由多个客户虚拟机构成，这些虚拟机安装在由一个或多个物理集群构成的服务器上。在逻辑上，虚拟集群中的客户虚拟机通过一个跨越多个物理网络的虚拟网络互连在一起。一个虚拟集群可以由多个物理机构成，也可以由运行在多个物理集群上的多个虚拟机构成。虚拟集群具有明确的边界。为虚拟集群提供虚拟机的过程可以动态进行，具有如下有趣的属性：

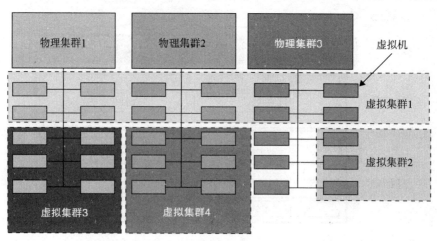

图1.9　基于3个物理集群的具有4个虚拟集群的云平台，每个虚拟集群由多个物理集群中的虚拟机构成

1.虚拟集群节点可以是物理机或虚拟机，运行不同操作系统的多台虚拟机可以部署在同一物理节点上。

2. 主机操作系统管理物理机资源，运行于物理机之上的虚拟机可以采用与主机不同的操作系统。

3. 使用虚拟机的目的是合并同一台物理服务器的多个功能，这将显著提高服务器的资源利用率和应用灵活性。

4. 虚拟机可以在多个物理服务器上备份，以提高分布式并行度、容错性和灾难恢复速度。

5. 虚拟集群的节点数可以动态增缩，类似于 P2P 网络中覆盖网络的规模变化。

6. 物理节点的失效会使运行于其上的虚拟机也失效，但虚拟机的失效不会影响主机系统。

例 1.1 从物理集群中形成虚拟集群

如图 1.9 所示，顶部为 3 个物理集群，右边和底部为基于这些物理集群的 4 个虚拟集群。物理机称为主机系统，对应地，虚拟机称为客户系统。主机和客户系统可以运行不同的操作系统。每个虚拟机可以安装在远程服务器上，也可以复制在多台服务器上，这些服务器属于相同或不同的物理集群。虚拟集群的边界可以随着虚拟机节点增加、删除或动态迁移而变化。 [20]

虚拟集群的重要设计问题包括在大规模物理集群上部署、监视和管理。设计人员必须考虑虚拟机实例创建、作业调度、负载均衡、服务器合并、容错等技术。虚线框中不同灰度的节点代表不同虚拟集群。在虚拟集群系统中，有效地存储大量虚拟机镜像至关重要。

数据中心网络结构

云的核心是服务器集群（或虚拟机集群）。集群节点用作计算节点，少量的控制节点用于管理和监视云活动。用户作业的调度需要为用户创建的虚拟集群分配任务。网关节点从外部提供服务的访问点。这些网关节点也可以用于整个云平台的安全控制。在物理集群和传统网格中，用户期望静态的资源需求。所设计的云应该能处理波动性的负载，并动态地按需请求资源。预计私有云能更有效地满足这些需求。

数据中心和超级计算机除了基本的不同之外，也有一些相似之处。在数据中心，可扩展性是一个基本需求。数据中心服务器集群通常是由上千到上百万的服务器（节点）构建而成的。例如，微软在美国芝加哥地区拥有一个数据中心，这个数据中心有 10 万台八核服务器，放在 50 个货柜中。超级计算机会使用一个独立的数据群，而数据中心使用服务器节点上的磁盘，以及内存缓存和数据库。

超级计算机和数据中心的网络需求方面也不尽相同。超级计算机使用客户设计的高带宽网络，如胖树或 3D 环网。数据中心网络主要是基于 IP 的商业网络，如 10 Gbps 的以太网，针对互联网访问进行了优化。图 1.10 显示了一个访问互联网的多层结构。服务器机架位于底层（L），与第二层（硬件核心）通过快速交换机（S）连接。数据中心在第三层真正连接，使用许多交换机连接到第三层的 L3 接入路由器，然后使用边界路由器接入互联网。

私有云的一个例子是美国国家航空航天局（NASA）构建的私有云，该云使研究人员能够在 NASA 提供的远程系统上运行气候模型。这种方式可以节省在本地站点投入高性能计算机所需要的开销。而且，NASA 可以在其数据中心建立复杂的天气模型，更加节约了成本。另一个很好的例子是欧洲核研究委员会（CERN）构建的云。这是一个非常大的私有云，可以将数据、应用和计算资源分发给全球数千名科学家。 [21]

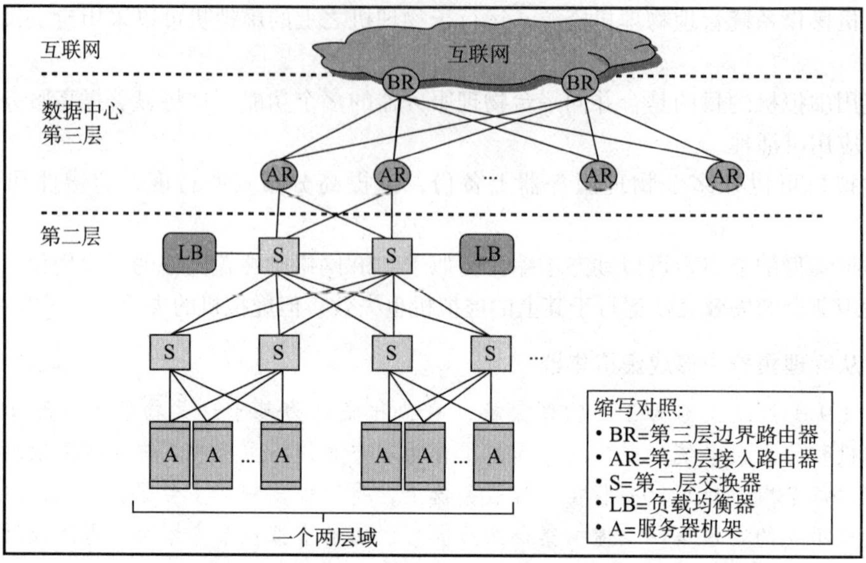

图 1.10 用于云访问互联网的标准数据中心网络（由 Dennis Gannon 提供，2010 年 IEEE Cloudcom 的主题演讲）

1.2.4 云与传统并行 / 分布式系统的比较

关于集中式计算、并行计算、分布式计算、云计算的精确定义，一些高科技组织已经争论多年。一般而言，分布式计算与集中式计算相反。并行计算领域与分布式计算在很大程度上有重叠。云计算与分布式计算、集中式计算、并行计算都有一部分的重叠。我们将评估它们的重叠区域，识别出细微的差异。这些架构和操作的差异在阅读后面的章节后会变得更加清晰。

1. 集中式计算：将所有计算资源集中在一个物理系统上的计算范式。所有资源（处理器、内存和存储器）在一个集成的操作系统中完全共享和紧密耦合。许多数据中心和超级计算机都是集中式系统，但它们都被用于并行计算、分布式计算和云计算应用中。

2. 并行计算：所有处理器或是紧耦合于中心共享内存或是松耦合于分布式内存。一些学者将这称为并行处理。处理器之间的通信是通过共享内存或通过消息传递完成的。通常称有并行计算能力的计算机系统为并行计算机。并行计算机中运行的程序称为并行程序。编写并行程序的过程通常称为并行编程。

3. 分布式计算：这是一个研究分布式系统的计算机科学 / 工程领域。一个分布式系统由多个自主的计算机组成，每台计算机都有自己的私有内存，通过计算机网络进行通信。分布式系统中的信息交换是通过消息传递完成的。在分布式系统中运行的计算机程序称为分布式程序。编写分布式程序的过程称为分布式编程。

4. 云计算：互联网云的资源可以是集中式或分布式的。云应用并行计算或分布式计算，或两者兼而有之。云可以通过集中或分布式大型数据中心的物理或虚拟的计算资源构建。一些学者认为云计算是一种效用计算或服务计算形式。

另一些学者可能更喜欢并发计算或并发编程这个术语，虽然这些术语通常指的是并行计算或分布式计算，但是有些从业者可能会以不同的方式解释它们。普适计算是指在任何地点和时间通过有线或无线网络使用普遍的设备进行计算。物联网连接地球上的任何对象（包括计算机、传感器、人类、物体等），通过互联网云的支持实现普适计算。最后，互联网计算是一个更广泛的术语，涵盖所有和互联网相关的计算范式。本书将覆盖上述所有的计算范式，重点介绍分布式计算、云计算及其运行的系统，包括集群、网格、P2P 和云系统。

自 20 世纪 90 年代中期以来，建立 P2P 网络和集群网络的技术已经整合到许多国家项目中，以建立被称为计算网格或数据网格的广域计算基础设施。最近，我们已经迎来一个探索互联网云资源中数据敏感应用的热潮。互联网云源于将桌面计算迁移到使用服务器集群和数据中心大规模数据库的面向服务的计算。本章将介绍各种并行计算和分布式计算的基础知识。网格和云则是更加关注于硬件、软件和数据集方面资源共享的不同系统。

HPC 和 HTC 系统都需要多核处理器，它们可以处理成百上千个计算线程、数万个线程节点原型和移动云服务平台原型。这两种类型的系统都强调并行性和分布式计算。未来的 HPC 和 HTC 系统必须满足计算能力在吞吐量、效率、可扩展性、可靠性等方面的巨大需求。术语"效率"由速度性能和工作效率决定，包括编程和能量因素（如每瓦特能量消耗的吞吐量）。为了实现这些目标，必须遵从如下四个关键的设计原则。 23

1. 效率：在 HPC 系统中开发大规模并行计算时，度量执行模型内资源的利用率。对于 HTC 系统，效率更依赖于系统的任务吞吐量、数据访问、存储和节能。

2. 可信：度量从芯片到系统和应用级别的可靠性与自我管理能力，目的是提供有服务质量（Qos）保证的高吞吐量服务，即使是在失效的情况下。

3. 编程模型适应性：度量在海量数据集和虚拟云资源上各种负载与服务模型下支持数十亿任务请求的能力。

4. 应用部署的灵活性：度量分布式系统能够同时在 HPC（科学与工程）和 HTC（商业）应用上良好运行的能力。

大规模并行和分布式计算系统（或简称大系统）都建立于大量自主的计算机节点之上。这些节点通过 SAN、LAN 或 WAN 以层次方式互连。利用今天的网络技术，几个 LAN 交换机可以轻松地将数百台机器连接成一个工作集群。一个 WAN 可以连接许多本地集群，以形成一个大的集群的集群。从这个角度看，人们可以建立一个庞大的系统，让数百万台计算机连接到各种互联网的边缘网络。

大规模系统被认为是高度可扩展的，以实现在物理或逻辑上的 Web 规模互接。在表 1.3 24 中，大系统分为四组：集群、P2P 网络、计算网格和互联网云。按照节点数，这四个系统分类可能涉及数百、数千甚至数百万计算机作为协同工作节点。这些机器在各个层次上协同工作。表 1.3 从技术和应用层面描述了这四个系统分类。

表 1.3 并行和分布式计算系统分类

功能、应用	计算机集群	P2P 网络	数据 / 计算网格	云平台
架构、网络连接性和大小	计算节点网络通过 SAN、LAN 或 WAN 有层次地互连	灵活的客户机网络通过覆盖网络逻辑地互连	异构集群在选中的资源地址上通过高速网络链接互连	在数据中心之上满足 SLA 的虚拟服务器集群
控制和资源管理	分布式控制的同构节点，运行 UNIX 或 Linux	自主客户机节点，自由加入和退出，自组织	集中式控制，面向服务器的、授权式的安全	动态调整服务器、存储和网络资源
应用和网络为中心的服务	高性能计算、搜索引擎和 Web 服务等	最适合商业的文件共享、内容分发和社交网络	分布式超级计算、全球难题解决和数据中心服务	升级网络搜索、效用计算和外包计算服务
代表性的运营系统	谷歌搜索引擎、SunBlade、IBM Road-Runner、Cray XT4 等	Gnutella、eMule、BitTorrent、Napster、KaZaA、Skype、JXTA	TeraGrid、GriPhyN、UK EGEE、D-Grid、ChinaGrid 等	Google AppEngine、IBM Smart Cloud、AWS 和 Microsoft Azure

从应用的角度来看，集群在超级计算应用中最为普及。2009 年，Top 500 超级计算机中有 417 台是采用集群架构构建的。可以说，集群已成为建设大规模网格和云必需的基础。P2P 网络对商业应用的吸引力最大，但由于 P2P 技术在自组织网络中缺乏版权保护，内容产业不愿意接受 P2P 技术。由于缺少可靠的中间件或编码良好的应用，过去十年构建的许多国家网格未得到充分利用。

1.3 云服务模型、生态系统与可扩展性分析

本节讨论不同云模型和十多年来建立的生态系统。然后，我们研究三个基本问题：云部署的迁移性、可扩展性和可用性。

1.3.1 云服务模型：IaaS、PaaS 和 SaaS

云计算使得服务行业受益最大，并将商业计算推向了一种新的范式。据预测，到 2017 年，云计算的全球收入可能会超过 3000 亿美元。云计算的基本优势在于提供无处不在的服务、资源共享效率和应用灵活性。用户能够以非常有竞争力的成本从世界任何地方访问和部署云应用。

- 基础设施即服务（IaaS）：该模型将用户要求的基础设施（即服务器、存储、网络和数据中心构造）组合在一起。用户可以在运行客户机操作系统的多个虚拟机上部署和运行指定应用。用户不管理或控制底层的云基础架构，但可以指定何时请求和释放所需的虚拟机及数据。IaaS 的最佳实例包括 AWS、GoGrid、Rackspace、Eucalyptus、FlexiScale、RightScale 等。

- 平台即服务（PaaS）：该模型允许用户在一个虚拟化云平台上部署用户定制的应用。PaaS 包括中间件、数据库、开发工具和一些运行时支持，如 Web 2.0 和 Java。该平台包括集成了特定程序接口的硬件和软件。供应商提供 API 和软件工具（例如 Java、Python、Web 2.0 和 .NET），用户不必进行云基础设施的管理。PaaS 提供了编程和管理云应用程序的编程环境。PaaS 的最佳实例包括 Google AppEngine、Microsoft Azure、Salesforce 等。

- 软件即服务（SaaS）：指面向数千付费云端用户的基于浏览器的应用软件。SaaS 模型适用于业务流程、工业应用、客户关系管理（CRM）、企业资源计划（ERP）、人力资源（HR）和合作应用。在用户方面，没有对服务器或软件许可的前期投资。在供应商方面，与传统的用户应用程序相比，成本相当低。SaaS 的最佳实例包括 Cloudera、Hadoop、Salesforce、.NETService、Google Docs、Microsoft Dynamics CRM 服务、SharePoint 服务等。

图 1.11 显示了主要云供应商提供的三种云服务模型。互联网云提供四种配置模式：私有、公共、社区和混合。这些模式对安全有不同的要求。不同的 SLA 意味着安全性是云供应商、云资源用户和第三方云软件供应商的共同责任。许多 IT 专家、工业界领导者和计算机科学研究人员都倡导云计算的优势。

云的主要思想是将桌面计算迁移到使用数据中心的服务器集群和大规模数据库的面向服务的平台上。云计算利用其低成本和简单性，有利于用户和供应商。机器虚拟化已经实现了这样的低成本。云计算希望同时满足多用户应用，云生态系统必须被设计为安全、可信和可靠的。否则，它可能会阻止用户接受外包服务。云计算应用一个虚拟平台，通过配置硬件按

需提供弹性资源。

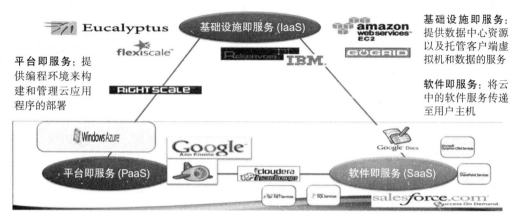

图 1.11　主要供应商部署的三种云服务模型（由 Dennis Gannon 提供，2010 年 IEEE Cloudcom 的主题演讲）

26

应该指出的是，大多数云已经开始为托管客户端虚拟机提供基础设施服务，其中很好的例子是 AWS EC2、Rackspace、Eucalyptus、GoGrid 和 IBM Reservoir。其他一些云提供了 IaaS 和 PaaS 服务，如 AWS 和 AppEngine。事实上，今天的 AWS 提供了三种类型的服务。

例 1.2　**Amazon Web Services 虚拟私有云（VPC）**

亚马逊网络服务（AWS）是迄今为止最受欢迎的 IaaS 公共云服务，同时也为大量用户服务。用户可以在 AWS 上构建一个专用的服务器集群，用于计算。AWS 向其用户提供弹性计算云（EC2）、简单存储服务（S3）和虚拟专用云（VPC）。这些服务遍及全球 11 个地理位置。图 1.12 显示了 VPC 资源配置的概念。亚马逊 VPC 解决了用户的隐私问题，以保护他们的敏感数据和软件。截至 2014 年 12 月，AWS 云在 28 个时区内运行了大约 140 万台服务器。

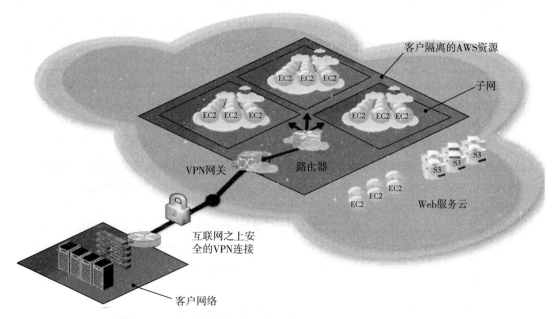

图 1.12　亚马逊虚拟私有云（VPC）。http://aws.amazon.com/vpc/

据报道，AWS 利润丰厚，2015 年的年销售额达 80 亿美元。VPC 允许用户对配置的 AWS 处理器、内存和存储进行隔离，以防止被其他用户干扰。自动扩展和弹性负载均衡服务可以用于支持 VPC。自动扩展允许用户自动增加或减少其虚拟机实例容量。当工作量变化时，这可以维持所期望的性能水平。最近，AWS 提供了一种新的 Amazon EC2 容器服务（ECS）。我们将在第 4 章详细研究 EC2、S3 和 ECS。

近年来的云服务分布趋势

图 1.13 显示了 Gartner Research 提供的 2014 ～ 2020 年云服务模型全球分布的市场份额数据。自 2008 年云计算出现以来，增长率以 20% 以上的速度增长，2014 年达到了一个高峰。左侧的 Y 轴表示总销售额，右侧的 Y 轴表示增长率。柱状图显示了 IaaS、PaaS 和 SaaS 模型的市场份额。总体趋势是 IaaS 和 SaaS 均快速增长，SaaS 增长速度快于 IaaS。PaaS 模式的销售额几乎没有增长。

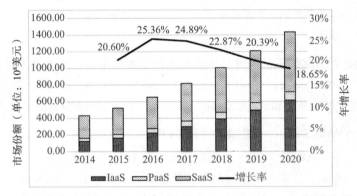

图 1.13　云服务模式的全球分布和 Gartner Research 预测的 2014 ～ 2020 年的增长率

到 2016 年，全球云服务市场达到 650 亿美元，同比增长率为 25.36%。到 2020 年，Gartner 预计总销售额将达到 1430 亿美元，增长率为 118.65%。这 6 年的平均增长率为 22%。2015 年，北美地区占据云市场份额的 56%，仅 AWS Amazon 在 2015 年的年收入就达到近 80 亿美元。其余的市场份额分布在欧洲、亚洲、拉丁美洲和澳洲。预计全球将保持至少 20% 的平均年增长率。基于这些趋势，到 2020 年，SaaS 市场将达 720 亿美元，IaaS 达 615 亿美元，PaaS 达 100 亿美元。仅根据这些数据，显而易见的是，SaaS 和 IaaS 将主宰未来的云服务。

1.3.2　云性能分析与可扩展性定理

推动计算应用的技术趋势是可预测的。设计者和开发者想预测未来系统的技术能力。摩尔定律预测处理器速度每 18 个月翻一番。这在过去 30 年确实如此，但很难说摩尔定律在未来一段时间仍然有效。

吉尔德定律（Gilder's Law）表明，网络带宽过去每年翻番。这种趋势将来可以继续吗？常用硬件的巨大价格 / 性能比是由台式机、笔记本电脑和平板电脑等计算机设备市场推动的，这也推动了大规模计算技术的采纳和使用。我们将在后面的章节中讨论这些计算趋势。目前，重点理解分布式系统如何同时强调资源分布和并发性或高度并行度（DoP）。我们将首先回顾并行度的概念，然后再进一步讨论云计算的特殊需求。

50 年前，当硬件体积庞大、价格昂贵时，大部分计算机都是以位串行方式设计的。位级并行（BLP）将逐位串行处理过程逐步转换为字处理。这些年来，用户经历了从 4 位微处理器到 8 位、16 位、32 位和 64 位 CPU 的变化。下一波改进是指令级并行（ILP），处理器同时执行多条指令而不是一个时刻一条指令。我们已经通过流水线、超标量、超长指令字（VLIW）和多线程实践了 ILP。ILP 需要分支预测、动态调度、投机预测和编译器支持。

数据级并行（DLP）的兴起是源于 SIMD（单指令多数据）以及使用向量与数组指令类型的向量机。DLP 需要更多的硬件支持和编译器协助才能实现。自从引入多核处理器和片上多处理器（Chip Multiprocessor，CMP）以来，我们探索了任务级并行性（TLP）。现代处理器已经能够满足上述所有的并行类型。

BLP、ILP 和 DLP 已经在硬件和编译器层面得到很好的支持。然而，由于在多核和片上多处理器中有效执行代码编程和编译方面的困难，TLP 还不是很成功。随着并行处理向分布式处理转移，我们将看到计算粒度向作业级并行（Job-Level Parallelism，JLP）的逐渐增长。可以说，粗粒度并行度是建立在细粒度并行之上的。

接下来，我们研究云性能的两个基本问题：云集群的可扩展性和可用性。为了获得高可扩展性，我们应用了 Amdhal 和 Gustafson 的定律。为了支持高可用性，我们提出了将可用性与平均故障时间（MTTF）和平均修复时间（MTTR）相关联的基本公式。这些基本法则为研究云计算架构或任何其他计算机架构奠定了基础。

程序的总执行时间由 $\alpha T + (1-\alpha)T/n$ 计算，其中第一项是单个服务器上的串行执行时间，第二项是 n 个服务器上的并行执行时间。为了简单起见，这些服务器中的所有系统和通信开销都被忽略。在以下 CPU（或服务器）的性能分析中，输入 / 输出（I/O）时间或异常处理时间也不包括在内。Amdhal 定律指出，使用 n 个服务器集群相对单个服务器的加速比因子表示如下：

$$\text{加速比} = S = T/[\alpha T + (1-\alpha)T/n] = 1/[\alpha + (1-\alpha)/n] \tag{1.1}$$

只有当串行瓶颈 α 降到零或代码完全并行时，才能达到最大加速度比。随着集群变得足够大，即 $n \to \infty$，S 接近 $1/\alpha$，这是加速比 S 的上限。令人惊讶的是，这个上限是独立于集群大小 n 的。

串行瓶颈是不能并行化的代码部分。例如，如果 $\alpha = 0.25$ 或者 $1-\alpha = 0.75$，那么即使使用数百个处理器，最大加速比也为 4。Amdhal 定律意味着应该使所有程序的串行瓶颈尽可能小。若程序结构本质上是串行的，则单独增加集群大小可能不能得到良好的加速。

在 Amdahl 定律中，假设工作负载（或问题大小）是固定的，无论使用多大的集群。Hwang[18] 将此称为固定工作负载加速比。在 n 个服务器上执行一个固定的工作负载，并行处理的集群效率定义如下：

$$E = S / n = 1/[\alpha n + 1-\alpha] \tag{1.2}$$

随着集群大小 n 的增加，集群效率迅速下降。例如，在 $n = 256$ 个服务器的集群上执行上述串行瓶颈 $\alpha = 0.25$ 的程序，$E = 1/[0.25 \times 256 + 0.75] = 1.5\%$，效率极低。为了将效率提高到 60%，串行瓶颈必须降低到 0.13%，这在大多数用户程序中是不可能的。因为较大的串行瓶颈将导致集群中的许多服务器空闲。

$$S' = W'/W = [\alpha W + (1-\alpha) nW]/W = \alpha + (1-\alpha)n \tag{1.3}$$

这种加速比称为 Gustafson 定律。通过将并行执行时间固定在 W 级，可以得到如下的效率表达式：

$$E' = S'/n = \alpha/n + (1-\alpha) \tag{1.4}$$

对于上述可扩展的工作负载，使用 256 个服务器集群可以使前面程序的使用效率提高到 $E' =$

30 0.25/256 + 0.75 = 0.751。在不同的负载条件下，可灵活选用 Amdhal 定律和 Gustafson 定律。对于固定的负载，应采用 Amdhal 定律；为了解决扩展规模的问题，应采用 Gustafson 定律。

可扩展性与 OS 镜像数

在图 1.14 中，可扩展性能是根据部署到 2010 年的多重分布式操作系统（OS）镜像来估计的。可扩展性能意味着系统可以通过增加更多处理器或服务器、扩大物理节点内存大小、扩展磁盘容量或增加更多的 I/O 通道来实现更快的速度。OS 镜像数量是由集群、网格、P2P 网络或云中被观测到的独立 OS 镜像数得到的。SMP（Symmetric MultiProcessor，对称多处理器）和 NUMA（NonUniform Memory Access，非统一内存访问）包含在比较中。SMP 服务器具有一个单系统镜像，可能是大型集群中的单个节点。按照 2010 年的标准，最大的共享内存 SMP 节点限于几百个处理器。SMP 系统的可扩展性主要受所使用的封装和共享内存系统的限制。

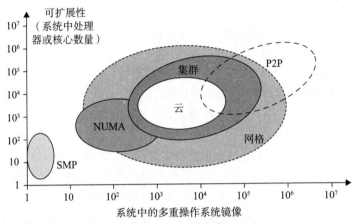

图 1.14 基于 2010 年技术的多重操作系统镜像与系统可扩展性

NUMA 机器通常由分布式、共享存储器的 SMP 节点构成。NUMA 机器经常出现在多计算机分布式系统中，运行多个操作系统，并可以使用 MPI 库扩展到数千个处理器。例如，NUMA 机器可能有 2048 个处理器，运行 32 个 SMP 操作系统。因此，在这样的 2048 处理器的 NUMA 系统中存在 32 个 OS 镜像。集群节点可以是 SMP 服务器或高端服务器松耦合在一起的。因此，计算集群的可扩展性远远高于 NUMA 机器。集群中的 OS 镜像数是基于并发集群节点数的。截至 2016 年年底，最大的云能扩展到数百万个虚拟内核或虚拟机。

回顾许多集群节点是 SMP 或多核服务器的事实，集群系统中的处理器或内核的总数量比集群中运行的 OS 镜像数大一个或两个数量级。网格节点可以是一个服务器集群、一台主机、一台超级计算机或 MPP。因此，大型网格结构中的 OS 镜像数可能比网格中的处理器总数少数百或上千个。P2P 网络可以轻松地扩展到数百万独立对等节点，基本上是台式机。P2P 性能取决于公共网络中的 QoS。低速 P2P 网络、互联网云和计算机集群应在相同的网络水平进行评估。

1.3.3 云生态系统与用户环境

随着各种互联网云的大量涌现，供应商、用户和技术构成的生态系统已经开始逐渐出现（参见图 1.15）。这个生态系统围绕着公共云不断进步。随着开源云计算工具的不断增多，组织可以通过内部基础架构来建立自己的 IaaS 云。私有云和混合云不是互斥的，因为这两者都包括公共云。私有云或者混合云允许使用远程 Web 服务接口通过 Internet 远程访问其资源，例如 Amazon EC2。

现已提出构建私有云的生态系统。在用户端，消费者需要一个灵活的平台。在云管理级，云管理者通过 IaaS 平台提供虚拟化的资源。在虚拟基础设施管理级，管理器在多个服务器集群上分配虚拟机。最后，在虚拟机管理级，虚拟机管理器控制安装在各个独立主机上的虚拟机。云工具的生态系统必须涵盖云管理。由于它们之间缺乏开放的和标准的接口，因此这两层的集成比较复杂。越来越多的创业公司正在使用云资源，在管理自己的 IT 基础设施方面开销很少甚至无开销。我们期望有一个灵活和开放的体系架构，使得组织能够构建私有云或混合云。 32

计算和 IT 管理员、软件供应商和终端用户都需要云服务。图 1.15 介绍了云的五个使用层次。在顶层，个人用户和组织用户需要非常不同的服务。SaaS 层的应用程序供应商主要为个人用户提供服务。大多数商业组织由 IaaS 和 PaaS 供应商提供服务。IaaS 为应用程序和组织用户提供计算、存储和通信资源。云环境由 PaaS 或平台供应商定义。需要注意的是，平台供应商直接支持基础设施服务和组织用户。

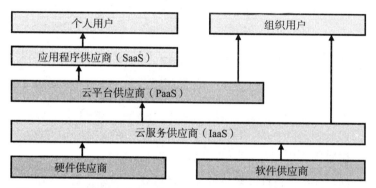

图 1.15　云计算的个人与组织用户，以及服务、硬件和软件供应商

云服务混搭

目前，越来越多的用户正在使用公共云。由于对商业世界敏感数据泄露的担忧，越来越多的企业、组织和团体开始开发私有云，这些私有云需要更高的可定制性。企业云由一个组织内的许多用户同时使用。每个用户都可以在云上构建自己的特定应用，元数据表示中需要定制化的数据分区、逻辑和数据库。

表 1.4 显示了云用户和供应商的观点。流行的 API 包括 Google Maps、Twitter、YouTube、Amazon eCommerce 和 Salesforce。各种云成员对于使用云平台有不同的看法。供应商主要关注 SLA 的合规性。软件开发者更愿意在 SaaS 模式下进行最少的工作。终端用户更喜欢开发或测试网络软件，而企业用户更喜欢使用 SaaS 供应商提供的商业软件。

表 1.4　供应商和用户对云的不同看法

云成员	IaaS	PaaS	SaaS
IT 管理员或云供应商	监视 SLA	监视 SLA，提供服务平台	监视 SLA，部署软件
软件开发者（供应商）	部署和存储数据	通过配置和 API 提供平台	开发和部署软件

云的效用计算

云行业利用了许多企业和企业用户日益增长的需求，将其计算和存储作业外包给云端。 33

供应商服务费用往往远低于用户替换过时的服务器所需要的费用。2010 年 Google 的搜索调查显示，云端混搭系统源于用户需要同时或依次使用多个云。例如，一个工业供应链可能需要在链条的不同阶段使用不同的云资源或服务。另一个例子是可编程 Web，一些公共的资源库提供了几千个服务 API 和 Web 电子商务服务的混搭系统。

在表 1.5 中，我们收集了一些云服务实例。这些服务在许多方面与传统的 Web 服务、P2P 和网格计算任务不同。Web 2.0 使用网络作为其平台而跨越了许多计算设施，而云实际上是基于一个集中的数据中心平台。但是云和 Web 2.0 并不是互相排斥的，实际上，它们可以集中在一起提供复合服务。云可以以不同的方式提供资源：（1）即使拥有高度的资源共享，也可能以用户为中心；（2）可以使用预定义的服务实现以任务为中心；（3）容量从小到大的能力是可扩展的；（4）基于现收现付模式，以低成本轻松访问；（5）在许多方面是可编程和自动化的。

表 1.5　超越 Web 服务和互联网计算的云应用趋势

服务领域	云服务实例
文档和数据库	使用 docs.google.com 进行协同文字处理，使用 Dropbox 进行同步联合合作
社区 / 联络	小组交流、社区服务、安全监视、社会福利、警报和报警系统
存储和数据共享	Dropbox 上的备份存储、iCloud 上的记录、Facebook 上的照片共享，以及 LinkedIn 的专业分析和求职
活动 / 事件管理	日历、联系人、活动策划、家庭预算、学校活动、运动团队和时间表
项目 / 任务管理	联合设计、协作项目、虚拟组织、任务协调、监控、战略防御、战场管理、危机处理等
电子商务和业务分析	亚马逊、淘宝、京东、eBay、Salesforce CRM 和云在线购物
健康和环境	关于医院、公共卫生所、污染控制、环境保护、情绪控制、老人照顾的健康大数据
社交媒体和娱乐	集中的电子邮件服务，如 MS Office 365 Outlook Web App（OWA）、Facebook、Twitter、Gmail、QQ、LinkedIn 和云游戏等

在许多应用层面，HPC 和 HTC 系统都希望透明化。例如，数据访问、资源分配、过程定位、并发执行、作业复制和故障恢复对用户与系统管理应该都是透明的。表 1.5 中显示了多年来推动并行和分布式系统开发的几个关键应用。这些应用广泛用于科学、工程、商业、教育、医疗保健、交通控制、互联网和 Web 服务、军事和政府应用的许多重要领域。

图 1.16 中给出了推动分布式系统及其应用研究的主要计算范式。这些范式有一些共同的特性。首先，它们无处不在地出现在我们的日常生活中。在这些计算模型中，可靠性和可扩展性是两个主要设计目标。其次，它们是自动化业务，可以通过自组织来支持动态发现。最后，这些范式可以与服务质量（QoS）、服务水平协议（SLA）等组合。

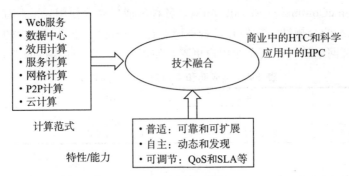

图 1.16　通过合并各种分布式计算范式，用云来实现科学中的 HPC 和商业应用中的 HTC 愿景

所有网格/云平台都被视为效用服务供应商。然而，云计算是比效用计算更广泛的概念。分布式云应用运行在边缘网络中的任何可用服务器上。在计算机科学与工程的各个方面都面临重大技术挑战。例如，用户需要新的网络高效处理器、可扩展内存和存储方案、分布式操作系统、机器虚拟化中间件、新的编程模型、有效的资源管理和应用程序开发。这些硬件和软件支持对构建分布式系统是必需的，可以在所有处理级别上探索大规模并行性。

1.3.4　云计算的技术成熟度曲线

Gartner 的技术成熟度曲线报告每年都由 Gartner Research 发布，涵盖所有新兴技术，随着其成长速度和成熟度而逐年变化。Gartner 还评估了特定领域新技术的进展情况。图 1.17 显示了 2015 年云计算的成熟周期。周期显示技术的增长呈现出五个阶段，从创新萌芽期急剧上升到期望膨胀期。通过泡沫破裂阶段后，这个周期急剧下降到低谷，然后斜坡式稳步增长，达到工业生产的稳定阶段。技术成熟度曲线报告评估了 2000 多种技术在市场上的卓越表现、成熟度和效益等。新兴技术成熟并达到生产力高峰的年数可能在 2 ～ 10 年之间。 `35`

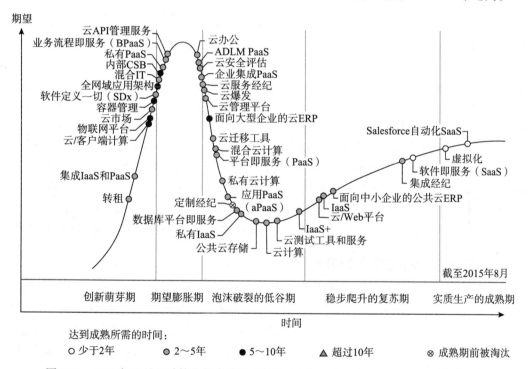

图 1.17　2015 年 8 月云计算的技术成熟度曲线（来源：经 Gartner Research 授权许可）

技术成熟度曲线报告中的技术条目每年都在变化。比较过去三年的技术成熟度曲线来揭示新技术的发展趋势是很有趣的。云在 2008 年首次推出，到 2014 年达到顶峰。因此，到 2015 年，大多数云技术比前几年相对更成熟。可能在 2 ～ 5 年内具备实质生产力的云技术包括：集成的 IaaS、PaaS 和 SaaS 云服务经纪，云迁移工具，私有云计算，基于私有云和公共云的存储云或 Web 平台等。

仅有三种云技术已经足够成熟，可以在不到两年的时间内达到生产力的峰值（空心圆圈）：SaaS、虚拟化和 Salesforce 自动化 SaaS。IoT 平台、云/客户端计算、内部 CSB、全网 `36` 域应用架构和面向大型企业的云 ERP 可能需要更长的时间（5 ～ 10 年）才能达到成熟，如

图 1.17 的实心圆圈所示。到 2015 年,最热门的云计算技术出现在预期峰值附近。它们是云 API、业务流程即服务(Business Process as a Service,BPaaS)、云办公、ADLM PaaS、云 安全评估、私有 PaaS 等。在此之前,只有一种技术——定制经纪被认定已经过时。2015 年 云计算十大战略技术趋势见表 1.6。

表 1.6 2015 年云计算的十大战略技术趋势

真实世界与虚拟世界的融合	1	普适计算
	2	物联网
	3	3D 打印
无处不在的智能	4	先进、无处不在、不可见的分析
	5	环境丰富的系统
	6	智能机器
新的 IT 技术出现	7	云端 / 客户端计算
	8	软件定义应用和架构
	9	网络规模 IT
	10	基于风险的安全和自我保护

在 2015 年的 Gartner 报告中,热点技术被确定为 3D 打印、智能机器人、物联网、生物 芯片、机器学习、软件定义网络等。然而,不少技术正处于爬坡期,诸如可穿戴式计算机、 社交网络、加密技术、消费者 3D 打印、自然语言问题问答、近场通信(NFC)、3D 扫描仪、 消费者远程信息处理和语音识别等,这些热点技术在工业生产中正变得越来越成熟或重要。 因此,它们将不会出现在未来发布的技术成熟度曲线报告中。

排在前三名的技术(普适计算、物联网、3D 打印)试图将现实世界与虚拟世界融为一 体。分析、环境丰富的系统和智能机器被设计为无处不在的机器智能。新的 IT 技术包含云 端 / 客户端计算、软件定义应用和架构、网络规模 IT 以及基于风险的安全和自我保护。有 兴趣的读者可能希望跟进未来的发展趋势。在第 2 章(图 2.2)中,我们展示了另一个涵盖 IT 领域所有技术的技术成熟度曲线,第 7 章中的图 7.1 显示了智能机器的技术成熟度曲线。

1.3.5 云计算与其他技术的关系

几乎所有应用都要求计算经济性、网络数据收集、系统可靠性和可扩展性能。例如,分 布式事务处理通常用在银行和财政系统中。事务描绘了可靠银行系统中 90% 的业务。在分 布式事务中,用户必须处理多个数据库服务器。在实时银行业务中,如何保持交易记录副本 的一致性是至关重要的。其他的复杂因素包括缺少软件支持、网络饱和以及这些应用中的安 全威胁。近年来,五种前沿信息技术,即社交、移动、分析、云和物联网(称为 SMACT 技 术)变得非常热门和高需求。表 1.7 总结了 SMACT 的基础理论、硬件、软件和网络进展, 以及代表性的服务供应商。

表 1.7 SMACT 技术及其特点

SMACT 技术	理论基础	典型硬件	软件工具和库	网络	代表性的服务供应商
移动通信	电信、无线接入理论、移动计算	智能设备、无线、移动基础架构	Android、iOS、Uber、微信、NFC、iCloud、谷歌播放器	4G LTE、WiFi、蓝牙、无线接入网	AT&T Wireless、T-Mobile、Verizon、苹果、三星、华为

（续）

SMACT 技术	理论基础	典型硬件	软件工具和库	网络	代表性的服务供应商
社交网络	社会科学、图论、统计学、社会计算	数据中心、搜索引擎和 WWW 基础架构	浏览器、API、Web 2.0、YouTube、Whatsapp、微信	宽带网络、软件定义网络	Facebook、Twitter、QQ、Linkedin、Baidu、Amazon、Taobao
分析	数据挖掘、机器学习、人工智能	数据中心、云、搜索引擎、大数据湖泊、数据存储	Spark、Hama、BitTorrent、MLlib、Impala、GraphX、KFS、Hive、HBase	协同定位云、Mashups、P2P 等	AMPLab、Apache、Cloudera、FICO、Databricks、eBay、Oracle
云计算	虚拟化、并行与分布式计算	服务器集群、云、虚拟机、互联网络	OpenStack、GFS、HDFS、MapReduce、Hadoop、Spark、Storm、Cassandra	虚拟网络、OpenFlow 网络、软件定义网络	AWS、GAE、IBM、Salesforce、GoGrid Apache、Azure Rackspace、DropBox
物联网	感知理论、赛博物理、导航、普适计算	传感器、射频识别、GPS、机器人、卫星、ZigBee、陀螺仪	TyneOS、WAP、WTCP、IPv6、MobileIP、Android、iOS、WPKI、UPnP、JVM	无线 LAN、PAN、MANET、WMN Mesh、VANet、蓝牙	IoTCouncil、IBM、HealthCare、SmartGrid、Social Media、SmartEarth、Google、三星

　　大量的传感器数据或数字信号由移动系统、社交网络和各种物联网产生。RFID、传感器网络和 GPS 生成的数据需要及时且有选择性地捕获，因为非结构化数据可能会被噪声或空气损失干扰。感知需要高质量数据，因此通常需要进行过滤来提高数据质量。SMACT 技术之间的交互如图 1.18 所示。下面给出三个观察结果，以显示大数据与其他信息技术之间的密切关系。

　　1. 数据挖掘包括大数据集的发现、收集、聚合、转换、匹配和处理。数据挖掘是大数据信息系统的基础性操作。最终目的是从数据中发现知识，可以挖掘数字、文本、对象模式、图像和视频数据。第 2 章将介绍大数据挖掘的内容。

　　2. 数据聚合和集成是指数据预处理，以提高数据质量。重要的操作包括数据清理、删除冗余、检查相关性以及数据缩减、转换、离散化等。

　　3. 机器学习和大数据分析是利用云计算能力对大数据集进行科学或统计分析的基础。一些计算机程序专门用来自动学习识别复杂的模式，并根据数据做出智能决策。第 5～10 章涵盖机器学习、大数据分析及其编程应用。

图 1.18　物联网中社交网络、移动系统、大数据分析和云平台之间的相互作用

技术融合满足未来需求

物联网将计算机的互联网扩展到任何对象。云、物联网、移动设备和社交网络的联合使用对获取所有来源的大数据至关重要。这个集成系统被 IBM 研究人员设想为"智能地球"，可以在人、机器和周围的任何物体之间实现快速、有效和智能的交互。一个智能的地球必须有智慧的城市、清洁的水、高效的能源、便利的交通、安全的食品供应、负责任的银行、快速的通信、绿色 IT、更好的学校、医疗保健和丰富的资源分享。这听起来像是一个梦想，但将在未来的岁月里逐渐成为现实。

一般来说，成熟的技术应该被迅速采用。两种或多种技术的组合使用可能需要额外的努力来集成它们以达到共同目的。因此，集成可能需要做一些转换和变更。为了实现创新应用，核心技术转换将面临挑战。由于可能需要更多的研究和实验或原型开发工作，破坏性的技术更难集成。这使我们可以通过将不同的技术融合到一起来考虑技术的融合。

所有 5 种 SMACT 技术都部署在移动互联网上（也称为无线互联网）。物联网可能以许多不同的形式出现在不同的应用领域。例如，我们可以建立国防、医疗卫生、绿色能源、社交媒体、智能城市等物联网领域。社交网络和大数据分析子系统建立在因特网上，具有快速数据库搜索和移动访问设施。大型存储和处理能力由特定领域的云服务提供。我们在移动互联网环境中广泛使用了特定领域的云平台，用于大型数据或物联网应用，尽管有了这些进步，我们仍然还有很长的路要走。

1.4 集群的可用性、移动性和优化

云硬件基本上是围绕着一大群服务器构建的。集群本质上具有高可用性，因为集群中使用的独立服务器带来了冗余。如果某个服务器出现故障，在故障服务器托管的虚拟机上运行的作业可以在软件控制下迁移到其他正常运行的服务器主机。在本节中，我们首先研究云上服务器集群的可用性，然后研究移动云及其访问方法，再研究虚拟集群中的容错能力，最后介绍虚拟机中的动态迁移技术。

1.4.1 云服务器集群的可用性分析

所有服务器集群都期望高可用性（HA）。由于云系统本质上是建立在服务器集群上的，所以高可用性也就成为云系统的关键要求。如果集群系统具有长的 MTTF 和短的 MTTR，则这个系统是高度可用的。MTTF 是两个相邻故障之间的系统平均正常运行时间。MTTR 是发生故障后修复及还原工作状态的平均时间。集群可用性的形式化定义如下：

$$集群可用性 = MTTF / (MTTF + MTTR) \tag{1.5}$$

MTTF 越大，可用性越高。另一方面，MTTR 越低，可用性越高。这两个参数的值受许多因素影响。所有硬件、软件和网络组件都可能会出错。影响整个系统运行的故障称为单点故障。一个经验法则是可靠的集群系统设计中应没有单点故障。添加硬件冗余、提高组件可靠性、允许虚拟机迁移都有助于提高集群的可用性。在图 1.19 中，预测了通过增加处理器核心数来扩大系统规模对系统可用性的影响。

在一般情况下，随着分布式系统规模的增加，系统可用性会因更高的故障率和隔离故障的难度而降低。SMP 和 MPP 在单操作系统下的集中式资源是非常脆弱的。由于使用多个操作系统，NUMA 机器可用性得到改善。大多数集群是通过故障转移功能来获得高可用性的。与此同时，私有云由虚拟化数据中心创建出来。因此，云具有与主机集群相似的可用性预

测。网格被可视化为层次化的集群。网格由于故障隔离而具有更高的可用性。因此，随着系统规模的增加，集群、云和网格的可用性降低。P2P 文件共享网络具有最高的客户机集合。然而，由于它独立运行，可用性很低，甚至导致许多对等节点退出或同时失败。

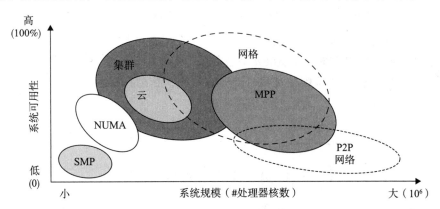

图 1.19　常规配置的系统规模估计系统可用性

例 1.3　双服务器集群系统的高可用性

考虑图 1.20 中的两个服务器 – 客户端集群配置。图 a 使用单个服务器和单个磁盘构建，当服务器或磁盘发生故障时，可能会成为单点故障，从而将整个集群可用性拉低。图 b 添加了一个额外的服务器和另一个磁盘，目的是使用双重冗余来消除所有可能的单点故障。这里我们假设所有客户端主机、以太网和小型计算机系统接口（SCSI）总线都是无故障的。两台服务器通过 SCSI 总线共享磁盘。当服务器发生故障时，其工作负载在可忽略的时间内切换到正常运行的服务器。类似地，两个磁盘是彼此的镜像，以提供双重冗余保护。

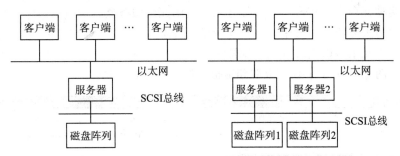

图 1.20　共享两个磁盘的两个服务器的高可用性集群，以消除所有单点故障。b 部分的可用性
　　　　　比 a 部分的 96.2% 提高到 99.92%

假设每台服务器的 MTTF 为 200 天，MTTR 为 5 天。共享磁盘的 MTTF 为 800 天，MTTR 为 10 天。在图 a 中，如果服务器发生故障或磁盘发生故障，或者同时出现故障，则集群被认为不可用。注意，服务器和磁盘的故障相互独立。MTTR 可能因为正常失效或定期维护而导致。我们简单地将两次情况结合在一起。每台服务器的可用性为 200 /（200 + 5）= 97.5%。磁盘的可用性为 800 /（800 + 10）= 98.7%。系统的可用性是在服务器和磁盘都启动的情况下，因此组合可用性为 97.5%×98.7%= 96.2%。

现在考虑图 b 中双冗余集群的可用性。当两个服务器关闭时，若两个磁盘都关闭，或者所有四个组件都关闭，则此集群关闭。两台服务器的故障率为（1-97.5%）² = 0.625%。两盘的故障率为（$1-98.7\%$）^{2} = 0.169%。四个组件的同时失效率为（0.625%）×（0.169%）= 0.000 010 5%。因此，图 b 中的整个集群可用性为 1-[0.625% + 0.169%-0.000 010 5%] = 1-（0.079 389 5%）= 99.92%，同图 a 相比可用性得到改善。如果考虑每年（365 天）的停机时间，图 a 集群每年 13.87 天，而图 b 集群每年只有 0.29 天。

考虑在云系统中使用 n 个同构服务器的集群。假设集群中单个服务器的可用性是 p。因此，$1-p$ 是单个服务器的故障率。如果 n 个服务器中的至少 k 个服务器正常运行而没有故障，则集群系统在正常操作中被认为是可用的或可接受的。形式上，我们通过以下概率表达式来定义集群的系统可用性：

$$
\begin{aligned}
A &= \sum_{i=k}^{n}\binom{n}{i}p^i(1-p)^{n-i} \\
&= \binom{n}{k}p^k(1-p)^{n-k}+\binom{n}{k+1}p^{k+1}(1-p)^{n-k-1} \\
&\quad +\cdots+\binom{n}{n-1}p^{n-1}(1-p)^1+\binom{n}{n}p^n(1-p)^0
\end{aligned}
\tag{1.6}
$$

其中 $1\leqslant k\leqslant n$，且 $n-(k-1)=n-k+1$ 项对应于有 k，$k+1$，$\cdots$，$n-1$ 和 n 个服务器在集群中正常工作的概率。例如，假设 $n=8$，$p=0.99$，$k=7$，我们通过代入式（1.6）中计算系统可用性 $A=51.36\%$。可观察到 A 是单调的，随 k 的增加而提高。当 k 接近 n 时，有接近 100% 的系统可用性。

1.4.2 虚拟集群操作中的容错

容错是指在集群中的服务器出现故障时，服务器集群上的程序执行不会被中断或挂起。这可以通过两种冗余方法实现。第一种方法是使用冗余服务器，用可以进行热交换的冗余服务器来替换故障服务器。一般来说，双冗余可以容忍从一台服务器故障到另一台服务器的单个故障，而三重冗余可以实现双重错误检测和单个错误校正。第二种方法是在虚拟集群中使用软件方法。图 1.21 显示了物理集群和虚拟集群的重配置开销。

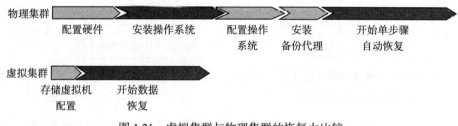

图 1.21 虚拟集群与物理集群的恢复力比较

虚拟机技术需要高级的灾难恢复机制。一种机制是使用一台物理机恢复另一台物理机。第二种机制是使用另一台虚拟机来恢复虚拟机。如图 1.21 顶层的时间线所示，传统的灾难恢复中，从一台物理机恢复另一台物理机非常缓慢、复杂且昂贵，整个恢复时间由硬件配置、安装和配置操作系统、安装备份代理以及漫长的重新启动物理机所需的时间构成。在恢复虚拟机平台时，消除了操作系统和备份代理的安装与配置时间。因此，灾难恢复时间要短得多，其中约有 40% 的时间用来恢复物理机故障。虚拟机和虚拟集群将在第 3 章进行讨论。

1.4.3 云中多服务器集群的排队模型

在过去十年中，云计算已经成为一种成熟的技术和价格划算的方式，通过大量的用户服务整合了计算资源。通过集中管理资源和服务，云计算在互联网上提供托管服务，从而根据需要向消费者提供共享硬件、软件、数据库、信息和所有资源。云计算能够提供一种经济高效且节能的计算资源管理方式。当前，云计算已经成为一种信息家电或公用事业商品，使用按需付费的定价模式。

今天的云计算范式

云计算可以具有成本效益，但永远不会是免费的。理解云计算的经济性至关重要。有吸引力的云计算环境是一个三层结构，由基础设施供应商、服务供应商和消费者组成。基础设施供应商维护基本的硬件和软件设施。服务供应商从基础设施供应商处租用资源，建立适当的多服务器系统，并向用户提供各种服务。这种范式被称为多租户技术，在全球范围内面向大众。

消费者或普通云用户向服务供应商提交服务请求，从服务供应商处接收到特定 SLA 所期望的结果，并根据服务的数量和 QoS 支付服务费用。服务供应商可以为不同的应用领域构建不同的多服务器系统，这样可以将不同性质的服务请求发送到不同的多服务器系统。每个云集群系统都包含大量的服务器。该系统可用于各种类型的服务请求和应用程序。

云系统的特点是云集群中的服务器数量和服务器的执行速度（或吞吐量）。像所有业务一样，云计算服务供应商的定价模式基于两个组成部分：收入和成本。对于服务供应商来说，收入是用户的服务费用，成本是租用成本加上向基础设施供应商支付的公用事业费用。

云服务排队建模

云服务时间是一个随机变量，它由云系统建立的任务等待时间决定。在 SLA 中有许多不同的服务性能指标，例如任务响应时间（或周转时间），其中包括任务等待时间和任务执行时间。SLA 是完成服务的承诺时间，这是服务预期长度的常数倍。如果服务的实际长度是（或服务请求已完成）在 SLA 中，则服务将被完全收费。但是，如果服务的实际长度超过 SLA，则服务费用将减少。换句话说，对于服务供应商来说，破坏 SLA 是有代价的。

该方法是将多服务器云系统作为 M/M/m 排队模型进行处理，这样可以对优化问题进行分析处理。在排队论中，M/M/c 队列是多服务器排队模型。这是一个系统，在这个系统中，到达者形成一个队列，由泊松过程管理，其中 c 服务器和作业服务时间呈指数分布。该模型可以描述为连续时间的马尔科夫链，如图 1.22 所示，其中 λ 是请求到达率，μ 是服务速率。在此转换图中的无限状态 {0，1，2，3，…} 对应于排队系统中的服务请求数。

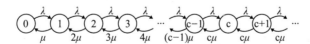

图 1.22 c 服务器 M/M/c 队列的马尔科夫链模型

可以应用两种不同的服务器速度和功耗模型，即怠速模型和恒速模型。我们必须推导新到达服务请求等待时间的概率密度函数（PDF），然后计算服务请求的预期服务费用。基于这些结果，我们得到每单位时间的预期净业务收益，并相应地获得最佳服务器大小和最佳服务器速度。

了解云计算的经济性不仅对云供应商至关重要，对云用户也很重要。为了使利润最大化，服务供应商应该了解服务费用和业务成本。他们需要确定多服务器系统的最佳配置，以同时满足大量用户的需求。接下来，我们将介绍解决 M/M/m 排队模型的主要结果。基于 Cao 等人的工作 [9]，我们概述了云集群优化的思想。

考虑一个多服务器云系统 S 具有 m 个相同的服务器。云集群被定义为如下 M/M/m 排队系统。服务请求按照泊松流到达系统，即到达时间间隔是平均值等于 $1/\lambda$ 的随机变量。当所有 m 台服务器都繁忙时，系统将维护一个无限容量等待任务的队列。采用先来先服务（First-Come-First-Serve，FCFS）排队规则。任务执行需求是随机变量 r。m 台服务器具有相同的执行速度 s。因此，服务器 S 上的任务执行时间是随机变量 $x = r/s$，平均值为 $\overline{x} = \overline{r}/s$。

令 $\mu = 1/\overline{x} = s/\overline{r}$ 是平均服务率，或者是集群 S 中 m 台服务器单位时间完成的服务请求的平均数量。服务器利用率是系统 S 繁忙时间的平均百分比，计算公式为：$\rho = \lambda/m\mu = \lambda\overline{x}/m = \lambda/m\overline{r}/s$。令 p_k 是采用 M/M/m 排队模型的系统 S 中有 k 个服务请求的概率，即

$$p_k = \begin{cases} p_0 \dfrac{(m\rho)^k}{k!}, k \leqslant m \\ p_0 \dfrac{m^m \rho^k}{m!}, k \geqslant m \end{cases} \quad \text{和} \quad p_0 = \left(\sum_{k=0}^{m-1} \frac{(m\rho)^k}{k!} + \frac{(m\rho)^m}{m!} \cdot \frac{1}{1-\rho} \right)^{-1} \tag{1.7}$$

由于所有服务器都忙，所以我们计算出在等待队列中新提交的服务请求的等待概率如下：

$$P_q = \sum_{k=m}^{\infty} p_k = \frac{p_m}{1-\rho} = p_0 \frac{(m\rho)^m}{m!} \cdot \frac{1}{1-\rho} \tag{1.8}$$

因此，在系统 S 中等待或正在执行的服务请求的平均数量由下式计算：

$$\overline{N} = \sum_{k=0}^{\infty} k p_k = m\rho + \frac{\rho}{1-\rho} P_q \tag{1.9}$$

应用利特尔法则（Little's Law），我们得到平均任务响应时间如下：

$$\overline{T} = \frac{\overline{N}}{\lambda} = \overline{x} \left(1 + \frac{P_q}{m(1-\rho)} \right) = \overline{x} \left(1 + \frac{p_m}{m(1-\rho)^2} \right) \tag{1.10}$$

因此，服务请求的平均等待时间为：

$$\overline{W} = \overline{T} - \overline{x} = \frac{p_m}{m(1-\rho)^2} \overline{x} \tag{1.11}$$

1.4.4 云计算的多服务器集群优化

等待时间是客户不满的根源。服务供应商应通过提供足够的服务器或提高服务器速度将等待时间保持在最低限度，并且在等待时间超过一定限度的情况下愿意对客户进行补偿。接下来，我们在正常云服务操作中寻求排队问题的最佳解决方案。目标是实现云服务的优化，为云用户和云供应商提供双赢的局面。

影响云服务定价的因素或政策

云供应商使用的定价模式包括许多因素，例如服务量、应用环境的工作负载、系统配置（大小和速度）、用户和供应商之间的 SLA、消费者的满意度、QoS 保证（如任务等待时间和响应时间）、低质量服务的惩罚、租赁成本、能源消耗成本以及服务供应商的市场份额。利润或净收益是收入减去成本。为了使利润最大化，服务供应商应该考虑服务费用和业务成本，特别是如何根据应用的特性和多服务器系统的配置来确定它们。

服务请求的服务费由两个因素确定：服务的预期长度和服务的实际长度。服务的预期长度是具有基准或参考速度的标准服务器上应用程序的执行时间。一旦基准速度被设定，服务的预期长度由服务请求本身确定，即服务请求由要执行指令的数量来衡量。服务的预期长度越长，服务费越高。服务的实际长度取决于多服务器系统的大小、服务器的速度和系统的工作负载。

服务供应商的成本包括两个组成部分，即租用成本和公用事业成本。租用成本与系统中使用的服务器数量成正比。公用事业成本基本上是能源消耗的成本，并且由多服务器系统的大小和速度决定。速度越快，公用事业成本就越高。为了计算能耗成本，我们需要建立一定的服务器速度和功耗模型。为了增加业务收入，服务供应商可以使用许多高速服务器来构建和配置多服务器系统。

由于实际服务时间包含任务等待时间和任务执行时间，更多的服务器减少了等待时间，更快的服务器减少了等待时间和执行时间。因此，强大的系统可以减少违反 SLA 的惩罚，并增加收入。然而，更多的服务器增加了基础设施供应商的设施租赁成本，以及基本功耗的成本。此外，更快的服务器增加了能源消耗的成本。这种增加的成本可能会抵消惩罚，因此，对于具有特定工作负载的应用环境（包括任务到达率和平均任务执行需求），服务供应商需要决定一个多服务器系统的最佳大小和速度，以使预期的利润最大化。

等待时间和服务费用的优化

效用函数度量任务的价值和重要性，以及用户对延迟和 QoS 的敏感性的容忍度。我们需要支持基于市场的竞价、谈判和准入控制。通过采取经济的方式提供面向服务的效用计算，服务供应商分配资源并以这种方式安排任务，从而使总利润最大化。在以系统为中心的性能中，需要最小化平均任务响应时间。另一方面，我们需要以用户为中心的优化来实现计算经济。该方法可最大限度地提高用户的总效用。接下来，我们介绍等待时间分配和云服务费用。

假设 W 为到达多服务器系统的新服务请求的等待时间。我们需要求出 W 的概率分布函数 $f_w(t)$。为此，我们在不同的情况下考虑 W，这取决于新的服务请求到达时排队系统中的任务数量。在系统中具有 k 个任务的状态下，当新任务到达 M/M/m 排队系统时，W_k 为新任务的等待时间。新到达的服务请求的等待时间 W 的概率分布函数如下：

$$f_w(t) = (1-P_q)u(t) + m\mu p_m e^{-(1-\rho)m\mu t} \tag{1.12}$$

其中 $P_q = p_m/(1-\rho)$，$p_m = p_0(m\rho)^m/m!$。详细证明见 Cao 等人的论文[9]。

如果所有服务器都有一个固定速度，则执行请求 r 的服务请求的执行时间为 $x = r/s$。服务请求的响应时间是 $T = W + x = W + r/s$。响应时间 T 与云计算中的服务供应商收取客户的服务费相关。为了研究客户的预期服务费用，我们需要一个完整的服务收费标准，这个标准是基于服务的数量、SLA、消费者的满意度、QoS、低质量服务的罚款以及服务供应商的利润。令 s_0 为服务器的基准速度。对于具有执行请求 r 和响应时间 T 的服务请求，我们定义服务费用函数如下：

$$C(r,T) = \begin{cases} ar, & 0 \leq T \leq \frac{c}{s_0}r \\ ar - d\left(T - \frac{c}{s_0}r\right), & \frac{c}{s_0}r < T \leq \left(\frac{a}{d} + \frac{c}{s_0}\right)r \\ 0, & T > \left(\frac{a}{d} + \frac{c}{s_0}\right)r \end{cases} \tag{1.13}$$

现在，我们使用下式来计算服务请求的预期费用。

$$C = a\overline{r}\left(1 - \frac{P_q}{((ms-\lambda\overline{r})(c/s_0 - 1/s)+1)}\frac{1}{((ms-\lambda\overline{r})(a/d+c/s_0-1/s)+1)}\right) \quad (1.14)$$

其中 $P_q = p_m/(1-\rho)$，$p_m = p_0(m\rho)^m/m!$。

优化集群规模和速度以满足业务需求

本节讨论了满足业务需求净收益和利润最大化的最优集群规模与速度。我们选择最佳的集群大小和多服务器速度来实现目标。排队模型的理论结果提供了很好的解决方案。每单位时间处理的服务请求数在 M/M/m 排队系统中是稳定的，每单位时间的预期服务费用为 λC，实际上是服务供应商的预期收入。令 β 为每单位时间一台服务器的租赁成本。另外，假设每瓦能量的成本是 γ。服务供应商的成本是基础设施租赁成本与能量成本的总和，即 $\beta m + \gamma P^*$。那么，服务供应商对于怠速模型在单位时间内的预期净业务收益（即净利润）为 $G = \lambda C - (\beta m + \gamma(\lambda\overline{r}\xi s^{\alpha-1} + mP))$，对于恒速模型为 $G = \lambda C - (\beta m + \gamma m(\xi s^{\alpha} + P^*))$。现在，我们使用下式估计期望的服务请求的收益。

$$C \approx a\overline{r}\left(1 - \frac{1}{\left(\sqrt{2\pi m}(1-\rho)\right)\left(e^{\rho}/e\rho\right)^m+1}\frac{1}{((ms-\lambda\overline{r})(c/s_0-1/s)+1)}\right.$$
$$\left. \times \frac{1}{((ms-\lambda\overline{r})(a/d+c/s_0-1/s)+1)}\right) \quad (1.15)$$

我们的最终目标是确定要使用的服务器集群的最佳大小 m。我们通过使业务增益 G 的导数为零来优化集群大小 m。

$$\frac{\partial G}{\partial m} = \lambda\frac{\partial C}{\partial m} - (\beta + \lambda P^*) = 0 \quad (1.16)$$

此外，我们需要找到可以最大化业务收益的最佳服务器速度。

$$\frac{\partial G}{\partial s} = \lambda\frac{\partial C}{\partial s} - \gamma\lambda\overline{r}\xi(\alpha-1)s^{\alpha-2} = 0 \quad (1.17)$$

我们已经提出了一个云计算的定价模型，其中考虑了许多因素，如服务请求 r、应用环境的工作负载 λ、多服务器系统的配置（m 和 s）、SLA c、消费者的满意度（r 和 s_0）、服务的质量（W 和 T）、低质量服务的惩罚 d、租赁的成本（β 和 m）、能量消耗的成本（α、γ、P^* 和 P）以及服务供应商的利润 a。通过使用 M/M/m 排队模型，我们制定并解决了云计算环境中利润最大化的最优多服务器配置问题。这种排队模型非常有用，因为它可以帮助供应商做出关键的平台设计决策，使云服务成功和盈利。

1.5 结论

本章介绍了云平台和服务原则。掌握云计算的最佳方式是使用云。可以使用公共云提供的云服务，如 Amazon AWS、Apple 的 iCloud、Google AppEngine、Salesforce、Microsoft Azure、IBM SmartCloud 等。这需要通过实践获得具体的实践经验。第 3 章将介绍机器虚拟化技术与虚拟机管理程序和 Docker 容器。第 4 章和第 5 章提供有关云基础设施设计和各种服务应用程序的更多信息。在之后的第 5 ~ 10 章中，读者将学习机器学习的基本原理、AI 机器、云编程、数据隐私和安全问题。

相对于我在 2012 年出版的《云计算与分布式系统》一书，本书做了显著的扩展和更新。书中提供了更多的理论基础、更新的云架构设计、Spark 和 TensorFlow 编程、机器学习和 AI 机器，这在以前的书中没有得到解决。由我和陈敏撰写的《Big-Data Analytics for Cloud, IoT and Cognitive Computing》（Wiley，2017）（中文版《认知计算与深度学习》，机械工业出版社，2018）可以作为本书的配套书。《认知计算与深度学习》一书简要介绍了云技术，但提供了全面的机器学习和深度学习算法，以及物联网感知和云辅助医疗应用。这两本书在学习内容和不同应用领域方面相辅相成。

习题

1.1 简要描述以下计算范式的不同之处，探索计算机架构、并行处理、分布式计算、Internet 技术和 Web 服务：
    （a）物理机与虚拟机
    （b）公共云与私有云
    （c）混搭 Web 与云服务

50

1.2 简要描述以下与计算机架构、并行处理、分布式计算和 Web 服务最新进展相关的基本术语及技术：
    （a）高性能计算（HPC）系统
    （b）高吞吐量计算（HTC）系统
    （c）P2P 网络
    （d）计算机集群与计算网格
    （e）虚拟机与虚拟集群
    （f）公共云与私有云

1.3 在以下每个问题中选择一个正确的答案。
    （1）2010 年最快的计算机系统 500 强名单中，哪个架构占据主导地位？
        （a）对称的共享内存多处理器系统
        （b）集中式大规模并行处理器（MPP）系统
        （c）协同计算机集群
    （2）哪个全球网络系统最适合消除孤立的资源岛？
        （a）使用 Telnet 命令进行计算机与计算机交互的互联网
        （b）使用 http:// 命令进行页面到页面访问的 Web 服务
        （c）使用中间件建立在协同计算机联盟上运行应用程序之间交互的网格服务
    （3）在由服务器集群构建的云中，所有服务器必须选择以下哪一项？
        （a）所有云计算机必须使用物理服务器构建
        （b）所有云计算机必须使用虚拟服务器构建
        （c）云计算机都可以是物理服务器或虚拟服务器

1.4 考虑一个程序，实现两个大规模的 $N \times N$ 矩阵相乘，其中 N 是矩阵的大小。在单个服务器上的连续乘法时间是 $T_1 = cN^3$ 分钟，其中 c 是由使用的服务器决定的常数。一个 MPI 代码的并行程序要求 $T_n = cN^3/n + dN^2/n^{0.5}$ 分钟在 $n-$ 服务器集群系统上完成执行，其中 d 是由使用的 MPI 版本确定的常数。你可以假设程序有一个零顺序的瓶颈（$\alpha = 0$），T_n 中第二项是在 n 个服务器中消息传递的总开销。

    回答下列问题，给定集群配置：$n = 64$ 个服务器，$c = 0.8$，$d = 0.1$。下面问题（a）和（b）的固定工作负载对应于矩阵大小 $N = 15000$。问题（c）和（d）对应于增大的矩阵 $N' = n^{1/3}N = 64^{1/3} \times 15000 = 4 \times 15000 = 60000$ 相关的可扩展工作负载。假设用相同的集群配置来处理这两种

51

工作负载，系统参数 n、c 和 d 保持不变。运行可扩展的工作负载时，开销也随着增大的矩阵 N 而增加。

(a) 使用 Amdahl 定律，基于单个服务器计算 $n-$ 服务器集群的加速。

(b) 上述（a）中使用的集群系统的效率如何？

(c) 使用 Gustafson 定律计算在相同集群配置上执行增大的 $N' \times N'$ 矩阵的可扩展工作负载时的加速率。

(d) 上述（c）中在 64 位处理器集群上运行可扩展工作负载，计算效率。

(e) 比较上述加速率和效率的结果，并评价其意义。

1.5　回答以下有关个人计算（PC）和高性能计算（HPC）的问题。

(a) 解释为什么在过去的 30 年里，PC 和 HPC 是发展性而不是革命性的。

(b) 讨论处理器架构中破坏性变化的缺点。为什么内存墙是实现可扩展性能变化的一个主要问题？

(c) 解释为什么 x86 处理器仍然主宰着 PC 和 HPC 市场。

1.6　多核和多核处理器在台式机及 HPC 系统中都有广泛的应用。在使用高级处理器、内存设备和系统互连时回答下列问题：

(a) 多核 CPU 与 GPU 在架构和用途上的区别是什么？

(b) 解释为什么并行编程不能与处理器技术的进步相匹配。

(c) 提出一些想法，并为你的论点提供一些合理的解决方案，以解决核的增加、有效编程和多核使用之间的不匹配问题。

(d) 解释为什么闪存 SSD 可以在某些 HPC 或 HTC 应用程序中提供更好的加速。

(e) 证明 InfiniBand 和 Ethternet 将继续主导 HPC 市场的预测。

1.7　讨论以下挑战领域的主要优势和劣势。

(a) 为什么在云计算系统中建议使用虚拟机和虚拟集群？

(b) 为了有效地构建虚拟化云系统，需要哪些突破性的领域？

(c) 云平台对 HPC 和 HTC 产业的未来有何影响？

1.8　描述以下三种云计算模型。

(a) 什么是 IaaS 云？举一个例子。

(b) 什么是 PaaS 云？举一个例子。

(c) 什么是 SaaS 云？举一个例子。

1.9　考虑一个多核处理器，这个处理器有 4 个异构核，标记为 A、B、C 和 D。假设核 A 和 D 具有相同的速度。核 B 的运行速度比核 A 快两倍。核 C 的运行速度比核 A 快三倍。假设所有 4 个核同时启动以下应用程序的执行，并且在所有核操作中都没有发生缓存遗漏。假设应用程序需要计算 256 个元素的数组中每个元素的平方。假设 1 个单位时间内核 A 或 D 计算一个元素的平方。因此，核 B 需要 1/2 单位时间、核 C 需要 1/3 单位时间来计算一个元素的平方。考虑以下四个核的分工。

(a) 计算使用 4 处理器并行计算 256 个元素的平方和的总执行时间（单位时间单位）。4 个核的速度不同。一些更快的核完成了工作，可能变得空闲，而其他核则仍然忙于计算，直到计算出所有元素的平方。

(b) 计算处理器利用率，即使用处理器中的所有核执行上述应用程序时，核处于繁忙（非空闲）状态的总时间除以总执行时间。

1.10　分别使用 Amdahl 定律和 Gustafson 定律解决以下集群性能问题，回答下列问题。

(a) 考虑一个具有连续瓶颈 α 的用户应用程序。假设 T 是单个服务器上的顺序执行时间，$T(n, \alpha)$ 是 n 个服务器上的并行执行时间。基于 Amdahl 定律推导可达到的加速比 S 的表达式。

(b) 确定并证明上述加速比 S 的上界。这个上界的含义是什么？

（c）解释 Gustafson 定律及其对 Amdahl 定律的改进。请推导出公式。

1.11　比较本地（桌面）计算和 3 种云服务模式，资源和用户应用程序软件分为 5 类：网络、存储、服务器、虚拟机和应用程序软件。每个资源类别可以由用户、供应商或者用户和供应商共享来控制。用一张表来说明资源控制模型的可靠性。

1.12　用三个参数（即平均故障时间（MTTF）、平均修复时间（MTTR）和定期维护时间（RMT））来考虑服务器集群的系统可用性（A）。MTTF 反映了两个相邻自然故障之间的平均运行时间。MTTR 是由自然失败而导致的停机时间。RMT 是指硬件 / 软件维护或更新的预定停机时间。

（a）给定一个需求可用性 $A = 98\%$ 的云系统。如果 MTTF 已知为 2 年（或 $365 \times 24 \times 2 = 17520$ 小时），则 MTTR 为 24 小时。你可以为这个云系统安排每个月 RMT 为多少小时？

（b）考虑 3 个服务器的云集群。如果至少有 k 个服务器在 $k \leqslant 3$ 的情况下正常运行，则认为该集群可用（或者具有令人满意的性能水平）。假设每个服务器的可用率为 p（或者失败率为 $1-p$）。推导出一个公式来计算总集群可用性 A（即该集群可用的概率）。请注意，A 是 k 和 p 的函数。

（c）假定每个服务器的可用性 $p = 0.98$。为了实现总集群可用性 A 而必须提供的最大和最小服务器数量是多少？哪个高于 96%？为了正确回答这个问题，你必须在（b）中检查 k 的所有可能值的影响。

1.13　研究关于集群优化以减少服务等待时间和能耗的论文[9]，我们在 1.4.4 节已经了解了基本概念。经过深入研究后，尝试扩展性能模型，以覆盖影响云服务的 QoS 的许多其他因素。你将在第 10 章中找到更多关于云性能的论述。

参考文献

[1] Baker, M., and R. Buyya. "Cluster Computing at a Glance." In *High-Performance Cluster Computing, Architecture and Systems*, edited by R. Buyya, vol. 1, chap. 1. Prentice-Hall, 1999.

[2] Barroso, L., and U. Holzle. "The Data Center as a Computer: An Introduction to the Design of Warehouse-Scale Machines." In *Synthesis Lectures on Computer Architecture*, edited by M. Hill. Morgan & Claypool Publishers, 2009.

[3] Bell, G., J. Gray, and A. Szalay. "Petascale Computational Systems: Balanced Cyberstructure in a Data-Centric World." *IEEE Computer Magazine*, 2006.

[4] Birman, K. *Reliable Distributed Systems: Technologies, Web Services, and Applications*. Springer Verlag, 2005.

[5] Boss, G., et al. "Cloud Computing—The BlueCloud Project." www.ibm.com/developerworks/websphere/zones/hipods/, October 2007.

[6] Buyya, R., D. Abramson, J. Giddy, and H. Stockinger. "Economic Models for Resource Management and Scheduling in Grid Computing." *Concurrency and Computation: Practice and Experience* 14 (2007): 1507–1542.

[7] Buyya, R., J. Broberg, and A. Goscinski, eds. *Cloud Computing: Principles and Paradigms*. Wiley Press, 2011.

[8] Buyya, R., C. S. Yeo, S. Venugopal, J. Broberg, and I. Brandic. "Cloud Computing and Emerging IT Platforms: Vision, Hype, and Reality for Delivering Computing as the Fifth Utility." *Future Generation Computer Systems* 25 no. 6 (2009): 599–616.

[9] Cao, J., K. Hwang, K. Li, and A. Zomaya. "Optimal Multiserver Configuration for Profit Maximization in Cloud Computing." *IEEE Transactions on Parallel and Distributed Systems* (2013).

[10] Chou, T. *Introduction to Cloud Computing: Business and Technology*. Lecture Notes at Stanford University and at Tsinghua University. Active Book Press, 2010.

[11] Clark, C., et al. "Live Migration of VMs." Proc. of Second Symposium of Networked System Design and Implementation (NSDI), 2005.

[12] Dongarra, J., et al., eds. *Source Book of Parallel Computing*. Morgan Kaufmann, 2003.

[13] Foster, I., Y. Zhao, J. Raicu, and S. Lu. "Cloud Computing and Grid Computing 360-Degree Compared." Grid Computing Environments Workshop, November 12–16, 2008.

[14] Gannon, D. "The Client+Cloud: Changing the Paradigm for Scientific Research." Keynote Address, CloudCom2010, Indianapolis, IN, November 2, 2010.

[15] Google, Inc. "Google and the Wisdom of Clouds." http://www.businessweek.com/magazine/content/ 0752 / b4064048925836.htm.

[16] Hey, T., S. Tansley, and K. Tolle, eds. *The Fourth Paradigm: Data-Intensive Scientific Discovery*. Microsoft Research, 2009.

[17] Hill, M. D., ed. *Synthesis Lectures on Computer Architecture*. Morgan & Claypool Publishers, 2009.

[18] Hwang, K. *Advanced Computer Architecture*. McGraw-Hill, 2010.

[19] Hwang, K., and M. Chen. *Big Data Analytics for Cloud, IoT and Cognitive Learning*. Wiley, 2017 (in press).

[20] Hwang, K., G. Fox, and J. Dongarra. *Distributed and Cloud Computing*. Morgan Kaufmann, 2012.

[21] Hwang, K., and D. Li. "Trusted Cloud Computing with Secure Resources and Data Coloring." *IEEE Internet Computing*, Special Issue on Trust and Reputation Management (September 2010): 14–22.

[22] Hwang, K., and Z. Xu. *Scalable Parallel Computing*. McGraw-Hill, 1998.

[23] Pfister, G. F. *In Search of Clusters*, 2nd ed. Prentice-Hall, 2001.

55
≀
56

数据分析、物联网与认知计算

2.1 大数据科学与应用面临的挑战

本节介绍数据科学的基础概念、支撑技术及创新应用。

2.1.1 数据科学与大数据特征

从字面上看，数据科学可以定义为通过数据发现、假设形成和分析，直接从数据中提取有用知识的过程。数据科学家都具有足够的业务专长、领域知识、分析技能和编程专长，能够胜任大数据生命周期中各个处理阶段的科学任务。

数据科学需要对大量的数据元素进行发现、聚合、匹配、排序等操作。如图 2.1 所示，数据科学是三个领域——计算机编程、应用领域和统计/数据挖掘的交集，需要算法构建、系统分析、建模或者问题定义这些领域的综合知识。数据科学应用范围广泛，包括政府机构、军事行动、商业交易、科学发现、环境保护、绿色能源、临床试验、生物科学、农业、医疗保健和社交网络等各个领域。大数据的价值链分成四个阶段：数据生成、数据获取、数据存储和数据分析。数据生成和数据获取是数据的预处理阶段，针对的是原始数据，而数据存储和数据分析则是作为生产阶段从原始数据中抽取出有价值的内容或者为数据增加价值。

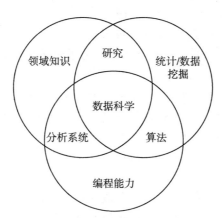

图 2.1 数据科学需要编程能力、统计/数据挖掘方法和应用领域知识，以及一些跨学科的技能，如算法构建、系统分析方法、建模或问题形式化方法等

本书将讨论云架构、算法和编程系统。在第三部分介绍机器学习方法时，将介绍主要的大数据应用领域。大数据问题建模必须由数据科学家和领域专家合作完成，因为这个工作需要大量跨学科的知识和技能，目前急需大量的云技术程序员、数据科学家、分析专家和人工智能（AI）专业人员。

很久以前人们就提出了数据科学这一概念，但是直到最近几年，随着人们对云计算越来越感兴趣，以及对物联网能给我们带来的智慧世界的憧憬，数据科学才引起人们的广泛兴趣。今天的大数据有五个重要特性（即大数据的 5V）：数据容量（Volume）大，需要快速（Velocity）得到处理，呈现出的数据类型多样（Variety），数据真实性（Veracity）难以保证，数据价值（Value）不确定。数据的真实性难以保证，是指大多数数据一般很难追溯其来源或者很难证明其真实性。数据价值不确定，是指同样的数据会随不同应用领域中数据的类型以及使用方式的不同而呈现出不同的价值。这些特性以及由此给数据中心和云的使用者带来的挑战也各不相同，如表 2.1 所示。

表 2.1　当代大数据的五个特性（5V）

特性	数据特征和内容	面临的挑战
数据容量	千兆字节，记录 / 档案，事务数据，表，文件	要解决存储和处理方法问题
处理速度	批处理，实时处理 / 近期处理，流程，流化	需要高性能计算平台
类型多样	结构化，半结构化，多成分，随机性	需要处理太多的可能性
真实性	信任，信誉，可靠性，可追踪性，可说明性	缺乏可追踪性，可信性难以保证
数据价值	可统计的，滚雪球效应，集成化，可提出假设性	不同的大数据应用领域数据价值不同

现行标准中，1TB 或大于 1TB 的数据被认为是大数据。专门研究市场的国际数据公司（International Data Corporation，IDC）曾估算 2013 年全球范围内产生了大约 40ZB 的数据。今天全球有 70 亿人口，意味着每个人每年要处理的常规数据大约有 5.2TB。这么大的数据量，当然需要很大的存储容量和强大的数据分析手段。

由于大数据的 5V 特性，现有软硬件基础设施已经难以满足大数据获取、管理、处理的需要了。遍布全球的数据中心、大规模搜索引擎、超级计算机集群系统以及云平台等，提供了有效处理大数据的新的感知、存储和计算设施。实际上，这些新的信息资源给大数据应用提供了新的机遇。在后续章节中，我们将学习如何以较低的成本和有限的能耗来使用智慧云、社交网络和物联网感知网络去有效地支撑大数据的运营，也就是实现所谓的绿色计算。

福布斯、维基百科和美国国家标准与技术研究院（National Institute of Standards and Technology，NIST）提供了一些数据科学的历史。为了阐述从数据科学演变为大数据的过程，我们分了四个阶段。在 20 世纪 70 年代，数据科学等价于数据分析学，如同 Peter Naur 所说，自建立起来就是"处理数据的科学，而数据和数据所代表的内容间的关系就转由其他领域或科学来确定。"[19] 在很多应用中，数据科学一度被看作统计学的内容。进入 21 世纪后，数据科学的范围迅速扩展，变成数据挖掘和预测分析的后续工作，也就是所说的知识发现和数据挖掘（Knowledge discovery and Data mining，KDD）。

在这种背景下，编程成为数据科学的一部分。在过去 20 年里，各个领域里的数据规模急剧增加，数据科学的发展使得从大量结构化或非结构化数据里抽取知识成为可能。非结构化数据包括电子邮件、视频、照片、社交媒体以及其他由用户产生的内容。大数据管理需要大容量存储、计算和通信资源等具备可扩展性。

2.1.2　物联网的技术成熟度曲线

图 2.2 展示的是 2016 年物联网的技术成熟度曲线。一项新技术出现后，大约需要再过 2 ～ 10 年进入成熟期，并到达曲线的最顶端。截至 2016 年，曲线最顶端与物联网发展相关的 10 项最被看好的热点技术有物联网架构、广域物联网网络、嵌入式软件与系统安全性、

事件流处理、物联网、机器学习、预测性分析、IT/OT 集成、低成本开发板和企业信息管理计划。

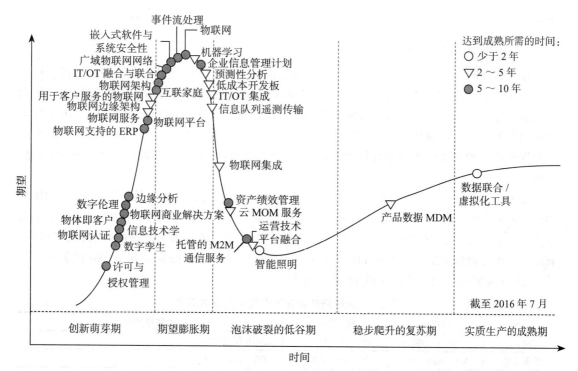

图 2.2　2016 年 Gartner 物联网技术成熟度曲线（来源：Gartner Research）

如图中曲线所示，许多物联网技术仍然处于创新萌芽期，需要一定时间逐渐成熟，例如许可与授权管理、物联网认证、信息技术学、数字孪生、物体即客户、物联网商业解决方案、数字伦理、边缘分析等。用于客户服务的物联网、物联网边缘架构、物联网服务、IT/OT 集成、信息队列遥测传输、物联网集成、云 MOM 服务、产品数据 MDM 等将在 2 ～ 5 年内进入实质生产的成熟期。智能照明、数据联合 / 虚拟化工具将在 2 年内达到成熟期。资产绩效管理、云 MOM 服务、运营技术平台融合等技术目前处于曲线的低谷期，等待进一步被发掘。

新技术将会更加以人为本，这已成为共识，也意味着人们希望人、业务和物体之间是透明的。随着技术的适应性更强、更适用于各种应用环境（家庭、工作单位、业务场所），这种透明关系将会越来越明显。正如前文所暗示的，我们看到了物联网技术在生活各方面的应用，在第 7 章，我们将用其他技术成熟度曲线来进一步介绍智能机器（见图 7.1）。59
~
60

计算应用技术的发展趋势是可以预测的。设计师和程序员希望能预测未来系统的技术能力。Jim Gray 的文章"数据工程的经验法则"，就是介绍技术和应用如何相互影响的极好例子。摩尔定律声称处理器的速度每 18 个月翻一倍，在过去 30 年里也确实是这样。然而，很难说摩尔定律未来还会成立。Gilder 定律声称网络带宽每年翻倍。因为智能手机、平板电脑和笔记本电脑市场的影响，日常商品硬件的性价比非常高，这也促使大规模计算与商业的结合更加普及。

过去十年里人们对物联网技术有很高的预期。混合云计算或其他应用中需要计算经济学、网页数据采集、系统可靠性和不断提升的性能。例如，银行和金融企业经常需要用到分布式事务处理。在可靠的银行系统中，事务占据了现有工作 90% 的内容。用户需要与分布式事务涉及的多个数据库服务器打交道。在实时银行服务中，保持重复性事务记录的一致性是至关重要的，其他的问题还有缺少软件支撑、网络能力不够以及安全威胁。

2.1.3 走向大数据工业

在大数据时代，我们正面临数据泛滥。物联网传感器、实验室的实验、仿真过程、社会档案、各种规模和格式的网络，都是数据的来源。保留、迁移或者访问数据集需要一些通用工具，这些工具能够支撑可扩展的文件系统、数据库、算法、工作流和可视化。由于科学开始以数据为中心，新的科学发现模式转变为以数据密集型技术为基础。我们需要研制出用于数据获取、数据生产和数据分析的工具。云和物联网技术就是在数据大潮的驱使下应运而生的。

如表 2.2 所示，1960 ~ 1990 年是数据库产业时代。那时，大多数数据集以 MB、GB 和 TB 为容量单位。1980 ~ 2010 年，随着数据集容量从 TB 扩展到 PB 甚至 EB，出现了越来越多的数据中心。2010 年以后，新兴的大数据产业逐渐形成。未来处理的大数据，其容量有望从 EB 突破到 ZB 甚至达到 YB。2013 年大数据产业的市场份额达到了 340 亿美元。预计 2020 年大数据应用产值会超过 1000 亿美元。

表 2.2　大数据产业在三个发展阶段的演变

阶段	数据库	数据中心	大数据产业
时间段	1960 ~ 1990 年	1980 ~ 2010 年	2010 年之后
数据大小	MB—GB—TB	TB—PB—EB	EB—ZB—YB
市场大小和增长率	数据库市场，数据/知识工程	市场规模为 226 亿美元（IDC 2012），增长了 21.5%	IT 投入为 340 亿美元（2013 年），预计 2020 年将超过 1000 亿美元，催生了 440 万个新的大数据工作岗位（2015 年）

每天有成千上万的人使用互联网和万维网。因此，必须设计大型的数据中心或者云来满足大量用户同时提出的大存储服务和分布式计算需求。公共云或混合云的出现促使许多使用大服务器集群、分布式文件系统和高带宽网络的数据中心加快升级。为了满足大量的智能手机和平板电脑的服务需求，云引擎、分布式存储和移动网络必须与互联网技术紧密融合，在网页和移动社交媒体网络中发布混合服务。为了在数字经济时代取得一席之地，工业界和商业界的领导者必须保持对新兴技术的敏感，及时转换商业模式以在竞争中保持优势。而对于开发者来说，考虑的则是通过减少运营成本，尽可能达到产值最大化。

表 2.3 所示为 IT 和云计算企业或开源软件中的各种软件工具和库，这些工具分别适用于不同子领域的技术要求。例如，在数据分析方面，可以使用 UCI 的机器学习库；在数据挖掘方面，可以使用 RapidMiner，这是百度深度学习研究院（IDL）开发的用于深度学习的神经网络，斯坦福大学也开发了用于社交网络和社交图分析的斯坦福网络分析平台（SNAP）；OpenNLP 提供了一个用于自然语言处理的建模工具。表中条目无法穷尽所有产品，仅列举了有限的软件包的代表。

表 2.3　大数据集上用于云计算和认知计算的软件库

类别	软件	简单描述	网址
大数据分析	Apache Mahout	用于数据分析、聚类和分类的机器学习平台，具有可扩展性	Mahout.apache.org

(续)

类别	软件	简单描述	网址
大数据分析	RapidMiner	数据挖掘和预测分析工具	Rapidminer.com
	PaddlePaddle	百度智能深度学习工具	Paddlepaddle.org
	SNAP	斯坦福大学推出的带有图挖掘库的网络分析平台	Snap.stanford.edu
数学/统计建模	OpenNLP	用于自然语言处理的 Java 机器学习工具包	Opennlp.org/projects
	SAS	用于数据挖掘、分析和管理的统计软件	sas.com
	Baysian Classifier	用于数据分类和预测的统计决策软件	En.wikipedia/org/wiki/Naïve_Bayes_classifier
算法	MATLAB	线性代数和矩阵乘法库	mathworks.com/produsts/matlab
	Graphstream	动态图分析开源软件	graphstream-project.org
编程工具	Hadoop	Java 实现的 MapReduce 库	Hadoop.apache.org
	Spark	采用 DAG 模型的可扩展计算	Spark.apache.org
	HDFS	Hadoop 分布式文件系统	Hadoop.apache.org
	BOINC	伯克利的网络计算开放平台	Github.com/BOINC/boinc
	TensorFlow	深度学习神经网络	tensorflow.org
应用领域专业研究机构	X Lab	谷歌超现实未来新技术研究实验室	solveforx.com
	IMES	麻省理工学院的医学工程和科学研究院	Imes.mit.edu

MATLAB 是众所周知的线性代数问题求解和数学编程工具，IDL 是数据可视化领域的专用工具，IMES 是用于医疗工程和医学应用的，Hadoop 是用于 MapReduce 编程的工具，BOINC 是用于分布式计算的，Spark 用于可扩展的流计算和 GraphX 模式处理。我们将在第 8、9 章探讨其中的一些工具，在第 9 章将专门介绍谷歌公司的 TensorFlow 软件平台，这个平台采用人工神经网络技术实现深度学习和认知计算。

大多数数据科学家最开始都是数学建模、数据挖掘和数据分析技术的领域专家。将领域知识与数学方法融合在一起，就可以开发出特定的模型，设计出新的算法。数据科学方法涉及数据的整个生命周期。特别是采用了机器学习和模式识别的相关技术后，数据科学（包括数据挖掘和分析）将涉及不同学科和领域的原理、技术、方法。统计学、运筹学、可视化技术和领域知识，也都是数据科学研究必然要涉及的。数据科学团队需要处理的都是非常复杂的问题。在大数据研究、发展和应用领域还有如下一些开放性挑战：

- 结构化数据与非结构化数据的有效索引。
- 识别、去识别与重新识别。
- 大数据的本体和语义。
- 数据自检和约简技术。
- 设计、构建、操作和描述。
- 数据集成和软件的互操作性。
- 永恒性与不变性。
- 数据度量方法。
- 数据范围、共同特性、趋势和估算。

2.1.4 大数据应用概述

公开的文献资料中有大量关于大数据应用的报道。我们将在后面的第三、四部分介绍大数据和云应用。表 2.4 中是不同大数据应用的一个概貌。美国国家标准与技术研究院（NIST）列举了 51 种大数据应用案例。这些应用可以分成 8 大类。事实上，过去 20 年里有很多数据驱动的应用。例如，在商业领域里商务智能就非常流行，还有基于大量数据挖掘处理的网络搜索引擎。下面我们将简单介绍一些这样的应用。

表 2.4　大数据应用分类：从 TB 级到 PB 级（NIST，2013）

类别	简单描述	应用案例
政府	国家档案记录、联邦或州的行政管理、人口统计局等	美国中央情报局、美国联邦调查局、警察机关等
商业	云金融、云备份、Mendeley（引用）、网络搜索、数字材料等	Netflix 视频网站、货物运输、网购、P2P
国防和军事	传感器、图像跟踪、形势评估、危机控制、战争管理等	五角大楼、国家安全局
医疗和生命科学	医疗记录、图像和概率分析、病理研究、生物成像、基因组分析、流行病学等	体域传感器、基因组学、情绪控制
深度学习和社交媒体	自动驾驶汽车、图像或相机的地理定位、众包、网络科学、NIST 的基准数据集等	机器学习、模式识别、感知等
科学发现	空间测绘、天文学和物理学、极地科学、空间雷达分布、元数据、协同等	欧洲粒子物理研究所大型强子对撞机、日本的 Belle 加速器
地球和环境	地震、海洋、对地观测、冰盖雷达分布、气候模拟数据集、大气湍流识别、生物地球化学	AmeriFlux 和 FLUXNET 油气传感器、智慧地球物联网
能源研究	新能源资源、风能、太阳能系统、绿色计算等	智能电网项目

商业应用

最早的商业数据通常都是结构化数据，公司从旧有系统中收集这些数据，存放在关系数据库管理系统（RDBMS）中。20 世纪 90 年代，这些系统中用到的分析技术主要是一些依赖直觉的、比较简单的方法，例如报表、仪表板、特定查询、基于搜索的商务智能、在线交易处理、交互可视化、分数卡、预测模型和数据挖掘等。从 21 世纪初开始，网络和网站为各类组织提供了在线展示并与顾客直接交流的绝好机会。

网站会产生大量的产品和顾客信息，包括击键信息日志和用户行为数据。通过文本分析和网站数据挖掘，可以获得各种数据，如产品陈列的优化、用户交易的分析、产品建议、市场结构分析等。2011 年，移动手机和平板电脑的销量首次超过笔记本电脑和台式电脑。移动手机和基于传感器的物联网开创了一代创新应用，这样的应用需要大容量的定位传感技术的支撑，也更加以人为本且强调情境。

网络应用

早期互联网主要提供电子邮件和网页服务，挖掘电子邮件的内容和构建搜索引擎需要用到文本分析、数据挖掘和网页分析技术。不考虑应用领域和设计目的，今天的大多数应用都是基于 Web 的。全球产生的数据中大多数是网络数据。网络已经成为互联网页的公共平台，充满了各种各样的数据，例如文本、图像、视频及交互内容。

在处理半结构化和非结构化数据时，非常需要一些先进的技术。例如，图像分析技术可以从图片中抽取有用的信息，如人脸识别。多媒体分析技术可以用于商业、法律执行和军事应用中的视频自动跟踪。在线社交媒体应用包括网络论坛、在线社区、博客、社交网络服务、社交多媒体网站等，这些应用可以为用户提供更多的机会以创造、上传和分享内容。而其他用户群体则可能是通过网络搜寻每天的新闻，发布观点并得到及时的反馈。

科学应用

很多领域的科学研究都会通过高通量的传感器和设备获得大量的数据，如天文物理学、海洋学、基因组学、环境研究等。美国国家自然科学基金最近声称，大数据推动了一些新的研究，这些研究专注于从大而复杂的数字化数据集中抽取知识和观点。一些科学研究机构已经开发出了大数据平台，并取得了一些有用的成果。

例如，在生物学领域，iPlant 项目将网络设施、物理计算资源、协调环境、虚拟机资源、协同分析软件与数据服务相结合，帮助研究人员、教育工作者和学生提升各种植物科学研究。iPlant 项目的数据集形式多样，包括规格说明和参考数据、实验数据、模拟和建模数据、观测数据以及其他数据。大数据技术已经用于分析各种数据，包括结构化数据、文本数据、网站数据、多媒体数据、网络数据和移动数据。

企业应用

现在，大数据主要来源于企业，也主要用于企业，商务智能和联机分析处理可以看作大数据应用的前身。企业应用大数据可以提高生产效率，提升各方面的竞争力。特别是在市场上，由于有大数据的相关分析，企业可以准确地预测顾客行为。

在销售策划方面，通过比较大量的数据，企业可以优化其商品价格。在运营上，企业可以提高运营效率和运营满意度、优化劳动力资源的引入、准确预测人员配置需求、避免超库存生产、减少劳动力成本。在供应链方面，使用大数据技术，企业可以优化库存、优化物流、协调供货商、弥补供需间的鸿沟、控制预算、提高服务质量。

例 2.1　大数据在金融和电子商务中的应用

近年来，大数据在金融和商务方面的应用增长迅速。例如，中国工商银行（ICBC）应用数据分析技术后发现，采用多次积分累计和商店积分交换这样的做法，可以有效地吸引高质量的客户。通过构建顾客流失早期预警模型，银行可以出售高回报的金融产品给前 20% 的客户，这样可以保留住这些客户。结果是，那些有过奢侈消费和一般信用卡的客户的流失率分别因此减少了 15% 和 7%。通过分析顾客的交易记录，很容易识别潜在的小企业客户。使用远程银行，云平台可以帮助实现交叉销售，近年来这方面取得了可观的业绩增长。

显然，大数据的传统应用是电子商务。作为中国的网购平台，淘宝每天要处理成千上万的交易事务，包括交易时间、商品价格、购买数量等。而且，这些信息因卖家和买家的年龄、性别、住址、爱好和兴趣的不同而不同。数据立方是淘宝平台上的大数据应用，在这里，商家可以查知其品牌的市场行情，了解消费者的特点和行为，进而相应地做出关于生产和库存的决策。同时，更多消费者可以用他们满意的价格购买到喜爱的商品。

电子商务公司阿里巴巴通过大数据技术获取企业交易数据，自动分析和预测是否增加对企业的贷款，整个过程没有任何人工介入，全部是自动化处理。到目前为止，阿里巴巴给企业的贷款已经超过了 50 亿美元，其中只有 0.3% 的坏账率，远低于商业银行。

健康和医疗应用

医药数据一直持续快速增长，其中包含大量各类有价值的信息。大数据在有效存储、处理、查询和分析医疗数据方面具有无限潜能。医疗大数据的应用将深刻地影响人们的健康。物联网正在彻底改变健康企业。传感器收集病人的数据，微控制器予以处理、分析并通过无线网络传输这些数据。微处理器提供丰富的图形用户界面。健康云和门户用统计方法帮助分析数据。健康企业对大数据的应用正在迅速增长。

例 2.2   大数据在健康企业的应用

为了预测代谢综合征患者的恢复情况，Aetna 寿险公司从 1000 名患者中选择了 102 名患者做了一项实验。在一项独立实验中，对过去连续三年的代谢综合征病人的系列诊断进行测试，检测了 600 000 份实验室测试结果，其中 180 000 份符合要求。而且，最后的结果形成了一份个性化治疗方案，该方案可以用于评估危险因素，生成病人的主要治疗方案。

在这种模式下，今后十年里，通过给予他汀类药物治疗，可以减少 50% 的发病率，同时，如果病人体内糖的含量超过 20%，医生还可以帮助病人减少体重，或者建议病人减少身体中甘油三酸酯的总体数量。纽约的 Mount Sinai 医药中心通过采用大数据公司 Ayasdi 的技术分析大肠杆菌所有的遗传序列，包括超过 100 万个 DNA 变异，揭示了细菌菌株产生耐药性的原因。Ayasdi 的技术采用拓扑数据分析来揭示数据特征。

2007 年，微软的 HealthVault 开辟了医疗大数据的杰出应用范例。项目的目标是管理个人的健康信息和家庭医疗设备。现在，健康信息可以用智能设备输入和上传到一个第三方个人医疗档案中。同时，数据可以与第三方应用集成，配有软件开发包（SDK）和开放的应用接口。

物联网感知和众包

随着无线通信和传感器技术的快速发展，移动手机和平板电脑已经集成了越来越多的传感器，计算能力和感知能力也越来越强。因此，群体感知进入了移动计算的核心阶段。在群体感知中，大量的普通用户把移动设备当作基础感知单元，与移动网络协同完成分布的感知任务，并采集和使用感知到的数据。这样做的目的是完成大规模的、复杂的社会感知任务。在群体感知模式下，完成复杂感知任务的参与者不需要具备专业技能。

以众包形式体现的群体感知模式已成功用于照片的地理标记、定位和导航，以及城市道路交通流量检测、市场预测、观点挖掘和其他劳动密集型的应用。众包是一种新型的问题解决模式，以一大群普通的用户为基础，采用自由和志愿的方式分担完成复杂的任务。众包可在劳动密集型应用中发挥所长，比如图片制作、语言翻译、语音识别等领域。

众包的主要想法是将任务分解后分配给普通用户完成，这样的任务是每个用户单独无法完成或不期望去完成的任务。因为不需要着意开发感知模块或者雇佣专业人员，众包可以扩大感知系统的感知范围，在一个城市或更大的范围中实施。因此，在大数据技术出现之前，许多公司都采用了众包模式。例如，P&G、BMW、Audi 都利用众包的优势来提升他们的研发和设计能力。

在大数据时代，空间众包成为热点话题。下面是空间众包的三个运营特征。
- 用户可能请求的是与某个特定地点相关的服务或资源。
- 希望参与任务的移动用户需要到达指定地点去获得相关数据（例如视频、音频或图片）。
- 获取的数据将被发送到服务请求者那里。随着移动设备使用量的快速增长，以及由移动设备提供的功能越来越复杂，可以预测未来空间众包将会比传统众包更受欢迎，如同亚马逊的 Turk 和 Crowdflower。

2.2   物联网与云平台的互动模式

物联网的终极目标是将网络空间与物理世界进行互联，这被看作信息产业的第三次革命。第一，网络规模变得巨大无比，因为这需要将大量物理世界的实体互联在一起。第二，网络的移动性增长迅速，因为大量使用了移动和车载设备。第三，各种网络出现更深度的融合，因为需要将不同类型的设备连接到互联网。第四，移动互联网、云计算、大数据、软件定义网络以及 5G 手机蜂窝网络系统等都加速了物联网的发展。

图 2.3 所示为一个三维网络空间，在这个空间中，实体对象可以通过装上设备而互联，然后智能交互。人与物之间或者物与物之间都是可以通信的。人们用 H2H、H2T 和 T2T 来分别描述人与人之间、人与物之间、物与物之间的通信。重要的是要能够在任何时间、任何地点以较低代价连接上任何物体。作为新型的全球范围的网络形态，动态接入物联网的连接数将呈指数级增长。物联网与特定的应用领域关系密切。不同的应用领域包含有不同的社交圈或者社群。可以把它们称作物联网领域或物联网网络。

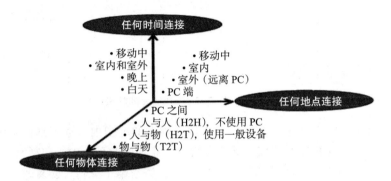

图 2.3 物联网将地球上的任何物体在任何时间、任何地点实现互联的物理布局（来源：http://en.wikipedia.org/wiki/InternetofThings，2016）

传统互联网是机器与机器的连接或者网页与网页的链接。物联网是指日常中每天可见的实体、工具、设备或者计算机之间的网络连接。我们日常生活中的实体（对象）有大有小。物联网的想法是通过为每个实体对象附加射频识别标签（RFID）、相关传感器或全球定位系统（GPS）这样的技术将它们连接起来。随着 IPv6 协议的产生，有 2^{128} 个 IP 地址可用来区别地球上的所有对象，包括所有的移动设备、嵌入式设备、计算机甚至一些生物体。据估算，一个人的周围平均每天有约 1000 到 5000 个对象。物联网需要能够同时跟踪 100T 个静态或者移动的对象才能满足需求。因此，物联网需要为所有对象给定唯一的寻址方式。

2.2.1 IoT 感知与平台架构

随着电子、电子机械和纳米技术的快速发展，人们时时用到的设备越来越多，也越来越小。在物联网中，这样的对象被叫作物体，例如计算机、传感器、人、执行器、冰箱、电视、汽车、移动手机、衣物、食物、药品、书籍、护照、行李等。这些物体都可能参与到商业、信息和社会过程中。这些参与者能够在有人或无人干预的情况下，自动回应"真实的 /物理的世界"的事件，并通过触发行为或服务来影响这些事件。人们开发了大量的传感器设备去感知对象和收集信息。传感器节点具有感知、通信和本地信息处理等多项功能。图 2.4 给出的是一个典型的物联网平台的架构。

RFID 技术

提供智慧服务的第一步是收集所处环境、物体和感兴趣对象的相关信息。例如，传感器可以用来持续监视一个人的物理行为和动作，如健康状况和情绪模式。射频识别技术可用于收集关键的个体信息，并将信息存储在一个始终附在该个体上的低价芯片中。

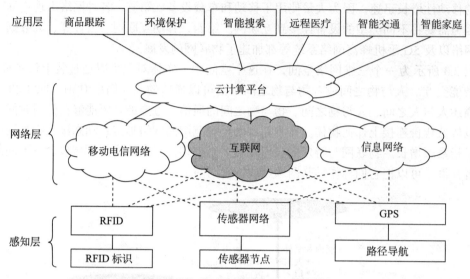

图 2.4   物联网架构及其蕴含的技术

RFID 是一种射频（RF）电子技术，它可以在很大的范围内自动识别或定位对象、人和动物。在过去十年中，RFID 系统被广泛地应用于工业和商业系统中，包括制造和物流行业、零售业、物品跟踪和追溯、库存监控、资产管理、防盗、电子支付、防篡改、交通收费和供应链管理。

典型的 RFID 应用包括一个 RFID 标签、一个 RFID 阅读器和一个后台应用程序系统。只要一个简单的 RF 芯片和一个天线，附着在物体上的 RFID 标签就可以存储和标识该物体的信息。有三种 RFID 标签：被动标签、主动标签、半主动标签。被动标签通过阅读器发来的 RF 信号获得能源。主动标签由嵌入式电池提供能源，因而有更大的存储容量，功能也多一些。半主动标签与 RFID 阅读器的通信类似于被动标签，但仍有内部电池支撑着附加模块。当它在 RFID 阅读器的工作范围之内时，标签中存储的信息会传送到阅读器，进一步输送到计算机中的后台系统，后台程序会处理这个信息，并控制其他子系统的运行。

传感器和传感器网络

过去十年里，微传感器的使用越来越广泛，逐渐在分布式系统的数据收集和处理中占据绝对地位。只有传感器节点的价格足够低廉，才有望被部署于各种环境中。无线传感器网络（WSN）是空间中分布的一组传感器装置以自组织方式构成的系统，这些传感器监视着物理环境状态，例如温度、声音、气压，并将这些数据通过网络传送给主节点。传感器节点形成了一个多跳的自组无线网络。

在无线传感器网络中，带有通信设施的特定变换器节点分布在不同地点，监视和记录各种状态信息。通常要监视的数据包括温度、湿度、气压、风向、风速、光照强度、振动强度、声音强度、电网电压、化学物浓度、污染程度和机体重要功能等。传感器网络由叫作传感器节点的多功能监测站构成，这些站点体积小、重量轻、可携带。每个传感器节点都内含有传感器、微计算机、无线电收发器和电源，传感器根据感知到的数据产生电信号。

用得最多的传感器技术是基于 IEEE 802.15.4 协议的 ZigBee。采用无线射频的 ZigBee 使得数据率低、电池寿命长、网络安全性好。ZigBee 主要用在物联网监视、远程控制或移动应用中。许多超市、百货公司和医院都使用了 ZigBee 网络，其数据率可以从 20Kbps 到 250Kbps，最高可以到 100Mbps。ZigBee 设备可以连接成覆盖范围非常大的网络。ZigBee 网络可扩展性强，通常用于无线家庭网络（WHAN）。与蓝牙技术或 WiFi 技术相比，ZigBee 技术更简单，价格也更低廉。

下面介绍的物联网基本架构有三层，分别叫作感知层、网络层和应用层。物联网系统架构更像是事件驱动的。在图 2.4 中，物联网采用三层架构实现。顶层由驱动服务的应用构成。底层由各种类型的感知和信息自动生成设备构成，如传感器、ZigBee 设备、RFID 标签、规划路线的 GPS 导航器等。感知设备在局域或广域范围内连接成传感器网络、RFID 网络和 GPS 网络等。通过中间层的云计算平台，感知设备收集的信号或信息被传输到各种应用中。

中间层的移动网络、互联网后端以及各种信息网络中建有信号处理云。在物联网中，感知事件的含义并不是确定的，也没有结构模型。事实上，这里采用的是面向服务的架构（SoA）模型。大量的传感器和过滤器收集原始数据。不同的计算和存储云以及网格负责处理数据并将其转换成信息和知识形式。感知数据综合起来可以为智能应用提供决策。中间层是一个语义 Web 或者网格。有些部分（服务、组件、avatar）是可以自我参照的。

2.2.2　IoT 价值链与发展路线

据 Gartner 估算，2016 年互联应用中有 64 亿"物体"，比 2015 年增长 30%。这暗示着物联网产品和应用的巨大市场价值。实际上，是过去十年里无线通信、智能移动设备、传感器、GPS 服务和大数据应用的飞速增长造就了物联网。传感器是基于光学、触觉 / 压力、化学和电磁原理构造的。在网络时代，我们得益于生活环境中遍布的 WiFi、蓝牙设备和长期演进技术（LTE）。同时，云的出现也帮助我们解决了对物联网大数据的发现、存储和处理。

根据对物联网 PaaS 平台 Xively 的分析，到 2020 年，将有 800 亿个设备连接到各种形式的物联网平台。据估算，到那时，主流企业会建成约 120 亿个物联网平台。这可能会给企业带来 30% 的利润增长。由于采用智能传感器自动处理产品的生产，制造业也增长了 35%。物联网在汽油、天然气能源、采矿业、保险业、智能家居 / 智慧城市、银行业、健康行业、政府以及军事上的应用，也为这些行业带来了类似的增长。整个计算下来，所有的物联网产品、设备和平台的年增长率达到 30%。

表 2.5 列举了所有物联网供应商和客户之间的物联网价值链。物联网价值在不同用户间分享，如表 2.5 右侧所示，他们分享物联网价值链中的所有价值。物联网价值链涵盖设备供应商、网络运营商、平台供应商和各种应用，占据最大价值份额的是服务促成者，接下来是网络运营商、系统集成商、服务提供者。网络构件、卖家和顾客则处在价值链的底端。

表 2.5　物联网中的主要参与者价值链和价值占比估算

物体或用户	物体样本、用户、运营者、供应商、分配者或顾客	估计比率
网络构件	嵌入式芯片，模块，无线调制解调器，传感器，相机，路由器，网关，天线和电缆	5% ～ 10%
智能物体	智能垃圾桶，太阳能电池，温度传感器，灭火器，计费器，自动取款机，相机	
网络运营商	频谱分配，网络基础设施，连通性，可用性，记账，顾客服务	15% ～ 20%
服务促成者	软件，设施，技术选择，咨询，方案设计	30% ～ 40%
系统集成商	界面，企业系统集成，应用开发，安全，数据管理，硬件和安装	15% ～ 20%
服务提供者	分析，应用管理器，访问控制，数据管理器，服务质量，服务提供	15% ～ 20%

（续）

物体或用户	物体样本、用户、运营者、供应商、分配者或顾客	估计比率
分配者/分销商	产品分配，道路服务，前端供应链	未知
客户或顾客	买家服务和用户服务	未知

如图 2.5 所示，在 2000 年的时候，物联网主要应用于提升供应链管理效率。2010 年以后，垂直市场和无所不在的定位应用成为物联网的主体。将来，物联网会遍布整个物理世界，那时，我们可以遥控和远程监控每一个远程物体。最终，物联网将使地球上的任何物体都互联在一起。

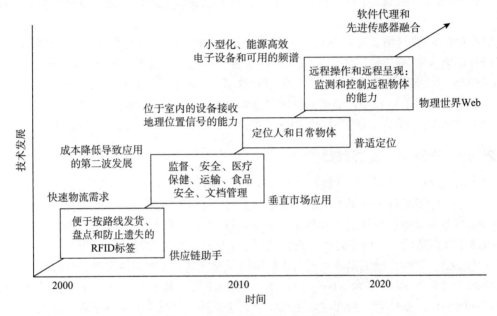

图 2.5   物联网应用的技术路线图

这将使我们日常的生活更加方便，快速、及时地得到全世界范围内的讯息有助于我们做出更理智的决策，寿命更长，避免灾难，减少危机中的人口压力。另一方面，物联网的增长也带来了一些负面影响。例如，我们没有了隐私。罪犯或者敌人可以利用物联网策划更多的破坏活动。为阻止和避免物联网发展可能带来的负面影响，还应该建立相应的法制保障措施。

物联网还面临许多挑战，等待人们来解决。具体说来，有隐私问题、分享感知、数据分析、基于地理信息系统的可视化以及云计算。其他待解决的问题则与物联网架构标准化、能源效率、安全、协议及服务质量等相关。频带和协议的标准化是其中的关键问题。图 2.6 是物联网应用发展关键问题的路线图，图中显示了 2010 年到 2025 年物联网应用领域的五个关键增长点。

2016 年，全球物联网市场有十大主要趋势。本章我们将基于物联网开发者和用户社区的评价来概述其中一些趋势。物联网的收益有望比过去增长得更快。物联网领域很复杂，涉及不同学科。安全也是一个亟待解决的问题。物联网将在工业应用中获得繁荣，也会在小型家庭市场获得巨大成功。IBM 和英特尔公司正在努力进入物联网领域，包括认知服务。智慧城市和自动驾驶汽车的吸引力也在增大。现在的物联网主要关注其中产生的数据，而不是物联网中连接的物体。乐观地看，物联网的炒作已经趋于平静，物联网正在接近现实。

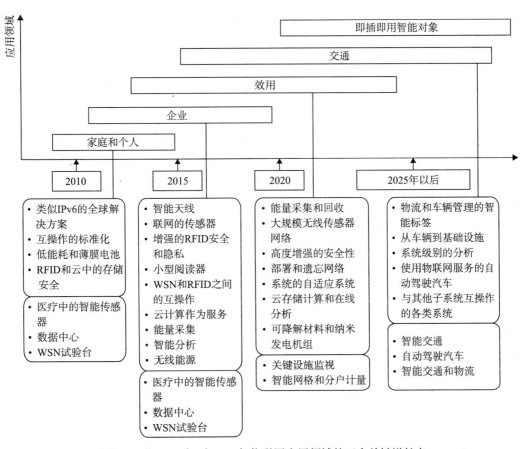

图 2.6　从 2010 年到 2025 年物联网应用领域的五个关键增长点

2.2.3　独立使用和与云平台结合的 IoT 应用

通常情况下，独立物联网关注的是稳定的环境，其中的新应用能够改善我们的生活质量：在家里，旅行中，生病时，工作时，慢跑时，在体育馆，等等。这些环境中现在都安装着一些具备基本智能的物体，大多数时间它们是没有通信功能的。如果为这些物体增加互相通信的功能，它们与环境交互后，就可以大大扩展物联网的应用范围。这样的应用大致涉及：交通和物流服务业，健康领域，智慧环境（家庭、办公室、工厂），个人与社交领域。我们可以区分那些直接的应用与未来的应用，前者是与我们的生活习惯相关的应用，后者由于技术原因或者我们的社会还没有打算采用而暂时处于设想阶段。在后面几节中，我们将概述上述每一类应用，以及一些未来的应用。在商业和市场中 RFID 技术作用巨大。许多企业、政府和社区服务都在这些应用中受益匪浅。

这些计划和实施行动将使我们的社会、城市和政府发展得更好，效率更高。典型的 RFID 物联网应用包括零售和物流服务以及供应链管理。

零售和物流服务

RFID 应用非常依赖于零售业、物流服务行业和包裹递送行业的使用程度。特别是零售业需要对每一件物品贴上标签以便迅捷地处理各种问题：精准的库存，损耗控制，以及维护那些无人值守的零售点（快速结账的同时减少了货物被盗，也降低了劳动力成本）。冷链审计与保证需要食物有标签，那些含有对温度敏感的材料或电子元件的药品也需要标签化。为了确保或监视那些易腐材料是否完好无损，需要在被保存的物品间、制冷系统、自动数据日志系统和人类工程师之间建立通信联系。

例如，在杂货店，你购买了一盒牛奶。牛奶的包装上会有一个RFID标签，标签上存有牛奶的保质期和价格。当你从货架上取下牛奶，货架将显示牛奶的保质期，或者将这些信息无线传送到你的个人数字助手或者手机上。当你离开杂货店，通过商店的门时，门上的嵌入式标签阅读器会把你购物车中所有商品的价格列出来，并把账单传送到你的银行。顾客购买了什么商品，生产者一清二楚；每一件商品需要再进货多少，商店的计算机也已经准确计算出来了。

当你回到家中，把牛奶放进智能冰箱，智能冰箱中的标签阅读器能够检测存放在冰箱中的每一件物品。它能记录你用掉的食物，计算多长时间后你需要往冰箱里添加东西，并告诉你什么时候牛奶或其他食物要坏掉了。即使东西被扔进了垃圾桶，它们也是可以被追踪的。根据你买的商品，你的杂货店可以知道你个人的偏好，他们会每周给你寄送为你量身定制的特惠商品信息，这样你就不用再去看那些每周一次寄来的针对所有人的特惠商品信息了。

供应链管理

RFID系统也可以辅助供应链管理，主要是为了管理与整个供应链网络相关的业务或合作伙伴，涉及产品生产、递送、终端用户的服务要求等。在任意给定的时间，市场都可以知道所有发生的变化，这些变化可以是供应链中任何一方的数量变化，比如供应方、物流提供方、地点和顾客的变化情况等。这种变化会极大地影响供应链的架构，受影响的可能是交易各方建立电子通信的最基础层，也可能是供应过程的各种更复杂配置，甚至是对快速生产过程至关重要的工作流安排。

供应线将处理过程、方法、工具和物流方式整合在一起，指导合作的各方按一定顺序高效地、快速地运行业务。由于全球竞争、价格波动频繁、原油价格涨跌、产品生命周期短、专业化越来越细、优秀人才匮乏等原因，供应链越来越复杂，增长速度也越来越快，使得参与其中的各个公司必须步伐一致。一个供应链就是一个高效的网络，网络中的各种设施获得各种材料，把这些材料转换成装配好的产品，最终把这些产品分发给顾客。下面的例子可以解释物联网是如何辅助供应链的，这种模式是经过特别设计的，目的是提升商业效率和增长率。

例2.3 物联网助力供应链管理

通过供应链管理，企业可以确保他们的供应链运营有效，成本合算。图2.7展示了消费品生产和销售供应链。这个供应链涉及材料或组件供应商、分发中心、通信链、云数据中心、大量的零售商店、平台协调商（如沃尔玛）、银行等。这些商业合作者通过卫星、互联网、有线和无线网络、大货车、火车或运输公司、电子银行、云供应商等连接在一起。

传感器、RFID标签、GPS服务遍布在整个供应链中。这样的设计理念就是为了提升在线交易、电子商务或者移动交易/事务。供应链管理包括五个主要运营阶段。

1. 策划和协商：项目策划书或决策必须说明商品或者服务是如何满足客户需求的。

2. 材料和设备供应：这个阶段需要与原始材料供应商建立紧密的联系，并制定运输、递送和支付的方案。

3. 制造和测试：测试产品，生产产品，安排运输日程表。

4. 运输产品：接受顾客订单并递送顾客订购的商品。

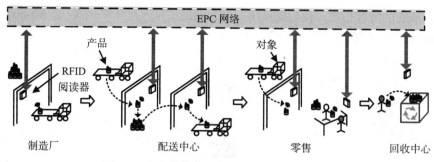

图 2.7　多合作伙伴业务管道中的供应链管理

5. 售后服务和退货：在这个阶段，顾客可能退回有缺陷的产品，公司会回应顾客的要求。许多公司通过使用供应链软件来提升供应链管理的效率。

例 2.4　**物联网助力智能电网**

智能电网拥有一个智能监控系统，跟踪着系统内所有运转的电流。智能计量表和传感器将作为现行计量设施的升级换代设备，实时跟踪电能使用情况，这样，任何时候顾客和电厂都能知道用了多少电。用电可以按"天"为单位计价缴费，高峰时段用电多则缴费更多。在物联网的支持下，智能电网可以在很多场所得到应用，比如居家、办公室、商店、工厂，又如分散在各地的反映环境变化的数据的采集、绿色能源生产、消费减少、自然灾害恢复等。随着无线传感网络、低能耗嵌入式系统和云计算技术的发展，云助力下的物联网系统已经逐渐成熟，能够支撑智能的、计算强度高的、涉及大量数据的物联网应用。云计算环境也促进了居家物联网应用的升级。可扩展的、灵活的云支持框架将计算任务和存储需求转移到网络中，从而降低了电网运营和维护的成本。

例如，当电价最便宜的时候，用户可以让智能电网启动家中的某些电器，比如洗衣机，或者开动工厂里那些可以在任何时间工作的生产线。在高峰时间，智能电网可以关闭某些设备以减少用电需求。越来越多的用户可以使用智能计量表来远程查看用电情况，做出用电的实时决策。当用户不在家时，也可以远程关闭冰箱或空调系统。

基于云的物联网系统应用

让云服务中的计算机理解和处理来自不同领域（例如智能电网、健康系统）的信息，还是很困难的。使用语义模型后，采用基于本体的方法，可以实现信息间的交互，能够在基于云的居家物联网中分享数据。如图 2.8 所示，以根云为基础，分散的各个云系统可以互操作，为健康医疗、能源管理、便利设施、娱乐等提供不同的服务。

服务网关实现了不同的技术、协议、标准和服务，形成了不同的通信能力和各种集成装置。现在，大多数服务网关实现了定义良好的软件模式和系统，比如 Jini、UPnP 和 OSGi。另外，主要问题是物联网中各种各样实体间的通信，因为不同对象为不同服务提供不同形式的信息。语义 Web 技术和模式也可以用来帮助解决这个问题。语义 Web 技术能够在居家物联网应用中实现通信。

近年来，云计算为不同应用提供了新的云服务技术。云辅助的通信系统可能包括不同的云系统，这些云系统执行着不同的分享资源的策略，这样，即使出现一个独立云系统无法处理的计算负载大波动的情形，仍然可以维持为用户提供的端到端服务的质量。以前的物联网架构没有考虑通过云来帮助提升能力。我们认为，完善物联网的功能是很重要的。所以，与

78

以前的文献描述的内容相比，我们提出用一个云辅助层来改进物联网架构，例如，英特尔和中国移动联合开发的 5G 移动核心网络就是这样做的。

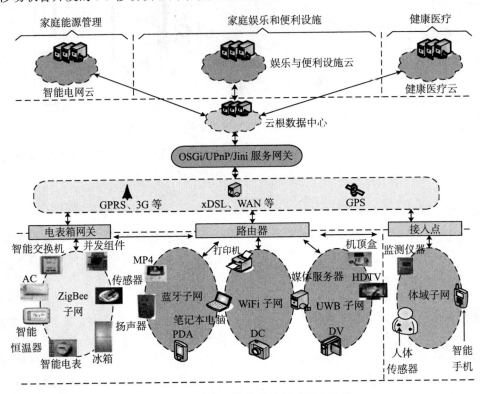

图 2.8   面向家庭环境的物联网云平台系统

2.2.4   智慧城市与智慧社区的发展

2016 年，世界上超过一半的人口生活在城市里。到 2050 年，70% 以上的人口将生活在城市里。这些城市中，60% 以上是不发达的城市。城市的传统发展模式是：经济驱动，能源驱动，浮华驱动。为了构建智慧城市，终极目标是建设一个高度智能、以人为本的居住环境。可以借助从物联网和云平台得到的大数据来实现智慧城市。我们可以充分利用像物联网和云这样的新技术，使得大数据可视化、可分析、高度可响应。

例 2.5   安全舒适的社区和城市的构建方案

REDtone 是一家建设智慧城市的公司。他们的方案是采用众包的方式，通过智能手机，从居民和来访者那里获取大量实际数据。城市管理使用大数据对事件进行有意义的分类，预测灾害，最终目的是让城市安全、便利和宜居，使人们工作开心，游玩快乐。他们的众包群体包括那些用 iOS 或者安卓智能手机运行 CityAct 应用的人。项目的初始目标是帮助人们识别高犯罪区域，避免道路修补路段，逃离火灾或者恐怖袭击。表 2.6 列举了智慧城市应具有的特征。

表 2.6   运用物联网设备和平台构建智慧社区或城市

物联网特性	功能需求	感知设备或框架
环境监测	温度、一氧化碳、火灾危险、噪音控制、气流、地震等	传感器、计量表、传感器网络、监测站等

（续）

物联网特性	功能需求	感知设备或框架
交通强度监测	交通容量、道路占有量、车辆速度、队列长度、人行横道等	RFID、城市主要入口的传感器、GPS 接收器等
河流、海洋和天气监测	水质、水位、水流传感器、气候和洪水预警、飓风、龙卷风、海啸等	测量设备、传感器（例如 pH 传感器）、流量计量表等
室外停车和管理	停车时间、支付、违章、盗窃、受困的孩子、空闲停车场指引等	停车传感器、计费表、指引标记、监控摄像机等
智慧的居民群体感知	检测和阻止意外发生、骚乱、恐怖袭击等	智能电话应用、推特信息、GPS 等
智慧垃圾管理	城市污水处理、垃圾收集、垃圾倾倒、地面监控等	垃圾桶中的传感器、垃圾车、排污口等

　　智慧城市必须能避免公共设施或私有财产被破坏或掠夺。环境保护、交通和污染监测只是智慧城市的一部分例子。REDtone 的设计者也考虑与推特、SMS、WhatsApp、脸书和微信合作，以帮助城市避免犯罪和袭击。扩展传感器、计费表和 GPS 的用途后，这些设备也可以在智慧城市的建设中派上用场，电视、iPad 和笔记本电脑上的可视化信息也可加以利用。

　　构建基于云的物联网医疗系统、日常护理中心，或者帮助老年人和阿尔茨海默病患者的生活辅助设施，都可以借助智能物联网来实现。构建智慧城市、智慧社区、智慧教室、智慧医院和智能家居，都是为了共同的或具体的目标，例如，在紧急情况下（比如火灾、战争或地震时）能及时将信息传递给居民。图 2.9 所示为一个基于混搭网络服务的城市物联网设计方案。

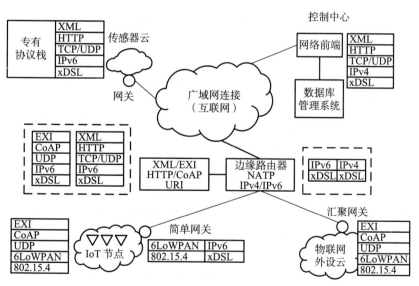

图 2.9　物联网和智慧城市的设计概念（来源：A. Zanella et al., "Internet of Things for Smart Cities," *IEEE Internet of Things Journal* 1, no. 1 (2014).）

　　城市物联网系统采用网络服务的方式构建，这需要为网络的不同元素部署合适的协议层。每个物联网节点或网关都需要部署协议栈。除了通信协议中的关键元素，我们还需要确定链路层技术，以连接物联网中的不同设备。具体细节可以看参考文献 [22]。

2.3   在云平台上的数据收集、挖掘与分析

大数据分析，就是通过检查大量不同类型的数据（大数据），揭示其中隐含的模式、未知关联和其他有用信息。这些信息可以在与对手的竞争中保持优势，带来商务智能或者科学发现，例如更有效的市场或收益增长。大数据分析的主要目的，是通过数据科学家和其他用户分析大量的交易信息，以帮助公司做出更好的决策，这些数据可能是传统商务智能程序忽略了的。

2.3.1   数据质量控制与表达

多年来，高性能计算（HPC）系统强调单纯速度性能，但是现在高性能计算的关注焦点已经转移到高吞吐量计算（HTC）。高吞吐量计算模式更关心高通量多值的互联网搜索和服务，这样的服务是数百万用户同时请求的。性能目标就这样转变为度量高吞吐量，或者每个时间单元里能完成的任务数。

2015 年，据估算地球上存储的各种形式的数据总量超过 300EB，年增长率是 28%。然而，各种数据源间的数据传送总量大约是每年超过 1900EB（www.martinhilbert.net/WorldInfoCapacity.html）。过去，大多数信息是模拟数据。2002 年以后，数字存储设备得到广泛使用，而且迅速替代了大多数模拟设备。表 2.7 显示 2007 年只有 6%（19EB）的模拟数据，而 94%（280EB）的数据存储在数字化设备上。模拟数据主要存储在音频 / 视频磁带中（94%）。数字化信息则分布于各种存储设备上。个人电脑 / 服务器的硬盘驱动器占据了其中的大多数（44.5%），包括那些在大型数据中心里的计算机。占据第二份额的是 DVD 和蓝光设备（22.8%）。显然，现在占据第二份额的存储设备是外存储器。

表 2.7   2007 年全球信息存储容量

技术	存储设备	占比
模拟，19EB，占总量的 6%	纸张、胶片、音频磁带和黑胶唱片	6%
	模拟视频磁带	94%
数字，280EB，占总量的 94%	便携式媒体和闪存驱动器	2%
	便携式硬盘	2.4%
	光盘和迷你光盘	6.8%
	数字磁带	11.8%
	DVD 和蓝光	22.8%
	个人电脑 / 服务器的硬盘	44.5%
	其他（存储卡、软盘、移动电话、PDS、相机、视频游戏等）	<1%

数据获取包括数据采集、数据传输和数据预处理。大数据获取时，一旦采集到原始数据，我们可以通过一个有效的传输机制，把数据送到一个合适的存储管理系统中，以支持不同的分析应用。采集到的数据集有时包括许多冗余或无用的数据，它们额外占据了存储空间，影响了后续的数据分析。表 2.8 概括了主要数据采集方法和预处理操作。

表 2.8   大数据采集方法和主要的预处理操作

采集来源	日志、传感器、网络爬虫、数据包捕获、移动设备等
预处理步骤	集成、清理和消除冗余
数据生成器	社交媒体、企业、物联网、互联网、生物医学、政府、科学发现、环境等

例如，在传感器的环境监测数据中经常出现大量冗余数据。可以用数据压缩技术减少数据冗余。所以，数据预处理对于确保有效的数据存储空间和数据使用都是不可缺少的。数据采集利用特定的数据采集技术，从特定的数据产生环境中获得原始数据。下面，我们将分别介绍一些通用数据采集和生成源、数据生成器。

日志文件

作为一种广泛使用的数据采集方法，日志文件是由数据源系统自动生成的记录文件，它们按照设计的特定格式记录活动，以备后续的分析所需。几乎所有的数字设备上都有日志文件。例如，Web 服务器在日志文件中记录了大量 Web 用户的点击、点击率、访问和 Web 用户的其他档案记录。为了获取用户在网站的活动，Web 服务器主要使用三种日志文件格式：公众日志文件格式、扩展日志格式和 IIS 日志格式。

这三种日志文件都是 ASCII 码文本格式。为了提高在大量日志中查询数据的效率，有时也用数据库而不是文件来存储日志信息。其他的基于数据采集的日志文件，还有金融应用中的股票指标、网络监控和交通管理中的运营状态测定等。

82
～
83

获取网络数据的方法

现在，网络数据采集是通过网络爬虫、分词系统、任务系统和索引系统等合作完成的。网络爬虫是搜索引擎使用的一个程序，主要用于下载和存储网页。简单地说，网络爬虫从一个初始网页的统一资源定位器（URL）开始，访问链接的其他网页，在这个过程中，爬虫将所有检索得到的 URL 进行排序并存储起来。网络爬虫按照 URL 队列中的先后顺序得到一个 URL，然后下载其对应的网页，识别网页中所有的 URL，抽取这些新的 URL 并放到队列中。

这个过程重复进行直到网络爬虫停止工作。在基于网页的应用中，例如搜索引擎或者网页缓存，通常都使用网络爬虫采集数据。传统网页抽取技术提供了各种有效的方案，在这个领域的研究相当多。随着越来越多的网页高级应用出现，需要能够处理富互联网应用的抽取技术。现在的网络数据采集技术主要包括传统的基于 Libpcap 的数据包捕获技术、零拷贝数据包捕获技术，以及一些特定的网络监控软件，例如 Wireshark、SmartSniff 和 WinNetCap。

表 2.9 总结了一些影响数据质量的特性和因素。我们介绍这些用于大数据分析的方法、架构和工具，这里的总结无法覆盖该领域的所有研究进展，只能介绍该领域中一些关键概念及一些代表性的工具或者数据库模型。大数据源于商业交易、文本和多媒体内容、定性知识数据、科学发现、社交媒体和物联网感知数据。这些数据的质量一般都很差，因为数据量太大，而且由于数据类型不可预知导致数据呈现出多样性，缺乏可追踪性导致其真实性受到质疑。

表 2.9　影响数据质量控制、表示和数据库操作的特性

分类	特性	基本定义和问题
自身特性及使用相关性	准确性和真实性	数据正确性和可信性；真实、虚假或准确？
	完整性和信誉	有偏见的或无偏见的数据？数据源的信誉度？
	相关性和价值	数据与当前任务的相关性？能否增加价值？
	数据卷和完整性	数据卷被测试过吗？有任何价值吗？
表示和可视化	可理解性	数据清晰度和易于被无歧义地理解
	可解释性和可视化	数据完好地表示成数目、文本、图形、图像、视频、配置文件或元数据等
可访问性和安全性	访问控制	数据可用性、访问控制协议、易于检索
	安全防范	对变更或删除操作的限制或完整性控制

大数据质量控制涉及四个循环阶段：（1）识别影响数据质量的重要特性；（2）度量或评估数据质量水平；（3）分析数据质量和主要问题；（4）给出提高数据质量的具体行动步骤。不幸的是，上述这些任务都不容易完成。表 2.9 中，我们介绍了影响数据质量控制的重要因素。在这些影响数据质量控制的因素里，自身特性、表示特性以及访问控制机制是同等重要的。

数据可以通过很多不同的方式呈现出来。四种主要的大数据表示模型是：（1）< 键，值 > 对，这经常用于在 MapReduce 操作（在第 8 章介绍）中分配数据，Dynamo Voldemort 使用的就是键 – 值对；（2）表查找，或者关系数据库，如谷歌的 BigTable 和 Apache 的 Cassandra 软件；（3）图形工具，例如 Spark 中的社交图分析工具 GraphX；（4）特定的数据库系统，例如在大数据社区中经常使用的 MongoDB、SimpleDB 和 CouchDB。

数据科学、数据挖掘、数据分析和知识发现是紧密相关的。很多情况下，这些术语是可以互相替代的。这些大数据技术要素构成了一个基于统计学、机器学习、生物学和核方法的大数据价值链。统计学方面涉及线性和逻辑回归。决策树是典型的机器学习工具。生物学方面指的是人工神经网络、遗传算法和集群智能。核方法主要是使用支持向量机。

与传统数据集相比，大数据通常包括大量非结构化的、需要实时分析的数据。而且，大数据带来了发现新价值的机会，帮助我们获得对隐含价值的深度理解，也带来了新的挑战，例如，如何有效组织和管理这些数据。现在，大数据已经引起企业界、学术界和政府机构的广泛兴趣。最近，大数据的快速增长主要来自于人们日常的生活，特别是与互联网、Web 和云服务相关的那部分。

云计算和物联网的快速发展也带来了数据的急剧增多。云计算提供了安全措施、访问网址和数据资产渠道。在物联网模式中，遍布世界的传感器正在收集和传送数据，这些数据将在云里存储和处理。现有企业的 IT 架构和基础设施远远无法满足未来大数据在数量和数据间关系上的存储和处理需求，而存储和处理的实时性要求也会给现有的计算能力带来巨大挑战。下面的例子重点展示一些代表性大数据的价值，这些价值都是因为数据量足够大才具备的。

大数据发现和集成

目前的数据远远超过了现有企业的 IT 架构和基础设施的存储容量和处理能力，其中主要的数据类型是互联网数据、感知数据等。这是大数据的第一步。以互联网数据为例，大量的数据是搜索条目、互联网论坛上的帖子、聊天记录、微博消息等。单独来看，这些互联网数据可能是没有价值的，但是，将这些大数据集成后再分析，一些诸如用户习惯、爱好等有用信息就被发掘出来了，而且甚至有可能预测用户的行为和情感模式。

更重要的是，加上那些纵向的或分布的数据源，产生的数据集规模更大，更加多样化，也更复杂。这些数据源包括传感器、视频、音频、点击流等。现在，一些主要的大数据源是企业的运营和交易信息、物流业和物联网的感知信息、互联网上人们的交互信息和位置信息，以及科学研究中产生的数据。这些数据不仅在容量上远远超过现有企业 IT 基础设施的处理能力，对数据的实时处理要求也迫使现有计算能力要突破其限制。

加载是这三者中最复杂的，加载包括转换、复制、清洗、标准化、筛查以及数据组织。可以用虚拟数据库来查询和聚集来自不同数据源的数据，但是这个数据库中并不包含数据。相反，这个数据库中存放的是与实际数据或其位置相关的信息或者元数据。这种"存储 – 读取"方式不能满足数据流或者搜索程序和应用的高性能需求。和查询相比，这些方法中的数据具有更多动态性，而且必须在数据传送过程中被处理。

通常，数据集成方法都与流处理引擎和搜索引擎相关。

- 数据选择：对于需要做数据发现的样本数据，选择一个目标数据集或样本子集。
- 数据转换：通过删除无关变量来简化数据集。然后，根据目标或任务的需要，分析出可用于代表这批数据的特征。
- 数据挖掘：基于数据的某个特定表示形式或一组表示形式来查找感兴趣的数据模式，这些表示形式可能是分类规则或分类树、回归模型、聚类等。
- 评估知识表示：评价知识模式，用可视化技术形象地表示知识。

大数据存储、清洗和集成

这里指的是在确认数据来源的可靠和可用时，对大规模数据集的存储和管理。数据的爆炸式增长使得对数据存储和管理的要求也更严格。我们认为大数据的存储是大数据科学的第三个要件。存储设施需要提供具有可靠存储空间的信息存储服务，同时提供有效的访问界面，以满足对大量数据的查询和分析之需。

对大数据的大量研究促进了大数据存储机制的发展。现有大数据存储机制自底向上可以分成三种：文件系统，数据库，编程模型。文件系统是上层应用的基础。谷歌的 GFS 是一个可扩展的分布式文件系统，支持大规模、分布式、数据密集型应用。GFS 使用廉价的商业服务器保证容错性，提供给顾客高性能的服务。微软开发了 Cosmos 以支持其搜索和广告业务。脸书采用 Haystack 来存储大量的小尺寸照片。

确定清洗数据、预处理数据的策略是很重要的，这些策略是根据需求来确定的，包括如何处理数据中缺失的部分和发生变更的部分。进行数据清洗时，需要识别不正确的、不完整的或不合理的数据，然后修改或删除这些有问题的数据以提高数据质量。数据清洗通常包括五个互补的过程：定义和确定错误种类，搜索和识别错误，修正错误，将错误类型和错误例子记入档案，修改数据录入过程以减少未来出错的可能性。

数据清洗过程中，需要检查数据的格式、完整性、合理性和所受限制。数据清洗对于维护数据的一致性至关重要，在很多领域里都得到应用，比如银行、保险、零售业、电信和交通管制等。在电子商务中，大多数数据是电子采集的，可能会有各种各样的数据质量问题。传统的数据质量问题主要来源于软件缺陷、定制错误或者系统配置错误。部分电子商务采用爬虫以及定期转录顾客和账户信息的方式进行数据清洗。

数据集成是现代商业信息化的基石，其综合来源于不同数据源的数据，为用户提供一个统一的数据视图。这是传统数据库成熟的研究领域。曾经有两种方法被广泛采用：数据仓库和数据联合。数据仓库技术包括一个 ETL（提取、转换和加载）过程。提取过程包括连接到数据源，然后选择、采集、分析、处理必要的数据。转换是指执行一系列规则，将提取的数据转换成标准形式。加载意味着将提取、转换得到的数据存入目标存储设施中。

2.3.2 数据挖掘与分析

我们将数据挖掘分成三类，即关联分析、分类和聚类分析。将机器学习分成三类：（1）有监督学习，例如回归模型、决策树等；（2）无监督学习，例如聚类、异常检测等；（3）其他形式的学习，例如强化学习、迁移学习、主动学习和深度学习（见图 2.10）。数据挖掘和机器学习是紧密相关的。数据挖掘是在大数据集中发现模式的计算过程，涉及人工智能、机器学习、统计学和数据库系统的综合应用。数据挖掘过程的整体目标是从数据集中抽取信息，并转换成一种可理解的结构以备将来所用。除了原始的分析，还涉及数据库和数据管理、数据预处理、数据建模和推理思考、兴趣度量、复杂性研究、对发现的结构的后处理、可视化以及在线更新等。

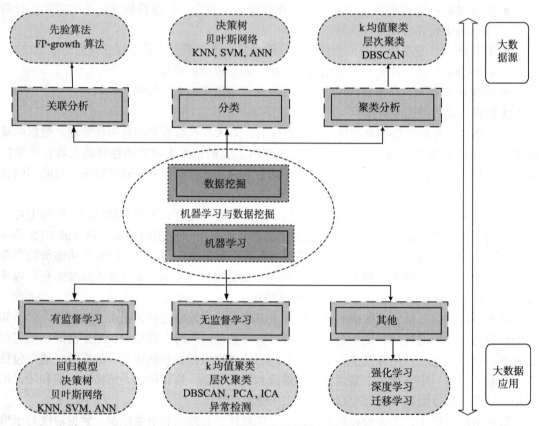

图 2.10　数据挖掘与机器学习的关系

　　机器学习研究算法的构建和学习，这些算法可以从数据中学习或者根据数据做出预测。算法从输入的样本数据中构建模型，从而得到基于数据的预测或者决策方案，而不是严格地遵循程序的指令。这两个术语容易混用，因为它们通常使用同样的方法，而且高度重叠。机器学习更接近于应用和用户端。它关注的是根据训练样本集学习得到的特性来做预测。

　　数据挖掘更接近于数据源。它关注从数据中发现未知的特性，也是在数据库中发现知识的分析步骤。如图 2.10 所示，典型的数据挖掘技术被分成三大类：关联分析，包括 Apriori 和 FP-growth 算法；分类，包括决策树、支持向量机（SVM）、k 最近邻（KNN）算法、朴素贝叶斯和贝叶斯信任网络，以及人工神经网络（ANN）；聚类分析，包括 k 均值、层次聚类和无噪声应用的基于密度的空间聚类。

有监督机器学习

　　有监督意味着机器学习（ML）方法是用标注过的样本数据集进行训练的。这类方法包括回归模型、决策树、支持向量机、贝叶斯分类器、隐马尔科夫模型和深度学习，这些都将在第 6 章予以介绍。

无监督机器学习

　　这类方法在建立预测模型时，没有用样本训练。这类方法包括降维、主成分分析

（PCA）、聚类等，也将在第 6 章予以介绍。

其他机器学习技术

这一类包括强化学习和马尔科夫决策过程（MDP），它们提供了一个根据环境信息决策建模的数学框架，输出部分是随机的，部分会受控于决策者。另一类是迁移学习模型，这类方法的目的是减少所用的时间，降低劳动强度，从而节省成本。在迁移学习中的标注和确认操作后，就可以建立数据集。

2.3.3　在云平台上提升数据分析能力

在网络服务器的日志、互联网点击流数据、社交媒体活动报道、移动手机的呼叫记录、物联网设备或传感器捕获的信息中，大数据的来源必须受到保护。大数据分析可以采用的软件工具通常用于高级分析中，例如预测分析和数据挖掘。图 2.11 对比了今天的云分析与过去传统小数据集上的基本数据分析在目标和需求上的不同（基于 2016 年的标准）。

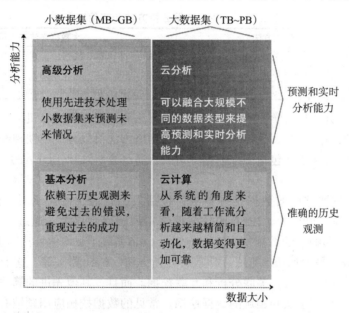

图 2.11　从小数据集（MB ～ GB）的基础分析到大数据集（TB ～ PB）的复杂云分析的演变

过去，我们处理数据容量为 MB ～ GB 级的"小数据"对象。2015 年的标准数据显示，在 X 轴方向，从小数据转变到"大数据"，数据容量从 TB 增加到 PB 级。而在 Y 轴方向，我们按两列由下向上显示了分析能力的两个层级：准确的历史观测、预测和实时分析能力。性能空间被分为 4 个子空间：

1. 小数据上的基本分析依靠历史观测数据，帮助避免过去的错误，以借鉴过去成功的历史经验。

2. 小数据上的高级分析系统通过采用先进的技术，分析未来的场景，以提升分析能力。

3. 现在来看云计算，大多数现有的云以流水线方式提供更好的协同分析工作流和自动方式，但仍然缺少预测能力和实时处理能力。

4. 对于理想的云分析系统，我们期望能够以流模式处理可扩展的大数据，同时拥有预测能力。

　　传统的数据分析使用合适的统计方法，分析大量的一手和二手数据，在大批量有噪声的数据中精选、抽取和精炼有用信息，识别其中与主题相关的内在规律，以便发挥数据的最大功用和价值。数据分析作用巨大，既可以指导国家制定发展计划，也可以帮助企业理解用户需求，预测市场趋势。对特定类型数据的分析更能体现大数据分析的价值。因此，许多传统数据分析方法仍然被用于大数据分析。后续会介绍一些有代表性的传统数据分析方法，其中有些是来自统计学和计算机科学。

　　数据分析系统经常用于云中的机器分析和机器学习任务。表 2.10 总结了一些大数据分析方法和常用工具。下面简要介绍这些数据分析操作，更多介绍放在第三部分和第四部分。原始数据可能是结构化的（例如关系数据库），或者是半结构化的文本，也可以是图形或者视频数据，甚至是分布在网络上的各种数据。用于发现知识的方法可能是数学方法或者非数学的，可能是推理，也可能是归纳。发现的知识可用于信息管理、查询优化、决策支持、过程控制或数据维护。

表 2.10　一些大数据分析方法和实用工具

	传统方法	大数据方法和工具
数据分析方法	聚类、因子、相关性、桶测试、回归、统计、数据挖掘等	Bloom 过滤器、散列法、索引、MapReduce、Hadoop、Spark、Yarn 等
常用分析工具	R、Excel、Rapid-i (RapidMiner)、LNMINE、Impala、Spark MLlib、GraphX 等	

　　挖掘方法通常分成机器学习方法、神经网络方法和数据库方法。机器学习又进一步分成归纳学习、基于案例的学习、遗传算法等。神经网络方法可以分成前馈神经网络、自组织神经网络等。数据库方法主要包括多维数据分析或者联机分析处理（OLAP），以及面向属性归纳的方法。

　　人们开发了各种各样的数据挖掘算法，包括人工智能、机器学习、模式识别、统计学、数据库社区等。2006 年，IEEE 的数据挖掘系列国际会议上，通过一个严格的评选程序，确定了十大有影响力的数据挖掘算法，包括 C4.5 算法、k 均值算法、支持向量机方法、Apriori 算法、EM（最大期望）算法、朴素贝叶斯方法、Cart 算法等。这十个算法涵盖了分类、聚类、回归、统计学习、关联分析和互联挖掘。而且，其他先进的算法，例如神经网络和遗传算法，可以被用于认知领域的数据挖掘。常见的数据挖掘应用领域有游戏、商业、科学、工程和监管等。数据挖掘也经常被看作数据库中的知识发现（KDD）。

91

例 2.6　云上的数据分析应用系统情境

　　图 2.12 所示为在现代云上运行大数据分析的工作流。这个图说明了数据从可能的来源（比如关系数据库或者数据仓库）到数据管理阶段所涉及的预处理、过滤、融合以及其他转换操作。清洗过的数据集进入分析建模阶段。最后，分析被选中的模型。这里有两个反馈循环。分析过的数据反馈给底层循环以训练建模过程。高层的循环反馈回预处理阶段，不断迭代这个处理过程以达到优化的目的。

　　数据分析将为未来的所有智能云提供必要的系统支持。图 2.12 显示的是不同云上数据分析应用的系统情境。这些包括（图中顶层的）数据云、云计算平台即服务的云（例如 Azure）和有深度学习能力的分析云。图中的中间层支持物联网感知数据的分析和可视化。图的底层方框中是各种类型的应用。其中，谷歌地球提供了一个用户友好的、基于地理信息系统的导航和定位应用。由此可见，大数据如果与云和物联网的智能应用结合起来，一定会

92

快速增长。

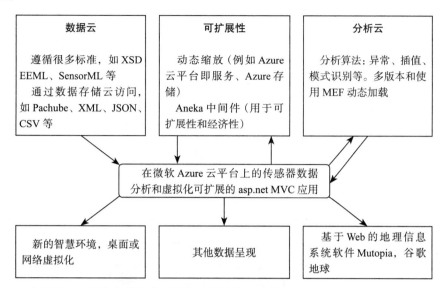

图 2.12 在不同云上的数据分析应用系统环境（来源：J. Gubbi et al., "Internet of Things (IoT): A Vision, Architectural Ele ments, and Future Directions." *Future Generation Computer Systems* 29 (2013).）

在美国，由美国国防部高级研究计划局开发了拓扑学数据分析程序，目的是发现大规模数据集的基本结构。为了使用大数据分析，大多数用户宁愿使用云集群中的固态硬盘（SSD）和分布式磁盘这样的直接连接存储。传统的存储区域网络（SAN）和网络连接存储速度太慢，已经不能适应大数据分析的需要。云设计者必须考虑系统性能、商品基础设施、低成本和对查询的实时响应等问题。

云访问的潜在问题也是云使用过程中的一个主要关注点。随着数据集的急剧增长，另一个关注点是可扩展性。共享存储具有快速的优势，但是缺乏可扩展性。大数据分析的专业人员宁愿采用大集群中的分布式存储，因为这样具有可扩展性，价格也低廉。制造业的大数据需要透明的基础设施。未来的制造业需要的是接近于零的停工期、生产有效性和高生产率。

2.3.4 支撑大数据分析的云资源

云生态系统正在向着大数据应用变化。云计算、物联网感知、数据库和可视化技术是大数据分析必不可少的。这些技术是认知服务、商务智能、机器学习、人脸识别、自然语言等的基础。我们将在第 9 章介绍一种叫作张量的多维数据向量，在 TensorFlow 的库中有这样的内容。其他对大数据管理很重要的技术包括数据挖掘、分布式文件系统、移动网络、深度学习芯片和基于云的基础设施。

大数据云平台架构

通常，我们采用层次结构构建大数据计算云，如图 2.13 所示。底层是基础设施管理，处理资源供应，部署可用资源，监控整个系统的性能，并安排云中的工作流。所有大数据元素采集自数据池中的各种源。数据可能是结构化的，也可能是非结构化的，或者是流模式中流动的数据。这样的数据池存储的不仅有大数据的原始数据，而且包含其元数据。

在中间层，我们需要提供各种视图和索引，使数据可视化和易于被访问。这包括地理信

93 息数据、语言转换机制、实体关系、图分析、流索引等。其上一层是云处理引擎，包括数据挖掘、发现和分析机制，以实施机器学习、警报和数据流处理操作。在顶层，我们需要报告和展示分析结果。这一层包括可以提供仪表板式报告和查询界面的可视化技术。展示形式可以是柱状图、条状图、图表或者视频等。

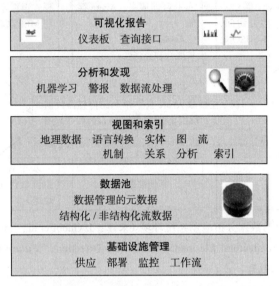

图 2.13 大数据处理和分析应用的云平台的分层开发

大数据处理引擎中的工作流

图 2.14 展示的是典型大数据分析云中的工作流概念。大数据就是从顶层各种数据源得到的数据块或者数据流。云平台资源被分成四个基础设施部分：主要是通过云核心的大服务器集群来存储、检索、转换和处理数据流。管理设施和安全单元控制着左半边的数据流。中部的数据流控制机制通过左部的云引擎来管理和保证数据流动的安全。这个引擎要执行各种数据的转换工作，包括采集、聚合、匹配和数据挖掘，然后才把抽取的或存储好的数据提供给底层的各种应用。

云分析需求

94 下面列出的是设计大数据应用的智慧云必须涉及的核心主题。在云分析系统的支撑架构中，数据基础设施通过云控制数据流，数据转换部分是数据挖掘和分析处理的核心，管理和安全机制保护着云存储和处理引擎，加强数据的隐私和访问控制。

- 非结构化数据：传统关系数据库不支持非结构化数据。因此，要用 NoSQL 来处理来源于有噪声的、脏数据源的不完整数据。这些数据通常缺少真实性或者不可追踪。许多博客或社交信息很难验证，这就需要数据过滤和完整性控制措施。
- 社交图、API 和可视化工具是有效处理非结构化社交媒体数据所必不可少的。这需要物美价廉的云和分布式文件系统用于聚合、存储、处理和分析大数据。可以采用自底向上的分析策略来揭示大数据中的未知结构和模式。
- 大数据云需要一些用于数据分析的软件工具。后续章节中，我们将介绍一些大数据分析用的开源或者商业工具。这些工具只有集成在一起才能使它们的协同效果最大化。商务智能也应该升级到可以做归纳统计，或者能支持关键决策中的预测分析。

- 机器学习和云分析算法大量用于有监督学习、无监督学习或深度学习。第 6 章将讨论这些内容。数据科学家必须有足够的领域知识、统计数据挖掘知识、社会科学和编程技能，这些都需要跨领域的各行业专家一起合作。
- 数据管理和安全需要数据隐私、完整性控制、SLA 遵从性、可审核性、信任管理等技术。全球范围内都应该部署安全控制。数据私有化保护应该在更细致的层面上进行访问控制。

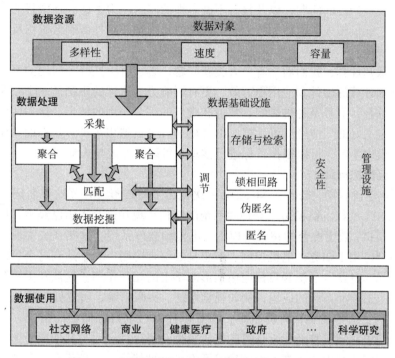

图 2.14　大数据计算应用中现代云系统的概念架构

95
~
96

2.4　神经形态硬件与认知计算

人类的认知和智能是互相紧密支持的。这很像把机器智能与计算中的认知服务器连接在一起。本节我们将机器智能与大数据应用连接起来。机器智能是物联网感知和数据分析能力与智慧云结合的产物。我们将比较最近几年开发的一些认知计算技术和原型系统，介绍 IBM 公司在 Almaden 研究中心的 SyNAPSE 研究计划，以及谷歌的 Brain 团队和 DeepMind 项目。

2.4.1　认知计算与神经形态处理器

认知科学是跨学科的，它涉及心理学、人工智能、神经系统科学、语言学等多个领域。它横跨了很多分析层次，从低层次的机器学习和决策机制，到高层次的用神经形态电路构建类脑计算机。认知科学的概念与思维有关，这种思维可以通过神经系统的结构表征，并通过这些结构起作用。

神经信息学试图将信息科学的研究和脑建模联系起来，从而促进这两个科学领域的研究。传统的基于计算机的信息学促进了大脑数据处理和控制。通过硬件和软件技术，我们可以在大脑建模方面做各种研究，比如利用数据库、建模和通信技术等。或者反过来，神经科学的更多发现可以帮助开发新的类脑计算机模型。认知计算是认知科学和计算机科学这两个领域合作的结果。

多年来，我们致力于构建一个能像人类学习那样计算的计算机，方法是通过训练使其具备人类的感觉和智能。这样的类脑计算机可以采用特定的能够模拟人脑基本功能的硬件和软件来构造。这种计算机能够处理模糊问题，具备主动认知功能。它能够处理传统计算机不能处理的一些模棱两可的问题，以及具有不确定性的问题。为了达到这个目的，我们需要一个认知机器，它能模拟人脑模型和感觉，可以学习、推理、对外部刺激做出反应，具有自主性，而且不会疲劳。

要想实现认知计算，我们面临着一大类新问题，必须解决这些新问题的可计算性设计方案，才能让认知计算的硬件和应用更有效、更有影响力。这样的系统是一个综合系统，不仅是各种信息的综合，而且是各种影响、情境和观点的综合作用的结果。换句话说，认知计算系统使一些被定义好的"情境"可计算。IBM的研究者创造出了神经形态的系统，这个系统可以在一定规模内学习，可以根据目标进行推理，可以自然地与人交互。

什么是神经形态计算

20世纪80年代后期，Carver Mead第一次提出了神经形态计算这一名词，即采用超大规模集成（VLSI）模拟电路模仿人类神经系统的结构。现在这个术语已经被扩展到用来描述模拟、数字、模拟/数字混合的超大规模集成电路和软件系统。这些系统实现了神经系统的模型，这个模型可用于知觉、电机控制、多感觉的综合应用。为了达到这个目的，第一步是理解单个神经元、电路、系统和目标应用在形态学上的相互作用。这涉及用机器学习或者深度学习来设计人工神经系统的应用，例如视觉系统、头眼系统、听觉处理器和自主机器人。

在传统的冯·诺依曼架构计算机中，CPU顺序执行取自存储器的指令。相反，神经形态计算系统采用了在大量神经元上计算的连接模型，每个神经元与其他成千上万个神经元通过突触通信。不同研究中心正在实施的项目开发了这种架构，并且正在开发利用神经计算机优势的编程环境。30多年前，Mead就发现了生物计算消耗的能量特别小。然而，工业界的跟进还很有限，直到最近几年，关于人工智能和认知服务的研究兴趣才出现高潮。

认知计算和应用的系统特征

神经形态系统重新定义了人类和他们周围的数字化环境间的关系。神经形态系统扮演的是用户的助理或教练的角色，在许多环境下，它可以虚拟地自动运行。一般有三种方法用于认知计算应用：（1）使用计算机或者云服务器上的软件库来实施机器学习；（2）使用替代表示形式和算法来建立人工神经计算机的输入和输出间的联系；（3）用神经芯片实现类脑计算机，以实现机器学习和智能。认知系统的计算结果可以是建议、指令或者实际的指导。认知系统应该具备以下特征。

- 自适应学习：认知系统可以在信息、目标和环境发生变化时进行学习。它可以解决模棱两可的问题，能够容忍不可预测性。认知系统可以被改造成实时或近实时地处理动态数据。
- 与用户交互：用户可以以向系统提出需求的方式来训练系统。系统也可以与其他处理器、设备和云服务交互，就像与人交互一样。
- 迭代和状态性：如果一个问题的陈述是模棱两可的或者不完整的，系统可以通过提问或者寻找额外的源输入来重新定义问题。系统会通过迭代"记住"以前的交互。

- 信息发现的上下文相关性：系统可以理解、识别和抽取上下文元素，例如意义、语法、时间、位置、合适的领域、规则、用户偏好、过程、任务和目标等。系统可以借鉴多个信息源的信息，包括结构化的和非结构化的数字信息，也可以是感官信息输入，例如视觉、姿势、听觉等，或者是传感器提供的信息。

认知计算平台已经在商业中应用，并且开始进入现实生活。接受和使用这些认知计算平台的组织开发了很多应用，每一个应用都是用现有功能的组合来实现其特定的使用情境的。

现实世界这样的使用例子包括：语音理解、情感分析、人脸识别、选举观点、自动驾驶和深度学习应用。在认知计算平台供应商的博客网站上，有更多的例子帮助阐明一些现实生活应用的可能性。

认知系统不同于现有的计算应用，因为它们不是简单列举，而是基于预先设定的规则和程序来计算。它们可以执行基本的计算，同时也能推理，甚至基于广泛的目标进行推理。同时，也可以在现有的信息系统中集成或利用认知计算系统，可以是扩展应用领域，或扩展特定任务的界面和工具。一些现有商业应用已部分具备了上述特征。

神经形态处理器和神经处理单元

几十年来，CPU、GPU 和 DSP 一直是传统通用计算、图形处理和信号处理应用的芯片。现在，为了满足深度学习和认知应用的需求，芯片制造商急需升级芯片。过去，大多数 CPU 和 GPU 芯片促成了多核或者众核的微架构。然而，机器学习算法是在这些芯片上用软件实现的，这样基于传统 CPU 和 GPU 的实现可能无法满足实时响应的性能需求。

为了解决这个问题，人们逐渐开发出了很多特定应用或者神经形态处理器，例如张量处理单元（TPU）或者神经处理单元（NPU）。这些新的芯片就是用来加速训练、学习和人工神经网络（ANN）或者深度卷积神经网络（DCNN）应用的。我们将在第 7 章介绍 ANN 和 DCNN。表 2.11 总结了几种神经形态处理器或者认知处理器，它们是近几年由 IBM、Nvidia、Google、Intel、Qualcomm 和中国科学院（CAS）研制的。

表 2.11　2016 年之前开发的神经形态处理器和神经处理单元

处理器	简要的技术描述和当前状态
Nvidia 特斯拉 P1000 GPU	Nvidia 为 OpenAI 项目开发的针对超级计算机 DGX-1 上 AI 应用中的流处理、图处理和深度学习。GPU 必须与 CPU 联合工作
英特尔 Xeon Phi 处理器 Knights Mill	英特尔的 Kinghts Hill 处理器基于 10 纳米的众核技术。它是从 Xeon Phi 处理器扩展的，目的是加速深度学习应用。与 GPU 或 TPU 不同，英特尔设计的是一个独立的处理器，不用附加到某个 CPU 上
IBM SyNAPSE 研究计划中的 TrueNorth 芯片	2.4.2 节提到，深度学习芯片包含 160 万个神经元和 40 亿个突触。IBM 的 Almaden 研究中心构造出了一个原型系统
IBM 苏黎世研究中心构建的神经计算机	相变神经元芯片是用 GST 技术在纳米尺度上设计的
Cambricon NPU	Cambricon 是中国科学院构造的神经处理单元，并配有专为深度神经网络计算设计的特定指令集
谷歌 TensorFlow 中的 TPU	TPU 是一个加速模块，特别为提升 CPU/GPU 在 AlphaGo 比赛中的性能而设计（见 9.3 节）。第 9 章将介绍 TensorFlow 计算
Cadence Tensilica 公司的 Vision P5 和 Synopsys EV DSP	这两种处理器都在它们现有的 DSP 芯片基础上做了升级，将传统的 SIMD DSP 芯片转换成可以用于神经网络处理，而不是纯神经处理单元
Qualcomm Zeroth NPU	这是一个 AI 加速平台，目的是在像 Snapdragon 820 处理器这样的移动设备上实施深度学习。它针对图像或声音处理，以及语音 / 人脸 / 姿势识别，并希望延长电池寿命。软件只局限在移动设备上运行，而不是在云上

2.4.2　IBM SyNAPSE 与相关的神经类脑计算机项目

本节介绍 IBM、Nvidia、Intel 和中国科学院开发的一些用于认知计算的新处理器芯片、非冯·诺依曼架构和生态系统。这些项目还处在研究阶段，但它们代表了正在兴起的认知与计算结合的技术，这些技术可以提升人类的能力，增进对环境的理解。

IBM Almaden 研究中心的 SyNAPSE 计划

IBM 有一个 SyNAPSE 计划，目的是开发认知计算的新硬件和软件。这个项目是美国国防部高级研究计划局资助的。2014 年，IBM 在《科学》杂志上发表论文介绍了他们制造的神经突触计算机芯片的设计，这个芯片叫作 TrueNorth 处理器（见图 2.15）。这个处理器可以用与人脑同样的能量消耗模拟人类大脑的计算能力。芯片设计的功能使很多应用得以实现，例如帮助视障人士在生活环境中安全行进。

图 2.15　IBM Almaden 研究中心构建的神经计算系统原型（引自 D. Modha's Brain-Inspired Computing website: http:// www.modha.org/）

这个芯片可以将类超级计算机的能力放在一个邮票大小的微处理器上。芯片的设计目的不是解决那些需要大量数学计算的问题，而是用来理解它的环境，处理模棱两可的问题，并且根据实际情况实时采取措施。据估算人脑平均有 1000 亿个神经元和 100 万亿到 150 万亿个突触。TrueNorth 芯片模拟人脑，有 54 亿个晶体管互相配合工作，其中大多数被 IBM 放在了一个芯片上。芯片有 100 万个可编程的神经元和 2.56 亿可编程的突触。这种突触式芯片可以用于提升小型救援机器人，或是自动区分会议中的各种声音，并准确记录每个发言人的内容。

其他可能的应用还包括海啸预警、溢油监控或者航道规则执行。更让人称奇的是，这个芯片执行上述功能时消耗仅仅 70mW 的能量，只相当于一个助听器消耗的能量。这种芯片还处在原型阶段。IBM 在一次会议上宣称，他们将花费 30 亿美元来推动这种计算机芯片未来的发展，并探究它的认知服务潜能。在生物认知系统中的复杂操作并不需要大的计算量。例如，采用现有芯片的机器人在行进途中遇到柱子时，它是否能避免碰到柱子，取决于它的图像处理能力、它拥有多少计算资源以及能量供给能力。相反，一个采用突触式芯片的机器人不需要消耗什么能量就会发现柱子从而避免危险，就像一个人能做到的那样。

1948 年以来的计算机主要都是基于数学系统的冯·诺依曼架构的计算机，专家相信像 SyNAPSE 的 TrueNorth 那样的芯片能够突破冯·诺依曼计算机的性能极限。IBM 希望借助这种芯片提供的具有视觉、听觉和多感官的应用，为科学、技术、商业、政府和社会带来革命性的发展。这只是迈出了设计基于人脑模型的未来计算机的第一步。

IBM 苏黎世研究中心的神经形态硬件设计

IBM 的苏黎世研究中心正在开发另一个类神经计算机。2016 年，他们宣称用纳米技术建造了世界上第一个随机相变人工神经元。这使得计算操作或者学习系统有可能通过编程实现。研究团队用 500 个该神经元阵列建立了一个原型神经计算机系统，并让该神经元阵列模拟人脑的工作方式进行信号处理。

这样的相变神经元是用 GST 纳米技术建成的。GST 分别代表锗、锑、碲，可以在纳米时间改变相位。神经元的尺寸非常小，这样就有可能比传统硅芯片计算机更快改变状态，而且功耗极低。IBM 设计的神经元的随机特性意味着，不同时间同样的输入信号在相变神经元处理下的输出会有微小的不同。这与人脑生物神经元的处理特性非常相似。图 2.16 所示为 IBM 神经形态处理器阵列设计的相关概念。

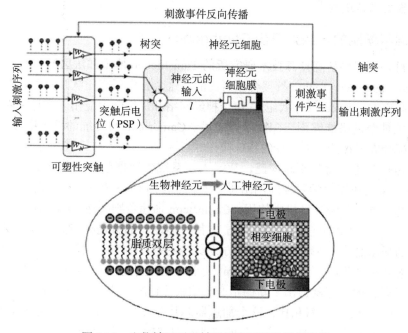

图 2.16　生物神经元和神经形态硬件设计的比较

顶层的神经元细胞是用神经薄膜做的，神经薄膜从树突接收汇总后的输入信号，产生刺激事件作为输出沿着轴突传导到其他神经元。输入末端由可塑性突触形成，这个突触接收输入刺激序列以及反向传播的刺激事件序列。这些突触产生突触后电位信号作为输出传递到神经元细胞。神经薄膜是神经元的核心。在图 2.16 的底部，生物神经元和人工神经元被画在一起进行比较。生物神经元用脂质双层的神经薄膜做成，而人工神经元则是用相变细胞连接到顶层和底层的电极，如图中下层右部的方框所示。

在其他情形下，不管是神经薄膜还是相变细胞，它们像电阻和电容的工作机理那样控制

101

着神经信号流通，同时吸收能量。当能量吸收到一定程度时，它就产生自己的信号让附近的神经元兴奋起来。这个过程重复进行。IBM 的神经元设计中，相变细胞由 GST 纳米材料复合而成。这些 GST 细胞执行随机相变操作。仅用相当低的激光或电能，细胞就可以模拟二进制的两个状态间的变化：晶体态和无定形态。晶体态导电，无定形态不导电，不产生兴奋信号。

[102]　　　由于人体中有太多噪声影响神经元，生物神经元的工作具有随机性。IBM 的研究人员为人工神经元制造了同样的随机行为。这样，没有人能够预测每个周期中信号什么时候产生。重要的是，人工神经细胞是用 GST 材料构造的，尺寸极小（据报道只有 90 纳米），能耗极低，在无故障的情况下，即使使用亿万次，也可以有很长的寿命。这被认为是近年来人工大脑构造研究的里程碑式突破。

　　　当非常大数量的神经细胞共同作用时，系统在决策和认知计算方面就具有了与人类大脑竞争的可能性。根据 IBM 研究人员的说法，他们正在构造一个 10×10 的细胞整列，就像构建大楼一样。用 5 个这样的小阵列，他们就能建造一个 500 个神经元的大阵列。这是为了继续模拟人脑的功能。这个原型可以像人脑一样计算。有了 N 个人造神经元，系统就可以有 2^N bit 的信息，N 可以足够大。一个 GST 芯片可以容纳成千上万个人工神经元。这意味着认知计算的未来越来越接近现实。

2.4.3　中国科学院的神经处理器 Cambricon

　　　这个项目是中国科学院计算技术研究所的 Tianshichen 博士和法国国家信息与自动化研究所（INRIA）的 Oliver Tenam 教授合作研究的。这个合作研究团队开发了一系列的硬件加速器，名字叫作 Cambricon（寒武纪），用于神经网络和深度学习应用。芯片做成一个突触处理器，使人工神经网络能够用于深度学习应用。Cambricon 与传统的冯·诺依曼架构不同，主要是为了配合人工神经网络计算的特殊操作。

　　　机器学习任务正变得越来越广泛，从嵌入式系统到数据中心，无处不在。例如，深度学习算法使用卷积和深度学习神经网络（第 7 章将介绍 CNN 和 DNN），需要很长的学习周期才能被训练成能在传统计算机中使用。Cambricon 加速器则关注使用大规模 CNN 和 DNN 的方案。这个 ICT- INRIA 合作团队证明了一种可能性，那就是构建高吞吐量的、能以 452 GOP/s 运算的加速器（以突触式权重相乘方式实现关键的神经网络操作）是可行的。

　　　这个硅芯片尺寸很小，只需要 $3.02 \mathrm{mm}^2$ 大小的空间和 485mW 的功耗。为了充分使用这样的类脑处理器，团队还制造出了新的指令集架构（ISA）。与 128 位 2GHz 的 SIMD（单指令多数据流）的 GPU 加速器相比，这个加速器芯片速度快了 117 倍，而运行能耗降低到了原来的 1/21。由于采用了扩展 64 位芯片的机器学习架构，团队实现了在一个 GPU 芯片阵列上的计算，计算速度提高 450 倍，功耗降低到原来的 1/150。

[103]　　　通过跨国努力，面向人类的认知计算越来越接近现实。为特定目的开发的基于神经元突触的处理器已经在多核或众核处理器芯片上应用，也有人在使用大量这样的芯片构建未来的认知超级计算机。在第 6 章和第 7 章，我们还会讨论机器学习和深度学习算法，这些算法可以用于设计未来的认知计算系统。

2.4.4　Google TPU 与相关的人工智能应用

　　　研究机构和工业界有大量的语音识别需求。如果能够拥有一个智能录音机，它能听懂人类说的话，处理文档中的文本报告，那就太令人高兴了！类似地，联合国需要自动语言翻译系统，不仅是文本到文本的翻译，而且需要语音到语音的翻译，以及将文本翻译成不同的语言。本节，我们将简单介绍谷歌的人工智能程序。更多细节将在后面第 9 章讨论 TensorFlow 编程工具时介绍。

例 2.7　谷歌大脑团队开发出新的人工智能产品

　　谷歌的大脑项目开始于 2011 年，是由 Jeff Dean、Greg Corrado 和 Andrew Ng 合作研究的。他们造出了一个大规模、深度学习的软件系统，叫作 DistBelief，这个系统建在谷歌云计算基础设施的顶层。2012 年，《纽约时报》报道，一个有 16 000 个计算机的集群模拟了人脑的部分活动，它通过 1000 万张从 YouTube 视频中得到数字图像训练自己，最后成功地识别出了一只猫。图 2.17 列出了各种谷歌大脑团队开发的主动认知产品。

图 2.17　深度学习在谷歌大脑项目上的前景

　　2013 年，作为深度学习领域的领军人物，Geoffrey Hinton 加入了谷歌。结果是，谷歌获得了 DeepMind 技术，而且发布了 TensorFlow。谷歌大脑团队开发的著名产品，包括安卓语音识别系统、谷歌照片检索和 YouTube 视频推荐系统。这个团队也开发了移动和嵌入式机器智能应用，先在安卓上开发，再移植到 iOS 服务上。而且，大脑团队和谷歌 X 团队合作，也和 NASA 的量子人工智能实验室合作研究关节空间。

　　2016 年 5 月，谷歌宣布为实现机器学习定制了一个专用集成电路芯片（ASIC），这个新产品经过改进可以用于 TensorFlow 编程。他们在数据中心安装上了这些 TPU，一年以后，发现它们在机器学习操作中完成任务时，每瓦特性能增益巨大。

　　TPU 是一个支持 TensorFlow 计算的大容量、低精度（例如 8 位）计算的预训练芯片。当 TensorFlow 程序改变时，TPU 确实是可编程的。TPU 很可能由两个最大的芯片生产商制造：台积电和格罗方德半导体股份有限公司。第 9 章会提到，TensorFlow 为深度学习应用提供了软件平台。TPU 加速了 TensorFlow 的计算。TensorFlow 支持下的安卓系统可用于移动计算。英特尔也优化了他们的高端服务器处理器，同样是为了最终实现神经计算。

Google 的 DeepMind AI 计划

　　2010 年，一家英国人工智能公司开始研究 DeepMind 技术，为此他们得到了英国剑桥计算机实验室颁布的 2010 年"年度公司"奖。随后，在 2014 年 DeepMind 被谷歌以 5 亿美元收购。这个项目使用了自己学会玩游戏的卷积深度网络来模拟人脑的短时记忆。AlphaGo 系统中用了多个 TPU。下棋过程涉及巨大的搜索空间，所以，无论是人类棋手还是计算机，围棋都是非常复杂的游戏。

　　1997 年，IBM 的深蓝计算机在公开赛中打败了国际象棋大师卡斯帕洛夫。从那时起，最厉害的人工智能程序下围棋就只达到业余 5 段的水平，如果不让子的话，根本无法战胜人类专业棋手。例如，天顶围棋程序（Zen）是在 4 个个人计算机的集群上运行的，分别在让 4 子和 5 子的情况下两次战胜了武宫正树（9 段）。疯石围棋（Crazy Stone）则在让 4 子的情况下战胜了石田芳夫（9 段）。

围棋是用黑子和白子在 19×19 的方形格状棋盘上落子的游戏。这个游戏有一棵复杂度为 b^d 的搜索树，b 是游戏的宽度（在每个状态下的合法走步数），d 是深度（在游戏结束前走的步数）。这意味着让计算机采用穷举搜索的方法判断谁会取胜是不可能的。在 2016 年 3 月以前，没有计算机战胜过人类棋手。事实上，围棋比任何其他棋类都要复杂得多。这是因为在围棋的棋局中，存在着非常巨大的可能走法。其复杂性涉及深度走步，就是给出对每一步走法的准确评估，即使是专业棋手也不可能判断特定步数之外的输赢。

AlphaGo 研究项目大约是 2014 年的时候开始的，目的是测试使用深度学习的神经网络如何才能战胜围棋专业棋手。AlphaGo 是对以往围棋程序的伟大超越。在与其他围棋程序的对弈中，在多台计算机上运行的 AlphaGo 取得了 500 场胜利。2015 年 10 月的一场比赛中，AlphaGo 的分布式系统使用了 1202 个 CPU 和 176 个 GPU。在 2016 年 1 月，这个团队在《自然》杂志上发表了一篇文章，描述了 AlphaGo 使用的算法。2016 年 3 月，这个计算机程序在 5 番棋比赛中，以 4:1 的成绩战胜了 9 段棋手李世石。

AlphaGo 没有因为要与李世石比赛而做特别的针对性训练，它的取胜完全是依靠机器智能，没有任何的让子。尽管它输了第四场，李世石最终还是认输了。为了褒奖 AlphaGo 打败李世石，它被韩国棋院授予荣誉 9 段的称号。谷歌的 DeepMind 程序是为了解决高难度的智能问题而开发的，希望能充分利用机器学习和神经系统科学的优势。

AlphaGo 和李世石的比赛证明计算机被训练后是可以完成人类的智能处理任务的。除了围棋，人们也用相似的程序测试了 7 个 Atari 视频游戏（Pong/乒乓，Breakout/打砖块，Space Invaders/太空侵略者，Seaquest/深海巡弋，Beamrider/激光骑士，Enduro/摩托大战和 Q*bert/波特 Q 精灵）。所有这些游戏都有完美的战略选择策略，都涉及不确定性信息内容的处理。DeepMind 声称他们的人工智能程序不是预编程的。每一个走步都在 2 秒之内得出。程序从经验中学习，仅用原始像素作为输入。从技术实现的角度看，程序使用了基于卷积神经网络的深度学习技术。

DeepMind 团队提出了一个叫作 Q 学习的基于强化学习的新模式。谷歌 DeepMind 团队开发了一个强化学习系统，取名 Gorila。这个系统是在谷歌的大服务器集群上实现的。在 AlphaGo 和李世石的人机大战中，系统用了 64 个搜索线程、一个有 1930 个 CPU 的分布式集群和 280 个 GPU。并行执行会产生新的交互，系统采用了分布式重播存储器，以减少重复计算。并行学习计算着重播循环的变化率。分布式的卷积神经网络用变化率更新网络。谷歌的 X 实验室还有其他与人工智能相关的程序，例如自动驾驶汽车、无人机送货、智能机器，这些都将在第 7 章介绍。

2.5 结论

本章介绍了大数据科学和认知计算的基础定义和关键概念，目的是让读者在学习后续章节与该领域相关的深度内容前做好准备。智慧云的构建是为了满足物联网感知和大数据分析系统的软硬件需求。第二部分的第 3～5 章陆续深入介绍虚拟技术、云架构、安全性和性能等话题。第 6 和 7 章涉及的是机器学习和深度学习算法。第 8 和 9 章介绍的云编程系统将帮助读者用云来完成手头的练习。

我们提倡各种大数据处理技术的交互与融合。第 5 章的移动云计算部分，将讨论社交媒体网络和云服务的移动访问。2.3.3 节介绍的云架构支持技术将在后续章节的深度数据分析应用中予以扩展。在 2.3 和 2.4 节，我们介绍了数据挖掘、机器学习、数据分析和认知计算的基础知识，本书第三部分和第四部分将深入讨论这些内容。关于设计类脑计算机，以及服务于人工智能相关应用的云，本章只是介绍了一些工业界的初步设想，如 IBM、谷歌和中国科学院的研究项目。

习题

2.1 请做一些研究，然后写一篇关于 SMACT 技术的新评估报告，比较每种技术的优势和劣势。请从相关企业的技术报告或者白皮书中挖掘一些材料，特别是脸书、AT&T、谷歌、亚马逊和 IBM 等主流企业的技术报告。ACM/IEEE 的顶级会议或杂志中出版的论文也可以提供一些非常详细的实用论据。

2.2 简要解释与大数据的 4V 特征相关的问题（面临的挑战）：（1）容量，（2）速度，（3）多样性，（4）真实性。请谈谈和这些挑战相关的资源需求、处理需求和现有局限。

2.3 数据科学中，应用领域专业知识和数学领域或统计学有哪些交集？或者，请解释编程技能和需要的数学知识或统计学背景的交集。

2.4 图 2.2 给出了 2016 年 7 月的技术成熟度曲线。在互联网中查找最新发布的技术成熟度曲线，讨论其中的技术评价，以及被工业界接受的可能性。

2.5 例 1.5 介绍了智慧城市，例 1.6 介绍了医疗云服务。针对这两种云或物联网服务应用，从文献中寻找一些类似的例子。请介绍在你找的例子中，机器学习和大数据分析是如何为人类服务的。

2.6 解释为什么用云处理大数据比用超级计算机处理的性价比更高？为什么大数据科学家需要领域知识？解释有监督机器学习和无监督机器学习的不同。

2.7 表 2.3 介绍了许多公司和研究中心开发的软件工具，其中有三个软件包：MATLAB 算法库，Apache 用于可扩展机器学习的 Mahout，Apache 用于自然语言处理的 OpenNLP。到这些软件工具的网站或其他网络资源上查找它们的功能和使用方法，看看其中哪些是用于大数据计算的。

2.8 设计一个医疗系统，这个系统需包括人体传感器、用于收集人体生理信号的可穿戴设备。这个系统需要具备的功能包括：实时监控，疾病预测，以及慢性疾病的早期诊断。同时设计一个监控和管理系统，系统可以优化分布式医用资源，提供资源分享方案。

2.9 通过视频监控可以进行安全检查，为该应用设计一个视频分析系统。这个系统要能实时响应和准确检查。随着高清相机的使用越来越多，你的系统应该能够实时传送视频监控数据，并跟踪窃贼或罪犯。描述怎样使用人工智能和机器学习技术来分析大量的视频文件，并基于目标特征在运动路径中自动定位犯罪嫌疑人。

2.10 本章介绍了 IBM 的基于 GST 的神经芯片，以及未来用这种芯片构建类脑计算机的可能性。请访问 IBM 苏黎世研究中心的网站，或联系设计团队的成员，了解该项目的更多细节。根据你的调查写一篇技术报告。

2.11 对于 IBM Almaden 研究中心的 SyNAPSE 项目，按第 10 题的要求写一篇技术报告。他们的项目最近发布了更多技术细节，你的技术报告应该更容易写。

2.12 2.4.4 节例 2.7 介绍了谷歌大脑团队的工作，以及 DeepMind 程序。根据你的跟进研究，写一份技术报告。7.1 节有更多关于谷歌人工智能程序的详细介绍。

2.13 研究了 2.2 节关于物联网感知和应用的内容后，请评价图 2.5 中的物联网发展路线图。讨论文献中报道的物联网发展过程中取得的两个里程碑式成就。为了缩小你的评价范围，请聚焦在关于物联网实验的特定商业产品或学术报告中。仅报告硬件、软件和网络技术的进展（不包括销售

107

方面的内容）。

108

2.14 2.4.3 节介绍了中国的 Cambricon 项目，研究 IEEE 的 ISCA、Micro 和 ASPOS 三个学术会议中关于 Cambricon 项目的三篇文章。写一份调查报告，内容是评估他们的进展对于构建类脑计算机的影响，并与传统的 x86 CPU 或 GPU 用于机器学习或深度学习应用的效果进行比较。

2.15 访问 iCloud 的网站（https://www.icloud.com），或者在维基百科中查找苹果 iCloud 的功能和应用服务，并回答以下问题：

(a) 简短地介绍 iCloud 提供的主要服务。根据报道，到目前为止，iCloud 有多少用户？

(b) iCloud 处理哪些类型的数据或信息条目？

(c) iCloud 的服务 Find My Friend 可以用来帮人们找到老朋友。请解释其工作过程。

(d) 如果你的手机丢失或被盗了，iCloud 的服务 Find My iPhone 可以帮助定位你的手机。请解释 iCloud 用于该服务的一些特征。

参考文献

[1] Baesens, B. *Analytics in a Big Data World: The Essential Guide to Data Science and Its Applications.* Wiley, 2015.

[2] Chaouchi, H. *The Internet of Things.* Wiley, 2010.

[3] Chen, M. *Big Data Related Technologies.* Springer Computer Science Series. Springer, 2014.

[4] Ellis, B. *Real-Time Analytics: Techniques to Analyze and Visualize Streaming Data.* Wiley, 2014.

[5] Farnham, S. *The Facebook Association Ecosystem.* O'Reilly Radar Report, 2008.

[6] Gardner, D., and G. M. Shepherd. "A Gateway to the Future of Neuroinformatics." *Neuroinformatics* 2 no. 3 (2004): 271–274.

[7] Gubbi, J., R. Buyya, S. Marusic, and M. Palaniswarni. "Internet of Things (IoT): A Vision, Architectural Elements, and Future Directions." *Future Generation Computer Systems* 29 (2013): 1645–1660.

[8] Han, J., M. Kamber, and J. Pei. *Data Mining: Concepts and Techniques*, 3rd ed. Morgan Kaufmann, 2012.

[9] Hansmann, U., et al. *Pervasive Computing: The Mobile World*, 2nd ed. Springer, 2003.

[10] Hilber, M., and P. Lopez. "The World's Technological Capacity to Store, Communicate and Compute Information." *Science*, 332 no. 6025 (2011).

[11] Hough, A. "Nate Silver: Politics 'Geek' Hailed for Barack Obama Wins US Election Forecast." *The Telegraph* (London), November 7, 2012.

[12] Hwang, K., and M. Chen. *Big Data Analytics for Cloud, IoT and Cognitive Learning.* Wiley, 2017.

[13] Hwang, K., G. Fox, and J. Dongarra. *Distributed and Cloud Computing.* Morgan Kaufmann, 2012.

[14] Hype Cycle, http://www.gartner.com/newsroom/id/2819918, August 2014.

[15] Karau, H., et al. *Learning Spark: Lightning Fast Data Analysis.* O'Reilly, 2015.

[16] Kelley, J., III. "Computing, Cognition and the Future of Knowing." http://www.research.ibm.com/software/IBMResearch/multimedia/Computing_Cognition_WhitePaper, October 2015.

[17] Liu, R. H. *Introduction to Internet of Things.* Science Press, 2011.

[18] Miller, G. A. "The Cognitive Revolution: A Historical Perspective." *Trends in Cognitive Sciences* 7 (2003): 141–144.

[19] Naur, P. *Concise Survey of Computer Methods.* Student Litteratur, 1975.

[20] Silver, D., A. Huang, C. Maddison, A. Guez, L. Sifre, G. Driessche, J. Schrittwieser, I. Antonoglou, and V. Panneershelvam. "Mastering the Game of Go with Deep Neural Networks and Tree Search." *Nature* 529 no. 7587 (2016): 484–489.

[21] Weiser, M. "The Computer for the 21st Century." *Scientific American* (1991).

[22] Zanella, A., N. Bui, A. Castellani, L. Vangelista, and M. Zorzi. "Internet of Things for Smart Cities." *IEEE Internet of Things Journal* 1 no. 1 (2014).

[23] Zaslavsky, A., C. Perera, and D. Georgakopoulos. "Sensing as a Service and Big Data." Proc. Int. Conf. Advanced. Cloud Computing (ACC), Bangalore, India, July 2012, pp. 21–29.

109 ~ 110

Cloud Computing for Machine Learning and Cognitive Applications

云系统架构与服务平台设计

第二部分包括三章，涵盖了云架构、虚拟机、Docker 容器、移动云、物联网、社交媒体以及混合服务。案例研究包括亚马逊 AWS、谷歌云、微软 Azure、IBM SmartCloud、Salesforce 云、SGI Cyclone、苹果 iCloud、NASA Nebula 和 CERN 云。第 3 章为将数据中心转换成云计算奠定了虚拟化基础。第 4 章介绍云架构和服务平台。第 5 章将云服务与移动网络、物联网（IoT）、社交媒体处理及多云混合服务进行关联。此部分共包含 30 余个来自实际应用的云系统和服务示例。

第 3 章 虚拟机、Docker 容器和服务器集群

摘要： 这一章将以软件方式介绍计算机硬件的虚拟化。首先，我们给出创建虚拟机（VM）的不同抽象级。我们将学习如何通过动态部署虚拟集群将数据中心转换为云。我们将探讨 VM 和 Docker 容器架构及其管理问题，以便与工作负载需求相匹配。最后，我们将学习虚拟机的迁移技术以便从故障中恢复。我们还将介绍云软件系统中的虚拟化支持，包括 Eucalyptus、OpenStack 和 vSphere。

第 4 章 云架构与服务平台设计

摘要： 这一章致力于云系统的架构、设计原则和基础设施管理。我们将详细说明多租户市场化云架构及其设计目标。主要云服务模型（IaaS、PaaS 和 SaaS）的特点都具有商业和服务特征。设计目标是同时满足大量云端用户。我们将通过 17 个说明性的云示例和案例研究来介绍实际的云系统及其平台管理问题。

第 5 章 移动云、物联网、社交媒体与混搭云服务

摘要： 无线和传感器技术、移动设备和互联网的快速发展使得物联网实现成为可能。我们将探讨以云为中心的物联网架构以及被称为移动云的云端无线接入。我们将考察物联网传感、人工智能和移动云之间的相互作用，介绍用于远程云无线接入的微云，给出混搭服务中的社交媒体云。在实际的云和认知应用中，我们将详述云混搭的灵活性和可扩展性。

虚拟机、Docker 容器和服务器集群

3.1 云计算系统中的虚拟化

虚拟机的涅槃重生为并行计算、集群计算、网格计算、云计算和分布式计算带来巨大机遇。通过在一组相同硬件主机上多路复用虚拟机，虚拟化技术为计算机和 IT 产业界带来的首要优势就是可以共享昂贵的硬件资源。

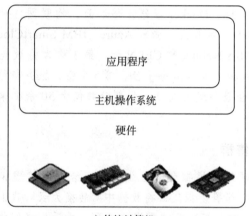

a）传统计算机   b）虚拟化后

图 3.1   虚拟化之前和之后计算机系统的架构

3.1.1 虚拟化的基本概念

传统的计算机具备如图 3.1a 所示的简单架构，操作系统运行在特权系统空间，管理着所有的硬件资源，应用程序运行在用户空间，受到操作系统的管理。使用虚拟化技术之后，不同用户的应用程序（由各自的客户机操作系统管理）可以运行在同一个硬件设备上，并且独立于主机操作系统。这通常是通过引入额外的软件实现的，该软件也称作虚拟化层，如图 3.1b 所示。虚拟机位于上层的框图中，应用程序运行在它们自己的客户机操作系统中，由虚拟的 CPU、内存和输入 / 输出资源支撑。

虚拟机本质上是一个软件包，它可以加载到某个物理主机上来执行用户应用程序。一旦任务完成，虚拟机可以从物理主机上移除。物理主机扮演"宾馆"的角色，在不同时间段内容纳不同的"客户"。从这个意义上讲，虚拟机为物理主机提供高度资源共享。只要物理主机具有足够的内存来容纳虚拟机，那么多个虚拟机可以共存在同一个物理主机上。图 3.1b 所示为在一个物理主机上容纳两个虚拟机。注意，这两个虚拟机可以运行不同的客户操作系统。为每一个虚拟机分配的虚拟资源包括虚拟处理器、虚拟内存、虚拟磁盘和虚拟输入 / 输出设备。

虚拟化操作

虚拟机监控器（VMM）为客户机操作系统提供虚拟机抽象。虚拟机监控器通过完全虚拟化产生一个等同于物理机器的虚拟机抽象，这样标准操作系统（例如 Windows 2000 或 Linux）可以像在物理硬件上一样运行。Mendel Rosenblum[16] 将基本的 VMM 操作划分为 4 类，如图 3.2 所示。

- 虚拟机可以在硬件机器间多路复用，如图 3.2a 所示。
- 虚拟机可以挂起并存储在一个稳定存储中，如图 3.2b 所示。
- 被挂起的虚拟机可以被恢复或在一个新的硬件平台上运行，如图 3.2c 所示。
- 虚拟机可以从一个硬件平台上迁移到另外一个硬件平台上，如图 3.2d 所示。

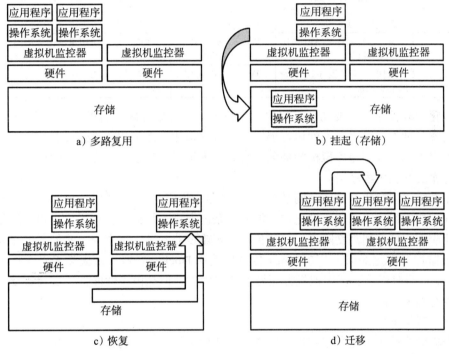

a）多路复用　　　　　　　　　　　　　　b）挂起（存储）

c）恢复　　　　　　　　　　　　　　d）迁移

图 3.2　分布式环境下的虚拟机多路复用、挂起、恢复以及迁移（引自 Mendel Rosenblum, "The Reincarnation of Virtual Machines," *ACM QUEUE*, July/August 2004.）

上述四种虚拟机操作使得虚拟机可以在任何硬件平台上启用，这使得分布式应用程序执行环境变得更加灵活。虚拟机的使用将极大程度地提高服务器资源的利用率。多台服务器的功能可以整合在同一个硬件平台上来提高系统效率。同时，通过虚拟机方式部署服务可以降低系统的杂乱程度。这些虚拟机会透明地迁移到共享硬件上。VMWare 公司声称服务器利用率可以从当前的 5% ～ 10% 增长到 60% ～ 80%。

虚拟化基础设施

底层的计算、存储和网络等物理资源将映射给上层各类虚拟机中的应用程序。虚拟化基础设施将资源和分布式程序连接起来。它是系统资源和特定应用程序之间的动态映射。其结果是降低成本、增加效率和提高响应率。服务器整合和控制就是一个很好的例子。

114
∼
115

3.1.2　虚拟化的实现层级

表 3.1 给出了虚拟化的五个抽象层次。在指令集架构（ISA）层，虚拟机是在另外一个给

定指令集上通过模拟器的方式创建的。由于模拟进程的缓慢，导致这种方式的性能最差，但是，这种方式具有最好的应用程序灵活性。像 Dynamo 等学术研究采用了这种方法。最佳的虚拟机性能来自于底层或操作系统层虚拟化。著名的虚拟机监控器 XEN 在物理设备上直接创建了虚拟 CPU、虚拟内存、虚拟磁盘。不过，硬件层虚拟化是最复杂的。

表 3.1 虚拟化五个抽象层级的对比

虚拟化层级	功能介绍	软件实例	优点，应用灵活性 / 隔离性，实现复杂性
指令集架构层	在主机上模拟客户机的 ISA	Dynamo，Bird，Bochs，Crusoe	性能差，应用灵活性高，复杂性和隔离性一般
硬件层	在硬件上进行虚拟化	XEN，VMWare，Virtual PC	性能好，复杂性高，应用灵活性一般，隔离性好
操作系统层	通过隔离容器对应用程序和资源进行隔离	Docker Engine，Jail，FVM，	最佳性能，应用灵活性差，最佳隔离性，复杂性一般
运行时库层	通过运行时库的 API 调用创建虚拟机	Wine，vCUDA，WABI，LxRun	性能一般，应用灵活性和隔离性差，复杂性较低
用户应用程序层	在用户应用程序层部署 HLL 虚拟机	JVM，.NET CLR，Panot	性能差，应用灵活性差，复杂性高，隔离性好

虚拟化中软件层的主要功能是将物理主机上的物理硬件虚拟为虚拟机可用的虚拟资源。下面介绍的各种方法可以在不同运行层级上实现虚拟化。虚拟化软件通过在计算机系统的不同层级上引入一层来创建虚拟机的抽象。常见的虚拟机层包括指令集层、硬件层、操作系统层、支持库层和应用程序层。

操作系统层虚拟化的最佳示例是 Docker 容器，我们在 3.3 节和 3.4 节对其进行介绍。运行时库和用户应用程序层的虚拟化在性能和复杂度上进行均衡。在用户应用程序层创建虚拟机可以让应用程序之间高度隔离，其代价是实现难度非常高。本书中，我们考虑在硬件层利用虚拟机监控器创建虚拟机，在 Linux 内核层使用 Docker 容器。过去学术界在指令集架构层和用户 / 运行时库层实现虚拟机方面做了很多尝试，但是由于性能低、实现难度高，在工业界很少有相关产品。

指令集架构层

指令集架构层虚拟化利用主机上的指令集架构来模拟指定的指令集架构。例如，通过指令集架构的模拟，可以在 x86 架构的主机上运行 MIPS 架构的二进制代码。通过这种方法，在任意一个给定的新硬件主机上可以运行专为各种处理器所编写的海量二进制代码。指令集模拟可以在任何硬件主机上创建虚拟的指令集架构。

指令集架构模拟的基本方法是通过代码解释。解释器程序逐条将源主机的指令翻译为目的主机的指令。一条源指令可能需要数十条或上百条目的主机的原生指令来实现该功能。很明显，这个过程会比较缓慢。要想获得更佳的性能，人们提出了动态二进制翻译的方法。这种方法是将源主机指令的动态基本块翻译为目的主机指令。基本块可以扩展为程序执行序列或超级块来增加翻译的效率。指令集模拟需要二进制翻译和优化。因此，虚拟指令集架构（V-ISA）需要在编译器中增加一个处理相关内容的软件翻译层。

传统计算机具有单一的操作系统镜像，这使得应用程序软件和相关的硬件平台紧密耦合，使得该架构非常不灵活。在操作系统相同的情况下，有些在主机上运行良好的软件，换到另外一种指令集不同的主机上就变得不能执行。对于目前的物理主机而言，虚拟机提供了一种新颖的解决方案，可以增强资源使用率，提高应用程序的灵活性，增加软件的可管理性，以及改善系统安全性。目前，要想构建大型集群、网格和云，我们需要通过虚拟化的方式来访问大量的计算、存储和网络资源。我们需要将这些资源聚合起来以提供单一的系统镜像。特别是对云而言，需要依赖虚拟化的处理器、内存、输入 / 输出设备来动态地提供资源。

绝大多数虚拟化使用软件或固件的方式来生成虚拟机。然而，我们也可以使用硬件辅助的方式来改善虚拟化。Intel 为此提供了 VT-x 技术，其目的是改善它的 CPU 在虚拟环境中的效率。该技术需要修改 CPU 来提供虚拟化的硬件支持。除了 CPU 以外，其他设备的虚拟化包括桌面虚拟化、内存虚拟化、存储虚拟化以及各种层级的虚拟化。我们还可以考虑数据虚拟化和网络虚拟化。例如，虚拟专用网（VPN）能在 Internet 上创建一个虚拟网络。虚拟化是云计算的支撑技术。传统的网格计算与如今云计算的区别在于虚拟化资源的使用方式上。 117

硬件抽象层

硬件层虚拟化是在硬件之上进行虚拟化操作。一方面，这种方法为虚拟机产生虚拟硬件环境，另一方面，进程通过虚拟化对底层的硬件进行管理。其核心思想是将计算机的资源（如处理器、内存和输入 / 输出设备）进行虚拟化，目的是通过并发多个用户来提升硬件使用效率。该思想最初在 20 世纪 60 年代由 IBM VM/370 实现。最近，XEN 采用该技术在虚拟化的 x86 主机上运行 Linux 和其他操作系统。

操作系统层

操作系统层指的是传统操作系统和用户应用程序之间的抽象层。操作系统层虚拟化通过在一个物理服务器上创建多个隔离的容器和操作系统实例来利用数据中心中的软硬件。容器扮演真实服务器的角色。操作系统层虚拟化常常用于创建虚拟承载环境，将硬件资源分配给众多彼此之间互不相识的用户。虽然使用场景不多，但它有时候可通过将单独主机上的服务移到服务器的容器或虚拟机来实现服务器硬件集中。

库支持层

绝大多数应用程序使用用户层库的 API，而不是采用操作系统的系统调用。由于绝大多数系统提供具有详细文档说明的 API，这些接口成为虚拟化的另外一个选择。通过 API 调用实现应用程序和系统其余部分之间通信连接的控制，这使得库接口虚拟化成为可能。软件工具 WINE 实现了这种方式，可以在 UNIX 主机上运行 Windows 应用程序。vCUDA 是另外一个示例，它能够利用 GPU 硬件加速允许应用程序在虚拟机中执行。 118

用户应用程序层

应用程序层虚拟化将应用程序虚拟成一个虚拟机。在传统操作系统中，应用程序常常作为进程运行。因此，应用程序层虚拟化也称为进程级虚拟化。最常见的办法是部署 HLL（高层语言）虚拟机。虚拟化层作为一个应用程序运行在操作系统顶层。该层具有一个虚拟机抽象，可以编写应用程序并编译成某种特殊的机器定义予以执行。Microsoft.net CLR 和 Java 虚拟机（JVM）是这种虚拟机类型的两个例子。

另外一种形式的应用程序级虚拟化也称为应用程序隔离、应用程序沙箱和应用程序流水化。封装应用程序的进程位于主机操作系统和应用程序之间的隔离层。其结果是应用程序可以更加方便地从用户工作站上分发和移除。LANDesk 是一个典型例子，它是一个虚拟化平台，能够自封装地部署软件，执行文件处在隔离环境中，无需安装，也无需系统修改相应的安全权限。

各种虚拟化方法的优点

表 3.2 对各种层次的虚拟化方法实现的优点进行了对比分析。列标题对应着四种技术优点。更高性能、更好的应用程序灵活性是不言自明的，实现复杂性暗示用更高的代价去实

现，应用程序隔离性表示不同虚拟机实现资源隔离的能力。每一行表示某个级别的虚拟化。

表 3.2　不同层次虚拟化的优势

实现层级	更高性能	应用程序灵活性	实现复杂性	应用程序隔离性
指令集架构层	X	XXXXX	XXX	XXX
硬件层	XXXXX	XXX	XXXXX	XXXX
操作系统层	XXXXX	XX	XXX	XX
运行时库层	XXX	XX	XX	XX
用户应用程序层	XX	XX	XXXXX	XXXXX

每一项中"X"的数量表示每一个实现级别的优点。5 个 X 表示最优，1 个 X 表示最差。总体而言，硬件和操作系统的支持会提供最佳性能。不过，硬件和应用程序层是实现代价最高的。用户隔离是最难实现的。ISA 实现提供最佳的应用程序灵活性。

3.1.3　集群或云系统中的资源虚拟化

传统数据中心都是通过大规模服务器集群构建的。这些大型集群不仅用于存储大型数据库，也用于构建高速搜索引擎。自从虚拟化技术引入以后，越来越多的数据中心集群开始转变成云。Google、Amazon 和 Microsoft 都采用这种方式构建自己的云平台。

本节我们介绍资源虚拟化技术，包括虚拟机监控器和 Docker 引擎。虚拟化可以在软件处理层、主机系统层等各个扩展层次实现。表 3.3 总结了五个资源虚拟化层次，同时给出了一些代表性产品。其中，服务器虚拟化技术是将数据中心转化为同时为大量用户提供服务的云的不可或缺技术。

表 3.3　资源虚拟化和代表性的软件产品

虚拟化	说明	代表性产品
服务器	服务器创建多个虚拟机来提高共享服务器的利用率	XenServer、PowerVM、Hyper-V、VMware EXS Server 等
桌面	在个人电脑和工作站提高应用的灵活性	VMware、VMware ACE、XenDesktop、Virtual PC 等
网络	虚拟专用网络（VPN）、虚拟局域网络、云的虚拟集群	OpenStack、Euclayptus 等
存储	网络存储以及针对共享簇和云应用的 NAS 虚拟化	DropBox、Apple iCloud、AWS S3、MS One Drive、IBM Datastore 等
应用	软件处理级别的虚拟化，比如容器	Docker 容器、XenApp、MS CRM、Salesforce 等

服务器虚拟化的主要目的是提升集群的弹性以及提高共享服务器的利用率。桌面虚拟化试图为个人用户提升应用灵活性，因此在不同操作系统平台上可以运行的应用程序可以在同一个硬件主机上执行。虚拟化存储和虚拟网络让这种共生操作变得功能更为强大。应用程序虚拟化是指软件流程级别的虚拟化，应用程序软件库作为后端被抽象化以处理大数据。

计算机虚拟化技术发源于 20 世纪 60 年代。它是一种在不同架构层次上对计算机资源进行逻辑抽象的技术。虚拟内存是一个典型例子，它可以通过让页面在物理磁盘和虚拟地址空间中进行交换的方式来扩展物理内存容量，从而超过实际的物理内存容量。本节我们介绍硬件虚拟化和其他类型虚拟化的关键概念。可以很明显地看出，如果没有资源虚拟化，那么就不可能构建出弹性云来满足多租户的运行。

硬件虚拟化

这是指在一个物理主机上通过使用特殊软件来创建一个虚拟机。该虚拟机具有一个客户机操作系统，扮演真实的计算机。物理主机是虚拟机执行所在的物理环境，虚拟机和物理主机可以运行不同的操作系统。在物理主机上创建虚拟机的软件称作虚拟机监控器。下面列出了三种硬件虚拟化技术。

[120]

- 全虚拟化：对物理主机的硬件进行完全模拟或变换来虚拟出 CPU、内存、磁盘以供上层的虚拟机使用，虚拟机操作系统无需更改。
- 部分虚拟化：某些资源被虚拟化，某些资源未被虚拟化。因此，有些客户机应用程序必须被修改才能在该环境中运行。
- 半虚拟化：硬件环境中的虚拟机没有被虚拟化。客户机应用程序执行在一个隔离域（有时也叫作软件容器）中。客户机操作系统没有被使用，相反，在用户空间中安装虚拟机监控器来指导应用程序的执行。

3.2 用于创建虚拟机的虚拟机监控器

传统计算机也叫作物理机。每一台物理主机上运行自己的操作系统。然而，虚拟机是由虚拟化进程创建的一个软件定义的抽象机器。在物理主机上运行的操作系统 X 上只能执行适合于 X 平台的应用程序，为另一个操作系统 Y 所编写的应用程序可能在 X 上无法执行。采用虚拟机时，客户机操作系统可以与主机操作系统不同。例如，X 平台是苹果操作系统，而 Y 平台可能是 Windows 计算机。虚拟机提供了一个可以绕过软件可移植性障碍的解决方案。

3.2.1 虚拟机架构类型

如图 3.3 底部所示，物理主机具有一些物理硬件。例如，某个 x86 架构的台式机运行 Windows 操作系统。虚拟机可以通过任何一种硬件系统提供。虚拟机可以通过客户机操作系统所管理的虚拟资源来运行某个特定的应用程序。

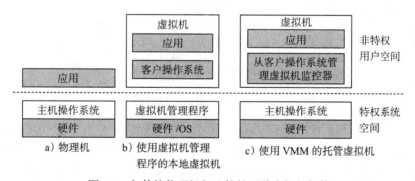

图 3.3　与传统物理机相比较的两种虚拟机架构

在主机平台和虚拟机之间，需要部署一个中间件层，也就是虚拟机监控器。一个本地虚拟机是通过处于特权模式的虚拟机监控器所创建的。例如，硬件具有 x86 架构，运行 Windows 操作系统。

客户操作系统可以是 Linux 系统，VMM 可以用剑桥大学开发的 XEN 系统。虚拟机监控器的方式也称为裸机虚拟机，因为管理程序直接处理裸机（CPU、内存和输入 / 输出）。VM 也可以用双模式来实现。一部分 VMM 运行在用户级别，另一部分运行在特权级别。在这种情况下，主机操作系统可能不得不在某种程度上进行修改。多个虚拟机可以移植到一个给定的硬件系统上以支持虚拟化过程。VM 方法提供了操作系统和应用程序的硬件独立性。

[121] 在专用操作系统上运行的用户应用程序可以作为虚拟设备捆绑在一起，并在任何硬件平台上移植。虚拟机可以在与主机不同的操作系统上运行。

传统的计算机具有如图 3.3a 所示的简单架构，操作系统管理特权系统空间的所有硬件资源，所有应用程序在操作系统的控制下运行在用户空间。在本地 VM 上，VM 由客户机操作系统控制的用户应用程序组成。该虚拟机由位于特权空间的 VMM 创建。虚拟机监控器位于裸机之上，如图 3.3b 所示。多个虚拟机可以迁移到同一台物理计算机上。VM 方法将软件可移植性扩展到平台边界之外。裸机监控器直接在机器硬件上运行。

另一个虚拟机架构如图 3.3c 所示，该架构也称为主机虚拟机模式，在这种模式下，虚拟机由 VMM 或主机上操作系统之上实现的监控器创建。VMM 是主机操作系统和用户应用程序之间的中间件。它取代了本地 VM 中使用的客户操作系统。因此，VMM 从主机操作系统抽象客户机操作系统。VMware Workstations、VM Player 和 VirtualBox 是主机上虚拟机的示例，称为半虚拟化。在这种情况下，主机操作系统保持不变，VMM 直接监视用户应用程序的执行。除非另有说明，否则我们将只考虑由裸机虚拟机监控器生成的原生虚拟机。

虚拟机监控器支持硬件级虚拟化（图 3.4）。虚拟机监控器直接位于物理硬件和操作系统之间。该虚拟化层称为 Hypervisor（虚拟机管理程序）或 VMM。管理程序为客户操作系统和应用程序提供超级调用 Hypercall。根据功能的不同，虚拟机监控器可以采用 Microsoft
[122] Hyper-V 等微内核架构。另一个是像 VMWare ESX 一样用于服务器虚拟化的独立虚拟机监控器架构。

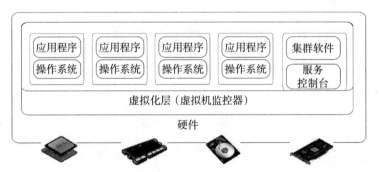

图 3.4　虚拟机管理程序是裸机硬件虚拟化的软件层，该层将物理设备转换为虚拟资源来执行用户应用程序

微内核虚拟机监控器只包含基本和不变的功能（如物理内存管理和处理器调度）。设备驱动程序和其他可更改组件位于虚拟机监控器之外。相反，独立虚拟机监控器实现了所有上述功能，包括设备驱动程序。因此，微内核虚拟机管理程序的管理程序代码量要小于独立虚拟机监控器程序。

一般而言，有些 VMware VMM 软件包（Player 或 VirtualBox）不负责为所有用户程序分配资源。它们被用来只将受限的资源分配给选定的应用程序。VMM 控制显式分配给这些选定特殊应用程序的资源。换句话说，VMM 绑定到选定的处理器资源。并非所有处理器都符合 VMM 的要求，具体限制包括无法捕捉一些特权指令。

虚拟机监控器概述如表 3.4 所示。XEN 是几乎所有基于 x86 的个人电脑、服务器或工作站中最常用的一种。虚拟机监控器创建的虚拟机通常是比较大的，因为它由用户应用程序代码（可能只有 KB）加上可能需要数以 GB 内存的客户机操作系统组成。客户机操作系统监督 VM 上的用户应用程序的执行。KVM 是一个基于 Linux 内核的虚拟机。Microsoft Hyper-V 用于 Windows 服务器虚拟化。换句话说，KVM 主要在 Linux 主机中使用，而 Hyper-V 必须在 Windows 主机中使用。虚拟机监控器将操作系统集成在最底层。恶意软件和 rootkit 可能会对虚拟机监控器的安全性造成一定威胁。来自微软和学术界的研究人员开发了一些反 rootkit 的 Hooksafe 软件来保护虚拟机监控器免受恶意软件和 rootkit 攻击。 [123]

表 3.4　产生虚拟机的管理程序或虚拟机监控器

虚拟机监控器	主机 CPU	主机操作系统	客户机操作系统	架构和应用
XEN	x86, x86-64, IA-64	NetBSD, Linux	Linux, Windows, BSD, Linux, Solaris	剑桥大学开发的本地虚拟机监控器
KVM	x86, x86-64, IA-64, S-390, PowerPC	Linux	Linux, Windows, FreeBSD, Solaris	基于半虚拟化用户空间的主机虚拟机监控器
Hyper-V	x86	Server 2003	Windows Server	基于本地虚拟机监控器的 Windows
VMware Player, Workstation, Vir tualBox	x86, x86-64	AnyhostOS	Windows, Linux, Darwin-Solaris, OS/2, FreeBSD	半虚拟化架构的主机虚拟机监控器

例 3.1 XEN 管理程序架构和资源控制

XEN 是剑桥大学开发的一个开源的微内核虚拟机监控器。XEN 的虚拟机监控器实现了所有的机制，让策略由 Domain0 来处理，如图 3.5 所示。XEN 本身不包含任何设备驱动程序。XEN 系统的核心组件是虚拟机监控器、内核和应用程序。具有控制能力的客户机操作系统称为 Domain0，其他称为 DomainU。Domain0 是 XEN 的特权客户机操作系统，当 XEN 在没有任何文件系统驱动的情况下启动时，Domain0 首先被加载。

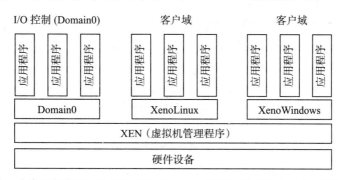

图 3.5　XEN 架构：为资源控制和 I/O 以及多个 Domain（VM）创建 Domain0，用于容纳用户应用程序

Domain0 旨在直接访问硬件和管理设备。因此，Domain0 的一个功能是将硬件资源分配和映射到 DomainU。例如，XEN 基于 Linux，其安全级别较高。XEN 的管理虚拟机名为 Domain0，它具有管理在同一主机上实施的其他虚拟机的权限。如果 Domain0 被攻破，黑客可以控制整个系统。为此，需采用特殊的安全策略来保护 Domain0。Domain0 像虚拟机监控器一样允许用户像操纵文件一样容易地创建、复制、保存、读取、修改、共享、迁移和回滚虚拟机。 [124]

3.2.2　完全虚拟化和托管虚拟化

根据实现技术，硬件虚拟化可以分为两类：完全虚拟化和基于主机的虚拟化。完全虚拟化不需要修改主机操作系统，它依靠二进制翻译来捕获和虚拟化某些敏感的非虚拟化指令的执行。客户机操作系统及其应用程序由非关键和关键的指令组成。在基于主机的系统中，使用主机操作系统和客户机操作系统。主机操作系统和客户操作系统之间建立虚拟化软件层。下面介绍这两类虚拟机架构。

完全虚拟化

在完全虚拟化的情况下（图 3.6），非关键指令直接在硬件上运行，在发现关键指令时将其陷入并由软件模拟替换。Hypervisor 方法和 VMM 方法都被视为完全虚拟化。为什么只有关键指令被陷入在 VMM 中？这是因为二进制翻译会导致很大的性能开销。非关键指令无法控制硬件，也不能威胁到系统的安全性，但是关键指令可以。因此，在硬件上运行非关键指令不仅可以提高效率，还可以保证系统的安全性。

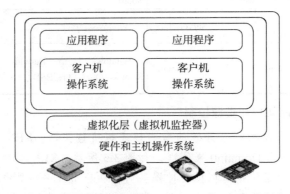

图 3.6 直接使用位于裸机硬件设备之上的 Hypervisor 或 VMM 进行完全虚拟化的概念

客户机操作系统的二进制翻译需要使用 VMM

这种方法是由 VMware 和许多其他软件公司实现的。如图 3.7 所示，VMware 将 VMM 置于环 0，将 Guest OS 置于环 1。VMM 扫描指令流并识别特权指令、控制指令和行为敏感指令。当这些指令被发现时，它们会被陷入到 VMM 中。VMM 模拟这些指令的行为。仿真中使用的方法称为二进制翻译。因此，完全虚拟化将二进制翻译和直接执行相结合。客户机操作系统与底层硬件完全分离。因此，Guest OS 未被修改。

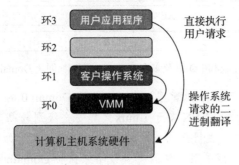

图 3.7 复杂指令的间接执行，即使用 VMM 二进制翻译客户操作系统请求，并在同一台主机
上直接执行简单指令（由 VMware[71] 提供）

完全虚拟化的性能可能并不理想，因为它涉及二进制转换，这相当耗时。特别是 I / O 密集型应用程序的完全虚拟化是一个非常大的挑战。二进制翻译使用代码缓存来存储已转换的常用指令以提高性能，但会增加内存使用的成本。目前，x86 架构上完全虚拟化的性能通

常是主机的 80% ～ 97%。

首先，用户可以在不修改主机操作系统的情况下安装这个虚拟机架构。虚拟化软件可以依靠主机操作系统来提供设备驱动程序和其他低级别的服务。这将简化虚拟机的设计和部署。其次，基于主机的方法适用于许多主机配置。与管理程序 / VMM 架构相比，基于主机的架构的性能也可能较低。当一个应用程序请求硬件访问时，它涉及 4 层映射，显著降低了性能。当客户操作系统的 ISA 与底层硬件的 ISA 不同时，必须采用二进制翻译。虽然基于主机的架构具有灵活性，但是因性能太低而不能在实践中使用。

基于主机的虚拟化

另一种虚拟机架构是在主机操作系统之上安装虚拟化层。这个主机操作系统仍然负责管理硬件。客户机操作系统安装并运行在虚拟化层之上。专用应用程序可能运行在虚拟机上。当然，其他一些应用程序也可以直接运行在主机操作系统上，如图 3.8 左边的框所示。这种基于主机的架构具有一些明显的优点，下面将详细讨论。

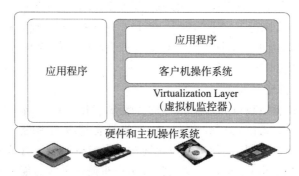

图 3.8　虚拟机在主机操作系统之上安装了一个客户机操作系统，这与图 3.6 所示的完整虚拟化架构不同

3.2.3　修改客户操作系统的半虚拟化

半虚拟化需要修改客户机操作系统。半虚拟化虚拟机提供特殊的 API，需要在用户应用程序中进行大量的操作系统修改。性能下降是虚拟化系统的关键问题。如果虚拟机比物理机器慢得多，那么没有人会喜欢使用虚拟机。虚拟化层可以插入在主机软件堆栈的不同位置。然而，半虚拟化尝试减少虚拟化开销，从而通过仅修改客户机操作系统内核来提高性能。半虚拟化 VM 架构的概念如图 3.8 所示。

半虚拟化架构

当 x86 处理器被虚拟化时，在硬件和操作系统之间插入一个虚拟化层。根据 x86 环的定义，虚拟化层也应该被安装在环 0 处。在同一个环 0 的不同指令会导致一些问题。在图 3.9 中，我们展示了半虚拟化技术用不直接与 Hypervisor 或 VMM 进行通信的超级调用取代了非虚拟化指令。但是，当客户机操作系统内核为了实施虚拟化被修改时，它就不能直接在硬件上运行。

尽管半虚拟化降低了开销，但也带来了其他问题。首先，它的兼容性和可移植性是有问题的，因为它也必须支持未修改的操作系统。其次，维护半虚拟化操作系统的成本很高，因为可能需要对操作系统内核进行深度修改。最后，由于工作负载的变化，半虚拟化的性能优势差异很大。与完全虚拟化相比，半虚拟化相对容易和实用。全虚拟化的主要问题是二进制翻译的性能低下。加快二进制翻译是很难实现的。因此，许多虚拟化产品采用半虚拟化架构。流行的 XEN、KVM 和 VMware ESX 就是很好的例子。

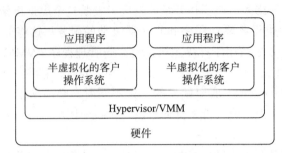

图 3.9　半虚拟化需要修改客户机操作系统内核以执行虚拟化过程，这取代了 Hypervisor 或 VMM 超级调用的非虚拟化指令

KVM（基于内核的虚拟机）

这是一个 Linux 的半虚拟化系统——Linux 版本 2.6.20 内核的一部分。内存管理和调度活动由现有的 Linux 内核执行。剩下的就是 KVM，这比控制整个机器的虚拟机管理程序更简单。KVM 是硬件辅助的半虚拟化工具，它可以提高性能并支持 Windows、Linux、Solaris 和 UNIX 等未经修改的客户操作系统。

编译器支持的半虚拟化

与在运行时拦截和模拟特权和敏感指令的完整虚拟化架构不同，半虚拟化在编译时处理这些指令。客户机操作系统内核被修改，以便将具有超级调用的特权和敏感指令替换为 Hypervisor 或 VMM。XEN 采用这种半虚拟化架构。客户机域中运行的客户机操作系统可能在环 1 上运行，而不是在环 0 上运行。这意味着客户机操作系统可能无法执行某些特权和敏感指令。

特权指令通过 Hypercall 来交给虚拟机监控器。在用超级调用替换指令之后，修改的客户机操作系统模拟原始客户机操作系统的行为。在 UNIX 系统上，系统调用涉及中断或服务例程。超级调用在 XEN 中应用专用的服务例程。如图 3.10 所示，传统的 x86 处理器提供四个指令执行环：环 0，1，2，3。环的数字级别越小，执行指令的权限越高。操作系统负责管理在环 0 执行的硬件和特权指令。用户级应用程序在环 3 上运行。

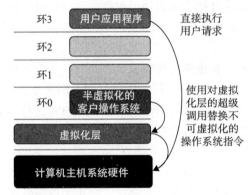

图 3.10　半虚拟化的客户操作系统，由智能编译器辅助将不可虚拟化的操作系统指令替换为超级调用（由 VMware[71] 提供）

VMM 层虚拟化物理硬件资源，如 CPU、内存、网络、磁盘控制器以及人机界面设备。

每个虚拟机都有自己的一套虚拟硬件资源。资源管理器分配 CPU、内存、磁盘和网络带宽，并将它们映射到每个创建的虚拟机的虚拟硬件资源集中。硬件接口组件是设备驱动程序和 VMware ESX Server 文件系统。服务控制台负责启动系统，初始化 VMM 层和资源管理器的执行，并将控制权交给这些层。它还提供了一些便于系统管理员的功能。

3.2.4　平台虚拟化软件产品与工具包比较

VMware 在虚拟化软件产品、工具包和系统方面拥有全球最大的市场份额。在这里，我们概述他们在官方网站上宣布的产品。这些信息于 2016 年 7 月 20 日检索。表 3.5 列出了所有用于硬件虚拟化的 VMware 软件，即 Hypervisor 产品。有些软件是由第三方或开源提供的。我们给出了四个软件类别：本地是指传统意义上的裸机虚拟化管理程序；托管类别是指半虚拟化产品，这些又分为专用工具和独立工具。最后一组是其他类似用途的工具。其他详细信息可以从 VMware 网站上找到。

表 3.5　硬件虚拟化 Hypervisor 的总结（来源：http://vmware.com/products/vsphere/，2016 年 7 月 20 日检索）

类别	VMware 软件产品或第三方软件
本机（虚拟机管理程序）	Adeos, CP/CMS, Hyper-V, KVM (Red Hat Enterprise Virtualization), LDoms/Oracle VM Server for SPARC, LynxSecure, SIMMON, VMware ESXi (VMware vSphere, vCloud), VMware Infrastructure, XEN (XenClient), z/VM
托管虚拟机（专业）	Basilisk II, bhyve, Bochs, Cooperative Linux, DOSBox, DOSEMU, Linux, Mac-on-Linux, Mac-on-Mac, SheepShaver, SIMH, Windows on Windows, Virtual DOS machine, Win4Lin
托管虚拟机（个人）	Microsoft Virtual Server, Parallels Workstation, Parallels Desktop for Mac, Parallels Server for Mac, PearPC, QEMU, VirtualBox, Virtual Iron, VMware Fusion, VMware Player, VMware Server, VMware Workstation, Windows Virtual PC
其他工具	Ganeti, oVirt, VM Machine Manager

表 3.6 列出了在 OS 级、桌面级、应用程序级和网络级进行虚拟化的软件工具包。Docker 容器被认为是 OS 级的工具。感兴趣的读者可以参考 VMware 网站了解详情。在托管的虚拟机中，我们可以进一步将其细分为专门的 Hypervisor 和独立的 Hypervisor。专门的是指在特定的客户操作系统级的本地 VM 机器，例如 Cooperative Linux、DOSBox，Mac-on-Linux 等。独立的 VM 指的是由客户机操作系统构建的 Hypervisor 或 VMM，与主机操作系统无关。

表 3.6　OS 级、桌面级、应用程序级和网络级虚拟化软件工具包总结（来源：http://vmware. com/products/vsphere/）

虚拟化级别	VMware 产品或第三方工具
OS 级虚拟化（容器）	cgroups-based: CoreOS, Imctfy, Linux-V Server, LXC, Docker, OpenVZ, Virtuozzo, FreeBSD Jail, iCore Virtual Accounts, Kubernetes, Linux namespaces, Solaris Containers, Workload Partitions
台式机虚拟化	Citrix XenApp, Citrix XenDesktop, Remote Desktop Services, VMware Horizon View
应用程序虚拟化	Ceedo, Citrix XenApp, Dalvik, InstallFree, Microsoft App-V, Remote Desktop Services, Spoon Symantec Workspace Virtualization, VMware ThinApp, ZeroVM
网络虚拟化	Distributed Overlay Virtual Ethernet (DOVE), NVGRE, Open vSwitch, Virtual security switch, Virtual Extensible LAN (VXLAN)

OS 级的虚拟化必须涉及系统调用或修改主机操作系统。其中不少与 Linux 操作系统中

的 cgroup 有关，包括 Docker 容器、Google Kubernetes 和 Solaris 容器等。桌面虚拟化适用于桌面计算机，如用于 Windows PC 或服务器的 Microsoft App-V 等。应用程序级虚拟化完全是在用户应用程序级完成的。最后，网络虚拟化用于建立 DOVE（分布式覆盖虚拟以太网）、虚拟可扩展 LAN 等虚拟网络。我们将在随后的章节中研究一些 Hypervisor，如 XEN、KVM、Hyper-V 和许多 VMware 软件包。

例 3.2　用于半虚拟化的 VMware ESX Server

　　VMware 在虚拟化软件市场占据主导优势。该公司已经开发了从桌面和服务器到大型数据中心虚拟基础架构的虚拟化工具。ESX 是 VMM 或裸机 x86 SMP 服务器的管理程序。它直接访问 I/O 等硬件资源，具有完整的资源管理控制。启用 ESX 的服务器由 4 个组件组成：虚拟化层，资源管理器，硬件接口组件和服务控制台，如图 3.11 所示。为了提高性能，ESX 服务器采用半虚拟化架构，VM 内核通过该架构直接与硬件进行交互，而不涉及主机操作系统。

[131]

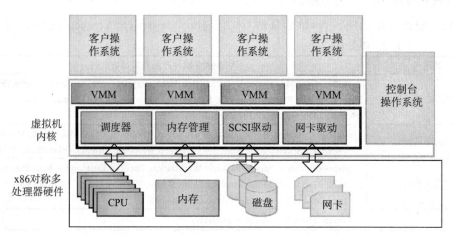

图 3.11　使用半虚拟化的 VMware ESX 服务器架构（由 VMware 提供，2011，http://www.vmware.com/products）

3.3　Docker 引擎和应用程序容器

　　Docker 在运行 Linux、Mac OS 和 Windows 的主机上提供了操作系统级别的虚拟化。在本节中，我们将介绍 Docker 引擎和 Docker 容器。然后，我们比较直接基于虚拟机监控器创建的 VM 和 Docker 容器之间实现差异，并讨论这两者之间的优势和劣势。绝大多数数据中心都是用大规模低成本的 x86 服务器构建的，很容易看出云服务供应商对切换到可扩展用户应用的 Docker 容器的迫切程度。但是，虚拟机在不同类型的应用程序中仍然很有用。虚拟机和容器可以共存很长一段时间。

Linux 内核级别的虚拟化

　　在虚拟机技术的帮助下，一种名为云计算的新计算模式正在兴起。云计算正在通过将管理计算中心的硬件和人员成本转移到第三方来改变计算环境，就像银行一样。但是，云计算至少有两个挑战。首先是根据实际需求使用灵活且可变数量的物理机和虚拟机实例的能力。例如，某个任务在某些执行阶段可能只需要一个 CPU，但在其他阶段可能需要数百个 CPU。第二个挑战是对新虚拟机进行初始化的过程非常缓慢。目前，新虚拟机可以通过新启动或复制模板虚拟机的方式来实现，对当前的应用程序状态并不感知。因此，为了更好地支持云计算，需要进行大量的研究和开发工作。 132

为什么需要操作系统级别的虚拟化？

如上所述，硬件级虚拟机的初始化速度很慢，因为每个虚拟机都会从头开始创建自己的镜像。在云计算环境中，可能有数千个虚拟机需要同时初始化。除了缓慢的操作之外，虚拟机镜像的存储也成为问题。事实上，虚拟机镜像中有相当多的重复内容。而且，硬件级别的全虚拟化也存在性能差、密度低的缺点，并且半虚拟化需要修改客户操作系统。为了降低硬件级虚拟化的性能开销，甚至需要对硬件进行修改。操作系统级虚拟化为硬件级虚拟化的上述问题提供了一个可行的解决方案。

操作系统虚拟化在操作系统内插入一个虚拟化层来划分机器的物理资源。它在单个操作系统内核中启用多个独立的虚拟机。这种虚拟机通常称为虚拟执行环境（VE）、虚拟专用系统（VPS）或容器。从用户的角度来看，VE 看起来就像真正的服务器。这意味着 VE 拥有自己的一套进程、文件系统、用户账户、带有 IP 地址的网络接口、路由表、防火墙规则和其他个人设置。虽然可以为不同的用户定制虚拟环境，但它们共享相同的操作系统内核。因此，操作系统级虚拟化也称为单一操作系统镜像虚拟化。

操作系统扩展的优势

与硬件级虚拟化相比，操作系统拓展的优势有两个方面：操作系统级别的虚拟机启动 / 关闭成本最低，资源要求低，可扩展性高；对于操作系统级虚拟机，在必要时，虚拟机及其主机环境可以同步状态更改。这些好处可以通过两种操作系统级别的虚拟化机制来实现：同一台物理机上的所有操作系统级虚拟机共享一个操作系统内核；虚拟化层的设计方式允许虚拟机中的进程访问尽可能多的主机资源，但不能修改它们。在云计算领域，第一和第二个优点可以用来克服虚拟机在硬件层面初始化速度慢的缺点，并且不考虑当前的应用状态。

操作系统扩展的缺点

主要缺点是操作系统级别上的所有虚拟机在一个容器上，必须具有相同类型的客户操作系统。虽然不同操作系统级别的虚拟机可能有不同的操作系统，但它们必须属于相同的操作系统系列。例如，Windows 系统（如 Windows XP）无法在基于 Linux 的容器上运行。但是，云计算的用户是各种各样的。有些人喜欢 Windows，而其他人喜欢 Linux 或其他操作系统。因此，在这种情况下，操作系统级别的虚拟化是一个挑战。OS 级虚拟化的概念如图 3.12 所示。 133

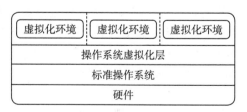

图 3.12　虚拟化层被插入操作系统内部，为多个虚拟机分配硬件资源，以在虚拟环境中运行应用程序

虚拟化层插入到操作系统内部，为多个虚拟机分配硬件资源，从而在多个虚拟环境中运行应用程序。为了实现操作系统级别的虚拟化，应该基于单个操作系统内核创建独立的执行环境（VM）。甚至来自 VM 的访问请求需要被重定向到物理主机的本地资源分区。例如，UNIX 系统中的 chroot 命令可以在主机操作系统内创建多个虚拟根目录。这些虚拟根目录是

所有创建的虚拟机的根目录。有两种方法可以用来实现虚拟根目录：将公共资源复制到每个虚拟机分区；与主机环境共享大部分资源，并且仅在虚拟机上按需创建专用资源副本。第一种方法在物理机器上招致巨大的资源成本和开销。与硬件辅助虚拟化相比，这个问题中和了操作系统级虚拟化的好处。因此，操作系统级别的虚拟化往往是第二选择。

Linux 或 Windows 平台上的虚拟化

到目前为止，大多数目前已知的操作系统级虚拟化系统都是基于 Linux 的。基于 Windows 平台的虚拟化支持较少，仍处于研究阶段。Linux 内核提供了一个抽象层，允许软件进程在不知道硬件细节的情况下使用和操作资源。新的硬件可能需要新的 Linux 内核来支持。因此，不同的 Linux 平台使用带补丁的内核来提供对扩展功能的特殊支持，如表 3.7 所示。

表 3.7   Linux 和 Windows NT 平台的虚拟化支持

虚拟化支持和信息来源	对功能和应用程序平台的简要介绍
Linux vServer 用于 Linux 平台（http://linux-vserver.org/）	通过设置资源限制和文件属性及为虚拟机隔离改变根环境，扩展 Linux 内核实现一个安全机制来辅助虚拟机的创建
OpenVZ 用于 Linux 平台（http://ftp.openvz.org/doc/OpenVZ-Users-Guide.pdf）	通过创建 VPS（Virtual Private Server）支持虚拟化。VPS 有自己的文件、用户、进程树和虚拟设备，与其他 VPS 相互隔离。支持检查点和在线迁移
FVM（Feather- Weight 虚拟机）用于虚拟化 Windows NT 平台	通过系统调用接口在 NT 内核空间创建虚拟机。通过虚拟化命名空间和写时复制（copy-on-write）支持多虚拟机

[134]   但是，大多数 Linux 平台并不依赖于特殊的内核。在这种情况下，主机可以在同一个硬件上同时运行多个虚拟机。我们总结了几个近年来发展起来的操作系统级虚拟化工具的例子。有两个操作系统工具（Linux VServer 和 OpenVZ）支持 Linux 平台通过虚拟化方式来运行基于其他平台的应用程序。例 3.5 中给出这两个工具的说明。第三个工具 Feather-weight VM（FVM）是在 Windows NT 平台上进行虚拟化的尝试。

例 3.3   Linux 平台的虚拟化支持

OpenVZ 是操作系统级的工具，旨在支持 Linux 平台创建虚拟环境，以便在不同的客户操作系统中运行虚拟机。OpenVZ 是一个基于 Linux 的、开源的、基于容器的虚拟化解决方案。为了支持各子系统的虚拟化和隔离，提供受限资源管理和检查点，OpenVZ 修改了 Linux 内核。OpenVZ 系统的整体情况如图 3.13 所示。多虚拟专用服务器 SVPS 可以在物理机器上同时运行。这些 VPS 看起来像普通的 Linux 服务器，每个 VPS 都有自己的文件、用户和组、进程树、虚拟网络、虚拟设备以及通过信号量与消息方式的进程间通信。

OpenVZ 的资源管理子系统由三部分组成：两级磁盘分配；两级 CPU 调度程序；资源控制器。虚拟机可以使用的磁盘空间大小由 OpenVZ 服务器管理员设置。这是磁盘分配的第一级。每个虚拟机都是一个标准的 Linux 系统。因此，虚拟机管理员负责为每个用户和组分配磁盘空间。这是第二级磁盘配额。OpenVZ 的一级 CPU 调度器根据虚拟 CPU 的优先级和限制设置决定将时间片划分给哪一个 VM。

[135]   二级 CPU 调度程序与 Linux 系统的类似。OpenVZ 拥有一组 20 多个经过精心挑选的参数，涵盖了虚拟机操作的各个方面。因此，虚拟机可使用的资源可以得到很好的控制。OpenVZ 还支持检查点和实时迁移功能。在某一个时刻，虚拟机的完整状态被保存到一个磁盘文件中。然后可以将该文件传输到另一台物理机器，并且可以在那里对虚拟机进行恢复。完成整个过程只需要几秒钟。但是，由于建立的网络连接也被迁移，所以仍然存在处理延迟。

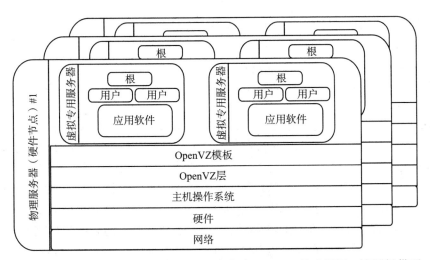

图 3.13　OpenVZ 在主机操作系统内部插入一个名为 OpenVZ 的虚拟层。该层提供了一些操
作系统镜像来快速创建虚拟机（由 OpenVZ 用户指南提供，http://ftp.openvz.org/doc/
OpenVZ-Users-Guide.pdf）

3.4　Docker 容器和部署要求

在本节中，我们将应用程序容器的关键概念作为简化的虚拟机进行介绍。容器的目的是降低实施成本，提高可扩展性和编排能力。我们还将讨论虚拟机和容器各自的应用机会，以满足不同的工作负载和应用需求。另一个新的方法将通过使用 unikernel 来进一步简化复杂性，提高效率和性能。

3.4.1　使用 Linux 内核函数创建的 Docker 容器

这是一个虚拟化软件，它运行在用户应用程序代码的容器中，并在 Linux 内核函数上运行它们的二进制文件和库。Docker 引擎实现了一个高级 API 来提供轻量级的容器，这些容器以隔离的方式运行软件进程。Docker 虚拟化的概念如图 3.14 所示。Docker 引擎使用 Linux 内核的资源隔离功能。cgroup 和内核命名空间能够让不同的容器运行在各自的 Linux 实例中。这些隔离的容器避免了创建虚拟机的开销。

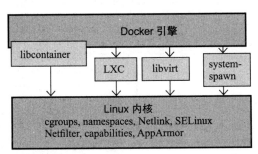

图 3.14　Docker 引擎访问 Linux 内核功能，用来隔离不同应用容器的虚拟化

客户操作系统不需要运行用户应用程序。容器应用内核功能。资源隔离包括 CPU、内存、块 I/O 以及网络等，通过对不同的应用程序使用不同的名称空间来完成。Docker 直接使用 libcontainer 库来实现内核的虚拟化功能。Docker 0.9 以后，libcontainer 接口就可以使用了。

Doctor 引擎还可以通过使用 LXC（Linux Containers）、libvirt 或 system-spawn 等接口间接访问 Linux 内核。

Docker 容器

137　　　Docker 是一个开源项目，可以将用户应用程序的开发自动化为软件容器。Docker 引擎为基于 Linux 的主机平台提供了一个额外的操作系统级虚拟化抽象层和自动化层。Docker 引擎是用 Go 语言编写的，运行在 Linux 平台上。Docker 与传统的虚拟机不同，它包含应用程序以及所需的二进制文件和库。每个应用程序容器需要大约几十兆字节的内存。

Docker 引擎将用户应用程序及其依赖关系打包在任何 Linux 服务器上运行的虚拟容器中。这有助于在应用程序可以运行的位置（无论是在公共云、私有云还是裸机上）实现灵活性和可移植性。Docker 实现高级 API 来提供轻量级容器供进程独立运行。在 Linux 内核（主要是 cgroups 和 namespace）提供的工具之上构建 Docker 容器的想法与传统的虚拟机不同，主要区别是不使用客户操作系统。使用容器的另一个优势在于资源可以被隔离，服务受到限制，并且调配的进程拥有操作系统的专有视角，如自己的进程 ID 空间、文件系统结构和网络接口。

多个容器可以共享相同的内核，但是每个容器可以被限制为只使用预定义的资源量，例如 CPU、内存和 I/O。使用 Docker 创建和管理容器可以将高度分布式系统的创建过程进行简化。这将使多个用户应用程序、工作任务和其他进程能够在单个物理机器上或跨多个虚拟机自动运行。这种容器方法可以很好地适应 Apache Cassandra、MongoDB 或 Riak 等系统。

例 3.4 Docker 进程在独立执行环境中创建应用程序容器

在图 3.15 中，我们展示了使用 Docker 引擎的容器创建过程的原理框图。客户端提交软件 Docker 的请求。守护进程是使用 Docker 服务器和引擎构建的后端单元。守护进程接受和处理客户端请求并管理所有 Docker 容器。服务器处理 http 请求、路由和与 Docker 引擎的接口。Docker 引擎是所有 Docker 操作的核心，可同时处理多个作业请求。注册表用于存储容器镜像。

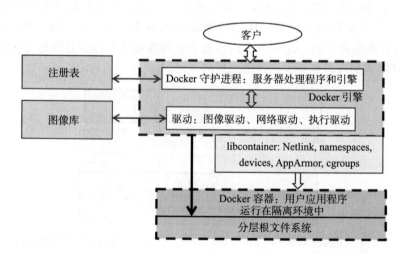

图 3.15　在隔离环境中创建和管理 Docker 容器的 Docker 引擎框图

守护进程在 Docker 引擎中与三个驱动程序交互。驱动程序控制着容器执行环境的创建。graphdriver 是一个容器镜像管理器。它与底层创建的容器相关联的分层 rootfs 文件进行通信。网络驱动程序完成容器部署。execudriver 负责通过使用 libcontainer 中的 namespace 和 cgroups 来驱动容器执行。该驱动用 Go 语言编写，并作为基础来控制所有创建的容器。

最后，容器在下面的盒子里创建。Docker 使用守护进程作为管理器、libcontainer 作为执行器来生成容器。容器的功能与隔离执行环境下的虚拟机类似。在这个过程中，Docker 容器的开销很小，需要最少的内存，而且内核隔离保护得很好。 138

3.4.2 虚拟机与 Docker 容器的比较

如图 3.16a 所示，由虚拟机监控器生成的虚拟机除了应用程序代码之外，还可能需要 10 GB 的空间来容纳客户操作系统。Docker 容器独立使用自己的二进制文件和库，如图 3.16b 所示。Docker 容器中不需要任何操作系统。如图 3.16c 所示，容器可以共享二进制文件和库。轻量级容器相对于重型虚拟机具有明显的优势，每个虚拟机必须有自己的客户操作系统和二进制库。从图 3.16b 和 c 中可以看出虚拟机和容器之间的高度差异。与创建和使用虚拟机相比，构建和使用容器可能成本最低。出于这个原因，Docker 容器正在逐渐取代云应用中的传统虚拟机，强调大规模并行性，尤其是在扩展工作负载方面。

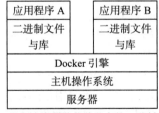
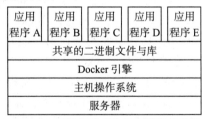

图 3.16 虚拟机管理程序与创建虚拟机和应用容器的 Docker 引擎

Docker 引擎能够在 Linux 平台上生成轻量级的虚拟化容器。该系统本质上是一个容器 139 生成和管理引擎。Docker 源码很小，适合大多数电脑。它是用 Go 语言实现的。对于客户端，Docker 采用客户端 / 服务器架构。

例如，容器可以在 500 毫秒内启动并准备应用，而根据所使用的操作系统，虚拟机监控器能够在 20 秒内启动。一般来说，可以得出这样的结论：轻量级容器适合用于云编排中多个副本的可扩展使用。这意味着容器有利于聚类和多路复用。比如说，容器就是为了运行单个应用程序的多个副本而来的，如 MySQL。虚拟机监控器通常更适合于云服务编排需求有限的重型应用程序。如果你想有较高的应用灵活性，可以使用虚拟机。

表 3.8 给出了虚拟机监控器创建的虚拟机与 Docker 容器的比较。与创建和使用虚拟机相比，创建和使用容器可能成本更低。出于这个原因，Docker 容器可能会取代某些云中的传统虚拟机。例如，AWS EC2 已经提供了 ECS（弹性容器服务）服务。这为用户提供了使用容器来实现他们的应用程序的功能，同时显著降低了内存需求和复杂性。为了构建高度分布式的系统，与使用虚拟机监控器创建的虚拟机相比，采用应用程序容器可以显著简化创建、安全和管理问题。

表 3.8   虚拟机监控器创建的虚拟机和 Docker 容器的比较

虚拟机类型	优点和不足	适用的应用
虚拟机监控器创建的虚拟机	具有较高的应用灵活性，但需要更多的内存和成本来创建和启动虚拟机	适用于没有编排的多个应用的使用，运行不同的操作系统
Docker 容器	轻量型容器，创建和运行的成本低，安全性好，在一个孤立的环境中执行	适用于编排条件下多个副本的相同应用的扩展，在云中保存操作花费

3.4.3   从虚拟机到容器和 unikernel 的架构演变

为了低成本的考虑，大多数商业云（公共的或私有的）都建立在 x86 主机上。因此，传统的虚拟机大多是在 x86 主机上使用虚拟机监控器创建的。Docker 容器是在 Linux 内核级别生成的。Docker 容器通过使用 Linux 内核工具为不同的容器建立隔离的执行环境。我们在下面评估最近 Docker 容器的架构变化，并介绍使用 unikernel 的新方法。

容器成为云计算的主流

2014 年，OpenStack 决定支持容器和第三方开发人员。OpenStack 命名一个新的容器编辑引擎来支持多环境容器的构建。VMware 宣布支持容器。他们声称，通过在部署过程中使用虚拟机作为接口可以增强容器的安全性。Redhat 也将 Docker 集成到使用 KVM 加载 Docker 的 RHEL 操作系统中。他们推出了用于容器的 RHEL 7 Atomic HOST 虚拟化系统。

在 2015 年，Docker 1.9 版包含了新产品 Swarm，以支持多主机互连。Docker 修改了 Compose 功能以支持多种环境。最近，Docker 还发布了 Yubiley 来启用硬件签名。该安全功能支持 Docker Hub，具有镜像安全扫描功能并支持用户命名空间。亚马逊发布 EC2 容器服务，用于以较低的成本支持 Docker 迁移。

容器操作控制的自动化取决于如何定义操作环境。Docker 帮助开发人员确保开发和执行环境的一致性。这意味着两个环境中的目录、路由、文档、存储用户的加密名、访问权限和域名之间的总体一致性。Docker 工具必须设计为不同主机上的标准化环境。

高效率的 unikernel 技术简介

在 x86 节点上构建 VM 容器时，用户应用程序需要在 Linux 系统的内核空间处理硬件访问和操作。这导致用户应用在用户模式和内核模式之间的频繁切换，从而在一定程度上降低了性能。最近，基于 LibOS 开发了一项新的 unikernel 技术，其技术演变如图 2.18 所示。unikernel 是使用库操作系统构建的专用的、单一地址空间机器镜像。

在库操作系统中，保护边界被推到最低的硬件层，从而导致一组应用程序库来驱动硬件或网络协议交互的机制。该库包含一组策略，在应用程序层中实施访问控制和隔离。最初出现的这种系统是 20 世纪 90 年代后期的 Exokernel 和 Nemesis。库操作系统具有只使用单个地址空间的优点，不需要重复权限转换来在用户空间和内核空间之间移动数据。因此，库操

系统可以通过直接访问硬件而无需上下文切换来提供优良性能。但是，unikernel 具有在一个 [142]
库操作系统中运行多个应用程序时缺少隔离性的缺陷。这使得执行资源隔离变得更加困难。

　　操作系统虚拟化可以克服硬件上的上述缺点。一个现代化的虚拟机监控器可以创建具
有 CPU 时间的虚拟机，同时具有隔离性很好的虚拟设备。库操作系统可以基于虚拟机监控
器来驱动物理硬件，像虚拟机一样运行。但是，仍然需要协议库来替换传统操作系统中的服
务。在 unikernel 方法中，开发人员从模块化堆栈中选择一组最小的库，这些库对应于应用
程序运行所需的操作系统环境。

　　这些库和应用程序以及配置代码一起被编译，生成密封的、特定目的的镜像
（unikernel）。它们直接在集成的虚拟机监控器或硬件上运行，无需 Linux 或 Windows 等中介
操作系统。虚拟机监控器在系统空间中创建虚拟机，如图 3.17 中的左侧所示。这些容器是
由 Docker 引擎在图 3.17 中间的系统空间创建的，右边的对应于 unikernel 设计，它将应用
程序及其执行环境完全委托给内核空间中的虚拟机监控器来处理。

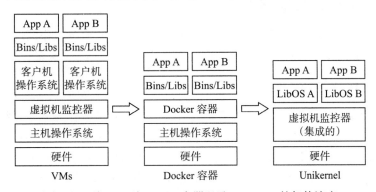

图 3.17　从 VM 到 Docker 容器以及 unikerkel 的架构演变

　　unikernel 方法意味着 x86 CPU 中完整的环 0 特权执行。硬件访问完全由虚拟机监控器
控制。这种方法的三个优点如下：安全性增强，减少在内核空间受到攻击的机会；unikernel
虚拟机监控器的内存需求较小，仅为完整主机操作系统的 4%；由于加载整个操作系统，预
计启动时间会缩短很多。unikernel 方法的缺点在于上层应用程序的自定义顺序。主机相对
于通用应用程序而言可能没那么强大。截至 2016 年年底，unikernel 模型仍处于 ClickOS、
Clive 和 MirageOS 用户的研究和测试阶段。

从 x86 切换到 ARM、Power 和 Sparc 作为构建节点

　　几乎所有部署在云平台上的服务器集群都使用 x86 处理器。未来几年情况可能会改变。
这是由于在虚拟化云计算中使用 ARM、Power 和 Sparc 处理器而引起的。在 2013 年，IBM
宣布投资 10 亿美元来升级其针对 Linux 应用的 Power 系列。例如，Power 8 架构现在已经
开放，用于创建自己的生态系统。IBM 已经为商业云提供了支持计划，以切换到基于 Linux
的 Power 主机。2015 年，甲骨文开始转向云计算。他们使用 Sparc 服务器来构建未来的云。
（请记住，Sun 的微处理器系统 Sparc 现在是 Oracle 的一部分。）

　　许多智能手机中使用的 ARM 处理器在低功耗和低成本方面显示出优异的性能。现在，[143]
戴尔、惠普、微软和亚马逊都投入到 ARM 服务器开发的云建设中。在未来云使用的集群
中，ARM 处理器是显而易见的。可预见未来云可能进入 x86、ARM、Power 和 Sparc 厂商
激烈竞争的时代。

云和物联网平台之间的联合

物联网对云计算的影响不容忽视。事实上，由于未来云端的感知和大数据的需求，无人可以阻止它们的合作共赢。随着工业 4.0 的引入，工业互联网将随着 IoT 和认知服务的兴起而出现。所有生产基地都得到了传感器、机器人、机器学习、大数据采集、实时监测、智能维护、在线或离线数据分析等的全面支持。以云为中心的物联网系统将升级所有经济因素，包括医疗保健、智慧城市、智能交通、节能环保等。

自 2015 年以来，IBM、微软和亚马逊都推动了云－物联网的合作。IBM 正在推动其认知服务以获得物联网设施的全面支持。微软通过链接 Windows 10 或 11 主机宣布了"Azure IoT"服务，目标是实现现场数据转发到 Azure 进行实时处理。通用电气推出"Predix Cloud"平台，为客户处理制造现场的大数据。亚马逊还宣布了其 AWS IoT，主动为在智能家居、智能工厂和智慧城市的云客户提供服务。

3.5　虚拟机管理和容器编排

云基础架构管理涉及若干问题。首先，我们考虑来自独立服务工作的 VM 管理。然后我们考虑如何把大量的轻量级容器放在一起作为一个整体。

3.5.1　虚拟机管理解决方案

集群通常由主机和客户系统的混合节点构建而成。正常的操作方式是在物理主机上运行所有东西。当虚拟机发生故障时，它可以被另一个物理节点上的另一台虚拟机替代，前提是它们都以相同的客户机操作系统运行。换句话说，一个物理节点可以故障转移到另一个主机上的虚拟机。这与传统物理集群中的物理到物理故障切换不同。其优点是增强故障转移的灵活性。潜在的缺点是，如果虚拟机驻留的主机节点发生故障，虚拟机必须停止扮演角色。总的来说，这能很好地处理虚拟机生命周期的迁移。

有四种方法来管理虚拟集群。首先，我们可以使用基于客户机的管理器，集群管理器位于客户机系统上。在这种情况下，多个虚拟机形成一个虚拟集群。例如，openMosix 是在 XEN 管理程序之上运行不同客户系统的开源 Linux 集群。另一个例子是 Sun 的集群 Oasis：VMware VMM 支持的实验性 Solaris 虚拟机集群。其次，可以在主机系统上构建集群管理器，基于主机的管理器对客户机系统进行监控，并可以在另外一台主机上重新启动客户系统。VMWareHA 系统就是一个很好的例子，在故障之后可以启动客户系统。上述两个集群管理系统不是客户机系统就是主机系统，但是不能混用。第三，可以在主机和客户系统上使用独立的集群管理器。这将增加基础设施管理的复杂性。最后，可以在客户机和主机系统上使用集成的集群。这意味着管理者在设计时必须区分虚拟资源和物理资源。如果以最小的开销启用虚拟机迁移，则可以大大增强各种集群管理方案。

独立的服务管理

独立的服务请求设施执行许多不相关的任务。通常，所提供的 API 是开发人员可以方便使用的一些 Web 服务。在 AWS EC2 中，SQS（简单队列服务）被构造为在不同的提供者之间提供可靠的通信服务，即使另一个实体在 SQS 中发布消息时终端节点并没有运行。通过使用独立的服务供应商，云应用程序可以同时运行不同的服务。

运行第三方应用程序

云平台通常用于执行第三方应用程序。由于当前的 Web 应用程序通常使用 Web 2.0 形

144

式提供，因此编程接口与运行时库中使用的编程接口不同。这些 API 充当服务。程序员使用 Web 服务应用程序引擎来构建第三方应用程序。Web 浏览器是最终用户的用户界面。

硬件虚拟化

在云系统中，虚拟机监控器通常使用虚拟化硬件资源来创建虚拟机。系统级虚拟化需要一种特殊的软件来模拟硬件的运行，甚至运行未修改的操作系统。虚拟化的服务器、存储和网络被整合在一起，形成一个云计算平台。云开发和部署环境应该是一致的，以消除一些运行时问题。计算、存储和网络的一些云虚拟化资源列在表 3.9 中。安装在云计算平台上的虚拟机主要用于托管第三方应用程序。虚拟机提供了灵活的运行时服务，使用户不用担心系统环境。

表 3.9　计算、存储和网络云中的一些虚拟化资源

供应商	Amazon Web Services (AWS)	Microsoft Azure	Google Compute Engine (GCE)
虚拟集群提供的计算云资源	x86 server、XEN VM 和资源弹性，通过虚拟集群体现了可扩展性	虚拟机由声明性说明提供	使用 Python 编写的处理程序拥有自动缩放和服务器故障切换功能
虚拟存储中的存储云	EBS 和 S3，可完成自动扩展	SQL 数据服务，Azure 存储服务	MegaStore 和 BigTable 用于分布式文件管理
网络云服务	声明式拓扑，安全组，可用性区域隔离网络故障	用户的声明性描述或应用程序组成部件	固定拓扑结构适应三层网络应用结构，可以完成自动扩展和升级功能

145
∼
146

通过使用虚拟机，高度的应用灵活性成为超越传统计算机系统的主要优势。由于虚拟机资源被许多用户共享，我们需要一种方法来最大限度地提高用户的权限，并将虚拟机保持在一个隔离的执行环境中。传统的集群资源共享通常是在运行之前静态设置的，这种共享非常不灵活。用户无法为交互式应用程序定制系统，操作系统往往是软件可移植性的障碍。虚拟化允许用户拥有完全的权限，同时保持它们完全分离。从这个意义上说，Docker 容器比使用虚拟机管理程序创建的虚拟机更好。通过实现高可用性、灾难恢复、动态负载均衡、灵活的资源调配以及可扩展的计算环境，虚拟化可以使云系统受益。

3.5.2　用于灾难恢复的虚拟机迁移

VM 技术需要高级的灾难恢复方案。一种方案是由另一台物理机（PM）来恢复故障物理机，第二种方案是通过另一台虚拟机（VM）来恢复故障虚拟机。从 PM 到 PM 的传统灾难恢复相当缓慢、复杂且昂贵，总的恢复时间归因于硬件配置、安装和配置操作系统、安装备份代理以及重启 PM 的时间。而恢复 VM 平台时，操作系统和备份代理的安装和配置时间可忽略不计。因此，后者的灾难恢复时间要短得多，大约是前者的 40%。

虚拟机克隆提供了一个有效的解决方案。这个想法是在本地服务器上为每个正在运行的虚拟机在远程服务器上创建一个克隆虚拟机。在所有克隆虚拟机中，只有一个需要处于活动状态。远程虚拟机应处于暂停模式。如果原始虚拟机发生故障，云控制中心应该能够激活该克隆虚拟机，拍摄虚拟机的快照，以最短的时间启用实时迁移。迁移的虚拟机运行在共享的 Internet 连接上。只有更新的数据和修改后的状态才会发送到挂起的虚拟机来更新其状态。虚拟机的安全性应该在虚拟机实时迁移的过程中得到保障。

实时虚拟机迁移步骤

虚拟机可以从一台物理机实时迁移到另一台机器。如果发生故障，虚拟机可以通过迁移被另一个虚拟机替代，虚拟集群可以应用于计算网格、云平台和 HPC 系统。主要的吸引力

是由于虚拟集群提供了动态资源，可以根据用户需求或某些节点故障快速整合。特别是虚拟集群在今天使云计算成为可能的过程中起着关键的作用。图 3.18 显示了 VM 从主机 A 实时迁移到主机 B 的 5 个步骤。

一台虚拟机可能处于如下四种状态之一：非活跃状态由虚拟化平台定义，这时，虚拟机未被启用；活跃状态指虚拟机已在虚拟机平台上实例化且正在运行实际任务；中止状态指一个已实例化的虚拟机被禁用，当被禁用时，该虚拟机内部可能正在处理一个任务，也可能处于中止等待状态。当虚拟机的机器文件和虚拟资源被存回磁盘时，该虚拟机进入挂起状态。

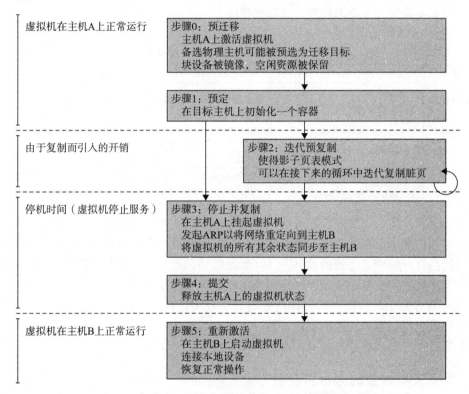

图 3.18　从主机 A 到另一台主机 B 实时迁移虚拟机的步骤（来源：C. Clark et al., "Live Migration of Virtual Machines," *Proc. of the Second Symposium on Networked Systems Design and Implementation* (NSDI'05), 2005.）

147

图 3.19 显示了虚拟机从一台主机到另一台主机的实时迁移对数据传输速率（Mbps）的影响。在为 100 个客户端复制具有 512Kb 文件的 VM 之前，数据吞吐量为 870Mbps。第一个预拷贝需要 63 秒。在此期间速率降低到 765Mbps。然后在复制过程的更多迭代中，数据速率在 9.8 秒内降低到 694Mbps。在目标主机恢复虚拟机之前，系统仅经历 165 毫秒的停机时间。这个实验结果显示了主机节点之间虚拟机实时传输中非常小的迁移开销。这对于实现云计算中所需的动态集群重新配置和灾难恢复至关重要。

随着十多年前广泛的集群计算的出现，许多集群配置和管理系统已经被开发出来以实现一系列的目标。这些目标自然会影响集群管理的某些方法。虚拟机技术已经成为简化物理计算资源管理和共享的流行方法。VMWare 和 XEN 等平台允许具有不同操作系统和配置的多个 VM 在相互隔离的同一物理主机上共存。对廉价的计算机进行集群是为网络服务和计算密集型应用程序获取可靠、可扩展的计算能力的有效方式。

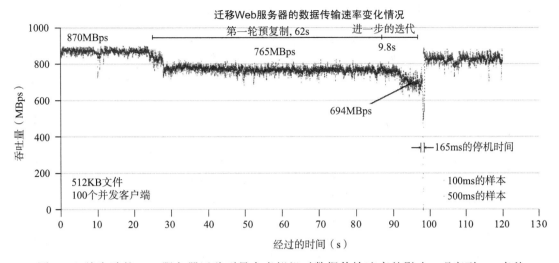

图 3.19　从失败的 Web 服务器迁移到另台虚拟机对数据传输速率的影响。观察到 165 毫秒的停机时间（来源：C. Clark et al., "Live Migration of Virtual Machines," *Proc. of the Second Symposium on Networked Systems Design and Implementation* (NSDI'05), 2005.）

例 3.5　**在两台 XEN 主机之间实时迁移 VM**

　　XEN 支持实时迁移。对虚拟化平台来说，这是一个有用的功能和自然扩展，它允许将虚拟机从一台物理机转移到另一台，而虚拟机所托管的服务停机时间很短。实时迁移在运行时通过网络传输虚拟机的工作状态和内存。XEN 还通过使用以下机制支持 VM 迁移：远程直接内存访问（RDMA）。这个想法如图 3.20 所示。 148

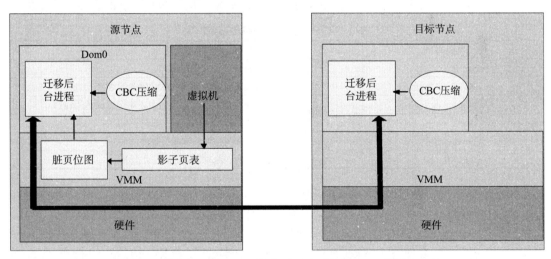

图 3.20　将虚拟机从 Dom0 域实时迁移到启用 XEN 的目标主机

　　它通过避免 TCP/IP 堆栈处理开销加快了 VM 迁移速度。RDMA 实现了不同的传输协议，在任何传输操作将其减少到"单面"接口之前，必须先注册源和目标 VM 缓冲区。RDMA 上的数据通信不需要涉及 CPU、缓存或上下文切换。这允许迁移对客户操作系统和托管应用程序的影响最小。

　　迁移守护程序负责执行迁移。在预复制阶段，VMM 层中的影子页表跟踪已迁移虚拟机中的内存页的修改。对应的标志被设置在一个脏位图中。在每个预拷贝开始时，位图被发送到迁移守护进程。然后，位图被清除，影子页表被销毁，并在下一轮重新创建。系统驻留在XEN 的管理虚拟机中。由位图表示的存储器页面在发送到目的地之前被提取和压缩。压缩的数据在目标主机上进行解压缩。

3.5.3 Docker 容器调度和编排

Docker 用户可能希望在大量主机上实现的大规模容器。集群主机面临一些管理挑战。这需要使用 Docker 调度程序和编排工具。首先，我们确定挑战，然后详细了解 OpenStack Magum，它是可以帮助管理 Docker 容器以产生可扩展性能的容器工具之一。编排是一个广泛的概念，涉及容器调度、集群管理甚至还有其他主机的配置。

容器调度

需要及时将 Docker 容器加载到主机中以满足服务需求。调度是指 Docker 管理员将服务文件加载到主机并建立运行特定容器的能力。需要集群管理来控制一组主机。这包括从集群中添加或删除主机。集群管理器必须首先获取有关主机及其加载容器当前状态的加载信息。容器调度程序必须有权访问集群中的每个主机。主机选择是容器调度程序的一个大问题。该选择过程应尽可能自动化。容器和主机工作负载需要与集群中的负载平衡相匹配。

容器编排工具

像 OpenStack 这样的集群管理软件是支持容器调度的有效工具。高级调度需求需要对容器进行分组和优化。管理员必须像管理单个应用程序一样对一组容器进行管理。对容器进行分组可能要求启动和停止时间的同步。另一个问题是主机供给，它是指如何将新主机及时顺利地连接到现有集群。表 3.10 总结了六种容器调度和集群管理的流行工具。Swarm 和 Compose 由 Docker 团队开发。Kubernetes 由 Google 开发，用于标记、分组和设置容器组。

表 3.10　主机调配和容器调度工具

工具名称	工具功能简介
Fleet	调度和管理 CoreOS 集群
Marathon	Mesosphere 安装中的调度和服务管理
Swarm	Docker 的强大调度程序，可以调配主机上的容器
Mesos	抽象和管理集群中所有主机的资源
Kubernetes	以云基础架构的谷歌调度程序
Compose	允许声明性地对容器进行分组管理

OpenStack Orchestration（Magnum）

这是由 OpenStack 容器团队开发的 OpenStack API 服务。目的是使容器编排引擎（如 Docker 和 Kubernetes）成为 OpenStack 上的一流资源。例 3.6 说明了如何在容器编排中使用 Magnum。Magnum 使用 Docker Heat 来编排包含 Docker 和 Kubernetes 的操作系统镜像。Magnum 在虚拟机中运行镜像，或者在集群配置中运行镜像。更多细节可以在 https://github.com/stackforge/magnum/release/tag/2015.1.0b2 找到。OpenStack 容器可在网站 http://eavesdrop.openstack.org/irclogs/%23openstack-containers/ 上查看。

例 3.6　用于容器调度和编排的 OpenStack Magnum

Magnum 是一个仍在开发中的 OpenStack 项目。Magnum 的架构如图 3.21 所示。技术细节在系统稳定之前不可用。Magnum 提供 API 来管理应用程序容器，这可能与 Nova 机器实例有很大不同。Magnum API 采用异步收费方式，与用于多租户实施的 keystone 软件兼容。它依赖于 OpenStack 编排，并使用 Kubernetes 和 Docker 作为组件。

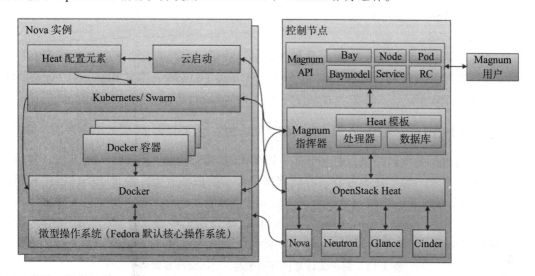

图 3.21　Docker 容器编排通过使用 OpenStack Magnum 在多个 Nova 实例中部署容器集群（来源：https://wiki.openstack.org/wiki/Magnum，2015 年 8 月检索）

Magnum 专为 OpenStack 云运营商的使用而设计。其目的是提供自助服务解决方案，将托管服务提供给云用户。Magnum 假设创建应用程序容器以与现有的 Nova 实例、Cinder 卷和 Trove 数据库一起运行。主要创新是能够将应用程序扩展到特定数量的实例，使应用程序在出现故障时自动重新生成实例，并且将应用程序打包在一起比使用重型虚拟机更有效。

Magnum 使用多个 Nova 实例。Docker Heat、Kubernetes/Swarm、OpenStack Heat 和 Micro OS（Fedora Atomic，CoreOS）被用作组件。Docker Heat 不提供资源调度程序。Docker 使用 Glance 来存储容器镜像。Heat 支持分层镜像。Magnu 控制器节点中的主要组件是 Magnum API、指挥器和 OpenStack Heat，它们在 Nova 实例中控制 Cloud Init、Kunernetes/Swarm 和 Docker 以协调方式协同工作。

最后，值得一提的是，OpenStack 的 Magnum 团队正在努力确保多租户操作。由 Magnum 开始的容器、服务、Pod 和 Bay 等资源只能由其拥有的用户查看和访问。这是一个安全功能，属于同一个租户的容器可以将它们紧紧包装在同一个 Pod 和 Bay 中，但在不同租户使用的独立 Nova 实例中运行不同的内核。使用 Magnum 可以提供与运行 VM 的 Nova 相同级别的安全隔离。

例 3.7　AWS Elastic Beanstalk：虚拟机和容器的业务流程服务

AWS Web 服务提供了一个 Elastic Beanstalk 服务，用于部署基础架构，编排各种 AWS 服务，包括 EC2、S3、简单通知服务（SNS）、CloudWatch、自动调整和弹性负载均衡器，这些将在第 4 章中研究。这是 OS 和平台预先组合的附加抽象层。例如，用户可能会看到"运行 Ruby 2.0（Puma）的 64 位 Amazon Linux 2014.03 v1.1.0"。

部署需要将"application"定义为逻辑容器。可部署平台需要使用包含 Beanstalk 环境信息的"configuration template"。"environment"将"version"与"configuration"结合在

151

一起。以下列出了四个受支持的应用程序和软件堆栈：

- Apache HTTP Server 上的 Ruby、PHP 和 Python 应用程序。
- IIS 7.5 上的 .NET Framework 应用程序。
- Apache Tomcat 上的 Java 应用程序。
- Docker 容器。

Docker 容器、Git 或 Java Web 应用程序归档（WAR file）帮助部署这样的应用程序容器。类似的容器服务也可以从 Microsoft Azure、Cloud Foundry、IBM Bluemix、AppScale、Google AppEngine 等获得。这些云的架构将在第 4 章进行研究。

3.6 Eucalyptus、OpenStack 和 VMware 云构建

表 3.11 列出了七个软件包，前 6 个都是开源代码。vSphere/4 由 VMWare 开发，可以将数据中心转换为云。为了将服务器集群或数据中心转换成私有云，源自于圣巴巴拉大学的 Eucalyptus 无疑是先驱。这是一个用于在大型服务器集群上构建云的开源软件。稳定版本于 2010 年发布，面向大众。OpenStack 从 Eucalyptus 延伸到更多的软件支持。让我们来看看 Eucalyptus 的功能。然后介绍 OpenStack 和 vSphere 系统的进展。

表 3.11 用于云计算的开源软件（vSphere 6 除外）

软件	云类型，许可	使用语言	Linux/ Windows	EC2/S3 兼容性	XEN/KVM/ VMware
Encalyptus	IaaS，Rackspace	Java，C	是 / 是	是 / 是	是 / 是 / 是
Nimbus	IaaS，Apache	Java，Python	未知	是 / 否	是 / 是 / 未知
Cloud Foundry	PaaS，Apache	Ruby，C	是 / 否	是 / 否	是 / 是 / 是
OpenStack	IaaS，Apache	Python	是 / 未知	是 / 是	是 / 是 / 未知
OpenNebua	IaaS，Apache	C，C++，Ruby，Java，lex，yacc，Shellscript	是 / 未知	是 / 未知	是 / 是 / 未知
ApplScale	PaaS，BSD	Python，Ruby，Go	未知	是 / 是	是 / 是 / 是
vSphere 4	PaaS，IaaS，SaaS，Proprietary VMware OS	G，Java，Python	是 / 是	是 / 是	是 / 是 / 是

3.6.1 私有云中的 Eucalyptus 虚拟集群

Eucalyptus 是一个开源的计算机软件，用于构建 AWS 兼容的私有云和混合云计算。该软件由 Eucalyptus Systems 公司销售。Eucalyptus 是"链接您的程序的弹性效用计算架构"（Elastic Utility Computing Architecture for Linking Your Programs）的首字母缩写。Eucalyptus 可以集中计算、存储和网络资源，随着应用程序工作负载的变化，动态地扩大或缩小计算、存储和网络资源。2012 年 3 月，Eucalyptus Systems 宣布与 AWS 签署正式协议以保持兼容性。这是一个免费的开源软件系统（图 3.22），用于构建 IaaS 云。

该系统主要支持虚拟机的虚拟联网和管理，虚拟存储不受支持。它被广泛用于构建可通过以太网或互联网与终端用户交互的私有云。该系统还支持通过 Internet 与其他私有云或公共云进行交互。该系统缺乏通用网格或云应用程序的安全性和功能。就功能而言，Eucalyptus 像 AWS API 一样提供服务，所以它可以和 EC2 互动。它提供了一个存储 API 来模拟用于存储用户数据和 VM 镜像的 Amazon S3 API。Eucalyptus 安装在 Linux 平台上，它与 SOAP、REST 和 Query 服务中的 EC2 和 S3 兼容。CLI 和 Web 门户服务可以使用 Eucalyptus。

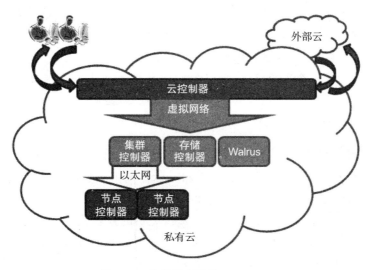

图 3.22　构建私有云的 Eucalyptus

例 3.8　HP Helion 云系统中指定的 Eucalyptus 软件

2014 年 9 月，惠普收购了 Eucalyptus，以加强惠普云计算能力。HP Helion Euvalyptus 系统如图 3.23 所示。该系统可以管理 Amazon 或 Eucalyptus 实例。用户还可以在 Eucalyptus 私有云和 Amazon EC2 云之间移动实例来创建混合云。像所有其他云一样，硬件虚拟化将应用程序与计算机硬件细节隔离开来。系统建立在提供物理硬件基础设施的数据中心之上。虚拟化为构建机器实例带来了计算、存储和网络支持。像 AWS 一样，自动扩展、弹性负载均衡和云监控也可以为用户提供服务。AWS 的兼容性的重要性在于扩大其应用范围。

154

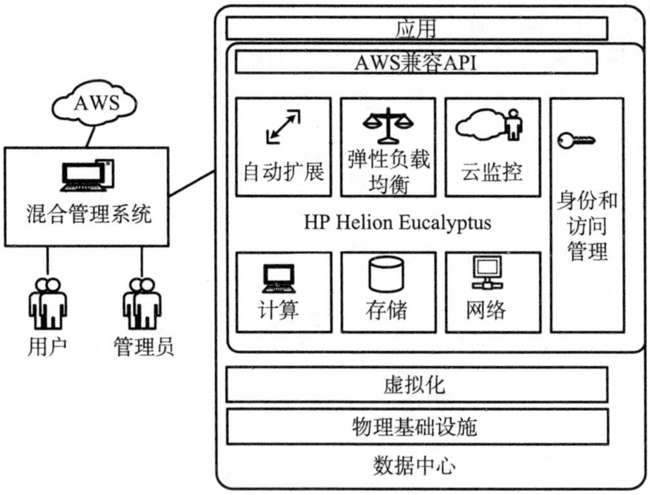

图 3.23　连接到 AWS 云的 HP Helion Eucalyptus 云系统用于联合应用程序（来源：Eucalyptus Software: www.eucalyptus.com，2016）

Helion Eucalyptus 系统有六个组件，简要介绍如下：
- 云控制器（CLC）是一个 Java 程序，提供与 EC2 兼容的接口，以及与外界通信的 Web 接口。

- Walrus 也是用 Java 编写的，是与 AWS Simple Storage Service（S3）相当的 Eucalyptus。
- 集群控制器（CC）是 Eucalyptus 云中集群的前端，与存储控制器和节点控制器通信。
- 存储控制器（SC）是 AWS EBS 的 Eucalyptus。
- VMware 代理是一个可选组件，为 VMware 环境提供与 AWS 兼容的界面，并在集群控制器上实际运行。
- 节点控制器（NC）托管 VM 实例并管理虚拟网络端点。

3.6.2　用于构建私有云或公共云的 OpenStack 软件

Open Stack 于 2010 年 7 月由 Rackspace 和 NASA 推出。最终目标是创建一个大规模可扩展且安全的云软件库，用于构建私有云和公共云。到目前为止，已有 200 多家公司加入了 OpenStack 项目。该项目在 Apache 许可下提供免费的开源软件。OpenStack 云软件是用 Python 编写的，系统每六个月更新一次。更多细节可以在 http://openstack.org/ 中找到。

OpenStack 软件控制整个数据中心的大型计算、存储和网络资源池，通过仪表板或通过 OpenStack API 进行管理。OpenStack 与流行的企业和开源技术协同工作，使其成为异构基础架构的理想选择。世界上许多最大的品牌都依靠 OpenStack 来运行他们每天的业务，从而降低成本并实现更快的移动。OpenStack 拥有强大的生态系统，寻求商业支持的用户可以从不同的 OpenStack 驱动的产品和服务中进行选择。该软件是由一个蓬勃发展的社区与用户合作建立的。

OpenStack 库中的功能模块

OpenStack 的主要服务和组件如图 3.24 所示。块存储（Cinder）提供持久的块级存储设备，以便与 Horizon 管理的 OpenStack 计算实例一起使用。网络（Neutron）提供了一个管理云部署中的网络和 IP 地址的系统，通过网络配置为用户提供自助服务能力。仪表板（Horizon）为管理员和用户提供了一个图形界面来访问、配置和自动化基于云的资源。身份服务（Keystone）提供了映射到 OpenStack 服务的用户的中央目录。它作为跨云操作系统的通用身份验证系统，可以与 LDAP 等现有的后端目录集成。

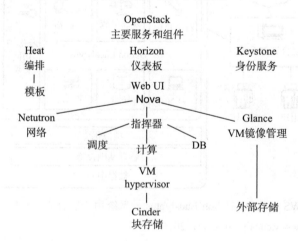

图 3.24　用于在 IaaS 服务中构建私有云或公共云的 OpenStack（http://openstack.org, Apache License 2.0）

OpenStack 计算（Nova）

这是 OpenStack 计算模块。Nova 是一个通过创建和管理大型虚拟服务器集群来设置任何 IaaS 云的内部结构的控制器。该系统适用于 KVM、VMware、XEN、Hyper-V、Linux 容器 LXC 和裸机 HPC 配置。典型的 Nova 实例的结构如图 3.25 所示。Nova 的架构基于无共享和基于消息传递的信息交换的概念。因此，Nova 中的大部分通信都是通过消息队列来实现的。为了防止阻塞某些组件等待其他组件的响应，引入了延迟对象以在接收到响应时启用回调。AMQP 提供了这样一个先进的消息队列协议。云控制器应用 HTTP 和 AMQP 协议与其他 Nova 节点或 AWS S3 进行交互。

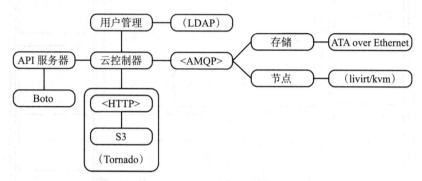

图 3.25　OpenStack Nova 系统架构，其中资源控制器应用 Http 和 AMQP 协议与 AWS S3 和其
　　　　他 Nova 节点进行交互

Nova 使用 Python 实现，同时利用了许多外部支持的库和组件，包括 Boto（基于 Python 提供的 Amazon API）以及 Tornado（用于在 OpenStack 中实现 S3 功能的快速 HTTP 服务器）。API 服务器接收来自 Boto 的 HTTP 请求，将命令转换为 API 格式，并将请求转发给云端控制器。云控制器维护系统的全局状态，通过 LDAP 与用户管理器交互时确保授权。Nova 系统与 S3 服务交互，管理参与节点和存储。此外，Nova 集成了网络组件来管理专用网络、公共 IP 地址、VPN 连接和防火墙规则。

OpenStack 存储（Swift）

这是一个跨越大型数据中心服务器的多个磁盘的可扩展冗余存储系统。Swift 解决方案是围绕许多交互组件构建的，包括代理服务器、环、对象服务器、容器服务器、账户服务器、复制程序、更新程序和审计程序。代理服务器可以查找 Swift 存储环中账户、容器或对象的位置，并路由请求。因此，任何对象都通过代理服务器流入或流出对象服务器。

环表示磁盘上存储的实体名称与其物理位置之间的映射。需要为不同的账户、容器和对象创建分离的环。对象存储为二进制文件，元数据存储在文件的扩展属性中。这就要求底层文件系统支持对象服务器的选择，而标准 Linux 安装通常不是这种情况。要列出对象需要使用容器服务器。容器清单由账户服务器处理。通过分布式磁盘上的数据复制实现冗余（因此容错）。

3.6.3　支持构建混合云的 VMware 虚拟化

VMware 提供云以及虚拟化软件和服务。这是第一家致力于 x86 服务器虚拟化的公司。VMware 产品用于支持企业云或混合云的 80% 以上的市场份额。自 1998 年以来，VMware 已经从虚拟机监控器开始开发了一系列产品。VMware 因其第一款称为 GSX 的类型二 Hypervisor 而闻名。这个产品已经发展为两条虚拟机监控器产品线，VMware 的类型一虚拟机管理程序直接在硬件上运行，还有托管的类型二虚拟机监控器。图 3.26 显示了用于构建

157

混合云的 VMware 软件包。

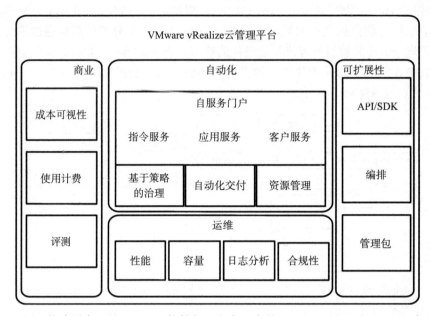

图 3.26　用于构建混合云的 VMware 软件包：私有云中的 vSphere、NSX 和 vSAN，与公共云
　　　　共同工作的 SDN 和分布式存储操作

　　VMware 软件支持完全虚拟化硬件，以便在虚拟机中使用客户操作系统。他们的软件虚
拟化了视频适配器、网络适配器和硬盘适配器的硬件。主机为客户机 USB、串行和并行设
备提供传递驱动程序。这样，VMware VM 在计算机之间变得高度可移植。实际上，系统管
理员可以暂停 VM 客户虚拟机上的操作，将该客户虚拟机移动或复制到另一台物理计算机，
并在那里恢复执行。VMware 还开发了一项名为 vMotion 的功能，允许在共享相同磁盘存储
的相似硬件主机之间迁移客户虚拟机。

　　VMware Workstation、Server 和 ESX 采用优化的方法在主机上运行目标操作系统。它
们的软件不模仿在物理上不存在的不同硬件的指令集。这显著提高了性能，但是在使用不同
指令集的硬件主机之间移动客户虚拟机时可能会导致问题。它也不适用于具有不同 CPU 数
量的硬件主机。与 CPU 不相关的软件通常可以进行这样的转换。除非 CPU 存在不可预知的
行为，否则在移动之前启动，然后再重新启动。

　　Vmware 实现了 x86 指令集的虚拟化扩展，其虚拟机监控器现在旨在利用这些扩展。当
直接执行无法运行时，如使用内核级和实模式代码，VMware 产品使用二进制翻译动态地重
新编写代码。翻译的代码被存储在地址空间末尾的备用内存中。因此，VMware 的运行速度
比仿真器快，虚拟客户操作系统运行速度超过 80%，可以直接在同一个硬件上运行。虚拟机
可以通过替换它们来处理违规指令，或者只需在用户模式下运行内核代码。

　　虽然 VMware VM 以用户模式运行，但 VMware Workstation 本身需要在主机操作系统
中安装各种驱动程序。它们的云 OS 产品显示为 vSphere 内核和 vCenter 接口。支持的虚拟
环境包括用于计算的 vSphere、用于 SDN（服务器域名称）的 NSX 和用于分布式存储应用
程序的 vSAN。这些虚拟环境在四个子系统中进行管理：业务、自动化、操作和混合云的可
扩展性。在这些子系统内部建立了大型的服务模块。主要目的是构建基于 vSphere 或基于

vCenter 的私有云，可以像大多数混合云一样联合使用外部公共云。

3.7　结论

　　在本章中，我们介绍了用于大型服务器集群虚拟化的软件技术。我们展示了将数据中心集群转换为各种抽象级别的云技术。本地虚拟机和客户虚拟机都作为实例进行了展示。我们介绍了虚拟机迁移技术以实现快速的灾难恢复。通过使用虚拟机监控器和 Docker 引擎可以实现虚拟化。它们分别用于创建虚拟机和应用程序容器。传统的虚拟机必须支持自己的客户操作系统，因此需要更多的内存来构建。另一方面，Docker 引擎直接使用 Linux 内核函数调用创建容器。

　　Docker 容器避免使用客户操作系统，这为虚拟机提供了一个主要的简化。Docker 更适合用于大型集群实现容器的编排。本章还介绍了使用 unikernel 方法进一步简化容器。虚拟机、容器和 unikernel 为第 4 章中的云构建和弹性资源管理奠定了必要的基础。特别是，我们研究了使用虚拟机管理程序创建的虚拟机和 Docker 应用程序容器之间的权衡。在机器学习或人工智能应用程序中，也要考虑对用于编排大量容器集合的几种软件工具进行大规模并行处理。

习题

3.1　简要回答以下两个问题。你不必重复本书中的所有内容，只需突出重点并确定各种方法的区别。
　　（a）可以考虑多少种级别的虚拟化？评论它们的优点、缺点和局限性。在每个级别上已经实现的典型系统有哪些？
　　（b）完全虚拟化和半虚拟化有什么区别？解释当今主机上任何一类虚拟机的实施和应用的优点、缺点和局限性。

3.2　描述用于在 XEN 域和设计实验之间交换数据的方法，以比较域之间的数据通信的性能。这是为了让你熟悉 XEN 编程环境而设计的。移植 XEN 代码、实施应用程序代码、执行实验、收集性能数据并解释结果可能需要更长的时间。

3.3　将 VMware 工作站安装在操作系统为 Windows XP 或 Vista 的个人计算机或笔记本电脑上，然后在 VMware 工作站中安装 Red Hat Linux 和 Windows XP。配置 Red Hat Linux 和 Windows XP 的网络设置以上网。请为工作站中的 VMware 工作站、Red Hat Linux 和 Windows XP 编写安装和配置指南。注：指南中应包括故障处理。

3.4　从以下云列表中选择两个硬件 / 虚拟化服务（HaaS）：VMware、Intel、IBM 和 XenEnterprise。进行深入研究，不限于你在教科书中阅读的内容。你需要通过访问供应商的网站或通过搜索谷歌、维基百科和任何公开文献来挖掘有用的技术信息。目的是报告他们在云技术、服务产品、开发的软件应用程序、应用的商业模式以及成功 / 失败教训方面的最新进展。确保你的研究报告技术含量丰富。

3.5　从 http://www.kernel.org/ 下载一个新的内核包。分别在安装在习题 3.3 中的 VMware 工作站中的 Red Hat Linux 中以及在真机中的 Red Hat Linux 中编译它。比较两次编译所用的时间。哪一个需要较长的时间来编译？它们的主要区别是什么？

3.6　在习题 3.3 中安装的 XEN 上安装 Red Hat Linux。从 http://www.tux.org/~mayer/linux/bmark.html 下载 nbench。在 XEN 虚拟机上运行 nbench，并在真机上运行。比较两个平台上的程序的性能。

3.7　在 Windows 上安装 QEMU，然后在 QEMU 上安装 FreeBSD。Windows 上的 QUME 可以从 http://www.h7.dion.ne.jp/~qemu-win/ 下载，FreeBSD 上的 .iso（任何版本都可以）可以从 http://www.freebsd.org/where.html 下载。你可能需要 bochs 的 bximage 为 QEMU 创建一个 img 的

FreeBSD。它可以从 http://bochs.sourceforge.net/cgi-in/topper.pl?name=See+All+Releases&url=htm lp://sourceforge.net/project/showfiles.phpqmrkgroup_ideq12580 下载。

3.8　设置一个环境来测试 XEN 的实时迁移。注意：因为 XEN 不支持 x86-32 和 x86-64 的混合，所要留意本机上安装的操作系统。

3.9　利用 QEMU 手动查找 Linux 操作系统的所有进程。给定平台配置如下。主机操作系统：Windows XP；虚拟化层：QEMU 0.9.1；QEMU VM：CENT OS 5.3（Linux 2.6.18）；架构：x86-32。注意：可以更改平台的版本以适应云计算环境中可用的硬件和软件的相似性。

3.10　使用 VMware 工作站建立自己的局域网。局域网的拓扑结构如图 3.27 所示。机器 A 需要安装 Red Hat Linux，而机器 B 需要安装 Windows XP。

192.168.203.2　　LAN1　　　　　　路由器　　　　　　LAN2　　192.168.204.2
计算机 A　　　　　　　　　外部网关：192.168.204.1　　　　　　计算机 B
　　　　　　　　　　　　　内部网关：192.168.203.1

图 3.27　问题 3.10 中的虚拟 LAN 拓扑图

3.11　解释以下两种机器恢复方案的差异。评价其实施要求、优点和缺点，以及应用潜力。
（a）由另一台物理机恢复某台物理机的故障。
（b）由另一台虚拟机恢复某台虚拟机的故障。
（c）建议一种方法来从发生故障的物理机中恢复虚拟机。

3.12　硬件和软件资源的部署往往是复杂和耗时的。自动虚拟机部署可显著加快实例化新服务或重新分配资源的时间，具体取决于用户需求。访问 http://wiki.systemimager.org/index.php/ Automating_Xen_VM_deployment_with_SystemImager，获得使用 SystemImager 和 XEN 工具进行自动部署的经验。

3.13　设计一个大规模的虚拟集群系统。这个项目可能需要 3 个学生一起合作整个学期。功能要求是：
（a）用户可以同时创建多个虚拟机。用户还可以同时操作和配置多个虚拟机。
（b）通用软件（如操作系统或库）可以预先安装为模板。这些模板使用户能够快速创建新的执行环境。
（c）用户具有自己的配置文件，用于存储虚拟集群中相应 VM 的数据块标识。用户修改数据时应该创建新的块。应该将最近创建的块的标识插入用户的配置文件中。

3.14　总结一下由管理程序创建的虚拟机与 Linux 主机上由 Docker 引擎创建的应用程序容器相比的优势、劣势和合适的应用程序。你应该根据资源需求、创建开销、执行模式、实现复杂性和执行环境、应用程序隔离、操作系统灵活性和主机平台等方面进行比较。

3.15　例 3.6 中的 Magnum 是在 OpenStack Nova 机器实例上实现容器编排和主机集群的一个很好的软件项目。请与 OpenStack 网站一起检查最新版本的 Magnum 源代码。写一个简短的技术报告来总结你的研究成果。

3.16　例 3.8 中提供的 Eucalyptus 已经由 HP 升级，以支持 IaaS 云资源的高效管理。请在 Eucalyptus 网站上查询其注册用户组的最新报告。写一个简短的技术报告来总结你的研究成果。

3.17　vSphere 6 是 VMware 提供的稳定的云 OS。从公开文献中挖掘出关于移植和应用程序体验的报告，并衡量其客户或用户群体的性能。写一个简短的技术报告来总结你的研究成果。

3.18　对以下五种计算机平台虚拟化软件产品进行比较性调查：VMware ESXi，Microsoft App-V，Google Kubernetes，Docker 容器，Citrix XENdesktop。你需要挖掘有用的技术信息，可通过访问公司的网站或通过搜索谷歌、维基百科和任何其他公开文献。目的是报告这些公司在虚拟化架构、技术应用和客户应用服务方面的最新进展。确保你的研究报告在技术上扎实的，并避免出现公司的销售情况。

3.19 通过编排来管理虚拟机或容器集群是云供应商和用户关心的热门话题。从 7 个候选工具中选择两个虚拟机 / 容器调度和编排软件工具：CoreOS Fleet，Mesosphere Marathon，Docker Swarm，Apache mesos，Hadoop Yarn，Google Kubernetes，Docker Compose。通过访问每个公司网站进行深入的比较研究，挖掘技术信息来回答以下问题。

（a）为什么集群管理和编排在云服务中至关重要？

（b）简要说明每种编排工具的架构。

（c）根据你选择的两个虚拟机 / 容器调度和编排工具，评估它们的优势和面临的挑战。

3.20 使用 Docker Engine 为虚拟化提供了一个新的 AWS 服务来创建应用程序软件容器，该服务被称为亚马逊 EC2 容器服务（ECS）。解释这一过程如何在 AWS 云上完成。写一篇报告讨论 ECS 的适用性并讨论使用 EC2 中的容器和 VM 实例的差异。

3.21 你已经研究了 3.5.2 节中虚拟机实时迁移和灾难恢复的基本概念。回答下列问题：

（a）为什么虚拟机实时迁移对数据中心或云操作的灾难恢复至关重要？

（b）需要哪些虚拟化支持来实现虚拟机的快速克隆？解释虚拟机克隆如何实现更快的灾难恢复？

3.22 在虚拟机实时迁移和灾难恢复方面进行更深入的研究，以在云系统中实现容错。你可能需要搜索白皮书或行业发布的新 R/D 报告，或者在 IEEE、ACM、Internet Societ 出版物上查看发表的云论文。写一篇简短的技术报告来总结你的技术发现。再次忽略销售渠道，专注于技术创新和新发现。

3.23 研究 unikernel 和 library 操作系统架构，以证明它在构建未来的应用程序容器方面的优势和劣势，与 Linux 内核上的 Docker 引擎相比，传统的虚拟机由与传统主机操作系统一起工作的管理程序创建。

参考文献

[1] Adams, K., and O. Agesen. "A Comparison of Software and Hardware Techniques for x86 Virtualization." Proc. of the 12th International Conference on Architectural Support for Programming Languages and Operating Systems, October 21–25, 2006, San Jose, CA.

[2] Andre Lagar-Cavilla, H., J. A. Whitney, A. Scannell, P. Patchin, S. M. Rumble, E. de Lara, M. Brudno, M. Satyanarayanan. "SnowFlock: Rapid Virtual Machine Cloning for Cloud Computing." Proc. of EuroSys, Nuremburg, Germany, April 2009.

[3] Barham, P., B. Dragovic, K. Fraser, S. Hand, T. Harris, A. Ho, R. Neugebauer, I. Pratt, and A. Warfield. "XEN and the Art of Virtualization." *Proceedings of the Nineteenth ACM Symposium on Operating System Principles (SOSP19)*. ACM Press, 2003.

[4] Chisnall, D. *The Definitive Guide to the XEN Hypervisor*. Prentice Hall International, 2007.

[5] Clark, C., K. Fraser, S. Hand, J. G. Hansen, E. Jul, C. Limpach, I. Pratt, and A. Warfield. "Live Migration of Virtual Machines." *Proc. of the Second Symposium on Networked Systems Design and Implementation (NSDI'05)*, 2005, pp. 273–286.

[6] Grit, L., D. Irwin, A. Yumerefendi, and J. Chase. "Virtual Machine Hosting for Networked Clusters: Building the Foundations for Autonomic Orchestration." First International Workshop on Virtualization Technology in Distributed Computing (VTDC), November 2006.

[7] Hwang, K., and D. Li. "Trusted Cloud Computing with Secure Resources and Data Coloring." *IEEE Internet Computing* (September/October 2010): 30–39.

[8] Intel Open Source Technology Center. *System Virtualization—Principles and Implementation*. Tsinghua University Press, 2009.

[9] Jin, H., L. Deng, S. Wu, X. Shi, and X. Pan. "Live Virtual Machine Migration with Adaptive Memory Compression." *Proc. of IEEE Cluster Computing*, August–September 2009.

[10] Kivity, A., et al. "KVM: The Linux Virtual Machine Monitor." Proc. of the Linux Symposium, Ottowa, Canada, 2007, p. 225.

[11] KVM Project. "Kernel-Based Virtual Machines," http://www.linux-kvm.org.

[12] Nick, J. "Journey to the Private Cloud: Security and Compliance." Technical Presentation by EMC Visiting Team, Tsinghua University, Beijing, May 25, 2010.

[13] Nurmi, D., et al. "The Eucalyptus Open-Source Cloud Computing System." Proc. of the International Symposium on Cluster Computing and the Grid (CCGrid), Shanghai, China, September 2009, pp. 124–131.

[14] OpenStack, http://www.openstack.org. 2013.

[15] Qian, H., E. Miller, et al. "Agility in Virtualized Utility Computing." Proc. of Third International Workshop on Virtualization Technology in Distributed Computing (VTDC 2007), November 12, 2007.

[16] Rosenblum, M. "The Reincarnation of Virtual Machines." *ACM QUEUE* (July/August 2004).

[17] Rosenblum, M., and T. Garfinkel. "Virtual Machine Monitors: Current Technology and Future Trends." *IEEE Computer* 38 no. 5 (2005): 39–47.

[18] Shi, L., H. Chen, and J. Sun. "vCUDA: GPU Accelerated High Performance Computing in Virtual Machines." Proc. of the IEEE International Symposium on Parallel & Distributed Processing, 2009.

[19] Smith, J., and R. Nair. "The Architecture of Virtual Machines." *IEEE Computer* (May 2005).

[20] Sun Microsystems. "Solaris Containers: Server Virtualization and Manageability." Technical white paper (September 2004).

[21] Ublig, R., et al. "Intel Virtualization Technology." *IEEE Computer* (May 2005).

[22] VMware. "Understanding Full Virtualization, Paravirtualization, and Hardware Assist," http://www.vmware.com/files/pdf/VMware_paravirtualization.pdf.

[23] VMware. "The vSphere/6 Operating System for Virtualizing Data Centers." News Release, February 2009, http://www.vmware.com/products/vsphere/ 2016.

[24] Voosluys, W., et al. "Cost of VM Live Migration in Clouds: A Performance Evaluation." *Proc. of First International Conference on Cloud Computing*, pp. 267–295. IOS Press, 2009.

云架构与服务平台设计

4.1 云架构与基础设施设计

本节介绍云架构和基础设施设计原则。从云的商业模式开始，我们将研究基于多租户技术的面向市场的云架构。然后，我们将学习如何使用第 3 章中的虚拟化技术将数据中心转换为云。最后，我们将研究云管理中的资源配置方法。

4.1.1 公共云平台及其服务项目

由于消费者依赖云供应商以满足自己的计算需求，他们将需要其供应商维护特定的 QoS（服务质量），以实现其目标并维持运营。对于每一个消费者，云供应商都会考虑并满足在特定 SLA（服务级别协议）中协商好的不同 QoS 参数。为了实现这一点，供应商不能部署传统的以系统为中心的资源管理架构，取而代之的应是以市场为导向的资源管理架构，并且有必要调整云资源的供需以实现平衡。

设计者需要为消费者和供应商提供有关经济激励的反馈意见，以实现基于 QoS 的资源分配机制。此外，客户也可以从供应商的潜在成本降低中受益，这可能会使市场更具竞争力，从而使价格降低。图 4.1 显示了在云计算环境中支持面向市场的资源分配的高级架构。它基本上是用以下实体构建的：允许多个竞争请求的 SLA 并且对其动态协商没有限制。

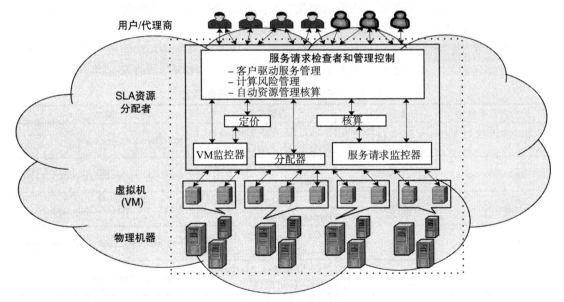

图 4.1 根据注册用户或客户接受的 SLA 所要求的 Qos/ 需求，面向市场的云架构相应地扩展或缩减资源租赁（由 Buyya 等提供）

用户、代理商和 SLA 资源分配器

用户或其代理可以从全球任何地方向数据中心或云提交服务请求。SLA 资源分配器充当

数据中心 / 云服务供应商和外部用户 / 代理商之间的接口。它需要以下机制的相互作用来支持面向 SLA 的资源管理。

- **服务请求审查与接纳控制**。当服务请求首次提交时，服务请求审查和接纳控制机制会先分析该请求是否满足 QoS 要求，然后再选择是否接受此次请求，这样就能够确保资源不会超载。同时，许多服务请求由于资源有限而无法成功实现。该机制也需要有关资源可用性和工作负载处理的最新状态信息才能正常运作。
- **定价与计费系统**。定价机制决定了服务请求如何收费。例如，可以根据提交时间（峰值 / 非高峰）、定价率（固定 / 更改）或资源可用性（供应 / 需求）来收取服务请求的费用。定价是管理数据中心内计算资源供求的基础。计费机制统计服务请求实际使用的资源情况，从而可以计算并向用户收取最终费用。
- **虚拟机监控器和分配器**。虚拟机监控器跟踪虚拟机的可用性及其资源授权。分配器在已分配的虚拟机上执行已接受的服务请求。服务请求监控机制跟踪服务请求的执行进度。可以在单个物理机上按需启动和停止多个虚拟机，以满足已接受的服务请求，从而提供最大的灵活性，将同一台物理机上不同的资源分区配置为不同的特定服务请求需求。

计算机管理员、IT 管理员、软件供应商和终端用户对云服务都有不同层面的需求。个人用户和组织用户对服务的需求通常不尽相同。SaaS 级别的应用供应商主要为个人用户服务，而大多数商业组织由 IaaS 和 PaaS 供应商提供服务。IaaS 同时为应用程序和组织用户提供计算、存储和通信资源。云环境由 PaaS 或平台供应商提供支持。值得注意的是，平台供应商直接支持基础架构服务和组织用户。

主流公共云概述

云服务依赖于服务器集群、机器虚拟化、面向服务的架构、基础设施管理、电源效率等方面的进步。消费者以 IaaS、PaaS 或 SaaS 的形式购买云服务。许多公共云供应商会向其用户提供增值实用程序服务。行业内，许多企业用户为了平衡日益增长的需求，选择将其部分计算和存储作业外包给云平台。在表 4.1 中，我们总结了 2016 年 5 个主要云平台的概况。

表 4.1 五大公共云平台及其服务项目

公共云平台	支持模式	典型产品	网站
Amazon Web Service（AWS）	IaaS, PaaS	EC2, S3, SQS, EMR, VPC, EBS, SNS, CloudFront	http://aws.amazone.com/
Google AppEngine	PaaS, SaaS	Gmail, Docs, GFS, BigTable, Chubby	https://developer.google.com
Microsoft Azure	PaaS, SaaS	Live, SQL, Office 365, Dynamic CRM	http://www.windowsazure.com
IBM SmartCloud	PaaS, SaaS, IaaS	Compute, Storage, Backup, Networking, Virtualization	http://www.ibm.com/cloud-computing
SalesForce Clouds	SaaS, PaaS	CRM, Sales, Marketing, Apex, Visual force	https://salesforce.com

亚马逊开创了 IaaS 业务，同时支持数百万客户的电子商务和云应用。亚马逊云的弹性来自于硬件和软件服务提供的灵活性。EC2 服务提供了运行虚拟服务器所需的环境。S3 服

务提供了无限的在线存储空间。Amazon Web Services（AWS）平台对这两种服务都提供了支持。Microsoft 为云应用提供 Windows Azure 平台。该平台同时还支持 .NET 服务、动态 CRM 服务、hotmail 邮件服务和 SQL 应用程序。Salsforce.com 使用自己的 Force.com 平台为在线 CRM 应用程序提供了大量的 SaaS 应用。

所有 IaaS、PaaS 和 SaaS 模型都允许用户通过互联网访问服务，这完全依靠云服务供应商的基础架构。这些模型基于供应商和用户之间的各种 SLA 提供。SLA 在网络服务中比在云计算服务中更常见，因为它们涉及网络服务的 QoS 特性。而对于云计算服务，却难以找到关于如何制定 SLA 的合理先例。在更广泛的意义上，云计算的 SLA 解决了服务可用性、数据完整性、隐私和安全保护。关于这些云平台的更多细节将在后续章节中给出。

4.1.2 云服务的商业模型

云开发人员必须考虑如何设计系统以满足高吞吐量、高可用性和容错的严苛要求。有时甚至可能需要修改操作系统才能满足云数据处理的特殊要求。基于对 Google、Microsoft、Yahoo 等典型云计算实例的观察，云计算中软件整体的堆栈结构可以按层次划分。每一层都有自己的功能目标，并像传统软件堆栈一样为上层提供访问接口。 | 170 |

如图 4.2 所示，在云上可以扩展出许多服务。SaaS 层最接近具有客户端界面的用户，由一系列任务队列、监控和计费服务组成。IaaS 层提供了虚拟化计算、存储和数据服务，根据其提供的资源的不同也可以称作硬件即服务（HaaS）、网络即服务（NaaS）等。除了 IaaS 层中的计算和存储资源，基础设施层还可以被细分为数据即服务（DaaS）和通信即服务（CaaS）。托管即服务（LaaS）提供主机托管服务，以容纳、维护和保护所有物理硬件和网络资源，有些学者亦称此为安全即服务（SaaS）。

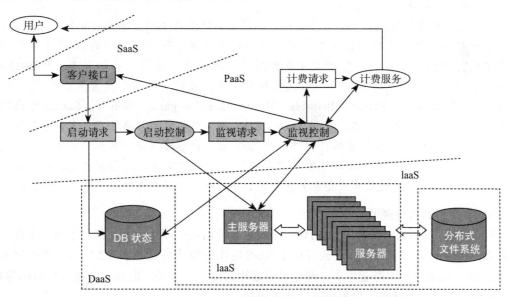

图 4.2　SaaS 层最接近用户，并在此运行用户所选择的应用程序。PaaS 层为用户开发新的应用程序提供了一个云平台。IaaS 层为用户提供虚拟化计算、存储和数据资源，以形成其所期望的工作集群配置

表 4.2 将各种类型的云分为 5 种商业模型，即应用云、平台云、计算 / 存储云、托管云和网络云，其代表性的云服务供应商也在表中给出。对某些模型，我们将会在后续章节中继续研究。现在，我们已经分别引入了 SaaS、PaaS 和 IaaS 三大服务模型。平台云对 PaaS 提供支持，它位于 IaaS 基础架构之上。SaaS 位于顶层，提供各种应用软件服务。这意味着在没有云平台的情况下无法启动 SaaS 应用程序。如果计算和存储基础架构不存在，则无法构建云平台。不过，开发商仍可以租用较低级别的云来构建更高级别的平台或应用程序门户。

表 4.2 五种云服务及其代表供应商

云类别	云服务供应商
应用云	OpenTable, Kenexa, NetSuite, RightNow, WebEx, Blackbaud, Concur Cloud, Telco, Omniture, Vocus, Microsoft OWA (Office 365), Google Gmail, Yahoo!, Hotmail
平台云	Force .com, Google AppEngine, Facebook, IBM Blue Cloud, Postini, SQL Server, Twitter, Microsoft Azure, SGI Cyclone, Amazon EMR
计算 / 存储云	Amazon AWS, Rackspace, OpSource, GoGrid, MeePo, FlexiScale, HP Cloud, Banknorth, VMware, XenEnterprise, iCloud
托管云	Savvis, Internap, Digital Realty, Trusted, 365 Main
网络云	AboveNet, AT&T, Qwest, NTT Communications

例 4.1 Savvis 主机托管云服务

主机托管服务涉及数据中心的管理，其中设备、空间和带宽可租赁给零售客户。托管中心的设施可以提供空间、电力、降温以及物理安全服务，保障那些通过电信和网络服务供应商交互的多个云服务器、存储和网络设备的正常运行。Savvis 是一家成立于 1996 年的公司，为许多数据中心的物理和网络资源提供网络托管和主机托管服务，包括云存储和电源供应、基础设施管理、网络和安全服务。

苹果公司是他们的第一个大客户。权衡苹果电脑的客户手册以及客户评价之后，Savvis 终止了与其他云供应商额外的大型合同。该公司在北美、欧洲和亚洲的 50 多个数据中心销售主机托管和配置服务、自动化管理和配置系统以及信息技术咨询服务。到 2015 年，Savvis 为 2500 家企业和政府客户提供主机托管服务，包括一些拥有大量虚拟主机的客户，如 AT&T、Rackspace、Verizon Business、Terremark 和 Sungard。2006 年，Savvis 的内容分发网络（CDN）服务蓬勃发展。凭借 Savvis CDN 业务中使用的网络资产、客户合同和知识产权，他们迅速发展。在垃圾邮件过滤以及 IaaS 云平台管理（安全漏洞）方面，他们也吃过亏。例如，他们曾经被垃圾邮件发送者勒索过。经历过媒体的负面报道后，Savvis 通过 Spamhaus（一个全球反垃圾邮件组织）恢复了业务，防止了客户再次遭受垃圾邮件攻击。

SaaS 应用的商业模型

云计算使许多小企业在传统上由跨国公司主导的市场中产生了一定的竞争力。下面给出了游戏云行业的案例研究。商业云环境中 SaaS 应用的模式特征如表 4.3 所示，表中展示了 SaaS 特征、应用问题和商业需求。商业云是通用云的一个子类。但是，商业云对信用检查、市场分析、计费、会计和广告服务等的要求更高。

表 4.3 SaaS 应用的商业模型（来源：A. Ojala and P. Tyrvainen, "Developing Cloud Business Models: A Case Study on Cloud Gaming," *IEEE Software Magazine*, 2011.）

SaaS 特征	应用问题	商业需求
● 基于服务器 ● 弹性可扩展	● 服务级协议保证 ● 安全性，包括数据所有权	● 易于部署和交付 ● 在线购买和支持

（续）

SaaS 特征	应用问题	商业需求
<ul><li>多租户</li><li>一对多</li><li>用量计量</li><li>互联网技术</li></ul>	<ul><li>内部系统集成</li><li>供应链的透明度</li><li>有限的可定制性</li><li>技术和标准不成熟</li><li>未经证实的财务和许可模式</li></ul>	<ul><li>低价格，高容量，能满足即时需求</li><li>竞争优势低</li><li>常见业务流程</li><li>松散，标准的整合</li><li>适当的内部 IT 潜力</li><li>低预算</li></ul>

许多商业软件和应用程序可以受益于公共云的大规模存储和及时处理能力。然而，商业 SaaS 平台需要更高层次的 SLA 保证、QoS 保障、安全检查、元数据治理和数据完整性检查等。内部部署 IT 更安全且易于控制，特别是对于数据隐私保护来说。为了使商业云成功，我们需要建立起云用户和供应商之间的信任关系。远程云资源只能基于不成熟的技术和标准、有限的定制性和未经证实的金融许可模式。业务需求包括简单的部署和交付质量控制。这些包括在线购买和支持、低价格、适度的 IT 投资和低预算支出等。

例 4.2 游戏云 SaaS 应用的商业模型

商业模式能够让企业为客户、其他企业和网络合作伙伴提供价值，用于创建、标记和交付此价值和关系资本，以创造可持续收入来源。游戏产业最大的困扰就是版权保护，而在云服务器上执行游戏便可使得非法复制几乎不可能。图 4.3 显示了云上在线游戏应用程序的商业模型。其中主要涉及的角色有游戏授权商、云服务器集群、网络运营商和终端游戏玩家。该图从左至右显示了 SaaS 游戏应用的内容流向。而营收则从终端玩家开始从右至左流向游戏授权商。在这种商业模式下，游戏厂商只需要 SaaS 应用平台提供软件包，这与在 PC 或平板电脑上部署游戏非常不同，因为这不会涉及购买主机设备等费用。并且云游戏避免了游戏的非法复制，充分利用 SaaS 的优势，是对基础设施技术的变革。

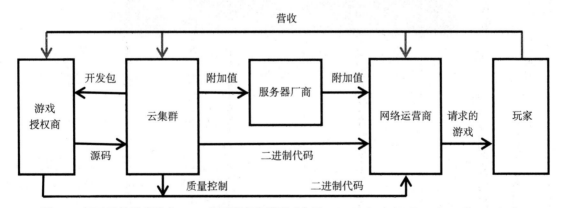

图 4.3　基于云的游戏平台 SaaS 应用的商业模型（来源：A. Ojala and P. Tyrvainen, "Developing Cloud Business Models: A Case Study on Cloud Gaming," *IEEE Software Magazine* (2011).）

173

4.1.3　数据中心到云平台的转换

数据中心通常由大量的服务器通过庞大的网络互连而组成。在图 4.4 中，我们展示了来自 Microsoft 的一个非常大的数据中心。它相当于一个购物中心那么大（11.5 个足球场），并且只有一个屋顶。这样的百万级规模数据中心可以容纳 40 万到 100 万台服务器。而一个小型数据中心可能只有 1000 台服务器。数据中心的建造还要考虑经济因素：数据中心的规模越大，成本就越低。对于一个大型数据中心来说，每 400 台服务器的每月费用大概分为三个方面：网络成本 13 美元 /Mbps，存储成本 0.4 美元 /GB，而管理成本却要大于相同情况下只有 1000 台左右服务器的数据中心。但是，小型数据中心的网络成本大约是大型数据中心的 7 倍，存储成本大约是 5.7 倍。微软公司大约有 100 个数据中心分散在全球，大多数都规模巨大，拥有数以万计的服务器。大多数数据中心都是用市售的组件构建的。一个现成的服务器由多个处理器插槽组成，每个处理器插槽可以由具有内部缓存层次结构的多核 CPU、本地共享和连贯的内存以及多个直接连接的磁盘驱动器组成。机架中的内存和磁盘资源可通过一级机架式交换机访问，并且所有机架中的所有资源均可通过骨干交换机访问。考虑由 2000 台服务器构建的数据中心，其中每台服务器具有 8GB 的内存和四个 1TB 磁盘驱动器。每组 40 台服务器通过 1Gbps 链路连接到一个工作组交换机，另外还有八个 1Gbps 端口用于将机架连接到骨干交换机。

图 4.4　大型数据中心的面积是足球场的 11.5 倍，足以容纳 40 万至 100 万台服务器（来源：D. Gannon, "The Client+Cloud: Changing the Paradigm for Scientific Research." Keynote Address, CloudCom2010, Indianapolis, IN, November 2, 2010.）

当数据中心的服务器规模达到 1 万时，其中 1% 的节点发生故障（硬件故障或软件故障）就是很常见的。硬件故障可能包括 CPU 故障、磁盘 IO 故障和网络故障等。而在电源故障的情况下，整个数据中心甚至都可能无法正常工作。同时，某些缺陷软件也可能造成困扰。但是，服务、数据不应在故障情况下停止、丢失。可以通过冗余硬件保证硬件的可靠性。同时软件也必须在不同的位置保存多个数据副本，以保证在硬件或软件故障时仍可以有效地访问数据。

数据中心的冷却系统

图 4.5 显示了数据中心仓库的布局和冷却设施。数据中心房间内设有隐藏电缆、电源线和冷却装置的地板。冷却系统比电力系统稍微简单一点。高架地板上有钢格栅，搁置在水泥地板上约 2 ～ 4 英尺的立柱上。底层区域通常用于将电力线路接到机架，但其主要用途是让冷空气流通到服务器机架。电脑室空调（CRAC）单元通过将冷空气加压吹入底层区域达到冷却效果。

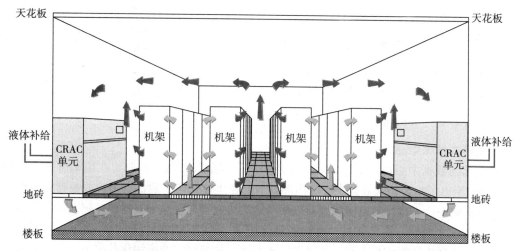

图 4.5　基于冷热空气循环、水热交换的分层数据中心冷却系统（来源：DLB Associates, D. Dyer, "Current Trends/Challenges in Data Center Thermal Management—A Facilities Perspective." Presentation at ITHERM, San Diego, CA, June 1, 2006.）

冷空气通过放置在服务器机架前面的穿孔瓦片从底层的充气室逸出。机架布置在长通道中，在冷通道和热通道之间交替，以避免混合冷热空气。由服务器产生的热空气重新流回到冷却它的 CRAC 单元的入口，然后再次将冷空气排入底层的充气室。通常，进入的冷却液温度为 12 ~ 14℃，吸收完热量后返回到冷却装置。较新的数据中心经常插入冷却塔，以预冷凝将进入冷凝器中的水。基于水冷却的装置使用冷却塔来散热。冷却塔使用单独的冷却回路，其中的水吸收了部分在热交换器中的冷却剂的热量。

175

例 4.3　可用于存储、备份和个人服务的 Apple iCloud

2011 年，苹果公司推出了 iCloud 作为云存储和云计算服务。其 iCloud 数据中心之一位于北卡罗来纳州的 Maiden。截止到 2015 年，iCloud 服务拥有 5 亿多用户。用户能通过 iCloud 在苹果数据中心的远程服务器上存储文档、照片和音乐，进而下载到 iOS、Macintosh 或 Windows 设备。云共享能够向其他用户分享、发送数据，同时在设备丢失或被盗时依然能够管理设备。

iCloud 服务还提供了将 iOS 设备无线备份到 iCloud 的方法，而不是依赖 iTunes 服务手动备份到 Mac 或 Windows 计算机。该系统还允许用户使用 AirDrop 无线服务通过与他们的移动账户连接来即时分享照片、音乐和游戏。它还充当电子邮件、联系人、日历、书签、笔记、提醒（待办事项列表）、iWork 文档、照片和其他数据的数据同步中心。如今不仅能够直接备份到 iCloud，而且还能作为数据同步中心和在紧急情况下（丢失或被盗）管理苹果设备，这与以前间接地通过 iTunes 服务备份 iOS 设备相比是一个重大进步。

存储在 iCloud 中的大数据类型包括联系人、日历、书签、邮件、笔记、共享相册、iCloud 照片库、我的照片流、iMessages、文本（SMS）和彩信等。使用 iCloud.com 网站上的 iOS 和 Mac 应用程序将文档保存到 iCloud 上。存储在移动设备（iPhone、iPad 等）上的这些数据类型和设置由 iCloud 每日备份，甚至包括音乐、电影、电视节目、应用和书籍的购买历史记录。iCloud 还提供了一个有趣的功能来寻找朋友。使用"查找我的好友"功能的用户能和指定用户分享自己的位置。当位置服务打开时，iOS 设备使用 GPS 来定位。

当用户请求其他用户查看他们的位置时，会显示通知。当有人要求查看你的位置时，位置信息将从你的设备发送。该功能可以随时打开和关闭。要找到一个不知道放哪儿了的或被盗的 iPhone，通过 iCloud 也可以以最大的音量播放声音，即使静音也可以在屏幕上闪烁。如果忘了设备放在哪儿了，这个功能会很有用。用户也可以标记设备已丢失，并使用密码来锁定设备。捡到手机的人可以直接在丢失的设备上打电话给所有者。该系统还可以擦除被盗电话上的所有敏感 iPhone 记录。

集装箱式数据中心

现代化的数据中心可以被想象成一个造船厂，其中服务器集群放置在拖车可拖式集装箱里。图 4.6 给出了集装箱式数据中心的内部细节。在集装箱内，数百台刀片服务器安放在容器壁周围的机架中。一排排风扇将服务器机架产生的热空气送至热交换器，并把交换器产生的冷空气送至下一个机架，循环往复。这样的集装箱可以容纳下能够处理 7TB 数据、容量为 2PB 的数据中心。现代数据中心正在往集装箱形式发展。集装箱式的模块化数据中心是由更低的功耗、更高的计算机排列密度和移动性（方便维护工程师们将数据中心迁移到更好的地点，比如电力成本较低、冷却水供应成本更低、工程师的住宿更便宜的地方等）的需求引发的。

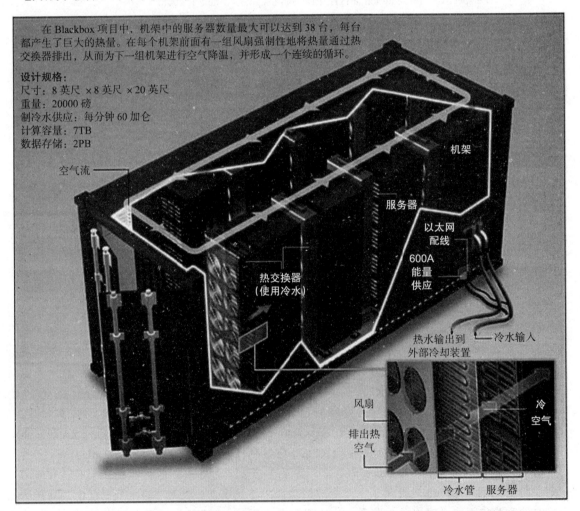

在 Blackbox 项目中，机架中的服务器数量最大可以达到 38 台，每台都产生了巨大的热量。在每个机架前面有一组风扇强制性地将热量通过热交换器排出，从而为下一组机架进行空气降温，并形成一个连续的循环。

设计规格：
尺寸：8 英尺 ×8 英尺 ×20 英尺
重量：20000 磅
制冷水供应：每分钟 60 加仑
计算容量：7TB
数据存储：2PB

图 4.6 基于冷热空气循环、水热交换的集装箱式数据中心的布局（来源：HP Project Blackbox，2008）

冷空气和冷水循环都流经热交换管，以保持服务器机架的正常温度，同时易于维修。数据中心通常需要建在租赁或使用电力相对便宜、冷却效率较高的地区。仓储式数据中心和模块化数据中心在实际生产中都是有需求的。事实上，模块化的集装箱式数据中心可以用来组装大型数据中心，就像集装箱堆场那样。除了考虑位置和电力因素外，运行一个数据中心还必须考虑数据完整性检查、服务器监控和安全管理是否易行。如果数据中心集中在一个大型建筑物中，上述问题便更容易处理。

集装箱式数据中心结构

模块化集装箱设计包括网络、计算、存储和冷却设施。更好的空气流量管理可以改变水和空气流量，从而提高冷却效率。另一个方面是要满足季节负荷要求。构建集装箱式的数据中心可以从一个系统（服务器）开始，然后是机架系统设计，最后是集装箱式系统。分阶段开发可能需要不同的时间，并且成本递增。

构建 40 台服务器组成的机架可能只需要半天的时间。利用多个机架扩展为包含 1000 台服务器的完整的集装箱式系统，需要根据电力、网络和冷却系统进行合适的布局和完整的测试。集装箱必须设计为防风防雨，且便于运输。模块化数据中心的建造和测试可能需要几天才能完成，前提是所有组件都可用，电源和水源供应也很便利。模块化数据中心支持许多云服务应用程序。例如，通过在所有诊所网站安装数据中心，医疗保健行业将受益匪浅。然而，如何与中央数据库交换信息并保持周期性一致性成为分层结构化数据中心中相当具有挑战性的问题。主机托管云服务的安全性就可能涉及多个数据中心。

4.1.4 资源弹性配置方法

云服务供应商通过与终端用户签署 SLA 来提供服务。根据 SLA 供应商必须提供足够的资源，例如 CPU、内存和带宽等，以保证可以在预设时间段内即时得到分配并投入使用。资源配置不足将导致 SLA 违约，供应商就必须支付赔偿金。过度配置资源则会导致资源利用不足，这样供应商的营收就会减少。部署自主系统以有效地向用户提供资源确实是一个非常具有挑战性的问题。

困难来自于消费者需求的不可预测性、软件和硬件故障、服务异构性、电力管理以及消费者和服务供应商之间签署 SLA 的冲突等多个方面。高效的虚拟机配置取决于云架构和云基础设施的管理。资源配置方案还需要在云计算基础架构中快速发现服务和数据。在虚拟化的服务器集群中，这需要高效安装虚拟机、实时虚拟机迁移以及从故障中快速恢复。为了部署虚拟机，用户将其视为具有特定应用程序的定制操作系统的物理主机。

资源配置效果如图 4.7 所示。一开始，遇到了大量的 CPU 负载波动。这三种方法最初都只需要少量 VM 实例。逐渐地，利用率变得更加稳定，在图 4.7a 中表明了需求驱动的资源调度方法提供了最多 20 个 VM（100% 的利用率）。然而，事件驱动的方法在事件结束时达到 17 个 VM 的稳定峰值，并且在图 4.7b 中迅速下降。流行度调度方法导致与图 4.7c 中部的 VM 利用率峰值相似的波动。

三种资源调度方法如下：需求驱动的方法提供静态资源，事件驱动的方法是基于时间的预测工作量，流行度驱动的方法是基于互联网流量监控。

- 需求驱动的资源调度：该方法基于已分配资源的当前利用水平增加或减少实例。一般来说，当资源超过阈值一段时间后，该方案可以减少分配的资源。当资源低于阈值一段时间时，该资源可能会相应增加。亚马逊在 EC2 平台上实现了这样一个自动扩展功能。

- 事件驱动的资源调度：该方案基于特定的时间事件增加或减少机器实例。该计划适用于季节性或预测性事件，如圣诞节期间。在特殊事件中，用户数量在事件发生期间相应地增减。如果事件被正确预测，该方法基本上不会引起 QoS 的降低。
- 流行度驱动的资源调度：在这种方法中，通过互联网调研某些应用程序的受欢迎程度，并按人气需求创建实例。该方案通过流行度预测增加流量。同样，如果预测是正确的，则该方案具有最小的 QoS 损失。如果流量没有达到预期，可能会浪费资源。

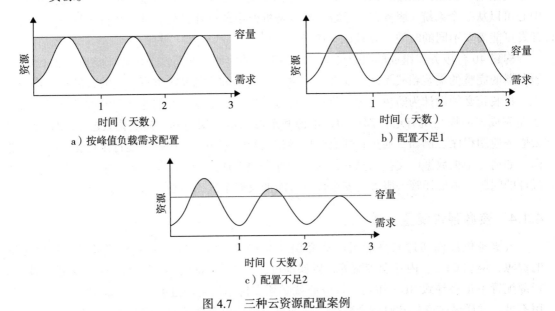

图 4.7　三种云资源配置案例

例 4.4　MeePo：清华大学建立的社区云

在社区云中，大量数据块由许多用户组动态共享。MeePo 提供了一种新的关联数据共享方法，可以有效利用图 4.8 所示的 MeePo 云中的虚拟磁盘。MeePo 云设计的创新包括大数据测量、关联数据共享、数据块预取、特权访问控制（PAC）和隐私保护。这些功能由 DropBox、CloudViews 和 MySpace 中实现的相似功能改进或扩展而来。报告的基准测试结果验证了 MeePo 云所声称的性能。

多个数据中心利用社区云的托管主机一起工作。它们必须处理数据的快速增长，并能处理任何单个数据中心的灾难性故障或中断。我们需要统一的访问模型，能透明地在多个数据中心应用分布式数据集。数据共享是数据依赖或用户共同兴趣所致。客户可以作为共享数据块的消费者或生产者。数据可以由在同一组中注册或与不同组相关联的用户所共享。特权访问可以更好地保护共享数据的完整性和用户隐私。

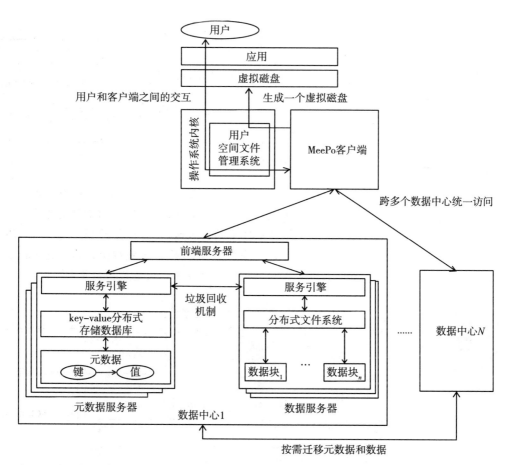

图 4.8　MeePo：清华大学利用多个数据中心建立的社区云，其中 DC 代表数据块（来源：Wu et al., "Associative Big Data Sharing in Community Clouds—The MeePo Approach," *IEEE Cloud Computing Magazine* (January 2016).）

4.2　虚拟集群的动态配置

在本节中，我们将探讨在学术界和研究中心建立的四个虚拟集群项目。这些项目已经开发出一些自动的集群配置机制、软件工具或数据库配置工具。我们希望从这些项目中了解如何实现虚拟集群的动态部署。

180

4.2.1　虚拟集群配置项目

表 4.4 总结了三个虚拟集群研究项目。我们简要介绍了他们的设计目标和报告的性能结果。斯坦福大学的 Cellular Disco 是一个共享内存多处理器系统中的虚拟集群。接下来的例子中将详细研究 COD 和 VIOLIN 集群。

表 4.4　三个虚拟集群研究的实验结果

项目名称	设计目标	结果
美国杜克大学的 COD（Cluster-on-Demand）项目 [12]	使用虚拟集群管理系统的动态资源分配	通过多个使用 Sun GridEngine 的虚拟集群来共享虚拟机 [11]

（续）

项目名称	设计目标	结果
美国斯坦福大学的 Cellular Disco 项目	在一个共享内存多处理器上部署虚拟集群	部署在多核处理器上的处于同一个 VMM 之下的虚拟机称为 Cellular Disco[7]
美国普度大学的 VIOLIN 项目 [24]	多虚拟机集群化以证明动态自适应的优势	通过自适应降低运行 VIOLIN 的应用程序的执行时间 [32]

例 4.5 **杜克大学 COD 项目**

[181]　　杜克大学的研究人员报告了 COD 项目。这是一个用于从计算资源池到多个虚拟集群的服务器进行动态分配的虚拟集群管理系统。该想法可以通过图 4.9 中 COD 的原型实现来阐述清楚。COD 将物理集群分为多个虚拟集群（vClusters）。虚拟集群所有者通过 XML-RPC 接口为其集群指定操作系统和软件。虚拟集群在 Web 服务器集群上运行来自 Sun 公司 GridEngine 的批处理程序。COD 系统可以动态地响应负载变化来重构虚拟集群。

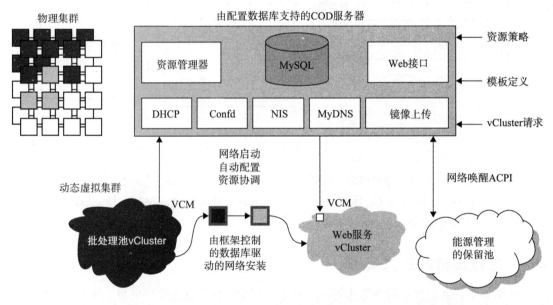

图 4.9   COD 系统将物理集群划分为多个虚拟集群（来源：J. Chase, et al., "Dynamic Virtual Clusters in a Grid Site Manager," IEEE 12th Symposium on High-Performance Distributed Computing (HPDC), 2003.）

　　图 4.10 显示了在实时配置的 8 天内，三个虚拟集群中每个节点的节点数量变化。三个用户组请求的三个应用程序工作负载在跟踪图中标记为 Systems、Architecture 和 BiosGeometry。在杜克大学计算机集群中的 80 台机架式 IBM xSeries-335 服务器的测试平台上，使用多个 SGE 批处理工作池进行了实验。这个跟踪图清楚地显示了 8 天里集群大小

[182] （节点数）的急剧变化。在实际的集群应用中也需要动态配置和取消调度虚拟集群。
　　杜克大学研究人员使用 Sun GridEngine（SGE）调度程序演示得到：动态虚拟集群是计算实用程序（如网格）中高级资源管理的有效抽象。该系统支持本地用户和托管网格服务之间的基于策略的动态集群共享。引人注目的功能还包括资源预留、自适应配置、空闲资源清

理和网格服务的动态实例化等。COD 服务器由配置数据库支持。该系统能响应用户请求的
资源策略和模板定义。

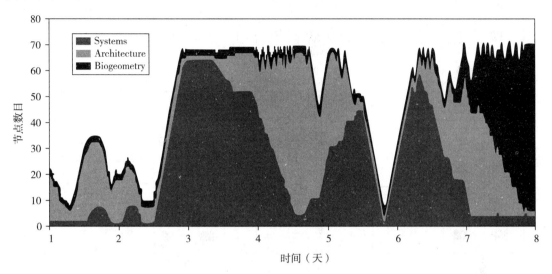

图 4.10　8 天内杜克大学 COD 系统中的集群节点数量变化（*来源：J. Chase, et al., "Dynamic*
Virtual Clusters in a Grid Site Manager," IEEE 12th Symposium on High-Performance
Distributed Computing (HPDC), Washington, DC, June 2003.）

4.2.2　虚拟集群配置自适应

普渡大学开发了 VIOLIN 项目，在动态集群配置方面做出了贡献。该想法由以下集群设
计示例描述。

例 4.6　普渡大学 VIOLIN 项目

Violin 项目应用实时 VM 迁移来重新配置虚拟集群环境。目的是在多个集群域上执行多
个集群作业时获得更好的资源利用率。该项目利用了成熟的 VM 迁移和环境适应技术。该方
法是实现相互隔离的虚拟环境，用于在由多个域组成的共享物理基础架构之上执行并行应用
程序。该思想如图 4.11 所示，其中包含 5 个并发虚拟环境，标记为 VIOLIN 1 ～ 5，共享两
个物理集群域。

各种阴影的正方形表示部署在物理服务器节点中的虚拟机。普渡大学研究小组的主要贡
献是实现了活跃的集成实体的虚拟计算环境的自适应。虚拟执行环境能够跨基础架构进行重
新定位。这可以扩展其基础设施资源的共享。自适应操作对于虚拟环境的用户和基础设施的
管理都是透明的。解决一百万个粒子的大型 NEMO 3D 问题时，自适应开销维持在 1200 秒
的总时间中的 20 秒。

183

这里传达的信息是，虚拟环境自适应可以显著提高资源利用率，总执行时间只增加了
1%。VIOLIN 环境的迁移确实有所回报。当然，在共享资源利用方面的增益将有益于许多用
户。性能增益随不同的适应情况而变化。读者可跟踪习题 4.12 中另一个场景的执行来发现
差异。虚拟网络是 VIOLIN 系统的一个基本组成部分。

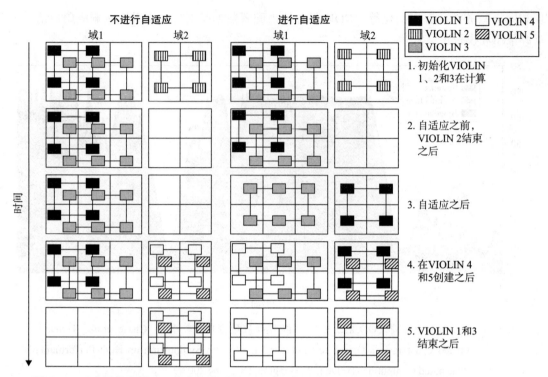

图 4.11   两个托管集群上 5 个虚拟集群的 VIOLIN 自适应过程。适应后空闲节点较少（来源：P. Ruth et al., "Automatic Live Migration of Virtual Computational Environments in a Multi-Domain Infrastructure," *Technical Report*, Purdue University (2006).）

4.2.3   数据中心集群的虚拟化支持

数据中心必须进行虚拟化，以充当云供应商。表 4.5 总结了四个虚拟基础设施（VI）管理器或操作系统。这些 VI 管理器和操作系统是专为虚拟化拥有大量集群服务器的数据中心而量身定制的。Nimbus、Eucalyptus 和 OpenNebula 都是开源软件，可供公众使用。只有 VMWare vSphere 6 是用于云资源虚拟化和数据中心管理的专有操作系统。

表 4.5   VI 管理器和用于虚拟化数据中心的操作系统[9]

管理器 / 操作系统、平台、授权许可	被虚拟化的资源，网络链接	客户端 API，语言	使用的 hypervisor	公共云接口	特殊特征
Nimbus Linux, Apache v2	虚拟机的创建，虚拟集群，www.nimbusproject.org/	E C 2 W S，WSRF, CLI	XEN, KVM	EC2	虚拟网络
Eucalyptus Linux, BSD	虚 拟 网 络，www.eucalyptus.com/	E C 2 W S，CLI	XEN, KVM	EC2	虚拟网络
OpenNebula Linux,Apache v2	虚拟机的管理、主机、虚拟网络和调度工具，www.opennebula.org/	XML-RPC, CLI, Java	XEN, KVM	EC2，弹性主机	虚拟网络，动态提供资源
vSphere/4 Linux， Windows，商业	数据中心的虚拟操作系统，www.vmware.com/products/vsphere/	CLI, GUI, Portal, WS	VMware ESX, ESXi	VMware vCloud partners	数 据 保 护，vStorage, VMFS, DRM, HA

这些 VI 管理器用于创建虚拟机，并将其聚合成虚拟集群作为弹性资源。Nimbus 和

Eucalyptus 主要支持虚拟网络。OpenNebula 具有提供动态资源并提前预订的功能。所有的公共 VI 管理器都将 XEN 和 KVM 应用于虚拟化。vSphere 6 使用 VMware 的虚拟机管理程序 ESX 和 ESXi。vSphere 4 仅支持虚拟存储、虚拟网络和保护数据。我们将在下面的两个例子中研究 Eucalyptus 和 vSphere 6。

4.2.4 VMware vSphere 6：商用云操作系统

以下将介绍 VMware 发布的专有操作系统 vSphere 6 的功能。此操作系统用于创建虚拟机并将其聚合为虚拟集群以作为弹性资源。vSphere 6 使用 VMware 的虚拟机管理程序 ESX 和 ESXi。此外，除了虚拟网络和数据保护之外，vSphere 6 还支持虚拟存储。将专有的 vSphere 与表 4.5 中介绍的 Eucalyptus 进行比较，Eucalyptus 除支持 XEN 和 KVM 虚拟化外，主要支持虚拟机或容器的虚拟网络。

例 4.7 **VMware vSphere 6：针对混合云的云操作系统**

vSphere 6 是 VMware 在 2015 年开发的云操作系统。vSphere 从早期的虚拟化软件产品（即工作站虚拟化、服务器虚拟化 ESX 和服务器集群虚拟基础架构）扩展而来。系统通过由 VMware 管理的 vCenter 接口层与用户应用程序进行交互。vSphere 的主要用途是在构建企业云时提供数据中心资源的虚拟化和资源管理。VMware 声称该系统是第一个满足通用云服务的可用性、安全性和可扩展性的云操作系统。VMware vSphere 6 中的关键功能模块如图 4.12 所示。

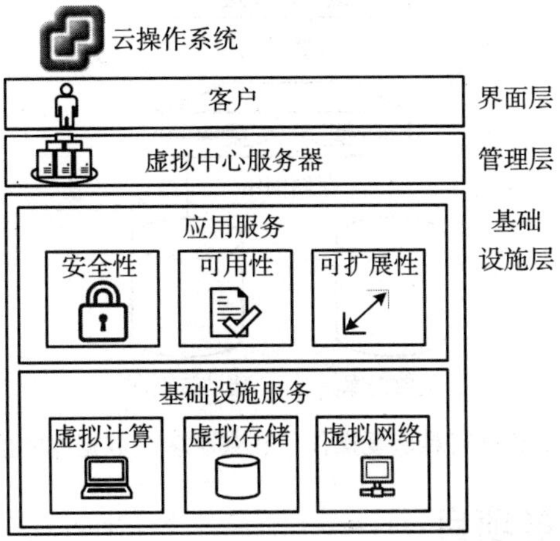

图 4.12 适用于私有 / 混合云的 VMware vSphere 6 操作系统中的功能模块

如图 4-12 所示，vSphere 6 由两个功能软件套件组成：硬件上的**基础设施服务**（图底部）和用户应用程序的应用服务（图顶部）。该套件主要包括用于虚拟化目的的三个组件包：vCompute 由 VMWare 的 ESX、ESX1 和 DRS 虚拟化库提供支持，vStorage 由 VMS 和精简配置库提供支持，vNetwork 提供分布式交换和网络功能。这些软件包与数据中心中的硬件服务器、磁盘和网络进行交互。这些基础设施功能也与其他外部云进行通信。

应用服务也分为三类：可用性、安全性和可扩展性。可用性支持包括 vMotion、存储 vMotion、HA（高可用性）、容错和数据恢复。安全包支持 vShield Zones 和 VMSafe。可扩展性包由 DRS 和 Hot Add 构建。vSphere 6 支持的最大配置为：每个集群 64 个主机，每个集群 8000 个虚拟机，每台主机 480 个 CPU，12TB 内存，每台主机 1000 个虚拟机，每个虚拟机 128 个虚拟 CPU，每个虚拟机 4TB RAM。

vSphere 数据保护包含许多高级功能，例如：每 VDP 设备都能对高达 8TB 的重复数据进行删除，每个 VDP 设备最多可对 800 个虚拟机提供支持，SQL Server 的应用级别备份和恢复，将数据交换、共享、复制到其他 VDP 设备，以及 EMC 数据备份技术和数据域支持。为了充分了解 vSpherc 6 的使用情况，用户还必须了解如何使用 vCenter 接口与现有应用程序进行连接或开发新的应用程序。

vSphere 6 中的故障管理

vSphere 容错机制如图 4-13 所示。通过虚拟机的实时迁移实现持续可用性。主数据库和辅助虚拟机始终共享多个数据库。vSphere 6 内置了三个网络，分别用于虚拟机管理、远程登录和存储访问。因此，所有的单一故障都可以通过切换功能达到可容忍的限度。

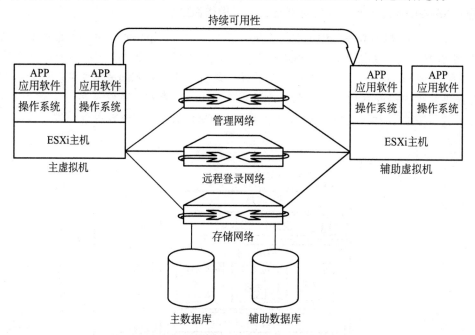

图 4.13　vSphere 数据灾难恢复操作：在共享多个数据库的虚拟机之间切换

4.3　AWS 云及其服务项目

在本节中，我们首先研究如何利用面向服务架构（SoA）来构建公共云、私有云和混合云。然后，我们研究使用虚拟机和容器构建用于云服务的虚拟集群的管理问题。为此，我们展示了三种最受欢迎的云架构，即 AWS 云、OpenStack 和 VMWare 系统。

4.3.1　三大云架构与服务融合

云计算将基础设施、平台和软件（应用程序）作为服务提供，这些服务在"现收现付"模式中可作为基于订阅的服务提供给消费者。IaaS、PaaS 和 SaaS 模式作为云计算解决方案的三大支柱被交付给终端用户。完全依靠云服务供应商的基础设施，这三种模式都允许用户通过互联网访问服务。

这些模型基于供应商和用户之间的各种 SLA 提供服务。广义上，用于云计算的 SLA 声明了在服务可用性、数据保护以及安全方面的条款细则。用户或代理客户端使用特殊的接口在应用程序端与 SaaS 应用通信。在 PaaS 层，云平台必须执行计费服务、工作任务排队及启动服务，以及监控服务。在 IaaS 服务的底层，必须提供数据库、计算实例、文件系统及存储资源以满足用户需求。

现如今，大多数云平台都采用了面向服务架构。一般来说，云架构可以通过两层资源来描述。底层是静态基础设施、系统边界和与上层通信的用户接口。上层由云操作系统或控制中心管理的虚拟机或容器等动态资源构成。在表 4.6 中，我们比较了构建三种云的三种面向服务架构。AWS 云是最受欢迎的公共云，OpenStack 用于小企业和受保护社区的私有云建设，商用的 VMWare 软件包用于构建企业和大型组织使用的混合云。

表 4.6　三种云平台架构的比较

云系统特征	亚马逊云服务（AWS）：公共云	OpenStack 系统：私有云	VMware 系统：混合云
服务模型	IaaS，PaaS	IaaS	IaaS，PaaS
开发者/供应商与设计者	Amazon	Rackspace/NASA，Apache	VMware
架构包和规模	数据中心作为可用区域分布在全球各个区域	小型云系统，由 Apache 提供	私有云和公共云交互
云操作系统/软件支持	支持 Linux 和 Windows 机器实例，具有自动缩放和计费功能	开源，在 Aucalyptus 和 OpenNebula 的基础上开发而来	vSphere 和 vCenter，支持具有 NSX 和 vSAN 的 x86 服务器
用户频谱	公众、企业和个人用户	研究中心或小型组织	企业和大型组织

例 4.8　AWS 公共云的面向服务架构

SoA 架构在许多方面与传统的计算机架构不同。传统计算机系统中的组件紧密耦合，进而限制了应用的灵活性，并且难以维护。SoA 的概念始于 2000 年年初，由 IBM、HP 和微软提出。SoA 的原则是系统的服务块之间松散耦合。服务接口旨在链接各种服务模块。这将摒除服务之间的紧耦合绑定的弊端，实现更高的可扩展性和模块化。这正是云系统应该具备的。亚马逊首席执行官 Jeff Bezos 已经将 SoA 理念推向了 AWS 云的发展，并且在所有公共云的实践中被证明是有成效的。

AWS 云建立在许多位于不同地区的数据中心的基础设施之上。例如，AWS 的核心——EC2（弹性计算云）在全球拥有 9 个区域性站点。在每个区域内，他们将数据中心分组为可用区域（AZ）。每个 AZ 都建有至少 3 个数据中心，距离相距 50 公里。冗余数据中心的方法大大增强了 AWS 云的性能、可靠性和容错能力。亚马逊全球基础设施资源分布如图 4.14 所示。有大量边缘数据中心可以添加到 AWS 云中。AWS 云开始利用计算和存储资源来提供 IaaS 服务。现在，这些服务已经扩展到 PaaS 级别。

PaaS 服务旨在支持大数据、数据库和数据分析操作。AWS 的 IaaS 和 PaaS 平台都内置了大量服务模块。这些服务的细节将在 4.3 节中予以讨论。特殊服务接口旨在提供服务模块之间的通信。Microsoft Azure 和 Google 云也支持组合的 IaaS+PaaS 服务。云管理协调了监控、安全、计费和使用第三方软件的整个云操作过程。

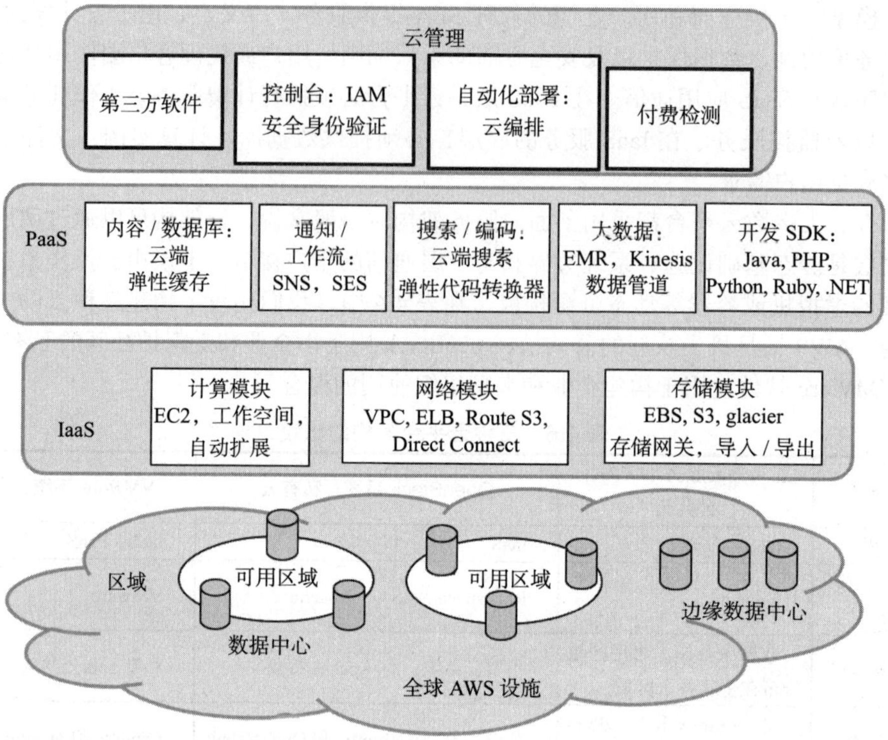

图 4.14　由管理层、PaaS 和 IaaS 层组成的 AWS 公共云以及全球各地的可用区域数据中心建立的基础设施

IaaS 云允许用户使用虚拟化 IT 资源进行计算、存储和网络连接。简而言之，服务由租用的云基础架构执行。用户可以通过他选择的操作系统环境部署和运行自己的应用程序。用户不管理或控制底层云基础设施，但可以控制操作系统存储资源已部署的应用程序，并可选择网络组件。该 IaaS 模型以存储资源、通信资源和计算实例作为服务。在表 4.7 中列出了一些具有代表性的 IaaS 供应商。

表 4.7　IaaS 云及其基础设施和提供的服务

云名称	虚拟机实例配置	API 和使用工具
Amazon EC2	每个实例拥有 1～20 个 EC2 处理器、1.7～15 GB 内存和 160 TB 磁盘	CLI，Web Service（WS）portal
GoGrid	每个实例拥有 1～6 个 CPU、0.5～8 GB 内存和 30～480 GB 磁盘	REST，Java，PHP，Python，Ruby
Rackspace Cloud	每个实例拥有 4 核 CPU、0.25～16 GB 内存和 10～620 GB 磁盘	REST，Python，PHP，Java，C#，.NET
Flexiscale in UK	每个实例拥有 1～4 个 CPU、0.5～16 GB 内存和 20～270 GB 磁盘	Web console

平台云是由软件和硬件基础设施组成的集成计算机系统。用户可以使用供应商支持的一些编程语言和软件工具（例如 Java、Python、.Net）在该虚拟化云平台上开发用户应用程序。用户不需要管理底层的云基础设施。云供应商在定义明确的服务平台上为用户应用程序开发和测试提供支持。这种 PaaS 模式能够为来自世界各地的用户提供协作的软件开发平台。该模式还鼓励第三方提供软件管理、集成和服务监控解决方案。

使用配置的资源来开发、部署和管理应用程序的执行需要具有所需软件环境的云平台。这样的云平台包括操作系统和运行库支持。这引发了 PaaS 模型的创建，使用户能够开发和部署自己的应用程序。表 4.8 给出了 4 个供应商提供的 PaaS 云服务。这些 PaaS 服务供应商包括 Google AppEngine、Microsoft Azure、Force.com、Amazon Elastic MapReduce 和澳大利亚的 Aneka。

表 4.8　提供 PaaS 服务的公共云

云名称	编程语言和开发工具	所支持的编程模块	目标应用和存储
Google AppEngine	Python，Java，Eclipse-based IDE	MapReduce，Web programming on demand	网络应用和 BigTable 存储
Salesforce.com，Force.com	Apex，Eclipse-based IDE，Web-based Wizard	Workflow，Excel-like，Web programming on demand	CRM 和商业附加应用程序开发
Microsoft Azure	.NET，Azure tools for MS Visual Studio	Dryad，Twister，.NET Framework	企业和 Web 应用程序
Amazon Elastic MapReduce	Hive，Pig，Cascading，Java，Ruby，Perl，Python，PHP，R，C++	MapReduce，Hadoop，Spark	数据处理，电子邮件，电子商务，S3，WorkDocs

许多公共云中的服务模式正在逐级升级。基于更多的平台软件的支持，IaaS 云正在升级，以提供 PaaS 服务。许多 IaaS 或 PaaS 云也在扩展，以提供 SaaS 应用服务。最好的例子就是作为纯粹的 IaaS 云开始的 AWS。现在，它还提供了一些 PaaS 和 SaaS 层的服务。Google 云和 Azure 云都以 PaaS 平台开始。现在它们都提供了一些 IaaS 和 SaaS 层的服务。最终，大多数公共云应该都能够提供基础设施（IaaS）、平台（PaaS）和应用（SaaS）服务。此外，许多私有云也正在升级，成为新的管理政策下的混合云。

190
∼
191

4.3.2　AWS EC2 计算引擎和 S3 存储云服务

全球 AWS 云架构如图 4-15 所示。接下来，我们将详细介绍 AWS 云的内部核心架构，即弹性计算云（EC2）。部分 AWS 为用户执行自己的应用程序提供了极大的灵活性（虚拟机）。弹性负载均衡自动将传入的应用流量分发到多个 Amazon EC2 实例中，允许用户避免使用非运营节点，并均衡运行镜像上的负载。

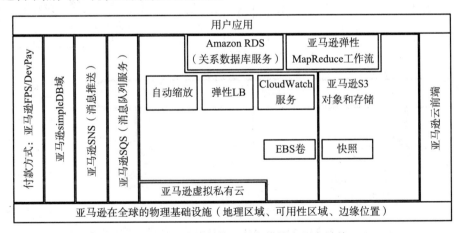

图 4.15　AWS 系统架构、服务模块和用户端接口

自动缩放和弹性负载均衡都通过监视运行实例的 CloudWatch 服务实现。CloudWatch 是

一个 Web 服务，从 Amazon EC2 开始提供对 AWS 云资源的监控。它为客户提供资源利用率、运行性能和整体需求模式的可视性，包括 CPU 利用率、磁盘读写以及网络流量等指标。

亚马逊提供了一个带有消息接口的关系数据库服务（RDS）。弹性 MapReduce 功能相当于运行在基本 EC2 产品上的 Hadoop。AWS 导入 / 导出允许通过运送物理磁盘向 EC2 运送大量数据，众所周知，这通常是地理上遥远的系统之间最高的带宽连接。CloudFront 实现内容分发网络。Amazon DevPay 是一款简单易用的在线结算和账户管理服务。

FPS（Flexible Payments Service）服务为 AWS 上的商业系统开发商提供了一种便利的方式来收取亚马逊客户使用 AWS 上构建的服务的费用。客户可以使用与亚马逊档案相同的登录凭据、送货地址和付款信息进行付款。FWS（Fulfillment Web Service）服务允许商家通过简单的 Web 服务访问 Amazon 云。EC2 和 S3 是 AWS 云系统中的两个核心 IaaS 服务模块，如图 4.15 所示。

EC2 主要用于计算服务，S3 用于用户的可扩展存储服务。在全球范围内，美国东西海岸、欧洲、东京和澳大利亚等地分布了 9 个区域的 EC2 基础设施。访问本地 EC2 资源的用户应具有较低的延迟。S3 容量非常大。例如，DropBox 在构建自己的存储云之前都是租用 S3 的存储空间。以下示例给出了 AWS 上这些云基础设施的一些技术细节。

例 4.9 IaaS 模式下的 AWS 弹性计算云（EC2）

弹性计算云（EC2）的结构如图 4-16 所示。利用机器实例集群，EC2 支持许多云服务。用户可以在 Linux 和 Windows 实例之间自由选择。AMI（Amazon Machine Images）服务为创建各种类型的机器实例提供模板。公共 AMI 服务可以供所有用户自由使用。私人 AMI 服务仅供私人使用。付费 AMI 服务可以在所有者和用户之间进行有偿共享。后台控制面板上可以显示 AMI 启动周期，其中实例访问防火墙保证了安全性。

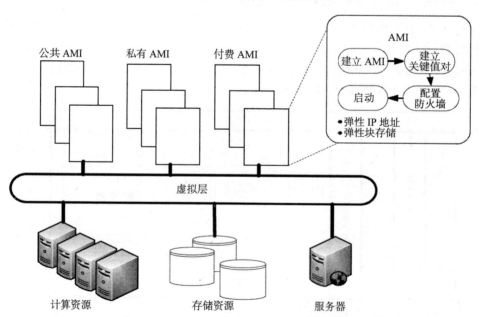

图 4.16 EC2 执行环境，AMI 可以从公共、私有或者付费池创建

EC2 中支持实例之间的自动缩放和负载均衡。根据用户需求选择 EC2 集群中配置的机器实例。集群配置应与预期的工作负载相匹配。我们将在第 6 章中研究 EC2 配置控制的

横向扩展和放大策略。自动缩放允许你根据某些阈值条件自动缩放 EC2 实例数量。集群中 EC2 实例的数量由工作负载需求驱动。自动缩放特别适用于工作负载频繁变化的应用程序。它会由 CloudWatch 服务自动触发，并且对于没有主动使用 CloudWatch 服务的用户也无需额外费用。

AWS 平台不仅能满足许多较小的客户的需求，也支持大型公司建造租赁云，靠大量的互联网用户中获利。一个很好的例子是 DropBox，它在构建自己的数据中心之前，将 S3 应用了很长时间来提供数据备份服务。后来，新增了分析服务。他们也使用 Hadoop 或 Spark 应用了 EMR，还提供实时流式传输和对容器编排的支持。

193

例 4.10 **基于块的数据桶的 AWS S3 架构**

Amazon S3 提供了一种简单的存储服务，可以随时从网络上的任何位置存储和检索任何数量的数据。S3 为用户提供面向对象的存储服务。用户可以在任何浏览器上通过 SOAP 协议访问他们的对象。S3 执行环境如图 4-17 所示。S3 的基本操作单元是一个对象，它的属性包括值、元数据和访问控制。每个对象存储在一个桶中，并通过独一无二的由开发者分配的密钥进行检索。桶是对象的容器。

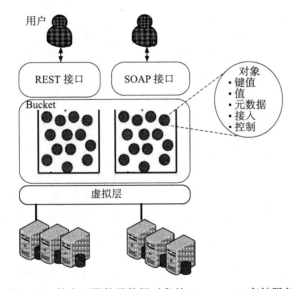

图 4.17　持有无限数量数据对象的 Amazon S3 存储服务

认证机制确保了数据保密性，并能阻止未经授权的访问。对象可以是私有的或公开的，并且权限可以授予特定的用户。默认的下载协议是 http。同一个区域内的 Amazon EC2 和 S3 之间的数据传输是免费的。使用 S3 的步骤是：（1）在桶和对象所在的地区创建一个桶，以优化延迟、最小化成本或满足法规要求；（2）将对象上传到你的数据桶中，并且你的数据由 Amazon SLA 支持；（3）访问控制是可选的，并可以允许其他人从世界任何地方访问你的数据。

4.3.3　其他 AWS 云服务产品

下面给出了三个表，以概述 AWS 在三个主要服务领域的产品。表 4.9 展示了计算、存储、数据库和网络（IaaS）服务。表 4.10 展示了 AWS 云提供的应用程序、移动和分析服务，

194
~
195

即 SaaS 层服务。表 4.11 总结了 AWS 云提供的管理、企业、安全和部署服务，这些都是相关的 PaaS 产品。在提供的服务方面，AWS 不再仅仅是一个纯粹的 IaaS 云。到目前为止，EC2 和 S3 是 AWS 提供的最受欢迎的 IaaS 服务。许多其他 IaaS 云也试图使其云平台与 EC2 和 S3 兼容。RDS 服务支持相关的 SQL 服务。DynamicDB 支持 NoSQL 对非结构化大数据的操作。网络服务支持网络资源的虚拟集群。

表 4.9 列出了 AWS 的 15 个计算、存储、数据库和网络服务产品。其中许多是 SaaS 类型，用户可以请求自己的定制服务器集群来运行这些应用程序。应用服务涵盖消息队列、实时流、电子邮件发送、搜索、同步、移动和分析工作流编排操作。这些大多数是近年来在 AWS 云中新增的功能。移动服务可帮助用户将移动数据与租用的 S3 存储进行同步。提供移动分析来分析这些数据以进行决策或响应。SNS 服务处理手机和 S3 服务之间的推送通知。

表 4.9　AWS 云中的计算、存储、数据库和网络服务

种类	供应商	服务模块简介
计算资源	EC2	AWS 云中的虚拟服务器
	Lambda	响应事件代码
	EC2 Container Service	运行和管理 Docker 容器
存储资源和内容分发	S3	AWS 云中的可扩展存储
	Elastic File System	EC2 的完全管理文件系统
	Storage Gateway	将本地 IT 设施与云存储集成
	Glacier	在 AWS 云端存档
	CloudFront	全球内容传送网络
数据库	RDS	MySQL、Postgres、Oracle、SQL server
	DynamicDB	可预测和可扩展的 NoSQL 数据存储
	ElastiCache	内存缓存
	Redshift	PB 级管理仓储服务
网络资源	VPC	虚拟私有云作为隔离的云资源
	Direct Connect	专用网络连接到 AWS
	Route S3	可扩展的 DNS 和域名注册

例 4.11 AWS S3 和 CloudFront 服务上的静态或动态 Web 托管服务

任何用户都可以在 AWS 云端创建个人或公司网站。这个想法是在 S3 中恢复一些空间来承载静态网站内容，并且利用 S3 提供自定义域名。应用 Amazon CloudFront 可以减少客户访问租用网站时遇到的延迟。可以应用除静态网页托管之外的附加服务，使网站得到动态维护。图 4.18 显示了 AWS S3 上托管网站的架构。

这个想法是使用 EC2 作为虚拟平台来执行服务器端处理。应用 EBS 为 EC2 虚拟服务器提供持久性数据存储。最后，根据所遇到的工作负载，可以应用自动缩放添加或减少节点。访问 AWS 网站以了解有关在 EC2 上托管 WordPress 博客的更多详细信息：http://docs. aws.amazon.com/AWSEC2/latest/UserGuide/hosting-wordpress.html。还可以通过阅读以下教程在 WordPress 中创建动态网页：http://www.tutorialized.com/tutorial/How-To-Create-Dynamic-Page-In-WordPress/77386。

196
～
198

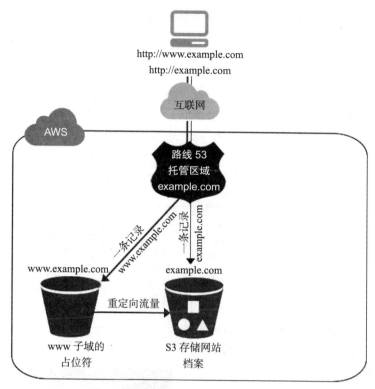

图 4.18 AWS S3 上托管的静态网站架构

表 4.10 列出了 AWS 云中的大部分应用服务产品。这些涵盖了移动计算、机器学习和数据分析应用。

表 4.10 AWS 云中的应用、移动和分析服务

种类	供应商	服务模块简介
应用服务	SQS	消息队列服务
	SWF	用于协调应用程序组件的工作流服务
	AppStream	低延迟应用流
	弹性转码器	易于使用的可扩展媒体转码
	SES	电子邮件收发服务
	CloudSearch	搜索管理服务
	API 网关	构建、部署和管理 API
移动服务	Cognito	用户身份和应用数据同步
	Device Farm	在云端设备上测试 Android、Fire OS 和 iOS 应用
	移动分析	收集、验证和导出应用程序分析
	SNS	简单的推送通知服务
分析服务	EMR	管理弹性 Hadoop（MapReduce）框架
	Kinesis	实时处理流数据
	数据管道	用于数据驱动工作流程的编排
	机器学习	构建机器学习预测解决方案

亚马逊机器学习（ML）提供的服务允许数据科学家使用机器学习技术。Amazon ML 提供可视化工具和向导，指导用户完成创建预测模型的过程。这使开发人员免于学习复杂的

ML 算法和软件工具。亚马逊 ML 可以使用简单的 API 轻松获取预测，用户不需要实现自定义的预测生成代码。

例 4.12 云服务三大应用程序

一般来说，云应用程序分为三个领域。如图 4.19 所示，商业应用涵盖电子商务（网络商店、网站、消费者门户和供销商门户）和 CRM（客户关系管理，包括销售自动化、市场活动、合作伙伴门户、消费者支持和订单管理）。在会计和 ERP（企业资源规划）领域，受欢迎的服务包括运输、财务、采购、库存和薪资等（图 4.19a）。

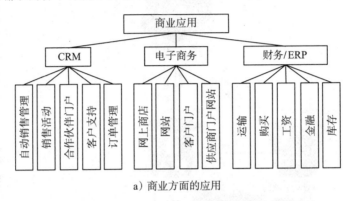

a）商业方面的应用

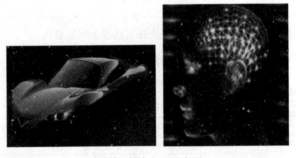

b）科学技术方面的应用

c）消费者、游戏、电子邮件、移动和社交媒体应用

图 4.19 商业、科技和社交媒体领域的典型云应用

在科学技术领域，汽车设计（自驾车）、AI 大数据分析与机器学习（图 4.19b）是两个很好的例子。在消费者和社交媒体领域，典型的应用包括移动设备、电子邮件、游戏、社交网络、文档、认知服务等（图 4.19c）。我们将在第 7 章中学习机器学习，并在第 8 章和第 9 章中应用 Hadoop、Spark 和 TensorFlow 编程，更详细地研究这些例子。

表 4.11 展示了在 AWS 平台上进行管理、安全、部署和企业运营的 16 项服务。这些功能对于使用 AWS 平台作为商业平台满足其业务需求的公司尤其具有吸引力。大量的大型或小型企业正在租用私人虚拟云，专门用于商业交易、市场分析和会计管理。其他拥有较小需求或暂时需求的企业往往会根据动态变化租用 EC2 实例。

表 4.11 AWS 云中的管理、安全、企业和部署服务

种类	供应商	服务模块简介
管理与安全	目录服务	AWS 云中的托管目录
	身份 / 访问管理器	访问控制和密钥管理
	Trusted Advisor	AWS 云优化模块
	Cloud Trail	追踪用户使用记录
	Configuration	负责资源配置和库存
	CloudWatch	管理资源和应用程序
	Service Catalog	AWS 资源的个性化目录
企业应用	Workplaces	AWS 云端的台式机
	WorkDocs（新）	安全的企业存储和共享服务
	WorkMail	安全的电子邮件和日历服务
部署与管理	Elastic Beanstalk	AWS 应用程序容器
	OpsWorks	DevOps 应用管理服务
	CloudFormation	模拟 AWS 资源创建
	CodeEeploy	自动代码部署
	CodeCommit	管理 Git 存储库
	Code Pipeline	连续交付代码

4.4 Google AppEngine 与 Microsoft Azure

在本节中，我们研究两个商业云平台：一个是由 Google 构建的 AppEngine 云，另一个则是微软的 Azure 云。两者都是拥有大量注册用户的公共云。作为初学者，你可以轻松获得一些试用账户。

4.4.1 Google AppEngine 及其计算引擎

Google 云计算平台提供与 Google 在搜索和 YouTube 等最终用户产品内部所使用的相同基础设施来支持托管服务。该平台是 Google for Work 的一套企业解决方案的一部分。Google 提供了一套基于云计算的模块化服务，并提供了许多开发工具。例如，主机托管和计算、云存储、数据存储、翻译 API 和预测 API 等。

Google 云平台主要包括以下几个部分。Google AppEngine——提供类似于 Amazon EC2 的虚拟机的 PaaS 和 IaaS 服务。BigQuery——提供 MapReduce 的 PaaS 服务，与 Hadoop 类似。支持这些云服务的原始 Google 基础设施被命名为 Google Compute Engine。其他 Google 云平台还包括 Google Cloud Datastore、Google Cloud Storage 和 Google Cloud SQL。感兴趣的读者可以访问 https://cloud.google.com 了解更多细节。

Google 拥有世界上最大的搜索引擎服务。他们在大数据处理方面拥有丰富的经验，从而为数据中心设计和新型编程模型提供了大量的新的见解。Google 拥有数百个数据中心，在全球安装了数百万台服务器。例如，一些大型云应用程序一次就使用了 200 个 Google 数据中心。数据项存储在文本、图像和视频中，并进行了备份以便容错或进行故障恢复。

首先，我们从原始基础设施中考察设计理念，以构建 Google AppEngine（GAE）。目的是通过增加中间件和操作系统支持的组件来提高敏捷性（图 4.20），从而减少用户编码工作。中间件表现为部署管理器并管理虚拟机。云操作系统进行资源管理、日志记录和监控操作。200

资源配置和健康检查中间件支持声明性部署。

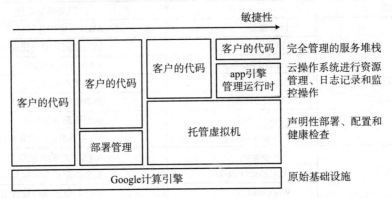

图 4.20　从原始基础设施到计算引擎构建 Google AppEngine，使用操作系统支持和管理的虚拟
机与运行环境来减少用户编码工作，提高敏捷性（来源：Google website，http://www.
google.com，retrieved Oct. 2016）

　　Google AppEngine 是一个内置安全管理和自动缩放功能的托管平台。用户可以使用
Java、Python 或 PHP 等语言使用其 API。API 还提供对 Memcache、Cloud SQL 等高级功能
的访问。Google 计算引擎架构如图 4.21 所示。计算引擎生成三个资源池，即分类池、训练
池和文件上传池。每个池本质上是一个可以根据用户需求进行自动调整的一组实例。虚拟机
实例由用户需求驱动。用户可以根据需要配置 vCPU 数量、RAM 和磁盘存储空间，云供应
商按此收取费用。

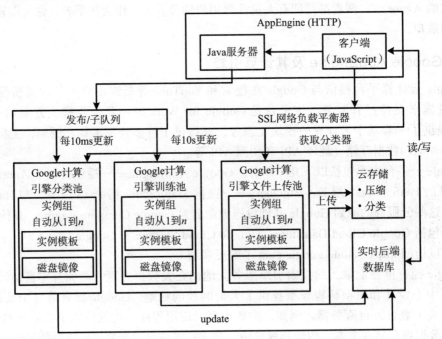

图 4.21　Google 计算引擎架构：三个功能资源池和云存储，以支持 Google AppEngine 应用程
序的开发和执行

Google 云存储是用连接到大量服务器的磁盘构建的。数据可以轻松复制到全球各地的

主要服务器中，以便更接近请求用户。Google 的网络负载均衡器允许你将流量路由到自定义的不同计算引擎集群。通过使用托管虚拟机，你可以在 Google 计算引擎中运行应用程序，同时受益于其提供的自动管理和相关服务。把应用从 AppEngine 运行环境移动到其他虚拟机中，就像在你的 app.yaml 文件中添加一行代码一样简单，例如，vm:true。用户可以自行设计一个 Google 云应用部署管理器来对云资源进行声明性部署，并对其进行不间断的性能监控，且可根据需要自动调整。

例 4.13 针对 PaaS / IaaS 服务的具有负载均衡功能的 Google AppEngine

　　Google 利用其大量运营的数据中心率先发展了云计算。例如，Google 在 Gmail、Google 文档、Google Earth 等领域开创了云服务模式。这些应用程序可以同时支持大量的用户并提供高可用性。显著的技术成果包括 Google 文件系统（GFS）、MapReduce、BigTable、Chubby 等。2008 年，Google 发布了正在成为许多小型云服务供应商的通用平台的 GAE Web 应用平台。该平台支持可扩展（弹性）Web 应用程序。GAE 使用户能够在与 Google 搜索引擎相关联的大量数据中心上运行自己的应用程序。

　　图 4.22 显示了 Google 云平台的主要构建模块，用于为上述云服务提供支持。GFS 用于存储大量数据，MapReduce 用于应用程序开发，Chubby 为分布式应用程序提供锁服务，BigTable 使应用程序供应商可以使用 AppEngine 构建云应用程序来提供服务。这些应用程序都在由 Google 工程师严格管理的数据中心上运行。在每个数据中心内，有成千上万的服务器，形成了不同的集群。

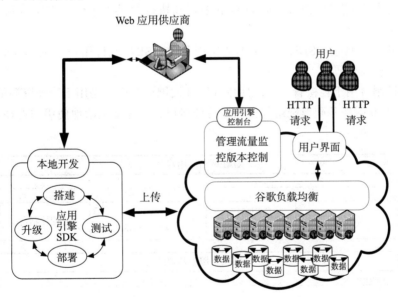

图 4.22　针对 PaaS 模式的具有负载均衡功能的 Google AppEngine 平台

　　Google AppEngine 支持许多网络应用程序。一种是将应用程序特定数据存储在 Google 基础设施中的存储服务。数据可以持久存储在后端存储服务器中，同时仍然提供与传统数据库系统类似的查询、排序甚至事务的功能。Google AppEngine 还提供 Google 的特定服务，例如 Gmail 账户服务。事实上，这样的服务是登录服务，即应用程序可以直接使用 Gmail 账户。这可以消除在 Web 应用程序中构建定制用户管理组件的繁琐工作。因此，建立在

Google AppEngine 之上的网络应用程序可以使用 API 验证用户并使用 Google 账户发送电子邮件。

著名的 GAE 应用程序包括 Google 搜索、Google 文档、Google 地球、Gmail 等。这些应用程序同时支持大量用户。用户通过每个应用程序提供的 Web 界面与 Google 应用程序交互。第三方应用程序供应商使用 AppEngine 构建云服务。这些应用程序都在 Google 数据中心运行。在每个数据中心内，可能有数千个服务器节点形成不同的集群。集群的典型配置可以运行 Google 文件系统、MapReduce 任务以及支持结构数据的 BigTable 服务器。其他的服务（如分布式锁服务 Chubby）也可以在集群中运行。

Google AppEngine 在 Google 的基础设施上运行用户程序。作为运行第三方程序的平台，应用程序开发人员现在不用担心服务器的维护。Google AppEngine 可以被理解为几个软件组件的组合。前端是与其他 Web 应用程序框架（如 ASP、J2EE 或 JSP）类似的应用程序框架。目前，Google AppEngine 支持 Python 和 Java 编程环境。应用程序可以像在 Web 应用程序容器中一样运行。前端可以用作动态 Web 服务基础设施，提供全面的通用技术支持。

Google AppEngine 的功能

GAE 平台由 5 个主要组件构成。它不是基础设施平台，而是用户的应用开发平台。我们将分别介绍下面的组件功能（图 4.23）。

- 数据存储组件提供基于 BigTable 技术的面向对象、分布式、结构化的数据存储服务。数据存储组件使数据管理操作更加安全。
- 软件运行环境组件为可扩展的 Web 编程和执行提供了平台。它支持两种开发语言：Python 和 Java。
- 软件开发工具包（SDK）用于本地应用开发。SDK 允许用户测试本地应用程序并上传应用程序代码。
- 管理控制台用于轻松管理用户应用程序开发周期，而不是用于物理资源的管理。
- GAE Web 服务基础设施组件提供了特殊接口，以保证灵活地使用和管理 GAE 的存储和网络资源。

图 4.23　Google AppEngine 的功能组件

Google 向所有 Gmail 账户所有者提供基本上免费的 GAE 服务。用户可以注册 GAE 账户，或使用你的 Gmail 账户名来注册该服务。配额内的服务是免费的。如果超过配额，相关页面将指示你如何支付服务费用。然后，你就可以下载其 SDK 并阅读 Python 或 Java 指南以开始使用。GAE 接受 Python、Ruby 和 Java 编程语言。这种云允许用户在云基础架构之上部署用户构建的应用程序，这些应用程序是使用 Google 支持的编程语言和软件工具构建的（例如 Java、Python）。用户不需要管理云基础架构。云供应商为所有应用程序的开发、测试和运行提供支持。

4.4.2　Google 硬件 / 软件支持下的机器学习服务

Google 云机器学习（ML）平台的建立依赖于特殊的硬件和软件支持。该平台提供已训练好的机器学习模型或允许用户自定义的机器学习模型。基于神经网络的机器学习平台在大规模深度学习系统中实现了高精度。主要的使用了 Google 云机器学习技术的 Google 应用程序包括 Photos（图像搜索）、Google app（语音搜索）、Google 翻译和 Gmail 收件箱（智能回复）等。现在，该云平台可作为云服务在许多个人或商业应用程序中使用。

Google 机器学习平台是一种便携式的、完全管理的和与其他 Google 云平台的产品（如 Google Cloud Storage、Google Cloud Dataflow 和 Google Cloud Datalab 等）集成在一起的产品。下面列出了几个具有代表性的机器学习应用，并由以下介绍的特殊的硬件和软件设施提供支持。

- Google Cloud Vision API：基于 REST 的接口，通过封装强大的机器学习模型来了解图像的内容。它可以快速地将图像分类成数千个类别（例如"帆船"和"埃菲尔铁塔"），检测图像内的各个物体和面部，查找并读取图像中包含的可打印字符。
- Google Cloud Speech API：允许用户通过应用神经网络模型将音频转换为文本。API 可以识别超过 80 种语言和变体，以支持全球用户群体。你可以将由应用程序记录下的语音信息翻译成文本信息，或通过语音实现程序控制。
- Google Natural Language API：同样是基于 REST 的接口，它通过提供强大的机器学习模型揭示了文本的结构和意义。你可以使用它来提取在文本文档、新闻文章或博客文章中提到的关于人物、地点、事件等的信息。你还可以使用它在社交媒体上了解用户对你的产品的好感度或解析客户对话的意图。
- Google Cloud Translate API：提供了一个简单的编程接口，可用于将任意字符串翻译成其支持的任何语言。该 API 可以快速响应，因此网站和应用程序可以与其集成，以便将文本从源语言快速、动态地转换为目标语言。

205

张量处理单元

上述认知应用中的大多数应用了第 7 章中要研究的各种机器学习或深度学习算法。这些机器学习云应用由将在第 9 章介绍的 TensorFlow 软件框架提供支持。它们还同时由 Google ML 加速器支持，称为张量处理单元（Tensor Processing Unit，TPU）。建立在 TPU 板上的芯片可以实现效率增益 10 倍于机器学习应用的纯软件解决方案。具有 TPU 的电路板能兼容 Google 数据中心机架中的硬盘驱动器插槽。TPU 如图 4.24a 所示，数据中心服务器机架如图 4.24b 所示。

张量分析是矢量或矩阵微积分的一个分支，它构成了 Google 开源机器学习框架 Tensorflow 的基础。TPU 专门用于进行张量计算，这意味着该公司可以在芯片上安装更多的晶体管，只做一件事——实现比其他类型的芯片更高的效率。在 Google，有 100 多个团队正在使用机器学习来开发新服务或升级现有服务。TPU 已经为 Google 提供了许多机器学习应用，包括 RankBrain，用于提高搜索结果和街景视图的相关性，以提高地图和导航的准确性和质量。由 TPU 提供支持的 AlphaGo 在与围棋世界冠军李世石的比赛中，展示了机器能够快速"思考"，并具有远见。

a) 张量处理单元（TPU）　　　　　　　　　b) Google 数据中心服务器机架

图 4.24　安装在 Google 数据中心机架的服务器磁盘上的 TPU 单元（来源：Google Cloud Platform.com/，retrieved May 18，2016）

4.4.3　Microsoft Azure 云及其服务项目

Microsoft Azure 是一个云计算平台，通过由微软管理并由微软及其合作伙伴共同托管的数据中心建立的全球网络，用户可以构建、部署和管理应用程序和服务。它提供 PaaS 和 IaaS 层的服务，并支持许多不同的编程语言、工具和框架。该平台分为三个主要组件平台。Windows Azure 提供了基于 Microsoft 虚拟化技术构建的 Windows 操作系统类型的云平台。应用程序安装部署在数据中心服务器上的虚拟机中。Azure 管理数据中心的所有服务器、存储和网络资源。

Microsoft Azure 也是管理 Azure 资源的操作系统的名称。这个云操作系统运行在微软数据中心托管的集群上，管理计算机的计算和存储资源。Azure 将资源提供给在 Microsoft Azure 之上运行的应用程序。Microsoft Azure 被描述为 Windows Server 系统之上的"云层"，它们使用 Windows Server 2008 和定制版本的 Hyper-V（称为 Microsoft Azure Hypervisor）来提供服务的虚拟化。

可扩展性和可靠性由 Microsoft Azure Fabric 控制器控制。微软提供的保证是，就算其中一台服务器在微软数据中心内崩溃，其服务和应用环境也不会崩溃，并提供用户的 Web 应用程序（如内存资源和负载平衡）的管理。Azure 提供了一个基于 REST、HTTP 和 XML 的 API，允许开发人员与 Microsoft Azure 提供的服务进行交互。Microsoft 还提供了一个客户端托管类库，其中封装了与服务交互的功能。它还与 Microsoft Visual Studio、Git 和 Eclipse 实现了集成。

Azure 服务项目大致如图 4.25 所示。基础架构之上是构建不同云应用的各种服务。可以说它们是云环境中的基石。微软已经基于这些服务提供了自己的云应用程序。微软公共语言运行库（CLR）为虚拟机在管理环境中执行的常用中间形式。虚拟机上的 SQL 数据服务实现了一个简化的 SQL Server。Azure 存储服务基于声明性描述，以实现应用程序组件之间的负载均衡。

206
~
208

Azure 的主要服务包括 Windows Azure、SQL Azure 和 Windows Azure 平台（AppFabric）三大类。Windows Azure 主要负责计算和存储服务。SQL Azure 管理关系数据库和同步服务，AppFabric 提供服务总线和访问控制服务。一般的开发工具由 Developer Fabric for Windows Azure 提供。SDK 可供客户和开发人员使用。针对 Visual Studio 应用，开发者还可以获得更多的开发工具。以下列出了 2016 年以前 Azure 提供的主要服务。

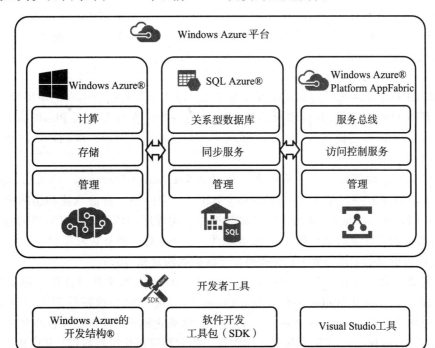

图 4.25　用于云计算的 Microsoft Windows Azure 平台（来源：Microsoft，http://www.microsoft.com/windowsazure，2016）

- **计算服务**：包括临时 Windows 和 Linux 虚拟机、各种级别的云服务，如高可用性、无限可扩展的云应用程序和 API。该系统支持大规模并行批处理作业和批处理计算作业。它还支持远程应用程序，如在 Azure 中部署 Windows 客户端应用程序。
- **数据和存储服务**：包括 SQL 数据库（管理关系 SQL 数据库）、DocumentDB（管理 NoSQL 文档数据库）、Redis Cache（高吞吐量、低延迟数据访问）、存储服务（二进制大对象、表、队列）、文件和磁盘（耐用、高可用性云存储）、StorSimple（企业混合云存储）、Azure 搜索（完全管理的搜索即服务）和 SQL 数据仓库（弹性数据仓库）。
- **网络和移动服务**：包括 Web 应用程序（创建和部署关键的 Web 应用程序，扩展业务）、移动应用程序（创建和托管任何移动应用程序）、逻辑应用程序（自动化访问协议和跨云数据的使用）、API 应用程序（易于构建和使用云 API）、API 管理（安全地向开发人员、合作伙伴和员工发布 API）、通知中心（可扩展，跨平台推送通知基础架构）和移动互动（数据驱动的用户互动平台）。
- **数据分析**：Azure 提供 HDInsight（托管 Hadoop 集群）、机器学习（基于云的预测分析）、流分析（实时流处理）、数据工厂（协调和管理数据转换）、事件中心（获取事件同时每秒持续处理数百万事件）、SQL 数据仓库（弹性数据仓库）和数据目录（从现有数据表获得更多有价值的数据）。
- **物联网**：Azure 在事件中心提供 IoT 服务（从数百万台设备接收通信）、流分析（来自 IoT 设备的实时数据流）、机器学习（基于云的预测分析工具）和通知中心（通知推送引擎，快速发送消息）。

- 网络服务：包括虚拟网络（临时私人网络）、ExpressRoute（连接 Azure 的私有光纤网络）、流量管理器（路由传入流量以实现高可用性）、负载均衡器（为应用提供高可用性和高性能服务）、DNS（Azure 中的 DNS 域）、VPN 网关（建立安全的跨网络连接）和应用网关（可扩展网站的负载均衡和交付控制）。
- 社交媒体和内容分发服务：包括媒体服务（编码、存储、流视频和音频）、编码（云规模的 Studio 级编码）、Azure 媒体播放器（适用于所有播放需求的单播播放器）、智能媒体（媒体的可发现性和可访问性）、内容保护（使用 AES 或 PlayReady 安全传递内容）、实时按需流式传输（规模性地向所有设备提供内容）和 CDN（向终端用户提供内容）。
- 身份认证、访问控制和集成服务：包括 Azure Active Directory（内部目录同步并启用单点登录）、Azure Active Directory B2C（云中的用户身份认证和访问控制管理）、Multi Factor Authentication（保护对数据和应用程序的访问，具有额外的身份验证）、BizTalk 服务（集成企业和云）、服务总线（通过私有云和公共云环境连接）、备份服务（备份到可靠的云服务器）和站点恢复（保护和恢复私有云）。
- 开发者和管理服务：这些涵盖 Visual Studio Online（团队共享的代码跟踪和软件传递服务）、Visual Studio Application Insights（诊断问题和跟踪使用以改进 Web 和移动应用程序）、Microsoft Azure 预览门户、自动化调度（具有过程自动化的云管理）、Operational Insights（从内部和云端收集、搜索和可视化机器数据）和密钥库（保护和维护控制密钥和其他隐私数据）。

上述所有 Azure 平台上的云服务都可以与传统的 Microsoft 软件应用程序进行交互，如 Windows Life、Office Live、在线 Exchange、在线 Sharepoint 和在线动态 CRM。Azure 平台应用标准的 Web 通信协议 SOAP 和 REST。Azure 服务应用程序允许用户将云应用程序与其他平台或第三方云集成。你可以下载 Azure 开发工具包来运行本地版本的 Azure。

强大的系统开发工具包允许用户在本地 Windows 客户端上开发和调试 Azure 应用程序。这通过模拟 Azure 云环境来实现。Azure 提供了一个基于 REST、HTTP 和 XML 的 API，允许开发人员与 Microsoft Azure 提供的服务进行交互。Microsoft 还提供了一个客户端托管类库，其中封装了与服务交互的功能接口。它还与 Microsoft Visual Studio、Git 和 Eclipse 集成。图 4.26 说明了 Microsoft Azure 与商业世界（包括客户和应用程序开发人员）之间的交互。

Microsoft Azure 网站是一个支持多种技术的网络托管平台，包括 .NET、Node.js、PHP 和 Python 等编程语言。具有 Microsoft Azure 账户的用户可以创建网站，并将内容和代码部署到网站中。Microsoft Azure 网站支持网站创建向导，允许用户基于一些预先配置的镜像创建一个站点，或者创建一个定制的网站。以下列表是 Azure 网站库中的一些有趣的功能。

- 用户可在全球一个或多个数据中心选择托管服务器的位置。
- 标准层次客户的 SLA 可保证用户托管主机 99.95% 的正常运行时间。
- 对托管主机的持续监控服务，包括 CPU 运行时间、数据输入、数据输出、HTTP 错误等。
- 设置监控警报
- 日志收集和失败的请求跟踪，以便进行错误溯源和故障排除。
- 部署用于 Web 应用程序的 Microsoft SQL 或 MySQL 数据库。

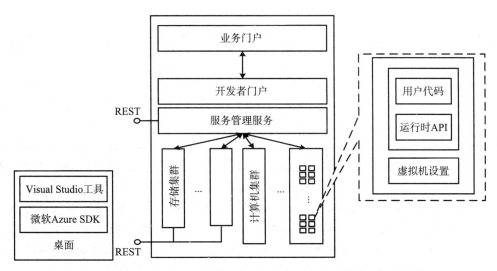

图 4.26　Microsoft Azure 及其与业务、开发人员和客户端应用程序的接口

- 网站托管在运行在 Windows Server 2012 自定义版本上的 IIS 8.0 上。
- 支持 4 个等级的服务：免费、共享、基本和标准（专用）。
- 在基本和标准服务等级中，提供最多额外 3 个虚拟机以进行扩展。
- 在付费服务等级中，最多支持 10 个虚拟机实例的手动或自动扩展。
- 支持与 Azure Traffic Manager 集成，手动或自动在全球不同地区的站点之间路由流量。
- 使用 Microsoft Azure Active Directory 进行身份验证。

[211]

4.5　Salesforce、IBM SmartCloud 及其他云平台

　　本节首先研究 Salesforce 最受欢迎的 SaaS 云。然后，我们将研究 IBM 的 SmartCloud 云平台，以及 SGI 的 Cyclone 云平台的架构和服务。最后，我们将介绍两个非常大规模的私有云，即 NASA 的 Nebula 云平台，以及由 CERN 在欧洲建造的云平台。

4.5.1　用于 SaaS 服务的 Salesforce 云平台

　　该 SaaS 是针对数以千计的云客户的浏览器初始化的应用软件。PaaS 提供的服务和工具部署在由 IaaS 供应商提供的资源上，用于构建、管理应用程序。SaaS 模型提供软件应用作为服务。因此，在客户方面，没有对服务器或软件授权的前期投资。在供应商方面，与常规托管用户应用程序相比，其成本保持在相当低的水平。客户数据存储在供应商专有或公开托管的云中。表 4.12 概括了四个 SaaS 云平台及其服务项目。

表 4.12　四个 SaaS 云平台和它们的服务项目

模型	支持平台	服务项目	安全特性	API 和编程语言
Amazon AWS	AWS EC2，S3，EMR，SNS	GAE，GFS，Big-Table，MapReduce	Azure 云，.NET 服务，动态 CRM	服务项目，Force.com，Online CRM，Gifttag
Google AppEngine	Elastic Beanstalk，Code-Deploy，OpsWorks，Code-Commit，CodePipeline，Mobile Analytics	Gmail，Docs，You-Tube，WhatsApp	Live，SQL，Office 365 (OWA)，Hotmail	Sales，Service，Market，Data，Collboration，Analytics

（续）

模型	支持平台	服务项目	安全特性	API 和编程语言
Microsoft Azure	ClouWatch, Trusted Advisor, Identity/Access Control	用于安全执行的分布式锁服务	复制数据, 基于规则的访问控制	Admin./Record security, Use Metadata API
Salesforce	API Gateway, Latin Pig	基于 Web 的管理控制台, Python	Azure 门户, .NET 框架	Apex, Visualforce, AppExchange, SOSL, SOQL

SaaS 服务的最佳示例包括 Google 邮件服务和文档服务、微软的 SharePoint 以及来自 Salesforce.com 的 CRM 软件。这些 SaaS 服务在促进自己的业务或成千上万小型企业的日常使用中都是成功的典范。Google 和 Microsoft 等供应商提供集成的 IaaS 和 PaaS 服务，而亚马逊和 GoGrid 等其他公司则提供纯粹的 IaaS 服务。第三方供应商（如 Manjrasoft）在商业云之上提供应用程序开发和部署服务。另一个众所周知的 SaaS 云是 Outlook Web Access（OWA），或称为 Office 365，它是由微软提供的云托管电子邮件服务。

为了通过 DNA 序列分析发明新药，Eli Lily 公司将亚马逊的 EC2 和 S3 平台用作计算服务器和存储集群。目的是在不使用昂贵的超级计算机的情况下进行高性能生物序列分析。这种 IaaS 应用的好处是降低了药物部署时间，成本低得多。另一个很好的例子是《纽约时报》应用亚马逊 EC2 和 S3 服务，从数百万的档案文章和新闻稿中快速检索有用的图形信息，显著减少了完成工作的时间和成本。许多提供云服务的初创公司通常租用 IaaS 平台资源（如 AWS）提供自身的 SaaS 服务。

以下是 Salesforce.com 提供的 SaaS 和 PaaS 服务的综述。该公司成立于 1999 年，主要在 CRM 应用中为 SaaS 提供在线解决方案。最初，他们使用第三方云平台运行软件服务。渐渐地，该公司推出了自己的 Force.com 作为 PaaS 平台，可以执行许多 SaaS 应用程序，或帮助用户在 PaaS 支持下开发附加应用程序。Salesforce 还通过收购提供社交网络的商业应用。截至 2015 年，它成为最成功的 SaaS 公司之一，市值接近 500 亿美元。

例 4.14 Salesforce Force.com：定制的 PaaS 云平台

2008 年，Salesforce 使用运行 Linux 的 AMD 处理器的戴尔服务器和一些运行 Solaris 的 SPARC 处理器的 Sun Fire E25K 服务器，构建其 Force.com 云平台。该公司使用 Message Systems 的 Momentum 平台，保证其客户可发送大量电子邮件，而不会遇到拥塞问题。2012 年，Salesforce 在英国建立了一个处理欧洲公民个人数据的数据中心。2013 年，Salesforce 同 Oracle 建立合作伙伴关系，使用 Oracle Linux、Exadata 数据库和 Java 平台来为其 SaaS 平台提供支持。

Force.com 云平台的概念架构如图 4.27 所示。该平台为外部开发人员提供了集成到主要的 Salesforce 托管应用程序的附加应用程序。他们的目标是为企业用户供应业务计算服务。Salesforce 为其客户关系管理（CRM）服务开创了 SaaS 模式。此外，他们还为 Force.com 平台提供 Apex，这是一种专有的类似于 Java 的编程语言。他们还有一个集成的开发环境 Visualforce，以简化业务

图 4.27 支持 PaaS 和 SaaS 应用的 Salesforce Force.com 云平台

开发周期。他们提供了一个共享资源池 AppExchange，可供多个用户轻松进行互动和协同工作。应用服务主要在 CRM 数据库、应用开发和定制方面提供。

Force.com 服务向 SaaS 用户提供多租户技术、元数据和安全服务。在安全领域，Salesforce 不仅提供了一些保护数据完整性的机制，还提供了一些访问控制机制，以确保管理安全和记录安全性。他们在 2010 年 6 月引入 Chatter 作为"针对企业的 Facebook"。这是一个实时的协作平台，将人们和数据聚集在一个安全的环境中。打包服务可帮助用户发布其应用更新补丁。

₂₁₃

用户可以在 Force.com 平台上自定义 CRM 应用程序。系统能够处理联系人、报告和账户的标签。用户可以通过添加自定义字段来使每个标签包含关联信息。用户还可以在财务和人力资源应用程序中添加定制的 / 新的标签。此外，Force.com 平台还提供 SOAP Web 服务 API，并为智能手机用户提供移动支持。Salesforce 的 SaaS 和 Paas 服务也支持十几种国际语言。

例 4.15 Salesforce 公司提供的 SaaS 云服务

近来，Salesforce 将其 CRM 服务细分为七个特定的云服务类别：销售云、服务云、市场云、数据云、协作云、分析云和定制云，如图 4.28 所示。除了 PaaS 定制云（也被称为 Force.com），其他所有都提供 SaaS 应用程序。下面简要介绍它们的功能。

图 4.28 七种 Salesforce 云服务产品。除了定制云用于 PaaS 应用，其他都用于 SaaS 应用

- 销售云：针对 CRM 的 SaaS 应用程序，用于管理客户资料、跟踪机会、优化广告。Salesforce IQ 用于小型企业，Data.com 用于 B2B 预期和数据清理。
- 服务云：基于云的客户服务 SaaS 应用，允许公司创建、跟踪和路由其服务，包括社交媒体网络服务、定制支持和帮助中心。
- 市场云：提供社交营销 SaaS 应用程序，让企业从社交媒体中发现销售趋势和市场主流，提供数字营销平台，例如促进 B2B 市场自动化的 Pardot 服务等。
- 数据云：用于获取和管理 CRM 记录。
- 协作云：用于商业协作。
- 分析云：基于机器学习的销售业绩分析，能为业务分析和 Wave Apps 提供 Wave Analytics，从而提升销售洞察力和客户满意度。
- 定制云：一种用于在标准 CRM 应用程序之上创建附加应用程序的 PaaS 平台。提供社区服务，将客户、合作伙伴和雇员关联在一起，为企业社交网络提供 Chatter 服务，Force.com（敏捷开发）和 Heroku Enterprise 服务为开发人员提供可扩展应用程序。

4.5.2 IBM SmartCloud 云平台、物联网及认知项目

本节将介绍几个公共云或商用云系统。其中包括 IBM 的 SmartCloud、SGI 的 Cyclone、

215 NASA 的 Nebula 和 CERN 建立的云平台。

IBM Bluemix 计划

自 2014 年以来，IBM 已经投资了近 20 亿美元，用于开发一个全新的名为 Bluemix 的云平台。该平台采用"扩展策略"来构建 PaaS 平台，以扩大云应用程序的应用范围。Bluemix 试图将 IBM OS、Websphere、Tivoli 和 DB2 集成到灵活的混合云计算中。自 1999 年以来，IBM Websphere 已广泛应用于金融、证券交易、运输、制造和能源行业。现在，Bluemix 的使命是将 Websphere 应用程序传播到包括公共、私有和混合云在内的所有云环境。开源的 Bluemix 使 IBM 云计算生态得以广泛传播。

Bluemix 应用了开源的 Apache Cloud Foundry PaaS 架构。他们还从 OpenStack 合并了私有云 Bluebox。Bluemix 作为具有 140 个软件工具和云服务的应用开发平台向公众开放，涵盖大数据、移动、分析、集成、DevOps、安全和物联网领域中的众多应用。最初，Bluemix 本地版本作为私有云运行，以满足银行、医疗保健、金融领域的安全、SLA 和数据隐私的特殊要求。到 2016 年年底，面向公众的 Bluemix 混合云将可用于在公共 IDC 数据中心中托管许多私有云。

这些托管的私有云使用私有的 API 来保护云并解决企业外的客户端的数据锁定问题。在中国市场，Bluemix 专用版也得到了 IBMWatson 和一些中国认知服务的支持。IBM 认知计算是扩展 IBM SmartCloud 应用程序的主要推动力，我们将在第 5 章中进行研究。IBM 想将社区链接服务与 Bluemix 中间件、数据库和资源管理混合到每个特定的应用程序域中。这可能会改变未来云应用的商业模式。IBM 在日本的云计算服务被称为 Bluemix Garage，它也正在将其云服务拓展到其他国家。

IBM SmartCloud 模型

IBM 已逐渐从硬件/软件公司、系统公司转变为计算服务公司。IBM 云平台大多由 IBM 服务器集群构建，并由 IBM WebSphere 和多年来累积的软件资源提供支持。z 系列和 p 系列服务器正在升级虚拟化功能。自 2007 年以来，IBM 已经推出了一些与云计算相关的研发和设计项目，这些项目从 IBM 的采用面向服务架构（SoA）的自主计算工作中扩展而来。

IBM Ensemble 为 IaaS 服务提供了虚拟化云系统。该系统可以组合大型资源池，简化管理复杂度。目的是通过动态服务器、存储和网络集合资源来提供应用灵活性和高效的资源部署。IBM 还开发了 Tivoli 服务自动化管理器，用于快速设计、部署和管理服务流程。WebSphere CloudBurst 为管理私有云提供了另一个平台。IBM LotusLive 为应用程序服务开发提供了一个 SaaS 云。这些服务包括在线会议服务、协调办公室管理和电子邮件服务。

216

IBM RC2 云平台

8 个 IBM 研究中心的计算机和 IT 基础设施现在已经紧密相连，形成一个名为 Research Compute Cloud（RC2）的私有云。RC2 是基于网络的，允许全球 3000 多名 IBM 研究人员共享计算资源。这其实是 IBM 内部云技术推广的测试平台。RC2 提供了按照用户需求建立自主计算环境的解决方案。现在，作为较大的私有云服务的测试平台，RC2 服务于全球 3000 多名 IBM 研究人员和开发人员。该系统支持机器虚拟化、服务生命周期管理和性能监控。整体想法是通过将作业外包给最适合的站点来减少计算成本，从而实现资源的快速部署，达到最佳的执行效率。

例 4.16 IBM SmartCloud：支持公共、私有和混合云模型

如图 4.29 所示，IBM 为云计算提供了三个硬件平台。这些平台通过 IBM Websphere 基础设施解决方案支持虚拟化。IBM 云平台框架的管理层包括 IBM Tivoli 中间件。管理工具可以通过自动配置和取消配置来管理镜像，可以监控操作和仪表使用情况，同时还可以跟踪花费并分发账单。框架的最后一层提供了集成的工作负载工具。云计算的工作负载是可以执行以满足特定业务需求的代码的服务或实例。IBM 提供了基于云的协作、开发和测试、应用程序开发、分析、B2B 集成和安全性的工具。

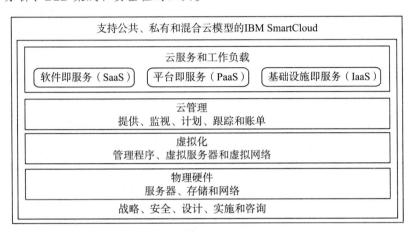

图 4.29　基于 IBM Trivoli、DB2、WebSphere 和 XEN 虚拟化的 IBM SmartCloud 架构，支持公共、私有和混合云模型

IBM SmartCloud 通过公共、私有和混合云等交付模式提供 IaaS、SaaS 和 PaaS 服务。IBM 也为非 SmartCloud 平台上的客户提供工具以构建云环境。例如，Tivoli 管理软件或 IBM Systems Director 虚拟化可以单独集成到其他云平台上。2011 年，IBM SmartCloud 集成了用于大数据的基于 Hadoop 的 InfoSphere BigInsights，以及用于软件测试的 Green Hat 和用于云存储的 Nirvanix。用户可以在 IBM 云上构建自己的私有云或购买服务。到 2014 年，SmartCloud 的名称已被替换为具有"IBM Cloud"前缀的产品，当时提供了针对 OpenStack 的 IBM 云平台管理组件。

现在，IBM 提供了五种云计算模式：由客户拥有和运营的私有云；由客户拥有但由 IBM 运营的私有云；由 IBM 拥有和运营的私有云；面向个体企业的基于多租户的虚拟私有云服务；面向个人的公共云服务。大多数云用户选择混合云模型，其中一些工作负载由内部系统承担，另一些则由商业云供应商和公共云服务供应商承担。

217

4.5.3　SGI、NASA 和 CERN 建立的云平台

下面将介绍其他几个商业和私有云平台。SGI Cyclone 云平台可提供高性能计算服务。NASA 和 CERN 的云平台是用作研究的大型私有云。

SGI 云系统

2010 年 2 月 11 日，SGI 宣布将 Cyclone 作为高性能计算应用的大规模按需云计算服务。SaaS 和 IaaS 模式都将在 Cyclone 上提供。SaaS 模式为用户提供了预置的应用程序，覆盖了广泛的技术领域。例如，该系统适用于飞机和汽车行业使用的流体动力学（CFD）计算和有

限元分析。使用 IaaS 模式,用户可以访问由 SGI 技术人员管理和优化的 SGI 最快的 Altix 服务器和 ICE 集群、网络和存储系统,以构建特定的用户应用程序。

现如今,随着要管理和处理的数据量的不断增加以及必须准时提供结果的压力的加大,许多企业正在处理越来越困难的业务问题。大多数企业通过扩展 IT 基础设施来解决这个关键问题,然而这常常伴随着无法预料的设施管理和维护成本,以及由于数据瓶颈而导致的吞吐量低于预期的可能性。SGI Altix ICE 提供的集成刀片服务器集群则是专为数据密集型问题而设计的,可以帮助上述企业脱离困境。SGI 创新的平台提高了效率,可以轻松扩展以满足几乎任何计算处理要求,而不会影响易用性、可管理性或价格 / 性能。SGI Altix ICE 提供的效率、可靠性和可管理性展示出了一些客户价值。

例 4.17 用于高性能计算的 SGI Cyclone 云平台

SGI Cyclone HPC 云架构如图 4.30 所示。SGI 服务器可以以混合模式扩展组合以满足特定的用户应用程序需求。Cyclone HPC 云支持许多知名的科学和工程应用,包括 OpenFOAM、NUMECA、Acusolve 等。这些云应用有益于许多工业和政府部门,包括绿色能源、制造业、数字媒体、娱乐、政府财政、研究和高等教育。客户可以扩大其计算和存储容量,而无需投入大量资金购买物理设施。不再有设备采购和安装周期表明了这种服务模式的优点。用户可以根据需要请求基础设施,而不用担心设施的管理。

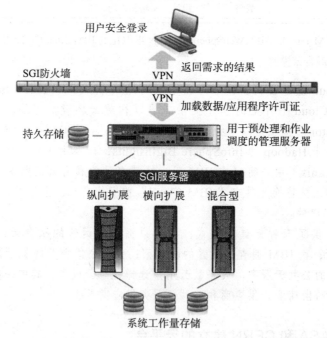

图 4.30   SGI Cyclone HPC 云:支持 SaaS 和 IaaS 模式

Cyclone 是专门用于技术应用的按需云计算服务。Cyclone 支持许多行业领先的应用合作伙伴和五个技术领域,包括计算流体动力学、有限元分析、计算化学和材料学、计算生物学和本体论研究。Cyclone 有两种服务模式:SaaS 和 IaaS。通过 SaaS,Cyclone 客户可以通过访问顶尖的开源应用程序和来自顶级独立软件供应商的最佳商业软件平台,显著缩短得到计算结果的时间。IaaS 模型使客户能够安装和运行自己的应用程序。SGI Altix 提供纵向扩展，Altix ICE 提供横向扩展，Altix XE 混合集群用于云服务器的混合管理，以上都基于 Intel Xeon 处理器。Altix 是由 Silicon Graphics 生产的基于 Intel 处理器的一系列服务器和超级计算机。

NASA 的 Nebula 云平台

这是一个由 NASA（美国国家航空航天局）建造的大型云平台。它专门用于 NASA 科学家在远程系统上运行气候模型。这可以节省成千上万的 NASA 用户在本地站点上购买超级计算机的成本。此外，这使 NASA 能够在其数据中心周围构建复杂的天气模型，考虑到大量数据移动成本的节省，这种做法更具效益。

Nebula 是一个开源云计算平台，旨在为建立额外的昂贵的数据中心提供一个容易量化和改进的替代方案，并为 NASA 科学家和研究人员提供与外部合作伙伴和公众共享大型复杂数据集的更简单的方法（图 4.31）。Nebula 目前是一个 IaaS 实现，为科学数据和基于 Web 的应用程序提供可扩展的计算和存储服务。

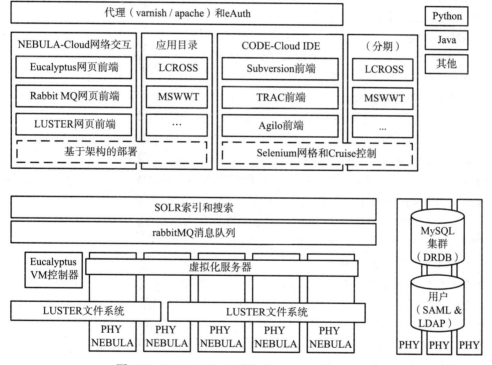

图 4.31　NASA Nebula 项目（http://nebula.nasa.gov）

Nebula IaaS 服务允许客户通过 Web 界面或一组命令行工具，根据需要单方面提供、管理和停用计算能力（虚拟机实例、存储等）。PaaS 计划在 2010 年第四季度发布，将提供一套一致的框架、代码存储库和 Web 服务，以使 NASA 开发人员能够部署安全、符合政策的 Web 应用程序，并根据需求自动扩展。SaaS 和数据库即服务（DBaaS）则计划在 2011 年发布。

Nebula 的高密度架构可以显著减少数据中心的占地面积。每个集装箱式数据中心可以容纳多达 15 000 个 CPU 内核或 15PB（1PB 等于 100 万 GB），比传统数据中心节能 50%。此外，这种"绿色"架构允许最大的灵活性和效率，因为随着时间的推移，NASA 的计算需求发生变化时，这些模块化的集装箱式数据中心可以方便地进行修改、升级、扩展甚至物理搬迁。

由于 NASA 必须遵守大量的数据安全和隐私政策，有时可能会在寻找与外部合作伙伴共享数据的协作环境时带来挑战。同以前相比，在利用 Nebula 的情况下，用户可以不费吹灰之力快速访问强大的 IT 资源。Nebula 可以节省数百个工作人员的时间，让 NASA 的科学家专注于关键任务的研究工作。Nebula 的架构设计保证了其与 AWS 等商业云服务供应商的互操作性，从而为 NASA 研究人员提供了轻松地将数据集和代码移植到商业云上运行的能力。

Nebula 又被称为"超级云"，它可以毫不费力地管理比最强大的商业云计算平台多 10 000 或 100 000 倍的信息量，它还可以容纳 8TB 的单个文件，并容纳 100TB 的独立文件系统。相比之下，Amazon EC2 的最大文件大小和文件系统的最大大小仅为 1TB。基于融合的 10Gig-E 交换结构，Nebula 提供了比最快的商业云环境快 10 倍的网络速度，这是因为商业云大部分运行在 1GigE，并且仅使用 100Mb 的环境。高速网络、2.9 GHz CPU 和硬件 RAID 配置的组合使得 Nebula 能够提供良好的大规模并行计算性能。

CERN 云系统

EU 云系统由 CERN（欧洲核子研究组织）在日内瓦建成。这是一个庞大的私有云，将数据、应用程序和计算资源分发给全球数千名科学家。CERN 通过全球员工和有限的预算来处理大量数据集和大量吞吐量。许多私有云也由 IT 行业、大型企业和其他政府机构开发。最初，人们可以看到，大多数云系统是用受限的用户组开发的。

世界各地的数以万计的科学家正在依赖庞大的数据集进行各种研究。CERN 认为，云平台项目将使其能够提供更高的计算性能，并为来自 85 个国家的 10 000 名研究人员提供更好的基础设施服务。在 CERN，大量的科学数据被处理，而且必须近乎实时地分发给研究人员。因此，CERN 的云基础设施必须提供必要的能力，以支持每年生产和分析超过 15PB 的数据（由 6 万个 CPU 内核处理），并使科学家能够远程管理作业，而没必要在 CERN 的集中式 IT 管理部门（日内瓦附近的实验室中）工作。

由于 CERN 使用 Platform 公司的 LSF 网格和工作负载管理解决方案，以扩大其广泛的可扩展性来分析庞大的研究数据，所以实验室选择再次与 Platform 合作，探讨如何在虚拟化云环境中更有效地利用资源。Platform 的 LSF 及其自适应集群为 CERN 的科学家提供了一个开放、低成本的通用平台，允许对云中的虚拟和物理服务器进行管理。此外，与集中的 IT 管理部门相比，科学家们可以以更高的成本效益管理自己的应用环境并动态控制项目，从而实现最大的灵活性和高效的工作负载处理。

CERN 虚拟机项目

研究大型离子对撞机实验（A Large Ion Collider Experiment，ALICE）的科学家，正在 CERN 进行重离子模拟。他们一直在开发和调试处理许多国际分布式资源的计算任务，由名为 AliEn 的调度程序管理，从而将云的动态配置资源集成到现有基础架构（如 ALICE 计算机池）中。目的是确保各种 AliEn 服务具有相同的特定部署信息。该项目开发了一种方法来提供虚拟机，用以支持 CERN 所有大型实验的生产环境。

4.6 结论

本章中，我们着重研究了云计算架构和基础架构设计。我们建立了云系统的商业模型。

然后，我们回顾了全球许多企业和组织将数据中心转换成云的经验。我们根据当今商业公司和公众对使用云的成本效益和数据安全性的要求来评估云生态系统。三大云类型 IaaS、PaaS 和 SaaS 都作为案例进行了研究。具体来说，我们研究了 AWS、Google AppEngine 和 Saleforce 等云平台的架构细节。鉴于云平台在社交媒体和移动网络世界中的应用趋势，我们研究了物联网感知以及与云的互动。

习题

4.1 我们在本章研究了许多 AWS 和 Salesforce 云服务。访问其网站，并针对 AWS 提供的 6 项服务以及 Saleforce 提供的 4 项服务的详细功能和服务特点，做一份报告。

(a) AWS 云服务：CloudFront，Mobile Analytics，Data Pipeline，Kinesis，Machine Learning，Elastic Beanstalk。

(b) Salsforce 云服务：Market，Collaborator，Anlytics，Custom Cloud。

4.2 从下列 SaaS 云供应商中选择两个：Consur，RightNow，Salesforce，Kenexa，WebEx，Balckbaud，Netsuite，Omniture，Vocus，Google AppEngine，Microsoft Azure。从所选供应商的网站挖掘有用的技术信息，或通过 Google、维基百科和任何公开的文献搜索等途径进行深入研究。然后针对它们在云技术、服务产品、开发的软件应用、应用商业模式以及成功/失败经验教训方面的最新进展做一份报告。报告要求：着重介绍技术内容，避免过度展示销售额等商业因素。

4.3 访问 iCloud 网站 https://www.icloud.com 或维基百科，了解 Apple iCloud 提供的功能和应用服务，并回答以下有关 iCloud 的问题：

(a) 简要说明 iCloud 提供的主要服务及目前为止所报道的用户量。

(b) iCloud 主要处理的数据类型或信息类别是什么？

(c) 说明在 iCloud 上使用"查找我的好友"服务寻找以前的朋友的流程？

(d) 解释 iCloud "查找我的 iPhone"服务是如何找到你丢失或被盗的手机的。

222 ～ 223

4.4 vSphere 6 是 VMware 最新发布的云操作系统。从 VMware 网站或者其他公开的文献查找关于该系统的技术细节和来自其用户的部署或使用反馈报告。然后撰写一份简短的技术报告，总结自己的研究成果。

4.5 从以下列表中选择两个主机托管云服务：Savvis，Internap，NTTCommunications，Digital Realty，Trust，365 Main。进行深入研究，内容深度需超出本书中所提及的内容。可以通过访问供应商的网站或通过 Google、维基百科和其他任何公开的文献搜索来挖掘有用的技术信息。然后针对它们在云技术、服务产品、开发的软件应用、应用商业模式以及成功/失败经验教训方面的最新进展做一份报告。报告要求：着重介绍技术内容，避免过度展示销售额等商业因素。

4.6 针对以下 4 个方面，编制一个表来比较公共云和私有云：比较两者在设计和应用灵活性方面的差异，以及各自的优劣，并举例说明。

(a) 使用的技术和 IT 资源所有权。

(b) 资源配置及管理方法，包括数据和虚拟机。

(c) 作业调度方法和装载策略。

(d) 安全预防措施和数据隐私强度。

4.7 访问 AWS 官网，针对其提供的弹性计算云（EC2）、简单存储服务（S3）和简单队列服务（SQS）三种服务，分别设计一个计算应用程序。明确请求的资源及其对应的服务费用后，在 AWS 平台上进行 EC2、S3 和 SQS 实验，并作相应报告，分析实验结果及性能。

4.8 在例 4.5 和例 4.6 中，介绍了 AWS 提供的 EC2 和 S3 服务。访问网站 https://www.aws.com 获取有关 AWS 最新服务和产品的情况。针对 AWS 提供的附加服务的功能和应用做一份报告。报告应尽可能关乎技术，并做到有理有据。

(a) 简要介绍 AWS 的简单通知服务（SNS）。说明它是如何工作的，以及在手机上使用 SNS 服务将照片传输并存储到 S3 的用户接口。

(b) 简要介绍 AWS 的弹性 MapReduce（EMR）服务。说明它的工作原理、支持的编程语言及如何与 Hadoop 系统耦合。

4.9 从以下列表中选择两个提供网络即服务（NaaS）的云平台：Qwest、AT&T 和 AboveNet。进行深入研究，内容深度需超出本书中所提及的内容。可以通过访问供应商的网站或通过 Google、维基百科和其他任何公开的文献搜索来挖掘有用的技术信息。然后针对它们在云技术、服务产品、开发的软件应用、应用商业模式以及成功 / 失败经验教训方面的最新进展做一份报告。报告要求：着重介绍技术内容，避免过度展示销售额等商业因素。

4.10 了解 AWS 容器服务，运行 Amazon ECS 样本容器代码，并截图。

步骤 1：了解 Amazon EC2 容器服务，观看视频：https://aws.amazon.com/ecs/。查看开发者指南：http://docs.aws.amazon.com/AmazonECS/latest/developerguide/Welcome.html。

步骤 2：使用该服务之前，请使用 Amazon ECS 设置执行环境：http://docs.aws.amazon.com/AmazonECS/latest/developerguide/get-set-up-for-amazon-ecs.html。

步骤 3：运行样本容器应用程序，开始使用 Amazon EC2 容器服务（Amazon ECS）。http://docs.aws.amazon.com/AmazonECS/latest/developerguide/ECS_GetStarted.html。

步骤 4：关闭容器及其 EC2 主机实例，避免额外的费用。http://docs.aws.amazon.com/AmazonECS/latest/developerguide/ECS_CleaningUp.html。

4.11 图 4.32 显示了虚拟环境中另一种 VIOLIN 自适应过程。在两个集群域中运行 4 个 VIOLIN 应用程序。跟踪执行的 3 个步骤，并讨论两个集群域中虚拟执行环境在实时迁移后的资源利用效率。你可以检查引用的文件，并与观察结果进行比较。

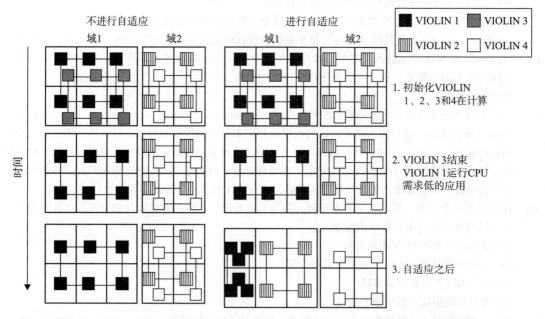

图 4.32 VIOLIN 虚拟集群化实验，其中 2 个集域中运行 4 个 VIOLIN 的自适应场景

参考文献

[1] Amazon EC2 and S3. "Elastic Compute Cloud (EC2) and Simple Scalable Storage (S3)." http://spatten_presentations.s3.amazonaws.com/s3-on-rails.pdf.

[2] Armbrust, M., A. Fox, R. Griffith, A. Joseph, R. Katz, A. Konwinski, G. Lee, D. Patterson, R. Karp, A. Rabkin, I. Stoica, and M. Zaharia. "Above the Clouds: A Berkeley View of Cloud Computing." *Technical Report*, No. UCB/EECS-2009–28, University of California at Berkeley, February 10, 2009.

[3] Bahga, A., and V. Madisetti. *Cloud Computing: A Hands-On Approach*, 1st ed. CreateSpace Independent Publishing Platform, 2014.

[4] Barroso, L., and U. Holzle. *The Data Center as a Computer: An Introduction to the Design of Warehouse-Scale Machines*. Morgan Claypool Publisher, 2009.

[5] Boss, G., P. Malladi, et al. "Cloud Computing—The BlueCloud Project." www.ibm.com/ developerworks /websphere/zones/hipods/, October 2007.

[6] Bugnion, E., S. Devine, and M. Rosenblum. "Disco: Running Commodity Operating System on Scalable Multiprocessor Systems." *ACM Transactions on Computer Systems* 15 no. 4 (November 1997).

[7] Buyya, R., J. Broberg, and A. Goscinski, eds. *Cloud Computing: Principles and Paradigms*. Wiley, 2011.

[8] Buyya, R., C. S. Yeo, and S. Venugopal. "Market-Oriented Cloud Computing: Vision, Hype, and Reality for Delivering IT Services as Computing Utilities." Proc. of the 10th IEEE International Conference on High Performance Computing and Communication, Dalian, China, September 25–27, 2008.

[9] Cao, J., K. Hwang, K. Li, and A. Zomaya. "Optimal Multiserver Configuration for Profit Maximization in Cloud Computing." *IEEE Transactions on Parallel, and Distributed Systems* (Special Issue on Cloud Computing) 24 no. 6 (2013): 1087–1096.

[10] Chase, J. S., et al. "Dynamic Virtual Clusters in a Grid Site Manager." IEEE 12th Symposium on High-Performance Distributed Computing (HPDC), Washington, DC, June 2003.

[11] Chen, M., Y. Hao, D. Wu, Y. Li, and K. Hwang, "Opportunistic Task Scheduling over Co-Located Clouds in Mobile Environment." *IEEE Services Computing* 99 (July 2016).

[12] Chou, T. *Introduction to Cloud Computing: Business and Technology*. Active Book Press, 2010.

[13] Clark, C., K. Fraser, J. Hansen, E. Jul, I. Pratt, and A. Warfield. "Live Migration of Virtual Machines." Proc. of the Symposium on Networked Systems Design and Implementation, Boston, MA, May 2, 2005, pp. 273–286.

[14] Dyer, D. "Current Trends/Challenges in Data Center Thermal Management—A Facilities Perspective." Presentation at ITHERM, San Diego, CA, June 1, 2006.

[15] Foster, I., Y. Zhao, J. Raicu, and S. Lu. "Cloud Computing and Grid Computing 360-Degree Compared." Grid Computing Environments Workshop, Austin, TX, November 12–16, 2008.

[16] Gannon, D. "The Client+Cloud: Changing the Paradigm for Scientific Research." Keynote Address, CloudCom2010, Indianapolis, IN, November 2, 2010.

[17] Google AppEngine. http://appengine.google.com/, 2012.

[18] Greenberg, A., J. Hamilton, D. Maltz, and P. Patel. "The Cost of a Cloud: Research Problems in Data Center Networks." *ACM SIGCOMM Computer Communication Review* 39 no. 1 (2009).

[19] Hwang, K., X. Bai, Y. Shi, M. Li, W. G. Chen, and Y. Wu. "Cloud Performance Modeling with Benchmark Evaluation of Elastic Scaling Strategies." *IEEE Trans. on Parallel and Distributed Systems* (January 2016).

[20] Hwang, K., and M. Chen. *Big Data Analytics for Cloud, IoT and Cognitive Learning*. Wiley, 2017 (in press).

[21] Jinesh, V. "Cloud Architectures White Paper." http://aws.amazon.com/about-aws/whats-new/2008/07/16 /cloud-architectures-white-paper/.

[22] Leavitt, N., et al. "Is Cloud Computing Really Ready for Prime Time?" *IEEE Computer* 42 no. 1 (2009): 15–20.

[23] Linthicum, D. *Cloud Computing and SOA Convergence in Your Enterprise: A Step-by-Step Guide*. Addison Wesley Professional, 2009.

[24] Mell, P., and T. Grance. "The NIST Definition of Cloud Computing." *NIST Special Pub.* No. 800–145 (September 2011).

[25] Norman, W., M. Paton, T. de Aragao, K. Lee, A. Alvaro Fernandes, and R. Sakellarious. "Optimizing Utility in Cloud Computing through Autonomic Workload Execution." *Bulletin of the IEEE Computer Society Technical Committee on Data Engineering* (2009).

[26] Nurmi, D., Rich Wolski, et al. "Eucalyptus: An Elastic Utility Computing Architecture Linking Your Programs to Useful Systems." *UCSB Computer Science Technical Report* No. 2008–10 (August 2008).

[27] Ojala, A., and P. Tyrvainen. "Developing Cloud Business Models: A Case Study on Cloud Gaming." *IEEE Software Magazine* (2011).

[28] Rittinghouse, J., and J. Ransome. *Cloud Computing: Implementation, Management and Security*. CRC Publisher, 2010.

[29] Rochwerger, B., D. Breitgand, E. Levy, et al. "The RESERVOIR Model and Architecture for Open Federated Cloud Computing." *IBM Systems Journal* (2008).

[30] Rosenblum, M., and T. Garfinkel. "Virtual Machine Monitors: Current Technology and Future Trends."

226

IEEE Computer (2005): 39–47.

[31] Ruth, P., et al. "Automatic Live Migration of Virtual Computational Environments in a Multi-Domain Infrastructure." *Technical Report*, Purdue University (2006).

[32] Salesforce, Service Oriented Architecture. http://wiki.developerforce.com/SalesforceSOA. Demo, 2013.

[33] Sotomayor, B., R. Montero, and I. Foster. "Virtual Infrastructure Management in Private and Hybrid Clouds." *IEEE Internet Computing* (2009).

[34] VMware, Inc. "vSphere." http://www.vmware.com/products/vsphere/.

[35] Wu, Y., M. Su, W. Zheng, K. Hwang, and A. Zomaya. "Associative Big Data Sharing in Community Clouds—The MeePo Approach." *IEEE Cloud Computing Magazine* (January 2016).

[36] Zhang, F., K. Hwang, S. Khan, and Q. Malluhi. "Skyline Discovery and Composition of Inter-Cloud Mashup Services." *IEEE Transactions on Service Computing* (September 2016).

227
≀
228

移动云、物联网、社交媒体与混搭云服务

5.1 无线互联网与移动云计算

本章第一节，我们将回顾近年来在无线、传感和移动技术等方面的进展。这些发展为无线网络和移动云计算奠定了基础。我们将特别讨论局域网中应用微云网（Cloudlet）的若干话题，这种应用是为了避免从移动设备到远程云传输过程中出现的工作量卸载问题。

5.1.1 移动设备与边际互联子网

移动设备包括智能手机、平板电脑、可穿戴设备和一些工业工具。如图 5.1 所示，2015年全球移动设备用户超过了 30 亿。在 20 世纪 80 年代，1G 设备主要是模拟话机，仅用于语音通话。90 年代初期开始出现了 2G 移动网络。相应出现了数字手机，可以用于语音和数据通信。2G 蜂窝网络有 GSM、TDMA、FDMA 和 CDMA，它们分别基于不同的划分方案来使多部手机同时访问系统。基础的 2G 网络支持 9.6Kbps 的数据电路交换。在分组无线服务中这个速度被提高到了 115Kbps。到 2016 年时，2G 网络仅仅在一些发展中国家还在使用。

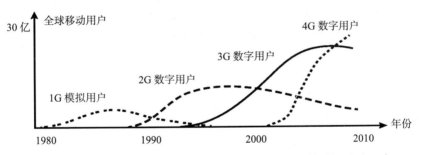

图 5.1 2015 年年初全球四代智能手机和平板电脑用户数量超过了 30 亿

从 2000 年开始，2G 移动设备逐渐被 3G 产品替代。3G 网络和手机的设计速度是 2Mbps，可以满足通过蜂窝网络进行多媒体通信的需要。2010 年出现了 4G LTE（长期演进）网络，其设计目的是达到 100Mbps 的下载速度和 50Mbps 的上传速度，以及 1Gbps 的静态速度。3G 系统得以实现是因为采用了更好的无线技术、多输入多输出（MIMO）的智能天线和正交频分复用（OFDM）技术。3G 系统现在已普遍部署，但是也逐渐在被 4G 网络取代。我们希望 3G 和 4G 网络能够得到最大化使用，至少在今后十年里能够继续得到使用。5G 网络大概会在 2020 年以后出现，其速度将至少为 100Gbps。

229

移动核心网络

蜂窝无线访问网络（RAN）是层次结构的。今天电信系统的支柱是移动核心网络。核心网络在过去三十年里经历了四代的发展。如图 5.1 所示，1G 移动网络是基于电路交换技术的，用于模拟声音信号通信。2G 移动网络始于 20 世纪 90 年代初期，是为了支持数字电话

的语音和数据通信，为此开发了分组交换电路。著名的 2G 系统有欧洲开发的全球移动通信系统（GSM）和美国开发的码分多址（CDMA）系统。无论是 GSM 还是 CDMA 都在很多国家得到部署。

开发 3G 移动网络是为了满足全球漫游服务中的多媒体声音 / 数据通信需要。21 世纪初期出现的 4G 系统，是基于 LTE 和 MIMO 无线电技术。5G 移动网络还处在繁重的研发过程中，预计在 2020 年会投入使用。表 5.1 总结了 5G 蜂窝网络的技术、峰值数据传输率和触发 5G 应用的动因。从速度方面看，四代移动系统从 10Kbps 和 2Mbps 提升到 100 Mbps。按照设计目标，5G 系统到来时，速度将达到 100Gbps 或者更高。5G 系统将使用远端射频头（RRH）和基于云的无线接入网（C-RAN）中的虚拟基站。

表 5.1　用于蜂窝通信的移动核心网络

代	1G	2G	3G	4G	5G
无线电和网络技术	模拟手机、AMPS、TDMA	数字电话 GSM、CDMA	CDMA2000、WCDMA 和 TD-SCDMA	LTE、OFDM、MIMO、软件操纵无线电	LTE、基于云的 RAN
移动数据速率峰值	8Kbps	9.6～344Kbps	2Mbps	100Mbps	10Gbps～1Tbps
驱动应用程序	语音通信	语音 / 数据通信	多媒体通信	宽带通信	超高速通信

移动互联网边缘网络

今天大多数的无线和移动网络都是基于各种操作范围内的无线电信号传输和接收技术的——无线接入网（RAN）。图 5.2 描述了各种 RAN 是如何用于访问移动核心网络的，移动核心网络与互联网骨干网和许多内部网则是通过移动互联网边缘网络连接在一起的。在计算社区中，这样的互联网访问基础设施称为无线互联网或者移动互联网。在后续内容中，我们会介绍许多类型的无线接入网，例如 WiFi、蓝牙、WiMax 技术和 ZigBee 网络。一般情况下，我们只考虑下面的一些小范围的无线网络，例如无线局域网（WLAN）、无线家庭区域网（WHAN）、个人区域网（PAN）和人体区域网（BAN）等。这些无线网络对移动计算和物联网应用至关重要。

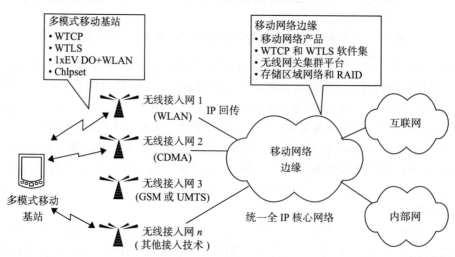

图 5.2　不同无线接入网与统一的基于 IP 的移动核心网、内部网和互联网的相互作用

蓝牙设备和网络

蓝牙是一种短波技术，是按照 19 世纪丹麦国王的名字命名的。按照 IEEE 802.15.1 的标准，蓝牙设备运行在 2.45GHz 的工业、科学、医疗频段上。蓝牙传输全方位（360°）的信号，不受视线限制，即数据或声音可以穿透非金属固体对象。蓝牙可以同时支持 8 个设备（1 个主叫，7 个被叫）的个人区域网，这种网络叫作微微网。蓝牙设备价格低廉，功耗极低。在 10 厘米到 10 米范围的特定网络中，蓝牙设备的数据传输速率为 1Mbps，可以在手机、计算机和其他可穿戴设备间传输声音或者数据。重要的是，蓝牙无线连接正在替换大多数计算机和它们的外设间的有线连接，例如与鼠标、键盘或打印机间的连接。

WiFi 网络

WiFi 接入点或者 WiFi 网络遵循 IEEE 802.11 标准。到目前为止已形成一个系列：11a，b，g，n 和 ac 网络。接入点在半径不小于 300 英尺的范围内发射信号。越靠近接入点，数据传输率越快，在 50 ～ 175 英尺范围内可以达到最大速度。WiFi 网络的峰值速度在使用 11b 时不超过 11Mbps，在使用 11g 时不超过 54Mbps，在使用 11n 时为 300Mbps。11n 和 11ac 网络使用 OFDG 模块技术、MIMO 无线和天线，可以达到最高速度。在接入点和无线路由器连成的无线局域网中，WiFi 技术的速度是最快的。今天，在许多场所都提供 300 英尺范围的互联网免费访问。 [231]

5.1.2　WiFi、蓝牙和无线传感器网络

随着移动环境中的用户越来越多，将移动设备高速接入互联网就显得很关键了。互联网骨干网实际上是有线网络。如表 5.2 所示，蜂窝无线接入网络主要应用于广域无线声音和数据通信。一些无线广域网是采用宽带 WiMax 技术的无线城域网（WMAN）。无线局域网（WLAN）主要采用 WiFi 技术，覆盖范围从 100 到 1000 英尺。无线个人区域网（WPAN）与体域网或者室域网一样，工作范围都很小，例如使用蓝牙、NFC（近距离通信技术）以及 ZigBee 技术。这四种无线网络用于不同环境，而且可以互相结合以提供更方便的网络访问，所以对实现物联网来说，这些技术都是重要基础。

表 5.2　移动物联网和云计算中使用的无线网络

网络类型	蜂窝网	无线城域网	无线局域网	无线个人区域网	无线个人区域网
市场名称	GSM/GPRS	WiMaX	WiFi	ZigBee	蓝牙
标准	CDMA/1XRTT	802.15.6	802.11n	802.15.4	802.15.1
应用关注点	广域声音和数据	数据、传输带宽	网络、电子邮件、视频	监视和控制	替换有线
存储容量（MB）	18 +	8 +	1 +	0.004 ～ 0.032	0.25 +
电池（天）	1 ～ 7	1 ～ 7	0.5 ～ 5	100 ～ 1000+	1 ～ 7
网络规模	1	1	32	2^{64} 或更大	7
带宽（KB）	64 ～ 128 +	75000	54000 +	20 ～ 250	720
范围（km）	1000 +	40 ～ 100	1 ～ 100	1 ～ 100 +	1 ～ 10 +
成功标准	覆盖面	速度	灵活性	能耗和成本	低成本

根据不同硬件的能力特性，我们将度量标准分成六种（从细粒度到粗粒度）：本地，远距离，角，区域，跳跃数，邻近。其中，最有效的物理度量是看是否不需要任何计算就能直接到达。全球定位系统（GPS）就满足这一点。本章将讨论其他五种度量标准，重点强调度量技术的基本原理。最基本的一点是，与距离相关的信息是否可以通过无线电信号强度或者 [232]

无线传播时间获得，例如天线阵列的角度信息、区域、跳跃数和邻近信息，其中，邻近是指节点附近可以收到无线电信号的范围。

5.1.3 移动云计算的微云网

移动设备的用户可能会穿越一个移动蜂窝网络到达另一个无线网络去访问远程云。由于智能手机或平板电脑上的资源有限，远程云访问会因为电池寿命有限、CPU功率低、存储容量小而受到限制。最近，卡内基·梅隆大学、微软、AT&T和兰卡斯特大学的研究人员提出了一个廉价的基础设施，可以用移动设备来实现云计算。这个设备叫作微云网，提供了富资源入口来升级移动设备，使其具备访问远程云的认知能力。这个入口应具有可靠性，采用虚拟机来寻找感知位置的云应用。微云网使得移动设备可以将大负载的数据库搜索或者机器学习任务转移到附近或者远程云上进行执行或分析，并且很快得到简短的回答或者预测结果。

例 5.1 用于移动设备访问远程云的微云网网关

如图 5.3 所示，从移动设备无线访问远程云可以给我们的日常生活带来许多有用的应用。换句话说，由"小"的移动设备引发的大量计算可以由"巨大"的云来完成。例如，由物联网感知设备采集的丰富数据，可以通过智能手机传输到远程云去处理，或者传送给某个机器学习系统。微云网可以将用户连接到远程云以执行数据挖掘或者机器学习操作。这个微云网入口应该保证是可靠的，可以采用虚拟机找到能感知位置的云应用。

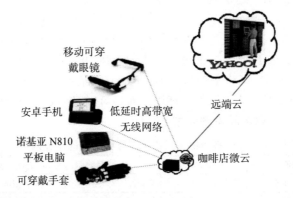

图 5.3 作为访问远程云网关的基于虚拟机的微云网（来源：Courtesy of Satyanarayanan, et al.，" The Case of VM- Based Cloudlets in Mobile Computing" *IEEE Pervasive Computing* 4 no. 8（2009）.)

上述想法可以用于机会发现、快速信息处理和路线智能决策等。不管是移动设备、云集中模式还是数据中心，它们在支持移动云计算方面都存在不足。移动设备受资源贫乏问题的困扰，比如，智能手机或者平板电脑的CPU功率有限、存储容量小且网络带宽窄。所以，移动设备无法用于处理大数据集。另一方面，互联网上的远程云面临广域网（WAN）的延迟问题。云必须解决由于太多（经常是百万条）客户端同时访问云而带来的冲突问题。

微云网中虚拟机的快速结合

卡内基·梅隆大学（CMU）造出了一个叫作 Kimberley 的微云网原型。这个原型在微云网主机中做了一个虚拟机。他们报告说虚拟机结合的时间少于 100 秒。换句话说，他们通过创建虚拟机来模拟临时微云网，这些微云网与远程云资源绑定在一起，以满足用户的需求。
图 5.4 列出了 Kimberley 动态结合虚拟机的时间线。移动设备会把虚拟机发布到一个拥有基
础虚拟机的微云网上。这个虚拟机与微云网中的基础虚拟机结合在一起，创建一个特别的执
行环境，使移动设备可以通过微云网入口启动它的云应用。在部署微云网时，还必须考虑信
任度和安全性问题。

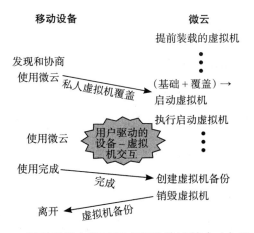

图 5.4　CMU 的 Kimberley 原型系统中微云网虚拟机快速结合（来源：Courtesy of Satyanara-
yanan, et al, "The Case of VM- Based Cloudlets in Mobile Computing," *IEEE Pervasive
Computing* 4 no. 8（2009）.)

数据保护包括文件/日志访问控制、数据着色和著作权归属问题。在软硬件故障时，灾
难恢复保证数据不会丢失。云的安全性可以通过一系列手段予以加强，例如建立信任根、保
护虚拟机的工作过程、软件加水印、使用防火墙、在主机和网络层级安装入侵检测系统。最
近有人建议，为了在可信云计算中保护数据中心，需要采用信任覆盖网络和信誉系统。

图 5.5 所示为微云网的架构。所有微云网都支持 WiFi。每个微云网服务器有一个嵌入式
WiFi 接入点。每个微云网连接了 WiFi 范围内的许多移动设备。微云网之间通过无线连接互
联形成网络。所有的微云网本质上是作为互联网边缘网络的网关来运行的。我们用网络中的
多个微云网来达到这些目标：第一，扩展无线覆盖范围以服务更多移动设备；第二，建议采
用协同防御，即多个微云网共同构建检测入侵者和袭击者的保护机制；最后，在将多任务迁
移到远程云执行时，采用缓存和负载平衡机制来提升服务质量和吞吐量。

让人们广泛接受在便利店或者咖啡店部署微云网还需要花费一些时间，过去十年让人们
接受安装 WiFi 接入点也花了不少时间。广泛部署微云网可以使分布云计算成为可能，还可
以扩展便利店、教室或者路途中用户的资源处理能力。微云网可以作为一个灵活的网关或者
访问远程云的入口。微云网很容易在个人电脑、工作站或者廉价服务器上实现。

表 5.3 总结了保护移动云系统免遭潜在威胁的预防模式。移动设备会遭受病毒或者网络
蠕虫的袭击。由于移动设备的计算能力和能耗限制，加密可能不是保护移动设备的最好方
案。一些专门的软件工具可以抵抗病毒或者蠕虫对移动设备的袭击，比如身份认证、URL
检查、垃圾邮件过滤等。由于云具有大容量的存储和备份服务，移动用户可以把上述工作转
移到云中去完成。

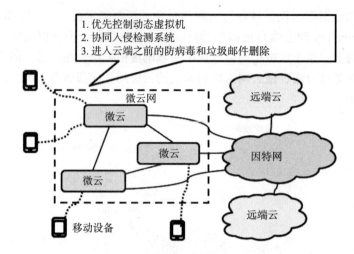

图 5.5 安全移动云计算环境的微云网架构（来源：Shi, Abhilash, and Hwang, "Cloudlet Mesh for Securing Mobile Clouds from Intrusions and Network Attacks," The Third IEEE International Conference on Mobile Cloud Computing（MobileCloud）, April 2015.）

表 5.3 保护移动云计算的威胁和防御问题

威胁与防范	移动设备	微云网	远端云
加密数据保护	移动设备上的加密成本较高	加密以确保远程云的访问	完全支持加密，保护用户数据不丢失
病毒、蠕虫或恶意软件攻击	检测恶意软件的隐私和成本较高	通过验证文件和内容来保护移动设备	在云上执行分析以检测新的恶意软件
身份盗窃和认证	卸载到云端之前的用户身份验证	需要对所有三方进行认证	认证即服务（AaaS）
云卸载和文件传输	在微云网格中卸载任务	云端数据缓存以提高性能	高等待延时卸载可能会造成 QoS 问题
数据完整性和存储保护	使用安全存储外包协议	云端存储的数据容易受到攻击	云可能会通过钓鱼网站攻击危害用户数据
URL、IP 和垃圾邮件过滤	检查 IP 的黑名单地址和网址	提醒出现了侵入云端的移动设备	执行预测分析并提供数据库更新

5.1.4 移动云与托管云

236   移动设备正在快速地成为提供服务的主角。用户偏好正在从传统手机和笔记本电脑转移到智能手机和平板电脑上。移动设备的便携性和强大性能，再加上广泛遍布的 3G/4G 的 LTE 网络和 WiFi 访问，给终端用户带来了丰富的移动应用体验。由于无处不在的对云存储和计算资源的无线访问，移动云计算可以灵活地增强移动设备的性能。如果加上对运行环境变化的情境感知和动态调整功能，移动设备的性能将会得到进一步加强。图 5.6 所示为一种典型移动环境，其中移动设备可将大任务卸载到远程云。

有了移动云计算（MCC）的支持，移动用户就有了新的通过云来执行应用的新可能。用户试图通过 WiFi、蜂窝网络或者卫星将计算任务卸载到远程云上。在用户端的终端设备是有资源限制的，例如，硬件、功率或者带宽限制等。手机自己是不可能完成一些计算密集型任务的。取而代之的方案是，将与计算任务相关的数据卸载到远程云上。特定的微云网被作为移动用户和互联网之间的无线网关。这些微云网可以将计算或者 Web 服务安全地卸载到远程云端。

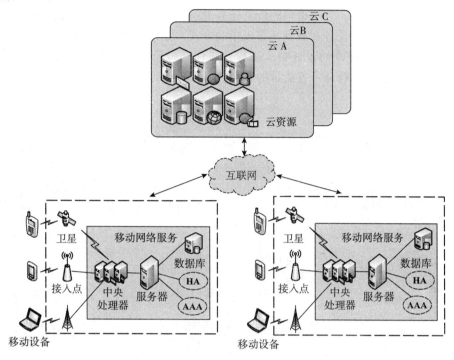

图 5.6 移动云计算环境架构

随着使用移动设备的人越来越多,出现了移动云计算的新模式,即 P2P 模式。使用小范围无线网络后,人们可以很容易地连接到附近使用微云网的移动设备上。下面介绍一种在托管云(OSCC)上的机会任务调度方案。这个方案可以在远程云服务和移动微云网服务间建立灵活的、成本延迟的平衡。在移动环境中做任务卸载,无论是远程云还是移动微云网,都各有优势又各有不足。

如图 5.7 所示,移动用户可以将他们的计算任务上传到云端,云则会在计算完成后将结果返回给用户。这是传统的任务卸载模式。移动设备有两种方式将计算相关的任务卸载到云中。一种是通过 WiFi,主要是为了节省费用,如图 5.7 a 所示;另一种是在没有 WiFi 的情况下通过移动蜂窝网络(如 3G/4G/5G),这种方式相对比较贵,如图 5.7 b 所示。

237

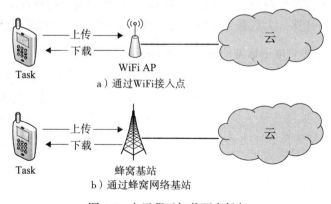

图 5.7 向远程云卸载两个任务

图 5.8 中给出了在移动环境中托管云（OSCC）的架构。这里，假定大卫有一个计算密集型任务，这个任务没法在他的移动手机上完成。在他的移动手机覆盖范围里，他的三位朋友的手机都是空闲的。于是，大卫把他的计算任务分解成三个子任务，并传输到朋友的手机上去使用其他可用的云。把任务卸载到托管云中的方式，足以应对不断增长的移动流量和相应的计算需求。在 OSCC 模式的设计中，远程云和移动微云网是互补的。这样带来的主要好处是灵活性高、性能好，符合节省能量的原则且可以减少延迟。

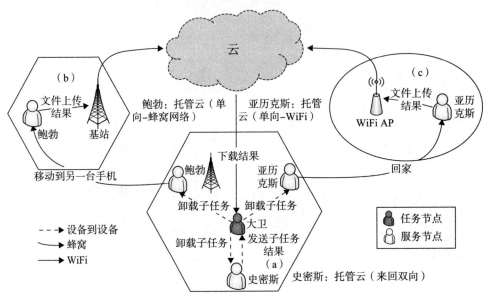

图 5.8   移动环境中在托管云间有效地卸载任务（来源：Chen and Hwang, et al, "Body Area Networks:A Survey, " *ACM/Springer Mobile Networks and Applications* (MONET) 16 no. 2 (2010):171–193.）

238
~
239

5.2   物联网感知以及与云的交互

物联网的终极目标是将数字世界和物理世界互联在一起。这可以看作信息产业发展史上的第三次革命。第一，为了将物理世界巨大数量的物体互联在一起，网络规模会变得非常巨大。第二，由于无处不在的移动设备和车载设备的使用，网络移动性增长迅速。第三，各种各样的网络出现更深度的融合，因为这些网络需要将各种类型的设备连接到互联网上。还有，移动互联网、云计算、大数据、软件定义网络和 5G 都影响着物联网的发展。

例 5.2   用于商品标签或电子标签的射频识别（RFID）技术

商品或物流包裹上有电子标签或者射频识别标签。这些电子标签是用聚乙烯材料做的，里面有一个很小的集成电路芯片，用铜线圈天线驱动印刷电路工作。标签自己不能提供能量，而是靠从阅读器天线传播来的信号波获得能量。图 5.9 是 6 个事件的执行顺序。事件 1 ～ 3 是在阅读器和标签间的充电和握手，事件 4 ～ 6 介绍的是天线如何读取标签上的数据然后传送到后台计算机上处理。

240

计算机将更新了的事件数据传送并存储到标签上，以备后续使用。后台计算机操纵射频识别中间件完成计算和更新过程。当然，这个原理也可稍作修改以用于其他形式的遥控识别。例如，射频识别标签可以用于商店、超市、库存查询以及物流企业。

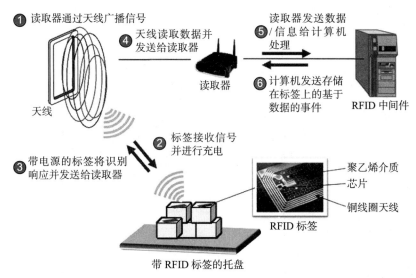

图 5.9　使用 RFID 读取器检索包装盒上的 RFID 标签存储的产品数据

5.2.1　本地与全球定位系统

定位技术用于识别位置和计算距离、角度、面积、跳跃数、邻近信息等。一般来说，与距离相关的信息都可以通过无线电信号强度或者传播时间来计算，角度信息可以通过天线阵列计算，面积、跳跃数和邻近信息可以通过节点周围存在的无线电波来确定。

局部定位技术 / 本地定位技术

可以通过手动设置的方式确定设备的位置，这当然不适用于大规模部署或者移动的系统。人们熟知的 GPS 则不适用于房间内或者地面下的环境，因为其硬件费用太贵了。本地定位系统依赖于高密度部署的基站，这对大多数资源受限的无线 ad hoc 网络来说，都是一笔不小的花销。

本地化解决方案有两个阶段：（1）依据部署的网络的地面实况测量地理信息；（2）按照测量的数据计算节点位置。地理信息包括各种各样的几何关系，粗略的可能是发现了一个邻近节点，精细的可能是两个节点间范围内的关系（例如移动距离或者移动角度）。依据物理测量结果，定位算法计算出从网络中的信标节点分布到网络范围的位置信息。通常，定位算法的设计取决于很多因素，包括可以得到的资源、精确的需求、部署限制等，没有哪个算法可以考虑到所有因素。

全球定位的卫星技术

全球定位依赖于部署在外太空的多个卫星才得以实现。每一个卫星持续地传送信息，传送的信息还包括传送时间和卫星的位置。GPS 接收器通过精确地计算卫星发送的信号来计算它的位置。接收器用这些接收到的信号来确定传输时间，用光速计算到每个卫星的距离。每个距离和卫星的位置确定了一个信号球。接收器的位置就在多个卫星的信号球的交叉点处。241

例 5.3　美国开发的全球定位系统

美国的 GPS 由三部分组成：（1）空间部分，卫星在外太空轨道运行；（2）用户部分，包括任何移动或者固定不动的物体，例如飞机、船或者在地面上移动的汽车；（3）控制部分，包括分布在全球的地面天线、主站和监测站。图 5.10 所示为上行线和下行线的数据类型。可以用计算出的信号传输时间来确定接收器的位置。许多 GPS 应用充分利用了这种便宜、计时准确性高的特点，包括时间比对、交通信号配时、与手机基站同步等。

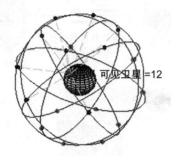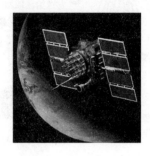

可见卫星 =12

图 5.10   美国全球定位系统（GPS）在轨道高度为 10180 千米的 6 个层次的环绕地球的轨道上部署了 24 颗卫星

一般情况下，需要四颗卫星来定位地球表面上的某个信号点。图 5.10 所示为在美国的 GPS 系统中部署的设备。美国的 GPS 是由在离地球表面 10180 千米高的轨道上运行的 24 颗卫星组成的，这些卫星被覆盖全球的地面站时时监视着。系统从 1975 年开始建设，当时是用于军事目的的，但是现在，在严格的限制下，系统开放给民用和商用，主要用于汽车跟踪和导航。

已部署的四个全球定位系统

表 5.4 总结了现有的四个全球定位系统。除了已开放给许多国家用于全球民用的美国的 GPS，俄罗斯开发了他们的专门用于军事目的的全球导航卫星系统（GLONASS），欧盟有伽利略定位系统。到 2015 年年底，中国发射了 20 颗卫星，预计到本世纪 20 年代时发射 31 颗卫星以形成一个完整系统。

表 5.4   美国、欧盟、俄罗斯和中国的四个全球定位系统

定位系统	GPS	GLONASS	Beidou	Galileo
国家	美国	俄罗斯	中国	欧盟
编码	CDMA	FDMA/CDMA	CDMA	CDMA
轨道高度	20180km	19130km	21150km	23220km
时间	11.97h	11.26h	12.63h	12.63h
卫星数	至少 24 个	31 个（24 个可运行）	5GEO，30MEO 卫星	22 个可运行

5.2.2   构建移动云的无线接入网

按照图 5.11 发表的预测，全球手机流量增加了 66 倍，而 2008 年到 2013 年的年复合增长率是 131%。另一方面，从通用移动通信业务（UMTS）到 LTE-A，峰值数据速率只增长了 55%。这两个速率间存在着巨大差距。为了减少这个差距，应该在今天的 LTE 技术之外开发新的基础设施技术。同时，移动通信运营商必须限制他们的建造和运营成本，以提高利润。这意味着移动通信运营商面临着满足用户需求的巨大压力。由于对更高移动速度的需求不断增长，新技术必须满足声音和数据容量方面的急剧增长，如图中曲线所示。

无线接入网（RAN）是今天移动蜂窝网络的基础。传统的 RAN 是 2G 到 4G 的移动核心网络，具有以下特征。

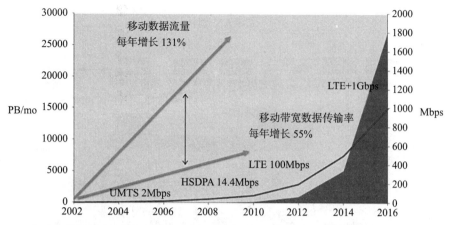

图 5.11 移动互联网流量的快速增长与网络带宽的有限增长（上部两条曲线在 Y 轴方向上的
变化），实际数据传输率（下部曲线）与期望的数据传输率（Y 轴方向的阴影曲线）不
匹配

- 许多基站（BS）部署有固定扇形天线。每个基站覆盖一小块区域，只处理在这个区域
内的手机信号。
- 服务容量受到干扰和切换损失的影响。
- 基站的修建需要很高的基础设施成本。

这些特性带来的是低频谱效率、空气中的传播损耗、有限的 QoS（服务质量）、高
CAPEX（资本支出）和 OPEX（运营支出）。为了解决这些问题，建议升级 C-RAN 替代
GSM、WCDMA/ TD- SCDMA 和 LTE，或者构建 5G 或未来的移动网络。 [244]

换句话说，现有的无线接入网太贵，不利于移动运营商在未来移动互联网世界中保持竞
争性。它们不能有效支持未来不同网络需要的精细化、中心化和干扰管理，无法满足为了创
新应用而需要将服务迁移到互联边缘网络的灵活性，也不具备从新服务产生新利润的能力。
移动运营商需要构建具有灵活性的无线网络。未来的无线接入网应该为无线客户提供低成
本、覆盖范围广和功率充足的移动带宽互联网访问。C-RAN 途径意味着减少成本（资本支
出和运营支出）、降低能耗、覆盖范围广、支持多标准并能平滑过渡。

目前的 3G/4G 移动核心网络使用了大量基站。这存在一系列问题，如物理尺寸太大、
数据传输率低、手机间交换信息时存在空气损耗，而且它们需要相当的能量来保持无间断运
行。C-RAN 是英特尔和中国移动针对这些问题提出的一个有效的解决方案。这个想法如图
5.12 所示。大量的传统基站中的天线塔被大量的小远端射频单元替换掉，这些远端射频单元 [245]
功率低（甚至太阳能就足够满足它们的工作需要），而且很容易分布在用户密集区。物理基
站中的控制和处理功能被替换为虚拟基站（VBS）池，虚拟基站封装在基于云交换中心的层
次结构中。

可以采用高速光传网络、光纤交换机和微波连接来平衡 RRU 和 VBS 间的流量负载平衡。
采用 C-RAN 的优势可以总结为四个方面：（1）集中式处理资源池可以高效支持 10 ~ 1000
台手机；（2）协同无线是指多手机联合调度和处理，可以解决空气传播损耗和切换问题；
（3）C-RAN 提供实时服务，这是通过寻找开放式 IT 平台、资源整合、灵活且多标准的操作
和迁移来实现的；（4）采用绿色能源和清洁移动电信只需要很低的能耗，运营成本低，而且
系统协同部署快。许多其他公司也构建了类似的 C-RAN 系统，如 CISCO 和韩国电信公司。

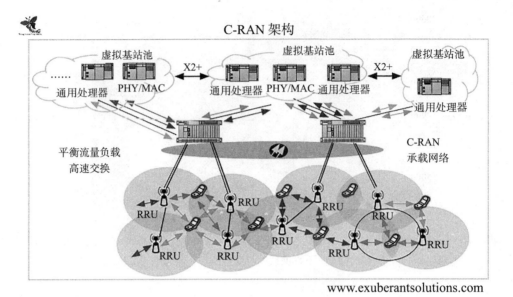

图 5.12   支持快速、移动、清洁、低能耗 5G 通信服务的基于云的无线接入网（C-RAN）架构
（来源：Chen and Ran, China Mobile Research Institute, 2011.）

5.2.3   物联网和云的互动框架与设备

基于数据分析获得的智能，通过感知层和分析层的交互可以获得感知能效，数据分析也有助于智能服务。在网络层，分析层实现的管理功能（例如，网络功能可视化和软件定义网络）有可能帮助运营商间达成服务层的一致，准确地监控和管理网络流量，最小化运营成本。下面，我们详细介绍四种部署物联网应用的无线框架。图 5.13 为它们的交互情况。

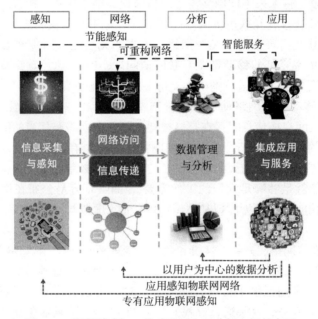

图 5.13   物联网感知、移动监测和云分析之间的交互

- 无线传感器网络（WSN）。WSN 由分布各地的具有自组织能力的传感器组成，这些传感器用于监控物理或者环境状态，互相协同将数据通过网络传递到主节点。WSN 强调通过各种传感器节点传递信息，这是物联网的基础概念。
- 机器到机器通信（M2M）。M2M 通常是指各种终端设备间有人参与或无人参与的数据通信，这些通信通过计算机、嵌入式处理器、智能传感器 / 执行设备、移动设备等进行。从理论上说，M2M 通信是基于三个观察结论：网络机器比独立的机器更有价值；多个机器交互时，可以实现更多的自主应用；机器设备与其他设备间任意时间、任意地点的智能通信可以实现智能的、无处不在的服务。
- 体域网（BAN）。体域网的概念如图 5.14 所示。这个传感器网络是用重量轻、体积小、超低功耗和智能监控可穿戴传感器等做成的智能衣物。这些设备监控着一个人的物理活动，例如健康状态和感情模式，这些将被传送给远程医生，以得到远程医疗应用的帮助。采用 BAN 的智能衣物是一个正在兴起的产业。
- 信息物理系统（CPS）。这是一个传感器网络、GPS 设备和计算机组成的系统，系统与人类或机器人交互形成一个控制环。

[246]

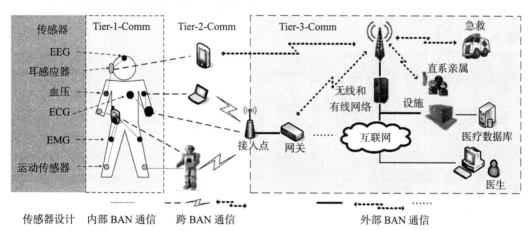

图 5.14 体域网可以用安装了智能传感器的可穿戴衣物构成（来源：M. Chen, et al. "Body Area Networks：A Survey，" *ACM/Springer Mobile Networks and Applications*（MONET）16 no. 2（2010）：171–193.）

在表 5.5 中，对于行标题列出的相关特性，我们用一到四个 X 来指出不同物联网框架对其需求的程度。某一列的 X 越多，说明对该列特性的需求越高。CPS 应用有可能从大量的无线网络和智能设备中受益，这将使得 CPS 应用能够提供基于周围物理世界知识的智能服务。我们观察到无线传感器网络是物联网非常基础的场景。有人可能想为 CPS 补充 M2M 模式来增强其应用，其实按照机器智能的观点，CPS 是从 M2M 演化而来的。 [247]

在实践中，部署认知服务依赖于不同因素，例如互联网提供的各种服务都会用到的位置信息，这是为了给用户提供位置感知定制服务。一旦移动设备（手机或平板电脑）成为大众日常生活必需的一部

表 5.5 四种物联网计算和通信框架的需求

框架	WSN	M2M	BAN	CPS
感知需求	XXXX	XX	XXX	XXX
网络需求	XX	XXXX	XX	XXXX
分析复杂性	XX	XX	XXX	XXXX
应用产业化	XXXX	XXX	XX	X
安全需求	X	XX	XXX	XXXX

分，利用设备内置的传感器（例如加速计、重力、陀螺仪、GPS、线性加速量、旋转矢量、方向、地磁场、邻近距离、光线、压力、湿度、温度）采集到的情境信息就可以提供情境感知服务。例如，内置传感器可以用来确定用户的活动、监控环境、关注健康和福利、确定地点等。

今天情境信息是通过使用移动设备的社交网络服务（例如脸书、聚友网、推特、微信等）来采集的。人们开发了各种情境感知应用，用来预测活动、推荐和个体辅助。例如，一个移动应用可能提供从移动手机检索到的位置信息，推荐在附近的用户可能喜欢的餐馆。再比如一个连接到互联网的冰箱，用户可以远程检查冰箱中的食物并决定是否在回家路上购买一些食物。

当用户离开办公室时，应用可以自动购物，然后引导用户到特定的超市，这样用户就可以拿到程序订购的食物。为了完成这个任务，应用必须综合使用位置信息、用户偏好、活动预测、用户日程表、对冰箱信息的检索（即得到购物清单），等等。按照上述例子，很显然，数据采集、处理、综合的复杂性随时间而增长，采集后用来决策的信息总量也急剧增长。

物联网情境

情境感知技术提供了评价物联网解决方案性能的方法。这个评价主要基于三个高层情境感知特性，即情境感知选择和表达、情境感知执行和情境感知标记。然而，我们也可以给出上述提到的三个特性的一些子特性，使评估体系更加详细、具体。表5.6中，我们给出了评估物联网解决方案的例子，这是一个关于智慧城市应用的例子。

表5.6   智慧城市应用中有代表性的物联网情境

物联网项目、创建者以及网站	主要内容	次要内容	呈现形式	用户交互	实时印刷	通知机制	学习能力	通知执行
废品管理，Evevo，(enevo.com)	废品填充水平	捡废品的有效途径	W	M	RT, A	N, R	ML, UD	E
室内定位，Estimote，(estimote.com)	蓝牙信号强度，Beacon ID	位置、距离	M	M	RT	N, R	UD	T, S, E
停车场管理，ParkSight (streetline.com)	声音级别、路面温度	免费停车场的路线	M, W	M	RT, A	N, R	ML, UD	T, S, E
街道照明，Tvilight，(tvilight.com)	光、仪表、天气、事件	能源使用、图案、灯等	W	M	RT, A	N, R	ML, UD	T, S, E
运动分析，Scene Tap，(scenetap.com)	GPS、影像	按位置分析	M, W, D	M	RT	N, A	ML	T, S
步行交通监控，(scanalyticsinc.com)	地面高度	热图跟踪运动	W	T, M	RT, A	N	ML, UD	S, E
人群分析，Livehoods，(livehoods.org)	广场签到云服务	社会动态、大城市	W	M	RT, A	—	ML	E

M：移动电话，W：Web服务，D：基于台式机，O：面向对象，T：触摸技术，S：IoT感知，G：手势，V：声音，RT：实时，N：通知公告，A：档案，ML：机器学习，UD：用户设备

在物联网时代，日常物体上附加了大量的传感器。这些物体提供了大量的传感器数据，这些数据需要采集、分析、融合和解释。单个传感器的感知数据提供的信息不足以理解完整的情境。所以，需要综合使用多个传感器采集到的数据。为了完成传感器数据的综合，需要把情境与感知数据融合在一起，然后再处理和理解。因此，情境标注在情境感知计算研究上至关重要。

5.3 社交媒体应用中的云计算

本节概述各种社交网络、移动设备和无线接入网络,有些是短距离的,有些是广域范围的,有数据通信的,也有数据迁移的。本节还会评价社交和移动云计算。大数据分析可以通过智能衣物、机器人和云建立自动医疗系统,提供了个性化医疗和规范分析、临床风险干预以及预测分析来减少浪费。系统可以自动计算病人数据的外部和内部报告,使用标准化的医疗术语,提供病人挂号和实时医疗方案。在教育领域也有一些应用,比如在人工智能和大数据应用上使用 Audacity 来训练学生。

社交媒体是我们在日常生活中获取大数据的一个主要来源。本节,我们评估社交媒体企业的数据分析技术,及其对我们生活所有方面的影响。然后,我们会研究社区中的社交网络和图分析。最后,介绍支持大数据分析应用的智慧云资源。在线社交网络由互联网上的个体或组织构成。这些个体或组织实体由于特定的兴趣或者特定的依赖关系相关、连接或联系在一起。

250

5.3.1 社交媒体大数据工业应用

下面我们回顾社交媒体领域典型的大数据应用需求。市场从微博和视频流获利,顾客服务倾向于使用论坛和移动系统,销售关注对产品/服务的评价,而人力资源部门选择充分利用商业网络。大多数组织使用企业社交网络。移动社交媒体用户充分利用所采集的大数据中位置密集和时间密集的特性。他们的目的是管理客户关系、促进销售和制定激励方案,如同下面比较的四个领域那样。表 5.7 总结了社交媒体企业职能的社会经济影响。这些影响因素从低、中等、高到很高。空白部分是指对这些企业功能上几乎没有影响。这些加权的影响因素在社交媒体信息分析或者商业决策制定方面非常有用。

- 市场营销研究。在移动社交媒体应用中,用户通常首先从离线消费者的移动中收集数据,然后再转移到在线公司。在线数据采集能够快速增长到一个很大的数量,这使得他们不得不在流模式中快速和连续地处理数据。市场营销的研究需求是使得所有相关各方或者公司能够明确得到准确的交易次数,以及交易或社交媒体访问中的评价。
- 社交媒体交流中的通信。移动社交媒体通信的形式为商家对顾客(B2C),这个模式中商家会基于它的位置建立与顾客的联系,提供对用户生成内容的评价。例如,麦当劳宣布从在它的某个餐厅消费过的顾客中随机地抽出 100 名用户,为这些用户提供 5 美元和 10 美元的礼品卡,这个举措促使其销售额增长了 33%,而且带来了许多博客帖子和来自推特消息的新闻源。

251

- 促销和折扣。过去顾客们不得不用纸质折扣券,移动社交媒体使得商家可以在特定时间针对特定用户群体策划一些促销活动。例如,当顾客登录 California-Cancun 服务时,Virgin America 就可以为乘客提供去墨西哥的机票买一赠一活动。公司可以开发顾客关系,也可以利用忠诚度计划来增强与顾客间的长期联系。例如,公司可以这样设计忠诚度项目,如果顾客在某个地点有规律性的消费,那么顾客可以获得折扣或者额外积分。
- 电子商务。像亚马逊和 Pinterest 这样的社交媒体应用已经开始影响电子商务或者网购的人气和可访问性的上涨。这样的电子商务事件可以是点对点关系的 B2B(商家到商家)、B2C(商家对消费者)、C2B(消费者对商家)或者 C2C(消费者对消费者)模式。

表 5.7　按照社会经济影响加权的社交媒体企业功能

企业功能	研究和发展	营销	客户服务	销售	人力资源	组织
博客	低	中等	低			
商业网络					很高	低
合作项目	很高					很高
企业网络	高				中等	
论坛	中等	低	很高		低	
微博		高				
照片分享		中等				
产品 / 服务评价	低	中等		很高		
社交书签		中等				
社交游戏		中等				
社交网络	低	很高	中等		低	低
视频分享		很高	低			
虚拟现实	低	高		低		

　　能够形成社交网络,可能是缘于各种各样的关系,比如个人间的朋友关系、亲属关系、工作圈、共同的兴趣、金融交易活动、社区或种群、宗教或政治信仰、知识或声望、名人的粉丝圈等。在社交网络中,节点代表个体,节点间的联系代表个体间的关系,比如朋友关系、亲属关系、同事关系等。在线社交网络服务反映了人们之间的社会关系。这些服务以人们之间的交流工具的形式体现出来。传统在线社区更多是面向群体的,而现在的社交网站则更多是面向个体而建立起来的。表 5.8 提供了排名靠前的 14 个社交网络,这个排名数据是依据 2016 年的活跃用户数量得到的,近年来,这个数字在不断上涨。

表 5.8　2016 年全球用户数排名靠前的社交网络

社交网络	活跃用户数(亿)	社交网络	活跃用户数(亿)
脸书	16.50	推特	3.20
WhatsApp	10.00	百度贴吧	3.00
QQ	8.53	Skype	3.00
微信	6.97	Viber	2.49
Qzone	6.40	新浪微博	2.22
Tumblr	5.55	Line	2.15
Instagram	4.00	Snapchat	2.00

　　显然,脸书和 WhatsApp 在吸引用户方面做得很成功。在中国,QQ 和微信如雨后春笋般快速发展,全国差不多有三分之二的人在使用。社交媒体是基于用户间的弱关系建立的。社交媒体允许任何可以访问互联网的人制造网络内容。这就让那些活跃用户有机会去激励那些不太积极的用户。但是国际调查数据显示在线媒体的观众大多数是不活跃的,媒体的内容只是少量用户制造的。下面的例子评价了近年来社交媒体企业的增减情况。

　　推特只是把一部分线下的关系搬到了网络上。所以,推特现在对用户的吸引力远不如脸书。另一方面,脸书并没有推特那么开放。脸书的一些特性使得人们更相信脸书而不是推特,例如脸书在保护隐私方面做得很好,人们更愿意选择一个比较封闭的系统。脸书提供的功能比推特要丰富一些。尽管推特拥有许多第三方应用,但对于新用户来说还是用起来不太方便。脸书增加了许多网站都有的共同特性。从现在的趋势看，如果一个人不喜欢体验第三方应用提供的共性功能，他可能就会选择脸书而不是使用推特了。社交媒体企业正开始放弃诸如报纸、杂志或者电视节目这样的平面媒体。相反，电子书、移动支付、Uber 打车、网购以及社交网络等正逐渐成为主流。他们的目的是能够在理想的地点、合适的时间吸引用户的访问，最终希望服务用户或者向用户传递一些符合他们预期的信息或内容。例如，电子报纸和电子书正在替代纸质报纸和书。瞄准用户的方法与过去曾经使用的获取数据的方法非常接近。这在明确了物联网和大数据的关系后显得更加明显了。各种各样的物联网感知技术已经改变了媒体企业、商业公司甚至政府部门的运作方式。这些都影响了经济的发展和竞争力。

例 5.4 **2012 年美国总统竞选预测与实际结果**

Nate Silver 是美国的一位统计学家和作家，他擅长分析橄榄球和竞选结果，现在是 ESPN 的总编，也是 ABC 的特约记者。2012 年，他成功地预测巴拉克·奥巴马将当选为美国总统。他将来自各方的数据用于他的预测模型分析，其想法是使用过去的数据预测未来。

Silver 抽取了过去 46 位总统竞选的有效统计数据，以及近几十年人口统计学的数据，采用蒙特卡洛模拟方法，基于概率分析投票数据，从而揭示了选举数据的关联。图 5.15 展示了在 2012 年竞选中 51 个州准确的预测数据，以及再次使奥巴马总统当选的实际选举团投票的 312 票结果，对那些摇摆州的预测也基本准确。

图 5.15 2012 年美国总统选举：预测有 312 票支持奥巴马，与实际结果完全一致（来源：Michael Cosentino (@Cosentino), Nov. 6, 2012, https://twitter.com/cosentino/status/266042007758200832）

社交媒体企业提供的计算机辅助工具，使得人们或公司能够创造、分享或交换各行各业的信息、职业兴趣、想法、照片和视频。社交媒体服务提供了日常活动中以下四个领域的服务。

- 社交媒体服务是 Web 2.0 网络服务的一部分。
- 用户生成的内容是社交媒体组织的生命线。
- 用户群体影响了社交媒体组织和网站的服务方向。
- 社交媒体促进了社会和商业活动中社交网络的发展。

社交媒体使得企业、组织、社区和个体间的沟通模式发生了根本性的改变。这些改变要求社交媒体企业从不同的信息源采集数据，并发送给不同的接收者。这与传统媒体只将一个信息源的数据传递给不同接收者是不同的。社交媒体技术带来了许多不同的形式，包括博客、商业网络、企业社交网络论坛、微博、照片分享、产品或服务评价、社交网络、视频分享和虚拟世界。

5.3.2 社交网络与应用编程接口

大多数社交网络提供诸如朋友联系、个人偏好、职业服务和娱乐等服务形式。通常，用户必须注册成为成员后才能访问网站。用户可以定制个人简介，添加其他用户作为好友，交换信息，发布状态更新和照片，分享视频，在其他用户更新个人简介时接收到通知，等等。而且，用户可以加入有共同兴趣的小组，这样的小组一般是按工作单位、学校或其他特征等组织起来的，他们的朋友会分成列表，例如"来自工作单位的好友""亲密好友"等。表 5.9 比较了一些非常受欢迎的社交网络，并简短地介绍了他们提供的服务。

表 5.9　广受欢迎的社交网络和 Web 服务简介

社交网络，成立年份，网站	注册的活跃用户	提供的主要服务
脸书，2004，www.facebook.com	16.50 亿用户，2016	内容分享、定制偏好、广告、事件、社交、通信、游戏等
腾讯 QQ，1999，www.tencent.com	8.53 亿用户，2016	即时通信服务、在线游戏、音乐、WebQQ、购物、写微博、电影、微信、QQ 播放器等
领英，2002，www.linkedin.com	3.64 亿用户，2015	专业服务、在线招聘、工作列表、群组服务、技能、出版、广告等
推特，2006，www.twitter.com	3.20 亿用户，2016	微博、新闻、警报、短信、排名、人口统计学调查、收入来源、照片分享等

脸书是目前为止最大的社交网络服务供应商，它拥有超过 16.5 亿的用户。第二大社交网络平台是中国的腾讯 QQ，它有超过 8 亿的用户，就像是中国的脸书，它还有一些扩展的服务，比如电子邮件账户、娱乐和一些网络商业运营。领英是一个面向企业的社交网络，提供的是职业服务。大企业大多数都使用领英来招聘和猎取人才。推特提供了最大的短信和博客服务。其他网站提供网购或为特定兴趣的群体提供服务。

脸书平台架构

2016 年，脸书在全球范围内有 16.5 亿的活跃用户，它以社交图的方式保有巨大的个人简介信息、标签信息和关系信息。大多数用户位于美国、巴西、印度和印度尼西亚。社交图被脸书上不同的社交群体分享。据报道，2014 年脸书网站吸引了超过 300 万的活跃广告商，带来了 125 亿的广告收入。脸书的平台建有大量的数据中心，具有很大的存储能力，以及智能的文件系统和搜索能力。网络必须解决用户的访问拥堵和冲突问题。

255

图 5.16 是脸书平台的基本架构。这个平台由一个巨大的服务器集群组成。服务请求可以是页面、网址以及从上部访问脸书服务器的网络。社交引擎是应用服务的核心。社交引擎处理 IS、安全、呈现和脸书一体化操作。网站提供了大量的应用编程接口，以方便用户使用超过 240 万个应用。脸书得到了许多大的应用，包括 Instagram、WhatsApp、Oculus VR 和 PrivateCore。

用户的请求可以是网页、网址和从上部进入脸书的网络。社交引擎执行所有用户的应用。Open DSL 技术支撑应用的执行。脸书提供了博客、聊天、礼品、超市、语音/视频电话等。社区引擎为用户提供网络服务。大多数脸书应用帮助用户达成他们的社交目标，比如改进通信沟通渠道、自我学习、找到同好者、享受社交游戏以及交换信息。脸书在个人应用和私人空间方面更有吸引力。

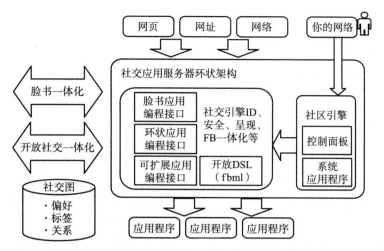

图 5.16　脸书云中社交应用服务器的环状架构（fbml 是脸书的标记语言）

例 5.5　脸书应用范围和服务功能

图 5.17 的饼图是脸书的社交应用服务范围。最大比例的应用是提升沟通效果，占脸书应用的 25% 以上。排在第二的是五个应用组：社交比较和选择、社交游戏、提升偏好和赠送礼物。这五个应用中的每一个都占据差不多 10% 的份额。排在后面的是两个各占 5% 的应用：媒体分享和告诉我关于我的事。紧随其后的是剩余 15% 的一些小应用，包括约会服务、游戏、电子宠物、命名、财富、社会公益、社区、音乐和事件等。

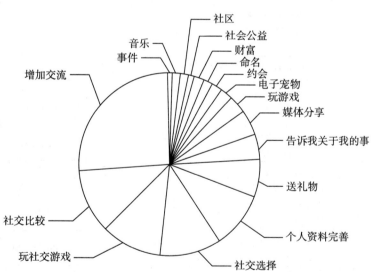

图 5.17　脸书平台提供超过 240 万个用户应用

上述脸书的应用可以按六个服务特征进行分类，如表 5.10 所示。所有的脸书账户持有者都希望建立个人或组织的资料页面。资料信息包括照片、个人信息、朋友圈、公告栏和活动日志。采用图遍历技术可以通过快速搜索引擎或者朋友链找到朋友。通信功能使得朋友间可以发送和接收信息、即时通信及发微博。分享的项目包括相簿、视频等。访问控制允许设置私人信息的访问权限，比如设置成仅在朋友、朋友的朋友间可见一些个人信息。最后，特定的应用编程接口实现了各种应用，如玩游戏、查日历、移动客户端等。大多数脸书应用中都有安全和隐私保护措施。

表 5.10　脸书平台的服务功能

功能	概述
个人主页	资料图片、个人信息、好友列表、用户活动日志、公开信息
图表遍历	通过用户好友列表访问其个人主页、访问控制
通信	收发短信、即时消息和微博
共享项目	相册内置的访问控制、个人主页的嵌入式外部视频
访问控制	级别：只有我、只有朋友、朋友的朋友、大家
特殊接口	游戏、日历、移动端等

社交媒体应用的应用编程接口

应用编程接口是访问计算机、网站或云平台的第一个软件工具。这些应用编程接口使得用户或者程序员可以开始使用系统。社交媒体的应用编程接口在社交网络、即时通信、约会服务、个人服务、位置服务、爱好、旅行、众包、写博客、聊天、短信和头像等方面都有应用。表 5.11 列举了用于社交媒体大数据应用的 9 个有代表性的应用编程接口。我们按照功能、协议、数据格式和安全应用等方面来介绍应用编程接口的特征。

表 5.11　社交媒体应用程序编程接口

API 名称	功能	协议应用	数据格式	安全
Facebook Graph API	Facebook 社交图处理、社区检测和查找朋友等	REST	JSON	OAuth
Google+ API	Google+ 是一个具有链接、状态和照片选项的社交媒体网站，T0 提供 Google+ 的访问权限	REST	JSON	API key, OAuth
Social Mention API	通过编程访问与 Social Mention 网站（RESTful API）进行交互	HTTP	PHP	API key
Delicious API	允许用户访问、编辑和搜索书签	REST	JSON, RSS	OAuth, HTTP/Basic
MySpace API	访问各种 MySpace 功能并将应用程序集成到 MySpace 中	Javascript	Unknown	OAuth
Meetup API	将 Meetup 创建的主题、组和事件用于用户自己的应用程序	REST	JSON, XML KML, RSS	PAith, API key
FindMeOn API v1.0	程序化访问 FindMeOn 的社交媒体搜索和管理功能	HTTP	JSON	API key
Fliptop API	根据电子邮件地址获取社交数据，或利用 Twitter / Facebook 处理来引出数据返回	REST	JSON, XML	API key
Cisco JTAPI	Cisco JTAPI（Cisco Java Telephony API）允许 Java 应用程序与电话资源交互	SOAP, HTTP	XML	SSL Support
YouTube Data API v3.0	执行 YouTube 网站上可用的操作	REST, HTTP	JSON	API key

5.3.3　社交图的特性与表示

社会科学中常使用社交网络来研究个体、群组、组织或者整个社会间的关系。这个术语用来描述由这些关系确定的社会结构。成员间的这种联系代表了不同社会关系的集合。研究社会交互的基本原则是：根据组群间或内部关系的属性来确定关联结构。由于广泛的社会结构中存在许多不同的关联，网络分析就变得非常有用了。社会科学中的这些研究与人类学、生物学、传播学、经济学、地理学、信息学、组织行为学、社会心理学、社会学以及社会语言学都有关联。 `258`

通常，社交网络是自组织的、自然出现的，并且结构复杂，系统的相关元素在局部建立起连接，这些局部连接又进一步形成全球范围内的连接。这种模式随着网络规模增长而变得更加透明。然而，对所有个体间关系的全球网络分析是不可行的，因为会受到道德伦理、参与者招募和经济因素等多方面的实际限制。

社交媒体的层次

在大型网络分析中可能忽视了局部系统的细微差别，因此，在研究网络属性时，信息质量就比网络规模显得更重要。所以，研究者的理论问题需要什么样的网络规模，社交网络的分析就将在对应的规模上进行。尽管分析的层次间没有必要做到互不相交，但网络还是可以被分成三个基本层次来分析：微观层次、中观层次和宏观层次。下面对比了这些社交网络的不同。

- 微型社交网络。在微观层次，社交网络研究以个体为主要研究对象，从个体的社会关系开始，逐步跟踪其相关的社会关系，像滚雪球似的逐步增大研究范围，或者是研究在特定社会背景下的一个小群组。微型社交网络由小的社会群体或社区构成。这个小群体的对等节点数平均不超过 100。同一个群体中的成员间联系紧密，可能会有许多边缘连接着。不同的社团之间很松散，仅有少许边缘连接着。

- 宏观社交网络。不同于跟踪个体间的联系，宏观社交网络通常从更大角度的交互中得到结果，例如经济或者其他资源。宏观社交网络也叫大规模网络，这些术语经常在社会科学或行为科学的研究中出现，通常与经济学课程、专业社团或政治组织的研究相关。

- 中观社交网络。中观社交理论研究的人口规模居于微观社交网络和宏观社交网络之间。然而，中观社交网络也指那些为揭示微观社交网络和宏观社交网络之间的关联而特别设计的网络。中观社交网络是低密度的，与微观社交网络反映的人与人之间的关系不同，中观社交网络的研究可能揭示出一些因果关系。宏观社交网络图可能会远远突破网络各个方向的最短边界。微观社交网络中是环形的网络群体，而中观社交网络则在小群体间有很多连接。一些微观网络通过一些中心节点连接在一起，就形成了中观社交网络。 `259`

社交图的特点

现代社会学研究中，社交网络分析是很关键的技术。社交网络分析的主要任务是对一个人的社交群体中存在的社交关系进行分类。用户面对着一个"小世界"社会，所有人都与各种泛泛之交间有着这样或那样的短连接。所有社交网络都不是人们所想象的那样混乱或随意构成，而是存在着一定的结构。社交关系通常被映射成有向图或无向图，或者叫作熟人图、简单社交关系图。

社交图中的节点代表用户或者角色，图中的边或连接代表节点间的关系或联系。这些图有可能很复杂，通常是一种层次结构，以便反映各个层次的关系。节点间会有很多种关系。社交网络可以反映小到家庭大到国家或全球范围的各个层面的关系。社交网络有优点也有缺点。许多自由社团欢迎社交网络。出于政治或宗教原因,一些国家不允许使用社交网络,避免滥用社交网络带来社会问题。

社交网络图的特性

社交网络在问题求解、运营组织、个人实现目标的程度方面起着关键作用。社交网络是所有角色节点间关系的一个简单映射。网络也可用于度量社会资本,即一个个体可以从社交网络获得的价值。这些概念在社交网络图中都可以反映出来。图 5.18 是一个简单的社交网络图。黑色的点代表节点(用户),边代表节点间的某种关系。下面列举出了社交图的一些有趣的属性。

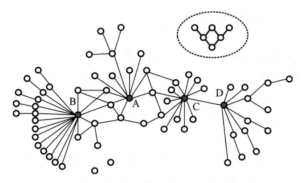

图 5.18 社交网络中账户持有人的图表示

- 节点度、可达度、路径长度、中介度。节点度是指与一个节点有直接连接的节点个数。可达度是指网络中任何一个节点可以达到的其他节点的数目。路径长度反映了网络中一对节点间的距离。平均路径长度是所有节点对之间距离的平均值。中介度揭示了网络中一个节点位于其他节点集合中心的程度,反映了一个人在网络中通过直接连接与其他人建立的间接连接的数量。

- 密切度和团聚度。这是对网络中某个体与其他所有个体(直接或间接)邻近程度的度量,反映了该个体通过网络成员获得信息的能力。密切度是网络中每个个体与其他每个人之间最短距离之和的倒数。团聚度是活动者彼此直接联系在一起的程度。如果网络中每个个体都与其他个体直接连接,则这个群体被定义成一个"小派系"。

- 中心性和中心化。中心性通过节点与网络的连接方式来定义节点的社交能力。图 5.18 中的节点 A、B 和 D 是中心性节点,但是它们有不同的节点度。

- 社交圈或丛。这是指一些有结构的群体。如果不是太强的直接联系,或者结构紧密的块较少,那么社交圈是否构建得松散或紧密,就取决于采用的联系强度规则。图 5.18 中圈内的节点形成一个"丛"。聚类系数是同时与某节点有连接的两个节点间有连接的可能性。

- 集中式与分散式网络。中心性是节点社交能力的一个粗略指示,是根据节点与网络互联的程度计算出来的。中介中心性、密切度和节点度都是中心性的度量指标。集中式网络中一个节点周围分散有一个或多个节点,而分散式网络中各个节点拥有的连接数量都差不多。

- 桥和捷径。如果删除图中的一条边,将会导致这条边的两个端点落入不同的丛或者图的不同子集,那么这条边就是一个桥。例如,图 5.18 中连接 C、D 的边就是一个桥。捷径的端节点是没有共同的邻节点的。只有在有环路的时候才有捷径。

- 信誉和径向度。在社交图中,信誉描述的是节点的中心性。度信誉、邻近信誉和状态信誉都是对节点信誉的测度。径向度是一个网络向外延伸提供新信息和影响的程度。
- 结构凝聚度、结构均衡和结构洞。如果从群体中删除一个成员会导致群体的连接性遭到破坏,那么,这种成员的最小个数就是结构凝聚度。结构均衡是指没有连接关系的不同节点与其他节点连接情况的相似程度。如果增加一个或多个连接就可以使某节点到达其他节点,那么称这种情况是填充了一个结构洞。这种操作可能为你带来社会资本:当你为两个没有关联的人建立起联系后,你就可以控制他们的通信。

5.3.4 智慧云的社交图分析

在线社交网络提供的服务包括身份认证、会话、分享、远程监控、关系、隶属关系等,是通过互联网访问和 Web 服务的形式来提供的。早期的在线社交网络服务包括找工作、约会、公告栏等。传统的在线社区是根据不同的兴趣和领域而组织成的不同群体,而现代社交网络网站通常是面向个体的,或者遵从点对点交互。下面列出的是在线社交网络服务的一些基本特点:

- 每个用户的个人主页或简介通过社交联系链接在一起。
- 特定的社交连接或者社交网络中有社交图遍历。
- 参与者或者注册用户间有通信工具。
- 朋友间或者专业团体间分享特定信息,如音乐、照片、视频等。
- 在有特定商机的领域内建立社区,例如医疗、运动、爱好等领域。
- 为社交网络服务定制特定的软件工具或数据库。
- 牢固的顾客忠诚度促进成员关系快速增长。
- 社交网络通过出售会员资格和访问优质内容的权限来盈利。

现在来看研发实验室里一个有 400 多个网络节点的电子邮件系统,只考虑网络内部的邮件往来。用边表示那些互相发送邮件的人。如果是完全连接的话,边的条数可以达到 200000 条。在南加州大学,像这样的邮件交换网络可能有 40000 个节点,这样得到的连接图中有 150 万条邮件交换边。如果也考虑外部的邮件往来,电子邮件网络将膨胀到全球范围内的 1000 万个节点。所以,社交网络可以动态地快速膨胀,涉及数十亿或成百上千万的用户。

为了保有对用户的吸引力,可以考虑定制在线社交网络(OSN)。社交网络供应商应该为自己的应用编程接口起一个品牌名,并提供一些个性化描述属性。至于选择哪些类别的应用编程接口、设置哪些个性化描述属性,应考虑符合足够大的用户社区的需要。在线社交网络平台应该包括特定的功能,使得用户很容易加入并享受到服务。而且,服务供应商应该建立网络营销的概念,以吸引成员加入,同时也方便他们自由地退出。这就需要精心设计的软件和虚拟化的数据中心,或者处理和存储用的云平台。

社交网络社区必须可靠、可用、性能好。在线社交网络实质上提供的是一个点对点平台。但是,现代主流社交网络化服务都是客户 – 服务器架构,便于管理和维护。这意味着所有的博客条目、照片、视频和社交网络关系都是用服务供应商的私有云存储和管理的。有着成千上万用户的大型社交网络网站必须维护大规模的数据中心。为了更好地服务客户,许多数据中心通过虚拟化技术,在所有层级上都提供标准化的、个性化的云服务。下面将讨论在线社交网络应该具备的能力。

- 过滤技术和推荐系统。公众需要借助推荐系统来帮助自己获得电影、旅游攻略或者餐饮服务，从而使我们的日常活动能够更合理、更方便、更舒适。通过用户评价排名等方式可以实现社交或协同过滤掉一些不需要的信息。根据产品特性和用户评价排名来推荐项目时，可以采用基于内容的过滤方法。基于人口统计学的过滤可以根据用户的人口统计学信息来帮助决策。基于知识的过滤则是利用专家或同行评议的方式做决策。混合过滤是综合上述各种过滤技术的优点来做出可能更聪明的决策。
- 通过数据分析推动云/网络安全建设。用大数据推动网络安全建设是现在的研究热点之一。网络安全、企业事件分析和网络流程序监控等都需要利用大数据分析技术来帮助确定僵尸网络、发现持久威胁、数据分享、发现源头等，这些都是利用信誉系统进行可信管理必需的治理技术。
- 社交网络应用的云支持。在信息物理系统（CPS）中，分析算法适用于系统配置、物理性知识发现和确定工作原理。为了集成、管理和分析机器，就需要在机器生命周期的不同阶段更有效地处理数据。使用云存储和数据分析系统，可以在人机间建立很好的协作机制。这涉及感知技术、存储技术、同步技术、综合技术和服务运营等。
- 普遍使用的充满智慧的物联网服务。个体、家庭、社区、公司和政府方面都需要大量的无处不在的智慧云服务，包括协同日历、日程安排、工作管理、事件和顾客记录管理（CRM）等服务。其他的应用领域还有协同文字处理、在线报告、基于Web的桌面、在线文件共享、数据集、照片、视频、数据库和内容分享等。云环境中也非常需要部署传统集群、网格、点对点和社交网络应用。切合实际的应用可能需要一定的灵活性和并行处理，以避免大量数据移动，减少存储花销。

5.4 多云混搭架构与服务

混搭云是由多种服务构成的，涉及数据集分享和功能集成。例如，亚马逊Web服务（AWS）提供的EC2、脸书提供的认证和授权服务、谷歌提供的MapReduce服务，这些都可以被集成以用于推荐实时的、个性化的驾驶路线。为了发现高质量的服务，并将其组装成更高质量的服务，我们提出了构建混搭云应用的集成化Skyline查询处理方法。

多云混搭一般呈现为一个网页或网络应用链。多个云使用来自多个源的内容构建单个新服务，这个新服务在一个图形界面中呈现出来。例如，一个用户可以将他们分支机构的地址、照片与谷歌地图合并在一起做出一个地图混搭应用。"混搭"暗示了集成的方便行和快捷性，在开放的应用编程接口使用中经常出现这样的混搭应用。混搭应用的主要特征是组合、虚拟化和集成。无论是个人还是专业应用，都希望让现有数据发挥更大作用。如果想长期访问其他服务的数据，则通常使用客户端应用程序或在线托管这样的混搭应用。混搭应用在社交网络和Web 2.0的演化中也扮演着重要作用。混搭应用的工具对终端用户来说都是简单易用的。

开放混搭应用联盟（OMA）是一个非盈利性共同体，他们提出通过利用企业混搭标记语言（EMML）的企业混搭应用标准，在企业间构建混搭应用方案。接下来的五年里，企业混搭应用将比现在增加十倍。开放混搭应用联盟的初始成员包括Adobe集团、惠普、英特尔和一些技术用户，如美国银行和凯捷管理顾问公司。开放混搭应用联盟建立了一个开放的、充满活力的市场，提供了竞争性运营、服务混搭应用和一系列重要的售后服务。

5.4.1　混搭云的敏捷性与可扩展性

公共云和私有云都充分利用了混搭云计算的好处。混搭云的产生，是受到多个云分享数据集以及在托管云中分担工作负载的启示。Hybrid Hive 是由富士通和一些其他伙伴赞助的新闻网站，Hybrid Hive 最近对 1000 个信息技术经理的调查显示，混搭云应用正变得越来越平常。超过 40% 的调查对象声称他们已经建立了混搭 IT 应用环境，还有 51% 的被调查者对其持开放态度。许多公司将三分之一的 IT 总预算用于各种各样的云。80% 的 IT 公司经理对未来的混搭云环境充满信心。

美国国家标准与技术研究院（NIST）给出了混搭云的定义："混搭云是两个或多个不同的云基础设施（私有的、社区的或者公共的）的组合，这些设施各有其独特实体，但通过标准或者特定技术绑定在一起，使得数据和应用易于使用（例如，在云之间为了负载平衡而进行云爆发）。"互联云混搭服务的目的就在于此。理想的混搭云将使得内部或外部的计算资源看起来是一个云系统。数据私有和安全考虑是应用混搭云或接受混搭云服务的主要障碍。

在网络应用链的开发中，网络或者混搭云将来自一个或多个源的数据、演示和功能组合在一起，创建一个新服务链。混搭应用的特点是组合、虚拟化和集成。在云计算中，云从虚拟机资源池的动态资源分配中捕获计算需求。在亚马逊的 EC2 和 S3 服务中，资源池可以被并行和分布式计算使用。另一方面，谷歌的应用程序引擎主要是由基于 Web 的服务驱动的，可以在诸多应用间提供文件存储、电子邮件设施和消息发送。

亚马逊的 Web 服务和谷歌的应用程序引擎云是不同的，它们的功能不同，但是可以互相取长补短。这启发人们去组合不同云从而构建出一个动态的互联云或云中云的想法。事实上，云混搭应用提供了一个性价比更好的新方案，企业不用再为建设自己的数据中心或者私有云而在软硬件上投入。云混搭必须设计成支持更流行的模式，比如亚马逊 Web 服务上的 MapReduce，并通过易操作的 Web 界面接入到谷歌的应用程序引擎以便控制这些应用。

混搭云的设想

今天，任何商业王国都需要在最初几年里保持低运营成本，以便能快速收回投资并赢利。所以，公司保持低的初始运营成本就很关键了。假设有一个刚起步的社交网络门户公司，它需要许多数据存储空间和服务器，以及相应的冷却系统和基础设施构建，比如存放设备的物理建筑物和发电厂。对公司初创时期的大投资而言，这可能还只是一个有节制的投资方案。

人们可以使用按次数计费的方式从亚马逊的 Web 服务和谷歌的应用程序引擎这样的公共云得到快速的商业服务。这不仅确保推向市场时的花费得以减少，而且提高了将新想法付诸商业现实的速度。混搭应用扩展了商业环境。今天的混搭应用是典型的数据流系统，而且具有 JavaScript 或者 PHP 实现的交互接口。例如，2010 年的报道称可编程网络站点拥有超过 2000 个应用编程接口和 5000 个混搭应用。

大多数企业需要有专业人员帮助确定哪些技术资源是企业必需的，他们仍然不愿意将构建满足实际业务需求的企业组织架构的工作委托给云供应商。企业内部计算和外部云资源服务间的博弈仍然存在着，然而，人们已经开始趋向于利用外部资源了。IT 公司不想再作为低效率的集中服务供应商。相反，IT 企业通过不同的业务线直接合作已经成为一种趋势。下面的例子反映了提供混搭服务的一些做法。

265

例 5.6　基于亚马逊 Web 服务和谷歌应用程序引擎云平台的混搭服务

图 5.19 所示为基于亚马逊 Web 服务和谷歌应用程序引擎云平台的混搭服务。其中最本质的是从应用程序引擎得到用户的输入文件，然后使用亚马逊的 Web 服务进行分布计算。为了提升混搭应用的效率，采用 EC2 的资源来测试在混搭平台上的分布计算性能。图 5.19 是亚马逊 Web 服务和谷歌应用程序引擎云平台混搭服务的实验结果。这项混搭服务的关键是将两个平台连接在一起。

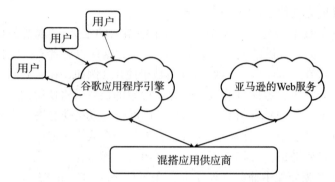

图 5.19　基于亚马逊云平台和谷歌应用程序的混搭服务

这个混搭应用充分利用了谷歌的网络灵活性和亚马逊 Web 服务 EC2 的可扩展性，帮助用户在应用程序引擎上编写灵活的软件，将用户的输入放在亚马逊 Web 服务上执行并行计算，也可以在用户拥有的集群上执行分布式计算。由于用户的请求，EC2 的规模增大了，亚马逊的 Web 服务用起来不像可扩展的网络接口那样方便。用户也需要搭建名字服务器，以便终端服务器不直接暴露在网络上。另一方面，谷歌在这方面的性价比更好。

典型的商家（比如 eBay）需要一定的计算能力，以便能计算出提升顾客购买力的方案。这超出了像谷歌应用程序引擎这样基于 Web 的架构的能力范围。于是，商家需要从亚马逊的 AWS 得到更大的计算"能力"。混搭应用模式允许用户在一台虚拟机上执行许多计算。考虑某个商家，它需要使用 Windows 系统的 Excel 表格，但是处理程序却是运行在 UNIX 系统上的。这种情况下，不具备执行程序功能的谷歌应用程序引擎就派不上用场了。事实上，任何需要运行程序的应用都不能使用谷歌模式的服务。这时，亚马逊的 AWS 因为能执行代码就成为人们的首选了。

混搭云的优势

一个初创的商家提供的云应用，可能包括大容量的存储，而且网页要求随时可访问。公司应该考虑请云供应商提供规模（基于负载比例）可扩展的动态服务机制，这将有助于解决公司初创期经常遇到的需求突然增长的问题。当然，能够快速、自动地调整规模压力，可以使企业保持低成本运营。一个商业计算平台不仅需要提供可扩展的服务，还需要具备从竞争中生存下来的灵活性。混搭应用可以组合几个平台或者应用编程接口，提供较广范围的服务，这样可以为用户提供更多的灵活性。下面来介绍这两个特性。

- EC2 上虚拟集群的可扩展性。可以在两个维度上调节并行计算时 MapReduce 操作的实现规模，这就是问题规模和虚拟集群规模。在集群规模方面，南加州大学在 EC2 的基础设施上实验了从 1 个虚拟节点到 40 个虚拟节点的集群上的 MapReduce 操作。可以看出，EC2 的可扩展性是做得很好的。

- 使用应用程序引擎接口的灵活性。亚马逊的 Web 服务和谷歌的应用程序引擎的混搭应用平台，主要是使用谷歌的网络接口和亚马逊 EC2 的计算能力。我们用谷歌的应用程序引擎创建页面，这个页面能够把文档加载到应用程序引擎。然后把用户上传的文档放到 EC2 上运行 MapReduce 操作。最后，混搭应用服务把计算结果送回到谷歌的用户那里。

从混搭云得到的教训

在创建可扩展的、灵活的混搭云时，大多数现有主流云平台都向企业家和公司做出了很多重要承诺。由于没有与任何单一的平台绑定，或者不需要某种特定的实现方案，混搭云应用让人们看到其应用优势，混搭云应用开发的主要工作是让企业清楚自己需要做什么，从而使自己更具可扩展性，以及当用户数和数据量增加时，企业如何更灵活地应对。

不同的云企业间需要建立服务等级协议（SLA），这样可以实现无缝连接。混搭云供应商必须手工提供功能。云供应商间几乎没什么关于安全的协议，这使得混搭云无法在几百个用户以上的更大规模的应用中发挥作用。然而，没有安全协议约束也正是其灵活性得以体现的原因，使得方案可以很容易跨平台使用。

构建私有云平台可以更容易保证混搭云的可扩展性和灵活性，特别是用户数量或者数据集增长很快的时候。通过开发模块化的数据中心，可以降低通过地理上分布在各地的云供应商更新数据的成本。为了确保混搭云的优势，还需要建立广泛适用的测试基准。MapReduce 操作的结果反映了这种方法的可行性。用于其他不同模式的综合，如 Dryad 和 Pig Latin，由于计算架构和所用语言的不同，可以产生相反的效果。

5.4.2　混搭云服务架构

下面列出的是三种网络或混搭云，分别是商家混搭云、消费者混搭云和数据混搭云。

- 商家（或企业）混搭云，是指企业将它们自己的资源、应用和数据与外部的 Web 服务组合使用。它们关注的是数据以单一表现形式呈现出来，在商家和开发者之间留出合作空间。对于敏捷开发的项目，这种模式正合适，因为敏捷开发要求开发者和用户之间密切合作以实现商业需求。商家混搭应用的结果是安全的、可见的富 Web 应用，这些应用整合了企业内部和外部的各种可操作的信息源。
- 消费者混搭云是将多个公共源的数据集中在浏览器端，并将这些信息组织成一个简单的浏览器用户界面（例如，可视化的维基百科就是将谷歌地图和维基百科应用编程接口组合在一起得到的）[5]。
- 与消费者混搭云不同，数据混搭云是将来自不同源的相似类型的媒体和信息组成一种表现形式。对这些资源的组合创建了一个新的、原来任何一个的源都没有提供过的 Web 服务。

混搭云应用启动程序是一种服务或者工具，它的作用是实现云的混搭应用。混搭云应用工具使得一些不兼容的 IT 资源被整合成一种可以混搭应用的形式。混搭云应用启动程序可以将有效的技术和工具用于整合数据和服务，从而使得这些数据和服务适用于新的源应用。例如，有一个工具能从电子表格中创建 RSS 源。许多混搭编辑器包括混搭应用启动程序，例如 Presto 的混搭连接器、Convertigo 的 Web 集成器或者 Caspio 的桥。

随着 Web2.0、面向服务的架构、大数据管理的出现，混搭云的发展越来越快。云际服务中混搭使用大规模云数据集。个性化的网络 / 云服务对混搭应用的需求也在不断增长。许多公共或商业云供应商间也在为满足各种混搭服务而竞争着。现实中主要的困难是各种可能性的组合情形太多了。结果是，从各种服务中选择最佳的组合服务是一个 NP 难问题，仅仅只能产生一些次优组合方案。

　　混搭云应用是由网络、云、大数据服务混搭而成的，即从一个以上的源或者供应商处收集数据集和服务并构建混搭云应用。这样做的目的是通过其他互联网应用或 Web 服务来扩展现有云计算，从而提供更快捷和更具扩展性的应用。混搭应用的设计目标是将不同的云服务与社交网络和移动平台提供的各种相关 Web 服务组合起来，以提供集成化的服务。例如，可以组合亚马逊的 Web 服务、Dropbox、推特和脸书的服务，形成一个混搭应用工作流。选择指定的应用编程接口，加上想得到的服务所需要的数据类型，就可以构建混搭云应用了。

例 5.7　医疗应用中的多个云服务混搭

　　假定医疗服务处理的每个任务是部署在独立的云上的。构成集成医疗服务的五个云服务形成一个有向非循环图（DAG），如图 5.20 所示。工作流的输出是根据患者需要而确定的一个完整治疗过程。每个任务都来自一个或多个基于网络/云服务的平台。每个候选服务都是从云功能服务集中挑选出来的。

　　例如，有些医疗服务部署在响应迅速的云上，诊断结果令人满意，但是费用高。考虑到等待的总时间和五个服务需要的费用，有相同症状的患者会选择这五个医疗服务的组合服务。在现实应用中，困难在于可用的云服务太多了。甚至更糟的是，一项药物检查可能涉及的服务远远不止五个。如果多个患者选择同一个云供应商的同一个服务，那等待的时间将会更长，等待时间和费用也会因此而变得不可预知。所以，应该开发一个有效

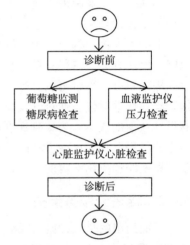

图 5.20　为解决门诊病人医疗问题的
五个云服务混搭工作流

的方法来帮助用户选择一个能保证服务质量的云服务的组合工作流。

混搭架构规格说明

　　从架构上看，有两种风格的混搭应用：基于 Web 的和基于服务器的。基于 Web 的混搭使用用户的 Web 浏览器来组合和重新呈现数据。基于服务器的混搭是在远程服务器上分析和重新呈现数据，然后将数据按照其最终形式传送到用户的浏览器上。在这两种情况下，混搭的架构都可以分成三层。

- 表示层：这是混搭应用的用户界面。使用的技术包括 HTML/XHTML、CSS、Java-Script、Asynchronous JavaScript 和 XML（Ajax）。
- Web 服务层：产品的功能是通过应用编程接口来访问的。主流工具有 XMLHttp-Request、XML-RPC、JSON-RPC、SOAP 和 REST。
- 数据层：这一层处理数据，比如发送、存储、接收。用到的工具有 XML、JSON 和 KML。

　　混搭应用看起来只是形式上发生了变化，好像软件工程里的一种设计模式那样，类似于为一大堆代码提供了一个简单界面。混搭应用可以和软件即服务（SaaS）一起使用。主流商家已经开始接受面向服务的架构（SoA），将分散的数据组合成分散的 Web 服务。这些 Web

服务提供开放的、标准化的协议，使得可以用统一的方式访问各类平台的信息。这些 Web 服务可以被重用，为组织或在组织间提供全新的服务和应用，使得业务具有灵活性。

云际应用中组合 Web 服务的质量可以通过快速、优化的 Skyline 查询予以提升。图 5.21 展示的就是这个思路，具体分成三部分：Skyline 选择、相似度测试和服务组合。选择 Skyline 时采用的方法是，先对数据空间划分，再进行块消除得到结果。Skyline 可以产生大量的候选服务。为了在每个 Skyline 子空间中找到最好的选择，可以放宽 Skyline 约束，即只考虑每个子集中的那个代表性服务，目的是促使得到后续那些有服务质量保证的服务组合。

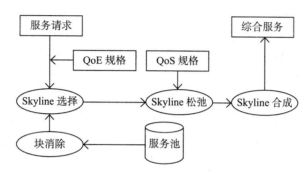

图 5.21　用于云际混搭服务的 Skyline 开发和组成过程，由 QoS 和 QoE 实行相似度测试

这三个服务组件形成了一个混搭云服务。为了减少组合时间，在不同的 Skyline 范围内可以对兼容的 Skyline 执行相似度测试。相似度测试的目的是减少代表性 Skyline 的冗余。最后，将服务组合为一个集成包提供给用户。服务质量和用户体验质量（QoE）详细描述了对混搭服务的性能需求。

混搭服务的质量（QoMS）

混搭服务的质量是对组合云服务不同性能的直接评价。比如"在线医疗规划助手"，它会综合考虑每一个任务的等待时间、服务时间、费用、信誉、可靠性和可用性。由于响应时间反映了用户访问服务时的通信流量，对服务质量有重大影响，所以响应时间是混搭服务质量的一个主要影响因素。组合服务的持续时间既不是最优的，也不是实际的持续时间。组合服务的前三个属性，即等待时间、服务时间和费用，取决于每个子任务的单独运行情况以及这些子任务间的合作情况；而后三个属性，即信誉、可靠性和可用性，则是由每个子任务的属性决定的。

用户体验质量（QoE）

顾客对组合服务的满意度如何，是评估用户体验质量的关键因素。例如，由规划助手提供的整个医疗计划是一个组合服务方案，其质量取决于这个方案中的每个任务 t_i，即取决于每个医疗治疗应用和每个云服务供应商的服务质量等。人们可能会质疑"信誉"是如何体现用户满意度的，但它确实是影响服务质量的主要因素。

建议采用 Skyline 算子和 MapReduce 模式支持云际混搭服务的选择和组合。以前的研究集成上述两种强大的工具来加速服务组合过程，服务的质量很高。这样做，目标是升级混搭云服务，提升对大数据分析的利用。当在多种属性间做决策以选择有质量的 Web 服务时，Skyline 方法特别有吸引力。可以通过更快的 MapReduce 和 Skyline 查询处理来提升混搭云中组合 Web 服务的质量。

271

有一个问题是，一些组合服务提供的"解决方案"不太容易被评估。我们出于三个原因采用"用户体验质量"。第一，越来越多的实际应用的质量与解决方案相关。第二，和以前相比，更多的排名或者顾客评价可用。第三，可以有更多的交互，在组合过程中，顾客可以对组合服务的不同部分给予评价。用户体验质量被定义成对一个服务方案满意度的百分比。每个方案都会有一个分数来反映用户对其质量的评价。这种用分数反映方案质量的方法可以分成两类：基于满意度的和基于偏好的。基于满意度的方法根据顾客的投票和评价米打分。基于偏好的方法用比较具体事例的方法来动态地估算顾客的满意度。

5.4.3 混搭云服务的 Skyline 发现

给定一个集合 Q 表示服务质量空间的 d 维数据点，每个维度表示一个性能属性，给定了排好序的数值。假定数值较低的点好于数值较高的点。如果 P_i 在任何维度都不低于 P_j，那么数据点 P_j 被 P_i 超过。而且 P_i 至少在一个维度上要超过 P_j。所有没有被其他数据点超过的数据点组成的子集就叫作 Skyline（天际线）。例如，让我们选择两个二维点（10，20）和（20，10）。因为这两个点彼此没有超过，这两个点就是 Skyline 的一部分。在 d 维空间，一个 Skyline 是那些最接近合作空间的起源的点构成的一个表面。从直觉看，所有在 Skyline 上的点比那些不在 Skyline 上的点更值得期待。Skyline 查询会在所有维度中选择最好的或最感兴趣的点。

在大规模的 Skyline 查询处理中，有许多应用 MapReduce 的可扩展性来提升计算效率的方法。我们的方法是基于一个新颖的块消除方法。而且，我们提出了一个略微不同的 MapReduce 方法，就是在 Map 和 Reduce 之间增加一个处理过程的方法。图 5.22 给出了这个想法的三个步骤。

1. Map 过程：主服务器按照服务质量要求将服务数据点划分成多个数据块（例如 UDDI）。数据块被调度给从服务器做并行处理。

2. 局部 Skyline 计算：这个处理中，每个从服务器从服务数据点生成局部 Skyline 放到自己的子数据块中。

3. Reduce 过程：在这个步骤中，所有的从服务器产生的局部 Skyline 被归并成一个全局的 Skyline，用于所有被评价的服务。

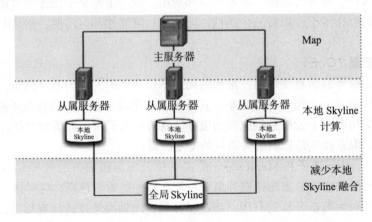

图 5.22   用于选择 Skyline 服务优化 QoS 的 MapReduce 模型

被选出的 Skyline 服务的质量取决于局部 Skyline 计算的效率和集成过程的性能。这样，MapReduce 的 Skyline 处理的效率和服务质量主要取决于如何利用分布并行计算加速 Map 过程。映射的效率取决于数据空间的划分。当动态地放弃旧服务、增加新服务时，服务数据点被划分成一些区块，目的是实现负载平衡，以适应本地存储器和避免重复计算。在做 Reduce 之前，我们在第 2 步中引进一个中间步骤（局部 Skyline 计算）。原因在于，如果候选服务比较大，计算 Skyline 服务是非常昂贵的。通过引入这个中间步骤，仅仅局部 Skyline 服务被传送到第 3 步的 Reduce 处理，这大大减少了在 Reduce 阶段要处理的服务的数量。

Skyline 有助于加速 Skyline 查询的处理过程。我们需要比较两个并行的服务。有了 Skyline，新服务首先被映射成一组，加入到局部 Skyline 计算中。然后所有的局部 Skyline 在 Reduce 阶段集成为一个全局 Skyline。

考虑混搭服务质量空间 Q 中的两个服务数据点 s_1 和 s_2。如果服务 s_1 比 s_2 更好或者与 s_2 相等，则称 s_1 超过 s_2。此外，s_1 必须至少在一个属性维度上比 s_2 好。如果所有在 Skyline 上的服务点都比所有属性维度中其他服务好或与之相等，则服务的子集 S 形成空间 Q 的 Skyline。换句话说，所有 Skyline 服务都不被空间 Q 中任何其他服务所超过。我们评估三种 Skyline 方法，分别是 MR-grid 法、MR-angular 法和 MR-block 法，MR 代表的是在所有数字标签和文本上的 Skyline 方法。按照图 5.23 中的三种数据划分模式确定了三种 Skyline 算法。X 轴和 Y 轴反映的是取较低数值的两个属性维度。

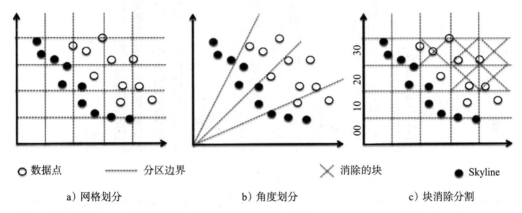

○ 数据点 ------- 分区边界 ✕ 消除的块 ● Skyline

　　a) 网格划分　　　　　　　　b) 角度划分　　　　　　　　c) 块消除分割

图 5.23　用于 Skyline 查询处理的三种数据划分方法（来源：Zhang, Hwang, "Skyline Discovery and Composition of Inter- Cloud Mashup Ser vices," *IEEE Transactions in Service Computing* (April 2016).）

MR-grid 算法有两个阶段：（1）划分任务，这一步将数据空间分成一些互不相交的子空间，为每个子空间计算局部 Skyline；（2）归并任务，这一步将所有局部 Skyline 归并得到全局 Skyline。在 MR-grid 算法中，划分的数目被设置成节点数的两倍。MR-grid 方法中，所有维度的服务质量参数值都用于划分。例如，我们按照每个服务的响应时间将二维数据空间分成 16 个块（如图 5.23）。这个方法很容易实现，但是存在许多冗余计算，需要平衡 Reduce 过程中的工作负载。

在 MR-block 方法中，在上部的数据集是被超过的。所以，我们不需要计算块中被其他块超过的块中的局部 Skyline。数据空间中任何两个扇形区域之间是没有超过关系的。

274

5.4.4   混搭云服务的动态组成

整个服务空间首先被换分成 N 个不相交的部分。一个划分里的点被送到一个 Map 任务，每个 Map 任务可处理一个或多个划分。Map 任务输出划分的个数作为关键字，这种特定划分的局部 Skyline 列表作为关键字的值。在 Reduce 阶段，所有的局部 Skyline 通过 Reduce 任务被处理成一个全局 Skyline。我们强调 Skyline 选择的服务的组合，目的是在给定的资源集和费用限制下达到最优化的混搭服务质量。与网格划分算法比，块消除算法的性能得到了提升。

下面，我们给出三个 Skyline 方法的性能结果，这三个算法是在混搭云服务质量得到保证的情况下用于组合 Skyline 选择得到的 Web 服务。我们的实验运行了模拟数据集、真实的 Web 服务质量（QWS）数据集 – 模拟数据集，包括三种情形：随机，不相关数据，相关数据。QWS 数据包括 9 个服务质量属性的度量，有来自 10000 个以上的真实 Web 服务的数据。主要的 Web 服务都是从公共源得到的，例如 UDDI、搜索引擎和服务门户。所有的实验通过使用亚马逊 EC2 上的各种小实例予以执行。图 5.24 比较了这三种方法的相关性能。

[275]

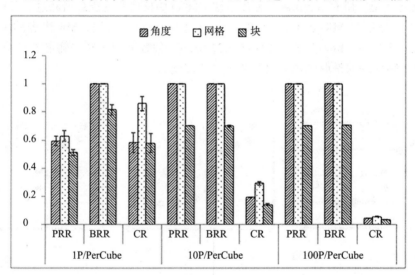

图 5.24　用于混搭云性能的三种 Skyline 方法的相关性能（来源：Zhang, Hwang, et al. "Skyline Discovery and Composition of Inter- Cloud Mashup Ser vices." *IEEE Transactions in Service Computing*（April 2016）.)

尽管混搭云应用涉及的云站点数量不断增长，但混搭方法仍然适用。更快的 Skyline 选择、减少的组合时间、数据集的分享以及资源集成等，确保了多个云上的服务质量。我们用 QWS 基准在六个服务质量维度上实验了超过 10000 个 Web 服务。通过块消除、数据空间划分和相似服务裁剪，Skyline 处理时间与两个最先进的算法相比缩短了三分之一。

Skyline 搜索过程包括两步：（1）将整个搜索空间分成若干小空间，在每一个小空间中搜索；（2）将每个小空间的 Skyline 点发送到一个节点，以这样的方式计算全部的 Skyline 点。基于块消除方法减少第 1 步中的部分块，另外两种方法（角方法和网格方法）不能减少任何块。能够传递到第 2 步的局部 Skyline 点数与所有点数的比称为点减少率（PPR）。传递到第 2 步并且包含局部 Skyline 点的块数与所有块数的比称为块减少率（BRR）。需要进行两两比较的成对的块的数目与第 2 步需要计算的总成对数的比称为 Skyline 率（SR）。

[276]

为了估算各种 Skyline 选择方法的效率，我们采用了最基本的测度方法，就是衡量处理时间，包括 Reduce 时间和 Map 时间。对 MR-block 方法，初始化的时间也要考虑在内，就是减少那些被其他块超过的块所花的时间。而 MR-grid 和 MR-angular 方法不需要数据预处理，初始化时间就被忽略了。由于服务基数（候选服务的个数）变得非常大（在扩展的 QWS 数据集中 10000 个组合服务有 100000 个数据点），我们感兴趣的是选择最优或次优的 Skyline 服务的处理时间。随着考虑的因素越来越多，属性维度从 2 增长到 10。

总之，在有 10 个属性的 10000 个数据点上，服务基数非常大，MR-block 方法的表现分别比 MR-grid 和 MR-angular 好 3 倍和 1.5 倍。结果清楚地表明提高了块划分效率的 Skyline 方法的优势，如图 5.25 所示。

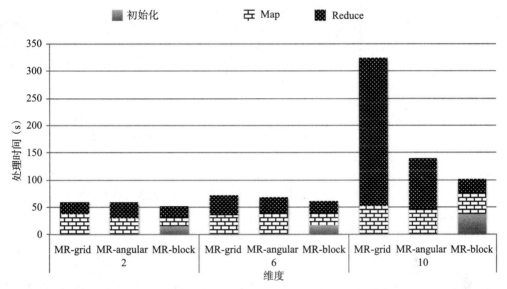

图 5.25　在大数据集上的三个 Skyline 方法的性能（来源：Zhang，Hwang，et al.，"Skyline Discovery and Composition of Inter- Cloud Mashup Ser vices，"*IEEE Transactions in Service Computing*（April 2016）.）

5.5　结论

本章我们讨论了以云为中心的物联网架构和移动云计算。我们学习了物联网感知、人工智能和移动云之间的交互模型，介绍了远程云的无线微云访问。我们也回顾了云计算在社交媒体应用中的潜在趋势，介绍了在服务发现过程中和组成混搭应用的多云混搭服务。为了获得现实生活云服务和认知应用的快捷和可扩展性，我们推荐使用混搭云服务。

277

习题

5.1　在微软研究院、苹果（或者 iCloud）、谷歌研究院、惠普实验室的网站中选择一到两个，或者其他的你用过其产品的高科技公司的网站，了解他们关于人工智能、增强现实技术、虚拟现实技术、机器人项目的技术细节，研读其公共领域中相关的论文、报告、系统演示或演示文稿。写一份技术报告，总结你找到或观察到的项目所涉及的技术、算法、产品、系统或提供的服务。对其宣称的性能予以评估，根据你的研究讨论其不足。

5.2   回答下述关于在美国、俄罗斯、欧盟和中国部署的四种 GPS 技术的新评价，你可以从维基百科中快速查到一些信息。

(a) 不同 GPS 系统在民用、军用方面的不同？

(b) GPS 有哪些有趣的民用服务？

(c) GPS 有哪些潜在的军事应用能力？

5.3   近年来，视频分析已成为一个热点，特别是在安全检查、视频追踪等保护人身、财产安全方面。传统的安全技术强调实时响应和有效性验证。因此，过去几年里，具有高分辨率、无损耗、低延迟的视频演示是安全企业的主要研究方向。现在，城市监控视频随处可见。

随着越来越多高清摄像机的使用，如何有效地传输大量的视频数据成为一个关键问题。此外，追踪罪犯并获取他们的位置信息是费时费力的。请描述如何使用人工智能和机器学习技术来分析大量的视频样本、自动跟踪目标并找到其运动路径。

5.4   帕金森病（PD）是一种慢性疾病，是由中枢神经系统运动障碍引起的。通常，步态是一个重要的确定和评估 PD 的指标。为了探讨老年帕金森病步态无人干预下的持续变化，可以在 PD 患者行走时测量其脚步压力，得到其脚步压力中心（CoP）的模式。试着研究正常人和 PD 患者间脚步中心压力模式的不同。讨论下列治疗方案的优缺点。

(a) 压力传感器安装在 PD 病人的脚下。

(b) 压力传感器安装在地面上。

(c) 为了得到脚步中心压力，要分别采集足前部、足中部、足后部的压力数据。

(d) 在 PD 患者站立或行走时，分别测量其压力数据。

278

5.5   研究 5.4 节的云际混搭应用材料。在现实生活中，选择电子商务、消费、大数据应用中的混搭应用事例，深入研究其中选定的混搭应用程序，提交一份包含以下内容的技术报告。

(a) Web 混搭或服务混搭应用平台架构设计成三层。

(b) 混搭应用需要的启动程序 API 工具，并解释它们的功能。

(c) 对混搭应用服务链的性能（QoS 和 QoE）预期，考虑相同应用目的的独立云网站，将其与混搭应用进行比较。

5.6   研究 Shi 等人的关于混搭云的论文 [21]，5.1.3 节也介绍了这篇文献。阐述如何将微云网用于分布式入侵检测及在移动设备（如手机）和远程云间数据的安全传输。

5.7   这个问题与利用物联网技术推动绿色农业相关。基于文献研究，阐述你为了满足下述需求所做的设计。讨论如何运用最新的无线、传感器和 GPS 技术实现每个方案。

(a) 实时采集农场的环境参数，如温室、湿度、光照、土壤温度、土壤水分、氧气水平。

(b) 关于作物生长的实时智能决策，自动打开或关闭环境控制设备。该系统的部署为农业监测、自动控制和智能管理提供科学依据和有效手段。

(c) 该系统将存储和分析服务器上的实时监控数据，以自动打开或关闭指定的设备，如遥控浇水、开关窗棚、添加氧气或二氧化碳。

(d) 智能农业温室配备无线传感器，以监测温室中的环境参数，如空气 / 土壤温度、湿度、水分、光照、CO_2 浓度。

279

5.8   我们在例 5.2 和例 5.3 中介绍了三个物联网应用。在你选择的某个应用领域调查另一个有意义的物联网应用。提交一份调查报告，研究深度要与示例中的深度相似。从公开文献或公共资源中挖掘尽可能多的技术信息。报告有趣的物联网特征、硬件和软件进展，交互模型应用，以及关于性能的可用的定量和定性评价结果。不要随意得出结论。你的每个结论都必须基于技术上的实验证据和技术分析而得出。

5.9   研究表 5.6 中与智慧城市相关的物联网情境。从技术上评价表中每行的各个属性，并讨论如何有效地实现它们。

5.10   从表 5.11 介绍的 9 个社交媒体 API 中选择两个进行研究。提交关于 API 功能、应用平台、协议和应用数据格式及使用的安全标准的详细技术报告。最好的方法是使用选定的 API 搜索大规模社交媒体数据应用。脸书、谷歌、推特、YouTube、聚友网或其他应用编程接口（API）等都是很好的选择。如果可能的话，报告中可以包括用户的应用体验和对性能的测定。

参考文献

[1] Alrifai, M., D. Skoutas, and T. Risse. "Selecting Skyline Services for QoS-Based Web Service Composition." International Conference on World Wide Web (WWW), 2010.

[2] Bahga, A., and V. Madisetti. *Cloud Computing: A Hands-On Approach.* Bahga and Madisettib, 2014.

[3] Buyya, R., C. S. Yeo, and S. Venugopal. "Market-Oriented Cloud Computing: Vision, Hype, and Reality for Delivering IT Services as Computing Utilities." Proc. of the 10th IEEE International Conference on High Performance Computing and Communication, September 25–27, 2008, Dalian, China.

[4] Chen, K. and D. Ran. "C-RAN: The Road Towards Green RAN," while paper, China Mobile Research Institute, Beijing, China, Oct. 2011.

[5] Chen, M., S. Gonzalez, A. Vasilakos, H. Cao, and V. Leung. "Body Area Networks: A Survey." *ACM/Springer Mobile Networks and Applications* (MONET) 16 no. 2 (2010): 171–193.

[6] Chen, M., Y. Hao, D. Wu, Y. Li, and K. Hwang. "Opportunistic Task Scheduling over Co-Located Clouds in Mobile Environment." *IEEE Service Computing* (December 2016).

[7] Dixit, V. "Cloud Mashup Experiments." EE 657 Final Project Report, University of Southern California, Los Angeles, May 2010.

[8] Dyer, D. "Current Trends/Challenges in Datacenter Thermal Management—A Facilities Perspective." Presentation at ITHERM, San Diego, CA, June 1, 2006.

[9] Foster, I., Y. Zhao, J. Raicu, and S. Lu. "Cloud Computing and Grid Computing 360-Degree Compared." Grid Computing Environments Workshop, November 12–16, 2008.

[10] Greenberg, A., J. Hamilton, D. Maltz, and P. Patel. "The Cost of a Cloud: Research Problems in Datacenter Networks." *ACM SIGCOMM Computer Communication Review* 39 no. 1 (2009).

[11] Gubbi, J., R. Buyya, S. Marusic, and M. Palaniswami. "Internet of Things: A Vision, Architectural Elements and Future Direction." *Future Generation of Computer Systems* 29 (2013): 1645–1660.

[12] Hwang, K., and M. Chen. *Big Data Analytics for Cloud, IoT and Cognitive Learning.* Wiley, 2017.

[13] Hwang, K., G. Fox, and J. Dongarra. *Distributed and Cloud Computing: From Parallel Processing to the Internet of Things.* Morgan Kaufmann, 2011.

[14] Leavitt, N., et al. "Is Cloud Computing Really Ready for Prime Time?," *IEEE Computer* 42 no. 1 (2009): 15–20.

[15] Lee, E. A. "Cyber Physical Systems: Design Challenges." IEEE International Symposium on Object Oriented Real Time Distributed Computing, May 2008.

[16] Linthicum, D. *Cloud Computing and SOA Convergence in Your Enterprise: A Step-by-Step Guide.* Addison Wesley Professional, 2009.

[17] Miller, G. A. "The Cognitive Revolution: A Historical Perspective." *Trends in Cognitive Sciences* 7 (2003): 141–144.

[18] Perera, C., A. Zaslavsky, P. Christen, and D. Georgakopoulos. "Context Aware Computing for the Internet of Things: A Survey." *IEEE Communications in Surveys Tutorials* 16 no. 1 (2013): 414–454.

[19] Rochwerger, B., D. Breitgand, E. Levy, et al. "The RESERVOIR Model and Architecture for Open Federated Cloud Computing." *IBM Systems Journal* (2008).

[20] Satyanarayanan, M., Y. Bahl, R. Caceres, and N. Davis. "The Case of VM-Based Cloudlets in Mobile Computing." *IEEE Pervasive Computing* 4 no. 8 (2009).

[21] Shi, Y., S. Abhilash, and K. Hwang. "Cloudlet Mesh for Securing Mobile Clouds from Intrusions and Network Attacks." The Third IEEE International Conference on Mobile Cloud Computing (MobileCloud), April 2015.

[22] Vlachou, A., C. Doulkeridis, and Y. Kotidis. "Angle-Based Space Partitioning for Efficient Parallel Skyline Computation." Proc. of the 2008 ACM SIGMOD International Conference on Management of Data, 2008.

[23] Wikipedia. "Open Mashup Alliance." https://en.wikipedia.org/wiki/Open_Mashup_Alliance (retrieved August 15, 2016).

[24] Wikipedia. "Mashup (Web application hybrid)." https://en.wikipedia.org/wiki/Mashup (retrieved August 15, 2016).

[25] Wu, Y., M. Su, W. Zheng, K. Hwang, and A. Zomaya. "Associative Big Data Sharing in Community Clouds—The MeePo Approach." *IEEE Cloud Computing Magazine* (January 2016).

280

[26] Yan, L., Y. Zhang, L. T. Yang, and H. Ning. *The Internet of Things: From RFID to the Next-Generation of Pervasive Networked Systems*. Auerbach Publications, 2008.

[27] Zaslavsky, A., C. Perera, and D. Georgakopoulos. "Sensing as a Service and Big Data." Proc. International Conference on Advanced Cloud Computing (ACC), Bangalore, India, July 2012.

[28] Zhang, F., K. Hwang, S. Khan, and Q. Malluhi. "Skyline Discovery and Composition of Inter-Cloud Mashup Services." *IEEE Transactions in Service Computing* (April 2016).

[29] Zhang, F., M. Sakr, K. Hwang, and S. Khan. "Empirical Discovery of Power-Law Distribution in Map-Reduce Scalability." *IEEE Transactions in Cloud Computing* (in press).

[30] ZigBee Specification. "ZigBee Alliance." http://www.zigbee.org. 2005.

251
≀
282

Cloud Computing for Machine Learning and Cognitive Applications

机器学习原理与人工智能机器

本部分内容涉及机器学习（ML）、深度学习（DL）和人工智能（AI）。我们将学习有监督和无监督的 ML 算法。我们将考察 DL 应用中的人工神经网络。另外，我们将学习人工智能机器、智能机器人、神经形态处理器、类脑计算机、增强现实（AR）和虚拟现实（VR）。特别介绍了 Google 的 X 实验室项目、大脑项目、DeepMind 计划。评估 IBM SyNapse 等认知计划，以及中国寒武纪神经芯片的最新进展。这两章将为第四部分的云应用提供必要的背景知识。

第6章　机器学习算法与预测模型拟合

摘要：机器学习指的是采用计算机识别数据对象并进行预测，或将其划分为相似的类或观察到的类。本章将介绍基于学习范式和功能的机器学习算法分类。我们将学习重要的监督机器学习算法：回归、分类、决策树和贝叶斯分类器，并介绍无监督聚类、强化和半监督算法的原理。最后，我们给出用于预测或分类用途的设计选择和模型优化。

第7章　智能机器与深度学习网络

摘要：近年来 AI 在学术界和工业界都很活跃。我们将考察引领设计领域的实际工业进展，包括智能机器人、AR 和 VR、区块链、智能机器和社交图谱分析。我们将介绍 Facebook、三星、HTC、华为、阿里巴巴、亚马逊和谷歌等主要公司的 AI 产品或开发计划。特别是我们将学习 AWS GPU 云服务、Google X 实验室项目和区块链技术。然后，我们学习多种用于深度学习和认知计算的人工神经网络（ANN）。

机器学习算法与预测模型拟合

6.1 机器学习方法的分类

机器学习（ML）的主要思想是利用计算机从海量数据中学习。尤其是在当今的大数据时代，机器学习构成了人工智能（AI）的核心。本学科起源于模式识别和计算学习理论的研究。在构建 AI 或专家系统的过程中，该领域与统计决策和数据挖掘高度相关。对于繁琐或非结构化的数据，机器通常能比人类学者做出更好、更公正的决策。为了实现此目标，我们需要根据模型算法编写计算机程序。通过从给定的数据对象中学习，人们能够揭示数据分类或者从属关系。这个概念实质上是将机器学习定义为一个操作术语而非认知术语。

为了实现 ML 任务，我们需要探索或构建计算机算法以便从数据中学习，并根据数据的具体特征、相似性或相关性对其进行预测。ML 算法由输入样本数据所建立的决策模型来操作。ML 模型的输出是数据驱动的预测或决策。在 6.1.1 节中，我们将根据学习方式对 ML 算法进行分类。该方式可以是采用一些训练数据的监督方法；也可以是无监督方法，它在没有训练数据的情况下发现数据中的隐藏结构。在 6.1.2 节中，我们将根据形式和功能，通过它们的相似性对 ML 算法进行分类。在实际应用中，监督和无监督的 ML 方法都是合理的。

6.1.1 机器学习算法的种类

下面我们通过学习范式和应用的相似性功能对 ML 算法进行分类。首先，我们按照学习范式对它们进行分类，然后基于功能或建模方法对它们进行介绍。

285

学习范式分类

为对一个问题进行建模，可用不同的方式构建 ML 算法。该方式是由与数据环境的交互所决定的，该环境表现在模型的输入上。数据交互方式决定了 ML 算法可产生的学习模型。用户必须理解输入数据和模型构建过程的作用。其目标是选择能够以最佳预测结果求解问题的 ML 模型。从这个意义上说，有时 ML 与数据挖掘的目标重叠。在图 6.1 中，我们展示了基于不同学习方式的三类 ML 算法：监督、无监督和半监督。采用何种方式取决于学习过程中如何使用训练数据。

- 监督学习：输入数据被称为具有已知标签或结果的*训练数据*，它被描绘成图 6.1a 训练数据框中两种类型的圆圈。使用训练数据集通过训练构建模型。该模型通过接受反馈预测而得到改进。学习过程持续到模型在训练数据上达到期望的精度为止。未来的输入数据（无已知标签）在所建立的模型上进行测试。我们将在 6.2 节介绍各种监督 ML 算法。

- 无监督学习：所有输入数据未标注已知结果，如图 6.1b 所示。通过探索输入数据中存在的结构从而生成模型。该模型可能是提取一般规则、通过数学过程减少冗余，或者是通过相似性测试组织数据。我们将在 6.3 节中学习无监督 ML 实例，包括聚类

（clustering）、降维（dimension reduction）和强化学习（reinforcement learning）。
- 半监督学习：在此情况下，输入数据是已标记和未标记样例的混合，如图 6.1c 所示。此模型必须学习结构来组织数据，以使预测成为可能。此类问题与其他的 ML 算法将在数据标记的不同假设情形下进行处理。

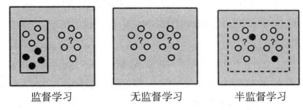

监督学习　　　　无监督学习　　　　半监督学习

图 6.1　根据学习方式分类机器学习算法

286

机器/深度学习方法

在学习过程中，通过使用不同的相似性测试功能可以区分出不同的 ML 算法。例如，基于树的方法应用决策树。神经网络受到联结主义脑模型中人工神经元的启发。基于数据集中的特征，我们通过寻找最合适的求解决策问题的方法来主观处理 ML 过程。接下来，我们简要介绍 12 种 ML 算法。下面的关键概念如图 6.2 所示。

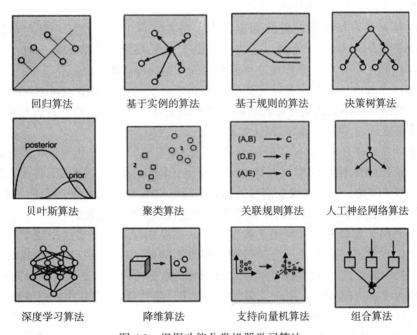

回归算法　　　基于实例的算法　　基于规则的算法　　决策树算法

贝叶斯算法　　　聚类算法　　　关联规则算法　　人工神经网络算法

深度学习算法　　　降维算法　　支持向量机算法　　组合算法

图 6.2　根据功能分类机器学习算法

287

一些 ML 算法运用了训练数据，包括回归、决策树、贝叶斯网络和支持向量机。其他无监督算法没有运用训练数据集，而是试图揭示全体输入数据集中的隐藏结构或属性。这些无监督方法包括聚类方法、关联分析、降维以及人工神经网络（ANN）。
- 回归采用统计学习提供了一种监督方法，如图 6.2a 所示。回归对输入和输出数据之间的关系进行建模。回归过程就是采用误差准则迭代求精，以便做出更好的预测。该方法最小化输入数据中预测值与实际经验之间的误差。

- 实例化学习对关键训练数据实例的决策问题进行建模，如图 6.2b 中突出显示的空心点。数据实例是建立在一种可靠的样例数据库基础之上的。进行相似性检验，寻找最佳匹配进行预测。该法又称为基于记忆的学习，因为有代表性数据实例和相似性度量存储于数据库中。

- 正则化算法扩展了调整模型的回归方法，以降低复杂度。这种正则化过程有利于简化模型，也更适合于泛化（generalization）。图 6.2c 显示了在不同设计选项中如何找到最佳预测模型。

- 决策树方法提供了如图 6.2d 所示的决策模型。在树形结构决策过程中，该模型是基于对各特征节点的数据目标值的观察。各决策路径会在树结构中分叉，直到在叶节点分层地做出预测判断。决策树对给定数据进行训练以更好地求解分类和回归问题。

- 贝叶斯方法基于统计决策理论。它们常应用于模式识别、特征提取和回归应用。贝叶斯网络如图 6.2e 所示，它提供了一组由统计学中相关随机变量所表示的有向无环图（DAG）模型。先验概率和后验概率都应用于预测。此外，可以通过提供更好的训练数据集来改进该模型。

- 聚类分析是基于将相似的数据对象分组为聚类。图 6.2f 中显示了两个簇。像回归方法一样，该方法是无监督方法，它采用基于质心的聚类和层次聚类进行建模。所有聚类方法都是基于相似性检验的。

- 关联规则学习使用无监督的训练数据。该方法可生成能很好地解释观测数据中变量间关系的一些推理规则。这些规则用于发现大型多维数据集中有用的关联，如图 6.2g 所示。这些关联模式往往被企业或大型组织利用。

- 人工神经网络是受生物神经元的结构和功能启发的认知模型，如图 6.2h 所示。人工神经网络（ANN）试图对输入和输出之间的复杂关系进行建模。这就形成了一类用于求解深度学习（DL）、回归和分类问题的模式匹配算法。

- 深度学习方法是从 ANN 扩展而来的，它构建了更深层次和更复杂的神经网络，如图 6.2i 所示。DL 网络由多层互连的人工神经元构成。它们经常用于模拟人类大脑的处理过程（以光、声音和视觉信号的形式响应）。DL 将在第 7 章中阐述。该方法通常用于解决半监督学习问题，其中大数据集中包含很少的标记数据。

- 降维采用无监督方式并利用了数据中的内在结构。其目的是使用较少的信息概括或描述这些数据。这是通过分析可视化多维数据的主成分或维度来完成的。图 6.2j 显示了从 3D 到 2D 数据空间的减少。被简化的数据可以应用于监督学习方法中。

- 支持向量机（SVM）常用于监督学习方法进行回归和分类应用。图 6.2k 展示了如何生成超平面（3D 空间的一个表面），并将训练样本数据空间分割成不同的子空间。一个 SVM 训练算法建立一个模型来预测一个新样本是否属于同一个类别。

- 集成方法是由依赖训练的多个弱模型组成的模型。这些模型的预测结果合并在图 6.2l 中，它使集体预测更为准确。尽可能将多种类型的弱学习器组合在一起，这种组合方式会使弱学习器的学习更为有效。集成模型由混合学习器组成，它应用了监督、无监督或半监督算法。

6.1.2 监督式机器学习算法

在监督式机器学习系统中，计算机对 { 输入，输出 } 对的训练数据集进行学习。输入来自给定的某种格式样本数据，如借款人的信用报告。输出可能是离散的，如贷款申请的"是"或"否"。输出也可能是连续的，如贷款能被及时偿还的概率分布。最终目标是实现一种可靠的 ML 模型，该模型能从之前未见过的新输入中映射或产生正确的输出。ML 系统就像一个微调预测函数 $g(x)$ 一样。"学习"系统采用复杂的算法构建，以优化该函数。在借款人信用报告中，给定输入数据 x，银行将根据预测结果做出贷款的决定。

在本章中，我们将介绍表 6.1 中列出的四种重要监督式 ML 算法。在求解分类问题时，输入被划分为两个或更多个类，学习器必须生产一个模型，它将指定不可见的输入给这些类中的一个或多个。它通常用监督方式进行处理。垃圾邮件过滤是分类的一个很好的例子，其中，输入是电子邮件、博客或文档文件，而输出类别是"垃圾邮件"和"非垃圾邮件"。在回归中，这也是一个监督式问题，一般输出是连续的，只在特殊情况下输出是离散的。

表 6.1 四种监督式 ML 算法

ML 算法分类	算法名称
回归	线性，逻辑，多项式，逐步，普通最小二乘回归 (OLSR)，MARS
决策树	随机森林，分类和回归树 (CART)，ID3
贝叶斯网络	贝叶斯分类器，高斯，多项式，平均单依赖分类器 (AODE)，贝叶斯信念网络 (BBN)
支持向量机	SVM 采用超平面将数据空间分割为若干子空间，以便预测新样本落入超平面的哪个子空间

决策树被用作预测模型，它将该项目的观察结果映射到项目目标值的结论中。SVM 采用监督学习方法构建，它也用于分类和回归。贝叶斯网络提供统计决策模型，它通过 DAG 表示一组随机变量及其条件独立性。例如，贝叶斯网络能表示疾病和病症之间的概率关系。对于给定的症状，系统将计算各种疾病的概率。在医疗行业中，许多预测算法用于医疗诊断，以辅助医生、护士和患者。

6.1.3 无监督机器学习算法

无监督学习通常用于寻找数据集中的特殊关系。在这种学习过程中没有用作训练的样例，而是给系统一组数据以寻找其中的模式和相关性。表 6.2 列出了一些 ML 算法，这些算法运行均无需监督学习。例如，从输入数据生成关联规则，以便识别社交网络数据库中紧密联系的朋友群。本书不涉及关联分析或基于规则系统的细节。

表 6.2 三种无监督的 ML 算法

算法类别	无监督 ML 算法
聚类方法	聚类分析，k 均值聚类，层次聚类，期望最大化 (EM)，基于密度的聚类
降维	PCA，判别分析，多维尺度分析 (MDS)
人工神经网络 (ANN)	深度神经网络 (DNN)，深度信念网络 (DBN)，递归神经网络 (RNN)，卷积神经网络 (CNN)

在聚类中，一组输入将被分成若干组。不同于监督分类，由于这些组事先是未知的，它是一个无监督任务。通过密度估计发现一些空间的输入分布。通过将输入映射到较低维空间，降维简化输入。第 7 章将针对语音和图像理解以及感知应用，对不同类型的 ANN 进行讲解。

6.2 监督式回归与分类方法

本节介绍回归分析方法。首先，我们给出基本概念和基本假设。然后，学习在 ML 中经常使用的线性和逻辑回归方法。同时提供数学模型和计算实例，以阐明所涉及的思想和学习的过程。我们将学习三类监督分类方法：决策树、贝叶斯分类和支持向量机。监督学习需要一个具有可接受准确率的预测模型。该模型通过将预测结果与训练集内的标记结果进行比较，从而提高模型的准确性。该模型不断调整其预测机制，直到预测结果达到指定的准确率。

6.2.1 预测的线性回归方法

回归分析广泛应用于 ML 预测、分类和预报。它本质上是执行一系列参数或非参数估计。换句话说，该方法是找到输入变量和输出变量之间的因果关系。通常，可通过使用先验知识或视觉观察数据的经验来确定估计函数。我们需要使用某些误差准则计算函数的待定系数。此外，通过预测数据的类别标签，回归方法也可用于对数据进行分类。

[291]

回归分析旨在了解因变量的典型值如何变化，而自变量则保持不变。因此，当独立变量固定时，回归分析能估计因变量的平均值。大多数回归方法本质上是参数化的且在分析空间中具有有限维度。本书不涉及可能是无限维的非参数回归分析。像许多其他 ML 方法一样，精度或性能取决于所使用数据集的质量。在某种程度上，回归提供了连续响应变量的估计，而不是分类中所使用的离散决策值。

在回归过程表达中，通常未知数参数表示为 β，它可能是一个标量或向量。自变量由向量 X 表示，因变量表示为 Y。当有多个维度时，这些参数为向量形式。在 X、β 和 Y 之间，回归模型建立近似关系如下：

$$Y \approx f(X, \beta) \tag{6.1}$$

函数 $f(X, \beta)$ 由期望值 $E(Y \mid X)$ 近似产生。回归函数 f 是基于所述连续变量 Y 和向量 X 之间关系的知识。如果没有这样的知识，则选择 f 的近似形式。考虑未知参数 β 的向量中的 k 个分量。我们有三个模型将输入与输出相关联，它们取决于形式 (X, Y) 的观测数据点数目 N 和样本空间的维数 k 之间的相对量。

- 当 $N < k$ 时，大多数经典回归分析方法都可以应用。由于定义方程是欠定的，因此没有足够数据来弥补未知参数 β。
- 当 $N = k$ 且函数 f 为线性时，无需近似就能精确地求解方程 $Y = f(X, \beta)$，因为有 N 个方程来求解 β 中的 N 个分量。只要 X 分量线性独立，则该解是唯一的。如果 f 是非线性的，则可能存在多解或者根本无解。
- 通常，我们有 $N > k$ 个数据点的情况。这意味着数据中有足够信息，在超定情况下，能估计出 β 的唯一值。测量误差 ε_i 服从正态分布。在 $N-k$ 测量中包含的信息过多，$N-k$ 称为回归的自由度。

下面给出不同错误条件下的回归分析基本假设。

- 该样本表示所包含的数据空间。误差是一个随机变量，它在解释输入变量中的均值为零。

[292]

- 被测量的独立目标变量没有误差。预测器是线性独立的。
- 误差是不相关的且误差的方差是常数。如果不是此种情况，则需要采用加权最小二乘法。

例 6.1 在空中扔一小球并测量其高度

考虑将一小球抛向空中的例子。我们在不同的时刻 t 测量其上升高度 h。这种关系建

模为

$$h = \beta_1 t + \beta_2 t^2 + \varepsilon$$

其中，β_1 确定球的初始速度，β_2 与标准重力成比例，ε 来源于测量误差。这里，采用线性回归从测量数据中估计 β_1 和 β_2 的值。该模型关于时间变量 t 是非线性的，但关于参数 β_1 和 β_2 是线性的。

线性回归

线性回归模拟标量因变量 y 与向量 X 表示的一个或多个自变量之间的关系。单输入变量的情况称为简单线性回归（SLR）。对于多输入变量，该方法称为多元线性回归（MLR）。这里，预测了多个相关因变量。线性预测函数用于从数据中估计未知参数。模型线性地依赖其未知参数。我们将采用最小二乘法拟合线性回归模型。线性回归主要应用于以下两个领域。

● 预测、预报或者减少错误的近似方法。预测线性回归模拟了 y 和 X 值的观测数据集。拟合模型对将来未知输入向量 X 的 y 值进行预测。

● 为量化输出 y 和各输入分量 X_j 之间关系的强度，我们要评价哪个 X_j 与 y 无关，哪个 X_j 的子集包含了关于 y 的冗余信息。

简单线性回归

考虑 2D 样本空间中的一组数据点：(x_1, y_1)，(x_2, y_2)，$\cdots$，(x_n, y_n)。它们能用近似的直线表示，则得到下列线性回归表达式：

$$y = ax + b + \varepsilon \tag{6.2}$$

其中 x 是输入变量，y 是实数范围内的输出变量，a 和 b 是系数，ε 是服从正态分布的随机误差。对于线性回归表达式，预期结果如图 6.3 所示。

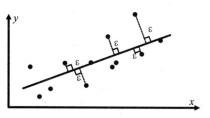

图 6.3　在样本空间中单输入变量问题的线性回归。12 个数据点用黑点表示

图 6.3 展示了一元回归模型的残差。回归分析的主要任务是观察 n 组输入样本并对系数 a 和 b 进行估计。常用方法是应用最小二乘法，其目标函数为：

$$\min Q(\hat{a}, \hat{b}) = \sum_{i=1}^{n} \varepsilon_i^2 = \sum_{i=1}^{n} [y_i - E(y_i)]^2 = \sum_{i=1}^{n} (y_i - \hat{a}x_i - \hat{b})^2 \tag{6.3}$$

为最小化平方和，需要计算 Q 对 $\hat{a}$ 和 $\hat{b}$ 的偏导数，使其为零，如下式所示：

$$\begin{cases} \dfrac{\partial Q}{\partial \hat{b}} = \sum_{i=1}^{n}(y_i - \hat{a}x_i - \hat{b}) = 0 \\ \dfrac{\partial Q}{\partial \hat{a}} = \sum_{i=1}^{n}(y_i - \hat{a}x_i - \hat{b})x_i = 0 \end{cases} \xrightarrow{\text{求解}} \begin{cases} \hat{a} = \dfrac{\sum_{i=1}^{n}(x_i - \overline{x})(y_i - \overline{y})}{\sum_{i=1}^{n}(x_i - \overline{x})^2} \\ \hat{b} = \overline{y} - \tilde{a}\overline{x} \end{cases} \tag{6.4}$$

其中，$\overline{x}$ 和 $\overline{y}$ 分别是输入变量和因变量的均值。计算出模型表达式后，我们要知道其拟合程度以评价该模型能否表示输入和输出变量间的关系。线性回归不仅能用于预测而且能用于分

293

[294] 类。然而，分类仅用于二分类问题。当算出回归方程 $\hat{y} = \hat{a}x + \hat{b}$ 后，需计算出训练数据集中各样本因变量的估值；公式表示为 $\hat{y} = \hat{a}x + \hat{b}$。我们在这两类中确定类别

$$\text{class} = \begin{cases} 1 & y_i > \hat{y}_i \\ 0 & y_i < \hat{y}_i \end{cases} \quad i = 1, 2, \cdots, n \qquad (6.5)$$

图 6.3 中的示例仅对应于一个输入变量。近似值可由数据空间中所有数据点的中间或中心的直线表示。

多元线性回归

现考虑 m 个输入变量的情况。输出表示为式 6.6 所示的输入变量的线性组合。ε 是具有正态分布的误差函数。

$$\begin{cases} y = \beta_0 + \beta_1 x_1 + \cdots + \beta_m x_m + \varepsilon \\ \varepsilon - N(0, \sigma^2) \end{cases} \qquad (6.6)$$

系数 $\beta_0, \beta_1, \cdots, \beta_m, \sigma^2$ 是未知参数或权重，ε 服从 0 均值和 σ^2 标准差的正态分布。以 $y = X\beta$ 矩阵形式写出式（6.6），其中输入变量和系数分别表示为行向量和列向量，$X = [1, x_1, \cdots, x_m]$，$\beta = (\beta_0, \beta_1, \cdots, \beta_m)^T$。我们的目标是通过定义 n 个样本数据点最小化以下目标函数来计算系数 Q：

$$\min Q = \sum_{i=1}^{n} \varepsilon_i^2 = \sum_{i=1}^{n} (y_i - \beta_0 - \beta_1 x_{i1} - \cdots - \beta_m x_{im})^2 \qquad (6.7)$$

为最小化 Q，需使 Q 对各 β_i 的偏导数为零。此过程为：

$$\begin{cases} \dfrac{\partial Q}{\partial \beta_0} = -2\sum_{i=1}^{n} (y_i - \beta_0 - \beta_1 x_{i1} - \cdots - \beta_m x_{im}) = 0 \\ \dfrac{\partial Q}{\partial \beta_j} = -2\sum_{i=1}^{n} (y_i - \beta_0 - \beta_1 x_{i1} - \cdots - \beta_m x_{im}) x_{ij} = 0 \xrightarrow{\text{求解}} \hat{\beta} = (X^T X)^{-1} X^T Y \\ j = 1, 2, \cdots, m \end{cases} \qquad (6.8)$$

[295] 为求解 $m + 1$ 个方程，在向量公式中生成如下权重向量：

$$\beta = (X^T X)^{-1} X^T y \qquad (6.9)$$

因此，得到多元线性回归方程如下：

$$y = X\hat{\beta} = \beta_0 + \beta_1 x_1 + \cdots + \beta_m x_m \qquad (6.10)$$

事实上，多元线性回归是一元线性回归的扩展，它们的性质本质上相同，但应用范围不同。一元回归应用有限，如例 6.1 所示；而多元回归能适用于许多实际问题，下面举例说明。

例 6.2　估计标记位置污染物的一氧化氮浓度（由南加州大学 Yue Shi 提供）

该问题需要估算城市地区空气污染物一氧化氮（NO）气体的浓度。车辆在运动过程中会排放一氧化氮气体，这种污染被证明对人体健康是有害的。NO 的浓度归因于四个输入变[296] 量：车流量、温度、空气湿度以及风速。表 6.3 给出了某城市中不同观察标记位置收集的 16 个数据点。我们需运用多元线性回归方法来估计试验标记位置的 NO 浓度，该试验标记位置分别用四个特征 $\{x_1, x_2, x_3, x_4\}$ 的数据向量 $\{1436, 28.0, 68, 2.00\}$ 测量。

表 6.3　在不同观测地区测量的一氧化氮浓度

车流量（x_1）	温度（x_2）	空气湿度（x_3）	风速（x_4）	NO 的浓度（Y）
1 300	20	80	0.45	0.066
948	22.5	69	2.00	0.005
1 444	23.0	57	0.50	0.076
1 440	21.5	79	2.40	0.011
786	26.5	64	1.5	0.001
1 084	28.5	59	3.00	0.003
1 652	23.0	84	0.40	0.170
1 844	26.0	73	1.00	0.140
1 756	29.5	72	0.9	0.156
1 116	35.0	92	2.80	0.039
1 754	30.0	76	0.80	0.120
1 656	20.0	83	1.45	0.059
1 200	22.5	69	1.80	0.040
1 536	23.0	57	1.50	0.087
1 500	21.8	77	0.60	0.120
960	24.8	67	1.50	0.039

为求解 MLR 问题，我们可从下面的网站下载开源程序：https://en.wikipedia.org/wiki/Feature_scaling#Standardization。数据做了标准化处理。需要调用两个 API 例程：fit(X, y) 用于拟合 MLR 预测模型，这里 X 为训练数据矩阵，y 为目标输出；而 predit(X) 用于预测采用 MLR 模型的测试数据。我们须按以下步骤进行。

1. 使用表 6.3 中的 16 个数据点，$X = [1, x_{n1}, x_{n2}, x_{n3}, x_{n4}]^T$；对于 $n = 1, 2, \cdots, 16$，权向量 $W = [b, \beta_1, \beta_2, \beta_3, \beta_4]^T$。例如，对于第一行训练数据 [1300, 20, 80, 0.45, 0.066]，有 $X_1 = [1, 1300, 20, 80, 0.45]^T$，其输出值 $y_1 = 0.066$。

2. 需计算 $W = [b, \beta_1, \beta_2, \beta_3, \beta_4]^T$ 和最小化均方误差。

$$\sum_{n=1}^{N}\left[y_n - \left(b + \beta_1 x_{n1} + \beta_2 x_{n2} + \beta_3 x_{n3} + \beta_4 x_{n4}\right)\right]^2 = \beta\sum_{n=1}^{N}\left(y_n - \widetilde{W x_n}\right)^2$$

用 predict（X）代码计算出方程 6.10 的列向量 $W = [b, \beta_1, \beta_2, \beta_3, \beta_4]^T$，其中

$$\widetilde{X} = \begin{bmatrix} 1 & 1300 & 20 & 80 & 0.45 \\ \vdots & \vdots & \vdots & \vdots & \vdots \\ 1 & 960 & 24.8 & 67 & 1.5 \end{bmatrix}$$

是从样本数据表直接得到的 16×5 矩阵，$y = [0.066, 0.005, \cdots, 0.039]^T$ 是来自表 6.3 的数据标签所给定的列向量。

3. 做预测：令 $\hat{y}$ 为测试样本向量 $x = [1, 1300, 20, 80, 0.45]^T$ 的预测结果。代入步骤 2 获得的权向量，我们得到 $\hat{y} = b + \beta_1 x_1 + \beta_2 x_2 + \beta_3 x_3 + \beta_4 x_4$。

4. 最终答案是 {$\beta_1 = 0.029$, $\beta_2 = 0.015$, $\beta_3 = 0.002$, $\beta_4 = -0.029$, $b = 0.070$}，并且 NO 气体浓度预测为 y = 0.065 或者 6.5%。

逻辑回归方法

线性回归分析模型可以扩展到预测和分类的更广泛应用中。它通常应用于诸如数据挖

掘、疾病自动诊断以及经济预测等领域。逻辑模型只能用于求解二分法问题。对于逻辑分类，其原理是用逻辑函数（称为 S 型函数）采样数据从而进行分类，定义如下：

$$f(z) = \frac{1}{1 + e^{-z}} \qquad (6.11)$$

S 型函数的输入域为（$-\infty$，$+\infty$），范围为（0，1）。从这个意义上说，S 型函数是样本数据的概率密度函数，如图 6.4 所示。逻辑回归的基本思想是考虑具有 m 维相关输入变量 $x = (x_1, x_2, x_3, \cdots, x_m)$ 的向量 x。x 的每个维度代表样本数据（训练数据）的一个属性（特征）。在逻辑回归中，样本数据的多个特征用线性函数组合为一个特征：

$$z = \beta_0 + \beta_1 x_1 + \beta_2 x_2 + \cdots + \beta_m x_m \qquad (6.12)$$

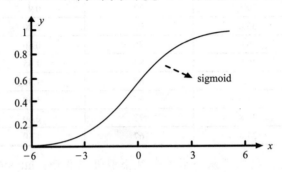

图 6.4　用于回归方法的 S 型函数曲线

我们需要计算出具有指定数据特征的概率，并应用 S 型函数来对该特征进行操作。我们得到逻辑回归（如图 6.5 所示）：

$$\begin{cases} P(Y=1|x) = \pi(x) = \dfrac{1}{1 + e^{-z}} \\ z = \beta_0 + \beta_1 x_1 + \beta_2 x_2 + \cdots + \beta_m x_m \end{cases} \rightarrow \begin{cases} x \in 1, P(Y=1|x) > 0.5 \\ x \in 0, P(Y=0|x) < 0.5 \end{cases} \qquad (6.13)$$

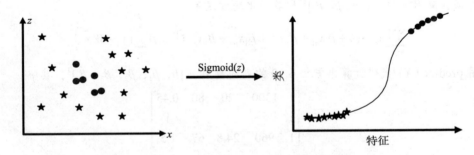

图 6.5　采用逻辑回归将数据元素分成两类的基本概念

广义线性模型

广义线性模型（GLM）是用于对有界或离散的响应变量 y 进行建模的一个框架。例如，当对价格或人口中的正量（positive quantity）进行建模时，我们可能最好用对数正态分布或泊松分布。另一种情况是对分类数据建模，如选举过程中候选人的提名。当建模有序数据时，如从 0 到 10 的等级，所有的不同结果是有序的，但该量仍是模糊项。GLM 允许任意链接函数 g 将响应变量的平均值与指定的预测变量相关联：

$$E(y) = g(\beta' x) \qquad (6.14)$$

GLM 的一些常见例子包括统计数据的泊松回归、二元数据的概率回归、多项式逻辑回归和分类数据的多项式概率回归，以及有序数据的有序概率回归。本书未涉及这些 GLM 方法。

6.2.2　机器学习的决策树

决策树提供了数据挖掘和 ML 中的预测模型。下面介绍 ML 中决策树的使用。我们的目标是创建一个模型，基于树的根节点与内部节点上的几个输入变量或属性，该模型可预测出树的叶节点上输出目标变量的值。用于分类的决策树称为分类树（classification tree）。

在分类树中，树叶表示类标签，树枝表示通向类标签的属性连接。目标变量（输出）可以取两个值（如是或否）或多个离散值（如事件的结果 1、2、3 或 4）。来自一个节点的弧线用每个可能的属性值标注。每个树叶被标记为类或类的概率分布。目标变量假设为连续值（如实数）的决策树称为回归树（regression tree）。

决策树遵循多级树结构，在树叶节点进行决策，示例参见图 6.6。在这棵树中，我们需要决定是否在各种不同气象条件下外出打网球。气象条件由三个属性表示：天气、湿度和有风。在树根节点检查天气，有三种可能的输出弧线：阳光明媚、阴天或有雨。湿度输出标记为是否 > 70 的两弧线。有风的取值仅为真或者假。

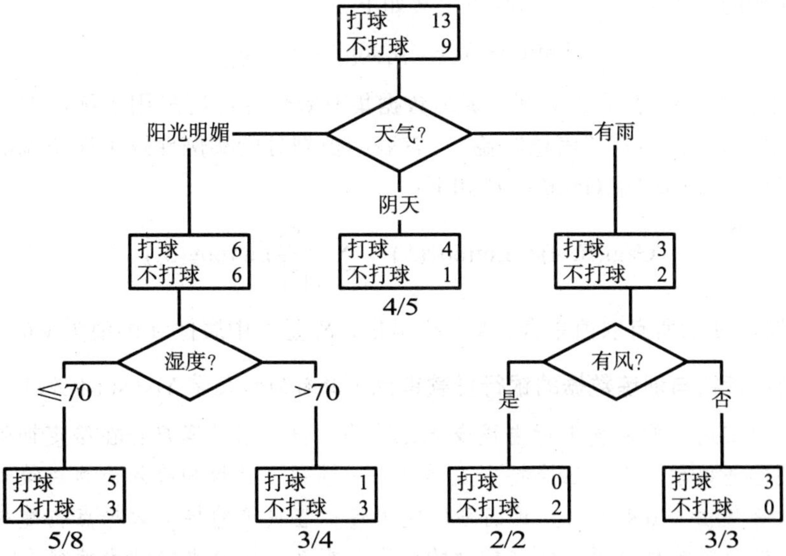

图 6.6　在各叶节点上有最终决定权概率的不同判断条件下，决策是否打网球的决策树

遍历该树，它从树根到树叶沿一层或两层的路径。在每个树节点内，如果到达树叶节点，则给出目标计数以确定其概率。例如，如果天气取值是阴天，则遍历到达一个树叶节点有 4/5 的概率，则决策为打网球。另一方面，如果天气晴朗，湿度大于 70，则有 5/8 的概率到达最左边的叶节点，则决策为打网球。同理，遍历还有不同的概率到达其他叶节点。在简单的预测决断的情况下，目标值可能无概率表示，而仅仅是类标签（如是或否）。

决策树学习

决策树的有效性取决于所选的树根，或者分解多项选项的第一个属性。所用的后继属性顺序可能会导致完全不同的树形拓扑。其目标是覆盖所提供的全部标记样本数据的所有正确路径。该树必须能够准确预测使用决策树模型的所有未来测试数据。在数据挖掘中这是一种常用方法。为简单起见，假设所有特征都有有限的离散域。这里假设只有一个被称为分类的目标变量。该决策树也称为分类树。每个内部（非叶）节点都被标记一个属性特征。来自属性节点的弧线被标记为可能的属性值。

树中各树叶都被标记为类或概率分布。此处仅针对分类树考虑离散值的情形，可将数据集划分为基于属性值测试的子集来"学习"该树。以递归方式对各派生子集重复该过程。当节点上的子集属于同一类时完成该过程。这种自顶向下的决策树（Top-Down Induction of Decision Trees，TDIDT）引导的贪心算法是从输入数据中学习决策树的常用策略。如果预测结果是连续的（如实数），则采用回归树。分类树和回归树（CART）是上述两种树的总称。

有 ID3、C4.5 和 CART 三种方法用来选择从训练样本集构建决策树，它们是自顶向下的方法。这里，仅介绍 ID3（迭代二叉树 3 代）算法。我们应用熵函数选择信息最为丰富的属性作为树根，用于在决策树中生长出连续的节点。

ID3 算法标记

ID3 算法的核心思想是以属性的信息增益作为度量并划分信息增益最大的属性，划分后尽可能使各树枝的输出划分归到同一类中。信息增益度量标准是描述任意实例集纯度的熵。给定正、负实例的训练集 S，S 的熵函数定义如下：

$$\text{Entropy}(S) = -p_+ \log_2^{p_+} - p_- \log_2^{p_-} \tag{6.15}$$

其中 p_+ 表示正实例，p_- 表示负实例。训练数据集有效性标准度量用于衡量训练样本集纯度的标准，上述度量被认为是"信息增益"。它表明被划分的实例导致了期望熵的减小。在集合 S 中，定义属性 A 的增益 $\text{Gain}(S, A)$ 如下：

$$\text{Gain}(S, A) = \text{Entropy}(S) - \sum_{v \in V(A)} \frac{|S_v|}{|S|} \text{Entropy}(S_v) \tag{6.16}$$

其中 $V(A)$ 是属性 A 的所有取值集合，S 是样本集，S_v 是 S 中属性 A 的值为 v 的样本集合。

例 6.3 **采用决策树与训练数据的银行贷款审批**（由南加州大学 Yue shi 提供）

持卡人使用信用卡能从发卡行借钱或支付购物。银行预计客户会在给定期限内还款。银行统计客户的偿还记录。考虑三个持卡人属性——性别、年龄和收入作为决策过程中的输入变量。样本数据集由表 6.4 给出。我们可以使用带标签决策的样本数据点构建决策树，以预测客户是否能够及时支付或揭示他这样做的概率。那么，以数据向量为特征，[性别：女性，年龄：26 ～ 40，收入：中等水平]，我们能够将获得的决策树用于测试的客户中。

表 6.4   发卡银行的信用卡持卡人数据

用户 ID	性别	年龄	收入	还款否？
1	男	>40	高	是
2	女	26 ～ 40	高	是
3	男	<15	低	否
4	女	15 ～ 25	低	否
5	男	15 ～ 25	中等	是
6	女	15 ～ 25	中等	是
7	男	26 ～ 40	高	是

（续）

用户 ID	性别	年龄	收入	还款否？
8	女	26～40	低	否
9	男	26～40	低	是
10	女	<15	中等	否

公式（6.17）定义的熵产生如下条件概率：

$$H[Y|X] = \sum_k P(X=a_k)H[Y|X=a_k] \tag{6.17}$$

其中 X 是待划分的属性（收入，年龄，性别），a_k 是该随机变量的不同值，Y 是最终输出或决策结果。

如果在树根层选择"性别"作为划分属性，那么由下式计算条件熵：

$$\frac{1}{2} \times \left(-\frac{4}{5}\log\frac{4}{5} - \frac{1}{5}\log\frac{1}{5} \right) + \frac{1}{2} \times \left(-\frac{2}{5}\log\frac{2}{5} - \frac{3}{5}\log\frac{3}{5} \right) = 0.84$$

如果我们在树根处选择"年龄"作为划分属性，那么用下式计算条件熵：

$$\frac{1}{10} \times \left(-1\log 1 - 0\log 0\right) + \frac{4}{10} \times \left(-\frac{3}{4}\log\frac{3}{4} - \frac{1}{4}\log\frac{1}{4} \right) +$$

$$\frac{2}{10} \times \left(-1\log 1 - 0\log 0\right) + \frac{3}{10} \times \left(-\frac{2}{3}\log\frac{2}{3} - \frac{1}{3}\log\frac{1}{3} \right) = 0.60$$

如果在树根处选择"收入"作为划分属性，那么按下式计算条件熵：

$$\frac{3}{10} \times \left(-1\log 1 - 0\log 0\right) + \frac{4}{10} \times \left(-\frac{3}{4}\log\frac{3}{4} - \frac{1}{4}\log\frac{1}{4} \right) +$$

$$\frac{3}{10} \times \left(-\frac{2}{3}\log\frac{2}{3} - \frac{1}{3}\log\frac{1}{3} \right) = 0.60$$

选择具有最低条件熵的属性作为树根。在本例中，树根可以是年龄或收入。该过程重复到树的下一层，直到所有属性都被用完，这样就能覆盖全部样本数据集。最后，我们得到两个决策树，如图 6.7 所示。注意，在每个层，各训练数据被分支到不同的叶节点或者等待下一次划分。在到达决策树叶之前，这两棵树最多有三层，两棵树具有相同的搜索代价。为得到最优解，我们需要选择最少层数的最短决策树。

现考虑测试客户数据：[性别：女性，年龄：26～40，收入：中等水平]，两棵树都无法产生唯一解。这意味着该树有过拟合的情况，严重偏向了所提供的样本数据。我们将在 6.4 节中建议其他的解决方案，以求解所生成预测模型的过拟合问题。一种替代的解决方案是基于对用户类别中客户的多数投票，通过计算被缩短的叶节点的概率来缩短树。

例如，在图 6.8a 中通过划分引出边到对应于根的三种可能选择（高，中，低）的三个路径，我们能简单地在树根层停止树的构造。或者我们生成图 6.8b 中缩短的树，该树由不同年龄值（>40，26-40，15-25，<15）分别指向四种可能的叶节点。然后叶节点用概率值标记。使用任一缩短的决策树，测试客户将以"是"预测结束，这意味着该客户将及时还款。然而，两棵树以对"是"表决预测的不同概率值结束。换句话说，我们应采用图 6.8a 中缩短的树作为预测模型。

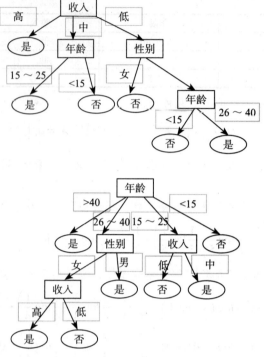

图 6.7　使用表 6.4 标记的样本数据构建两个决策树（原图由 Yue Shi 提供，USC，2016）

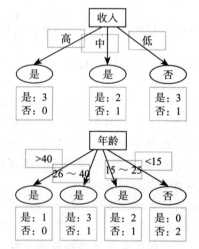

图 6.8　借助表 6.4 中的数据记录，采用投票计数法确定叶节点的概率，两个两层决策树源自两
　　　　个不同的树根（原图由 Yue Shi 提供，USC，2016）

6.2.3　贝叶斯分类与训练样本

　　托马斯·贝叶斯发明了基于统计决策理论分类的贝叶斯方法。本节介绍朴素贝叶斯和贝叶斯网络。当这些分类器应用于医疗、金融和其他诸多领域时，它们能提高分类的准确性。在本节中，我们将介绍贝叶斯分类器的基础知识。在不同条件下，单个 ML 算法无法达到指定的精度要求。在机器性能不变的情况下，我们能通过组合多分类器来提高算法的准确性

吗？这种组合多分类器的方法称为集成方法。为了做出可靠的决策，可组合几种简单的弱学习方法，从而提高超过 50% 的准确度。

考虑一对随机变量 X 和 Y。它们的联合概率 $P(X=x, Y=y)$ 与 $P(X, Y) = P(Y \mid X) \times P(X) = P(X \mid Y) \times P(Y)$ 的条件概率有关，因此可计算逆条件概率如下：

$$P(Y \mid X) = \frac{P(X \mid Y)P(Y)}{P(X)} \qquad (6.18)$$

这就是贝叶斯定理。在分类期间，随机变量是要被决策的类，X 是属性集。对给定测试数据项的属性向量 X_0，需要计算类概率 $P(Y, X_0)$。对应于 Y 的概率最大值就是以 X_0 为特征的测试数据的类别。

考虑属性向量 $X = \{X_1, X_2, \cdots, X_k\}$ 和随机变量 $Y = \{Y_1, Y_2, \cdots, Y_l\}$ 的 l 个可能值（或类）。称 $P(Y|X)$ 为后验概率，$P(Y)$ 为 Y 的先验概率。如果所有属性都是统计独立的，则可计算如下条件概率：

$$P(X \mid Y = y) = \prod_{j=1}^{k} P(X_j \mid Y = y) \qquad (6.19)$$

朴素贝叶斯分类器由下式计算每个类 Y 的后验概率：

$$P(Y \mid X) = \frac{P(Y)P(X \mid Y)}{P(X)} = \frac{P(Y)\prod_{j=1}^{k} P(X_j \mid Y)}{P(X)} \qquad (6.20)$$

贝叶斯分类法将 X 预测为具有最高后验概率的类。对 X 和 Y 的各个组合，后验概率为 $P(Y_i \mid X)$，$i = 1, 2, \cdots, l$；那么通过寻找最大的 $\max_{i=1,2,\cdots,l} P(Y_i \mid X)$ 来确定 Y_r，并将 X 分类到类 Y_r 中。由于 $P(X)$ 对于所有类都相同，只需求出其分子的最大值即可。因此，只需计算下式：

$$\max_{Y} P(Y)\prod_{j=1}^{k} P(X_j \mid Y) \qquad (6.21)$$

例 6.4　贝叶斯分类器和分类结果分析

训练数据是一组动物。各数据项可被标记为哺乳动物或非哺乳动物，但不能两者都标。每个数据项具有四个独立属性特征：A = <A1，A2，A3，A4> = <生育，能飞，生活在水中，有腿 >。需从训练集中建立贝叶斯分类模型。该模型用于将任何未标记的动物分类为哺乳动物（M）或非哺乳动物（N）。注意，属性 A3 "生活在水中" 是指动物主要生活在水中，而不仅仅是偶尔在水中活动。使用表 6.5 中的样本，我们计算先验概率：$P(M) = 6/20$ 和 $P(N) = 13/20$。

表 6.5　例 6.4 训练数据集中的样本数据

名称	生育	能飞	生活在水中	有腿	类别
人类	是	否	否	是	哺乳动物
蟒蛇	否	否	否	否	非哺乳动物
三文鱼	否	否	是	否	非哺乳动物
鲸	是	否	是	否	哺乳动物
青蛙	否	否	偶尔	是	非哺乳动物

（续）

名称	生育	能飞	生活在水中	有腿	类别
科摩多	否	否	否	是	非哺乳动物
蝙蝠	是	是	否	是	哺乳动物
鸽子	否	是	否	是	非哺乳动物
猫	是	否	否	是	哺乳动物
豹鲨	是	否	是	否	非哺乳动物
乌龟	否	否	偶尔	是	非哺乳动物
企鹅	否	否	偶尔	是	非哺乳动物
豪猪	否	否	否	是	哺乳动物
鳗鱼	否	否	是	否	非哺乳动物
火蜥蜴	否	否	偶尔	是	非哺乳动物
吉拉毒蜥	否	否	否	是	非哺乳动物
鸭嘴兽	否	否	否	是	哺乳动物
猫头鹰	否	是	否	是	非哺乳动物
海豚	是	否	是	否	哺乳动物
鹰	否	是	否	是	非哺乳动物

考虑由属性向量表征的未标记测试数据项：$A^* = <A1，A2，A3，A4> = <$是，否，是，否$>$。首先计算测试概率值，相关计算汇总于表 6.6 中。

表 6.6 表 6.5 中样本数据的预测试属性概率（M：哺乳动物，N：非哺乳动物）

统计	属性	生育		能飞		生活在水中		有腿	
		是	否	是	否	是	否	是	否
计数	M	6	1	6	1	2	5	2	5
	N	1	12	10	3	10	3	4	9
概率	M		1/7	6/7	1/7	2/7	5/7	2/7	5/7
	N	1/13	12/13	10/13	3/13	10/13	3/10	4/13	9/13

由于 $P(M \mid A^*) > P(N \mid A^*)$，具有属性向量 A^* 的生物被检测为哺乳动物。换句话说，一个生育、不能飞、生活在水中、没有腿的生物被分类为哺乳动物。现通过使用上述方法测试四种生物来分析采用贝叶斯分类的精度，参见表 6.6 中的结果。我们获得四种测试动物的后验概率为 $P(M \mid A1, A2, A3, A4)$ 和 $P(N \mid A1, A2, A3, A4)$。选择具有最高概率的类作为预测出的类别。

将预测结果与实际类别进行比较，我们发现最右列的四种可能预测状态。TP（真阳性）为正确预测的真实情况，TN（真阴性）为不正确预测的真实情况，FP（假阳性）为正确预测的虚假情况，FN（假阴性）为不正确预测的虚假情况。根据比较结果，我们有如下性能结果：TP = 2/4 = 0.5，TN = 1/4 = 0.25，FP = 0，FN = 1/4 = 0.25。那么，我们采用两个性能指标来评价贝叶斯分类器的精度。

$$预测精度 = (TP+TN)/(TP+TN+FP+FN) = 0.75$$
$$预测误差 = (FP+FN)/(TP+TN+FP+FN) = 0.25$$

精度或误差来自于所有属性均独立的弱假设。一般来说，覆盖所有可能属性向量的训练集越大，预测精度就越高。此外，由于来自训练数据集（表 6.7）中 $N_{ic} = 0$ 的情况，如果个别条件概率 $P(A_i \mid C) = N_{ic} /N_c = 0$，那么整个后验概率将为零。此情况可通过假设偏移值 $P(A_i$

| C) $= (N_{ic}+1)/(N_c+c) = 1/(N_c+c)$ 来避免，其中 c 是所考虑问题的分类数目。

表 6.7　四种动物预测结果与例 6.4 中实际类别比较

名称	生育	能飞	生活在水中	有腿	预测的类	实际的类	预测状态
狗	是	否	否	是	M	M	TP
单孔目	否	否	否	是	N	M	FN
美洲鳄	否	否	是	是	N	N	TN
马	是	否	否	是	M	M	TP

6.2.4　支持向量机

支持向量提供了对多维数据集进行分类的另一种方法。在间隔（margin）带边缘上的样本点称为支持向量。我们可用一条直线来分隔 2D 空间中的点，用一个平面分隔 3D 空间中的点。同样，我们用一个超平面（hyperplane）分隔高维空间中的点。我们将相同区域的点当成一类，以便能采用支持向量机（SVM）来求解分类问题。尽管最初的问题可能被表示为有限维空间，但是在该空间中经常会发生待区分的集合不能线性可分。为此，提出将最初的有限维空间映射到更高维的空间中，在该空间中可能使分隔变得更为容易。因此，可采用超平面将高维空间中的这些点聚类。

线性可分的边界

考虑具有两种类型数据的 2D 平面，表示成圆形和方形点，如图 6.9a 所示。这些数据是线性可分的，因此，在它们之间画一条直线。然而，可以绘制无限条直线，如图 6.9b 所示。如何找到"最佳"的线，即具有最小分类错误的线？例如，考虑 n 维空间中的两类问题。

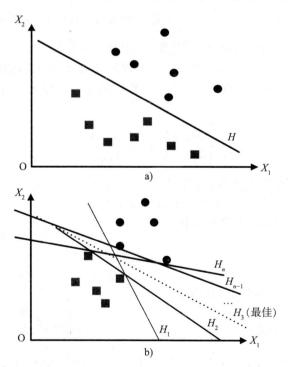

图 6.9　SVM 方法生成超平面以分隔数据空间中的数据点

两类被一个 $(n-1)$ 维超平面分隔。考虑数据点 D 为 $(X_1, y_1), \cdots, (X_{|D|}, y_{|D|})$，其中，$X_i$ 是 n

维训练样本，具有类标签 y_i。每个 y_i 可假设为一类 +1 的值；对于其他类，可假设为 -1 的值。在此情况下，（$n-1$）维超平面表示为：

$$w^\mathrm{T}x + b = 0 \qquad\qquad (6.22)$$

其中 w 和 b 是参数，对应于 2D 平面中的直线。当然我们也希望超平面可分隔两种数据，即超平面一侧数据点对应的所有 y_i 对象都是 -1，另一侧数据点对应的 y_i 对象都是 +1。使 $f(x) = w^\mathrm{T}x + b$，令 $f(x)>0$ 的点对与 $y=1$ 的数据点对应，令 $f(x)<0$ 的点对与 $y=-1$ 的数据点对应。

最大间隔超平面

考虑最接近决策边界的方块和圆圈，如图 6.10 所示。调整参数 w 和 b，两个平行超平面 H_1 和 H_2 可表示为：

$$H_1 : w^\mathrm{T}x + b = 1 \qquad H_2 : w^\mathrm{T}x + b = -1 \qquad\qquad (6.23)$$

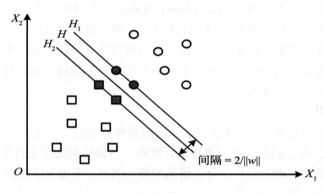

图 6.10   在 2D 数据空间中，使用最大化间隔将数据点分隔在分界线两侧的超平面

决策边界的间隔由两个超平面间的距离给出。为计算间隔，使 x_1 为 H_1 上的数据点，x_2 为 H_2 上的数据点，将 x_1 和 x_2 代入上面公式，则间隔 d 可通过两式相减得出：$w^\mathrm{T}(x_1 - x_2) = 2$，因此有 $d=2/\|w\|$。SVM 的相位包括来自训练数据的参数 w 和 b 的估计，所选参数须满足两个条件：

$$\begin{cases} w^\mathrm{T}x_i + b \geqslant 1 & y_i = 1 \\ w^\mathrm{T}x_i + b \leqslant -1 & y_i = -1 \end{cases} \qquad\qquad (6.24)$$

这两个不等式可写成如下更紧凑的形式：

$$y_i(w^\mathrm{T}x_i+b) \geqslant 1 \quad i=1, 2, \cdots, N \qquad\qquad (6.25)$$

间隔最大化等价于如下目标函数的最小化：

$$f(w) = \frac{\|w\|^2}{2} \qquad\qquad (6.26)$$

因此，通过寻找最小目标函数获得 SVM：

$$\min \frac{\|w\|^2}{2}, \quad \mathrm{s.t.} \quad y_i\left(w^\mathrm{T}x_i + b\right) \geqslant 1 \quad i = 1, 2, \cdots, N \qquad\qquad (6.27)$$

如果找不到一个超平面来分隔数据，即以上的线性 SVM 找不到一个可行的解的话，则需通过如下两个步骤将 SVM 扩展到非线性 SVM 模型：通过非线性映射将输入数据转换到更高维度的空间；在新空间中搜索分隔的超平面。例如，当低维线性数据不可分时，采用高斯函数后可将其映射到可分的较高维。这是一个凸优化问题,因为目标函数是二次的并且约束条件是线性的,它可通过标准拉格朗日乘数法求解。当样本是非线性不可分时,我们可能需要调整模型。此情况见图 6.11。

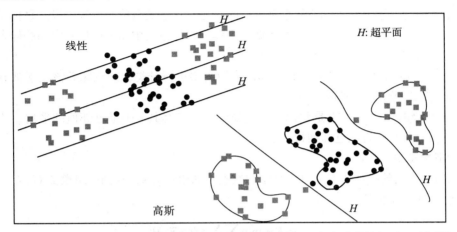

图 6.11 在 2D 数据空间中,分隔数据点的线性可分超平面(左上)与非线性超平面(曲线)对比

6.3 聚类方法与降维方法

对没有标记的训练数据,我们可采用向量量化方法将数据集分类为不相交的聚类。难点在于如何发现未标记的数据元素之间的隐藏关系。聚类分析提供了最常见的无监督分类方法。聚类方法将数据分组为有意义的称为聚类的子集,而不使用任何训练数据。本节介绍将大量不相关数据元素(或向量)分组为 k 个聚类的 k 均值聚类法。

6.3.1 聚类分析与 k 均值聚类

聚类分析是基于欧氏距离或相似函数来分配一组观察值以将数据集分割为聚类。根据预定义的相似性度量,被分组到同一聚类的数据元素是相似的或具有一些共同的属性。聚类由相异的特征或属性分隔。聚类分析旨在为分类用途进行数据分离,它是一种无监督的分类方法。

在欧氏空间中,设数据集 D 包含 n 个对象。你需要将 D 中的对象分成 k 个聚类 C_1, $C_2, \cdots, C_k$,使 $1 \le i, j \le k$, $C_i \subset D, C_i \cap C_j \ne \varnothing$。有必要定义一个目标函数来评估分割质量,该函数在聚类中具有高相似度且具有较低的类间相似度。

为了更直观地具体表达一个聚类,聚类中心定义如下:

$$\overline{x}_{C_i} = \frac{\sum\limits_{i=1}^{n_i} \vec{x}_i}{n_i}, \qquad i = 1, 2, \cdots, k \tag{6.28}$$

其中 n_i 表示聚类中元素的数目,$\vec{x}_i$ 表示聚类元素的向量坐标,那么 $\overline{x}_{C_i}$ 表示聚类 C_i。用 $d(x, y)$ 表示两个向量间的欧氏距离。目标函数定义为

$$E = \sum_{i=1}^{k} \sum_{x \in C_i} [d(x, \overline{x}_{C_i})]^2 \tag{6.29}$$

事实上,目标函数 E 是数据集 D 中的所有对象到聚类中心的平方误差和。我们下面学

习简单聚类 k 最近邻（kNN）法，它更容易实现。kNN 算法的缺陷是对数据空间的局部结构很敏感。该缺陷通过更复杂的 k 均值聚类法来修正。

k 最近邻（kNN）聚类

这是一种惰性学习方法或一种基于实例的学习，它是最简单的实现手段。目标函数仅用延迟分类局部近似。其思想是将输入数据元素作为特征空间中 k 个最接近的训练样本。输出取决于是采用 kNN 分类还是 kNN 回归。

- 对于 kNN 分类：对象通过其近邻的多数投票进行分类，这意味着该元素被分类为其 k 个最近邻中最常见的一员。
- 对于 kNN 回归：输出是数据对象的属性值，它是其 k 个最近邻值的平均。这意味着数据对象是较近的近邻加权。

k 均值聚类法

k 均值聚类目的描述如下。对于给定的数据集和给定的 k，找到一组聚类 $C_1, C_2, \cdots, C_k$，为了最小化目标函数 E：

$$\min E = \min \sum_{i=1}^{k} \sum_{x \in C_i} [d(x, \bar{x}_{C_i})]^2 \tag{6.30}$$

令 S 为 n 个数据元素的集合，S_i 为第 i 个聚类子集。聚类 S_i（$i = 1, 2, \cdots, k$）是数据集 S 的分割的不相交子集。k 均值聚类是用迭代细化技术（也称为 Lloyd 算法）来实现的。给定 k 个均值 $m_1^{(1)}, \cdots, m_k^{(1)}$ 的一个初始集，算法由以下两个步骤交替进行。

赋值步骤：将每个观察值赋值给聚类，其中均值是集合 S_i 的质心，以产生最小类内平方和（Within-Cluster Sum of Squares，WCSS）。这实际上是在 t（$t = 1, 2, \cdots$）时刻的欧氏平方距离。

$$S_i^{(t)} = \{x_p : \| x_p - m_i^{(t)} \|^2 \leqslant \| x_p - m_j^{(t)} \|^2 \; \forall j, 1 \leqslant j \leqslant k\} \tag{6.31}$$

更新步骤：计算时间步长 $t+1$ 时刻的新均值作为在新的聚类的观察质心。

$$m_i^{(t+1)} = \frac{1}{\left| S_i^{(t)} \right|} \sum_{x_j \in S_i^{(t)}} x_j \tag{6.32}$$

由于算术均值使 WCSS 目标最小化，当赋值不再减少 WCSS 时，该算法收敛。由于两个步骤对 WCSS 目标进行优化，所以只存在有限次数迭代便产生最终分割。算法必须收敛到（局部）最优。该思想是按距离将数据对象赋值给最近的聚类。为了能重复地构建聚类，我们用图 6.12 来说明初始质心选择，以及从 15 个数据点中构建出三个聚类的四个步骤。

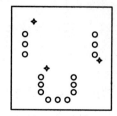 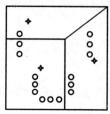 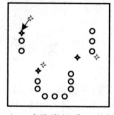 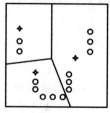

a）对于 $k=3$，选择三个   b）最近均值的三个初始   c）三个聚类的质心成为   d）重复步骤2和步骤3
　　初始均值　　　　　　　　聚类　　　　　　　　　新的均值　　　　　　　后收敛

图 6.12　k 均值聚类过程在两次迭代中围绕三个均值（质心）产生三个聚类（$k=3$），其中初始均值以及新均值均用星号标记

1. 在数据域内随机生成 k 个初始"均值"(此情况 $k=3$)。

2. 将各数据点与最近的均值相关联来生成 k 个聚类。分割对应于由均值生成的 Voronoi 图。

3. 每个 k 聚类的质心成为新的均值。

4. 重复步骤 2 和步骤 3,直至收敛。

例 6.5　医院检查记录的聚类分析

图 6.13 展示了医院体检记录聚类分析的一个例子。基于特征聚类,体检组被分成 "合格组"和"不合格组"。不合格者可被分成高血脂症子组和心脏病子组。同样,高血脂症组又可被分成高风险子组和低风险子组。

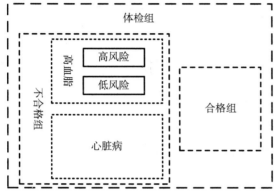

高风险:高血脂症的高风险患者
低风险:高血脂症的低风险患者
合格组:体检正常的人

图 6.13　将病人聚成几个类以接受不同的治疗方案.

一般来说,聚类和分类的区别是聚类是一种无监督学习过程,而分类是一种监督学习过程。聚类需要用户确定标签,而不是使用预定义的标签。这种无监督的聚类被称为 k 均值聚类。

例 6.6　采用 k 均值聚类分类鸢尾花(由南加州大学 Zhang Wenhao 提供)

在鸢尾花上给出 150 个未标记数据点的数据集,对于 $k=3$ 的聚类,考虑用 k 均值法聚类求解鸢尾花分类问题。这些花分为三类,分别是鸢尾花 setosa、鸢尾花 versicolour 和鸢尾花 virginica。这些完整的花数据集来自于 UC Irvine 机器学习库,表示为 "iris.csv" 文件。该数据集有四个特征:萼片长度(cm),萼片宽度(cm),花瓣长度(cm),花瓣宽度(cm)。

为简化聚类结果的最终显示,我们考虑只有两个最重要特征 {3, 4} 的数据点。接下来的步骤中,我们识别聚类中心(质心),并绘制一个 2D 欧氏空间图(x 轴:petal.length;y 轴:petal.width),以显示最终的聚类结果。

表 6.8　例 6.6 中 k 均值聚类的部分数据集

花瓣长度(petal.length)	花瓣宽度(petal.width)
1.4	0.2
1.7	0.3
4.9	1.5
3.5	1.0
6.0	2.5
...	...

R 语言代码的 k 均值聚类说明如下。围绕特征 {3, 4} 的部分数据集在表 6.8 中给出。

```
inputData <- read.csv("./iris.csv") //读取输入数据集
initialCenters <- matrix(c(2, 4, 6, 0.8, 1.6, 2.5), 3, 2) //选取三个聚类的初始均值
```

```
results <- kmeans(inputData, initialCenters, iter.max = 1, trace = TRUE)
                        // 第一次迭代
firstCenters <- results$centers // 一次迭代后保存聚类中心
results <- kmeans(inputData, initialCenters, iter.max = 2, trace = TRUE)
                        // 第二次迭代
plot(inputData, pch = results$cluster) // 收敛后绘制分割结果
points(initialCenters, pch = 16, cex = 2) // 绘制初始中心
points(fi rstCenters, pch = 15, cex = 2) // 第一次迭代后绘制中心
points(results$centers, pch = 17, cex = 2) // 第二次迭代、收敛后绘制中心
```

k-means（inputData，3）程序重复执行，直至收敛。最初，我们选择尽可能隔开的三个距离的均值，如图 6.14a 所示。初始均值是（2，0.8）、（4，1.6）和（6，2.5）。然后我们计算它与所有邻域的距离。我们应用最小距离准则形成三个新的聚类。

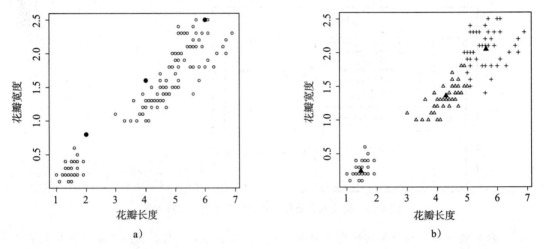

图 6.14 对于 $k = 3$，k 均值聚类将 150 个未标记的患者分为三个治疗组。其中图 a 用黑圈显示
　　　　 初始均值的选择；图 b 显示两次迭代后的最终均值，其中三个聚类由圆圈、三角形
　　　　 和十字叉围绕在以黑色三角形显示的最终均值周围（南加州大学 Zhang Wenhao 提供，
　　　　 2016）

最后，我们计算三个当前聚类成员的新均值（质心）：（1.4，0.24）、（4.2，1.35）和（5.62，2.04）。由于这些新均值在第二次迭代后是相同的，故达到收敛，如图 6.14b 所示。这三个聚类现由圆圈、三角形和十字叉进行区分。

6.3.2 降维方法与强化学习

本节学习降维（dimensionality reduction）和强化学习（reinforcement learning）方法。这里仅介绍一些主要概念。强化学习与深度学习已被 DeepMind 的 AlphaGo 程序联合运用，此部分将在第 9 章中学习。

机器学习降维

在高维度中，任意两个向量之间的欧氏距离可用于实现分类、回归或聚类。这会造成"维度灾难"问题。为求解该问题，人们提出了许多降维算法。降维通过映射函数将高维空间中的点转换至低维空间，以减轻内部的维度灾难。降维不仅能减少数据的相关性，还可以加速算法的运算速度（减少数据量）。表 6.9 概括了 ML 中的几种降维方法。

表 6.9　ML 中的降维方法

方法	基本思想
主成分分析（PCA）	使用几个综合指标（主成分）来取代所有初始数据的指标
奇异值分解（SVD）	取矩阵中的奇异值来求解。选择较大的奇异值并放弃较小的奇异值以减小矩阵维数
因子分析（FA）	通过分析数据结构发现各属性的内在联系，从而找出属性（因素）的一般性
偏最小二乘法	集成了主成分分析法、典型相关分析法和多元线性回归分析法的优点
判别分析（DA）	将高维空间中具有类标签的数据（点）投影到低维空间中，这使得在低维空间分类成为可能
局部线性嵌入（LLE）	一种非线性降维算法，它能保持初始流形结构中的数据
拉普拉斯特征映射	降维后，映射中被连接的点可能彼此接近

降维的本质是学习映射函数 $f: x \rightarrow y$，其中 x 是以向量表达的初始数据点，y 是数据点映射后的低维向量表达。一般来说，y 的维数小于 x。f 可能是显式、隐式、线性或非线性。

目前，大多数降维算法处理向量表示的数据，而少数降维算法处理高阶张量表示的数据。使用数据降维的原因是在初始高维空间中存在冗余信息和噪声信息，这可能导致误差且降低实际应用中的精度（如图像识别）。通过降维，我们希望减少由冗余信息导致的误差并提高识别精度（或其他应用）。或者，我们希望通过降维算法寻求数据的基本结构特征。线性降维包括主成分分析和线性判别分析法，而非线性降维可由局部线性嵌入和等距特征映射方法表征。

强化学习方法

强化学习（RL）被认为是一种无监督 ML 算法。它不会以正确的输入 / 输出对呈现，也不会有显式修正的次优动作。该方法期望用户采取积极动作来强化输入数据的质量，以帮助提升预测精度。这被认为是一种长期的性能回报。强化学习算法需要一种策略，它将预测模型的状态与拟采取强化动作的程度联系起来。RL 的思想受行为心理学的启发。强化动作也可能与博弈论、控制理论、运筹学、信息论、群体智能、统计学和遗传算法有关。

基本的 RL 模型包括：一组环境状态；一组动作；状态之间的过渡规则；确定标量立即奖赏的回报规则；描述代理输出的观察规则。这些规则通常是随机的。观察往往包含与最后过渡相关联的标量立即奖赏。这里假设代理完全观察了当前状态。反之，代理可能只有局部可观测性（见图 6.15）。完全观察由马尔科夫决策过程（MDP）建模，这里条件概率 $P(s'|s, a)$ 为已知。在局部观察情形中，一些条件概率为真，而其他条件概率因局部可观测性则为未知。

具有 RL 的代理在离散时间步长与其环境进行交互。在代理每次接收一个观察值时，它随后就从可用的那组动作中选取一个动作，接着将其发送至环境中。环境转移到新状态，与过渡 RL 代理相关的回报旨在收集尽可能多的奖赏。代理可根据历史记录选择任何动作。为使行动接近最优，代理必须考虑其动作的长期效果。

很适合 RL 的问题包括长期与短期回报权衡。它已成功应用于多种问题，包括机器人控制、电梯、调度、AlphaGo 游戏、跳棋等。在第 9 章中，我们将学习如何将 RL 应用于 DL 开发 AlphaGo 程序。一般来说，RL 应用函数逼近方法来处理大型应用环境。该方法适用于以下三种问题应用环境：

- 环境模型已知，但分析求解不可用。
- 在环境中仅给出了基于仿真的优化。
- 通过与环境交互来收集信息并进行权衡。

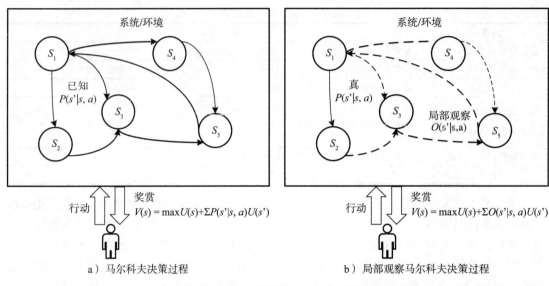

a）马尔科夫决策过程　　　　　　　　　b）局部观察马尔科夫决策过程

图 6.15　在强化学习环境中，借助代理的完整和局部观察的概念

最终目标是在有限理性条件下达到某种形式的平衡，类似于 MDP 中的实践，通过动态规划进行完整观察。强化动作不是由监督学习开始的，其重点是实现在线性能。我们需要在未知数据探索和可用数据的分类知识之间找到适当的折中。为强化学习过程，用户必须首先定义最优性。用户可用基于蒙特卡洛或时间差分的价值函数法代替穷举法。另外，还可考虑直接的策略搜索法。

我们还可考虑基于试错法的逆向强化学习（Inverse Reinforcement Learning，IRL）方法。这里没有给出回报函数。相反，用户根据一些观察行为制定一个策略。目的是模拟趋于最优化的观察行为。如果 IRL 过程偏离观察行为路线，训练器需要应急规划以返回稳定的轨道。

6.3.3　主成分分析方法

在实际情况下，对象由许多属性组成。例如，体检报告由许多体检项目组成。每个属性都是对象的反映。这些对象之间或多或少具有相关性，并且相关性导致了信息重叠。属性信息（变量或特征）的高度重叠和相关性可能对统计方法的应用和数据分析造成许多障碍。需要属性降维来解决信息重叠问题，它可以大大减少参与数据建模的变量数目，且不造成信息损失。PCA 是一种有效的降低变量维数的分析方法。

PCA 被设计成将多元指标（回归变量）转换为具有降维思想的几个总体指标（主成分）。每个主成分可反映原始变量的大部分信息，并且所包含的信息不会重复。通常，各主成分是原始变量的线性组合，且各主成分是不相关的。该方法可将复杂因素概括为几个主成分，同时引入多个变量来简化问题并获得科学有效的数据信息。

无论属性维度如何减少，PCA 中会有信息损失。这种损失信息在 ML 算法迭代中可能被放大，导致结论不准确。因此，当采用 PCA 时需要仔细考虑。主成分是由原始变量综合形成的几个新变量。根据主成分中的信息量，将其称为第一主成分、第二主成分等。主成分和原始变量之间有几种关系：

- 主要成分保留了原始变量的大部分信息。
- 主成分的数目远少于原始变量。

- 各主成分是不相关的。
- 各主成分是原始变量的线性组合。

PCA 的目的是将相关变量重新组合成一组新的不相关综合变量，以代替原始变量。通常，数学处理方法是将原始变量的线性组合作为新的综合变量。人们如何选择这么多的组合呢？在 PCA 中，"信息"是用方差来衡量的，即如果方差 $\text{Var}(F_1)$ 较大，则表示 F_1 包含更多信息。因此，在所有线性组合中选择的方差最大，故 F_1 称为第一主成分。如果第一主成分不足以表征 p 个变量的信息，我们再考虑选择第二个线性组合。为了有效地反映原始信息，F_1 中的信息不会出现在 F_2 中。在表达式 $\text{Cov}(F_1, F_2) = 0$ 中，F_2 称为第二主成分。我们可以通过做同样的事情来构建第三、第四以及第 p 个主成分。

假设有 n 个评估对象（如进行体检的人）和 m 个评估指标（如身高、体重等），可构成大小为 $n \times m$ 阶的矩阵。表示为 $x = (x_{ij})_{n \times m}$，其中 x_i, $i = 1, 2, \cdots, m$ 是列向量。该矩阵称为评价矩阵（evaluation matrix）。

得到评价矩阵后，PCA 的一般步骤如下。

1. 计算均值 $\bar{x} = \dfrac{1}{n} \sum_{i=1}^{n} x_{ij}$ 和初始样本数据的方差 $s_j = \sqrt{\sum_{i=1}^{n} (x_{ij} - \bar{x}_j)/(n-1)}$。均值和标准差按列计算。

2. 计算标准数据 $X_{ij} = \dfrac{(x_{ij} - \bar{x}_j)}{S_j}$ 以及矩阵标准化后的评价矩阵变化：

$$X = \begin{bmatrix} X_{11} & X_{12} & \cdots & X_{1m} \\ X_{21} & X_{22} & \cdots & X_{2m} \\ \vdots & \vdots & & \vdots \\ X_{n1} & X_{n2} & \cdots & X_{nm} \end{bmatrix} = (X_1, X_2, \cdots, X_m) \tag{6.33}$$

3. 应用标准化后的矩阵计算各个评价指标（或协方差矩阵）的相关矩阵 $C = (c_{ij})_{m \times m}$，$C$ 为对称且正定的矩阵。因此，$c_{ij} = X_i^T X_j / (n-1)$。

4. 计算相关矩阵（或协方差矩阵）的特征值 λ 和特征向量 ξ。以递减顺序排列特征值：$\lambda_1 > \lambda_2 > \cdots > \lambda_m$，并排列对应特征值的特征向量。假设第 j 个特征向量为 $\xi_j = (\xi_{1j}, \xi_{2j}, \cdots, \xi_{mj})^T$，则主成分为：

$$F_j = \xi_j^T X = \xi_{1j} X_1 + \xi_{2j} X_2 + \cdots + \xi_{mj} X_m \tag{6.34}$$

当 $j = 1$ 时，F_1 为第一主成分。

5. 根据相关矩阵的特征值，计算出主成分的贡献率 η 和累积贡献率 Q：

$$\eta_i = \frac{\lambda_i}{\lambda_1 + \lambda_1 + \cdots \lambda_m}, \quad Q_i = \eta_1 + \eta_2 + \cdots + \eta_i, \quad i = 1, 2, \cdots, m \tag{6.35}$$

最后，根据用户指定的贡献率，确定主成分的数目，得到评价矩阵的主成分。

一般来说，贡献率为 0.85、0.9 和 0.95。根据具体场景确定三种不同的贡献率水平。PCA 一般步骤见下例。

例 6.7　患者数据的主成分分析

表 6.10 是在武汉市一家二级医院体检时得到的数据集以及评分等级。体检项目包括甘油三酯、总胆固醇、高密度脂蛋白胆固醇（HDL-C）、低密度脂蛋白胆固醇（LDL-C）、年龄、体重、总蛋白、血糖。采用 PCA 方法来确定患者的主成分以实现数据降维。

表 6.10   例 6.7 中用于 PCA 分类的患者数据

患者 ID	甘油三酯	总胆固醇	HDI-C	LDI-C	年龄	体重	总蛋白	血糖
1	1.05	3.28	1.35	1.8	60	56.8	66.8	5.6
2	1.43	5.5	1.66	3.69	68	57.4	79.4	5.3
3	1.16	3.97	1.27	2.55	68	70.7	74.7	5.4
4	6.8	5.95	0.97	2.87	50	80.1	74	5.6
5	3.06	5.25	0.9	3.81	48	82.7	72.4	5.8
6	1.18	5.88	1.77	3.87	53	63.5	78	5.2
7	2.53	6.45	1.43	4.18	57	61.3	75	7.3
8	1.6	5.3	1.27	3.74	47	64.9	73.6	5.4
9	3.02	4.95	0.95	3.53	39	88.2	79	4.6
10	2.57	6.61	1.56	4.27	60	63	80	5.6

因为每列数据反映了体检患者的不同方面且指标单位不同，所以我们对原始数据做标准化。例如，患者 1 的指标为 $x'_{11} = \dfrac{x_{11}}{\max(x_1)} = \dfrac{1.05}{6.8} = 0.15$，表示为以下评价矩阵和相关矩阵：

$$x = \begin{bmatrix} 0.15 & 0.50 & \cdots & 0.77 \\ 0.21 & 0.83 & \cdots & 0.73 \\ \vdots & \vdots & & \vdots \\ 0.38 & 1 & \cdots & 0.77 \end{bmatrix} \qquad \mathrm{corr}(x) = \begin{bmatrix} 1 & 0.40 & \cdots & 0.09 \\ 0.40 & 1 & \cdots & 0.35 \\ \vdots & \vdots & & \vdots \\ 0.09 & 0.35 & \cdots & 1 \end{bmatrix}$$

根据相关矩阵计算特征值和特征向量：

$$\lambda = [2.96, 2.65, 1.33, 0.62, 0.33, 0.0024, 0.07, 0.036]$$

其中对应于第一个特征值的特征向量为：

$$\xi_1 = [0.042, 0.02, 0.53, 0.06, 0.46, -0.54, 0.07, 0.16]^T$$

各主成分的贡献率如图 6.16 所示。指定的贡献率为 85%。

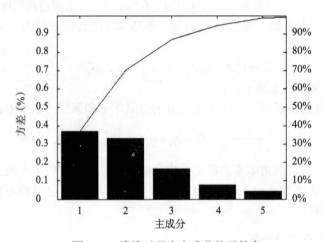

图 6.16   降维过程中主成分的贡献率

6.3.4   半监督学习方法

该方法混合了监督学习和无监督学习。在这种情况下，训练器被给定不完整的训练数据集，其中一些目标输出（标签）缺失。转换是此方法原理的一种特殊情况，其中整个问题实例集在学习期间都是已知的，但部分目标缺失。在某种程度上，强化和表示算法都是半监督 ML 方法的子类。许多 ML 研究者发现，联合使用少量标记数据与未标记数据能提高学习精度。

发现一些有用的标记数据通常需要领域的专门知识，或者进行一组物理试验。与标记过程相关的费用阻碍了完全标记训练集的使用。换句话说，使用部分标记数据更为合理。事实上，由于我们处理模糊性的能力，半监督学习更接近于人类学习。

这里提供半监督学习的三个基本假设。为了使用未标记数据，我们必须假设一些数据分布。根据维基百科（https://en.wikipedia.org/wiki/Semi-supervised_learning 2016）提供的报告，不同的半监督学习算法可能要设定不同的假设，概述如下。

- 平滑性假设：彼此接近的样本数据点更有可能共享一个标签。它通常也是在监督学习中所假设的。这种假设可能导致对简单几何决策边界的偏好。在半监督学习中，平滑性假设导致对低密度区域决策边界的偏好。
- 聚类假设：数据倾向于形成离散的聚类，相同聚类中的点更有可能共享一个标签。必须认识到这个事实，数据共享标签可能跨越多个聚类传播。该假设与聚类算法的特征学习有关。
- 流形假设：数据位于比输入空间维度更低的流形上。既然如此，我们使用标记和未标记的数据指导流形以避免维度灾难。因此，可使用距离和定义在流形上的密度进行半监督学习。

当遇到高维数据集时，流形假设是实用的。例如，人的声音由几条声带控制，不同的面部表情由几条肌肉控制。我们希望在自然数据空间中利用距离和平滑性，而不是在所有可能的声波或图像空间中利用它们。下面的例子展示了半监督 ML 的优点。

例 6.8　半监督机器学习

本例是从维基百科（https://en.wikipedia.org/wiki/Semi-supervised_learning）获取的。其目的是在半监督学习中展示未标记数据的影响。当从图 6.17 中看到一个正（白色圆圈）和一个负（黑色圆圈）的样例后，其顶部面板显示了我们可能采纳的决策边界。除了两个标记样例外，如果我们还给出了一组未标记数据（灰色圆圈）的集合，则底部面板显示了可能采纳的决策边界。这可被视为进行了聚类，然后用标记的数据去标记聚类，将决策边界从高密度区域推离，或者学习数据所在的一维流形。

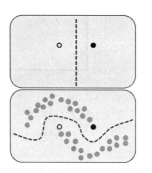

图 6.17　半监督机器学习，其中顶框用于标记监督学习的数据，底框的未标记数据用于无监督
聚类或 SCM（Supply Chain Management）分类

6.4　机器学习的建模方法

下面学习如何选择正确的 ML 建模方法。这里介绍一些策略和合理的解决方案。我们通过可视化、ML 算法选择以及过拟合或者欠拟合解决方案来考虑对数据的理解。最后，我们给出选择 ML 算法的步骤。我们还将讨论使用不同损失函数的优缺点。

6.4.1　模型拟合的性能指标

每个 ML 算法都有自身的应用潜力。给定一个数据集，某种算法的性能可能是极好的，但另一种算法的性能可能相反。而且，换成不同的数据集也可能彻底改变结论。因此，一般情况下，很难判断哪种算法更理想。

引入一些常用指标来评价 ML 算法是很重要的。我们可以采纳一些指标来揭示其相对优点。其他指标可以用于寻找更易实现的类似算法。

机器学习算法的性能指标

我们考虑用三个基本指标来评估所使用的各种性能指标的质量。

- 精度：这是在测试数据集上评价 ML 性能的最重要的标准。有两种情况：过拟合或欠拟合算法。显然，训练集表现出的性能越高，算法预期的拟合度就越好。
- 训练时间：它是指算法的收敛速度，或建立最优化工作模型所需的时间。显然，训练时间越短，建立的模型越好，实现成本就越低。
- 线性度：该模型属性反映了所用 ML 算法的复杂度。线性性能意味着某种形式的可扩展性能。实际上，经常需要具有较低复杂度的线性算法，因为它可能导致较短的训练时间甚至在降低成本的情况下获得更高的精度。

机器学习性能评分

为了量化 ML 算法的性能，可以定义一些性能评分。这些评分归一化为 100% 表示满分和小分数表示低分。该评分通常是所有三个性能指标的加权函数。不同的用户组应用不同的加权函数来突出选择偏好，如加权精度作为第一，训练时间作为第二。ML 算法的性能被绘制成图 6.18 中的学习性能曲线。

在该学习曲线中，对于训练样本在 y 轴上显示评分，或在 x 轴上显示测试数据大小。在这样的性能曲线中说明了两个相互竞争的评分。训练评分由所用的训练数据集来驱动。交叉验证评分是基于所有输入数据的递进测试。一般来说，训练评分高于验证评分，这是因为该模型是由训练数据集构建的。图 6.18 展示了一种理想的情况，其中两个评分在充分测试后很快收敛。

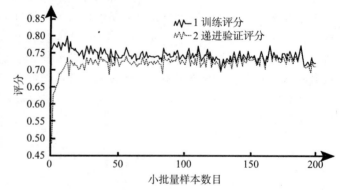

图 6.18　在良好拟合的机器学习模型中，训练评分和交叉验证评分能很好地匹配

机器学习过程中的模型拟合案例

在选择可接受的 ML 算法的过程中，我们这里考虑两种模型案例，以便应用于训练和测试数据集的不同性能条件中。

- 过拟合建模。在此情况中，训练评分很高，但对于所用的测试数据集，交叉验证评分却很低。如图 6.19 所示，两个评分彼此隔开相距很远。这种状态意味着模型非常接近训练集。然而，该模型忽略了验证数据集中的噪声容限。换句话说，对特定的训练数据集，训练集有很大的偏差。在一般应用中，该样本数据集远离常见的数据分布或特征。在这种情况下，过拟合模型根本无法精确地模拟测试数据。
- 欠拟合建模。在这种情况下，给定的训练集产生的模型性能评分非常低，远低于用户的期望值。这种欠拟合现象意味着选择了不良的训练集，因此获得的训练模型根本无法在实际测试数据集上很好地实现。结果，获得的模型对用户而言是完全不可接受的。

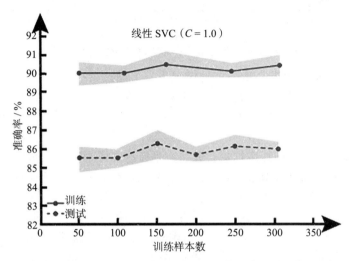

图 6.19　小数据设置为 150 个样本，采用线性 SVC 算法建立学习模型时的过拟合情况

6.4.2　降低模型过拟合的方法

过拟合的主要原因是模型刻意记忆训练样本的分布特性。换句话说，样本数据行为对正在建立的模型产生了过度偏差。过拟合模型在特定训练集上评分很高，但在其他数据集上评分不佳。换句话说，必须改善数据集中的大评分间隔。本节将给出减少这种不利影响的几种方法。

增加训练数据大小

增加样本量能使训练集更具有代表性，以便覆盖更多的数据种类及缺失。应用样本的增加更好地反映了噪声影响。噪声的均值可减为零。也就是说，噪声对测试数据的影响可大大降低。增加样本量的常用方法是在相同的方案下收集更多的数据。有时添加手动标记来生成一些人工训练样本。例如，可应用图像识别、镜像变换和旋转操作来扩大样本量。尽管这些操作可能是密集型劳动，但可提高样本的依赖关系，通过避免训练偏差来改进模型。

327

例 6.9　用线性 SVC 算法扩展样本数据集

如图 6.20 所示，现将样本数从 150 扩展到 400。由于数据集增加量超过 200，扩展的数据集导致了评分曲线的良好收敛。由于样本数据大小超过 300，两个评分彼此非常接近。

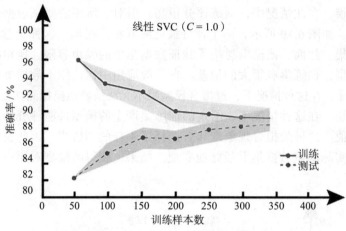

图 6.20　将训练集扩大到 800 个样本来降低 ML 模型过拟合的影响

在小样本数据大小不能进一步增加的情况下，可通过变换已有的样本集来减少噪声影响，如采用小波分析减少噪声。其目的是将平均噪声降为零，同时也降低了噪声方差，从而减少了噪声对所有待测试数据的影响。

328

特征筛选和降维方法

有时我们可能有一个大训练数据集，其特点是有许多样本特征。通过揭示特征之间的相关性，可以删除某些特征以降低过拟合的影响。删除这些具有有限代表性的特征称为特征筛选或降维。事实上，我们可遍历所有组合方式的特征并选择更重要的特征。在拥有高维度样本的情况下，可以采用关联分析或相关分析借助降维来消除一些弱特征。

有时，确定正交特征之间的关系是相当困难的。在此情况下，PCA 算法适用于降维。在特征空间维数不高时，进行特征筛选来降低模型的复杂度。有三种方法：降低 ML 模型中多项式的次数；减少 ANN 的层数和每层节点的数量；在 SVM 算法中增加 RBF 核的带宽。

例 6.10　**使用更少的特征（维度）减少过拟合的影响**

可以应用关联分析来评估 PCA 算法中各特征的影响。在图 6.21 中，我们展示了在线性 SVC 算法中使用更少特征的效果。在此情况下，观察学习过程中这些特征的重要作用后，手动选择了特征 7 和特征 8。

329

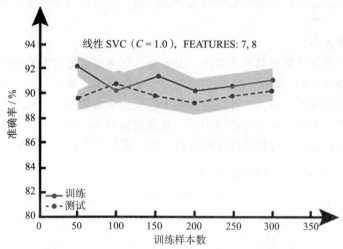

图 6.21　在线性 SVC 算法中使用更少特征的效果

6.4.3　避免欠拟合的方法

欠拟合发生在两种情况下：数据集准备不足以及在训练和验证过程中表现不佳；考虑问题环境所处的性质，错误地选择了 ML 算法。不同的数据集可能要求选择不同的算法。欠拟合问题很难彻底解决。较可行的办法是找到避免它的方法。

混合参数变化

采用 SVM 模型求解分类问题时，要考虑欠拟合问题。一种方式是利用 ANN 训练系统以产生更好的模型拟合。在另一个模型欠拟合的例子中，我们可修改核函数来涵盖非线性分类的情况。例如，可用多层 ANN 替代随机梯度下降（Stochastic Gradient Descent，SGD）分类器。在此情况下，采用核逼近完成该任务。下面的例子展示了对线性 SVC 算法中的两个参数进行修改从而产生更好的拟合效果。

例 6.11　减少 $C = 0.1$ 和 L_1 惩罚，更改线性 SVC 模型

50 个小批量抽样数据经一次迭代后，数据评分变化很小。评分低体现出欠拟合状态。在应用欠拟合模型时性能表现更糟。对于线性 SVC 模型，我们可将正则化因子 C 从 1 减小到 0.1 并应用 L_1 正则化惩罚。图 6.22 绘制了样本数据集大小从 50 扩展到 300 范围的两个评分的改进高分（约 0.91）。因此，通过模型参数的混合改变，最终得到训练和交叉验证评分之间的一个极其接近的匹配。 [330]

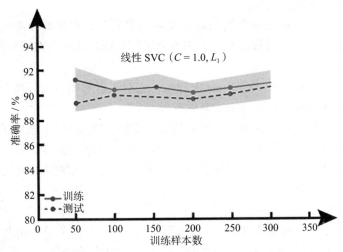

图 6.22　线性 SVC 算法的欠拟合结果（在测试验证评分中，模型评分设置为较低上限）

6.4.4　选择机器学习算法

ML 问题也可看作对训练样例的某个损失函数的最小化。损失函数表达了经过训练的模型预测和实际问题实例之间的差异。例如，某分类问题要求用户为实例分配标签。那么用户可使用训练过的模型来预测训练样本的标签，损失函数反映了这两种标签集之间的差别。因此，损失函数揭示了 ML 算法在未达到预期性能时受到的影响。优化算法应该最小化训练集的损失，而 ML 关注尽量减小不可见样本的损失。损失函数的选择对于获得更好或最优预测模型是至关重要的。我们考虑损失函数的五种设计选择。这五种设计的影响如图 6.23 所示。 [331]

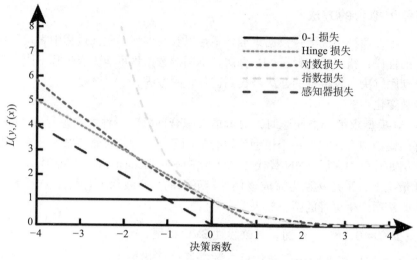

图 6.23   机器学习模型选择中使用不同损失函数的影响

- 0-1 损失函数：该策略提供了成功与失败之间的明显的划分。在分类问题中，0-1 损失函数只是计算错误预测的数目。然而，由于它是非凸函数，在实际应用中不实用。
- Hinge 损失函数：它常用于 SVM 应用中，其相对强度用于反映噪声影响的不寻常灵敏度。该函数不支持概率分布。
- 对数损失函数：该损失函数能很好地反映概率分布。在多类分类情况下，我们需要知道分类的置信度。对数损失函数相当合适。然而，其缺点在于对噪声灵敏度较低、缺乏判断力。
- 指数损失函数：它已在 AdaBoost 中应用。它对人群和噪声的分离非常敏感。其预测方式在处理 boosting 提升算法中简单有效。
- 感知器损失函数：它被认为是 Hinge 损失的变种。Hinge 损失造成了对边界点误判的重罚，而感知器损失满足样本数据的准确分类。该评分忽略了判断边界的距离。其优点是比使用 Hinge 损失函数更简单，缺点是在应用到缺少最大间隔边界的一般性问题时模型效果较弱。

332

模型修改或集成方法

PCA 算法提供了一种降低模型复杂度的降维方法。还可以考虑采用几个主成分互连数据元素。此外，各主成分的依赖性是强大的。因此，它极大地降低了数据之间的内部连接。集成算法的出现为欠拟合问题提供了另一种解决方案。当每个单独模型在给定数据集上表现不佳时，可以考虑在相同数据集上同时采用多个算法，然后选择其中性能评分最佳的拟合算法。例如，联合应用 AdaBoost 和决策树模型来提高预测结果的精度。

选择一般数据集的算法

给定来自已知应用领域的数据集，根据数据集特征和性能需求，我们要选择合适的 ML 算法。考虑三类 ML 算法。一般来说，在求解欠拟合问题时可考虑以下选项。因模型性能对应用的数据集极其敏感，当人们试图改进分类问题时，这些方法特别具有吸引力。我们考虑三个选项来选择数据集。数据集选择由性能需求驱动。

- 通用数据集：此选项包括将原始数据集划分成两部分，训练集与测试集拥有相同的特征和分布。这种细分可导致良好的模型性能以避免过拟合或欠拟合问题。

- 交叉验证：这里原始数据集分为 k 个部分，一部分依次被选择为测试集，而剩余部分作为训练集。它需要 k 次验证测试运行。该模型性能展示了在许多细分测试集上模型的平均精度。
- 自举周期：该方法涉及随机采样，在不同的训练样本中重复替换一些数据元素。将采样数据作为训练集，其余为测试集。重复 k 次采样周期。这可能最终是所有测试集的加权平均性能。

6.5　结论

随着数据科学和大数据产业的兴起，ML 需求旺盛。在本章中，我们用解释性示例介绍了 ML 和 DL 算法。监督 ML 算法应用于被标记的训练样本数据。无监督的 ML 算法缺乏标记的训练数据。因此，应用训练数据来提高预测结果的精度较为容易。

精度对训练数据的大小非常敏感。训练时间应该保持很短以便对实时应用有效。对于预测或分类模型开发，我们需要避免过拟合和欠拟合的情况。通过数据训练和反馈回路，可以优化模型参数选择以减少误差或者代价函数。

习题

6.1　表 6.11 给出了智能手机的用户信息。每天收集的平均数据包括总通话时间（分钟）、移动流量（MB）、来电数目以及用户是否在家里（1：家里，0：外面）。给定 A：90、B：60 和 C：8 的测试数据，确定此人是否在家。同样，调用统计信息 A：80、B：50 和 C：10 的另一个用户如何？

表 6.11　手机用户部分应用信息

ID	总通话时间（A）	移动流量（B）	来电数目（C）	是否在家（D）
1	20	45	2	1
2	120	46	4	1
3	90	55	10	0
4	81	56	19	0
5	200	55	8	0

6.2　进行体检以确定患者是否患有高血脂。测试的指标包括甘油三酯、胆固醇、高密度脂蛋白、低密度脂蛋白等。根据表 6.12 给出的数据，选择监督分类模型预测患者是否患有高血脂。

表 6.12　体检数据及高血脂情况

ID	甘油三酯	总胆固醇	高密度脂蛋白	低密度脂蛋白	是否高血脂
1	1.05	3.28	1.35	1.8	否
2	1.43	5.5	1.66	3.69	否
3	1.16	3.97	1.27	2.55	是
4	6.8	5.95	0.97	2.87	是
5	3.06	5.25	0.9	3.81	是
6	1.18	5.88	1.77	3.87	否
7	2.53	6.45	1.43	4.18	是
8	1.6	5.3	1.27	3.74	否
9	3.02	4.95	0.95	3.53	是
10	2.57	6.61	1.56	4.27	是

6.3　表 6.13 提供了 ML 实验中数据点的横坐标和纵坐标。应用 k 均值聚类算法使用欧氏距离函数将
这些点细分为三个聚类。你必须确定中心（质心）并逐步显示详细的聚类过程。绘制 2D 欧氏空
间图，展示十个数据点和聚类边界上的最终分割结果。

表 6.13　一些数据点的横坐标和纵坐标

点 ID	横坐标	纵坐标	点 ID	横坐标	纵坐标
1	0	0	6	4	11
2	2	3	7	6	9
3	4	2	8	8	10
4	0	6	9	12	6
5	3	10	10	7	9

6.4　我们熟知定期锻炼的优点，但天气条件可能会阻止我们外出锻炼。表 6.14 记录了 Cindy 的两周锻
炼方案。假设她的伙伴有空且是晴天，采用贝叶斯网络估计 Cindy 打网球的概率。

表 6.14　Cindy 的两周户外锻炼记录

日期 ID	天气	打球否	日期 ID	天气	打球否
1	晴天	否	8	雨天	否
2	阴天	是	9	晴天	是
3	雨天	是	10	雨天	是
4	晴天	是	11	晴天	否
5	晴天	是	12	阴天	是
6	阴天	是	13	阴天	是
7	雨天	否	14	雨天	否

334
～
335

6.5　6.4 节学习了 ML 算法的一些选择标准以满足应用需求。其目的是使大数据集的预测、预报或分
类更精确或更有效。简要回答以下 ML 算法选择的四个练习或问题。用推理或实例证明你的答案
是正确的。

(a) 编制一张表，提出关键性能指标，这些指标要应用你所学过的 ML 算法。通过应用实例推理
证明你的表项是正确的。

(b) 如何将精度（%）定义为 ML 方法的性能评分，如图 6.18 ～图 6.22 所示。

(c) 在选择 ML 预测模型时区分过拟合和欠拟合的情况。

(d) 定义图 6.23 所绘制曲线的不同损失函数。

6.6　在三种聚类技术的以下五个陈述中，解释对陈述真或假的选择。

(a) k 近邻（kNN）假设附近的点应该有相同的标签。

(b) 决策树和 kNN 之间的一个主要区别是所有特征在 kNN 中都同等重要。

(c) k 均值聚类算法总是收敛于"正确答案"。

(d) k 均值能确保收敛且能确保快速收敛。

(e) k 均值聚类对聚类中心的初始化很敏感。（在 k 均值聚类中，我们首先猜测聚类中心，然后更
新它们。）

6.7　当一家企业从银行或金融机构申请贷款时，贷款人需要评估借款人的信用。令 Y = 0 表示拥有不
良记录的借款人，而 Y = 1 表示有信用的借款人。借款人的三个特征由表 6.15 中的 X_1、X_2 和 X_3
表示。建立一个预测模型以测试信用记录为（X1，X2，X3）=（-25，2.5，0.5）的给定客户。评
估你的预测模型的精度。

表 6.15　银行借款人信用报告抽样数据

X1	X2	X3	Y	X1	X2	X3	Y
−48.2	6.8	1.6	0	43.0	16.4	1.3	1
−49.2	−17.2	0.3	0	47.0	16.0	1.9	1
−19.2	−36.7	0.8	0	−3.3	4.0	2.7	1
−18.1	−6.5	0.9	0	35.0	20.8	1.9	1
−98.0	−20.8	1.7	0	46.7	12.6	0.9	1
−129.0	−14.2	1.3	0	20.8	12.5	2.4	1
−4.0	−15.8	2.1	0	33.0	23.6	1.5	1
−8.7	−36.3	2.8	0	26.1	10.4	2.1	1
−59.2	−12.8	2.1	0	68.6	13.8	1.6	1
−13.1	−17.6	0.9	0	37.3	33.4	3.5	1
−38.0	1.6	1.2	0	59.0	23.1	5.5	1
−57.9	0.7	0.8	0	49.6	23.8	1.9	1
−8.8	−9.1	0.9	0	12.5	7.0	1.8	1
−64.7	−4.0	0.1	0	37.3	34.1	1.5	1
−11.4	4.8	0.9	0	35.3	4.2	0.9	1

6.8　当身体肌肉收缩时，会在皮肤表面产生肌电图（EMG）信号。作为一种用户接口，EMG 信号可用于控制计算机。目的是设计一种可检测以三个特征参数（频率、强度和时间）为特征的 EMG 信号的设备。使用表 6.16 中的数据，要求开发计算机程序并采用决策树建模来提取一组规则，以执行控制计算机操作部分所需要的、基于规则的肌肉动作或手势分类，如打开和关闭电源、键盘或鼠标操作等。

表 6.16　EMG 和相应动作分类的实验数据

频率（F）	强度（S）	时间（T）	动作（A）	频率（F）	强度（S）	时间（T）	动作（A）
1	810	1	A1	1	524	1	A3
1	864	0.5	A2	1	736	0.5	A4
1	485	1	A3	1	661	0.5	A4
1	950	0.5	A2	2	*	*	A5
1	1003	0.5	A2				

6.9　高血脂症是一种常见疾病，它由高血脂引起。在体检中，血液中的甘油三酯和总胆固醇经常用于确定受试者是否患有高血脂症。表 6.17 给出了在一家典型医院体检中甘油三酯和总胆固醇含量的数据集。为将 18 个人分成三个聚类，我们要应用 k 均值聚类法聚类。 336

表 6.17　医院体检数据

ID	甘油三酯 （mmol/L）	总胆固醇 （mmol/L）	ID	甘油三酯 （mmol/L）	总胆固醇 （mmol/L）
1	1.33	4.19	10	2.63	5.62
2	1.94	5.47	11	1.95	5.02
3	1.31	4.32	12	1.13	4.34
4	2.48	5.64	13	2.64	5.64
5	1.84	5.17	14	1.86	5.33
6	2.75	6.35	15	1.25	3.18
7	1.45	4.68	16	1.30	4.36
8	1.33	3.96	17	1.94	5.39

6.10 该问题需要你开发决策树以做出一项明智的决策：在特定的天气条件下是否外出打网球。表 6.18 给出了取自两周锻炼日志的一组训练样本。说明在决策树上导致决策的所有合适路径。

表 6.18 观察两周的天气状况

日期 ID	天气	湿度	有风	打球	日期 ID	天气	湿度	有风	打球
1	晴天	高	弱	否	8	晴天	高	弱	否
2	晴天	高	强	否	9	晴天	正常	弱	是
3	阴天	高	弱	是	10	雨天	正常	弱	是
4	雨天	高	弱	是	11	晴天	正常	强	是
5	雨天	正常	弱	是	12	阴天	高	强	是
6	雨天	正常	强	否	13	阴天	正常	弱	是
7	阴天	正常	强	是	14	雨天	高	强	否

参考文献

[1] Alpaydin, E. *Introduction to Machine Learning.* The MIT Press, 2010.

[2] Bishop, C. M. *Pattern Recognition and Machine Learning.* Springer, 2006.

[3] Ding, C. and X. He. "K-means Clustering via Principal Component Analysis." *Proc. of International Conference on Machine Learning* (ICML), 2004: 225–232.

[4] Goldberg, D. E., and J. H. Holland. "Genetic Algorithms and Machine Learning." *Machine Learning* 3 no. 2 (1988): 95–99.

[5] Hutchinson, B., L. Deng, and D. Yu. "Tensor Deep Stacking Networks." *IEEE Transactions on Pattern Analysis and Machine Intelligence* 1–15 (2012): 1944–1957.

[6] Kaelbling, L. P., M. L. Littman, and A. W. Moore. "Reinforcement Learning: A Survey." *Journal of Artificial Intelligence Research* 4 (1996): 237–285.

[7] Langley, P. T. "The Changing Science of Machine Learning." *Machine Learning* 82 no. 3 (2011): 275–279.

[8] MacKay, D. J. *Information Theory, Inference, and Learning Algorithms.* Cambridge University Press, 2003.

[9] Mohri, M., A. Rostamizadeh, and A. Talwalkar. *Foundations of Machine Learning.* MIT Press, 2012.

[10] Vapnik, V. *Statistical Learning Theory.* Wiley-Interscience, 1998.

[11] Witten, I., and E. Frank. *Data Mining: Practical Machine Learning Tools and Techniques.* Morgan Kaufmann, 2011.

[12] Zhang, J., et al. "Evolutionary Computation Meets Machine Learning: A Survey." *IEEE Computational Intelligence Magazine* 6 no. 4 (2011): 68–75.

[13] Zhu, X., and A. Goldberg. *Introduction to Semi-Supervised Learning.* Morgan & Claypool, 2009.

智能机器与深度学习网络

7.1 人工智能机器的发展

2016 年人工智能（AI）产业估值达到 150 亿美元，并且还在快速增长之中。有超过 2600 家公司正在开发智能技术，预计到 2020 年 AI 估值将超过 700 亿美元。AI 一直是工业增长的一项颠覆性技术。现列举几例，美国汽车协会正在使用 AI 来保护用户免遭身份盗用，IBM 沃森提供的 MyFitnessPal 帮助用户更全面地了解他们的健康记录。本节我们回顾 2016 年 Gartner 报告中评估的智能机器。我们将回顾 AI 在 AWS 和谷歌自动驾驶、无人机到家门口商品递送中的最新进展以及诸多认知应用。我们还将评估在分布式数据库中用于保证数据交易安全性的区块链应用。

7.1.1 智能机器的技术成熟度曲线

智能机器是真正的颠覆性技术。然而，在规模上，它们还未能为大多数采用者做好准备。尽管如此，首席信息官和首席技术官应该探索智能机器技术，因为对于落后者，竞争差距和错失机会成本所带来的损失可能是不可克服的。图 7.1 展示了智能机器领域 2016 Gartner 技术成熟度曲线。在技术成熟度曲线中，大多数智能机器技术正处于日益增长预期的上升趋势，可能需要 5 ~ 10 年才能成熟。这些技术包括智能机器人、区块链、虚拟个人助理、认知专家顾问、自然语言问答等。神经形态硬件、自动驾驶汽车和通用机器智能仍需要 10 年以上才能形成生产力。

作为智能机器人的一种，云机器人正处于上升期。云机器人的技术途径是调用云计算、云存储和物联网（IoT）来成为融合基础架构和机器人共享服务的一部分。当连接云端时，机器人能从云端现代数据中心的强大计算、存储和通信资源中获益。许多机器人可连接到公共的云端，并发地处理和共享信息。例如，分布式智能、低成本和轻量级的机器人可以连接到云端以形成以云端为中心的健康服务系统。通过云计算技术人们还可将任务委托给远程机器人。

近年来，信息界已经开发出多种令人印象深刻的 AI 机器和系统。下面简要介绍截至 2016 年开发出的六个最令人印象深刻的 AI 产品及服务。一些产品将在后续章节中进一步学习。

341

- 2016 年 3 月 AlphaGo 程序击败了世界围棋冠军。围棋是最为复杂的角逐棋盘游戏，由两名比赛选手交替地将黑白棋子放在棋盘的 19×19 格子中。第一步有 361 个着棋点。整个游戏有 10170 个可供选择的着棋点供选手考虑。AlphaGo AI 程序由 DeepMind 公司开发，该公司是 Alphabet 公司旗下的 AI 子公司。其技术细节见第 9 章。这一里程碑式的成就标志着一个时代，机器智能在一些特定领域可击败人类选手。

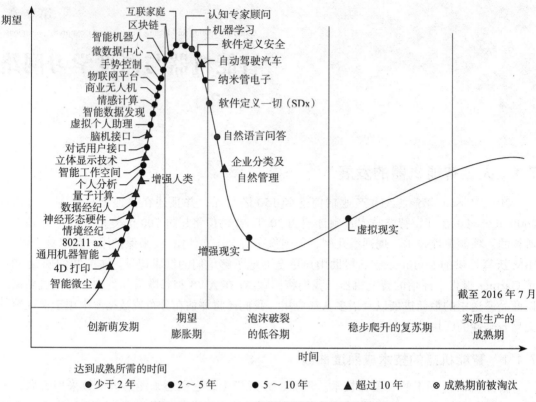

图 7.1   2016 Gartner 智能机器技术成熟度曲线

- 特斯拉自动驾驶系统可以运送病人到最近的医院急诊室接受治疗。该自主驾驶系统能根据环境变化调整速度、更换车道以及为应对环境变化而刹车。据美国国家安全委员会报道，2015 年平均 1 亿英里人类司机可能会导致 13 起死亡事故，而自动驾驶系统在 1.3 亿英里的测试中只导致了一次死亡事故。
- 准确预测赛马获胜者。Unanimous AI 公司首席执行官路易斯·罗森伯格开发了一种集成 AI 平台，用于预测 2016 年 5 月在肯塔基德比赛中排名前 5 的获胜者。
- 微软的语言理解程序经过对一些卷积和循环 ANN 进行 2000 小时训练后，达到了与人类 5.9% 的错误率相同的水平。CNN 和 RNN 将在 7.4 节中解释说明。
- 2016 年美国总统选举结果被 MogIA 公司准确预测，这是一家在印度的初创 AI 公司。MogIA 从社交网络中搜集了 200 万个数据集，预测出特朗普将赢得选举，这让许多选民和观察员感到吃惊。
- IBM 沃森健康计划在许多测试案例中提高了癌症诊断的精度。在日本，IBM 沃森程序准确地检测出了一名女性患者的恶性血液疾病。在统计学上，沃森程序比医生采用传统方法能检测出多出三分之一的病例。此进展将在 7.1.3 节中讨论。

7.1.2   谷歌人工智能产品及服务进展

截至目前，Google 维持着 AI 机器的最大用户空间和系统支持，其中包括个性化搜索引擎和扩展云服务。Google 采取的发展路线图如图 7.2 所示。时间表展示了 Google 如何招募众多顶尖 AI 科学家并收购一些在大数据和云资源方面拥有优秀 AI 创新的现有公司或初创公司。2013 年，Google 合并了 DNN Research，并聘请 Hinton 加盟 Google Brain 团队。随后，Google 合并了 10 家机器人和 AI 公司，包括 Schaft、DeepMind 和 Nest 集团。

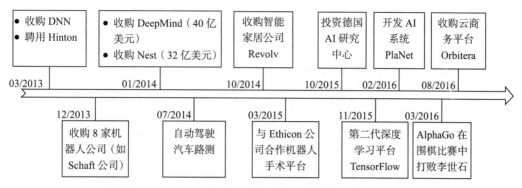

图 7.2　Google 公司 AI 相关产品和服务开发时间表

自 2015 年以来，Google 在城市交通领域开展了大规模自主测试。收购 Revolv 公司以扩大 Google 智能家居设备的开发。许多顶级 AI 专家加入 Google，以授权 AI 进入 Google 产品和服务。这种努力覆盖了从更智能的搜索引擎到自动驾驶汽车的多个领域。Google 也在推动超越后智能手机时代的新发展。2015 年，Google 与 Ethicon 公司合作开发了用于高精度手术和健康医疗的机器人平台，并对德国人工智能研究中心（DFKI）进行投资。2016 年，Google 开发了 TensorFlow 和 PlatNet 平台用于促进深度学习应用。韩国顶尖棋手李世石被 AlphaGo 击败，以及 DeepMind 和云平台 Orbitera 的并购，都是 Google 公司的最新举动。预计这种增长趋势将在未来几十年持续下去。

随着 AlphaGo 不断击败顶级棋手，人们更加相信机器智能可以在某些受限领域击败人类智能。这里我们回顾一下 AI 和机器人的最新进展，包括先进的国际象棋和围棋程序以及自动驾驶汽车。这些进展可追溯 60 年来在 AI 方面的研究工作，包括推理、知识、规划、学习、自然语言处理、感知以及远程移动和操纵物体的能力。在 21 世纪，AI 技术将成为未来可能改变人们生活、工作和娱乐的重要颠覆性技术。

云计算的发展以及数据存储的外包（价格大幅下降）允许一些公司开发和使用 AI 应用程序。移动性和带宽普及使得工作人员能从大多数遥远位置访问应用程序。随着人们对人类大脑如何工作越来越成熟的理解以及将类脑元素嵌入到计算机中的能力，便产生了语音与模式识别、自然语言学习及机器学习等功能。 344

AI 应用可分成三大类，下面一些实例将进一步阐释这些 AI 项目方案和机器人应用。

- 产品应用。将 AI 嵌入到产品或服务中以为终端客户提供收益。实例包括 Netflix 的推荐引擎和使用计算机视觉来改善汽车安全性。
- 流程应用。将 AI 整合到组织工作流中，以使流程自动化或增加工作效率。例如，自动化语音应答系统已被使用多年，用来取代人类客户服务代理。
- 透析应用。利用先进的分析功能如机器学习来发现独到见解，从而为组织机构的运营和战略决策提供信息。例如，英特尔采用预测算法将客户评估为具有相似需求和购买模式的群体。英特尔估计，该方法一旦在全球推广将产生 2000 万美元的额外收入。

近年来，Google 已经在人工智能、深度学习及机器人领域成立或收购了几家高科技公司。包括由 Jeffrey Dean、Geoffrey Hinton 领导的 Brain 团队，以及其他一些来自斯坦福大学的教职研究人员为 DL 和认知应用开发的 TensorFlow 软件平台。我们在 2.4 节介绍了一些 Google Brain 团队的产品。第 9 章将介绍 2014 年加入 Google 的 DeepMind 团队。

Google X 实验室项目

2010 年，Google 创立了名为 Google X 的半机密研发机构，它是 Alphabet Inc 的子公司。X 实验室由 Google 联合创始人 Sergey Brin 监管，Astro Teller（被称为探月计划队长）指导。实验室开始研发 Google 自动驾驶汽车。截至 2014 年年底，已经公布的 X 项目包括自动驾驶汽车、无人机、智能眼镜、远程无线网，这里简要进行介绍。

- 自动驾驶汽车。该项目由 Google 工程师 Sebastian Thrun（斯坦福 AI 实验室主任和 Google 街景视图的联合创始人）牵头。斯坦福大学 Thrun 团队创造了机器人车 Stanley，赢得了 2005 年 DARPA 大挑战赛。Google 一直在为无人驾驶汽车的法规进行游说。截至 2016 年 3 月，Google 已经对其车队以自主模式测试驱动总计将近 150 万英里。

345

- 无人机项目。该项目旨在通过使用与亚马逊 Prime Air 概念相似的无人机快速将产品投递到城市。在 2014 年宣布此概念以前，无人机已经在谷歌秘密研发了两年。送货无人机垂直起飞，然后旋转到水平位置飞行。为了投递交货，它会盘旋并将包裹吊起送至地面。

- 智能眼镜项目。Google 希望开发一种 AR 头盔式显示器。该项目的目的是使大多数智能手机用户无需用手操作也能看到当前的信息，并允许通过自然语言语音命令与互联网进行交互。

- 远程无线网项目。该项目旨在创建一个通过平流层飞行的气球互联网，为每个人提供互联网接入。它采用气象气球的无线路由器并计划接入互联网，以给那些不能上网或需要帮助的人提供接入通道。

我们将在例 7.1 中评估 Google X 实验室自动驾驶汽车和运输无人机的进展。一般而言，自动驾驶汽车也称为自主驾驶汽车或机器人汽车。它们是能够感知环境并无驾驶员导航的机动车辆。自主驾驶汽车使用雷达、激光雷达、GPS、测距仪和计算机视觉来检测周围环境。这种无人驾驶汽车能分析感官数据，而不会发生冲撞或违反交通规则。近年来，自动驾驶汽车在卡内基·梅隆大学、梅赛德斯－奔驰、谷歌和斯坦福大学等机构进行了测试。

精心设计的无人驾驶车辆可以降低人工成本并避免不必要的交通事故，因为它有延迟反应时间，可避免追尾，且避免由于疲劳或分心而频繁地引起驾驶员的拖延。据估计，自动驾驶汽车可消除美国 90% 的汽车事故，每年能阻止 1900 亿美元的人身伤害或汽车损坏。其他优点可能包括更高的速度限制、更舒适的驾驶以及减少交通拥堵等。自动驾驶汽车也存在障碍，这可能导致它不能被广泛接受。例如，自动驾驶汽车面临事故责任纠纷。在新的法律框架和政府法规尚未出台之前，我们难以见到无人驾驶汽车在街上行驶。

例 7.1 Google 自动驾驶汽车、配送无人机和认知计算服务项目

图 7.3a 展示了在交叉路口测试的 Google 自动驾驶汽车。司机的手离开方向盘，脚远离制动器。很明显该测试是在早期实验阶段进行的。司机留在车里以防止发生任何意外，比如撞上街上的行人。后来使用多摄像头、更好的雷达信号以及汽车上复杂的自驾软件系统解决了此安全问题。特斯拉提供的自动驾驶系统不能检测行人，只适合在特定的高速公路上行

驶，不能在城市中驾驶。

a）城市交通岔口的自动驾驶汽车测试　　　　　　　b）配送无人机正在测试

图 7.3　Google 于 2014 年测试的自动驾驶汽车和配送无人机测试项目（Google 公司提供，
http://www.google.com）

Google 的 X 实验室还测试了一种商用无人机配送原型系统。配送无人机的测试如图 7.3b 所示。测试在美国加州山景城进行。商品软着陆到地面，然后由机器人拾起，等待完成交货过程。无人机使用绞盘把包裹降低至地面。并将包裹直接平稳地放到安全的地面或通知专门设计的轮式地面机器人，以将包裹接收到安全位置。作为 Google 无人机项目部分，该计划于 2017 年实现自主配送系统。亚马逊也在尝试类似的商品配送无人机。

346
～
347

其他有趣的 Google X 项目还包括：用于语音识别和计算机视觉的人工神经网络；物联网，将现实世界对象连接到互联网；持久的智能手机电池。截至 2015 年，X 已经收购了 14 家公司，其中包括 Redwood 机器人、Meka 机器人、波士顿动力以及 Jetpac 等公司。已被收购并入 Google X 的一些公司涵盖风力发电机、机器人、人工智能、类人机器人、机械手臂和计算机视觉等多种技术。

在 2016 年的采访中，X 实验室创始人 Thrun 表示，VR 与人的体验更密切相关并且可以与我们的环境交互，而 AI 能提升生活质量并提高人们工作的效率。换句话说，AI 应该能够提高生产率。AI 可能会引起另一场工业革命，人脑将被扩展从而成为机器或云端辅助的某种"超级大脑"。

优达计划

Thrun 建立优达计划展望了在线教育的未来，而 Google 致力于 AlphaGo 和自动驾驶汽车。优达能帮助那些渴望学习的人提升教育的质量，他们无论男或女、年轻或年老，来自中国或印度，都能从优达计划中受益。这可能会改变基于校园的大学系统的未来。优达系统将使终身教育变得更为容易。5 年后，Thrun 注意到优达教育市场已经大幅增长。这与斯坦福大学前任校长 John Hennessy 倡导的虚拟大学概念不谋而合。

智能机器人

这是一个迅速发展的领域，是机械工程、电气工程与计算机科学的综合学科。机器人涉及机器人的设计、建造、操作和应用，以及用于其控制、感官反馈和信息处理的计算机系统。其目的是在危险的环境中、制造过程中或类似于人类认知的过程中取代人类。许多制造的机器人被用于从事那些对人可能造成危害的工作，如警务或军事用途。又如，一些认知机器人通过机器学习或推理呈现出智能行为。

谷歌神经机器翻译系统（GNMT）

谷歌于 2016 年 9 月发布了 GNMT 系统，试图弥补人与机器翻译之间的差距。这是实现

348 比如中文和英文之间的实时语言翻译的另一种神经学方法。

7.1.3　IBM 与其他公司的认知服务

我们在本节中将了解许多 IT 巨头采取的 AI 项目方案，如 IBM、Microsoft 等。各公司都宣布了数十亿的项目，以巩固其积累的专业知识，从而利用人工智能、云计算、物联网和认知计算去推广新产品及服务。

IBM 沃森项目

2.4.2 节介绍了 IBM SyNapse、TrueNorth 和神经形态计算机项目。本节将介绍 IBM 于 2011 年提出的沃森项目。IBM 沃森是一个综合项目的总称，IBM 的几家研究中心分别坐落于美国 Watson（沃森）、美国 Almaden（阿尔马登）和瑞士苏黎士，该综合项目是深蓝、SyNapse 和类人脑计算机项目的延伸。其目标是满足认知商业时代的需求。沃森计划见表 7.1，总结为五大类。

表 7.1　IBM 沃森推动商务认知服务

服务分类	认知服务组件
健康保健诊断	通过获取大数据资源或与竞争公司共同努力，专注于癌症和肿瘤诊断的深度学习
量子计算	量子计算电路设计和平台开发，以满足未来的计算和通信需求
神经形态芯片开发	继续致力于 IBM TrueNorth 和瑞士苏黎士研究中心的人工相变型神经形态芯片设计和系统测试
商务认知服务	疾病治疗、水资源管理、保险和欺诈检测、时尚环境、企业合并等
云计算	数字顾问、云分析、科研、虚拟助理等

IBM 沃森旨在为认知应用构建一种人工智能生态系统。事实上，IBM 已经撤销了全球商业咨询服务（GBS）和全球技术服务（GTS）的业务。其目的是将 IBM 变成一个提供商务认知服务、智能云平台开发的公司。在商业方面，IBM 沃森提供模块化服务，其范围可覆盖健康护理、水管理、保险和欺诈检测、时尚设计和环境问题。

在认知系统中，IBM 推出了自然语言处理、信息检索、知识表示、推理和探索分布并行性的机器学习引擎方面的程序。IBM 声称在这些领域开发了 40 种产品。在医疗领域，IBM 沃森专注于癌症和肿瘤的诊断和检测。IBM 健康的最终目标是建成一个大规模的医疗和卫生保健平台。其目标是通过远程医疗提高医疗诊断的准确性并降低患者的医疗保健支出。

349

亚马逊、Facebook、微软和推特的 AI 计划

2016 年，AWS 宣布推出基于 GPU 架构的新型云服务。该云主要应用于人工智能、地震分析、分子建模、基因工程以及一些要求大规模资源并行处理的低精度算术运算应用。这种 GPU 云与 EC2 不同，EC2 主要面对大规模浮点运算应用。AWS/GPU 云旨在通过机器学习来解决复杂的 AI 问题，通过大数据挖掘、预测、分类、提取新知识，或在融资、商业或政府管理方面做出关键决策。

过去，GPU 主要用于加速电脑显示器图形显示、视频游戏或娱乐系统。随着机器智能云端日益增长的需要，处理数据流或社交图谱分析的工作负载正在发生变化。这些面向智能的工作负载从嵌入大型 GPU 阵列的可扩展性中受益匪浅。GPU 云端的水平应用与传统 CPU 云端的垂直应用存在明显差异。

在现代云中，由 CUDA 并行处理或 OpenCL 框架协助的 CPU 和 GPU 甚至可安装在同一平台中。AWS/GPU 云最初是具有 192 GB 显存的 16 个多核 GPU。每个 GPU 拥有可在

SIMD（单指令多数据流）模式下工作的 512 个简单内核。这种 GPU 云设计能支持情感计算，这需要有认知力去识别、解释、处理和模拟人类的情感或五官感觉（即视、听、触、嗅、味五种感觉）。

微软、Facebook 和推特也建立了一些类似于 Google Brain 的 AI 团队。这些公司都充分利用了在海量数据中心或云平台方面各自积累的经验。工业人工智能计划正在成为跨越计算机科学、心理学和认知科学的跨学科领域。例如，在各种大小不一的物联网平台上，情绪管理需要智能机器人辅助的社交技能。最终，我们希望通过了解他们的动机和情绪状态来预测他人的行为。

7.1.4　Intel、Nvidia 和 CAS/ICT 的深度学习芯片

深度学习是人工智能增长最快的领域，它帮助计算机理解以图像、声音和文本形式呈现的无限数据量。使用多层神经网络，计算机能看、能学习以及对复杂情况做出反应，甚至比人类做得更好。这正导致我们对数据、技术、产品和传递服务的深刻思考。各行业的前瞻性公司利用机器学习算法的改进和计算机硬件的发展，采用深度学习来处理海量数据。

[350]

用于 AI 信息处理的 Intel 生态系统

2015 年，Intel 并购了 Altera（一家 FPGA 公司），超越其传统的 CPU 和 GPU 生产线，以便扩展针对模式识别、信号处理和 AI 应用领域的芯片设计。其目的是降低功耗并提高性价比。随后，Intel 又收购了人机交互公司 Narvana 系统公司（一家深度学习创业公司），以便深度切入到人工智能领域。表 7.2 总结了 Intel 试图建立 AI 芯片和系统开发生态系统的一些新生产线。

表 7.2　Intel 开发 AI 芯片和系统的生态系统

环境	简述
用户端	人机交互（Intel® Edison 平台，Intel® Cedar Trail 平台，Intel® RealSense ™技术）
服务端	至强 E5 v4 系列 CPU，至强 Phi ™产品系列
软件端	Intel® 数学核心库（Intel® MKL），Intel® 数据分析加速库（Intel® DAAL）
扩展计算性能	收购 Altera 公司，以至强核和 FPGA 为特色的集成芯片
业务收购	收购高科技公司 Nervana、Movidius、Itseez

Nvidia GPU 对深度学习的升级

Nvidia 扩展了 GPU 和软件生产线，以加速深度学习应用。当今的深度学习解决方案大多依赖于使用 Nvidia GPU 芯片来处理图像、手写识别和语音识别问题。Nvidia 最近声称将深度神经网络（DNN）的训练时间减少到原来的 1/12，这意味着训练时间从几周缩短到几天。如今，我们希望电脑不仅要学习，还要自己会思考。这在机器人、医药和自动驾驶汽车等应用中带来了巨大的机遇。表 7.3 列出了一些针对机器学习和神经计算的 Nvidia GPU 芯片。

表 7.3　针对机器学习和神经计算的 Nvidia GPU 芯片（来源：http://www.nvidia.com/object/ deep-learning.html#sthash.FQhMYCMb.dpuf）

GPU 芯片模型	数据中心 / 云端区域的目标应用
Tesla P100	数据中心的深度学习训练加速器
Tesla P40/P4	用于深度学习的高能效推理加速器
Jstson TKI1TX1	用于智能设备的嵌入式 AI 超级计算机
Drive PX2	用于自动驾驶的可扩展车载式 AI 超级计算机

[351]

寒武纪神经处理单元

第 2 章介绍了寒武纪（Cambricon）神经计算加速器的早期开发。目前，中科院计算技术研究所的设计团队将加速器升级成了神经处理单元（NPU），如图 7.4a 所示。其指令流水线分为七个阶段，即取指、译码、发送、寄存器读取、执行、回写和提交。该芯片适用于暂存器和 DMA。在取指和译码阶段后，一条指令被注入到一个有序发送队列中。在从标量寄存器堆成功取出操作数（标量数据 / 向量数据的地址 / 矩阵数据的大小）后，根据指令类型将指令发送到不同的单元。控制指令和标量计算或逻辑指令被发送到标量功能部件以便用于直接执行。在回写到标量寄存器堆后，一旦它成为最先的未提交指令，指令就会从重排序缓冲区 1 中提交。

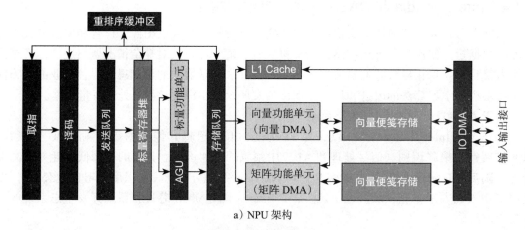

a) NPU 架构

b) 中国台湾构建的 65nm 制程工艺 NPU 芯片

图 7.4　中科院计算所创建的寒武纪神经处理单元（来源：Xiaoli Liu, et al., "Cambricon: Instruction Set Architecture for Neural Networks," ACM/IEEE 43rd Annual International Symposium of Computer Architecture (ISCA) 2016.）

NPU 芯片设计布局如图 7.4b 所示，ACC 的总面积为 56.24mm^2。组合逻辑（主要是向量和矩阵功能单元）占用 32.15% 的芯片面积。片上存储器（主要是向量和矩阵暂存器）占用 15.05% 的芯片面积，矩阵功能单元和矩阵暂存器内存占 62.69% 的面积。核心指令流水线逻辑、标量函数单元、存储器队列和向量部分占 9% 的面积。剩余 28.31% 的面积由互连组织占用。峰值功耗测量值为 1.695W，约为 K40M GPU 的 1%。与 128 位 2GHz SIMD GPU 加速器相比，加速器芯片实现了 117 倍的加速，功耗降低为原来的 1/21。凭借扩展的 64 位芯片机器学习架构，该团队所设计的架构表现出了 450 倍于 GPU 芯片组的加速，而功耗却下降为原来的 1/150。

寒武纪团队为 NPU 提出了一种特定领域的指令集架构（ISA）。它是一种加载 - 存储架构，该构架基于已有的神经网络内核运算的综合分析，集成了标量、向量、矩阵、逻辑、数据传输和控制指令。寒武纪指令有 64 位宽。它使用 64 个 32 位通用寄存器作为标量、控制和寻址指令。为了支持对神经计算中常见的向量 / 矩阵数据的连续可变长访问，这在神经计算中很常见，设计者未用任何向量寄存器堆，而是将数据保存于片上高速暂存器中，它对编程器 / 编译器是可见的。寒武纪包含四种指令类型：计算、逻辑、控制和数据传输指令，如表 7.4 所示。指令长度固定为 64 位，以便于存储对齐和简单的加载 / 存储 / 译码逻辑。

表 7.4　寒武纪指令集架构概览

指令类型		举例	操作数
控制		jump，conditional branch	register（scalar value），immediate
数据传送	矩阵	matrix load/store/move	register（matrix address/size，scalar value），immediate
	向量	vector load/store/move	register（vector address/size，scalar value），immediate
	标量	scalar load/store/move	register（scalar value），immediate
计算	矩阵	matrix multiply vector，vector multiply matrix，matrix multiply scalar，outer product，matrix add matrix，matrix subtract matrix	register（matrix/vector address/size，scalar value）
	向量	vector elementary arithmetics（add，subtract，multiply，divide），vector transcendental functions（exponential，logarithmic），dot product，random vector generator，maximum/minimum of a vector	register（vector address/size，scalar value）
	标量	scalar elementary arithmetics，scalar transcendental functions	register（scalar value），immediate
逻辑	向量	vector compare(greater than，equal)，vector logical operations(and，or，inverter)，vector greater than merge	register（vector address/size，scalar）
	标量	scalar compare，scalar logical operations	register（scalar），immediate

353

大多数神经网络计算都包括按层组织的神经元和突触数据，它们按一致或对称方式操作。数据级并行通过向量或矩阵指令使能。定制向量或矩阵指令专为神经网络操作量身打造。此外，片上高速暂存器用于加速 ANN 中数据流的流式传输。寒武纪 NPU 芯片支持广泛的神经网络计算。将寒武纪与 x86 和 MIPS 在十核心神经基准操作测试中进行比较，寒武纪的代码密度明显更高。寒武纪芯片原型与 GPU 或其他神经计算芯片在性能或者能效方面实现了可比性。

7.2　增强现实、虚拟现实与区块链技术

如图 7.5 所示，人类可以从真实环境中体验到虚拟环境。我们在本节中将介绍增强现实（AR）和虚拟现实（VR）以及混合现实（MR）。一般来说，AR 是从真实环境中增强的，其中涉及一些真实传感器采集的信号或数据。VR 是一种创建视觉环境（一些真实的和一些想象的环境）的计算机技术，用户能在其中体验物理存在以及交互。混合现实（MR）是一种更通用的术语，它包括整个谱系中的真实和虚拟环境。

图 7.5　真实、增强现实以及虚拟环境的谱系

7.2.1　增强、介导与虚拟现实

事件世界能基于其在真实世界或在网络空间中的存在被描述为现实或虚拟（逻辑）。我们将它们分别表示为真实事件和虚拟事件。这些事件还能随现实极端递进到不同程度的虚拟，它们被细分为纯现实、增强现实、介导现实或纯介导现实。注意，增强环境是由计算机图像、人工视觉效果或动画事件创建的。介导事件或环境可创造出幻觉和特殊的精神状态。整个空间简称为现实和虚拟的谱系，如图 7.6 所示。

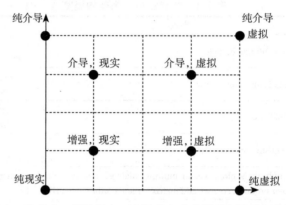

图 7.6　应用谱系中，纯现实、增强现实、介导现实或虚拟现实模型与虚拟模型的八种组合

这里我们考虑现实和虚拟的 8 种情况的二维谱系，用谱空间中的 8 个黑点表示。x 轴表示从纯现实（IR）到纯虚拟（IV）。y 轴表示从纯现实到增强以及介导体验环境的变化。4 个内部点有着不同程度的介入和调节级别，有些也称为混合现实。在增强级别上，有增强现实（AR）和增强虚拟（AV）两种。

在调节级别上，有介导现实（MR）和介导虚拟（MV）。增强环境提供物理世界环境的生动视图，其元素通过计算机生成的感官输入（如声音、视频、图形或 GPS 数据）进行增强（或补充）。我们的学习将更多侧重于 AR 和 VR 案例。AR 更接近于图 7.6 中下面两级 4 个点的物理世界。VR 更接近于图 7.6 中上面两级 4 个点的介导世界。

AV 和 MV 向更虚拟的世界迈进，这可能更为虚构。MR 和 MV 需要较高程度的计算机调节。在极端情况下有纯介导虚拟（SMV），但它更难于实现。一般来说，IV 和 SMV 可能因缺乏明显的差异而容易混淆，因为不同的用户可能会因为精神状况或情绪状况而得到不同的体验。下面对 AR 和 VR 的两个应用领域进行综述，以阐明一些歧义。

- **教育和培训**：尽管需要做很多工作，但是教育领域正在大步前进。VR 和教育的可能性是无止境的，它给各年龄段的学生带来很多益处。很少有人创造出能用于教育目的的内容，大部分的进展都产生于娱乐业，但是很多人都明白并意识到在未来教育和 VR 相结合的重要性。例如，美国海军人员使用 VR 降落伞训练模拟器。从培训角度看，VR 的应用就是允许专业人员在虚拟环境中进行培训，从而提升他们的技能。

- **视频游戏**：在视频游戏中图形、声音和输入技术可以被合并到 VR 中。过去发布了用于游戏的几款虚拟现实头盔式显示器（HMD），包括 Nintendo 开发的 Virtual Boy 和 Virtual I-O 开发的 iGlasses。几家公司正在开发新一代 VR 头盔：Oculus Rift 是一款用于游戏目的的头盔式显示器，它于 2014 年被 Facebook 收购。其中一个竞争对手被索尼命名为 PlayStation VR（代号为 Morpheus）。Valve 公司宣布与 HTC Vive 合作，使用 VR 头盔跟踪用户的准确位置。

7.2.2 虚拟现实与相关产品

VR 人为地建立感官体验，包括视觉、触觉、听觉和嗅觉。身临其境的环境可以类似于现实世界，以便创建一种逼真的体验，如在飞行员或作战训练的模拟中，或者像 VR 游戏中那样与现实有着明显不同。所有计算机、云端和社交媒体供应商都提供了自己的 API 工具。建议读者访问相关的网站，以了解在大数据挖掘、预处理、机器学习和分析应用中使用的特定 API 工具。

在这些工具中，REST 是最流行的协议，JASON 是最常用的格式，API 密钥用于大多数安全控制。这里展示了五种产品类别：AR、AV、MR、MV 和 VR。表 7.5 列出了一些高科技公司开发的 AR / VR / MR 产品，这里仅列举了一些代表性产品，更多产品见各 IT 公司和社交网站。有的产品可以削弱实境，如过滤掉和减少场景某些部分的数控电焊帽。加速度计、陀螺仪、距离传感器和光传感器内置于 VR 头盔中，包括 HTC Vive、Paystation VR、三星 Gear VR 等。

表 7.5 截至 2016 年，一些高科技公司开发的 AR / VR / MR 产品

公司	产品	介绍
微软	HoloLens	微软开发的混合现实头戴式智能眼镜。HoloLens 成为第一台运行于 Windows 的全息平台电脑，从而受到大众欢迎
谷歌	Google Cardboard	这是 Google 的 VR 平台，用于智能手机的头戴式耳机。它以折叠式纸板浏览器命名，是一个低成本的系统，以鼓励虚拟现实应用
Facebook	Oculus Rift	发布于 2016 年 3 月 28 日的虚拟现实头盔，由 Oculus VR 开发和制造
三星	Gear VR	由三星电子与 Oculus 合作开发的移动虚拟现实头盔，由三星制造
索尼	PlayStation VR	因其开发代号为 "Project Morpheus" 而闻名，是一款 VR 游戏头戴式显示器，由 Sony Interactive Entertainment 开发，Sony 公司制造
HTC	HTC VIVE	它是 HTC 和 Valve 公司于 2016 年开发的一款虚拟现实头盔。该款头盔设计运用了 "室内规模" 技术，通过传感器将房间转换为 3D 空间
华为	Huawei VR	华为荣耀 VR 于 2016 年 5 月 10 日发布，以配合荣耀 V8 智能手机
阿里巴巴	Buy+ Plan	Buy+ 计划使用 VR 技术生成具有计算机图形系统和辅助传感器的交互式三维购物环境

例 7.2 HTC Vive 用作游戏装置（使用了 70 个传感器）

这是 HTC 和 Valve 于 2016 年发布的虚拟现实头盔。该头盔旨在通过传感器将房间转换为 3D 空间。虚拟世界允许用户随身行走、操纵虚拟对象、体验沉浸式环境。该设备使用两个屏幕，每个眼睛对应于一个屏，并使用 70 多个传感器，包括 MEMS 陀螺仪、加速度计和激光位置传感器。它采用光传感器基站，能跟踪 225 平方英尺的空间。

前置摄像头使用软件来识别房间中的任何移动或静态的物体。Valve 已发布 OpenVR 软件开发工具包（SDK），用于用户构建支持 HTC Vive 开发者版本的软件。例如，Epic 游戏公司使用 Valve 的 SteamVR 技术创建了 VR 项目。2016 年 7 月，SensoMotoric 仪器公司（SMI，一家计算机视觉公司）将其眼动跟踪技术集成到 HTC Vive 中，以便于专业研究和应用（见图 7.7）。

356

图 7.7   使用 Valve OpenVR 软件用于虚拟现实游戏的 HTC Vive 头盔（HTC 提供，http://www. htc.com，2016）

7.2.3   区块链在商业交易安全中的应用

区块链（也称为块链）是一种分布式数据库技术，用于保护商界共享的大数据。其想法是保护越来越多的记录块免受篡改和修改。每个块维系着一个时间戳和前一个块的链接。所有相关交易或行动链中的块链都是公共账本。其主要优点是不使用可信的第三方来确保交易。这对于在基于云端的商务交易中实现自动支付服务以及在商务伙伴之间创建智能合同是非常有用的。

区块链被描述为价值交换协议，是一种去中心化的数字账本，记录了全球成千上万的计算机的交易。区块链所保护的交易不能追溯更改。区块链包含多批有效交易的块。各块包括由区块链链接的前驱块的散列，链接块形成链。过去，Git 使用了类似的概念，但它不符合区块链。区块链是由软件解析以便提取相关信息。区块链实现由两种记录组成：事务和块。

区块链是由事务块链接构成的。连续的事务块是散列保护的，以防止在非法滥用的交易中被跟踪。人们可以设置一个评级系统以防止其他用户了解私有交易块。构建区块链以添加新块的数量来扩展旧块而不是覆盖旧块。所有块都是分布式的，从而消除管理中心干预交易的风险。区块链通过以下五个步骤来保障线上交易的安全。

1. 启动数字签名交易。
2. 交易发送给矿工，它是技术上所有交易的验证者。
3. 交易作为块被广播到所有连接的节点。
4. 如果数据有效，则网络接受交易。
5. 接收方收到交易。

使用区块链有助于为全球供应链带来更高效率。而一些反对者认为该技术被夸大了。为降低风险，公司不愿将区块链放在业务的核心，直到该技术被真正证明是安全的为止。今天的 PKI（公共密钥服务）系统有一个依赖"用户名 / 密码"系统来保护我们的身份安全问题。PKI 也通过共同使用公钥和私钥去中心化。认证机构（CA）发布的公钥作为在区块链上的用户地址。私钥就像一个密码，它让所有者独占访问记录。存储在区块链上的交易数据通常被认为是不可破坏的。

通过网络发送的比特币被记录为公共密钥。私钥与区块链顺利地进行交互，没有冲突。通常认为，存储在区块链上的数据是不可破坏的。去中心化系统中的每个节点都有一个区块链的副本。数据品质通过海量数据库复制和可信计算来保持。没有集中的副本存在且没有用户是完全可信的。交易通过软件广播到网络。消息尽可能被传递。挖掘节点验证交易并将其添加到正在创建的块中。然后，系统将已完成的块广播到其他节点。区块链使用诸如"工作量证明"类的时间戳来序列化其变更。

在一个区块链中，网络上具有最多累积证据的链总被认为是有效链。除了安全散列历史块可供选择外，还可在其他数据库中选择任何具有更高价值的区块链数据。支持数据库的副本始终都没有相同版本的正确历史记录，而是保留数据库的最高记录版本。每当副本接收到较高的记录版本数据库时，它们会扩展或覆盖自己的数据库，并将改进部分重传给副本。从来没有绝对保证任何特定的版本是最好的，因为区块链检查共享数据是动态、连续的。

从积极的方面而言，区块链用于分批处理数据到时间戳区块中的任何数据结构。该系统防止两个事务在一个区块链中花费相同的单一输出。反对者批评这种权限系统不支持去中心化的数据验证，从而阻止任何针对操作员的篡改和修改行为。区块链能集成到支付系统中，从而促进数字货币和众筹项目的使用。当指定条件满足时，有些区块链实现可执行契约编码。智能合同可被编程来执行简单的功能。

例 7.3 区块链技术的一些应用

区块链已应用于加密货币，包括比特币、黑币、达世币和未来币。其他一些较好的应用包括支付系统、数字货币，它使众筹变得容易，可实现市场预测，并提供通用的管理工具。区块链预计将全面影响云计算产业。2016 年俄罗斯联邦中央证券托管机构宣布推出基于区块链技术的试点项目。音乐行业的各种监管机构已开始测试使用区块链技术的模型，用于世界各地的版权使用费和版权管理。IBM 在新加坡开设了区块链创新研究中心。

通过在其网络上存储数据，区块链消除了集中存储数据带来的风险。其网络不存在计算机黑客可以利用的集中脆弱点。当今的互联网安全问题是由使用"用户名/密码"系统造成的。区块链安全方法采用加密技术，它可能对银行具有吸引力，因为它能加快后台结算系统的运行。区块链也有利于分享经济和物联网服务，因为它们有许多合作伙伴。

其他区块链平台还有 Factom，它使用分布式注册表。其中，Gems 用于去中心化消息传递，MaidSafe 用于去中心化应用。Storj 提供了分布式云平台，Tezos 提供了去中心化投票机制。在瑞典土地登记处，人们已经证明使用区块链加快土地拍卖交易的有效性。格鲁吉亚共和国正在试点一种基于区块链的物业登记处。一些保险业在点对点保险业务实践中应用了区块链。区块链也可能对参数保险和小额保险有益。

7.3 深度学习人工神经网络

深度学习模拟更深层次的人工神经网络操作。它在很大程度上是从数据中提取和学习特征。深度神经网络包括一个输入层、一个输出层和多个隐含层。在学习过程中，调整神经元之间的连接强度。常见的深度学习架构将在后续章节中介绍，包括基本的人工神经网络（ANN）、卷积神经网络（CNN）和循环神经网络（RNN），这些神经网络还有多种可能的扩展。

7.3.1 深度学习模仿人类认知功能

2016 年 3 月，AlphaGo 在智能领域的人机竞赛中得到了广泛宣传。经过 5 轮比赛，电脑终于打败了世界级围棋大师李世石。围棋是一种复杂游戏，众所周知，只有人类智慧才能应对如此复杂的游戏。没有职业棋手曾经被围棋软件击败过。二十年前，在国际象棋比赛中，计算机"深蓝"采用一种搜索算法击败了国际象棋大师加里·卡斯帕罗夫（Garry Kasparov）。但是，国际象棋比起围棋要简单得多。计算机执行的 AlphaGo 将强化学习和价值网络的树型搜索算法结合起来，使其能做出聪明的决策。谷歌 AlphaGo 几乎第一次达到了人类水平。这是推进人工智能达到人类水平的重要一步。

另一项进展是 Google 脑计划的完成。2012 年 6 月，Google 计算机平台（该平台由超过16000 多个 CPU 核构建）能够识别来自 YouTube 的数千万幅随机图片。他们采用一种深度神经网络的训练模型，该网络由 10 亿个人工神经元构建。该模型系统能鉴别图像的基本特征并学习如何组合这些特征，最终自动识别出猫的图像。在训练期间，系统没有获得"这是一只猫"的信息，而是理解"猫"本身的概念。

从 AlphaGo 的胜利到 Google 脑计划的成功，似乎深度学习拥有自我学习能力。一个有意义的问题是：如何通过教育让深度学习完成人类的自我学习？如果我们想判断一个四边形是否是正方形，则理性分析方法是寻找平方特征，如四边的相同长度和四角的 90° 角度。这需要理解直角的概念和侧视图的长度，如图 7.8 所示。如果我们向一个男孩展示正方形的图像，并告诉他这是一个正方形，他会在几次之后准确地识别出正方形。理性识别正方形的方法类似于人工设计特征的识别方法。但是一个孩子识别正方形的方式遵循感性方法。以理性方式，很容易用电脑描述和实现该问题。然而，人们很容易理解现实中的许多问题，但电脑很难理性地理解和解决这些问题。

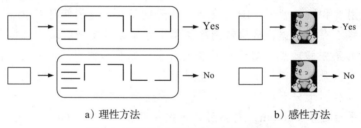

a）理性方法　　　　　　　　　　　b）感性方法

图 7.8　认识正方形的感性和理性方法

例如，如果我们想通过电脑使用理性的方法从照片中识别人，那么它需要确定人脸中的哪些特征能用于识别，比如鼻子、眼睛、眉毛和嘴巴等。当然，选择合适的特征是相当困难的，但这些特征能准确地区分人。这种视觉效果受到照片中的光线、拍摄角度和太阳镜阴影的影响。

作为一个例子，让我们思考一个孩子如何对人进行识别。孩子不需要寻找待识别人的特征。但是，他可以在多次看到该人或者他的照片后，准确地识别出该人。照片中的光线变化、拍摄角度的差异以及是否戴太阳镜都不会影响识别。我们可以解释一个孩子通过印象认出一个人。在人的记忆中存在输入照片和输出名称之间的某种映射。

随着计算机应用的发展，人们越来越意识到理性或分析方法在解决现实世界的许多问题时效率不高或不可能。人们凭直觉做事的机制在现代科学技术面前似乎十分有效。这种直观的方法或"随心"的方法可以简单地解释为建立输入和输出之间的某些映射。但是，对于我们来说，人类大脑究竟如何实现 1000 亿神经元的信息编码、处理和存储，则仍然是未知数。

David Hubel 和 Torsten Wiesel（1981 年诺贝尔医学奖获得者）的主要贡献是发现了视觉

系统（即视觉皮层）的信息处理是分层的，如图 7.9 所示。1958 年，他们在约翰霍普金斯大 362
学研究了大脑皮质的瞳孔区和神经元之间的对应关系。经过多次实验，他们证明了在瞳孔接
收刺激和位于大脑后皮层的不同视觉神经元之间存在某种对应关系。他们发现了一种称为方
向选择性细胞的神经元：当瞳孔捕捉到物体的边缘时，如果该边缘指向某个方向，相应的神
经元将被激活。

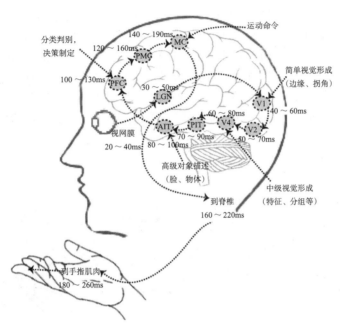

图 7.9　大脑、视网膜和手指中的人类视觉皮质层次信号流（转载自 K. Hwang and M. Chen, *Big
Data Analytics for Cloud, IoT and Cognitive Computing,* Wiley, 2017.）

　　人类视觉系统的信息处理解释为从区域 V1 提取边缘特征，并从区域 V2 中提取形状特
征或目标的一些组成部分。然后达到更高层次的理解。从低级到高级特征，抽象度增加。低
级特征的组合作为更高级别的输入。因此，较高级别的特征揭示了更多的语义。随着抽象概
念的增加，上下文混淆就会越少，这有利于分类或识别。

7.3.2　ANN 的演进和应用

　　人工神经网络（ANN）又称为联结计算系统，它以人脑的结构和功能为模型。即使大脑
理论尚未完全研发成功，但是许多科学家已经尝试了人类学习、记忆以及智能功能如何用作
联结计算模型。据估算，一般成年人大脑大概有 100 亿以上生物神经元。每个神经元大约与
其他 5000 个神经元相连接。所有神经元在大脑不同区域共同作用，提供不同的感官、认知
能力和智力功能。

　　大脑解决了由轴突连接的大量生物神经元问题。神经元间的联系可以通过激活、加强或
抑制所连接的神经元来产生智能。每个独立神经元具有求和功能，能够将其所有的输入值
组合在一起。每个连接和神经元本身可能存在阈值功能或限制功能。联结主义模型建议信号
在神经元之间传播之前，可以改变或增强加权连接强度。这些系统进行自我学习和训练，而
不是明确的编程实现。ANN 可以在传统计算机系统不能良好执行的诸多领域中胜出。例如，
神经网络已经应用于计算机视觉和语音识别，在今天的计算机上很难用普通的基于规则的编

程来解决这些问题。

实验 ANN 项目通常使用数千到数百万个人工神经元和数百万个连接。它比人类大脑仍然要简单若干个数量级，仅接近于蠕虫的计算能力。神经网络通常由多层组成，并且信号路径从前向后穿过。反向传播是使用正向刺激来重置神经元输入端的权重。有时它与已知正确结果的 ANN 训练结合在一起。ANN 可以静态或动态结构化，我们将在下面学习。最为先进的是动态神经网络，它能形成新的连接、创建新的神经元或动态地禁用已有的神经元。

在符号人工智能中，基于规则的高级专家系统是借助 if-then 规则而开发的，它以低级（子符号）机器学习为特征。如前所述，如果我们向一个男孩展示正方形图像并告知他这是正方形，他会在几次之后准确地识别出正方形。人脑有非常复杂的结构，它的构成单位是神经元，其每个输入产生输出（兴奋）。人脑的层次信息处理是通过许多神经元的互连来实现的。生物神经元建模如图 7.10a 所示，树突的左端作为输入连接到细胞膜，轴突的右端是输出。神经元主要输出的是电脉冲。树突和轴突有很多分支，并且轴突的末端通常与其他神经元的树突连接。

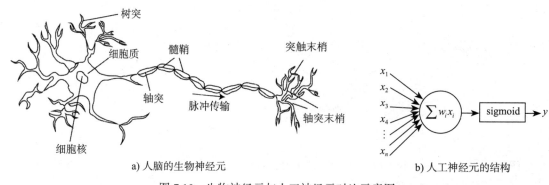

a) 人脑的生物神经元   b) 人工神经元的结构

图 7.10 生物神经元与人工神经元对比示意图

神经元从上层神经元获得输入，产生输出并将其传输到下一层神经元。如果模拟人脑，首先要模拟神经元。图 7.10b 展示了人工神经元的结构。人工神经元的输入都来自外部激励信号，用 x_i 表示（$i=1, 2, \cdots, n$）。人工神经元计算输入信号的加权和，其中权重表示为 w_i（$i = 1, 2, \cdots, n$）。

这里应用 sigmod 函数，$y = \text{sigmod}(x) = 1/(1+ e^{-x})$，其中 x 表示加权输入和。在实际 ANN 应用中，我们仅列举几大类应用。

- 函数或拟合近似，或者财务预测回归分析。
- 分类，包括模式识别和异常检测以及时序决策。
- 大数据处理，包括垃圾邮件过滤、聚类、医疗诊断、癌症预测等。
- 智能机器人应用，包括引导机械手、手势检测以及假肢。
- 智能控制，如游戏、轨迹投影和自动驾驶汽车。

7.3.3 人工神经元的数学描述

ANN 是一种旨在反映人脑结构和功能的抽象数学模型。它广泛应用于模式识别、图像处理、智能控制、组合优化、金融预测与管理、通信、机器人和专家系统等诸多领域。ANN 与人脑中的生物神经网络有很多相似之处。ANN 由一组连接的输入 / 输出单元组成。每个连接都表示为加权边。在学习阶段，我们根据预测输出和标注测试数据间的间隔来调整这些权重。

ANN 通常由三种参数组成：神经元不同层间的互连模式；更新互连权重的学习过程；将神经元的加权输入转换为其输出激活的激活函数。

单层 ANN

图 7.11 的感知机是单层 ANN 的最好描述。感知器是具有一组输入和一个输出神经元的神经网络。与 ANN 相比，多层人工神经网络由一个输入层、一个或多个隐含层以及一个输出层组成。

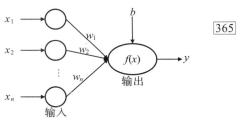

我们将感知器模拟为人类神经系统，输入节点对应于输入神经元，输出节点对应于决策神经元，而权值参数对应于神经元之间的连接强度。通过不断刺激神经元，人脑可以学习未知知识。激活函数 $f(x)$ 用于模拟人脑中神经元的刺激。这就是人工神经网络名称的由来。

图 7.11　单层 ANN 概念图：感知机

从数学角度看，每个输入项对应于事物的属性，而权重代表属性反映事物的程度。它们与偏置程度 b 一起获得的输入被表示为数学方程 x。令函数作用于 x，于是得到输出：

$$x = w_1 x_1 + w_2 x_2 + \cdots + w_n x_n + b \to y = f(x) \tag{7.1}$$

通常，我们可能不一定能获得理想的结果。严格意义上，应该采用 $\hat{y}$ 表示感知器的输出结果。模型的方程是 $\hat{y} = f(w \cdot x)$，其中，w 和 x 是 n 维向量。通常，$f(x)$ 采用 S 型函数（图 7.12a）：

$$\text{sigmod}(x) = \frac{1}{1 + e^{-x}} \tag{7.2}$$

或者采用双曲正切函数表示函数 $f(x)$（图 7.12b）：

$$\tanh(x) = \frac{e^x - e^{-x}}{e^x + e^{-x}} \tag{7.3}$$

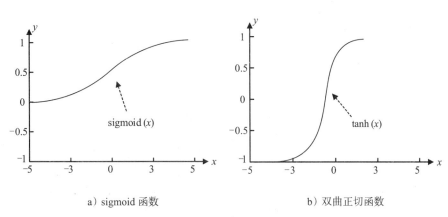

a）sigmoid 函数　　　　　　　　　　b）双曲正切函数

图 7.12　感知器激活函数

7.3.4　多层 ANN

多层人工神经网络由一个输入层、一个或多个隐含层和一个输出层组成，如图 7.13 所示。ANN 的主要单位是神经元。一组连接对应于生物神经元的突触。连接强度由各连接的权值表示。如果权值为正，则表示激活；而当权值为负时，则表示抑制。其数学式为：

$$\begin{cases} w = (w_1, w_2, \cdots, w_n) \\ w_i = (w_{i1}, w_{i2} \cdots, w_{in}) \quad i = 1, 2, \cdots, n \end{cases} \tag{7.4}$$

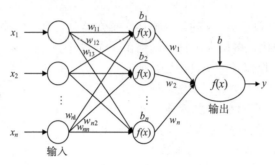

图 7.13 多层人工神经网络结构

求和函数用于计算各输入信号的加权和（线性组合），并且通常与偏移或阈值一起计算。其数学方程为：

$$\begin{cases} \mu_k = \sum_{j=1}^{n} w_{kj} x_j \\ v_k = \mu_k + b_k \end{cases} \tag{7.5}$$

非线性激活函数起到非线性映射的作用，并将神经元的输出幅度限制在一定范围内（通常为（0，1）或（-1，1））。其数学方程为：

$$y_k = f(v_k) \tag{7.6}$$

其中 $f(\cdot)$ 为激活函数。人工神经网络中隐含层的数量，输入、输出和每个隐含层中的神经元数量，以及每层神经元激活函数的选择没有统一的规律。而有些特殊情况也没有标准。这需要独立选择或根据个人经验选择。因此，网络选择有一定的启发性，这就是为什么人工神经网络被认为是启发式算法。

例 7.4 使用人工神经网络诊断高血脂症

表 7.6 给出了武汉市某二甲医院一些人的健康检查数据，包括甘油三酯、高密度脂蛋白、低密度脂蛋白以及是否有高血脂症（1代表"是"，0代表"否"）。如果某人的健康体检数据是 {3.16，5.20，0.97，3.49}，现尝试对参加体检的人是否有高血脂症进行初步判断。

表 7.6 患者血脂检查数据表

ID	甘油三酯 (mmol/L)	总胆固醇 (mmol/L)	高密度脂蛋白 (mmol/L)	低密度脂蛋白 (mmol/L)	高血脂
1	3.62	7	2.75	3.13	1
2	1.65	6.06	1.1	5.15	1
3	1.81	6.62	1.62	4.8	1
4	2.26	5.58	1.67	3.49	1
5	2.65	5.89	1.29	3.83	1
6	1.88	5.4	1.27	3.83	1
7	5.57	6.12	0.98	3.4	1
8	6.13	1	4.14	1.65	0
9	5.97	1.06	4.67	2.82	0

367

（续）

ID	甘油三酯 (mmol/L)	总胆固醇 (mmol/L)	高密度脂蛋白 (mmol/L)	低密度脂蛋白 (mmol/L)	高血脂
10	6.27	1.17	4.43	1.22	0
11	4.87	1.47	3.04	2.22	0
12	6.2	1.53	4.16	2.84	0
13	5.54	1.36	3.63	1.01	0
14	3.24	1.35	1.82	0.97	0

　　参见表 7.6 的数据，已知该问题是具有四个属性的二分类问题（1：高血脂症，0：健康）。因此，我们可使用 ANN 进行预测和分类。

　　首先，这是一个分类问题，因此我们设置一个类标签（1：高血脂症，0：健康）。其次，我们需要选择合适的 ANN 模型。由于在此情况下无足够的训练样本数据，故无需设置太多隐含层和神经元。这里设置一个隐含层，每层 5 个神经元。选择 tansig（双曲正切）函数作为输入层和隐含层间的激活函数，并选择 purelin（线性）函数作为隐含层和输出层间的函数（选择其他函数对结果影响不大）。其网络参数列在表 7.7 中。

表 7.7　人工神经网络参数

输入层神经元	隐含层	隐含层神经元	输出层神经元
4	1	5	1
允许误差	训练次数	学习率	激活函数
10^{-3}	10000	0.9	tansig 和 purelin

　　然后，用表 7.6 给出的数据训练网络。采用 MATLAB 编程。网络训练过程如图 7.14a 所示。训练过程中网络实际输出与理想输出间的误差逐渐减小。在第二次反向传播后达到满意状态。最终训练结果如图 7.14b 所示。神经网络分类器将训练数据分成两类。训练数据被分成两端并形成两类。0 类代表健康，而 1 类代表高血脂症。

　　分类结果为 {1, 1, 1, 1, 1, 1, 1, 0, 0, 0, 0, 0, 0, 0}。分类准确率达到 100%，因此该网络可用于预测。最后，我们用上述 ANN 来预测数据为 {3.16, 5.20, 0.97, 3.49} 的人是否有高血脂症。结果是：class=1。因此，我们是能够确定接受健康检查的人是否患高血脂症。

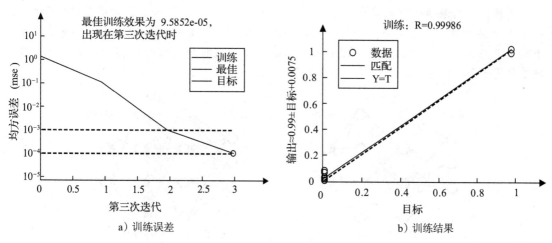

图 7.14　ANN 训练误差和结果

7.3.5　ANN 的正向传播与反向传播

像感知器模型一样，对于多层网络，获得一组适当的权值以使网络具有特定的功能和实际的应用价值是很重要的。人工神经网络利用反向传播算法解决了该问题。在引入反向传播算法前，我们需要知道 ANN 如何从输入端到输出端向前传播信号。

前馈信号传播

输入层将信号传输到隐含层。对于隐含单元 i，其输入是 h_i^k。其中，h_i^k 表示层 k 中隐含单元 i 的输入，b_i^k 代表层 k 中隐含单元 i 的偏移量。相应输出状态见下式：

$$h_i^k = \sum_{j=1}^{n} w_{ij} x_j + b_i^k \rightarrow H_i^k = f\left(h_i^k\right) = f\left(\sum_{j=1}^{n} w_{ij} x_j + b_i\right) \tag{7.7}$$

方程（7.8）和（7.9）描述了神经网络的输入数据如何向前传播。为表达方便，常令 $x_0 = b$，$\omega_{i0} = 1$，则从第 k 层到第 $k+1$ 层隐含层单元的正向传播方程是：

$$\begin{cases} h_i^{k+1} = \sum_{j=1}^{m_k} w_{ij}^k h_j^k \\ H_i^{k+1} = f\left(h_i^{k+1}\right) = f\left(\sum_{j=1}^{n} w_{ij}^k h_j^k\right) \end{cases} \quad i = 1, 2, \cdots, m_{k+1} \tag{7.8}$$

其中 m_k 代表第 k 层隐含单元神经元的数量，w_{ij}^k 表示从第 k 层到第 $k+1$ 层的权向量矩阵。最终输出为：

$$O_i = f\left(\sum_{j=1}^{m_{M-1}} w_{ij}^{M-1} H_j^{M-1}\right) \quad i = 1, 2, \cdots, m_o \tag{7.9}$$

这里 m_o 表示输出单元的数量（人工神经网络中可能有多个输出，但通常会建立一个输出），M 表示人工神经网络的总层数，O_i 表示输出单元 i 的输出。

例 7.5　ANN 中正向传播的输出预测

在 ANN 中，每组输入由唯一权值和偏置修正。如图 7.15a 所示，当计算第一隐含层中的第三个神经元的激活时，第一个输入的权值为 2，第二个输入的权值为 6，第三个权值为 4，然后在顶部添加偏置 5。每个激活都是唯一的，因为每个边具有唯一的权值，每个节点具有唯一的偏置。

这种简单的激活将充满整个网络。第一组输入传到第一个隐含层，如图 7.15b 所示。第一个隐含层的激活传递到下一个隐含层，如图 7.3c 所示。直到达到输出层，分类结果由每个输出节点的得分决定，如图 7.15d 所示。ANN 中的这种分类过程被称为正向传播，它将被重复用于另一组输入。

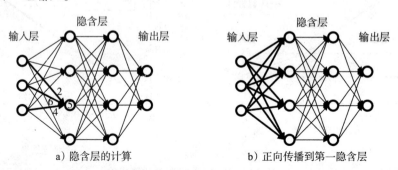

a) 隐含层的计算　　　　　　　　b) 正向传播到第一隐含层

图 7.15　简单 ANN 正向传播的输出预测（AAN 有 2 个隐含层，每个隐含层有 4 个神经元）

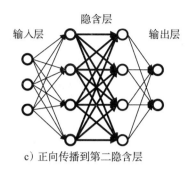

c）正向传播到第二隐含层　　　　　　　　　　d）输出阶段的预测

图 7.15　（续）

训练 ANN 的反向传播

为训练 ANN，大多数算法采用某种形式的梯度下降法，使用反向传播来计算实际梯度。这是通过取代价函数关于网络参数（权值和偏置）的导数来实现的。考虑图 7.16 中的 ANN，它包含 2 个隐含层，每层 4 个神经元。

例 7.6　ANN 中基于反后传播的权值 / 偏置调整

预测准确度取决于神经元连接强度的权值与偏置。目标是使预测输出尽可能接近实际输出。令 y 为正向传播的输出，y^* 表示正确的输出。代价是由 $(y-y^*)$ 表示的两者之差。经过大量训练过程后，代价应该越来越低。

训练期间，ANN 会逐步调整权值和偏置，直到预期输出与实际输出相匹配。为此，我们采用三个步骤。

1. 当更新输出层中的第一个神经元和第二个隐含层的神经元间的权值以及第一个输出神经元的偏置时，需要首先计算输出的正向传播与其实际结果间的误差。通过计算误差是 3。

2. 然后，计算各权值和偏置的梯度。例如，权值和偏置分别是 5、3、7、2、6，如图 7.16a 所示。那么，相应的梯度是 −3、5、2、−4、−7。

3. 最后，可计算出更新的权值和偏置，如 5−0.1×（−3）=5.3，其中 0.1 是用户设置的学习率。在图 7.16b 中，对应节点的偏置修正如下：6−0.1×（−7）=6.7。

这个简单的误差会泛滥到整个网络。如图 7.16c 所示，输出误差将向后传播到第二隐含层，输出层的权值到第二隐含层以及输出层的偏置也将被更新。图 7.16d 有相同的操作，第二隐含层的误差将向后传播到第一隐含层，第二层的权重到第一隐含层以及第二隐含层的偏置将被更新。

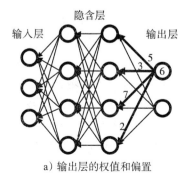

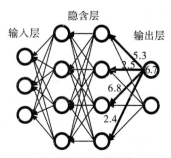

a）输出层的权值和偏置　　　　　　　　　　b）输出层更新权值的偏置

图 7.16　简单 ANN 中基于反向传播的输出预测（ANN 有 2 个隐含层，每层 4 个神经元）

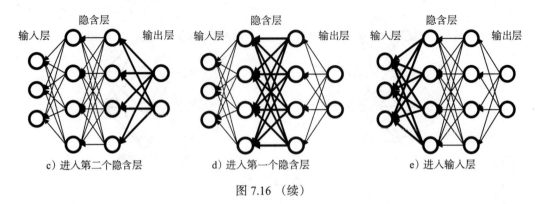

c）进入第二个隐含层　　　　d）进入第一个隐含层　　　　e）进入输入层

图 7.16 （续）

这些训练操作将重复进行，直到误差传播到输入层，并且第一隐含层对输出层的权值以及第一隐含层的偏置将被更新。此时，整个网络的权值和偏置被更新，如图 7.16e 所示。这种在 ANN 中更新权值的过程称为正向传播，其重复将引起另一组误差。

接下来，我们将介绍反向传播算法，以及如何通过学习或训练过程来更新权值 w_{ij}。理想情况下，我们期望 ANN 的输出与训练样本的标准值相同。实际上，不可能准确地实现该目标。我们只希望实际的输出尽可能接近理想输出。那么，自然地，对找到一组合适权值的问题可归结为通过计算适当的 W 值来确定 $E(W)$ 达到最小的问题。O_i^s 代表训练样本为 s 的输出单元 i 的输出结果，如下所示：

$$E(W) = \frac{1}{2}\sum_{i,s}\left(T_i^s - O_i^s\right)^2 = \frac{1}{2}\sum_{i,s}\left(T_i^s - f\left(\sum_{j=1}^{m_{M-1}} w_{ij}^{M-1}H_j^{M-1}\right)\right)^2 \rightarrow \min E(W)\ i = 1,2,\cdots,m_o \quad （7.10）$$

373
～
374

对于每个变量，这是一个连续可微的非线性函数。为了计算最小值，我们一般采用最速下降法。按照此方法，我们不断更新负梯度方向的权值，直到满足用户设定的条件为止。所谓梯度方向是计算函数的偏导数：假设在 k 次更新后的权值是 $w_{ij}^{(k)}$。如果 $\nabla E(W) \neq 0$，那么在 $k+1$ 次更新后的权值表示如下：

$$\nabla E(W) = \frac{\partial E}{\partial w_{ij}^k} \rightarrow w_{ij}^{(k+1)} = w_{ij}^{(k)} - \eta\nabla E\left(w_{ij}^{(k)}\right) \quad （7.11）$$

其中，η 是该网络的学习率。它与学习率 λ 发挥的作用相同。当 $\nabla E(W) = 0$ 或 $\nabla E(W) < \varepsilon$（$\varepsilon$ 为允许误差）时，停止更新。此时的 ω_{ij}^k 将作为人工神经网络的最终权值。网络不断调整权值的过程称为人工神经网络的学习过程。该学习过程所采用的算法称为网络传播算法。

反向传播揭示了误差传播将变得越来越小，从而减少了网络中所需的隐含层数目。如果隐含层数目过大，在反向传播过程中则不会将误差传递给前面的几层，这会导致无法更新相应的权值和偏置。

2006 年，Hinton 建议将 ANN 扩展到深度学习。他建议每个隐含层包括几个神经元。上一层的输出作为下一层的输入。Hinton 主要进行了两个观察：（1）具有多个隐含层的深度人工神经网络获得特征的学习能力强，而且，在多层中通过渐进学习所获得的特征能准确地表示数据；（2）逐层预训练方法解决了训练 ANN 的困难，同时，在逐层预训练期间采用了无监督学习。

为解决图像和视觉识别问题，采用深度神经网络进行动态特征识别。这种新技术被称为深度学习，它仅仅是神经网络的重新命名。近年来深度学习的成功取决于如下因素：算法改进、实现逐层特征提取、模拟人脑学习能力、模拟信息处理过程中的人脑层次结构。人们可以使用 GPU 支持深度神经网络的大规模训练。这可能需要处理大量的训练数据以证明其预测精度。

通常，事先我们不知道初始权值。因此，权值必须在训练期间进行动态调整。权值更新方程为：

$$w_j^{(k+1)} = w_j^k + \lambda \left(y_i - \hat{y}_i^{(k)} \right) x_{ij} \qquad j = 1, 2, \cdots, n \tag{7.12}$$

其中，$w_j^{(k)}$ 是 k 次迭代后输入节点 j 的权值，λ 称为学习率，x_{ij} 是第 i 个训练数据样本节点 j 的输入值。

反向传播算法有效地解决了异或问题，更一般地说是解决了快速训练多层神经网络的问题。ANN 类型与只有一层或两层单向逻辑的复杂类型不同，它拥有复杂的多输入、多方向反馈回路和层。大多数系统使用"权值"来改变吞吐量的参数以及与神经元的变化连接。ANN 是最自主的，通过外部"导师"的输入进行学习，甚至通过写入规则进行自主学习。 |375|

根据所采用的学习范式，ANN 可以通过监督或无监督方式进行操作。ANN 可能采用三种学习模式，即监督学习、无监督学习和强化学习，现简要介绍如下。

- 监督深度学习：给定训练数据对，找到与样本匹配的函数。常用的代价是均方误差。当尝试采用多层感知器的梯度下降最小化该代价时，只需应用反向传播算法训练神经网络。监督学习应用于模式识别和回归，包括语音和手势识别等。
- 无监督深度学习：没有标记训练样本，给出了一些数据 x，并将代价函数最小化。代价函数取决于建模的任务和先验假设。在无监督学习范式下任务通常是估计问题，其应用包括聚类、统计分布估计、压缩和滤波。
- 强化深度学习：这里通常不是给定数据，而是由代理与环境的交互产生。每次代理执行一个动作而环境产生观察和瞬时代价。其目的是为选择操作而寻求一种策略，该选择操作最小化某种程度的预期累积代价。作为整个算法的一部分，ANN 常用于强化学习，例如，将动态规划与 ANN 相结合。采用强化学习的应用包括控制问题、游戏和其他时序决策任务。

7.4 深度学习网络的分类

在本节中，我们通过划分不同连接的类，给出所有深度学习网络的分类。然后介绍静态 ANN 与动态 ANN 的对比。我们特别会用一些例子来涵盖卷积神经网络（CNN）和循环神经网络（RNN），以说明涉及的关键概念。

7.4.1 深度学习网络的类型

ANN 可分为两种主要类型：静态与动态。这里，我们只简单地将 ANN 进行分类，而不展开每类 ANN 的细节。ANN 是受生物神经网络启发而引入的计算模型。大多数 ANN 与更复杂的对应生物有一定的相似之处。一些 ANN 本质上是静态的，不随环境而改变。例如，感知器和神经认知机是为固定用途静态设计的。 |376|

一些 ANN 是动态结构或自适应系统。例如，用于人口与环境建模的 ANN 是不断变化的。动态神经网络不仅处理非线性多元行为，而且处理时变行为。与前馈网络相反，循环神经网络是具有双向数据流的模型。前馈网络从输入到输出线性地传播数据，而 RNN 还要从后期处理阶段到前期阶段传播数据。RNN 能用于通用序列处理器。表 7.8 列出了近年来的一些已知 ANN 类型。

表 7.8　静态与动态人工神经网络

类型	名称
静态 ANN	神经认知机，麦卡洛克－皮茨细胞，径向基函数（RBF）网络，学习向量量化，感知器（Adaline 模型，卷积神经网络），模块化神经网络，分治组合机（COM），联想神经网络（ASNN）
动态 ANN	前馈神经网络（FFN），循环神经网络（RNN），Hopfield 网络，玻尔兹曼机，简单循环网络，回声状态网络，长短时记忆网络，双向 RNN，分层 RNN，随机神经网络，Kohonen 自组织映射，自动编码器，概率神经网络（PNN），延时神经网络（TDNN），调节反馈网络（RFNN）

7.4.2　卷积神经网络

卷积神经网络（CNN）是一种前馈神经网络，与传统的神经网络相比，它采用卷积和减少网络中权值的数量以降低计算复杂度。该网络结构与生物神经网络相似。CNN 要求监督学习，它广泛应用于语音识别和图像理解领域。接下来介绍卷积和池化的概念，以及 CNN 的训练过程。CNN 神经元之间的连接模式受动物视觉皮层组织的启发。

每个皮层的神经元对感受野中的刺激做出反应。不同神经元的感受野之间存在部分重叠，从而覆盖视野区域。这个过程近似于卷积运算。一般来说，CNN 是由多层神经元组成的。我们需要确定卷积层和池化层的数量，以适应特定的应用问题，就像堆积木一样。图 7.17 展示了 LeNet-5 采用的卷积神经网络结构。它包括 7 层：3 个卷积层，2 个池化层，1 个全连接层，1 个输出层。

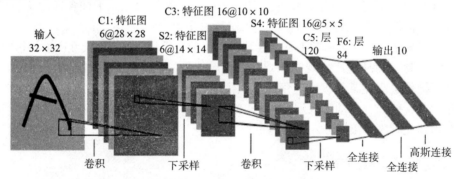

图 7.17　LeNet-5 使用的卷积神经网络（来源：Yann LeCun et al.," Gradient-based Learning Applied to Document Recognition, *Proceedings of the IEEE* 86, no. 11 (1998).）

卷积网络可能包括局部或全局池化层以组合神经元簇的输出。CNN 可以是卷积和全连接层的不同组合。小范围输入的卷积运算旨在减少自由参数的数量。这是通过在卷积层中使用共享权值来完成的。我们可以采用滤波器来实现输入层和隐含层之间的局部连接。假设设计一个 10×10 的滤波器来模拟人眼以感受到该局部图像区域。那么，隐含层神经元将通过滤波器连接到输入层的 10×10 区域。

如果隐含层有 10^6 个神经元，则隐含层和输入层之间的滤波器数量为 10^6。每个连接通过滤波器对应于输入层的 10×10 区域。因此，输入层和隐含层之间的连接权值变为 $10 \times 10 \times 10^6 = 10^8$。由于图像一部分的统计特征与其他部分的统计特征相同，因此这种大量的权值参数会造成计算负担。这意味着从图像的一部分学到的特征也能用于其他部分。所以对于同一图像的所有位置,我们可以采用相同的学习特征或图像滤波器。

当然,相同的滤波器也能用于图像的所有位置。10^6 个 10×10 的滤波器相当于图像的 10^6 个不同的 10×10 区域。如果滤波器完全相同,这意味着局部特征被用于整个图像,则在输入层和隐含层之间有 1 个具有 100 个权值参数的滤波器。通过共享权值,权值参数数量从 25×10^{10} 减到 100,这大大减少了权值参数的数量和计算负担。局部连接和权值共享的概念使卷积运算成为可能。这里,10×10 的滤波器被视为卷积核。当我们需要表示更多的局部特征时,可以采用多个卷积核。

可通过卷积获得图像的特征图或特征。但是,当使用这些特征直接对分类器进行训练时,我们将面临巨大计算负担的挑战。例如,对于 96×96 像素分辨率的图像,假设使用 400 个卷积滤波器,卷积维数为 8×8,每个特征图包括 $(96-8+1) \times (96-8+1) = 89^2 = 7921$ 维卷积特征。由于有 400 个滤波器,每个输入图像样本将获得 $89^2 \times 400 = 3168400$ 个隐含神经元,这可能需要很大的计算开销。 |378|

常见的图像具有静态属性。在一个图像区域中有用的特征很可能适用于另一个区域。因此,为描述大图像,我们可以对不同位置的特征进行聚合统计。例如,我们可以计算图像区域中的平均值(或最大值)。通过这种聚合获得的统计特征不仅能降维,还可以改善结果(借助阻止过拟合)。这种聚合操作称为池化。根据不同的计算方法,将其分为平均池化和最大池化。图 7.18 显示了一个 6×6 图像的 3×3 的池化操作。图像被分成 4 个不相互重叠的区域,在一个区域中,经最大池化后给出其结果。池化后的特征图为 2×2。

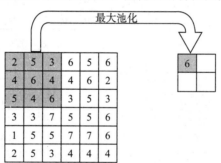

图 7.18　从 6×6 网格到 2×2 网格池化的概念(来源:http://ufldl.stanford.edu/wiki/index.php/ UFLDL_Tutorial)

例 7.7　卷积神经网络的卷积和池化

随着 CNN 的快速发展,CNN 已广泛应用于数字图像处理中。例如,采用 DeepID 卷积神经网络,人脸识别最大能达到 99.15% 的识别率。该技术能在寻找失踪人员和预防恐怖主义犯罪方面发挥重要作用。图 7.19 展示了如何使用 CNN。如果给定输入图像如图 7.20a 所示,图像大小为 8×6。我们采用的卷积核大小为 3×3,卷积层 1 中的一个特征图的大小为 $((8-3)+1) \times ((6-3)+1) = 6 \times 4$。假设采用 3 个滤波器,相应的权值矩阵为: |379|

$$w_1 = \begin{bmatrix} 1 & 0 & 1 \\ 0 & 0 & 0 \\ 1 & 0 & 1 \end{bmatrix} \quad w_2 = \begin{bmatrix} 0 & 0 & 1 \\ 0 & 1 & 0 \\ 0 & 0 & 0 \end{bmatrix} \quad w_3 = \begin{bmatrix} 0 & 0 & 1 \\ 0 & 1 & 0 \\ 1 & 0 & 0 \end{bmatrix}$$

假设偏置 $b = -10$,激活活函数 $RELU(x) = \max(0, x)$。为获得卷积层 1 的特征图,需要进行以下操作。

1. 使用 w_1 执行输入数据的卷积。结果如图 7.20b 所示。

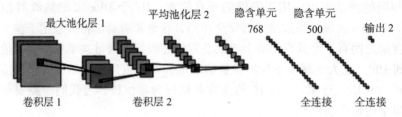

图 7.19　卷积神经网络示意图

2. 图 7.20c 显示了添加偏置后的结果。

3. 经激活后，获得卷积层 1 的特征图 1，如图 7.20d 所示。

4. 通过权值 w_2 和 w_3 重复上述步骤，得到卷积层 1 的特征图 2 和 3，如图 7.20e 和图 7.20f 所示。

为获得最大池化层 1 的特征图，我们选择各输出特征图中每个不重叠的 2×2 区域的最大值，并进行 2×2 的最大池化操作。图 7.20g 显示了在第 1 层的最大池化后的结果特征图。

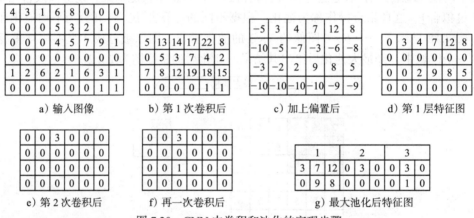

图 7.20　CNN 中卷积和池化的实现步骤

例 7.8　CNN 中如何使用池化和重叠处理

我们可以通过对一个 8×8 的图像的卷积操作来理解如何实现卷积，如图 7.21 所示。设卷积核大小为 4×4，特征矩阵是

$$w = \begin{bmatrix} 1 & 0 & 1 & 0 \\ 0 & 0 & 1 & 1 \\ 0 & 1 & 0 & 1 \\ 1 & 1 & 0 & 0 \end{bmatrix}$$

从 8×8 的图像中抽取 4×4 的图像 x_1 用于具有特征矩阵的卷积运算。这里，利用方程 $y_i = w \times x_i$ 获得隐含层中第一个神经元的值 y_1。设置卷积步长为 1。继续提取 4×4 的图像 x_2，并通过卷积运算获得第二个神经元的值 y_2。重复上述步骤，直到遍历完整个图像。

380
～
381

在隐含层中所有神经元值计算完成后，得到了卷积核对应的特征图。通常，我们采用激活函数计算隐含层中输出特征图的值。常用的激活函数有 S 型函数 $\left(\sigma(x) = \dfrac{1}{1+e^{-x}}\right)$、双曲正

切函数 $\left(\tanh(x) = \dfrac{e^x - e^{-x}}{e^x + e^{-x}}\right)$ 和修正 / 整流线性单元函数 （RELU(x)=max$(0,x)$）。

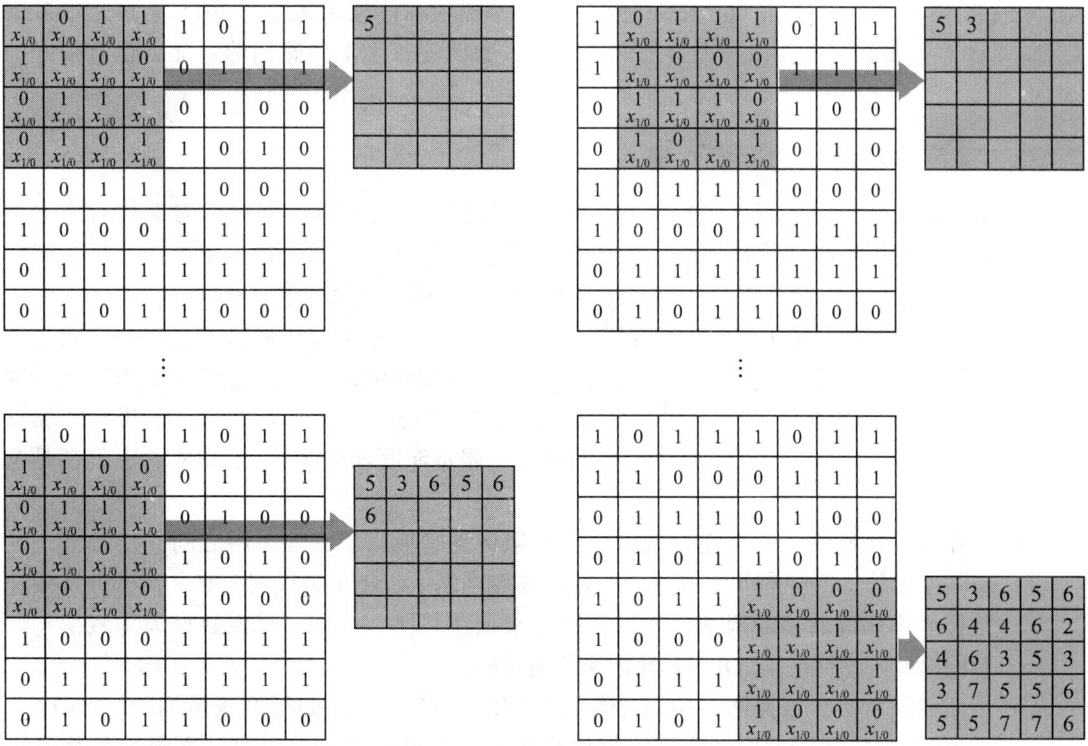

图 7.21　CNN 的原理图（来源：http://ufldl.stanford.edu/wiki/index.php/UFLDL_Tutorial）

假设卷积层的输入特征图 x 的数目为 n，采用方程 $y_i = f\left(\sum\limits_{i=1}^{n}\left(w_{ij} \times X_i + b_i\right)\right)$ 计算该卷积层 l 的输出特征图，其中 b 表示偏置，w 是权值矩阵，f 是激活函数。如果卷积层 l 有 m 个滤波器，则权值矩阵 w 的数目为 $n \times m$，对应于 m 个滤波器，卷积层 l 有 m 个输出映射。

隐含层中的神经元数目为 $n_y = \left(\left|\dfrac{n_{l-1} - n_k}{s}\right| + 1\right) \times \left(\left|\dfrac{m_{l-1} - m_k}{s}\right| + 1\right) \times m$，输入数据大小为 $n_{l-1} \times m_{l-1}$，滤波器大小为 s，卷积的步长为 s（卷积每次移动的距离），滤波器数目为 m。在如图 7.21 所示卷积原理图中：输入数据为 8×8，卷积窗为 4×4，卷积步长为 1，特征图为 1 个，则隐含层神经元数目为：

$$n_l = \left(\left|\frac{8-4}{1}\right| + 1\right) \times \left(\left|\frac{8-4}{1}\right| + 1\right) \times 1 = 5 \times 5$$

卷积神经网络常用于图像识别系统中，它们在 MNIST（美国国家标准与技术研究院）数据库上的错误率为 0.23%。在 MNIST 图像数据库实验中，其学习过程很快。当将其应用于人脸识别时，它们能大大降低错误率。报道结果显示，超过 10 个类别的 5600 个静止图像的识别率为 97.6%。经过人工训练后，CNN 已被用于视频质量的客观评价。

用于大规模视觉识别的 ImageNet 是对象分类和检测的基准，它拥有数百万图像和数百个对象类别。在 ILSVRC 2014 大规模视觉识别竞赛中，获奖者是 DeepDream 项目的 GoogLeNet。该团队获得了对象检测的 0.439329 平均精度而分类误差降低到 0.06656，其 CNN 包含 30 多层。CNN 在 ImageNet 测试中的表现现在已接近人类。2015 年，一种多层 CNN 展示了从大范围角度识别人脸的能力，在人脸倒置甚至部分遮挡的情况下也有很好的表现。

7.4.3 深度神经网络的连接性能

深度学习问题应用具有正向传播和反向学习的深度神经网络。深度学习架构有许多类型。多数架构被用于改变公共架构。在图 7.22 中，根据神经元的连接模型，我们将深度学习架构分成 3 种类型：全连接型，局部连接型，以及许多其他深度学习网络。

- 全连接型网络。在传统的神经网络中，从输入层、隐含层到输出层之间的层间是全连接的。上层的一个神经元与下层的每个神经元完全连接。深度学习架构包括深度信念网络（DBN）、深度玻尔兹曼机（DBM）、堆叠自动编码器（SAE）、堆叠降噪自动编码器（SDAE）、深度堆叠网络（DSN）、张量深度堆叠网络（TDSN），它们都是全连接的。
- 局部连接型网络。局部连接型深度学习架构是指输入层和输出层之间的连接模式是局部连接的。这种深度学习架构以卷积神经网络（CNN）为代表。它采用部分连接和卷积运算权值共享的概念，用局部特征来描述整体。因此，权值数目大为减少。如卷积深度信念网络（CDBN）就是局部连接的。
- 其他神经网络。该类网络包括循环神经网络（RNN）、递归神经张量网络（RNTN）、长短时记忆（LSTM）网络等。其他相关网络包括循环神经网络–受限玻尔兹曼机（RNN-RBM）、深度 Q 网络（DQN）、复合分层深度模型（CHDM）、深度编码网络（DPCN）等。带局部连接或完全连接的传统 ANN 可能具有有限的适用范围，因为它们在处理数据流时表现不佳或显得无能为力。

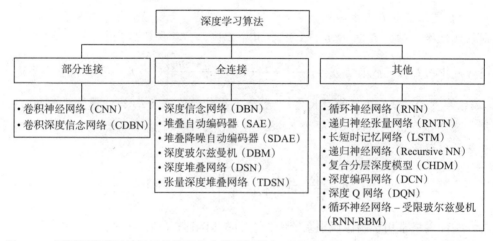

图 7.22 不同深度学习神经网络模型的分类（来源：K. Hwang and M. Chen，*Big Data Analytics for Cloud, IoT and Cognitive Learning*，Wiley，2017[6].)

7.4.4 循环神经网络

循环神经网络（Recurrent Neural Network，RNN）是一类特殊的神经网络，其中神经元之间的连接形成有向循环，包括一些自反射连接。它创建了网络的内部状态，使其能够动态地呈现一些短时行为。与前馈神经网络不同，RNN 采用其内部存储器来处理任意输入序列。这使得它们适用于诸如语音或不分段连写的手写识别等任务。通过在类图结构上递归地应用相同权值集来创建 RNN。RNN 由自动微分的反向模式来训练。RNN 已应用于自然语言处理中。

RNN 认为当前数据流输出与先前输出有关。这意味着当前时间的信息处理需考虑上次的输出。训练单层 RNN 的一百多步相当于训练一个数百层的前馈网络，如图 7.23 所示。当 RNN 处理序列数据时，以前的输出将反馈作为输入数据的一部分。为迭代计算当前输出，RNN 必须记住以前的输出。网络结构中隐含层节点之间存在连接。隐含层的输入需要重复使用输入层的输出和自身的输出。

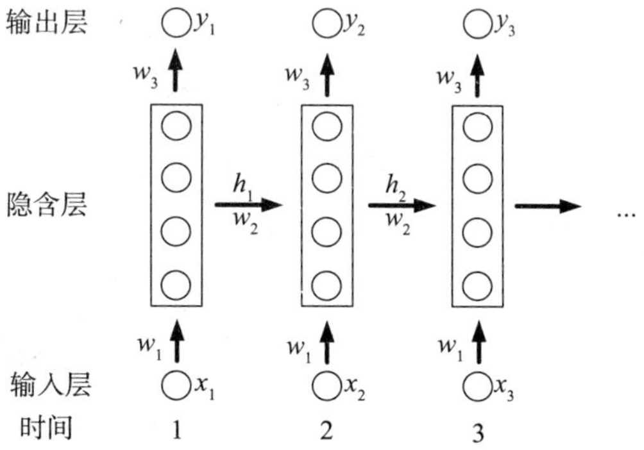

384

图 7.23　RNN 结构示意图

使用 RNN 的学习过程

在采用 RNN 时，如果非线性激活函数是可微的，则可应用梯度下降法来改变每个权值，它与误差对该权值的导数成正比。为此，研发了多种方法。一种标准方法称为时序反向传播（Back Propagation Through Time，BPTT）。它是前馈网络的反向传播的泛化。另一种方法是采用实时循环学习（RTRL）。与 BPTT 不同的是，该算法在时间上是局部的，但在空间上非局部。BPTT 和 RTRL 之间还有一个中等复杂度的在线混合且有连续时间的变体。标准 RNN 架构的梯度下降的一个主要问题是误差梯度随重要事件之间的时间间隔大小以指数形式快速消失。

在每个时刻 t，RNN 对应于一个具有三层的 ANN。t 时刻 RNN 的输入和输出分别表示为 x_t 和 y_t'，隐含层表示为 h_t。我们始终使用相同的网络参数（w_1，w_2，w_3），其中输入和隐含层之间的连接权值为 w_1，$t-1$ 时刻的隐含层和 t 时刻的隐含层之间的权值为 w_2，隐含层和输出层之间的权值为 w_3。如图 7.24 所示。正向计算如下：t 时刻输入为 x_t，隐含层的值 h_t 由当前输入值 x_t 和隐含层 $t-1$ 时刻的值 h_{t-1} 计算。输出值 y_t' 是将 h_t 作为输出层的输入。图 7.24 显示了 RNN 和 ANN 操作之间的差异。

385

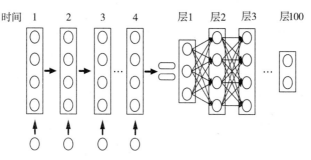

图 7.24　RNN 和 ANN 的结构对比

不同神经网络中的输入和输出关系

RNN 接收输入序列并产生输出序列。如图 7.25 所示，根据不同的应用，有四种不同形式的输入 / 输出对。图 7.25a 的 I/O 结构特别适用于图像捕获应用，图 7.25b 显示了具有单输出多输入的 I/O 结构，它与文档分类相匹配。

在图 7.25c 中，其输入和输出都是顺序的，它用于 RNN 实现的逐帧视频流应用，也适用于未来情况的统计预测。在图 7.25d 中，我们在时刻 1 和时刻 2 输入已知数据，从时刻 3 开始预测。在时刻 3 输入数据后，得到输出结果 1。这意味着下一时刻的数据被预测为 1。同样，在时刻 4 输入数据 1 后得到输出结果 2，时刻 5 的数据被预测为 2。表 7.9 列出了一些使用 RNN 开发的常用软件库。

表 7.9 用 RNN 进行深度学习开发的一些软件库（来源：en.wikipedia.org/wiki/Recurrent_ neural_ network）

软件库和开发者	简要说明
Caffe(Berkeley 视觉与学习中心)	该软件包支持 CPU 和 GPU，采用 C++ 开发并提供 Python 和 MATLAB 封装器
Deeplearning4j（www.apaxhe.org）	在 Java 和 Scala 上的深度学习，支持多 GPU 的 Spark，允许创建自定义图层，提供 Hadoop 和 Kafka 集成
TensorFlow（www.tensorflow.org）	Apache 2.0 授权的类 Theano 库，支持 CPU、GPU 和 Google 专有的 TPU 以及移动应用
Theano（deeplearning.net/ software/ theano）	用于 Python 的参考深度学习库，与主要 API 兼容，支持流行的 NumPy 库
Torch（www.torch.ch）	一种广泛支持机器学习算法的科学计算框架，采用 C 和 lua 编写，在 Facebook AI 研究和 Twitter 中使用

大多数深度学习网络是前馈网络，如 SAE、DBN，这意味着从输入到输出的某一层的信号处理流程是单向的。与前馈神经网络不同，RNN 接收输入序列并产生序列值作为输出。RNN 是包括时间行为的神经网络。这意味着序列的输出作为输入被馈送到下一个输入。RNN 应用于建模语言或语音识别过程。隐含层之间的节点不再是未连接的，而是连接的；隐含层的输入不仅包括当前输入，还包括上一时刻隐含层的输出。

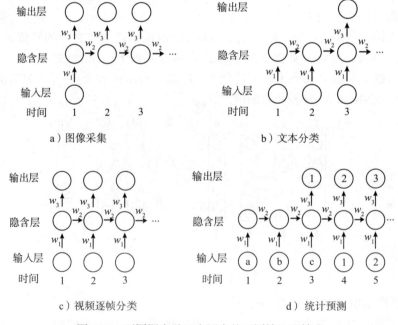

a）图像采集   b）文本分类

c）视频逐帧分类   d）统计预测

图 7.25 不同深度学习应用中的不同输入和输出

7.5 深度学习应用与其他认知功能

在本节中，我们将概览近年来不同研究者提出的其他深度学习神经网络，介绍这些网络的简要区别，特别是玻尔兹曼机和深度信念网络。训练 ANN 时，使用代价值（即 ANN 预测输出与实际输出之间的间隔）来调整整个训练过程中的权值和偏置。训练过程顺应梯度的趋势，类似于斜率。训练过程就像石头在斜坡上翻滚一样。如果梯度很高，石头会迅速移动到地面。当梯度很小时，ANN 的训练过程是很慢的。然而，梯度也可能通过网络潜在地消失。 386

通常，早期的层梯度要小得多。因此，早期的层训练难度很高。然而，早期的层与简单模式和块构建相对应，特别是面部识别。误差会在 ANN 下一层传播。早在 2006 年前，由于训练过程中出现了梯度消失的根本问题，因此无法训练 DNN。下面我们介绍受限玻尔兹曼机（RBM）、深度信念网络（DBN）及其训练方法和应用。

7.5.1 受限玻尔兹曼机

受限玻尔兹曼机（Restricted Boltzmann Machine，RBM）是一种可以实现无监督学习的神经网络模型。它包括两层，可视层 V 和隐含层 H，它们通过无向图连接。在同一层内的神经元之间没有连接。本节只介绍 V 和 H 是二进制单元的情况。RBM 的输入是 m 维向量数据 V，其中 $V=(v_1, v_2, \cdots, v_m)$，$v_i \in \{0, 1\}$。$v_i$ 表示可视层中神经元 i 的二进制状态。RBM 的输出是 n 维向量 H，其中 $H=(h_1, h_2, \cdots, h_n)$，$h_j \in \{0, 1\}$。$h_j$ 表示隐含层中神经元 j 的二进制状态（图 7.26）。

现给出一个简单的例子以理解 RBM 的学习过程，如图 7.27所示。我们的目标是获得以下问题的答案：输入图是由哪些形状组成的？图中仅有两种组件，即正方形和三角形。分别使用数

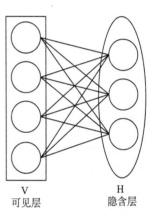

图 7.26 单层 RBM 结构图

码 1 和数码 0 来表示正方形和三角形。假设编码序列是左上角、右上角、左下角和右下角。那么，输入图对应于四位编码，即 1011，然后采用对称映射和 H 来重构层 V。其操作实现如下。

1. 编码 1011 由 V 获取。通过映射，计算出 H 层中的 01 表示，这意味着输入图由三角形组成。然后采用对称映射得到 0011 作为 V1 的值。 387 ∼ 388

2. 计算 V 和 V1 分布之间的误差，根据误差修正映射参数。

3. 用新的映射重复步骤 1 和步骤 2。以上训练完成后，执行训练和建立 RBM，它包括 V 层、H 层以及它们两层之间的映射。

从图 7.27 可以看出，需要找到一个很好的映射。现介绍对比散度（CD）算法，它能快速得到映射。映射是指 RBM 网络的参数。定义 $\theta=(w, bv, hb)$ 为映射，该映射从 RBM 网络学习得到，w 为可视层 V 和隐含层 H 之间的连接权值，$w \in \mathbf{R}^{m \times n}$。$w_{ij}$ 是可视神经元 i 和隐含神经元 j 之间的连接权值。bv 是由可视层中每个神经元的偏置构成的向量，bv_i 表示可视神经元 i 的偏置值，$bv \in \mathbf{R}^m$。bh 是隐含层中每个神经元的偏置构成的向量，$bh \in \mathbf{R}^n$。bh_j 表示隐含神经元 j 的偏置值。学习 RBM 的任务是通过 CD 学习法建立 RBM 网络结构或获得最佳参数 θ^*。

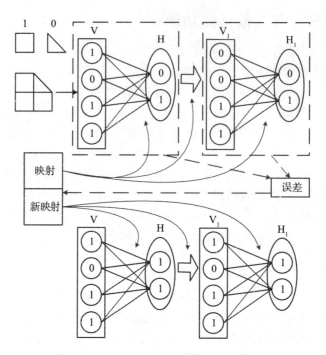

图 7.27　使用 RBM 学习图像组成的原理图

7.5.2　深度信念网络

深度信念网络（DBN）是 Hinton 等人提出的混合深度学习模型。图 7.28 显示了 DBN 包含一个可视层 V 和 n 个隐含层。DBN 由 n 个堆叠的 RBM 组成，这意味着先前 RBM 的隐含层作为下一个 RBM 的可视层。原始输入是可视层 V。V 层与 H1 隐含层共同组成了 RBM。H1 是第二个 RBM 的可视层 V2。H1 隐含层与 H2 隐含层共同构成一个 RBM。所有相邻层形成 RBM。

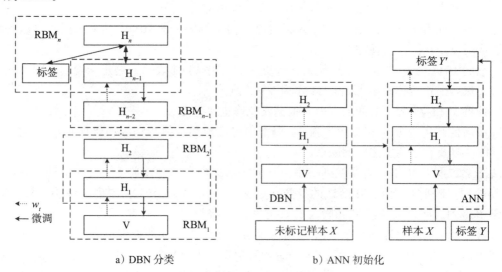

a）DBN 分类　　　　　　　b）ANN 初始化

图 7.28　深度信念网络的结构

　　在图 7.28a 中，顶层的可视层和隐含层是无向连接的一部分，称为联想记忆。处于顶层的 RBM 可视层由先前 RBM 中的 H_{n-1} 隐含层和分类标签组成。上面可视层中神经元数目是 H_{n-1} 层神经元数目与类别号的总和。DBN 的训练被分为两部分：无监督训练和有监督微调。无监督训练使用大量无标签的数据逐一训练 RBM。有监督微调使用少量有标签数据，以精细调整整个网络中每层的参数。

微调使用样本数据作为 DBN 可视层的输入数据，同时样本标签作为顶部 RBM 层可视层的一部分。样本类别标签数据 y 用神经元表示。换句话说，如果样本有 m 种类别标签数据，则有 m 个神经元来表达它们。若设置对应类别的神经元等于 1。当采用 DBN 进行微调时，则 BP 算法可用于调整网络参数。

DBN 不仅能直接用于分类，而且能用训练好的网络参数对人工神经网络进行初始化。此应用主要包括两部分：无监督训练 DBN 和有监督微调神经网络。如图 7.28b 所示，可通过以上无监督训练算法输入无标签的样本数据 x 并训练 DBN，得到每层之间的连接参数。与 DBN 相同，我们可定义神经网络层数以及神经元数目。可用从 DBN 训练中获得的参数初始化神经网络。然后，我们将带标签的样本数据 x 输入神经网络。最后，我们用从上面得到的正确分类 y 和 y' 来计算神经网络的误差和训练方法并调整每层的参数。

7.5.3 深度学习与脑功能开发

深度学习是一个日益增长的领域，每年有数百篇论文发表。为了提升深度学习的能力（包括各种脑功能或认知能力），许多新的深度学习网络被提出或者被检验。我们简要回顾以下几种新型神经网络模型。

- 递归神经张量网络（RNTN）。RNTN 采用了递归深度神经网络结构。RNTN 对树结构中的所有节点使用基于张量的组合函数。建议将此类网络用于处理具有可变长度的输入数据或进行多阶段预测。RNTN 和 RNN 都具有递归行为 [18]。RNN 是时间序列递归，RNTN 是数据结构递归，称为张量（将在第 9 章中讨论）。
- 卷积深度信念网络（CDBN）。CDBN 是一种结合 CNN 与 DBN 的网络结构。它能用来扩展 DBN，处理具有全尺寸和高维度的图像问题。
- 深度 Q 网络（DQN）。DQN 是深度神经网络结构，由谷歌 DeepMind 子公司提出。它结合了强化学习、Q 学习以及人工神经网络。
- 深度玻尔兹曼机（DBM）。DBM 包含一个可视单元层和一系列隐含单元层。同一层之间没有连接。DBM 是堆叠数个 RBM 的深度结构，任意两层之间都有无向连接。
- 堆叠降噪自动编码器（SDAE）。SDAE 的结构与堆叠式自动编码器相似。唯一区别是将 AE 变更为降噪自动编码器（DAE）。DAE 采用无监督训练方法，它包括三个步骤，即破坏、编码器和解码器。
- 深度堆叠网络（DSN）。DSN 使用简单的神经网络模块堆叠深度网络，模块数量不确定。每个模块的输出都是一个类别。第一层模块的输入是初始数据。从第二层开始，模块的输入是初始数据 x 和先前层的输出 y 的串联连接。
- 张量深度堆叠网络（TDSN）。TDSN 是 DSN 的扩展。它包含许多堆叠块。每个堆叠块包括三层，即输入层 x、两个平行隐含层 h_1 和 h_2，以及输出层 y。
- 长短时记忆（LSTM）。LSTM 是对 RNN 的改进，它在基本的 RNN 隐含层中添加了记忆模块。当采用基本的 RNN 进行训练时，LSTM 能解决前一时刻隐含层到下一时刻隐含层的作用削弱问题。

- 深度编码网络（DPCN）。DPCN 是一种层次生成模型，它是一种能使用上下文数据实现自我更新的深度学习网络。
- 复合分层深度模型。该模型由带非参数贝叶斯模型的深度网络构成。它采用诸如 DBN、DBM、堆叠式自动编码器等深度结构来学习特性。
- 循环神经网络 – 受限玻尔兹曼机（RNN-RBM）。这是一种循环时间 RBM，它有反馈连接以及具有超出 RNN 和 RBM 的时变扩展函数。

7.6　结论

　　智能 AI 机器 / 机器人 / 系统在高科技业界很受欢迎。所有的大公司都在争夺快速增长的市场。本章我们回顾了亚马逊、Google、IBM、Intel、英伟达等公司的进展情况。此外，我们调查了一些 AR 和 VR 供应商及其产品。引入了区块链来保护像云和数据中心这样的分布式环境下的业务交易链。深度学习应用了各种类型的人工神经网络。重点突出介绍的卷积或递归神经网络，尤其是它们在实现认知应用方面的吸引力。接下来的章节中，我们将使用 Hadoop、Spark 和 TensorFlow 等可获取的软件工具，以运用第三部分已学习的机器学习算法。

习题

7.1　访问 Google X 实验室网站。挖掘所有当前项目或已完成的项目的技术细节。根据你的调查结果撰写技术报告。

393

7.2　访问表 7.1 中列出的两家 AR 供应商和两家 VR 供应商网站。撰写调查报告，总结你的技术发现，包括产品特点、功能实现和技术基础应用。

7.3　使用卷积神经网络（图 7.29）实现图像分类。图像具有 32×32 分辨率的输入层，且网络包含卷积层（C1）和最大池化层（P1）。按照以下步骤执行分类任务。

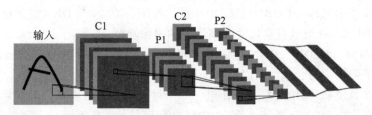

图 7.29　用于图像分类的卷积神经网络结构图

（a）设 CNN 中 C1 卷积核大小为 5×5、步长为 3、特征图数为 6，试计算 C1 中每个特征图的大小。

（b）设 P1 中池化区大小为 2×2，试计算池化层中每个特征图的大小。

（c）令 CNN 中 C1 卷积核大小为 3×3、步长为 1、特征图数目为 6，试计算 C1 中每个特征图的大小。

（d）设 P1 中池化区大小为 3×3，试计算池化层中每个特征图的大小。

7.4　许多气体传感器面临交叉敏感度问题。例如，气体传感器往往无法准确检测到毒气的存在。我们可以通过使用传感器阵列来检测人工神经网络上的交叉敏感度特征，从而解决该问题。表 7.10 给出了三种气体传感器测量值。气体条件 1 是指气体存在，0 表示没有气体泄漏。设计具有给定数据的 ANN 模型，以区分由 X_1: 0.4、X_2: 0.5 和 X_3: 0.4 表征的气体类型。

表 7.10　气体传感器数据和相应的气体条件

敏感度（X_1）	敏感度（X_2）	敏感度（X_3）	气体 A（Y_1）	气体 A（Y_2）
0.63	0.56	0.68	1	0
0.55	0.44	0.65	0	1
0.46	0.78	0.64	0	1
0.37	0.55	0.44	1	1
0.58	0.43	0.33	1	0
0.65	0.79	0.35	0	0
0.89	0.35	0.40	0	1
0.58	0.99	0.36	0	1
0.54	0.89	0.32	1	1
0.40	0.55	0.31	1	0
0.69	0.38	0.39	1	0

7.5　表 7.11 显示了只有两种种类的鸢尾花数据集：山鸢尾（setosa，用 1 表示）和杂色鸢尾（versicolor，用 0 表示）。我们可以通过花瓣长度、花瓣宽度、萼片长度和萼片宽度来区分这些数据项。设计一种 ANN 模型，采用聚类方法对鸢尾花进行分类。

（a）计算神经网络输入层神经元的数量，并分别说明这些神经元呈现哪些花的特征。

（b）解释输出层中神经元的数量，以及这些神经元如何表示花的类别。

（c）简单说明训练和分类的过程，并解释最终的聚类结果。

|394|

表 7.11　4 种属性特征的鸢尾花样本数据

编号	花瓣长度	花瓣宽度	萼片长度	萼片宽度	种类
1	5.1	3.5	1.4	0.2	1
2	7.0	3.2	4.7	1.4	0
3	5.2	3.4	1.6	0.3	1

7.6　电子气体传感器用某些气体改变其电阻，可根据电阻变化率确定气体浓度，称为灵敏度。然而，半导体传感器的电阻也会随温度和湿度而变化。表 7.12 给出了 16 项测试的灵敏度数据集。采用该数据集设计人工神经网络模型，以评估 X_1：28、X_2：50 和 X_3：0.4 的气体浓度。

表 7.12　利用温度、湿度和气体浓度来测量传感器灵敏度

温度（X_1）	空气湿度（X_2）	灵敏度（X_3）	气体浓度（Y）
20	45	0.50	20
22.5	60	0.46	23
23.0	57	0.43	33
21.5	57	0.44	34
26.5	64	0.33	45
28.5	59	0.35	44
23.0	37	0.40	41
26.0	66	0.36	47
29.5	72	0.32	45
35.0	83	0.31	48
30.0	76	0.29	56
20.0	45	0.45	39
22.5	77	0.39	40

（续）

温度（X_1）	空气湿度（X_2）	灵敏度（X_3）	气体浓度（Y）
23.0	57	0.35	52
21.8	46	0.39	48
24.8	67	0.32	51

7.7　假设手写数字识别网络仅有 3 层：卷积层、最大池化层和输出层。如果输入是 8×8 矩阵，编写一个程序计算卷积层和最大池化层之后的特征图。必须设计卷积层的特征矩阵。池区为 2×2，输入矩阵为 8×8，如表 7.13 所示。

395

表 7.13　习题 7.7 使用的图像数据矩阵

5	3	17	8	34	137	45	0
0	20	0	0	204	13	0	6
4	0	0	253	0	0	0	2
0	0	198	0	5	0	3	0
6	186	0	146	0	7	0	2
0	139	0	0	176	0	0	0
0	157	0	0	154	0	2	0
4	0	173	182	0	0	0	0

7.8　图 7.30 给出了一个具有线性激活神经元的 ANN，即输出 y 是其输入信号 $y = \sum_{i=1}^{n} w_i x_i$ 的加权和，其中 w_i 是输入信号 x_i 到该神经元的权值。在神经元 n1 和 n2 的输入箭头处的数字是输入信号。边上的数字是应用于该边的权值。例如，在 n1 和 n3 之间边的权值 $w_{13} = -1$。假设两个输入边上的权值为 1。

（a）计算神经元（n3，n4，n5）的输入和输出；计算输出层神经元（n6，n7）关于（2，4）对（n1，n2）输入信号的最终输出。

396

（b）如果对于神经元（n1，n2）的输入信号变成（1，2），那么网络的输出是多少？你必须重复（a）部分的所有计算吗？根据（a）部分得出的结果，是否存在生成最终输出的捷径？

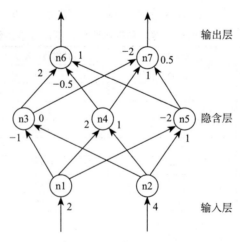

图 7.30　习题 7.8 的 ANN

7.9　采用卷积神经网络（CNN）实现图像分类任务。图像具有 5×5 分辨率的输入层，网络包括卷积层（C1）、最大池化层（P1）和完全连接层。按照如下说明步骤实现分类任务。输入二进制图像矩阵如下：

$$\text{input\_matrix} = \begin{bmatrix} 1 & 1 & 1 & 0 & 0 \\ 0 & 1 & 1 & 1 & 0 \\ 0 & 0 & 1 & 1 & 1 \\ 1 & 0 & 1 & 0 & 1 \\ 0 & 1 & 0 & 1 & 0 \end{bmatrix}$$

　　假设 C1 的卷积核大小（也称为感受域）为 2×2，步长为 1，1 个滤波器（见图 7.31）。试回答如下问题：

（a）计算卷积层中神经元的数目。

（b）计算卷积层的输出特征图。

设滤波器的权值矩阵为 $w = \begin{bmatrix} 1 & 0 \\ 1 & 1 \end{bmatrix}$。

（c）定义一个具有 2×2 矩阵大小接受域的最大池化层。采用 2 步步长以确保没有重叠。计算该层的输出特征图。

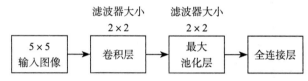

图 7.31　习题 7.9 中用于图像理解的卷积神经网络

参考文献

[1] Bengio, Y., et al. "Representation Learning: A Review and New Perspectives." *Pattern Analysis and Machine Intelligence* 35 no. 8 (2013): 1798–1828.

[2] Graves, A., A. Mohamed, and G. Hinton. "Speech Recognition with Deep Recurrent Neural Networks: Acoustics, Speech and Signal Processing (ICASSP)." IEEE International Conference on Acoustics, Speech, and Signal Processing (ICASSP) (2013): 6645–6649.

[3] Hinton, G., and R. Salakhutdinov. "Efficient Learning of Deep Boltzmann Machines." Journal of Artificial Intelligence and Statistics 3: (2009): 448–455.

[4] Honglak, L., R. Grosse, R. Ranganath, and A. Y. Ng. "Convolutional Deep Belief Networks for Scalable Unsupervised Learning of Hierarchical Representations." *ICML* (2009): 609–616.

[5] Hutchinson, B., L. Deng, and D. Yu. "Tensor Deep Stacking Networks." *IEEE Transactions on Pattern Analysis and Machine Intelligence* 1–15 (2012): 1944–1957.

[6] Hwang, K., and M. Chen. *Big Data Analytics for Cloud, IoT and Cognitive Computing.* Wiley, 2017.

[7] Kaelbling, L. P., M. L. Littman, and A. W. Moore. "Reinforcement Learning: A Survey." *Journal of Artificial Intelligence Research* vol 4 (1996): 237–285.

[8] LeCun, Y., L. Bottou, Y. Bengio, et al. "Gradient-Based Learning Applied to Document Recognition." *Proceedings of the IEEE* 86 no. 11 (1998): 2278–2324.

[9] Mnih, V., et al. "Human-Level Control through Deep Reinforcement Learning." *Nature* 518 (2015): 529–533.

[10] Rifai, S., Y. Bengio, A. Courville, et al. *Disentangling Factors of Variation for Facial Expression Recognition: Computer Vision—ECCV 2012.* Springer, 2012.

[11] Salakhutdinov, R., A. Mnih, and G. Hinton. "Restricted Boltzmann Machines for Collaborative Filtering." *ACM Proceedings of the 24th International Conference on Machine Learning* (2007): 791–798.

[12] Salakhutdinov, R., J. B. Tenenbaum, and A. Torralba. "Learning with Hierarchical-Deep Models." *IEEE Transactions on Pattern Analysis and Machine Intelligence* 35 no. 8 (2013): 1958–1971.

[13] Schmidhuber, J. "Deep Learning in Neural Networks: An Overview." *Journal of Neural Networks* 61 (2015): 85–117.

[14] Schmidhuber, J. "Learning Complex, Extended Sequences Using the Principle of History Compression." *Journal of Neural Computation* 4 no. 2 (1992): 234–242.

[15] Socher, R., et al. "Recursive Deep Models for Semantic Compositionality over a Sentiment Treebank." Proc. IEEE Conference on Empirical Methods in Natural Language Processing, 2013.

[16] Socher, R., J. Pennington, E. H. Huang, et al. "Semi-supervised Recursive Autoencoders for Predicting Sentiment Distributions." *Proceedings of the Conference on Empirical Methods in Natural Language Processing, Association for Computational Linguistics* (2011): 151–161.

[17] Sun, Y., X. Wang, X. Tang. "Deep Learning Face Representation from Predicting 10,000 Classes." *Proceedings of the IEEE Conference on Computer Vision and Pattern Recognition* (2014): 1891–1898.

[18] Xiaoli, L., et al. "Cambricon: Instruction Set Architecture for Neural Networks." ACM/IEEE 43rd Annual International Symposium of Computer Architecture (ISCA), 2016.

[19] Zhang, J., et al. "Evolutionary Computation Meets Machine Learning: A Survey." *IEEE Computational Intelligence Magazine* 6 no. 4 (2011): 68–75.

399
~
400

Cloud Computing for Machine Learning and Cognitive Applications

云编程、性能提升与数据安全

最后这部分将介绍云编程范例、软件工具和大数据应用程序开发。具体来说，我们将在第 8 章和第 9 章学习 MapReduce、Hadoop、Spark、TensorFlow 和 GraphX 的精华。其他已被验证的支持软件包包括 HDFS、YARN、Mesos、Kubernetes、Storm、AlphaGo、OpenStack 等。第 10 章阐述云性能、隐私以及安全问题。主要公共云平台由基准程序进行评估，如 Intel HiBench、CloudSuite、TPC-W 和 YCSB。书中通过约 40 个实例对这些云系统、编程范例、机器学习方法和软件工具进行介绍。

第 8 章 基于 Hadoop 和 Spark 的云计算

摘要：本章集中学习流行的云计算软件库。通过将 MapReduce 范例扩展到 Java 环境，Hadoop 变得对用户更加友好并且能够广泛应用于大多数云平台之中。Spark 进一步将 Hadoop 从批处理模式扩展到流执行模式、机器学习以及图形处理。我们将给出在 AWS 云端运行的 Hadoop 和 Spark 编程示例。接下来阐述如何用 MapReduce、Hadoop 和 Spark 执行 SQL、Streaming、MLlib 和 GraphX 应用程序。

第 9 章 TensorFlow、Keras、DeepMind 和图分析

摘要：本章集中学习谷歌开发的 TensorFlow 和 DeepMind 程序的原理与工具。在日常应用中，谷歌实现了许多机器智能和认知功能。我们将探讨谷歌的 TensorFlow 软件平台，该平台用于开发语音和图像识别领域的深度学习系统。DeepMind AlphaGo 程序采用强化学习来击败顶级围棋大师。本章还将学习社交分析应用中社交网络的图论性质。这些图分析工具被用于大数据分析以及解决社区检测问题。

第 10 章 云性能、安全和数据隐私

摘要：在最后一章，我们将学习广泛的云性能问题和基准测试程序。本章将涉及云的弹性、吞吐量、效率、可扩展性、QoS、生产率等。我们将学习不同的弹性扩展方法，包括横向扩展、放大和自动扩展方案。我们将识别云平台的网络威胁并介绍一些云安全的实施方案。特别是，我们将考察移动云并评估一些数据隐私的保护方案。为保护当今大多数云平台所在的数据中心，我们将介绍分布式信任管理和信誉系统。

基于 Hadoop 和 Spark 的云计算

8.1 大型集群的可扩展并行计算

本节介绍云计算工具。我们将学习 Apache Hadoop 和 Spark，还有最新的 Google TensorFlow 框架和原始的 MapReduce 架构。这些框架都是开源的，可供所有程序员使用。它们都在云或超级计算机的大型服务器集群上运行。我们将讨论一些用于云计算开发的开源或商业软件库。

8.1.1 可扩展计算的特点

处理并行计算和分布式计算的整个数据流非常耗时，而且还需要专业的编程知识，处理这些问题可能会影响程序员的生产力，甚至可能会影响程序的面市时间。此外，这还可能会影响程序员专注于程序本身的逻辑。因此，我们需要使用并行计算和分布式计算范例或框架来抽取部分用户数据流。

换句话说，这些框架旨在为用户提供一个抽象层，以隐藏用户本应编写代码的数据流的实现细节。因此，编写并行程序的简单性是衡量并行计算和分布式计算范例的重要指标。并行计算和分布式计算框架背后的其他目的是：（1）提高程序员的生产力，（2）减少程序面市市时间，（3）更有效地利用底层资源，（4）提高系统的吞吐量，（5）支持更高层次的抽象节点或工作机。我们将讨论在分布式服务器集群中运行并行程序的系统问题。分区适用于如下计算过程和数据：

- 计算分区：将给定的任务或程序分解成较小的任务。计算分区很大程度上依赖于正确识别可以同时执行的任务或程序的部分。换句话说，在确定程序结构中的并行性时，要将其分为在不同工作机上运行的部分。不同的部分可以处理不同的数据或相同数据的副本。

- 数据分区：将输入或中间数据分割成较小的部分。类似地，在识别输入数据中的并行性后，也可以将其划分给不同的工作机来处理。数据片段可以由程序的不同部分或相同程序的副本来处理。

- 映射：将程序的较小部分或较小的数据段分配给底层资源。适当地分配在工作机上同时运行的部分的过程通常由系统中的资源分配器来处理。

- 同步：由于不同的工作机可以执行不同的任务，因此工作机之间的同步和协调是必要的，这可以防止竞争冒险，并且还要正确管理不同工作机之间的数据依赖。不同工作机对共享资源的多次访问可能会引发竞争冒险，而当一台工作机需要其他工作机的已处理数据时，会发生数据依赖。

- 通信：数据依赖是工作机之间通信的主要原因之一，当中间数据准备好在工作机中发送时，总是会触发通信。

- 调度：在用户程序中，当计算部分（任务）或数据段超过可用的工作机时，调度程序将选择要分配给工作机的一系列任务或数据。资源分配器执行计算或数据片段对工作机的映射，而调度程序则会基于被称为调度策略的规则集，仅从未分配任务的队列中选择下一个部分。

对于多个任务或程序，调度程序选择要在分布式计算系统上运行的一系列任务或程序。在这种情况下，Hadoop 和 Spark 作为目前流行的软件框架，其调度过程必须非常高效。这些例子中组件之间松散的耦合度使其适用于虚拟机实现，并赋予了其比传统框架（如 MPI）更好的容错性和可扩展性。

8.1.2　从 MapReduce 到 Hadoop 和 Spark

集群计算旨在促进通用应用软件的发展。然而，MapReduce 和 Hadoop 都是为二分图计算而设计的。在速度方面，Spark 扩展了 MapReduce 框架，以支持使用内存计算的交互式查询和流处理。Spark 提供了在内存中运行计算的能力，这比在有着复杂应用程序的磁盘上运行的 MapReduce 更加高效。Spark 具有高可访问性，为 Python、Java、Scala、SQL 等多种语言提供简单的 API。Spark 可以在 Hadoop 集群中运行，还可以调用 Hadoop 数据源（如 Cassandra 等）。 404

MapReduce 是一个支持大数据集并行计算和分布式计算的软件框架。该软件框架通过为用户提供两个名为 Map 和 Reduce 的接口来抽象分布式计算系统上运行并行程序的整个数据流。用户可以调用这两个函数来与运行程序的数据流进行交互操作。图 8.1 说明了 MapReduce 框架中从 Map 到 Reduce 函数的逻辑数据流。

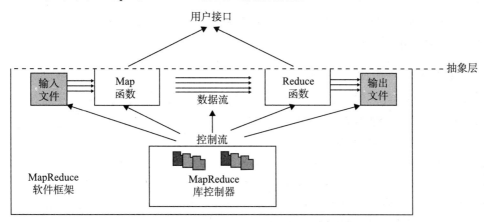

图 8.1　搭建在 MapReduce 引擎上的 MapReduce 框架

集群中的工作机

工作机被安装在云集群的物理服务器中。它们可以是虚拟机实例，也可以是容器。这些虚拟机的调度将会自动启动。值得注意的是，显式调度通常在云中执行，适用于单个任务对象或 MapReduce 中支持的 gang-scheduling 算法。队列在这里是一个关键的概念，因为它们提供了在容错分布式环境中管理任务分配的固有方法。

Map 和 Reduce 函数

MapReduce 以管道方式执行 Map 和 Reduce 函数。"数据并行"语言引起了人们极大的兴趣，其主要针对松散耦合的服务器集群。该语言在运行的同时执行许多任务。MapReduce

405 应用动态执行、容错和易于使用的 API。以下示例分别解释了 Map 和 Reduce 函数的概念。

Map 函数将每个关键词 w 加上其相关的出现次数一起输出（在该伪代码中即为记录
"1"）。

```
map (String key, String value):
    // key: document name
    // value: document contents
    for each word w in value:
        EmitIntermediate (w, "1");
```

Reduce 函数将不同工作机经过 Map 后得到的关键词计数合并为总计数作为输出。
Google MapReduce 源代码是用 C 语言编写的。它从最初使用搜索引擎演变为使用 Google
AppEngine。Hadoop 库是在 Java 环境中为实现 MapReduce 所开发的。原始的 Hadoop 在分
布式磁盘上以批处理方式实现 MapReduce。Spark 通过基于 DAG 的计算范式在批处理和流
式传输模式下对 Hadoop 进行了改进，实现了内存中处理。

```
reduce (String key, Iterator values):
    // key: a word
    // values: a list of counts
    int result = 0;
    for each v in values:
        result += ParseInt (v);
    Emit (AsString (result));
```

最初，Google 的 MapReduce 仅被应用于快速搜索引擎，随后 MapReduce 成为 Google
云计算的重要一环。在过去的十年中，Apache Hadoop 使得大型服务器集群或云上的大数据
处理成为可能。而由 Berkeley 开发的 Spark 则释放了 MapReduce 和 Hadoop 在通用批处理
和流式应用程序中的许多约束。

8.1.3 大数据处理的应用软件库

让我们来看看一些常用于处理大数据的开源软件工具和编程项目。其中大部分已经应用
于学术界和商业界的大数据存储、挖掘和分析。表 8.1 列出了这些工具集的名称、类别、适
用语言、网站以及主要功能和应用。

我们将下面的应用软件库分为 8 个类别：计算引擎（Hadoop，Spark），数据存储（HDFS，
Cassandra），资源管理（YARN，Mesos），查询引擎（Impala，Spark SQL），消息系统
（StormMQ），数据挖掘（WEKA），数据分析（MLlib，Mahout），图像处理（GraphX）。使用
406 这些工具的详细信息可以在相应的章节中找到。

表 8.1 云端大数据处理的代表性软件库

名称，类别，适用语言，网站	主要功能和应用
Hadoop，云计算引擎，Java，http://hadoop.apache.org/	使用 MapReduce 分布式处理大型数据集，主要在云或大型服务器集群上进行批处理
Spark，云计算引擎，Java、Scala、Python，https://spark.apache.org/	通用云计算引擎，可用于流式处理和批处理，适用于云或大型网站上的实时应用程序
HDFS，数据存储，Java、C，http://hadoop.apache.org	分布式文件系统，提供对应用程序数据的高吞吐量访问。它是云计算的核心组件之一
Cassandra，数据存储，C/C++、Java、Python、Ruby，http://cassandra.apache.org	分布式 NoSQL 数据库系统，用于存储关键任务数据，具有线性可扩展性，并且在云基础设施上具有经过验证的容错性

（续）

名称，类别，适用语言，网站	主要功能和应用
YARN，资源管理，Java、C，http://hadoop.apache.org	Hadoop 的新版资源管理系统，它将任务追踪分为资源管理和任务生命周期管理两部分
Mesos，资源管理，由 Google 员工开发，http://www.google.com	由 Google 开发的可扩展集群的资源调度系统，针对 IaaS 所设计
Impala，查询引擎，Java、Python，http://www.cloudera.com	该分析数据库特别利用了 Hadoop 的灵活性和可扩展性优势
Spark SQL，查询引擎，Python、Scala、Java、R，https://spark.apache.org/	Spark 库中的查询处理模块，用于结构化或关系数据集
StormMQ，消息系统，Java、C++，http://stormmq.com/	使用 AMQP 协议的消息队列平台。它为 M2M 应用程序提供托管的内部部署或云解决方案
Spark MLlib，数据分析，Scala、Python、Java、R，https://spark.apache.org/mllib	Spark 库中用于数据分析应用的机器学习模块
Mahout，数据分析，Scala、Java、http://mahout.apache.org/	一个用于快速创建扩展性强的机器学习应用程序的软件库，它支持 Hadoop 和 Spark 平台
WEKA，数据挖掘，Java、Python，http://www.cs.waikato.ac.nz	用 Java 编写的机器学习软件，提供了用于数据处理和挖掘任务的机器学习算法的集合
GraphX，图像处理，Scala、Python、Java、R，https://spar k.apache.org/graphx	Spark 库中用于在流媒体和实时模式下进行社交 / 媒体图形处理的图形处理模块

8.2 Hadoop 及其 HDFS 和 YARN

在本节中，我们将学习 MapReduce 的基本概念，用于批处理大型数据集。在批处理中，我们将会处理一个在执行过程中不会改变的静态数据集。这样做的原因是流数据或实时数据不能在批处理模式下处理得很好。批处理仅考虑在原始 MapReduce 框架中执行的静态数据集。

8.2.1 MapReduce 云计算引擎

MapReduce 软件框架为数据流和控制流提供了一个抽象层，如图 8.1 所示。数据从左端流向右端。控制流对用户隐藏。我们考虑以下数据流步骤：数据分区，映射和调度，同步，通信，结果输出。在用户程序中，通过指定分区块大小和数据提取模式来控制分区。

在这里，MapReduce 框架中的数据流是预定义的，抽象层提供了两个定义明确的接口，即 Map 和 Reduce 函数，如下例所示。这些 Map 和 Redeuce 函数可以由用户定义来实现具体目标。因此，用户自定义 Map 和 Reduce 函数，然后从库中调用提供的 MapReduce（Spec & Results）函数来启动数据流。Map 和 Reduce 函数接受一个称为 "Spec" 的规范对象。

此 Spec 对象首先在用户程序内初始化，然后用户编写代码以改变输入和输出文件的名称以及其他可调整的参数。此对象也填充了 Map 和 Reduce 函数的名称。MapReduce 库本质上是 MapReduce 管道的控制器。该控制器以同步方式平滑地协调从输入端到输出端的数据流。用户接口（API 工具）用于提供一个抽象层，以便随机地将 MapReduce 软件框架从用户干预中隐藏起来。

逻辑数据流

Map 和 Reduce 函数的输入数据都具有特殊的结构。输出数据也是一样的。Map 函数的输入数据以（key，value）对的形式排列。例如，key 是输入文件中的行偏移量，value 是该行的内容。Map 函数的输出数据被构造为（key，value）对，称为中间（key，value）对。换句话说，用户定义的 Map 函数处理每个输入（key，value）对并产生一些中间（key，value）对。这里的目标是并行处理 Map 函数的所有输入（key，value）对。

反过来，Reduce 函数以与一个中间 key 相关联的一组中间值的形式（key，[set of values]）接收中间（key，value）对。事实上，MapReduce 框架通过首先对中间（key，value）对进行排序，然后使用相同的 key 对 value 进行分组来形成这些组。应该注意的是，对数据进行排序是为了简化分组过程。Reduce 函数处理每个（key，[set of values]）组，并生成（key，value）对作为输出的集合。

408

并行批处理

每个 Map 工作机都将编程器提供的 Map 函数应用于每个输入数据分割（块）。许多 Map 函数在成百上千的工作机或机器实例上同时运行。生成了许多中间 key-value 对，它们存储在本地磁盘中以供后续使用。这种基于磁盘的中间结果处理是原始 MapReduce 在大型集群上效率低下的主要原因。Reduce 工作机在处理值时使用另一个编程器提供的函数（称为reducer），如最大值、最小值、平均值、两个向量的点积等。

形式化 MapReduce 模型

Map 函数并行应用于每个输入（key，value）对，并产生一组中间（key，value）对，如下所示：

$$(key_1, val_1) \xrightarrow{\text{Map 函数}} List(key_2, val_2)$$

然后，MapReduce 库从所有输入（key，value）对中收集所有生成的中间（key，value）对，并根据 key 部分进行排序。然后，它将对相同 key 的所有出现的 value 进行分组。最后，Reduce 函数并行地应用于每个组，生成 value 的集合作为输出，如下所示：

$$(key_2, List(val_2)) \xrightarrow{\text{Reduce 函数}} List(val_2)$$

在对所有中间数据进行分组之后，对相同 key 的所有出现的 value 进行排序并分组。因此，分组后，所有中间数据都将成为唯一的。因此，找到唯一 key 是解决典型 MapReduce 问题的起点。然后，作为 Map 函数输出的中间（key，value）对将会被自动找到。

以下示例说明如何在 MapReduce 问题中定义 key 和 value：

1. 计算例 8.1 的文档集合中每个单词的出现次数。

2. 计算文档集合中具有相同长度和字母数量的单词的出现次数。每个单词都有唯一的key 标识，中间 value 是字数。

3. 计算文档集合中变位词的发生次数。

变位词是具有相同字母的单词，但具有不同的顺序，例如单词"listen"和"silent"。唯一的 key 按字母顺序排列每个单词的字母序列。中间 value 是出现次数。

MapReduce 框架的主要职责是在分布式计算系统上有效地运行用户的程序。因此，

409

MapReduce 框架的关键在于处理这些数据流的所有分区、映射、同步、通信和调度细节。我们总结了使用 MapReduce 引擎的 12 个不同步骤。MapReduce 架构采用图 8.2 所示的主服务器 - 工作机（Master-Worker）模型构建。

步骤 1：输入文件的数据分区。MapReduce 库将输入数据文件分成多个片段，称为分割或块，与执行 Map 的工作机数量相匹配。

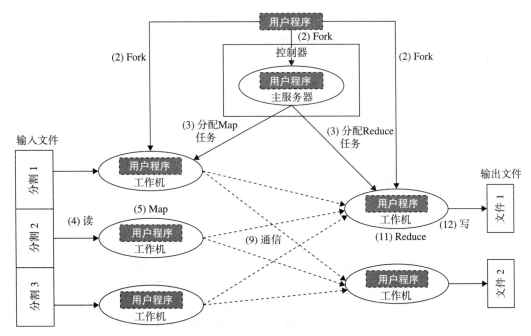

图 8.2 MapReduce 集群的控制流实现

步骤 2：将用户程序发送给主服务器和工作机。用户程序的一个副本在主服务器模式下运行。Map 和 Reduce 任务分别分配给执行 Map 和 Reduce 的工作机。主服务器选择空闲的工作机并为它们分配 Map 或 Reduce 任务。

步骤 3：分配 Map 任务和 Reduce 任务。

步骤 4：被分配了 Map 任务的工作机读取并处理相关的输入块。每个 Map 工作机读取自己的输入数据块，Map 工作机可以处理一个或多个输入数据块。

步骤 5：定义 Map 函数。Map 函数接收输入数据块，作为一组（key，value）对来处理并产生中间 <key，value> 对。

步骤 6、7、8：被分配了 Map 任务的工作机的操作。MapReduce 库生成许多用户程序的副本，并将其分配给可用的工作机。MapReduce 应用简单的同步策略来协调 Map 工作机与 Reduce 工作机，当所有 Map 任务完成时，它们之间的通信将启动。

步骤 9、10：对 <key，value> 进行排序和分组。MapReduce 框架将中间的 <key，value> 对排序并分组，然后再转发给 Reduce 工作机。具有相同 key 的中间（key，value）对被分组在一起，因为每个组内的所有 value 只能由同一个 Reduce 函数来处理以产生最终结果。

步骤 11：执行 Reduce 函数。被分配了 Reduce 任务的工作机对（key，value）进行迭代，对于每个唯一 key，它将 key 和相应的 value 发送到用户定义的 Reduce 函数。Reduce 工作机可能面临由执行的减少或合并操作引起的网络拥塞问题。

步骤 12：将结果写入输出文件。Reduce 工作机将最终的结果写入最终的输出文件。

如图 8.3 所示，由每个 Map 工作机产生的中间（key，value）对被划分为 R 个区域，这等于 Reduce 任务的数量。这保证具有相同 key 的（key，value）对存储在相同的区域中。为了实现这种技术，分割函数可以是将数据转发到特定区域的散列函数（例如，Hash（key）mod R）。

410

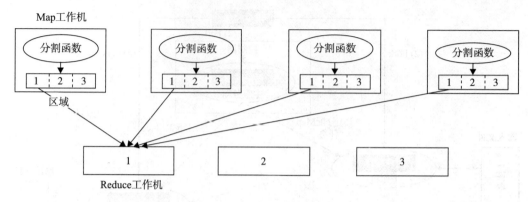

图 8.3 MapReduce 分割函数

计算与数据的关系

MapReduce 软件框架由 Google 首先提出和实施。第一次实现是用 C 语言编码的。该实现以 Google File System（GFS）作为底层。MapReduce 可以完全适应 GFS。GFS 是分布式文件系统，文件分为固定大小的块（chunk），块分布存储在集群节点上。

MapReduce 库将输入数据（文件）分割成固定大小的块，理想情况下在每个块上并行执行 Map 函数。在这种情况下，由于 GFS 已经将文件存储为一系列块，MapReduce 框架只需要将包含 Map 函数的用户程序的副本发送到已存储数据块的节点。简而言之，这是在向"数据"发送"计算"而不是向"计算"发送"数据"。

例 8.1 使用 MapReduce 计算已分块数据集中单词出现次数

为了使数据流更加清晰明白，这里用了一个众所周知的 MapReduce 应用程序实例，即计算文档集合中每个单词的出现次数。图 8.4 演示了仅包含两行的简单输入文件中单词出现次数问题的数据流，如下所示：

（1）"most people ignore most poetry."

（2）"most poetry ignores most people."

图 8.4 MapReduce 引擎统计单词出现次数程序的数据流

在这种情况下，Map 函数同时为每行内容产生多个中间（key，value）对，以使每个单词是具有"1"作为其中间 value 的中间 key，例如（ignore，1）。然后，MapReduce 库收集所有生成的中间（key，value）对，并对它们进行排序，以将相同单词的"1"分组，例如

（people，[1，1]）。然后将组并行发送到 Reduce 函数，以便它可以对每个单词的"1"值进行求和，并生成文件中每个单词的实际出现次数，例如（people，2）。

412

8.2.2 用于并行矩阵乘法的 MapReduce

两个 $n \times n$ 矩阵 $A = (a_{ij})$ 和 $B = (b_{ij})$ 相乘时，我们需要执行 n^2 次数量积运算以产生输出矩阵 $C = (c_{ij})$。每次数量积运算产生一个输出元素 $c_{ij} = a_{i1} \times b_{1j} + a_{i2} \times b_{2j} + \cdots + a_{in} \times b_{nj}$，其将矩阵 A 中的第 i 行向量乘以矩阵 B 中的第 j 列向量，从数学上来讲，每次数量积运算需要 n 次相乘之后再相加（或部分积）的时间单位才能完成。于是，总矩阵乘法复杂度等于 $n \times n^2$，因为存在 n^2 个输出元素。

理论上，n^2 次数量积运算是完全独立的，可以在 n^2 个工作机上用 n 个时间单位完成。然而，当 n 非常大，达到数百万或更高时，使用 n^2 个工作机构建集群就太贵了。实际上，我们考虑使用 N 个工作机，其中 $N \ll n^2$。因此，并行执行时间可以控制在 $n^3/(n^2/N) = N$ 个时间单位。理想的加速预期为 N。接下来，我们说明使用 MapReduce 执行并行矩阵乘法的过程。为了可视化，令 $n=2$，$N=3$，考虑一个在运行 MapReduce 集群时使用两个 Mapper（工作机）和一个 Reducer 的小例子。

例 8.2 两个矩阵的 MapReduce 乘法

此示例显示如何应用 MapReduce 方法将两个 2×2 矩阵相乘。$A = (a_{ij})$，$B = (b_{ij})$，用两个 Mapper 和一个 Reducer。我们将矩阵 A 的第一行和整个矩阵 B 映射到一个 Map 工作机。然后将矩阵 A 的第二行映射到第二个 Map 工作机。四个 key 用于识别 4 个数据块：

$$A \times B = \begin{bmatrix} a_{11} & a_{12} \\ a_{21} & a_{22} \end{bmatrix} \times \begin{bmatrix} b_{11} & b_{12} \\ b_{21} & b_{22} \end{bmatrix} = \begin{bmatrix} c_{11} & c_{12} \\ c_{21} & c_{22} \end{bmatrix} = C$$

MapReduce 的数据流图如图 8.5 所示。在左侧，我们将矩阵 A 和矩阵 B^{T} 分成两行，水平放置，其中 B^{T} 是 B 的转置矩阵。矩阵的行分块之间的箭头指示如何将数据块读取到两个 Mapper 中。所有中间计算结果都由它们的 <key，value> 对标识。使用 4 个 key——K_{11}、K_{12}、K_{21} 和 K_{22}，简单地由矩阵元素索引表示。

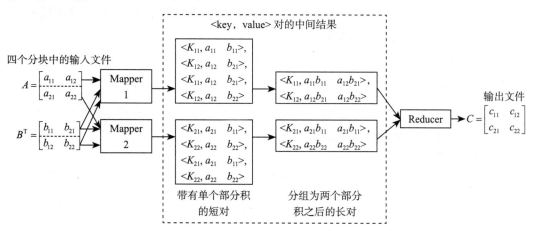

图 8.5 用于并行矩阵乘法的 MapReduce 与 <key，value> 对，显示为分组之前和之后的中间结果

我们通过两个阶段显示每个 Mapper 的 4 个 <key，value> 对的生成、排序和分组。每个短 <key，value> 对保存由其 key 标识的单个部分积 value。长对保存由每个块 key 标识的

两个部分积。Reducer 通过使用 4 个长 <key，value> 对计算矩阵元素并输出。当矩阵的秩非常大时，可以使用 AWS 云上的 EMR 集群来处理两个 $n \times n$ 矩阵之间的运算。考虑到每个机器实例有 6 个 Mapper 和 2 个 Reducer。每个 Mapper 处理输入矩阵的 $n/6$ 个相邻行。每个 Reducer 产生 $n/2$ 的输出矩阵 C。

图 8.6 给出了三个并行计算模型，即 Map-only、经典 MapReduce 和迭代 MapReduce。我们下面将简要介绍这些模型的特征，以及比较有趣的应用。

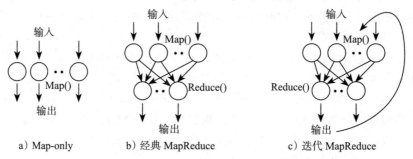

图 8.6   三个并行计算模型

Map-only 模型

简单的并行处理模式是 Map-only 执行模式。该模型适用于所有细分任务完全独立的并行计算。它们都在一个阶段中进行，如图 8.6a 所示。下面列出了适用于并行计算的 Map-only 并行模型的应用程序。

- 文档转换（例如 PDF → HTML）
- 密码学中的穷举搜索
- 参数扫描
- 基因组装
- Polar Grid MATLAB 数据分析（http://www.polargrid.org）

经典 MapReduce 模型

经典 MapReduce 模型如图 8.6b 所示，用于并行执行可由两阶段二分图描述的任务。下面列出了适合使用此模型的计算任务：

- 高能物理（HEP）直方图
- 分布式搜索
- 分布式排序
- 信息检索
- 计算序列的逐对距离（BLAST）
- 最大期望算法
- 线性代数
- 数据挖掘
- 聚类
- k 均值聚类算法
- 确定性退火聚类
- 多维标度分析（MDS）

迭代 MapReduce 模型

迭代 MapReduce 模型如图 8.6c 所示。这种经典的 MapReduce 可以通过引擎的多次遍历来迭代。迭代 MapReduce 的最佳示例是印第安那大学开发的 Twister 软件工具。这个模型已经被微软商业化了。印第安那大学在生物信息学使用中使用了 Twister。下面列出的是 Twister 的应用潜力。

- 最大期望算法
- 线性代数
- 数据挖掘
- 聚类
- k 均值聚类算法
- 确定性退火聚类
- 多维标度分析

在表 8.2 中，我们比较了基于 MapReduce 的三种软件。我们认为它们在四个技术方面存在差异，即执行模式、文件系统、任务调度和 HLL 支持。Google MapReduce 是用 C 语言编写的，主要用于基于二分图 MapReduce 的批处理。它着重强调数据本地化，并有着 Google 云中的 GFS（Google File System）、Bigtable（分布式结构化数据表）以及 Sawzall 语言的支持。

表 8.2　MapReduce 及其在 Hadoop 和 Twister 中的不同

特征	Google MapReduce	Apache Hadoop	Twister
执行模式	Linux 集群上批量 MapReduce 模式	Linux 集群上批量或实时 MapReduce 模式	EC@ 或 Linux 集群上迭代 MapReduce 模式
文件系统	GFS	HDFS	本地磁盘和数据管理工具
任务调度	数据本地化	数据本地化、机架感知、动态任务调度	数据本地化、静态任务分区
HLL 支持	Sawzall	Pig Latin	Pregel

Apache Hadoop 不仅支持批处理模式，还支持实时应用程序。Hadoop 应用 YARN 分布式操作系统支持的 HDFS（Hadoop Distributed File System）和 Pig Latin 语言。Twister 基于迭代 MapReduce，可以应用于由 DAG 图描述的并行任务。本地磁盘用于处理分布式数据。图算法引擎 Pregel 可以与 Twister 一起使用。除此之外，还有由 Microsoft 商业化的 Twister 版本。

8.2.3　Hadoop 架构及其最新扩展

Apache Hadoop 是用于分布式存储和分布式处理的开源软件库。该库可以在廉价服务器构建的计算机集群上应用非常大的数据集。Hadoop 中的所有模块都假定硬件故障是常见的，故障应由框架自动处理。Apache Hadoop 的核心包括一个称为 Hadoop 分布式文件系统（HDFS）的存储部件和一个名为 MapReduce 的处理引擎。Hadoop 将文件分割成大块，并将它们分配到集群中的节点上。为了处理数据，Hadoop 根据需要处理的数据，将代码打包传送到单个节点进行并行处理。利用数据本地化的方法处理数据集比将任务直接交付给传统的超级计算机更快、更有效。

基本的 Apache Hadoop 架构如图 8.7 所示。该框架由以下模块组成：提供文件系统和

OS 级别抽象的 Hadoop Common 包、MapReduce 引擎（MapReduce / MR1 或 YARN / MR2）和 HDFS。Hadoop Common 包含启动 Hadoop 所必需的 Java Archive（JAR）文件和脚本。

- Hadoop Common：包含其他 Hadoop 模块所需的库和公共组件。
- HDFS：一种分布式文件系统，可在廉价硬件上存储数据，在集群中提供非常高的带宽调配。
- Hadoop YARN：一个资源管理平台，负责管理集群中的计算资源并将其用于调度用户应用程序。
- Hadoop MapReduce 引擎：用于大规模数据处理的 MapReduce 编程模型的实现。

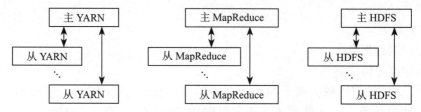

图 8.7　Hadoop 执行环境中的三个主要模块

　　为了有效地调度任务，每个 Hadoop 兼容的文件系统应提供位置感知：工作机节点所在机架的名称。Hadoop 应用程序可以使用此信息在数据所在的节点上执行代码，在相同的机架 / 交换机上执行代码可减少主干流量。HDFS 在多个机架上复制数据以保持冗余存储。这种方法减少了机架停电或开关故障的影响，即使发生这些硬件故障，数据依然不会丢失。

　　Hadoop 框架主要用 Java 编写，还有 C 语言中的一些本地代码和用 shell 脚本编写的命令行程序。虽然在 MapReduce 中 Java 代码是最为常见的，但任何编程语言都可以与 Hadoop Streaming 一起使用，以实现用户程序的 Map 和 Reduce 部分。Hadoop 生态系统中的其他项目还有着更丰富的用户界面。

`417`

Hadoop 中的 MapReduce 引擎

　　Hadoop MapReduce 引擎管理云集群中 MapReduce 任务的数据流和控制流。图 8.8 展示了与 HDFS 协作的 MapReduce 引擎架构。引擎采用主 / 从（master/slave）架构，由一个 JobTracker 作为 master，一些 TaskTrackers 作为 slave（worker）。JobTracker 通过集群管理整个 MapReduce 作业，负责监控作业并将任务分配给 TaskTracker。TaskTracker 管理集群中单个计算节点上的 Map 或 Reduce 任务的执行。

　　如果工作无法托管在数据所在的实际节点上，则优先考虑同一机架中的节点。这减少了主干网上的网络流量。如果 TaskTracker 失败或超时，那么该部分工作将重新安排。每个节点上的 TaskTracker 都会生成一个单独的 Java 虚拟机进程，就算 Java 虚拟机由于运行的任务而崩溃，TaskTracker 自身也不会崩溃。每隔几分钟将一次心跳包从 TaskTracker 发送到 JobTracker，以检查其状态。另外，可以从 Web 浏览器端查看 JobTracker 和 TaskTracker 的状态和信息。

　　每个 TaskTracker 节点都有多个同时执行的插槽，每个执行一个 Map 或 Reduce 任务。插槽被定义为 TaskTracker 节点的 CPU 支持的同时线程数。例如，对于一个具有 N 个 CPU 的 TaskTracker 节点，每个 CPU 支持 M 个线程，则具有 $M \times N$ 个同时执行的插槽。每个数据块由在一个插槽上运行的一个 Map 任务处理。因此，TaskTracker 中的 Map 任务与相应 DataNode 中的数据块之间有一对一的关系。

`418`

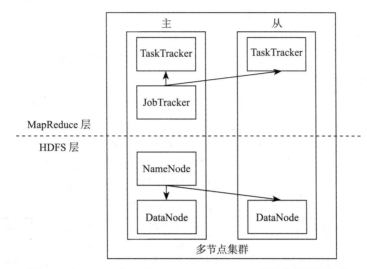

图 8.8　与 HDFS 交互的 Hadoop MapReduce 引擎中的关键组件

一个小型 Hadoop 集群包括一个主节点和多个从节点。主节点由 JobTracker、Task-Tracker、NameNode 和 DataNode 组成。从节点既可以作为 DataNode，也可以作为 Task-Tracker，尽管可能存在仅有数据的从节点和仅有计算的从节点。Hadoop 需要 Java Runtime Environment（JRE）1.6 或更高版本。标准的启动和关闭脚本要求在集群中的节点之间建立 Secure Shell（SSH）。

在较大的集群中，通过专用的 NameNode 服务器来管理 HDFS 节点，以托管文件系统索引，还可以生成 NameNode 内存结构快照的辅助 NameNode，从而防止文件系统损坏和数据丢失。类似地，独立的 JobTracker 服务器可以跨节点管理作业调度。当 Hadoop MapReduce 与替代文件系统一起使用时，HDFS 的 NameNode、辅助 NameNode 和 Data-Node 架构将被文件系统特定的等效物替换。

Hadoop 库可以部署在传统的数据中心和云中。云允许组织在没有硬件的情况下部署 Hadoop 以获取具体的安装知识。以下云供应商目前提供 Hadoop 服务：Microsoft，Amazon，IBM，Google，Oracle。下面简要介绍一下。

- Microsoft Azure 上的 Hadoop：Azure HDInsight 是在 Azure 云上部署 Hadoop 的服务。HDInsight 使用与 Hortonworks HDI 共同开发的 Hortonworks HDP，允许使用 .NET 编程扩展。HDInsight 还支持使用 Linux Ubuntu 一起创建 Hadoop 集群。也可以在 Azure 虚拟机上运行 Cloudera 或 Hortonworks Hadoop 集群。
- Amazon EC2 / S3 服务上的 Hadoop：Hadoop 在 EC2 和 S3 上运行良好。举个例子，《纽约时报》使用了 100 个亚马逊 EC2 实例和一个 Hadoop 应用程序，可以在 24 小时内将 4TB 的原始图像 TIF 数据（存储在 S3 中）处理为 1100 万个完成的 PDF，计算成本约为 240 美元。
- Amazon 弹性 MapReduce（EMR）：亚马逊的 EMR 运行 Hadoop。该系统适用于提供 Hadoop 集群、运行和终止作业，以及处理 EC2（VM）和 S3（对象存储）之间的数据传输。这些都是由 EMR 自动完成的。构建在 Hadoop 之上的 Apache Hive 适用于在 EMR 中提供数据仓库服务。

- CenturyLink Cloud（CLC）上的 Hadoop：CLC 云提供 Hadoop 管理和非管理模型。CLC 还为客户提供了多个受管理的 Cloudera 蓝图，这是 CLC 中最新的托管服务，拥有由 Cassandra 和 MongoDB 解决方案组成的大型数据蓝图组合。

Hadoop 的最新扩展

表 8.3 总结了 Hadoop 在各种开发和用户组中的最新扩展。Hadoop 库已成为最受云端用户欢迎的软件。HDFS 是一个 Hadoop 分布式文件系统，也是 Hadoop 生态系统的核心组件。YARN 是新版本 Hadoop 中的资源管理器。Cloudera Impala 为 Hadoop 提供基于 SQL 的数据分析。Spark 是一个蓬勃发展的使用内存计算的大数据分析平台，其在大数据处理方面优于其他同类产品。Mahout 和 Weka 为各种机器学习算法提供开源平台。

表 8.3 Hadoop 的最新扩展

Hadoop 核心组件	HLL 扩展	SQL 数据分析	处理模式	数据库和资源管理器
HPDS, YARN, MapReduce	Weave, Scalding, Cascalog, Crunch, Cascading, Pig, Sawzall, Dryad	Impala, Hive, R, RHadoop, Rhipe, Mahlout	Spark, Storm, Summingbird, ElephantDB, HBase, Hive	Ambari, HBase, Sqoop, Zookeeper, Cassandra

Zookeeper、StormMQ、Mesos 和 Nagios 为大数据提供了下层支持环境。Hadoop 最初是用 Java 编写的。一些高级语言（HLL）被开发用于运行 Hadoop 程序。例如，Pig Latin 用于在 HLL 中编写应用程序，并被 Hadoop 程序识别。Sawzall 是使用 Google AppEngine 云运行 MapReduce 的高级语言。

一些 Hadoop 扩展（如 Impala 和 Mahout）在表 8.1 中有介绍。我们还研究了 Hadoop 核心中的 HPDS、YARN 和 MapReduce（8.3 节）。8.4 节和 8.5 节将介绍大多数 Spark 软件包，其余的扩展简要介绍如下。

- Ambari 是基于 Web 的工具集合，扩展了 Hadoop 库，用于配置、管理和监视 Apache Hadoop 集群。该项目还使用仪表板支持 HDFS、MapReduce、Hive 和 Sqoop，以查看集群运行状况并诊断其性能。
- Zookeeper 是分布式应用程序的高性能协调服务。Pig 是用于 AWS Hadoop 执行框架的高级数据流语言。
- Spark 是用于在流和一般图形计算中执行的 Hadoop 数据的表达式编程模型。Hive 提供数据仓库基础设施，可在数据分析应用程序中提供数据摘要和特别查询。R、RHadoop 和 Rhipe 提供支持分析。
- 用于云应用的 HLL 扩展包括 Pig、Sawzall、Drytad、Weave、Scalding、Cascalog、Crunch 和 Cascading。
- Summingbird、Storm 和 ElephantDB 提供了 Hadoop 中现有处理模式的扩展，Cassandra 和 HBase 支持可扩展的数据库应用程序。

8.2.4 Hadoop 分布式文件系统

HDFS 是受 Google GFS 启发而开发出的分布式文件系统，它将文件和数据组织在分布式计算系统上。HDFS 具有主从架构，其中包含一个 NameNode 作为主节点，一些 DataNode 作为从节点。为了在此架构中存储文件，HDFS 将文件拆分为固定大小的块（例如 64MB），并将其存储在从节点（DataNode）上。块到 DataNode 的映射由 NameNode 确定。

NameNode（主节点）还管理文件系统的元数据和命名空间（见图 8.9）。

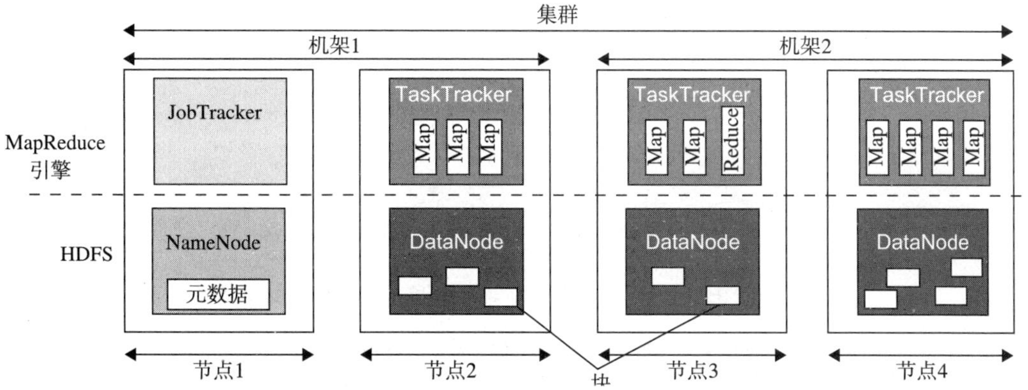

图 8.9　HDFS 和 MapReduce 引擎被安装在 Hadoop 服务器集群的多个节点中

在这样的系统中，命名空间是维护元数据的区域，元数据是指文件系统存储的所有文件的整体管理所需的所有信息。例如，元数据中的 NameNode 存储有关所有 DataNode 中输入分割 / 块的位置的所有信息。集群中通常是每个节点一个 DataNode，管理连接到该节点的存储。每个 DataNode 负责存储和检索其文件块。

Hadoop 集群名义上是一个单一的 NameNode 加上一组 DataNode，尽管由于其关键性，冗余选项可用于 NameNode。每个 DataNode 通过网络使用特定于 HDFS 的块协议来提供数据块。文件系统使用 TCP/IP 进行通信，客户端使用远程过程调用（RPC）进行通信。

HDFS 在多台机器上存储 GB 或 TB 级别的大型文件。它通过在多个主机上复制数据来实现可靠性，因此理论上不需要主机上的 RAID 存储（但是为了提高 I/O 性能，一些 RAID 配置仍然有用）。使用默认复制值（3），数据存储在三个节点上：两个在同一个机架上，另一个存储在不同的机架上。数据节点可以相互通信，重新平衡数据，移动副本，并保持数据高度复制性。

HDFS 文件系统包括一个所谓的辅助 NameNode，这是一个误导性的名称，有些人可能会错误地将其解释为主要的 NameNode 脱机时的备份 NameNode。实际上，辅助 NameNode 会定期与主要的 NameNode 连接，并构建主要的 NameNode 的目录信息的快照，然后系统将其保存到本地或远程目录。这些检查点图像可用于重新启动崩溃的主节点，而无需重新读取整个文件系统日志，然后编辑日志以创建最新的目录结构。

使用 HDFS 的优点是在 JobTracker 和 TaskTracker 之间进行数据识别。JobTracker 会随着对数据位置的了解而将 Map 或 Reduce 任务分配给 TaskTracker。例如，如果节点 A 包含数据（x,y,z），节点 B 包含数据（a,b,c），则 JobTracker 调度节点 B 在（a,b,c）上执行 Map 或 Reduce 任务，而节点 A 将被安排在（x,y,z）上执行 Map 或 Reduce 任务。这减少了网络流量的使用和不必要的数据传输。

HDFS 是直接安装在 Linux 和其他一些 Unix 系统上的用户空间（FUSE）虚拟文件系统中的文件系统。文件访问是通过本机 Java API 实现的，Thrift API 以用户选择的语言（C++，Java，Python，PHP，Ruby，Erlang，Perl，Haskell，C#，Cocoa，Smalltalk，OCaml）生成客户端，通过基于 HTTP 的 HDFS-UI Web 应用程序或第三方网络客户端库浏览命令行界面。HDFS 的几个关键函数如图 8.10 所示。

421

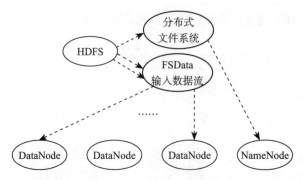

422

图 8.10   HDFS 框架及其与 DataNode 和 NameNode 的交互

- **读取文件**：要在 HDFS 中读取文件，用户需向 NameNode 发送"打开"请求以获取文件块的位置。对于每个文件块，NameNode 返回包含所请求文件的副本信息的一组 DataNode 的地址。地址数取决于块副本的数量。在接收到这样的信息时，用户调用"读取"连接到包含该文件的第一个块的最接近的 DataNode。在将第一个块从相应的 DataNode 流式传输给用户之后，建立的连接终止，对所请求文件的所有块重复相同的过程，直到整个文件被流传输给用户。

- **写入文件**：要在 HDFS 中写入文件，用户需向 NameNode 发送"创建"请求，以在文件系统命名空间中创建新文件。如果该文件不存在，则 NameNode 通知用户，并允许他通过调用"写入"功能开始向文件写入数据。文件的第一个块被写入名为"数据队列"的内部队列，而数据流则监视其对 DataNode 的写入。

- **块复制**：为了可靠地将数据存储在 HDFS 中，文件块将在此系统中复制。换句话说，HDFS 将文件存储为一组块，并且每个块都被复制并分布在整个集群中。复制因子由用户设置，默认情况下为 3。由于每个文件块需要由预定义的因子复制，所以数据流首先向 NameNode 发送一个请求，以获得一个合适的 DataNode 列表来存储第一个块的副本。然后，数据流将块存储在第一个分配的 DataNode 中。之后，该块由第一个 DataNode 转发到第二个 DataNode。该过程将继续，直到所有已分配的 DataNode 从前一个 DataNode 接收到第一个块的副本。一旦完成了此复制过程，对于第二个块将启动相同的过程并继续，直到文件的所有块都存储在文件系统中并复制。

- **副本放置**：副本的放置是在 HDFS 中实现所需容错的另一个重要因素。虽然将副本存储在整个集群中不同机架的不同数据节点上提供了更高的可靠性，但有时会被忽略，因为与位于同一机架中的不同节点相比，不同机架中的两个节点之间的通信成本相对较高。因此，HDFS 会降低其可靠性，以降低通信成本。例如，对于默认复制因子 3，HDFS 存储：（1）同一节点中的一个副本存储原始数据；（2）在不同节点上但在同一机架中的一个副本；（3）不同机架中不同节点上的一个副本。一共提供三个数据副本。

- **心跳和 Blockreport 消息**：心跳和 Blockreport 是集群中每个 DataNode 发送到 NameNode 的周期性消息。收到心跳意味着 DataNode 正常工作，而每个 Blockreport 都包含 DataNode 上所有块的列表。NameNode 接收到这样的消息，因为它是系统中所有副本的唯一决策者。

423

8.2.5　Hadoop YARN 资源管理系统

YARN 是一种资源调度程序，它允许使用简单的编程模型通过计算机集群对大型数据集进行分布式处理。它旨在从单个服务器扩展到数千个服务器，每个服务器都提供本地计算和存储。该模块通过在应用层的智能故障检测和管理来支持高可用性。

图 8.11 显示了 YARN 内置的三个级别的管理器。资源管理器（RM）通过监督低级别的节点管理器（NM）和应用程序管理器（AM）来查看最高的全局资源。NM 管理虚拟机和容器。AM 处理作为业务流程组的应用程序容器的集合。YARN 旨在与 MPI（消息传递接口）、Hadoop 和 Spark 库配合使用。

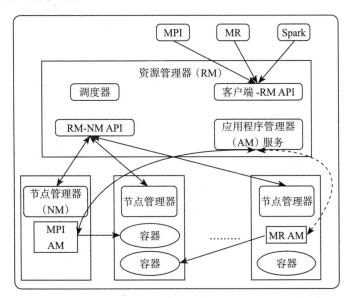

图 8.11　用于 Hadoop 资源管理的 YARN 架构使用三级管理器分层管理资源、应用程序和节点

默认情况下，Hadoop 使用 FIFO 调度，以及可选的 5 个调度优先级来调度工作队列中的作业。作业调度程序被重构出 JobTracker，同时添加了使用备用调度程序的能力。两个调度策略提供了如下选择。 424

- 公平调度程序是由 Facebook 开发的。公平调度程序的目标是为小型作业提供快速响应时间，为生产作业提供 QoS。公平调度程序有三个基本概念：（1）作业被分组到池中；（2）每个池被分配保证的最小份额；（3）多余的容量在作业之间分配。默认情况下，未分类的作业进入默认池。池必须指定 Map 插槽和 Reduce 插槽的最小数量，对正在运行作业的容量做出限制。
- 容量调度程序由 Yahoo！开发。容量调度程序支持几个类似于公平调度程序的功能。队列占总资源容量的一小部分。空闲资源被分配到超出其总容量的队列。在队列中，具有高优先级的作业可以访问队列的资源。一旦 Hadoop 运行一个作业就没有抢占发生。

例 8.3　Hadoop 实现 MapReduce WebVisCounter 程序

在这个例子中，我们提出了一个实用的 MapReduce 程序，用 Hadoop 编写，称为 WebVisCounter。此示例程序计算用户使用特定操作系统（例如 WinXp 或 Linux Ubuntu）连接到或访问给定网站的次数。在这种情况下，输入数据如下所示。一行典型的 Web 服务器日志文件有 8 个字段，分隔符为 tab 或空格，具有以下含义。

（1）176.123.143.12（连接机器的 IP 地址）

（2）--A 分离器

（3）[10 / Sep / 2010：01：11：30-1100]（访问的时间戳）

（4）"GET /gse/apply/int_research_app_form.pdf HTTP / 1.0"（获取文件的请求）

（5）200（反映用户请求成功的状态码）

（6）1363148（传输的字节数）

（7）"http：//www.eng.usyd.edu.au"（用户在到达服务器之前从这里开始）

（8）"Mozilla / 4.7 [en]（WinXp；U）"（用于获取网站的浏览器）

由于我们感兴趣的输出是用户使用特定操作系统连接到给定网站的次数，Map 函数解析每行，以将所使用的操作系统（例如 WinXp）的类型提取为"key"，并分配 value（在这种情况下为"1"）。Reduce 函数统计每个唯一 key 的"1"数。

8.3 Spark 核心组件和弹性分布式数据集

Apache Spark 是一个开源的集群计算框架，最初是由加州大学伯克利分校的 AMPLab 开发的。Spark 从批处理扩展到 Hadoop 应用程序，从二分图 MapReduce 范式扩展到由有向非循环图（DAG）描述的任务流处理。Spark 提供了一个内存范式，将 Hadoop 扩展到流式传输、迭代 MapReduce 和图形分析操作。换句话说，Spark 支持通用并行计算。

Spark 提供了一个使用隐式数据并行和容错来编程整个集群的接口。这个想法围绕着一个称为弹性分布式数据集（RDD）的新数据结构。这是一个分布在一组机器上的只读数据集的集合。软件包以一种容错方式进行维护。通过消除传统 MapReduce 计算范式的限制，Spark 强制在分布式程序上扩展数据流 DAG 结构。

典型的 Spark 应用程序由一个驱动程序组成，该驱动程序在一组服务器上运行用于并行执行的用户任务。RDD 提供了 Spark 执行环境的主要抽象。RDD 提供了可以跨集群并行执行 RDD 块的节点划分的数据元素集合。RDD 从 HDFS 或任何其他 Hadoop 支持的文件系统中的文件开始创建。它通常被编写为驱动程序中的现有 Scala 集合。用户还可以要求 Spark 在内存中保留 RDD，从而在并行操作中有效地再次使用 RDD。此外，RDD 可以从节点故障中自动恢复。

Spark 中的第二个抽象是可以在并行操作中使用的共享变量。默认情况下，当 Spark 作为一组任务并行运行在不同的节点上时，它会将函数中使用的每个变量的副本发送到每个任务。有时，需要在任务之间或任务和驱动程序之间共享一个变量。Spark 支持两种类型的共享变量：广播变量，可用于缓存所有节点上的内存中的 value；累加器，它只是"添加"到诸如计数器和总和之间的变量。

8.3.1 Spark 通用核心组件

下面介绍 Spark 核心组件及其集群计算的内存执行模型。

Spark 核心组件

如图 8.12 所示，Spark 提供分布式任务调度、调度和基本 I/O 函数。这些以 RDD 为中心，并通过 Java、Python、Scala 和 R 的 API 开放。Spark 需要一个集群管理器和一个分布式存储系统。集群管理方面，Spark 支持其自己的独立调度程序、Hadoop YARN 或 Apache Mesos。至于分布式存储系统，Spark 可以与 HDFS、MapR 文件系统（MapR-FS）、Cassandra、OpenStack Swift、Amazon S3 等进行交互。

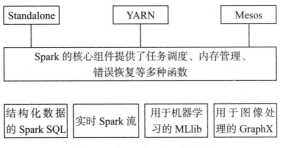

图 8.12　Apache Spark 软件系统的核心架构

　　Spark 还支持伪分布式本地模式，通常仅用于开发或测试。该模式不需要分布式存储，可以使用本地文件系统。换句话说，Spark 可以在单个机器上运行，每个 CPU 内核有一个执行器。总之，Spark SQL 处理结构化数据，Spark Streaming 处理实时数据流，MLlib 库包含常见的机器学习功能，GraphX 则用于处理社交网络图。我们将在随后的小节中研究这些特别的组件。

Spark 分布式执行模型

　　要使用 Spark，开发人员编写一个连接到一组工作人员的驱动程序，如图 8.12 所示。驱动程序定义一个或多个 RDD 并调用它们。驱动程序上的 Spark 代码也跟踪 RDD 的谱系（lineage）。工作机是可以将操作中的 RDD 分区存储在 RAM 中的集群服务器。用户通过传递闭包（函数文字）为 RDD 算子（如 map）提供参数。

　　Scala 将每个闭包表示为 Java 对象，这些对象可以序列化并加载到另一个节点上，以通过网络传递闭包。Scala 还将闭包中绑定的任何变量作为字段保存在 Java 对象中。该模型从磁盘上的分布式文件系统读取数据块，并将其作为本地 RAM 上的持久 RDD 进行缓存。在传统的 Hadoop 使用分布式本地磁盘的情况下，RAM 的有效使用可以保持中间计算结果，从而最大程度地增加了 Spark 编程中的主要速度。

　　迭代数据挖掘需要用户在同一个数据子集上运行多个临时查询。传统意义上，在两个 MapReduce 作业之间重用数据的唯一方法是通过分布式文件系统将其写入外部稳定磁盘存储。由于数据复制、磁盘 I/O 和序列化引起了巨大的开销，在 Spark 中，通过对本地工作机的 DRAM 进行缓存，这些开销将显著降低。

　　在使用 Pregel 进行迭代图计算的情况下，必须将中间数据保留在内存中，而 Hadoop 提供迭代 MapReduce 接口。但是，这些框架仅支持特定的计算模式，例如循环一系列 MapReduce 步骤。在这些模式中，数据共享是隐含地完成的。它们不会通过让用户将多个数据集加载到内存中并在其间运行临时查询来提供更多常被重用的抽象。Spark 执行环境旨在克服这些困难。

　　Spark 最初是用 Scala 编写的，它支持简洁的函数语法和交互式使用。该软件包最近添加了用于独立应用程序的 Java API。读者可以参考 GitHub 的开发部分以了解更多细节。交互式 shell 仍然以 Scala 编写，Spark 支持 Java VM 的高级语言和面向对象的 C++ 函数编程及静态类型化。Spark 与 Java 的速度相当。但是从类型推断，它不需要编写类型。Spark 可以与 Java 进行互操作，并可以使用任何 Java 类。它也可以从 Java 调用 Scala 代码。更多详细信息请查阅资源网站：www.artima.com/scalazine/articles/steps.html，www.artima.com/pins1ed 和 www.sparkproject.org/documentation.html。

例 8.4 可扩展集群上的 Spark 任务调度

图 8.13 显示了 3 个阶段的典型 Spark 程序的任务执行图。浅灰色框是在任务节点之间流动的 RDD 块。深灰色框是高速缓存的分区块。可以看出任务级的并行执行。

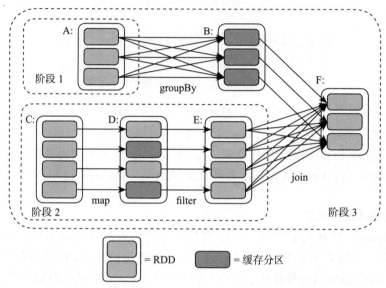

428

图 8.13　典型的任务执行 DAG 图，显示了流水线操作的调度

Spark 运行通用任务图，例如由 DAG 表征的那些。调度管道在可能的情况下运行。它具有缓存感知数据重用和本地化功能。它提供了分区感知，以避免 shuffle 开销。缓存 RDD 通常存储为 Java 对象。在 JVM 上，它支持最快的访问，但开销大于理想值。它也可以以串行格式存储。调度由 Hadoop YARN、Google Mesos 和 Spark 应用程序的独立计划支持。

8.3.2　弹性分布式数据集

传统的 MapReduce 程序从磁盘读取输入数据，对数据进行 Map，再将 Map 后的结果 Reduce，并将 Reduce 结果存储在磁盘上。Spark 的 RDD 被用作分布式程序的工作集，它具有分布式共享内存的优点，没有太多的依赖性延迟问题。RDD 有助于更有效地实现迭代算法。该软件包还支持交互式和探索性的数据分析。对数据进行重复的数据库式查询尤其有用，即机器学习操作中经常遇到的计算模式（图 8.14）。

事实上，Spark 的开发对经常在机器学习应用程序中的训练过程中使用的迭代算法十分有吸引力。MapReduce 和 Dryad 已经被用于大规模并行计算和数据分析。用户在这些编程工具中使用一组高级操作符来编写并行计算程序。驱动程序通过在 RDD 上将函数传递给 Spark 来调用并行操作，例如 Map、Filter 或 Reduce。Spark 调度程序在集群上并行分发函数的执行。例如，RDD 通过从现有 RDD 生成新的 RDD 来帮助实现加入操作。

429

RDD 是不可变的，它们的算子是惰性的。事实上，RDD 为 Spark 提供了一个动态数据结构。它们实现集群周围的持久数据块的缓存和分发。可以通过 Join、Map、Reduce 操作创造不同的新数据块。若没有 RDD,则很难实现 Spark 中的 MapReduce 操作。

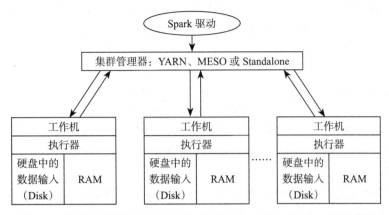

图 8.14 使用已搭建的工作机集群(服务器)的分布式 Spark 执行模型

通过跟踪每个 RDD 的谱系或重建 RDD,在某些数据丢失的情况下可实现容错。RDD 可以处理任何类型的 Python、Java 或 Scala 对象。RDD 用于分布式内存的抽象化。这使程序员能够以容错方式对大型集群进行内存计算。RDD 是由当前计算框架无效处理的两种类型的应用程序所驱动的:迭代算法和交互式数据挖掘工具。在这两种情况下,将数据保存在内存中可以显著提高性能。

Spark 提供了两种共享变量的限制形式:广播变量引用需在所有节点上可用的只读数据,而累加器用于编写强制性风格的 Reduce。以下 Scala 程序中将给出一个以 RDD 为中心的功能编程的典型例子。Spark 的编程抽象化是通过有效使用 RDD 来实现的。

例 8.5 使用 RDD 进行文本处理的 Scala 程序

该程序计算在一组文本文件中出现的所有单词的频率,并打印最常见的单词。每个 map、flatMap(map 的变体)和 reduceByKey 都使用匿名函数,对单个数据项或一对项进行简单的操作。下面列出的程序适用于将 RDD 转换为新 RDD。

```
val textFiles = spark.wholeTextFiles("somedir")
// 将文件从 "somedir" 读入 RDD(文件名,contents) 对
val contents = textFiles.map(_._2)
val tokens = contents.flatMap(_.split(" ")) // 将每个文件拆分成 tokens(单词) 列表
val wordFreq = tokens.map((_, 1)).reduceByKey(_ + _)// 向每个 tokens 添加一个计数,然后
                                                     将每个字类型的计数相加
wordFreq.map(x => (x._2, x._1)).top(10)// 获取前 10 个词。交换字数并按计数排序
```

430

为了实现容错,RDD 提供了基于粗粒度转换的共享内存的限制形式,而不是对共享状态的细粒度更新。事实上,RDD 具有足够的能力来捕获广泛使用的计算类型,包括用于迭代工作的最新专业编程模型,如 Pregel。数据重用在许多迭代机器学习和图形算法中很常见,包括 PageRank、k 均值值聚类和逻辑回归。

集群上的内存存储(如分布式共享内存、key-value 存储、数据库和 Piccolo)的现有抽象提供了基于可变状态的细粒度更新的界面。使用此接口,提供容错的唯一方法是跨机器复制数据或跨机器记录更新。这两种方法对于数据密集型工作负载来说都是昂贵的,因为它们需要通过集群网络复制大量数据,这些数据的带宽远低于 RAM,并且会占用大量的存储开销。

为了了解 RDD 作为分布式内存抽象的好处，我们将它们与分布式共享内存（DSM）进行比较。在 DSM 系统中，应用程序读取和写入全局地址空间中的任意位置。DSM 是一个很常用的抽象，但是这种通用性使得其在廉价集群更难实现高效率的容错。RDD 和 DSM 之间的主要区别是 RDD 只能通过粗粒度转换来创建，而 DSM 允许对每个内存位置进行读写操作。

这将 RDD 限制为执行批量写入的应用程序，但允许更高效的容错。特别地，RDD 不会产生检查点的开销，因为它们可以使用谱系进行恢复。此外，只有 RDD 的丢失分区需要在故障时重新计算，并且可以在不同节点上并行重新计算，而无需回滚整个程序。RDD 的另一个优点是系统通过运行 MapReduce 中慢任务的备份副本来缓解慢节点的负载。而 DSM 则难以实施备份任务。

Spark 的存储级别旨在提供内存使用和 CPU 效率之间的不同权衡。对于 Spark 开发人员有如下选项。

- 默认存储级别（MEMORY_ONLY）是 CPU 效率最高的选项，这将允许 RDD 上的操作尽可能快地运行。
- 如果没有，请尝试使用 MEMORY_ONLY_SER 并选择一个快速序列化库，使对象更加节省空间，但依然可以快速地使用 Java 和 Scala 访问。
- 不要溢出到磁盘，除非计算数据集的函数十分庞大，或者它们需要过滤大量的数据。否则，重新计算分区可能与从磁盘读取分区一样快。
- 如果需要快速故障恢复（例如，如果使用 Spark 来提供来自 Web 应用程序的请求），请使用复制的存储级别。所有存储级别通过重新计算丢失的数据来提供完整的容错能力，但复制的数据可让你继续在 RDD 上运行任务，而无需重新计算丢失的分区。

8.3.3 用于 DAG 的 RDD

从形式上来说，RDD 是数据记录的只读分区集合。RDD 只能通过对稳定存储的数据或其他 RDD 的确定性操作来创建。这些操作称为 transformation，包括 map、filter、join。RDD 不需要时时实现。相反，RDD 具有关于如何从其他数据集导出的谱系，以从稳定存储的数据计算其分区。`这是一个强大的属性，因为程序不能引用在失败后无法重建的 RDD。

Spark 用户可以控制 RDD 的其他两个方面：持久性和分区。用户可以指出哪些 RDD 将被重用，并为它们选择内存中存储。RDD 中的元素可以基于每个记录中的 key 在机器之间进行分区。两个将被连接在一起的数据集对于布局优化非常有用。在表 8.4 中，使用签名来区分各种操作。

这些 transformation 即为定义了新 RDD 的惰性算子。action 启动计算以将 value 返回给程序或将数据写入外部存储。在 join 中，RDD 显示为 key-value 对。选择函数名称以匹配 Scala 中的 API。例如，map 是一对一映射，而 flatMap 将每个输入值映射到一个或多个输出。RDD 的分区顺序由分区器类标识。算子 groupByKey、reduceByKey 和 sort 自动生成分区后的 RDD。

Spark 通过与 Azure 和 FlumeJava 中使用的 DryadLINQ 类似的语言集成 API 来曝光 RDD。在这些情况下，每个数据集都表示为一个对象。在这些对象上调用 transformation。程序员首先通过对稳定存储中的数据进行 transformation 定义一个或多个 RDD。然后，他们可以在 action 操作中使用这些 RDD，以将 value 返回到应用程序或将数据导出到存储系统。操作的示例包括 count（返回数据集中的元素数）、collect（返回元素本身）、save（将数据集输出到存储系统）。

表 8.4 在 Spark 编程中对 RDD 进行的 transformation 和 action，其中 Seq（T）表示 T 型元件的序列（来源：Zaharia, 2016）

transformation	$map(f : T \Rightarrow U)$	:	$RDD[T] \Rightarrow RDD[U]$
	$filter(f : T \Rightarrow Bool)$	:	$RDD[T] \Rightarrow RDD[T]$
	$flatMap(f : T \Rightarrow Sep[U])$	:	$RDD[T] \Rightarrow RDD[U]$
	$sample(fraction : Float)$	:	$RDD[T] \Rightarrow RDD[T]$(Deterministic sampling)
	$groupByKey()$	:	$RDD[(K, V)] \Rightarrow RDD[(K, Seq[V])]$
	$reduceByKey(f : (V, V) \Rightarrow V)$	:	$RDD[(K, V)] \Rightarrow RDD[(K, V)]$
	$union()$	:	$(RDD[T], RDD[T]) \Rightarrow RDD[T]$
	$join()$	:	$(RDD[(K, V)], RDD[(K, W)]) \Rightarrow RDD[(K, (V, W))]$
	$cogroup()$	:	$(RDD[(K, V)], RDD[(K, W)]) \Rightarrow RDD[(K, (Seq[V], Seq[W]))]$
	$crossProduct()$	:	$(RDD[T], RDD[U]) \Rightarrow RDD[(T, U)]$
	$mapValues(f : V \Rightarrow W)$	:	$RDD[(K, V)] \Rightarrow RDD[(K, W)]$(Preserves partitioning)
	$sort(c : Comparator[K])$	:	$RDD[(K, V)] \Rightarrow RDD[(K, V)]$
	$partitionBy(p : Partitioner[K])$	:	$RDD[(K, V)] \Rightarrow RDD[(K, V)]$
action	$count()$	:	$RDD[T] \Rightarrow Long$
	$collect()$	:	$RDD[T] \Rightarrow Seq[T]$
	$reduce(f : (T, T) \Rightarrow T)$	:	$RDD[T] \Rightarrow T$
	$lookup(k : K)$	:	$RDD[(K, V)] \Rightarrow Seq[V]$(On hash/range partitioned RDDs)
	$save(path : String)$	:	Outputs RDD to a storage system, e.g., HDFS

Spark 首次在 action 中使用 RDD 时，会计算 RDD，以便可以管理后续的 transformation。默认情况下，Spark 将永久性 RDD 保留在内存中，但如果没有足够的 RAM，则它们可能会溢出到磁盘。用户还可以请求其他持久性策略，例如将 RDD 仅存储在磁盘上或通过机器备份，通过标志来持久化。用户可以在每个 RDD 上设置一个持久性优先级，以指定哪些内存中的数据应首先溢出到磁盘上。

例 8.6 使用 Spark PageRank 中 RDD 的谱系

假设一个 Web 服务遇到错误，并且操作员想在 HDFS 中搜索 TB 级的日志以找出原因。使用 Spark 时，操作员只需将错误消息从日志中加载到一组节点中，并以交互方式进行查询。这通过以下 Scala 代码的第一种类型显示：尽管单个 RDD 是不可变的，但是可以通过使用多个 RDD 来表示数据集的多个版本，从而实现可变状态。

PageRank 算法迭代地更新一个 rank（图 8.15）。输入文件映射到链接排名，其总和超过其收到的分数，N 是文档的总数。我们在 Spark 中编写 PageRank，如下所示：

```
// 将图形加载为 (URL, outlinks) 对的 RDD
// 构建 (targetURL, float) 对的 RDD
// 每个页面发送的贡献值 val contribs = links.join(rank)
flatMap {(url, (links, rank))=> links.map(dest =>(dest, rank / links.size))}
ranks = contribs.reduceByKey((x, y)=> x + y).mapValues(sum => a / N +(1-a)* sum)
```

该程序基于图 8.15 所示的步骤。在每次迭代中，我们基于上一次的迭代和静态 links 数据集的 contribs 和 ranks 创建一个新的 rank 数据集。该图一个有趣的特征是它随着数字的增长而增长。程序中的 ranks 变量和 Contribs 变量在每次迭代中指向不同的 RDD，如下所示：

```
val links = spark.textFile(...).map(...).persist() var ranks =
// RDD of(URL, rank)pairs for(i <- 1 to ITERATIONS) { of iterations.
```

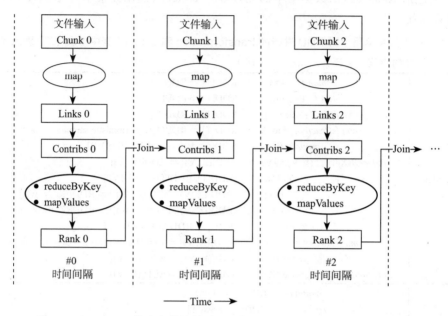

图 8.15 PageRank 算法中的计数过程（来源：Wenhao Zhang，USC，2016）

在进行多次迭代的工作中，可能需要可靠地复制某些版本的 rank 以减少故障恢复时间。用户可以使用 RELIABLE 标志调用持久化来执行此操作。links 数据集不需要备份，因为可以通过在输入文件的块上重新运行 map 来高效地重建其分区。这个数据集通常会比 rank 大得多，因为每个文档都有许多 links，但只有一个数字作为其排名，所以使用谱系来恢复它可以节省整个内存状态检查程序的时间。

最后，我们可以通过控制 RDD 的分区来优化 PageRank 中的通信。如果我们为 links 指定了一个分区（例如，通过节点对 URL 进行哈希分区），我们可以以相同的方式对 ranks 分区，并确保 links 和 ranks 之间的 join 操作不需要通信（因为每个 URL 的 rank 将在与其 links 列表相同的机器上）。我们也可以编写一个自定义的分区类来区分彼此链接的页面。这两个优化可以通过调用分区来表示，通过定义以下链接：

```
links = spark.textFile(...).map(...).partitionBy(myPartFunc).persist()
```

在此调用之后，links 和 ranks 之间的 join 操作将自动将每个 URL 的 contirbs 汇总到具有其链接列表的机器上，计算其中的新排名，并将其与 links 一起加入。这种通过迭代的一致分区是对于 Pregel 这类框架的专门优化。

图 8.16a 比较了使用 Spark 来执行 PageRank 算法与使用 Hadoop 执行的性能。在实验中绘制了三列，分别是基础 Spark、Hadoop 以及控制分区的 Spark（已优化）。Y 轴显示的是以秒为单位的排列时间。机器的数量沿 X 轴进行了缩放。使用 30 台机器的情况下，Hadoop 需要 171 秒，基础 Spark 72 秒，而优化过的 Spark 则只需要 23 秒。因此，我们可以看到 7.43 倍的速度增益，当使用 60 台机器时，加速则会降低到 90/14 = 5.7 倍。这是由于当集群大小加倍时会产生更多的开销。图 8.16b 显示了使用 Hadoop 和 Spark 运行逻辑回归应用程序的相对性能。相比 Hadoop，Spark 的速度要快一百倍。在一项独立的 Terasort 实验中，Spark

组已经报道了相比较于 Hadoop 的 Spark 代码的数百倍加速增益的世界纪录。

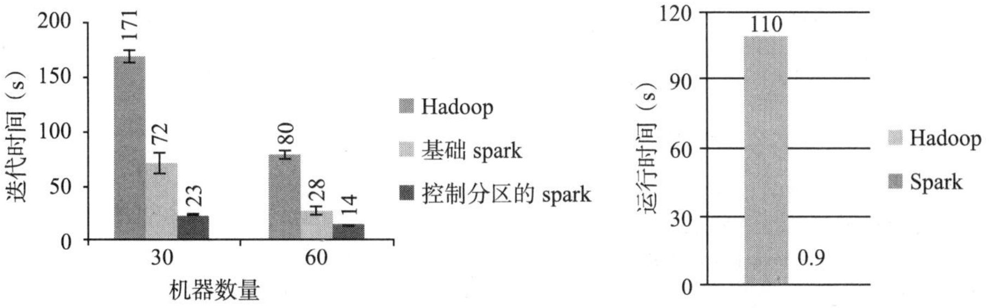

图 8.16 分别在 Hadoop 和 Spark 上运行的 PageRank 和逻辑回归的相对性能

8.4 Spark SQL 和流编程

在本节中，我们研究了用于云计算的 Spark 库。首先，我们为结构化数据引入 Spark SQL。我们检查 Spark 流模块来处理数据的生命周期。然后我们学习用于机器学习的 Spark MLlib。最后，我们评估 Spark GraphX 用于社交媒体应用程序中的图形处理。

434
∫
435

8.4.1 具有结构化数据的 Spark SQL

Spark SQL 引入了一个称为 DataFrames 的数据抽象 API。（https://spark.apache.org/docs/latest/ sqi-programming-guide.html）。该包支持结构化处理和关系查询处理。结构化数据主要出现在关系数据库中。一些半结构化数据可以部分结构化或使用一组混合数据结构。Spark SQL 提供了一种特定于域的语言来处理 Scala、Java、Python 或 R 中的 DataFrames。它将 SQL 查询与 Spark 程序进行混合。Spark SQL 可以使用现有的 Hive metastore、HiveQL、Hive SerDes 和 Hive UDF，它们均位于 Apark SQL 之上。它还提供 SQL 语言支持，使用 ODBC/JDBC 上的命令行界面来使用现有的 BI 工具进行大数据查询。Impala 和 Spark SQL 都用于大规模查询处理。使用 Spark SQL 进行查询处理的关键是探索在内存中缓存数据集（RDD）以进行交互式数据分析的能力。DataFrames 可以重复提取一个工作集，缓存它并进行查询。Spark SQL 的官方网站是 https://spark.apache.org/sql。下面给出使用 Spark SQL 的代码来应用函数得到 SQL 查询的结果：

```
context = HiveContext(sc)
results = context.sql("select * from people")
names = results.map(lambda p: p.name)
```

Spark SQL 包括优化器、柱状存储和代码生成，以此来快速回答查询。它可以扩展到千个工作机。要开始使用 Spark SQL，请下载 Spark 软件包（/downloads.html），Spark SQL 是其中的模块之一。可以阅读 Spark SQL 和 DataFrame 指南，了解 API（docs/latest/sqi-programming-guide.html）。

例 8.7 使用 DataFrame API 进行单词计数、文本搜索和连接操作

下面给出三个示例 Spark 代码来介绍 Spark 应用程序。以下 Spark Python API 适用于按年龄计算人数，并将 CountByAge 保存为 Json 格式的 S3。

```
#按年龄统计人数
countsByAge = df.groupBy("age").count()
countsByAge.show()
#将 countByAge 以 JSON 格式保存到 S3
countsByAge.write.format("json").save("s3a: //...")
```

以下 Spark 代码用于文本搜索操作

```
#创建一个名为 "line" 的单个列的 DataFrame
    textFile = sc.textFile("hdfs://...")
    df = textFile.map(lambda r:Row(r)).toDF (["line"])
#计算所有错误
    errors = df.filter(col("line").like("%ERROR%"))
#将错误计数提取到 MySQL
    errors.count() errors.filter(col("line").like("%MySQL%")).count()
#将 MySQL 中的错误计数作为字符串数组获取
    errors.filter(col("line").like("%MySQL%")).collect()
```

以下代码用于加入多个源文件

```
context.jsonFile("s3n: //...")
registerTempTable("json")
results = context.sql(
"""SELECT *
FROM people
JOIN json ...»»»)
```

8.4.2　使用实时数据流的 Spark Streaming

　　Spark Streaming 是一个高级库，专为处理大多数云端的数据流而设计。该库利用 Spark 核心组件的快速调度功能来执行流分析。它以小批量接收数据，系统对这些小批量数据执行 RDD 转换。此设计使得为批量分析编写的同一组应用程序代码可用于流分析。该库可应用于大型集群或单个引擎上。

　　Spark Streaming 可以处理批量和交互式查询。它允许重新使用相同的代码进行批处理，链接流与历史数据，或者在流状态下运行临时查询。这使得除了用于数据分析之外，它还可以构建强大的交互式应用程序。流式引擎的建模如图 8.17 所示。Spark 已经扩展了 Hadoop，不仅在批处理模式下执行，还用于在流和实时应用程序中进行内存计算。

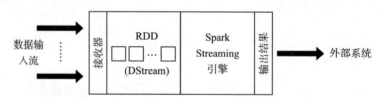

图 8.17　在 DStream 上使用 Spark 流引擎

　　Streaming 模块可以轻松构建可扩展和容错的流应用。它支持 Java、Scala 和 Python。如图 8.17 所示，输入数据流来自左侧。接收器接收它们并将其转换成空间类型的 RDD，称为 Dstream。这些 Dstream 进入流媒体引擎，可以遵循 MapReduce 或任何 DAG 模型。最后，查询的结果在右端输出。

　　Streaming 软件包可以部署在从 HDFS、Flume、Kafka、Twitter 和 ZeroMQ 源读取数

据的基础上。流式引擎可以运行 Spark 的独立集群模式或 EC2 集群。在生产模式下，Spark Streaming 使用 Zookeeper 和 HDFS 实现高可靠性。Spark Streaming 的官方网站是 http:// spark.apache.org//streaming。要开始使用 Spark Streaming，请执行以下三个步骤。

步骤 1：从网站下载整个 Spark 库，http://spark.apache.org/downloads.html。Spark Streaming 是该库中的一个工作模块。

步骤 2：阅读 Spark Streaming 编程指南（/docs/latest/streaming-programming-guide.html）。指南中包括一个教程，描述了系统架构、配置和高可靠性。

步骤 3：查看 Scala 中的示例流程序。

要部署 Spark Streaming 应用程序，首先要确定一个集群管理器来组合所需的机器资源。要打包应用程序，用户必须将流式应用程序编译成 JAR。如果应用程序使用高级资源（例如 Kafka、Flume、Twitter），那么你将不得不将其链接的额外工件及其依赖项打包。

例如，使用 TwitterUtils 的应用程序必须在应用程序 JAR 中包含 spark-streaming-twitter_2.10 及其所有传递依赖项。由于接收到的数据必须存储在内存中，因此必须配置足够的内存来保存接收到的数据。例如，如果你正在进行 10 分钟的窗口操作，则系统必须至少保留最近 10 分钟的内存中的数据。因此，应用程序的内存要求取决于执行的操作。

接下来是部署检查点。必须将 Hadoop API 兼容的容错存储（例如 HDFS、S3 等）中的目录配置为检查点目录。流式应用程序以检查点信息的方式编写，可用于故障恢复。最后，我们需要配置自动重启驱动程序。要从驱动程序故障中自动恢复，流应用程序必须监视驱动程序进程，如果出现故障，则重新启动驱动程序。不同的集群管理器应用以下指定的不同工具。

Spark 应用程序驱动程序可以提交到 Spark Standalone 集群中运行，即驱动程序本身在其中一个工作机上运行。此外，可以指示独立的集群管理器来监督驱动程序，如果由于 non-zero exit code 而导致驱动程序发生故障，或由于运行驱动程序的节点发生故障，则可以重新启动它。YARN 支持类似的机制来自动重新启动应用程序。Marathon 软件已被用来实现这一目的，使用 Mesos 作为集群管理器。

在 Spark 1.2 中，为了实现强大的容错保证，其引入了一个新的写入日志的实验功能。如果启用，则从接收器接收的所有数据都将写入配置检查点目录中的日志。这可以防止驱动程序恢复时的数据丢失，从而确保零数据丢失。可以通过将配置参数 spark.streaming.receiver.writeAheadLogs.enable 设置为 true 来启用此功能。然而，这些更强的语义可能以单个接收器的接收吞吐量为代价。通过并行运行更多的接收器可以改善这一点，从而增加总吞吐量。

当启用写入日志时，若日志已存储在备份的存储系统中，将禁用 Spark 中接收到的数据的备份。与 RDD 类似，转换允许修改来自输入 DStream 的数据。DStream 支持常规 Spark RDD 上可用的许多 transformation。表 8.5 中列有一些常见的例子。

表 8.5 Spark Streaming 应用程序的 transformation 操作

操作	作用
map	通过传递源 DStream 的每个元素并通过函数 func 返回一个新的 DStream
filter	通过仅选择源 DStream 的记录来返回新的 DStream
repartition	通过创建更多或更少的分区来更改此 DStream 中的并行级别

（续）

操作	作用
union	返回一个新的 DStream，其中包含源和其他 DStream 中元素的并集
reduce	通过使用函数 func 聚合源 DStream 的每个 RDD 中的元素来返回单元素 RDD 的新 DStream。该函数必须是关联的，以实现并行性
join	当（K，V）和（K，W）对的两个 DStream 被调用时，返回一个新的（K，（V，W））对的 DStream 与每个 key 的所有元素对
transform	通过对源 DStream 的每个 RDD 应用 RDD 到 RDD 函数来返回一个新的 DStream。这可以用于对 DStream 进行任意 RDD 操作

例 8.8　两个示例 Spark Streaming 应用程序

以下代码用于计算滑动窗口上的推文。

```
TwitterUtils.createStream(...)
.filter(_.getText.contains("Spark"))
.countByWindow(Seconds(5))
```

以下代码找到频率高于某些历史数据的单词。

```
stream.join(historicalCounts).filter {
case(word, (curCount, oldCount))=>
curCount> oldCount
```

8.4.3　Spark Streaming 应用示例

Spark Streaming 是核心 Spark API 的扩展，可实现实时数据流的可扩展性、高吞吐量和容错。数据可以从 Kafka、Flume、Twitter、ZeroMQ、Kinesis 等许多源输入。可以使用 map、reduce、join 和 window 等复杂算法来处理 TCP 套接字。最后，处理后的数据可以推送到文件系统、数据库和实时仪表板。事实上，你可以在数据流上应用 Spark 的机器学习和图形处理算法。

Spark 支持 4 种编程语言：Scala、Java、Python 和 R。你可以通过将类名传递给 Spark 的 bin / run-example 脚本来运行 Java 和 Scala 示例。对于 Python，使用命令 ./bin/spark-submitexamples/src/main/python/pip. 对于 R，使用命令 ./bin/spark-submitexamples/ src / main / r / dataframe.R. 要优化你的程序，配置指南和调整指南可提供有关最佳做法的信息。它们对确保你的数据以有效的格式存储在内存中尤其重要。完整的 API 文档支持 Scala、Java、Python 和 R。

例 8.9　错误消息日志中错误模式的交互式搜索

图 8.18 显示了如何使用 Spark 将日志中的错误消息加载到内存中，然后交互地搜索各种错误模式。前两个命令正在转换 RDD。不同的 RDD 块在驱动程序的协调下被缓存在各种 Worker 中。最后两个命令执行过滤操作以消除不必要的错误模式。将会在 5 ～ 7 秒内缩放到 1TB 数据，这比使用磁盘数据快了 170 秒。

2014 年 11 月 5 日，Databricks 宣布，Spark TeraSort 基准已经赢得了 2014 年 Daytona GraySort 比赛。下面的例子介绍了 100TB 数据集快速排序的世界纪录。

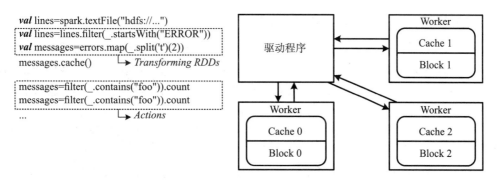

```
val lines=spark.textFile("hdfs://...")
val lines=lines.filter(_.startsWith("ERROR"))
val messages=errors.map(_.split('t')(2))
messages.cache()          → Transforming RDDs

messages=filter(_.contains("foo")).count
messages=filter(_.contains("foo")).count
...                       → Actions
```

图 8.18 交互式搜索加载到 Worker 内存中的错误消息日志中的错误模式（来源：Matei Zaharia et al., 2014）

例 8.10 **TeraSort 基准测试的 Spark 世界纪录**

Spark 已经被大部分人认定为 Hadoop MapReduce 的后继者，并且可以只从少数几个节点部署到集群中。对于适应内存的数据，Spark 比 MapReduce 的效率更高。一些组织无法将其应用于无法适应内存的大规模数据集。因此，Databricks 与 Spark 社区一起投入了大量精力，以提高 Spark 的稳定性、可扩展性和性能。Spark 对于 GB 级或 TB 级的数据来说也可以很好地运行，而且它也应该适用于 PB 级。结果在表 8.6 中。

表 8.6 2014 年 11 月 5 日的 Spark TeraSort 基准测试结果

数据特征	Hadoop, 100 TB	Spark, 100 TB	Spark, 1 PB
数据集大小	102.5 TB	100TB	1000TB
耗时	72 mins	23mins	234mins
# Nodes	2 100	206	190
# Cores	50 400	6 592	6 080
# Reducers	10 000	29 000	250 000
Data Rate	1.42 TB/min	4.27TB/min	4.27TB/min
Rate/node	0.67 GB/min	20.7GB/min	22.5GB/min

在 Amazon Web Services 的帮助下，Databricks 团队参与了 Daytona Gray 类别，该类别是行业基准，即将 100TB 的数据（1 万亿条记录）排序的速度。以前的世界纪录是 72 分钟，雅虎使用了一个 2100 节点的 Hadoop MapReduce 集群。在 206 个 EC2 节点上使用 Spark，Databricks 在 23 分钟内完成了基准测试。这意味着 Spark 使用 1/10 的机器，将相同的数据分类速度提高了 3 倍。

所有排序都发生在磁盘（HDFS）上，而不使用 Spark 的内存缓存。此外，虽然没有官方 PB 级排序竞赛，但 Databrick 在不到 4 小时的时间内，将 Spark 进一步推进，并在 190 台机器上排列了 1PB 数据（10 万亿条记录）。该 PB 时间远远超过 Hadoop MapReduce 先前报告的结果（在 3800 台机器上 16 小时）。这是 2014 年在公共云端进行的最快速的 PB 级别的分类。

441

8.5 用于机器学习的 Spark MLlib 和用于图像处理的 GraphX

在本节中，我们研究了使用 Spark 库开发的机器学习包 MLlib 以及图形处理包 GraphX。说明了一些工作示例，帮助读者开始在云平台或某些本地集群上开发新的 Spark 应用程序。

8.5.1　用于机器学习的 Spark MLlib 库

机器学习（ML）是对能通过经验自动改进的计算机算法的研究，目的是发现未知的属性、模式或隐藏的知识。具体的 ML 算法在第 5 章中进行了介绍。在这里，我们介绍 ML 管道的基本概念，然后将会使用 Spark 编程库开发的一些 MLlib 模块。图 8.19 显示了监督机器学习应用的典型 ML 管道中的主要组件。我们的 4 个主要组件都安装在智能云平台中。这个 ML 管道在 5 个操作步骤中进行了描述，包括用于样本数据训练和预测模型拟合的回收阶段。

步骤 1：输入数据分为两个子集——训练数据和测试数据。两者都在进入计算机或学习引擎之前存储在数据存储器中。

步骤 2：此阶段涉及数据预处理操作，如过滤、挖掘、数据聚合、特征提取、模式识别和一些转换操作。

步骤 3：这个阶段是学习引擎使用云计算和存储资源，主要包括数据清理、模型训练以及监督下模型的改变。

步骤 4：这个阶段的目的是学习模型的建立和配合问题环境以满足预测或分类的学习目标等。

步骤 5：通过做出决策或预测的训练和测试阶段。通过反馈进行训练，以提高模型性能。最后，如果拟合度较高则输出预测结果。

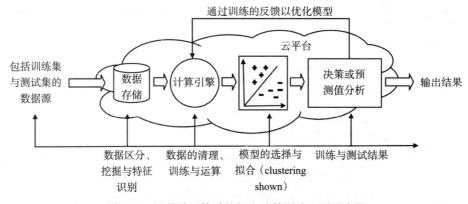

图 8.19　机器学习管道的概念及其训练和测试步骤

MLlib 是 Spark 的机器学习库。Spark MLlib 是部署在 Spark 核心组件之上的分布式机器学习框架。通过基于分布式内存的 Spark 架构，MLlib 比 Apache Mahout 使用的基于磁盘的实现速度快了 9 倍。这是基于 MLlib 开发人员针对交替最小二乘法（ALS）做的基准测试，而 Mahout 本身已经获得了 Spark 接口。MLlib 比 Mahout 和 Vowpal Wabbit 都更好。许多常见的机器学习和统计算法已在 MLlib 中实现。

Spark ML 标准化机器学习算法的 API，使得更容易将多个算法组合到单个管道或工作流程中。下面介绍使用 Spark API 的关键概念。

- ML 数据集：Spark ML 使用 Spark SQL 中的 SchemaRDD 作为可以容纳各种数据类型的数据集。例如，数据集具有存储文本、特征向量、真实标签和预测的不同列。
- Transformer：一种可以将一个 SchemaRDD 转换为另一个的算法。例如，ML 模型将具有特征的 RDD 转换为具有预测的另一个 RDD。

- Estimator：一种可以在 SchemaRDD 上生成 Transformer 的算法。例如，学习算法在数据集上训练并产生预测模型。
- 管道：将多个 Transformer 和 Estimator 连结在一起，以指定 ML 工作流程。
- 参数：所有 Transformer 和 Estimator 在指定参数时共享一个通用 API。

DAG 管道

管道的阶段被指定为有序数组。以下给出的示例全部用于线性管道，即其中每个级使用由前一级产生的数据的管道。只要数据流图形成 DAG，就可以创建非线性流水线。该图当前是基于每个阶段的输入和输出列名来隐含地指定的。如果流水线形成 DAG，那么这些阶段必须以拓扑顺序指定。由于管道可以对不同类型的数据集进行操作，因此不能在编译时进行类型检查。在管道和管道模型中而不是在实际运行流水线之前进行运行时检查。此类型检查是使用数据集模式完成的，这是 SchemaRDD 中列的数据类型的描述。

8.5.2 MLlib 应用示例

表 8.7 列出了使用 Spark MLlib 实现的一些重要的 ML 算法系列。通常在大多数 ML 或数据分析应用中执行摘要统计、相关性、分层抽样、假设检验和随机数生成。在数据预处理阶段通常需要包括 ALS 在内的协同过滤技术。特征提取和 transformation 函数都会被应用在其中。在计算阶段，Spark 用户经常应用分类和回归、支持向量机、决策树和朴素贝叶斯分类器。

表 8.7 Spark 机器学习库中实现的特征算法

算法	简要介绍
协同过滤	交替最小二乘法（ALS）
基本策略	摘要统计，相关性，假设检验，随机数生成
分类与回归	支持向量机，逻辑回归，线性回归，决策树，随机森林，朴素贝叶斯分类器，梯度增强树
维度降低	奇异值分解（SVD），主成分分析（PCA）
聚类技术	流式 k 均值，高斯混合，幂迭代簇（PIC）
特征提取和模式挖掘	特征提取和转换，频繁模式增长，关联规则，PrefixSpan
评估与优化	评估指标，PMML 模型导出，随机梯度下降，有限存储 BFGS（L-BFGS）

对于无监督学习，我们可以考虑使用聚类分析方法，包括 k 均值和潜在 Dirichlet 分配（LDA）。还可以使用降维技术，例如奇异值分解（SVD）和主成分分析（PCA）。最后，优化算法可用于改进 ML 预测模型，如随机梯度下降、有限存储 BFGS。ML 中的一个重要任务是模型选择，或使用数据找到给定任务的最佳模型或参数。管道可以通过简单地调整个流水线来简化模型选择，而不是单独调管道中的每个元素。

目前，spark.ml 支持使用 CrossValidator 类进行模型选择，该类使用一个 Estimator、一组 ParamMap 和一个 Evaluator。CrossValidator 首先将数据集分成一组 folds，这些 folds 用作单独的训练和测试数据集。例如，在 folds 的 k = 3 时，CrossValidator 将生成 3 组（训练，测试）数据集对，每个数据集使用 2/3 的数据进行训练，1/3 用于测试。CrossValidator 遍历 ParamMap 集合。对于每个 ParamMap，它将训练给定的 Estimator，并使用给定的 Evaluator 进行评估。选择产生最佳评估指标的 ParamMap 作为最佳模型。CrossValidator 最终将会使用最好的 ParamMap 和整个数据集。

例 8.11 使用 MLib 进行逻辑回归预测

以下代码将使用逻辑回归法用于预测应用。

```
#DataFrame 的每个记录都包含由向量表示的标签和特征
    df=sqlContext.createDataFrame (data, ["label", "features"])
# 在这里，我们将迭代次数限制为 10
    lr=LogisticRegression(maxIter=10)
# 将模型与数据拟合
    model=lr.fit(df)
# 给定一个数据集，预测每个点的标签，并显示结果
    model.transform(df).show()
```

8.5.3   用于图像处理的 Spark GraphX

GraphX 是 Spark 支持的分布式图像处理框架。它提供了一个用于表示可以对 Pregel 抽象进行建模的图形计算的 API。它还为此抽象提供了优化。像 Spark 一样，GraphX 最初作为 UC Berkeley 的 AMPLab 和 Databricks 公司的研究项目。该模块后来被捐赠给 Apache 软件基金会和 Spark 项目。

Spark GraphX 将 ETL、探索性分析和迭代图计算统一为单个系统。用户可以查看与图形和集合相同的数据。该软件包支持 RDD 中的 transformation 和 join 图形。用户可以使用 Pregel API 编写自定义迭代图算法。可访问 Spark 网站（/docs/latest/grapx-programming-guide.html#pregel-api）了解详情。Spark 用户可以从 GraphX 中增加的图形算法库中选择。除了高度灵活的 API 之外，GraphX 还提供了各种图形算法，如 PageRank、Connected Components、Label Propagation、SVD++、Strongly Connected Components 和 Triangle Count。

图形数据的不断扩大的规模和重要性是由许多图形处理系统（包括 Pregel 和 PowerGraph 等）的发展驱动的。通过显示由图的特定优化支持的专门抽象，这些系统可以自然地表达和有效地执行迭代图算法，其中存在数以亿计的定点和边，如 PageRank 和 community detection。GraphX 在 Spark 之上构建为一个库（图 8.20）。这是通过将图形编码作为集合，然后在标准数据流操作符之上表示 GraphX API 来完成的。

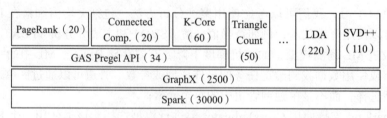

图 8.20   GraphX 是 Spark 数据流框架之上的一个薄层

GraphX 提供了一种在分布式数据流框架内嵌入图形计算的通用方法。系统将图形计算提取为特定的 join-map-group-by 数据流模式。通过将图形计算 reduce 到特定模式，用户可以识别系统优化的关键路径。包括我们迄今为止已经学到的 Map-Reduce、Spark、Dryad 在内，这与一些通用的分布式数据流框架不同。一些丰富的数据流操作符，如 map、reduce、group-by、join，非常适合分析非结构化和表格式数据。

一般来说，使用数据流运算符直接实现迭代图算法是非常重要的任务，通常需要多个阶

段的复杂 join。图形处理系统将图形结构化数据表示为属性图，它将用户定义的属性与每个顶点和边相关联。属性可以包括元数据（例如，用户简档和时间戳）和程序状态（例如，具有顶点或谱系关系的 PageRank）。从自然现象（如社交网络和网络图）中得出的属性图表往往高度偏斜，并遵循边比顶点多出数个数量级的幂律度分布。

到 2014 年，GraphX 被写入了超过 2500 行 Scala 代码，而在整个 Spark 库中则为30 000。一些 GrapX 应用程序代码很简单，如 PageRank 中的 20 行。Databricks 和其他Spark 开发组生成了许多新的 GraphX 模块。要开始使用 GraphX，首先下载 Spark，然后阅读 GraphX 编程指南，其中包括应用示例。最后，要了解如何在分布式模式下运行集群中的Spark。你也可以在多核机器上本地运行，无需任何设置。

图形处理系统应用一系列图形分割算法来最小化通信成本和平衡计算。Gonzalez 等人[6]表明，顶点分割在许多大型自然图上表现良好。顶点划分以最小化每个顶点剪切次数的方式均匀地将边分配到机器。图 8.21 显示了用于对相同数据集的图形视图进行流水线处理的图形分析系统。GraphX 提供了在整个分析过程中保持在单一框架内的能力。请注意，GraphX在计算阶段由 GraphLab 工具使用。该系统还与 Spark 和 Hadoop 资源的使用完美融合。

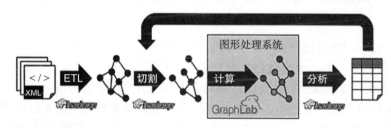

图 8.21 图形视图流水线处理分析（来源：Gonzalez et al.,"GraphX: Graph Processing in a
Distributed Dataflow Framework,"11th USENIX Symposium, OSDI, Bloomfield, CO,
October 2014.）

该 Graph Analytics 管道消除了学习和支持多个系统或写入数据交换格式和管道在系统之间移动的需要。管道支持在大图上迭代地进行切割、转换和计算，并在流水线的各个阶段共享数据结构。反馈路径用于改进分析模型。图形计算的性能和可扩展性的增长转化为更紧密的分析反馈循环，产生一个更有效的工作流程。要使用 GraphX，用户可以访问 Apache
Spark 开源项目的网站。

8.5.4 GraphX 编程示例

property graph 用于 GraphX 编程。这是一个图形表示模型，它在逻辑上表示为一对顶点和边的属性集合。顶点集合包含由顶点标识符唯一地键入的顶点属性。在 GraphX 系统中，顶点标识符是可以从外部导出的（例如，用户 ID），或通过对顶点属性应用散列函数（例如，页面 URL）的 64 位整数。边集合包含由源和目标顶点标识符键入的边属性。图 8.22 显示了其概念。

图形（左侧）表示为顶点和边的集合（右侧）。通过应用分区功能（例如，2D 分区）将边缘划分成三个边缘分区。顶点由顶点 ID 分区。与顶点对齐，GraphX 维护由每个顶点的边缘分区编码的路由表。如果顶点 6 和相邻边缘（用虚线示出）在图形中受到限制（例如通过子图），则通过更新位掩码来从对应的集合中移除顶点 6 和相邻边缘，从而使索引重用。

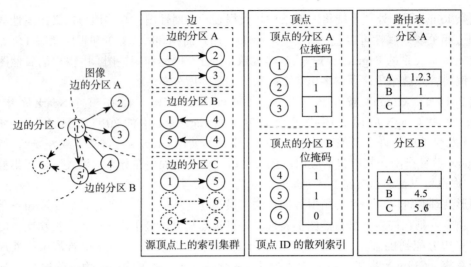

图 8.22   分布式图表示（来源：Gonzalez et al., "Powergraph: Distributed Graph-Parallel Comput-
ation on Natural Graphs," 10th USENIX Symposium, OSDI '12, USENIX Association:
17–30.）

顶点集合由顶点 ID 进行散列分区。为了支持跨顶点集合的频繁连接，顶点存储在每个
分区内的本地散列索引中。边缘集合由用户定义的分区函数水平划分。GraphX 可以进行顶
点分割，从而最大限度地减少如社交网络和网络图形等自然图形中的通信。

GraphX 编程抽象实体通过引入一组特殊的图形运算符来扩展 Spark 数据流操作符，如
表 8.8 所示。GraphX 继承了 Spark 的不变性，因此所有的图形运算符都在逻辑上创建新的
集合，而不是破坏性地修改现有的集合。

表 8.8   在 GraphX 中转换顶点和边缘集合的图形运算符（来源：Gonzalez et al., "Power-
graph: Distributed Graph-Parallel Computation on Natural Graphs," OSDI '12,
USENIX Association: 17–30.）

```
class Graph [V, E] {
    // Constructor
    def Graph (v: Collection [(Id, V)],
               e: Collection [(Id, Id, E)])
    // Collection views
    def vertices: Collection [(Id, V)]
    def edges: Collection [(Id, Id, E)]
    def triplets: Collection [Triplet]
    // Graph-parallel computation
    def mrTriplets (f: (Triplet) => M,
        sum: (M, M) = M): Collection [(Id, M)]
    // Convenience functions
    def mapV (f: (Id, V) => V): Graph [V, E]
    def mapE (f: (Id, Id, E) => E): Graph [V, E]
    def leftJoinV (v: Collection [(Id, V)]),
        f: (Id, V, V) => V): Graph [V, E]
    def leftJoinE (e: Collection [(Id, Id, E)],
        f: (Id, Id, E, E) => E): Graph [V, E]
    def subgraph (vPred: (Id, V) => Boolean,
        ePred: (Triplet) => Boolean)
      : Graph [V, E]
    def reverse: Graph [V, E]
}
```

例 8.12 Spark GraphX 应用程序中的 PageRank 图处理

PageRank 衡量每个节点在社交图中的重要性，假设从 u 到 v 的边缘表示 v 对 v 的重要性的认可。例如，如果一个 Twitter 用户被许多其他用户关注，则用户将被高度排名。GraphX 附带了 PageRank 的静态和动态实现，作为 Apache 的 PageRank 实现。

静态 PageRank 运行一个固定次数的迭代，而动态 PageRank 一直运行到 Rank 收敛。GraphOps 直接调用这些算法。Spark GraphX 提供了一个我们可以运行 PageRank 的社交网络数据集示例。一组用户在 graphx / data / users.txt 中给出，并且在 raphx / data / followers. txt 中给出了一组用户之间的关系。Spark 计算每个用户的 PageRank 如下：

```
val graph = GraphLoader.edgeListFile(sc, "graphx/data/followers.txt"),
// 将边加载为图形
val rankks = graph.pageRank(0.0001).vertices, // 运行 PageRank
val users = sc.textFile("graphx/data/users.txt").map {line => val fields = line.
    split(", ")(fields(0).toLong, fields(1))},
val ranksByUsername = users.join(rank).map {case(id, (username, rank))
=>(username, rank)}, // 将用户名 join 到 Ranks 中
println(ranksByUsername.collect().mkString("\ n"))// 打印结果
```

449

除 GraphX 之外，GraphLab 和 Giraph 也是值得信赖的图形分析软件包。GraphX 与图 8.23 中的 GraphLab 和 Giraph 使用的系统性能相当。但在使用 GraphX 执行 PageRank 算法时，从图中可以看到 1.5 ～ 2.7 倍的加速。

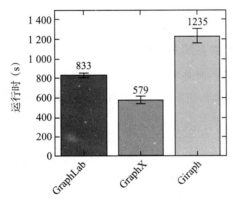

图 8.23　20 次迭代和 37 亿条边的相对 PageRank 性能（来源：Apache，"MLlib: Apache Spark," www .spark .apache .org.）

例 8.13 MapReduce Triplets（mrTriplets）运算符的使用

mrTriplets（Map Reduce Triplets）运算符负责编码图形并行计算的两阶段过程。从逻辑上说，mrTriplets 运算符是三元组视图中 map 和 group-bydataflow 运算符的合成。图 8.24 显示了以下 Scala 代码中指定的 property graph 和相关联的 mrTriplet 操作。

```
val graph: Graph[User, Double]
def mapUDF(t: Triplet[User, Double]) =
  if (t.src.age > t.dst.age) 1 else 0
def reduceUDF(a: Int, b: Int): Int = a + b
val seniors: Collection[(Id, Int)] =
  graph.mrTriplets(MapUDF, reduceUDF)
```

450

用户定义的 map 函数将应用于每个三元组，产生一个 value，然后使用用户定义的二进制聚合函数在目标顶点聚合，如下所示。

```
SELECT t.dstId, reduceF(mapF(t)) AS msgSum
FROM triplets AS t GROUP BY t.dstId
```

在此操作中，mrTriplet 运算符产生一个包含由目标顶点标识符键入的入站消息总和的集合。例如，在图 8.24 中，我们使用 mrTriplet 运算符来计算一个集合，其中包含社交网络中每个用户的较旧粉丝数。因为结果集合包含图形中顶点的一个子集，它可以重用与原始顶点集合相同的索引。

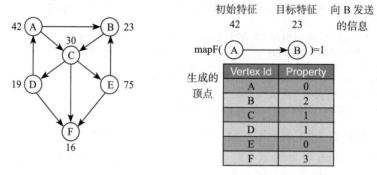

图 8.24   计算每个点用户的较旧关注者的数量

以下例子显示了如何使用社交图分析来评估用户的人际关系。

例 8.14   社交网络组中对等关系的图分析

图 8.25 显示了四个实体之间的社交图，由顶点的数字 2、3、5 和 7 确定。顶点表描述了个人的职位。边表描述了源和目标实体之间的工作关系。这简单地展示了一个简略的社交图表中可以传达多少信息。

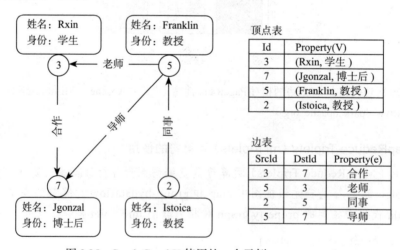

图 8.25   Spark GraphX 使用的一个示例 property graph

最后，我们会评估 Databricks 开发人员对 GraphX 分析系统报告的一些性能结果。这些结果见 2014 年 Joseph Gonzales 等人的报告 [6]。更多细节可以在他们的论文中找到，论文名为 11th USENIX Symposium on Operating Systems Design and Implementaion[7]。

例 8.15 各种图形处理系统的比较

在图 8.26 中，我们将评估 GraphX 在 Twitter 关注者图上运行 PageRank 的强大的缩放性能。在图 8.26a 中评估了 7 个图形系统。经历 20 次迭代，表现最好的是来自于 CMU 的 GraphLab。这主要归功于 CMU 系统中使用的共享内存。由于 Spark 不会利用共享内存并行性，因此 GraphX 的表现要比 GraphLab 好一些，因此强制图形在处理器之间进行分区，而不是在机器之间。

图 8.23b 绘制了使用 GraphX 的效果。当我们从 8 台机器增加到 32 台机器时，看到了 3 倍的加速。然而，当我们继续增加到 64 台机器时，只看到 3.5 倍的加速。虽然这几乎不是线性缩放，但实际上效果会比 GraphLab 报告的 3.2 倍加速度更好。PageRank 的缩放性能较差，相对于计算的高通信成本是其原因。

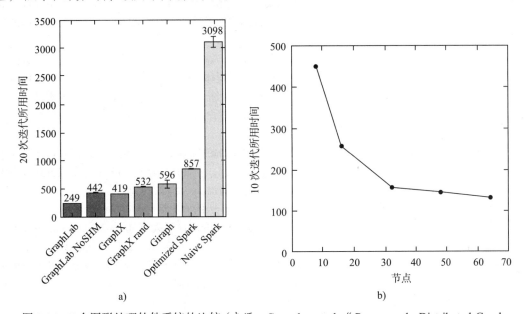

a)   b)

图 8.26　7 个图形处理软件系统的比较（来源：Gonzalez et al., " Powergraph: Distributed Graph-Parallel Computation on Natural Graphs, " 10th USENIX Symposium, OSDI'12, USENIX Association: 17–30.）

8.6　结论

本章介绍了大数据应用程序 MapReduce、Hadoop 和 Spark 编程系统的使用。我们首先回顾一下可扩展并行计算的演进。通过例子对 MapReduce 计算的原理进行了介绍。然后，对 Hadoop 库进行了介绍。我们研究了 Hadoop/MapReduce 架构，包括执行引擎、HDFS 及其资源调度器 YARN。 [452]

在这之后，我们介绍了 Spark 核心架构。弹性分布式数据集（RDD）是为大型集群中的内存计算引入的。我们研究了用于 SQL、流媒体、机器学习和图形处理应用程序的四个 Spark 编程模块。使用 Hadoop 和 Spark 模块进行批处理、SQL、流式传输、机器学习和图形分析的应用程序涵盖了 15 个示例。有兴趣的读者可以参考 Apache Hadoop、Spark、Databricks 和 Clouderas 的网站了解更多示例。

习题

8.1 访问 Google AppEngine（GAE）网站并下载其 SDK，阅读 Python 或 Java 指南以开始使用，在 Google 引擎的基础上完成相关任务，请注意，GAE 接受 Python、Ruby 和 Java 编程语言，且该平台不提供 IaaS 服务。

(a) 在 GAE 平台上使用可用的软件服务（如 Gmail、Google Docs 或 CRM）开发特定的云端应用程序。在 GAE 平台上测试你的应用程序。

453
(b) 报告你的应用开发经验和实验结果，包括工作排队时间、执行时间、资源利用率或某些 QoS 属性，如目标成就、成功率、容错度和成本效益等选定的性能指标。

(c) 更改问题大小或数据集大小和平台配置，以研究 GAE 实验中的可扩展性和效率问题。

8.2 讨论使用以下三个软件包来构建弹性云平台的优势和缺点：Eucalyptus，vSphere/v，OpenStack。尝试在虚拟机或容器创建、容器编排、虚拟集群、应用程序灵活性、安全性和可用性以及成本效益方面进行比较。从公共文献中挖掘技巧，并根据你的评估证据写一篇关于云软件最新技术的调查报告。

8.3 编写一个在 AWS 云平台上运行的应用程序代码，用于备份存储大量的私人、家庭或公司数据和记录，如照片、视频、音乐、销售收据、文档、新闻媒体、库存、市场记录、财务事项、供应链信息、人力资源、公共数据集等。请注意，这里需要严格的隐私保护。而降低存储成本是另一个目标。访问路径、软件开发工具和 AWS 服务在第 4 章中已经介绍了。你应该充分利用自己的代码开发经验，并使用 GAE 平台报告结果。

8.4 在此问题中，你将学习如何在本地计算机中安装 Apache Hadoop，并设置伪并行模式。你将在本地计算机中以伪并行模式测试示例 wordcount java 代码，并使用 AWS EMR 全分布式方式。报告你学到了什么，并拍摄快照显示其能成功运行。报告输出。

安装 Apache Hadoop 并在本地计算机中使用 wordcount 示例的步骤：

1. 在 http://apache.claz.org/hadoop/common/hadoop-3.0.0-alpha1/ 下载 Hadoop-3.0.0-alpha1.tar.gz。

2. 按照这里的说明测试独立和伪并行模式：http://hadoop.apache.org/docs/r3.0.0-alpha1/hadoop-project-dist/hadoop-common/SingleCluster.html（注意：这里只支持 Unix OS 系统设置，如果你使用的是 Windows 系统，请使用 VMware 安装 Ubuntu 虚拟机，这里有一个由 Bill Cheng 教授撰写的说明，请参阅链接 http://merlot.usc.edu/cs402-f16/prepare-kernel/）。

3. 设置时可能会遇到的一些问题。对于 Mac 用户，你需要允许 ssh，通过转到系统首选项→共享，允许所有用户使用 ssh。

454
4. 你需要能够以独立和伪并行的方式运行样例 hadoop-mapreduce-examples-3.0.0-alpha1.jar。不要停止 NameNode 和 DataNode 守护进程。

5. 现在你已经完成了伪并行模式的设置，请访问 https://hadoop.apache.org/docs/stable/hadoop-mapreduce-client/hadoop-mapreduce-client-core/MapReduceTutorial.html。你将使用 wordcount v2.0 代码在此伪并行模式下进行测试。在这里，你需要设置环境变量：

```
export PATH = $ {JAVA_HOME} / bin: $ {PATH}
HADOOP_CLASSPATH = $ {JAVA_HOME} /lib/tools.jar
```

6. 编写 WordCount2.java 代码并创建一个 jar：

```
bin / hadoop com.sun.tools.javac.Main WordCount2.java
jar cf wc.jar WordCount * .class
```

7. 创建 HDFS 输入目录并将输入文件放在目录中：

```
bin / hdfs dfs -mkdir wodcount / input
bin / hdfs dfs -put etc / hadoop / *.xml wordcount / input
```

8. 运行程序:

```
bin / hadoop jar wc.jar WordCount2 / user / <your_user name> / wordcount / input
/ user / <your_username> / wordcount / output
```

检查输出:

```
bin / hadoop fs -cat / user / <your_username> / wordcount / output / *
```

在 AWS 中运行的步骤:

1. 转到 AWS 控制台,选择 S3,创建存储桶,上传 JAR,输入文件。

2. 转到 AWS 控制台,选择 EMR(Elastic MapReduce)服务。

3. 以 launch 模式创建自己的集群,选择 setp 执行,这将在完成作业后终止集群。在添加步骤中,你可以选择 JAR 程序,并在 S3 中选择你的输入文件夹和 JAR 程序。

4. 启动集群来运行它。

8.5 此问题要求你将移动照片上传到 Amazon S3。浏览 AWS 上的一些 SDK 工具,使用 iOS 手机或任何 Android 手机将照片存储在 Amazon S3 云端,并通过使用 sns 服务通知 AWS 用户。报告存储 / 通知服务功能,测试结果和应用体验。检查网站的 Android SDK 工具。来源:http://aws.amazon.com/sdkforandroid/。你可以通过检查 / sdk-for-ios / and / sdk-for-android / 找到 iOS 和 Android SDK 工具,类似地,按照以下三个步骤进行实验。455

1. 从源 URL 下载适用于 Android(或 iOS)的 Amazon AWS SDK。

2. 检查 aws-android-sdk-1.6 / samples / S3_Uploader 中给出的示例代码,创建一个简单的应用程序,用户可以从手机上传图像到用户账户中的 S3 桶。

3. 任何可以访问用户共享的 URL 的人都可以查看这些图像。

你需要执行以下操作,并以快照方式报告结果,或利用你在使用 Android 手机时显示的任何性能指标。同样,对于那些使用苹果 iOS 手机的学习者来说,进行以下操作。

1. 尝试使用为用户提供的访问密钥和安全密钥凭据将选择的数据(图像)上传到 AWS S3 存储区。这将使你成为 AWS 客户端。

2. 检查 S3 桶是否存在相同的名称,创建存储桶并将图像放在 S3 桶中。

3. 在浏览器中显示按钮,并在浏览器中显示图像。

4. 确保将图像视为 Web 浏览器中的图像文件。

5. 为桶中的图像创建一个 URL,以便其他人共享和查看。

6. 评论超出本实验的扩展应用程序。

8.6 现在,在 AWS 平台上设计并请求一个 EC2 配置,用于并行乘以两个大于 50 000 的超大矩阵。

(a) 报告你的实验结果,包括执行时间、速度性能、VM 实例启动、计算单元和存储利用率以及经验的服务费用等。

(b) 你还可以研究相关问题,如可扩展性、吞吐量、效率、资源利用率、容错能力和成本效益。

8.7 选择数据密集型应用程序,如大规模搜索或业务处理应用程序。在三个云平台之一实施应用:AWS、GAE 或 Azure。主要目标是最小化应用程序的执行时间。次要目标是最小化用户服务成本。评估你的计算和存储成本、设计经验、实验结果,并解释获得的性能结果和 QoS 结果。

8.8 按照以下 6 个步骤进行 launch 并连接到 EC2 实例。运行在安装的 EC2 实例上从 AWS 站点检索的示例程序。报告和讨论结果。

步骤 1:启动实例,http://docs.aws.amazon.com/AWSEC2/latest/UserGuide/ec2-launch-instance_linux.html。456

步骤 2:连接到 EC2 实例。建立连接有三种方式:

● 使用浏览器进行连接。http://docs .aws .amazon .com /AWSEC2 /latest /UserGuide /ec2 -connect -to -instance -linux .html# using -browser。

- 从 Windows Putty 连接。http://docs.aws.amazon.com/AWSEC2/latest/UserGuide/putty.html。
- 使用 SSH 客户端从 Mac 或 Linux 连接。http://docs.aws.amazon.com/AWSEC2/latest/UserGuide/AccessingInstancesLinux.html。

步骤 3：将卷添加到 EC2 实例：http://docs.aws.amazon.com/AWSEC2/latest/UserGuide/ebs-creating-volume.html，http://docs.aws.amazon.com/AWSEC2/latest/UserGuide/ebs-attaching-volume.html。

步骤 4：使用 EC2 实例元数据工具来检索由许多命令组成的简单的 bash 脚本，以显示实例配置文件和执行统计信息。只需按照以下链接检索的步骤：http://aws.amazon.com/code/Amazon-EC2/1825。

步骤 5：从上述链接执行从 21 个命令（阴影区域）列表中选择的 3 个命令。报告执行这 3 个命令的结果。为了满足你的好奇心，你可以执行更多甚至所有命令。但只有 3 个更正的将被记入账户。

步骤 6：使用后关闭你的 EC2 实例。如果忽略此步骤，你将不断被收取费用。http://docs.aws.amazon.com/AWSEC2/latest/UserGuide/ec2-clean-up-your-instance.html。

```
$ ec2-metadata --help
Usage: ec2-metadata
```

选项：

all- 显示此主机的所有元数据信息（也是默认值）。

-a / - ami-id 用于启动此实例的 AMI ID。

-l / - ami-launch-index 此实例在预留中的索引（按 AMI）。

-m / - ami-manifest-path 启动实例的 AMI 的清除路径。

-n / - ancestor-ami-id 重新绑定以创建此 AMI 的任何实例的 AMI ID。

-z / - availability-zone 实例启动的可用性区域。与放置一样。

-b / - block-device-mapping 定义暴露虚拟设备时要使用的本机设备名称。

-i / - instance-id 此实例的 ID。

[457] -t / - instance-type 要启动的实例的类型。有关详细信息，请参阅实例类型。

-h / - local-hostname 实例的本地主机名。

-o / - local-ipv4 公共 IP 地址，如果使用直接寻址启动；私有 IP 地址，如果使用公共寻址启动。

-k / - kernel-id 使用此实例启动的内核的 ID（如果适用）。

-c / - 与此实例相关联的产品代码。

-p / - public-hostname 实例的公共主机名。

-v / - public-ipv4 NATted 公共 IP 地址。

-u / - public-keys 公钥。仅在实例启动时提供。

-r / - ramdisk-id 使用此实例启动的 RAM 磁盘的 ID（如果适用）。

-e / - reservation-id 预约的 ID。

-s / - security-groups 启动实例的安全组的名称。仅在实例启动时提供才可使用。

-d / - user-data 用户提供的数据。仅在实例启动时提供才可使用。

8.9 TwisterK-means 迭代地扩展 MapReduce 编程模型。许多数据分析技术需要迭代计算。例如，MapReduce 计算的多次迭代对于整体计算必需时，可应用 k 均值聚类。Twister 是一个增强的 MapReduce 运行时，可以有效地支持迭代 MapReduce 计算。在这个任务中，你将学习迭代 MapReduce 编程模型以及如何使用 Twister 实现 k 均值算法。

8.10 Spark 也可用于计算密集型任务。该代码通过"掷飞镖"在一个圆圈上估计 π。选择单位平方（（0，0）至（1，1））中的随机点，并查看有多少落在单位圆中。分数应该是 $\pi/4$，所以用这个来估计。下面给出了一个用于此目的的示例代码。你可以在 Hadoop 或 Spark 平台中运行此代码，演示结果并评估其执行时间。

```
def sample(p):
x, y=random(), random()
return 1 ifx*x+y*y<1, else0
count=sc.parallelize(xrange(0, NUM_SAMPLES)).map(sample)\.reduce(lambdaa, b: a+b)
print "Pi is roughly %f"%(4.0*count/NUM_SAMPLES
```

8.11 此问题需要你在 Amazon Elastic MapReduce（EMR）集群上运行 Spark 示例程序。首先，你需要熟悉 AWS Spark 库。访问以下网站，了解如何创建、配置、访问 Spark shell、编写 Spark 应用程序以及提交 Spark 步骤。http://docs.aws.amazon.com/ElasticMapReduce/latest/DeveloperGuide/emr-spark.html；http://docs.aws.amazon.com/ElasticMapReduce/latest/DeveloperGuide/emr-spark-launch.html；http://docs.aws.amazon.com/ElasticMapReduce/latest/DeveloperGuide/emr-spark-configure.html；http://docs.aws.amazon.com/ElasticMapReduce/latest/DeveloperGuide/emr-spark-shell.html；http://docs.aws.amazon.com/ElasticMapReduce/latest/DeveloperGuide/emr-spark-application.html；http://docs.aws.amazon.com/ElasticMapReduce/latest/DeveloperGuide/emr-spark-submit-step.html。 | 458 |

然后，运行以下 Spark 示例代码。通过显示屏幕快照报告观察到的结果。要测试安装的 Spark 基础设施，你需要对 Wikistat 公共数据集进行排序。完整的数据集可在网站上查询：http://aws.amazon.com/datasets/4182。Wikistat 中的数据格式为：

- 每个日志文件以收集的日期和时间命名：pagecounts-20090430-230000.gz。
- 日志文件中的每行都有四个字段：项目代码，pagename，浏览量，字节数。

以下给出了保存在 Wikistat 中的数据类型示例：

```
en Barack_Obama 997 123091092
en Barack_Obama%27s_first_100_days 8 850127
en Barack_Obama,_Jr 1 144103
en Barack_Obama,_Sr. 37 938821
en Barack_Obama_%22HOPE%22_poster 4 81005
en Barack_Obama_%22Hope%22_poster 5 102081
```

下面给出执行实验的步骤：

1. 创建 EMR 集群。使用以下设置：
   （1）选择所有软件应用程序：Hadoop 2.6.0, Hive 1.0.0, Mahout 0.10.0, Pig 0.14.0, Spark 1.4.1。
   （2）选择实例类型 m3.xlarge, 实例数为 3（master 为 1, cores 为 2）。
   （3）选择你自己的 keyEC2key 对，这将用于 SSH。
2. 从 SSH 到你的主节点。集群启动成功后，你将了解如何将 SSH 连接到主节点。
3. 成功将 SSH 连接到主节点后，键入命令 spark-shell line scala->。
4. 复制并粘贴以下命令。第一行告诉 Spark 要处理哪个文件。在第二行，将每个数据行分成多个字段，取第一个和第二个字段（页面标题和浏览量），并根据密钥（pagetitle）执行 groupBy。第三行将数据缓存在内存中，以防我们需要重新运行此任务。最后一行对列表进行排序并提供结果。 | 459 |

```
val file = sc.textFile("s3: //support.elasticmapreduce/bigdatademo/sample/wiki")
val reducedList = file.map(l => l.split(" ")).map(l => (l(1), l(2).toInt)).
   reduceByKey(_+_, 3)
reducedList.cache
val sortedList = reducedList.map(x => (x._2, x._1)).sortByKey(false).take(50)
```

完成任务后，Spark 应该返回类似于下面的结果：

```
INFO spark.SparkContext:Job finished: take at :16, took 8.015384737 s
sortedList: Array[(Int, String)] = Array((328476, Special: Search), (217924, Main_
    Page),
(73900, Special: Random), (65047, 404_error/),
(55814, %E3%83%A1%E3%82%A4%E3%83%B3%E3%83%9A%E3%83%BC%E3%82%B8), )21521,
    Special:Export/Where_Is_My_Mind), ...
```

8.12 在商业、服务业或大型企业的 AWS 平台上研究一些报告的 EC2 或 S3 应用程序。书中有很多例子或成功案例。例如，Vertica 系统在 DBMS（数据库管理系统）应用程序中应用 EC2。Eli Lilly 利用 EC2 开展药物开发。Animoto 提供在线服务，以促进个人视频制作。请联系其中一些服务公司，以获得技术实施和服务细节。提交有关改进所选计算和存储服务应用程序的建议的研究报告。

8.13 使用 Aneka 支持的 MapReduce 编程模型，开发一个用于使用数码相机拍摄的数百张照片的图像过滤程序。通过在 Aneka 的企业云上改变分辨率、文件大小或计算节点的数量来进行可扩展性实验并报告结果。

8.14 执行 Hadoop 做两个 1024×1024 矩阵 A 和 B 的乘法。在扩展实验中使用 1、2 或 3 m3.xlarge EC2 机器实例。根据 Amazon EMR 配置，默认情况下，每个 m3.xlarge 实例由 AWS 实现，具有 6 个映射器和 2 个 reducer。有关详细信息，请参阅 http://docs.aws.com/ElasticMaReduce/latest/DevelopmentGuide/TaskConfiguration_h1.03.html 链接。

随意扩展 1、2 或 3 m3.xlarge 实例来演示可扩展的性能。默认情况下，这意味着我们从 EC2 横向扩展实验的 3 个阶段的 6 个 mapper 和 2 个 reducer 的小集群，扩展到 12 个 mapper 和 4 个 reducer 的中等集群，以及 18 个 mapper 和 6 个 reducer 的大集群。分析你的测量结果，根据集群大小（实例数）绘制执行时间、加速和效率曲线。

8.15 以下是从 Apache Software Foundation（ASF）授权的 Scala 代码。这是流应用程序的 Spark 示例。在 Hadoop 和 Spark 平台上的选定输入数据集上运行代码。绘制测量结果，解释其物理含义，并根据实验设置中使用的集群大小讨论执行时间的相对性能。

450

```
*/

package org.apache.spark.examples.streaming
import org.apache.log4j.{Level, Logger}
import org.apache.spark.internal.Logging
/** Utility functions for Spark Streaming examples. */
object StreamingExamples extends Logging {
/** Set reasonable logging levels for streaming if the user has not conFigured log4j. */
def setStreamingLogLevels() {
val log4jInitialized=Logger.getRootLogger.getAllAppenders.hasMoreElements
if (!log4jInitialized) {
// First log something to initialize Spark's default logging, then override the logging level.
logInfo("Setting log level to [WARN] for streaming example." +
" To override add a custom log4j.properties to the classpath.")
Logger.getRootLogger.setLevel(Level.WARN)
```

参考文献

[1] Apache. "MLlib: Apache Spark." www.spark.apache.org.

[2] Apache Foundation. "Cluster Mode Overview—Spark 1.2.0 Documentation—Cluster Manager Types."

www.apache.org, December 18, 2014.

[3] Chang, F., et al. "BigTable: A Distributed Storage System for Structured Data." Google (2006).

[4] Dean, J., and S. Ghemawat. "MapReduce: Simplified Data Processing on Large Clusters." *OSDI* (2004).

[5] EMC Education Services. *Data Science and Big Data Analytics: Discovering, Analyzing, Visualizing and Presenting Data*. Wiley, 2014.

[6] Gonzalez, J. E., Y. Low, H. Gu, D. Bickson, and C. Guestrin. "Powergraph: Distributed Graph-Parallel Computation on Natural Graphs." OSDI'12, USENIX Association: 17–30.

[7] Gonzalez, J., R. Xin, A. Dave, D. Crankshaw, M. Franklin, and I. Stoica. "GraphX: Graph Processing in a Distributed Dataflow Framework." 11th USENIX Symposium, OSDI, October 2014.

[8] "HDFS: Facebook Has the World's Largest Hadoop Cluster!" Hadoopblog.blogspot.com, May 9, 2010.

[9] Huang, A., and W. Wu. "Mining Ecommerce Graph Data with Spark at Alibaba Taobao." http://databricks.com/blog/2014/08/14/mining-graph-datawith-spark-at-alibaba-taobao.html, 2014.

[10] Hwang, K., and M. Chen. *Big Data Analytics for Cloud, IoT and Cognitive Learning*. Wiley, 2017.

[11] Isard, M., et al. "Dryad: Distributed Data-Parallel Programs from Sequential Building Blocks." *EuroSys* (2007): 59–72.

[12] Lam, C. *Hadoop in Action*. 1st ed. Manning Publications, 2010.

[13] Leskovec, J., et al. "Community Structure in Large Networks: Natural Cluster Sizes and the Absence of Large Well-Defined Clusters." *Internet Mathematics* 6 no. 1 (2008): 29–123.

[14] Low, Y., et al. "Distributed GraphLab: A Framework for Machine Learning and Data Mining in the Cloud." *PVLDB* (2012).

[15] Malewicz, G., et al. "Pregel: A System for Large-Scale Graph Processing." *SIGMOD* (2010): 135–146.

[16] Mondal, J., and A. Deshpande. "Managing Large Dynamic Graphs Efficiently." *Proceedings of the 2012 ACM SIGMOD, International Conference on Management of Data* (2012): 145–156.

[17] Page, L., et al. "The PageRank Citation Ranking: Bringing Order to the Web." *Stanford InfoLab Technical Report* 66 (1999).

[18] Russakovsky, O., J. Deng, H. Su, J. Krause, S. Satheesh, S. Ma, Z. Huang, A. Karpathy, A. Khosla, M. Bernstein, A. C. Berg, and F.-F. Li. "ImageNet Large Scale Visual Recognition Challenge." *International Journal of Computer Vision* (2015).

[19] Ryza, S., et al. *Advanced Analytics with Spark*. O'Reilly, 2015.

[20] "Spark Officially Sets a New Record in Large-Scale Sorting." http://databricks.com/blog/2014/2015spark.

[21] Stanton, I., and G. Kliot. "Streaming Graph Partitioning for Large Distributed Graphs." *Microsoft Research Technical Report MSR-TR-2011–121* (November 2011).

[22] White, T. *Hadoop: The Definitive Guide*. 1st ed. O'Reilly Media, 2009.

[23] Xin, R., J. Rosen, M. Zaharia, M. Franklin, S. Shenker, and I. Stoica. "Shark: SQL and Rich Analytics at Scale" (June 2013).

[24] Yahoo! "Hadoop and Distributed Computing at Yahoo!" April 20, 2011.

[25] Zaharia, M., M. Chowdhury, T. Das, D. Ankur, J. Ma, M. McCauley, J. Michael, S. Shenker, and I. Stoica. "Resilient Distributed Datasets: A Fault-Tolerant Abstraction for In-Memory Cluster Computing." *USENIX Symposium on Networked Systems Design and Implementation*.

[26] Zaharia, M., M. Chowdhury, M. J. Franklin, S. Shenker, and I. Stoica. "Spark: Cluster Computing with Working Sets." *USENIX Workshop on Hot Topics in Cloud Computing (HotCloud)*.

TensorFlow、Keras、DeepMind 和图分析

9.1　神经网络计算平台 TensorFlow

本节将介绍用于机器智能的 TensorFlow 的关键概念。我们首先探讨 TensorFlow 平台及其操作步骤和会话的关键组件。接着，我们将探讨 TensorFlow 的系统架构，回顾其在各种主机上的不同安装方法，并探索如何在深度学习应用中使用 TensorFlow。深度学习是人工智能方向发展最快的领域，该领域使计算机能够理解图像、声音和文本形式的大量数据。

目前，计算机能够通过使用多层神经网络理解、学习并对复杂情况做出反应，并且通常比人类做得更好。例如，一名安全警卫怎么能够记得住两万个犯罪分子的面孔呢？然而，通过深度学习提取有用的特征、进行有意义的分类并做出准确的预测，计算机或云能很容易地辨认出犯罪分子。

大量证据表明，机器智能可以在大数据领域击败人类智慧。这就产生了一种新的方式来考虑数据、技术以及我们得到的产品和服务。各行各业卓有远见的公司正在采用深度学习，通过利用机器学习算法的改进和计算硬件的进步来处理成倍增加的数据。这将帮助他们找到挖掘手中数据的价值以及开发新产品、服务及流程的新方法，并创造具有颠覆性竞争的优势。

9.1.1　TensorFlow 的关键概念

TensorFlow 是使用深度神经网络导出的数据流图进行数值计算的开源软件库。图中的节点代表数学运算，而有向边代表多维数组，称为节点之间流动的张量。使用不同的 CPI，将节点计算分布在计算机系统（包括从移动设备到台式机以及云服务器）中的一个或多个 CPU 或 GPU 上。TensorFlow 最初是由谷歌大脑（Google Brain）团队的研究人员和工程师开发的。该平台最初旨在通过在深度神经网络上进行机器学习来实现许多机器智能的功能。TensorFlow 包含一个数据可视化工具包——TensorBoard。

TensorFlow 的应用正从认知扩展到其他领域，例如医疗保健、物联网以及社交媒体应用。数据流图描述了由节点和边组成的有向无环图（Directed Acyclic Graph，DAG）的数学计算。节点通常用于实现数学运算，但也可以代表输入数据、输出结果或读 / 写持久变量的端点。边描述节点之间的输入 / 输出关系。数据边携带节点之间流动的张量作为多维数。TensorFlow 的名称来源于张量通过图流动。节点被分配给计算设备，一旦所有张量在其传入的边上变得可用，这些节点便异步并行地执行。

Google 决定将 TensorFlow 作为开源的 DL 框架，主要目的是推动机器学习成为未来创新产品和技术的关键要素。该领域的研究具有全球性且发展迅速，但缺乏标准的工具。通过与大众分享，Google 开发者希望 TensorFlow 平台成为世界上最好的机器学习工具箱之一。开源的 TensorFlow 标准有助于交流研究思路，并将机器学习纳入新产品。Google 工程师应用 TensorFlow 产生新产品和新服务，参见 9.2 节。

TensorFlow 并不是死板的神经网络库，只要用户可以将计算表示为数据流图，便可以轻松地使用 TensorFlow。用户构建图，并写入驱动计算的内部循环。TensorFlow 平台为神经网络中常见子图的组装提供了有用的工具。用户可以在 TensorFlow 之上编写自己的高级库。定义便利的运算符的新组合与编写 Python 函数一样简单。

为了实现机器算法，TensorFlow 使用单个数据流图表示所有的计算状态。图 9.1 展示了所有的单个数学运算、参数及其更新规则，以及在此过程中所需的输入预处理。数据流使子计算之间的通信变得明确，可以轻松地通过跨多个分布式设备分配计算，进而并行执行独立计算。数据流 TensorFlow 与批量数据流系统的区别在于两个方面：该模型支持在总图的重叠子图上进行多次并发执行；单个节点可能具有能在图的不同执行之间共享的可变状态。

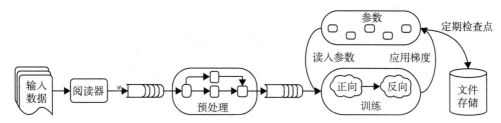

图 9.1　深度学习应用中训练工作流的 TensorFlow 数据流图（来源：M. Abadi et al., "TensorFlow: A System for Large-Scale Machine Learning," Google Brain Team White Paper, November 15, 2015.）

当训练非常大的机器学习模型时，可变状态在参数服务器架构中至关重要。TensorFlow 支持即时更新大量参数，并将这些更新传播给并行训练步骤。具有可变状态的数据流使得 TensorFlow 能在参数服务器上执行核心操作。该机制提供了额外的灵活性，因为可以在承载共享模型参数的机器上执行众多数据流子图。如图 9.1 所示，训练过程通过反馈循环重复更新参数来完成。因此，用户可以在机器学习过程中实现不同的优化算法、一致性方案和并行化策略。在图 9.1 和其他相关图中，可以找到 TensorFlow 思想和实现的主要参考。

Google 公开 TensorFlow 成为机器智能的开源软件平台时，声称有如下优势。读者可以在开源网站上找到关于使用 TensorFlow 工具的优秀教程和应用资源：https://www.tensorflow.org。

- 真正的便携性：TensorFlow 可在 CPU 或 GPU 上运行，可在台式机、服务器或手机上运行。TensorFlow 不需要特殊的硬件来实现机器学习的想法。该模型能轻松地利用云或者跨多云平台的混搭服务中的灵活放大和横向扩展的能力，能在云中作为服务运行，使用 docker 容器执行 TensorFlow 计算。

- 连接研究和生产：Google 研究人员在 TensorFlow 中对新算法进行了实验，产品团队利用 TensorFlow 为真实客户训练和提供模型。TensorFlow 允许工业研究人员更快地将想法产品化，允许学术研究人员更直接地共享代码，并且具有很好的重现性。

- 自动差异化：基于梯度的机器学习算法将受益于 TensorFlow 的自动差异化功能。TensorFlow 用户可以在预测模型中定义计算，以优化目标函数。通过添加更多数据，TensorFlow 能自动计算导数。数据流图很容易扩展到可视化学习步骤。

- 语言选项：TensorFlow 自带易用的 Python 接口和 C++ 接口，用来执行计算图。用户可以编写独立的 TensorFlow Python 或 C++ 程序，将注释、代码和可视化进行逻辑分组。可以添加新接口，以便使用其他喜欢的语言，如 Lua、JavaScript 或 R 语言。TensorFlow 在可扩展的集群上甚至在连接到数据中心和云的移动设备上都运行良好。

例 9.1 数据流图和 TensorFlow 的基本操作

图 9.2 通过四个操作序列阐明了 TensorFlow 的关键概念。如图 9.2a 所示，TensorFlow 将计算视为数据流图。张量是由源节点产生的多维数组，它们沿着确定边流向目标节点（图 9.2b）。图 9.2c 中，识别计算状态，将偏置（变量）赋给某些状态，以计算所需的梯度，梯度计算经常应用于深度神经网络（DNN）计算。学习率是 DNN 学习操作中用到的权重。图 9.2d 显示的是分布式执行单元（CPU、GPU 等）用于并行执行确定计算。TensorFlow 中流水线（时间）和空间并行性得到了充分探索。在随后的章节中，我们将使用附加示例和代码片段来阐述 TensorFlow 如何实现语言、图像和感知问题。

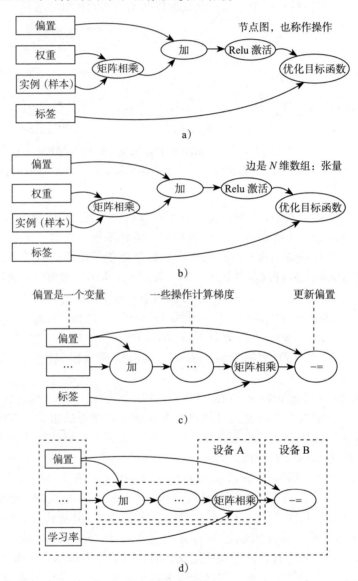

图 9.2 数据流图上，张量沿着边流动来执行流水线并行计算。分布式执行运行在多个设备（CPU、GPU 等）上（来源：Jeff Dean, "Large Scale Deep Learning on Intelligent Computer Systems," Google Brain team slide presentation, http:/tensorfl ow.org/whitepaper 2015. pdf.）

9.1.2　张量、变量、输入和提取操作

TensorFlow 的计算通过由节点和边构成的有向图来描述。该图代表数据流计算，其扩展允许一些节点保持和更新持久状态，或者扩展为分支和循环控制结构。用户通常采用 C++或 Python 构建计算图。在 TensorFlow 图中，每个节点有零个或多个输入以及零个或多个输出，表示操作的实例化。图中沿着标准边流动的值称为张量。

基本上，有向图用来表示计算，会话用来构造执行步骤，张量用来量化数组，变量用来跟踪状态，输入和提取用来分配或检索任意操作中的值。本质上，TensorFlow 是一个使用图来指定计算任务的编程系统。图中的节点称为"ops"（操作）。每个 op 将 0、1 或多个张量作为其输入，生成类似的张量作为输出。每个张量是一个多维数组，构建图时指定或推断其基础元素的类型。图中称为控制依赖的特殊边用来控制源节点和目标节点之间的正确执行时序。

466
~
467

操作和内核

每个操作都有一个名称，并且表示一种抽象计算（例如，"矩阵乘法"或"加法"）。操作可以具有属性，为了实例化节点以执行操作，必须在构建图时提供或推断所有属性。属性的一个常见用途是使操作在不同张量元素类型上具有多态性（例如，两个 float 类型向量的相加和两个 int32 类型的张量相加）。谷歌为翻译、语音、视觉和文字应用提供特殊的基于云的应用编程接口（API）。

内核是可以在特定类型的设备（例如 CPU 或 GPU）上运行操作的特定实现。TensorFlow二进制定义了通过注册机制可用操作和内核的集合。该集合可以通过连接附加操作或内核定义／注册进行扩展。表 9.1 给出了 TensorFlow 库内置的操作类型。

表 9.1　TensorFlow 内置的操作类型示例

种类	示例
逐元素数学操作	Add、Sub、Mul、Div、Exp、Log、Greater、Less、Equal
数组操作	Concat、Slice、Split、Constant、Rank、Shape、Shuffle
矩阵操作	MatMul、MatrixInverse、MatrixDeterminant
状态运算	Variable、Assign、AssignAdd
神经网络构建模块	SoftMax、Sigmoid、ReLU、Convolution2D、MaxPool
检查点操作	Save、Restore
队列和同步操作	Enquene、Dequeue、MutexAcquire、MutexRelease
控制流操作	Merge、Switch、Enter、Leave、NextIteration

张量

张量是一个类型化的多维数组的实现。支持各种张量元素类型，包括从 8 位到 64 位的有符号和无符号整数、IEEE 浮点型和 double 型、复数类型以及字符串类型（任意字节数组）。适当大小的备份存储由一个分配器管理，该分配器针对张量所在的设备。张量备份存储缓冲区是索引计数的，当没有索引存在时，该缓冲区将被释放。

会话

客户端程序通过创建会话与 TensorFlow 系统进行交互。为了创建计算图，会话接口支持扩展方法，用来采用附加节点和边扩充由会话管理的当前图。假设创建会话时初始图为空。会话接口支持的其他主要操作是运行，该操作用需要计算的一组输出名称以及输入图中的一组可选张量代替某些节点输出。通过使用参数运行，TensorFlow 可以计算所有必须执行

468

的节点的传递闭包，以便计算所请求的输出。该过程允许按照依赖关系的顺序执行合适的节点。TensorFlow 的大部分用途是使用图建立一个会话，然后通过运行调用数千或数百万次执行完整的图或几个不同的子图。

例 9.2　**TensorFlow 代码段**

下面的示例是名为 **tf** 的 TensorFlow 代码段，图 9.3 所示的计算图描述了该代码的语义。代码的执行过程展示了从输入初始化到数据流和计算结果输出的代码格式。

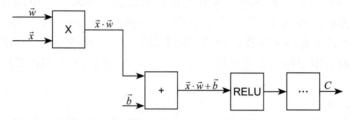

图 9.3　例 9.2 代码的计算图（来源：Wenhao Zhang, USC, 2016.）

一般而言，计算图会被执行多次。以下 Python 代码为可以传递给特殊操作的持久可变张量的句柄，如 Assign 和 AssignAdd（相当于 +=），使得参考张量的突变成为可能。

```
import tensorflow as tf
b = tf.Variable(tf.zeros([100])) // 100 维向量，初始化为 0
W = tf.Variable(tf.random_uniform([784, 100], -1, 1)) // 784×100 矩阵，w 是随机变量
x = tf.placeholder(name="x") // 占位符输入
relu = tf.nn.relu(tf.matmul(W, x) + b) // Relu(Wx+b)
C = [...] // 成本计算为 relu 函数
s = tf.Session()
for step in xrange(0, 10):
    input = ...construct 100-D input array ... // 创建 100 维向量作为输入
    result = s.run(C, feed_dict={x: input}) // 提取代价，输入 x=input
    print step, result
```

大多数张量无法在图的单次执行过程中保留下来。然而，变量是一种特殊的操作，它可以将一个句柄返回给持久的可变张量，使得该张量能在图执行过程中保留下来。对于 TensorFlow 的机器学习应用来说，参数通常存储于张量中，并且作为模型训练图运行的一部分进行更新。

9.1.3　分布式 TensorFlow 执行环境

在本节中，我们将从台式机到大规模集群或云平台来评估分布式 TensorFlow 执行环境。首先，我们必须理解 TensorFlow 社区（www.tensorflow.org）上分层定义的一些关键术语。

客户端、任务、作业和集群

TensorFlow 客户端（用户）是用于构建 TensorFlow 图和运行会话的程序。单个客户进程称为任务，与特定的 TensorFlow 服务器相对应。多个任务通常包含于用户作业中。TensorFlow 集群被定义为为共同目标而运行的相关作业的集合。因此，TensorFlow 集群包括一个或多个作业，每个作业分成一个或多个任务列表。

集群通常用于特定的高层对象中，比方说训练神经网络、并行使用很多机器等。在

TensorFlow 框架中，集群对象可以定义为 tf.train.ClusterSpec。参数服务器通常用于保存和更新变量，而名为工作机（worker）的作业通常会承载执行密集型计算任务的无状态节点。作业中的任务通常在不同的机器上运行。TensorFlow 服务器是作为 tf.train.Server 实例运行的进程，它是集群的成员，并且输出"主服务"或"工作服务"。

主从服务和设备

主服务提供对一组分布式设备的远程访问，并且实现 tensorflow::Session 接口。主服务可由任何一个 TenserFlow 服务器来完成。它负责协调一个或多个工作服务的工作，这些工作通过 worker_service.proto 实现。所有 TensorFlow 服务器（设备）都能够实现工作服务。设备是 TensorFlow 的计算核心。每个工作机负责一个或多个设备（CPU 或 GPU）。

设备名称由设备类型标识、设备在工作队列中的索引以及分布式设置中作业和任务的标识组成。例如，设备名称为"/job:localhost/device:cpu:0"或"/job:worker/task:17/device:gpu:3"。CPU 和 GPU 设备接口是可用的，并且新设备的实现由注册机制处理。每个设备对象负责管理设备内存的分配和释放，以及安排内核的执行。

分布式执行架构

TensorFlow 系统中的主要组件是客户端，它使用会话接口与主服务器、一个或多个工作进程进行通信。工作进程负责仲裁对一个或多个计算设备（如 CPU 核或 GPU 卡）的访问，并负责按照主服务器的指示在这些设备上执行图节点。Google 拥有 TensorFlow 接口的本地和分布式实现。图 9.4 为两种不同的执行模式。TPU 加速器的使用可以显著提高 TensorFlow 系统的性能。

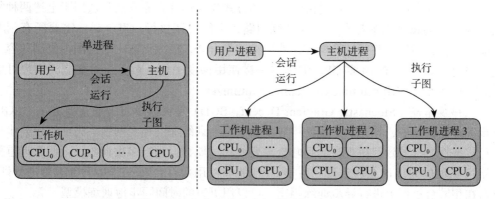

图 9.4　TensorFlow 执行环境：单机和分布式多台机器（来源：M. Abadi et al.,"TensorFlow: A System for Large-Scale Machine Learning," Google Brain Team White Paper, November 15, 2015.）

当客户机、主机和工作机都在单个操作系统进程环境中的单个机器上运行时（可能有多个设备，例如，机器安装了许多 GPU 卡），则使用本地实现。虽然分布式实现与本地实现共享大部分代码，但分布式实现对本地实现进行了扩展，以支持客户端、主机和工作机均能在不同机器上执行不同进程的环境。在分布式环境中，这些不同的任务是作业中的容器，由集群调度系统管理。用户可以使用 tf.train.Server.create_local_server() 方法启动 TensorFlow 服务器，并将其作为单进程"集群"。

创建 TensorFlow 集群

TensorFlow 集群是参与 TensorFlow 图分布式执行的一组任务。每个任务与 TensorFlow

服务器相关联，该服务器包含可用于创建会话的主机，以及在图中执行操作的工作机。集群还可以分为一个或多个作业，每个作业包含一个或多个任务。创建集群需要在集群中为每个任务启动一个 TensorFlow 服务器。每个任务通常在不同的机器上运行，但用户可以在同一台机器上运行多个任务（例如控制不同的 GPU 设备）。以下动作发生在集群中。

- 创建 tf.train.ClusterSpec 描述集群中的所有任务，该动作对于每个任务是相同的。
- 创建一个 tf.train.Server，将 tf.train.ClusterSpec 传递给构造函数，并使用作业名和任务索引识别本地任务。
- 在每个任务中创建一个 tf.train.Server 的实例。该实例包含本地设备、tf.train.ClusterSpec 中其他任务的连接以及执行分布式计算的会话目标。每个服务器是特定作业的成员，并且在该作业中拥有任务索引。所有服务器可以在集群中相互通信。

TensorFlow 的重复训练

模型训练涉及训练工作中的多个任务，该训练工作在不同的小批量数据上训练相同模型。所有任务通常在不同的机器上运行。如下面所述，可以通过图内复制或图间复制完成上述训练。

- 图内复制：客户端创建一个 tf.Graph，其中包含模型密集型计算部分的一组参数和多个副本，将所有图映射到 / job:worker 中的不同任务上。
- 图间复制：各自独立的客户端处理每个 / job:worker 任务，这通常与工作机的任务在相同的进程。每个客户端创建一个类似的图，其中包含模型的密集型计算部分的参数和一个副本，将该图映射到 / job:worker 中的本地任务上。

在上述两种方法中，可以通过两种不同的方式完成训练。异步训练适用于上述两种复制方法，因为图的每个副本都有独立的训练回路，无需协调执行。同步训练需要所有副本读取当前参数的相同值，并行计算梯度，然后将结果合并，因此该方式仅与图内复制兼容。例如，用户可以像 CIFAR-10 多 GPU 训练器一样使用梯度平均。对于图间复制，用户可以在 TensorFlow 系统中应用 tf.train.SyncReplicasOptimizer。

随机梯度下降（Stochastic Gradient Decent，SGD）是机器学习中的重要方法。SGD 对于异步训练是鲁棒的，早先的系统使用异步参数更新训练深度神经网络。先前假设异步更新更具可扩展性，这导致获得更高的吞吐量需要使用过期数据进行多次训练。人们最近重新审视了不可扩展的同步训练的假设。由于 GPU 能够使用数百台而不是几千台机器进行训练，所以与在相同台机器上进行异步训练相比，可以用更短的时间同步地训练模型。

如图 9.5 下半部分所示，异步数据并行化，每个工作机读取当前值，并将其梯度应用于不同的当前值。虚线表示应用的各自的同步信号。该方法能确保高利用率，但各个步骤均使用过期信息，使得每个步骤的效率降低。同步案例使用队列进行协调执行。阻塞队列充当障碍，以确保所有工作机读取相同的参数版本，并且第二个队列累积多个梯度，并相应地进行更新。

同步控制在应用更新之前，需要从所有工作机累积更新，但这可能会减慢工作机的工作效率，并限制总体吞吐量。为了缓解掉队，Google 的 TensorFlow 团队实现了后备工作机，这与 MapReduce 备份任务相似，MapReduce 可以应激地启动备份任务。通过检测掉队者，后备工作机主动运行，并且完成该聚合需要 n 次更新的前 m 个更新。SGD 样本随机地训练数据，因此每个工作机处理不同随机批次的数据。

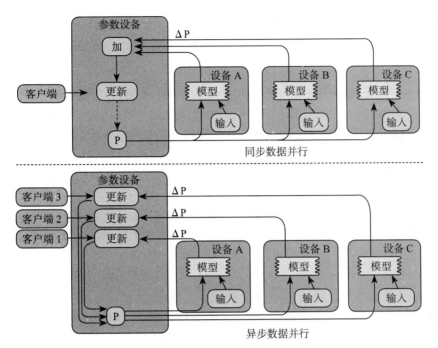

图 9.5 同步和异步数据并行化训练方法（来源：M. Abadi et al., " TensorFlow: A System for Large-Scale Machine Learning," Google Brain Team White Paper, November 15, 2015.）

9.1.4 TensorFlow 程序的执行会话

在本节中，我们使用一些 TensorFlow 代码段来说明 TensorFlow 的工作原理。Tensor-Flow 支持 C、C++ 和 Python 编程语言。目前，Python 主要针对特定的 TensorFlow 操作，提供辅助功能以简化图的构建，C 或 C++ 不支持此功能。三种语言的会话库是一致的。第一步是指定源操作（op），这不需要额外的输入（如常量）。源操作（op）的输出输入到其他操作。在 Python 中，从操作（op）生成器中返回的值输出到其他操作作为输入。

473

我们的目的是指导用户开发深度学习应用。TensorFlow 图描述了所涉及的计算过程。需要启动每个会话以将操作分配给 CPU 或 GPU 设备，并且需要指定 op 方法以返回新生成的张量。在 Python 代码中，通过以下程序指定返回的张量：

```
<a rel="nofollow" href="http : //www.numpy.org/"""=""style="box-sizing : border-box;
    background-color: transparent; color: rgb(45, 133, 202);">numpy ndarray .
```

在 C 和 C++ 中，返回的张量只是一个 tensorflow::Tensor 案例。在开发阶段，操作执行由子图来描述。在执行阶段，应用会话执行来完成指定的操作。例如，在构建阶段，计算图用来训练神经网络。然后，在执行阶段重复使用上述训练操作。TensorFlow Python 有一个默认图，通过该图 op 生成器可以添加更多的节点。以下代码段用于管理此类图。首先创建一个 constant() 常量节点操作，生成一个 1×2 的矩阵，并添加到默认图中。然后，使用 matrix1 和 matrix2 作为输入创建一个 matmul() 操作，并返回值 product 作为矩阵乘法的结果。

下述代码生成一个有三个节点的默认图：两个 constant() 操作和一个 matmul() 操作。用户需要启动会话图，此过程需要创建会话对象。如果没有其他参数，会话 API 将仅自动启动默认图。

```
import tensorflow as tf
matrix1 = tf.conatant ( [3., 3.] ] )
matrix2 = tf.conatant ( [2.], [2., ] ] )
product = tf.matmul (matrix1, matrix2 )
```

通过以下代码段完成上述过程。会话负责处理所有输入到操作节点。使用的函数是 run（product），在执行过程中该函数触发 3 个操作。返回结果是一个 Numpy "ndarray" 对象。

```
sess = tf.Session()
result = sess.run(product)
print result
sess.close()
```

要关闭会话，必须在以下代码段中释放所有资源。

```
with tf.Session(* ) as sess:
result = sess.run([product])
print result
```

TensorFlow 系统分配可用的 CPU 或 GPU 来自动执行该数据流图。如果有多个可用的 GPU，在需要的情况下用户可能需要指定特定的 GPU。

```
with tf.Session() assess:
with tf.device("/gpu: 1):
matrix1 = tf.constant([[3., 3.11)
matrix2 = tf.constant([[2.], [2.]])
product = tf.matmul(matrix1, matrix2)
```

474
～
475

通过 "/cpu:0" "/gpu:0" "gpu:1" 等来辨识设备。在交互式环境中，Python 应用会话 Session.run() 来启动图，或者使用 InteractiveSession 来替换图。用户还可以使用 Tensor.eval() 或 Operation.run() 来替换 Session.run()。以下代码段显示如何使用 run() 操作进入交互式 TensorFlow 会话来初始化 "x"，以及如何添加减法子操作输出结果。

```
import tensorflow as if
sess = tf.InteractiveSession( )
x = tf.Variable([1.0, 2.0])
a = tf.Variable([3.0, 3.0])
x.initialize.run( )
sub = tf.sub(x, a)
print sub.eval ( )
# ==> [-2. -1.]
```

静态张量和变量

张量是在数据流图中的计算节点之间流动的数据结构，是多维数组或表。每个张量由静态等级、形状和类型来表征。变量用于处理图执行中所需的动态信息。一般来说，统计参数被视为一组变量。例如，用户可以将人工神经网络（ANN）中应用的权重视为变量存储到张量中。在训练期间，需要重复使用图模型来更新权重张量。

提取与输入操作

为了获得输出结果，用户可以使用会话 run() 来调整图，输入一些张量来帮助提取结果。前面的示例只提取单个节点状态。用户还可以提取多个张量以获得多个结果。在单一操作执行中，用户可以同时提取所有结果。张量可以存储为常量或变量。TensorFlow 引入 feed（输入）机制，这使得可以通过后备张量来替换某些张量。run() 可以将输入张量用作新的输入参数。在某些条件下 feed 对模型调整是有效的。方法完成后，feed 立即消失。对于更大规模的 feed 示例，它允许用户通过使用标签 tf.placeholder() 将某些特殊操作视为 feed 操作。

9.2　用于深度学习的 TensorFlow 系统

可以说，深度神经网络在理解语音、图像、语言和视觉应用中起关键作用。预训练模型和 API 都必须具有较低的开销，并且易于在机器学习系统开发中使用。接下来，我们查阅了谷歌大脑团队为各种大数据应用开发的一些深度学习系统。其中，我们通过安卓 App、药物发现、Gmail、图像理解、地图、自然语言理解、照片、机器人研究、语音和 YouTube 等领会深度学习应用。

在 50 个 Google 内部产品开发团队中，使用深度学习的兴趣是通过包含模型描述文件的唯一项目目录的数量来衡量的。该数量从 2013 年的 150 个增加到了 2015 年的 1200 个。一般来说，认知计算应用中采用了三种方法。

- 在云或超级计算机上应用软件库进行机器学习和神经信息学研究。
- 使用表示和算法关联人工神经计算机的输入和输出。
- 设计硬件神经芯片，为机器学习和智能实现类脑计算机。

9.2.1　分层 TensorFlow 系统架构

在 Google，TensorFlow 项目历经了三个阶段的发展。这些进展彰显了 Google 研究团队的一些顶尖科学家或开拓性工程师的领导作用。

DistBelief

谷歌大脑在 2011 年建立了 DistBelief 作为第一代专有的机器学习系统。Google 的 50 多个团队和其他 Alphabet 公司已经在谷歌的商业产品中部署了 DistBelief 深度学习神经网络，包括 Google 搜索、Google 语音搜索、广告、Google 相册、Google 地图、Google 街景服务、Google 翻译和 YouTube。

Google 指派计算机科学家 Geoffrey Hinton 和 Jeffrey Dean，领导简化并重构 DistBelief 的代码库，使其成为更快、更鲁棒的应用级程序库（称为 TensorFlow）。2009 年，Hinton 领导的团队将神经网络中使用 DistBelief 的错误量至少减少了 25%，这归功于他在广义反向传播中的科学突破。

TensorFlow

TensorFlow 的名称来源于神经网络对多维数组执行张量流动操作。这些数组被称为"张量"，但与张量的数学概念不同。目的是训练神经网络以及时检测和解译模式与相关性。早期的 TensorFlow 实现在单个设备上运行。现在，TensorFlow 可以在多个 CPU 和 GPU 上运行，可以轻松地构建在大数据中心或云集群中。

TensorFlow 是一个支持 GPU 通用计算的 CUDA 编程的软件平台，在 64 位 Linux 或 Mac OS X 台式机或服务器系统上运行。它还可在移动计算平台上运行，包括 Android 和 Apple 的 iOS。TensorFlow 计算表示为状态数据流图（SDG）。Google 的许多团队已经从 DistBelief 转移到 TensorFlow 进行研究和生产应用。该算法库源自于 Google 指导计算机系统的需求，称为神经网络，以类似于人类的方式学习和推理，从而推出新应用来模拟人类的很多感知和理解功能。

张量处理单元（TPU）

2016 年 5 月，Google 公布专门为 TensorFlow 编程设计的机器学习专用 ASIC（专用集成电路）芯片。TPU 安装在他们的数据中心已有一年多时间，他们发现 TPU 在机器学习操作中能提供每瓦特一个数量级的性能增益。TPU 是一个专注于大量低精度（例如 8 位）运算的可编程设备，因此它更适用于推理而不是训练。支持开源的 TensorFlow 软件包可以在 http://github.com/google/gemmlowp 中找到。TensorFlow 的 Android 支持可用于移动执行，iOS 支持即将推出。

TensorFlow 源代码是一个可扩展的跨平台库。图 9.6 为分层系统架构。瘦 C API 将用户级语言与核心库分离。为了实现可移植性并保证性能，TensorFlow 核心库采用 C++ 实现。该系统适用于多种操作系统，包括 Linux、Mac OS X、Android 和 iOS，可在 x86 和 ARM 的 CPU 架构以及 NVIDIA 的 Kepler、Maxwell 和 Pascal 的 GPU 微架构上运行。主机通过一组任务将用户请求转换为执行。多个主机可以在不同的 CPU 和 GPU 设备上工作。

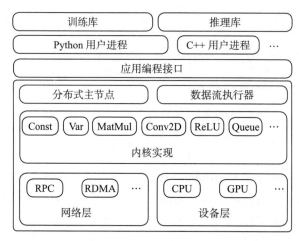

图 9.6　TensorFlow 分层架构（来源：M. Abadi et al., "TensorFlow: A System for Large-Scale Machine Learning," Google Brain Team White Paper, November 15, 2015）

给定一个图和步骤定义，主机为每个参与设备将该图分成多个子图，并缓存这些子图，以便它们可以在随后的步骤中使用。由于主机将整体计算视为一个步骤，因此它应用标准优化，如常见的子表达式消除和常量折叠。然后它协调一组任务中优化子图的执行。每个任务中的数据流执行器处理来自主机的请求，并且调度包含本地子图的内核的执行。TensorFlow 系统的分层架构如图 9.6 所示。

为了以低开销优化大规模及细粒度图的数据流的执行，每秒大约 200 万次空操作被终止。数据流执行器终止本地设备的内核，并在可能的情况下在谷歌大脑上并行运行内核。他们在 CPU 设备中使用多个内核，或者在 GPU 上使用多个流。运行时包含超过 200 个标准操作，如数学、数组操作、控制流和状态管理操作。

许多操作内核采用 Eigen::Tensor 来实现，它使用 C++ 模板为多核 CPU 和多核 GPU 生成高效的并行代码。Google 工程师自由地使用 cuDNN 这样的库来实现内核，这样更高效且专业化。并且，他们实现了对量化的支持，使得在移动设备和高吞吐量数据中心应用等环境中能实现更快的推理。此外，他们还使用一个低精度的矩阵乘法库 gemmlowp 来加速量化计算。

　　TensorFlow 系统专门为每对源设备和目标设备类型提供发送（send）和接收（receive）操作。本地 CPU 和 GPU 设备之间的传输使用 cudaMemcpyAsync() API 进行重叠计算和数据传输，两个本地 GPU 之间的传输使用 DMA 来缓解主机的压力。对于任务之间的传输，TensorFlow 支持多种协议，包括基于 TCP 的 RPC 以及基于融合以太网的 RDMA。使用协同操作的 GPU 到 GPU 的通信也在研究中。通常情况下，用户通过组合标准操作来构建更高层次的抽象，例如神经网络层、优化算法和共享嵌入式计算。

　　TensorFlow 支持多种客户端语言。它优先支持 Python 和 C++，因为这些语言是 Google 内部用户最熟悉的。随着功能的成熟，它们通常会被移植到 C++，以便用户可以从所有客户端语言访问优化的实现。如果将子计算表示为操作的组合是困难或低效的，用户可以注册以 C++ 编写的提供高效实现的额外的内核。Google 工程师已经构建了几个可以帮助用户的工具，包括用于生产中运行推断的服务基础设施和可视化仪表板，后者使用户能够跟踪训练运行的进度。

　　表 9.2 列出了各种机器学习应用的一些发展良好的 TensorFlow 模型。这里只给出了每个 ML 应用的简要描述。每个 ML 模型的详细信息可以在 TensorFlow 网站（https:// www . tensorflow.org）上找到，该网站给出了实现细节的教程。

表 9.2　机器学习应用一些可用的 TensorFlow 模型

模型名称	简要描述
Autoencoder	各种自编码器
Inception	用于计算机视觉的深度卷积网络
Nameignizer	识别并生成名字
Neural_GPU	高度并行的神经计算机
Privacy	多个教师的隐私保护学生模型
Resnet	深度广泛的残差网络
Slim	TF-Slim 中的图像分类模型
Swivel	生成单词嵌入的旋转算法
Syntaxnet	自然语言语法的神经模型
Textsum	用于文本摘要的序列到序列注意力模型
Transformer	允许空间数据操纵的空间变换网络
Im2txt	用于图像标注的图像到文本的神经网络

9.2.2　TensorFlow 在不同主机上的安装

　　在本节中，我们介绍安装、发布二进制文件或构建 TensorFlow 程序的过程。值得注意的是，Tensorflow 只能在 Ubuntu Linux 64 位主机或 Mac OS X 系统主机上安装。如果用户想在 Windows 系统上安装，需要首先从 VMware 网站 https://my.vmware.com/web/vmware/free#desktop_end_user_computing/vmware_workstation_player/12_0 下载安装 VM:Workstation Player 12。然后，用户可以在安装的 VM 中安装 Ubuntu 14.04 TensorFlow 版本（http:// releases.ubuntu.com/14.04/）。

　　用户可能需要访问 TensorFlow 网站，以便在需要时寻求帮助。开源网站是 https//www. tensorflow.org/versions/r0.10/get_started/basic_usage.html。在该网站上，用户可以了解 TensorFlow 如何工作，如何将计算表示为图，如何在会话的上下文中执行图形，如何将数据表示为张量，如何维持变量状态，以及如何使用输入和提取操作将数据送入任意操作或者从任意操作中取出。在各种主机或云上安装 TensorFlow 的 Python 选项如下。

- 仅支持 Linux CPU：Python 2（构建历史）/ Python 3.4（构建历史）/ Python 3.5（构建历史）。
- Linux GPU：Python 2（构建历史）/ Python 3.4（构建历史）/ Python 3.5（构建历史）。
- 仅支持 Mac CPU：Python 2（构建历史）/ Python 3（构建历史）。
- Mac GPU：Python 2（构建历史）/ Python 3（构建历史）。
- 安卓：（构建历史）。

建议在 VMware Workstation Player 12 中安装 Ubuntu 14.04，http://merlot.usc.edu/cs402-f16/prepare-kernel/#player，步骤如下。

1. 从 https://www.python.org/downloads/ 下载 Python 3.5，选择主机的操作系统。使用以下命令设置默认 Python 3.5：$ alias python = python3。

2. 使用以下命令安装 pip。

```
# Ubuntu/Linux 64-bit
$ sudo apt-get install python-pip python-dev
# Mac OS X
$ sudo easy_install pip
$ sudo easy_install --upgrade six
```

3. 如果要使用 CUDA，请为 CPU 选择正确的二进制。用户可以安装 GPU 版本，并按照以下命令执行安装说明。

```
# Ubuntu/Linux 64-bit, CPU only, Python 3.5
$ export
TF_BINARY_URL=https : //storage.googleapis.com/tensorflow/linux/cpu/tensorflow-
    0.10.0rc0-cp35-cp35m-linux_x86_64.whl
# Mac OS X, CPU only, Python 3.4 or 3.5:
$ export
TF_BINARY_URL=https : //storage.googleapis.com/tensorflow/mac/cpu/
tensorflow-0.10.0rc0-py3-none-any.whl
```

4. 使用以下命令安装 TensorFlow。

```
# Python 3
$ sudo pip3 install --upgrade $TF_BINARY_URL
```

5. 使用以下命令行测试 TensorFlow。

```
$ python
...// import tensorflow as tf //
hello = tf.constant('Hello, TensorFlow!')
sess = tf.Session()
print(sess.run(hello))
Hello, TensorFlow!
a = tf.constant(10)
b = tf.constant(32)
print(sess.run(a + b))
```

访问 https://www.tensorflow.org/versions/r0.10/get_started/os_setup.html 进行其他安装。访问 https://www.tensorflow.org/versions/r0.10/get_started/basic_usage.html 了解 TensorFlow。

9.2.3　分布式资源共享的 TensorFlow 生态系统

TensorFlow 平台需要一个生态系统，可以支持以下四种软件框架中的开源框架的集成，以实现 TensorFlow 程序的分布式执行。

- 集成管理为分布式 TensorFlow 的执行提供 Docker 容器。
- 在分布式 TensorFlow 模块执行中使用 Kubernetes。
- Marathon 的 Mesos 部署，用于 TensorFlow 模块的分布式执行。
- 在 Hadoop MapReduce 和 Spark 程序中使用 InputFormat/OutFormat 提供 TFRecord 文档。

具体来说，我们使用几个可行的 TensorFlow 代码段来解释如何将 TensorFlow 程序和一些可用的开源软件框架进行集成。

例 9.3　用于分布式 TensorFlow 执行的标志

定义信号通常需要通知工作机，其他工作机在分布式 TensorFlow 执行环境中发挥的作用。以下代码为实现此目的设置了经常使用的标志，注解中给出了这些标志的含义。 `482`

```
# Flags for configuring the task
flags.DEFINE_integer("task_index". None.
          "Worker task index. should be > = 0. task_index=0 is"
          "the master worker task the performs the variable"
          "initialization.")
flags.DEFINE_string("ps_hosts". None.
          "Comma-separated list of hostname:port pairs")
flags.DEFINE_string("worker_hosts". None.
          "Comma-separated list of hostname:port pairs")
flags.DEFINE_string("job_name". None. "job name: worker or ps").
```

例 9.4　将服务器与工作机或参数服务器相链接

通常情况下，当 TensorFlow 程序打开自己的服务器时，服务器需要与其参数服务器紧密结合。这是由于许多工作机和参数服务器（PS 作业）通常共享频繁使用的代码段。以下代码段用于实现该目标。

```
# Construct the cluster and start the server
ps_spec = FLAGS.ps_hosts.split(".")
worker_spec = FLAGS.worker_hosts.split(".")

cluster = tf.train.ClusterSpec((
  "ps": ps_spec.
  "worker": worker_spec))

server = tf.train.Server(
  cluster.job_name = FLAGS.job_name, task_index= FLAGS.task_index)
if FLAGS.job_name = = "ps":
  server.joint)
```

例 9.5　用于安装 Jinja 模块的图间复制

数据流图的复制通常在 TensorFlow 编程中执行。在这种情况下，每个工作机都会独立

地构建自己的图并在图上进行操作。它们至多与一些参数服务器共享梯度。如果它们可以更
好地耦合在一起，这对降低图成本是有益的。图 9.7 描述了上述情形，其中两个客户端通过
共享参数服务器（PS）同它们的服务器及相关的工作机一起工作。

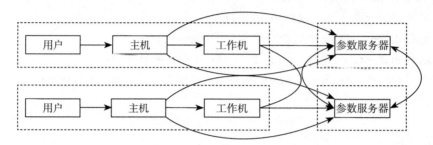

图 9.7　分布式 TensorFlow 执行的图间复制

需要以下代码设置环境来训练模型图的构造。

```
with tf.device(tf.train.replica_device_setter(
  worker_device="/job:worker/task:%d" % FLAGS.task_index,
  cluster = cluster)):
# Construct the TensorFlow graph.# Run the TensorFlow graph.
```

为了实现这样的 TensorFlow 图构造，必须按照下面的代码段安装 Jinja 模型。

```
# On Ubuntu
sudo apt-get
install python-jinja2
# On most other platforms
sudo pip install Jinja2
```

9.2.4　TensorFlow 用于手写数字识别

TensorFlow 的一个众所周知的应用是通过计算机使用机器学习方法自动识别手写（草
书）数字。在 TensorFlow 网站（https://www.tensorflow.org/versions/r0.10/tutorials/mnist/tf/
index.html）上，用户可以为 MNIST 手写数字数据集找到类似的开放式基准程序。该程序可
追溯到在 MNIST 数据集上使用简单的前馈神经网络的 TensorFlow 应用示例。TensorFlow 基
本上是一个神经网络库。该系统适用于可以用数据流图表达的任何问题。其他合适的应用包
括图像处理、语音和语言理解、照片识别和标注。

运行 Tensorflow 程序，从 MNIST 数据集中对手写数字进行分类。用户需要首先运行以
下命令找到 Tensorflow 包。

```
$ python -c 'import os; import inspect; import tensorflow;
print(os.path.dirname(inspect.getfile(tensorflow)))'
```

获取由 /usr/local/lib/python2.7/dist-packages/tensorflow 指定的 TensorFlow 包的路径。
之后，可以使用以下命令运行 convolutional.py 示例。

```
# Using 'python -m' to find the program in the python search path:
$ python -m tensorflow.models.image.mnist.convolutional.
Extractingdata/train-images-idx3-ubyte.gz,
Extracting the data/train-labels-idx1-ubyte.gz,
Extracting the data/t10k-images-idx3-ubyte.gz.,
Extracting data/t10k-labels-idx1-ubyte.gz, etc...
```

也可以将模型程序文件的路径传递给 Python 解释器（请确保使用以 # TensorFlow to 安装的 Python 发行版，例如 .../python3.X/... for Python 3）。

```
$python/usr/local/lib/python2.7/dist-packages/tensorflow/models/image/mnist/
convolutional.py
```

值得注意的是，用户需要用上面获得的 TensorFlow 包的真实路径替换 /usr/local/lib/python2.7/dist-packages/tensorflow。如果需要使用其他安装方法，请访问 https://www.tensorflow.org/versions/r0.10/get_started/os_setup.html。下面的示例说明了如何使用 TensorFlow 编程实现人工神经网络，称为 MNIST 分类器。

例 9.6 **TensorFlow 编程实现用于手写数字识别的 ANN**

考虑构造一个名为 MNIST 分类器的 4 层 ANN，构建该 ANN 需要 4 个步骤。接下来，使用与 Python 代码相近的带有注释的伪代码分别指定每个步骤的过程。

步骤 1：收集数据。从 Yann LeCun 网站（http://yann.lecun.com/index.html）上获取 MNIST 数据。TensorFlow 已包含一些 Python 代码（名为 input_data.py）。运行下载文件时将自动安装上述数据。通过 Python 代码 import input_data 导入下载的数据。Python 代码及说明如下。

```
# import tensorflow, numpy and input_data to this program
import tensorflow as tf
import numpy as np
import input_data
#load the data
mnist=input_data.read_data_sets("MNIST_data/", one_hot=True)
trX, trY, teX, teY=mnist.train.images, mnist.train.labels, mnist.test.images,
mnist.test.labels
```
485

步骤 2：构造 ANN 模型。选择 4 层神经网络构造分类器，其中包含一个输入层、2 个隐含层和 1 个输出层。下面给出了此步骤的 Python 代码。以下代码明确地定义了模型，包含 2 个隐含层和 3 个 droupout 层。droupout 表示某些节点的权重在网络中不起作用，这些节点暂时作为网络结构的一部分，但保留其权重（仅暂时不更新）。tf.matmul 为乘法函数。tf.nn.relu 为激活函数。

```
//ANN 构造中的权重初始化
definit_weights(shape):
returntf.Variable(tf.random_normal(shape, stddev=0.01))
defmodel(X, w_h, w_h2, w_o, p_drop_input, p_drop_hidden):
X=tf.nn.dropout(X, p_drop_input)#dropout
h=tf.nn.relu(tf.matmul(X, w_h))
h=tf.nn.dropout(h, p_drop_hidden)#dropout
h2=tf.nn.relu(tf.matmul(h, w_h2))
h2=tf.nn.dropout(h2, p_drop_hidden)#dropout
returntf.matmul(h2, w_o)
```

以下代码定义占位符。X 不是具体值，而是一个占位符，当用户需要 TensorFlow 运行计算时输入一个数值。用户要输入任意数量的 MNIST 图像，每个图像被平铺成一个 784 维的向量。将该向量表示为浮点数字的 2D 张量，形状为 [None，784]（此处 None 表示任何长度）。类似地，Y 代表 10 个数字的 10 维向量。通过权重初始化，实体 w_h 是 784×625 的矩阵，w_h2 是 625×625 的矩阵，w_o 是 625×10 的矩阵。

```
X=tf.placeholder("float", [None, 784])
Y=tf.placeholder("float", [None, 10])
w_h=init_weights([784, 625])
w_h2=init_weights([625, 625])
w_o=init_weights([625, 10])
// 定义 p_keep 为 dropout 的概率
p_keep_input=tf.placeholder("float")
p_keep_hidden=tf.placeholder("float")
// 模型设置如下
py_x=model(X, w_h, w_h2, w_o, p_keep_input, p_keep_hidden)
```

步骤 3：训练模型。通过比较训练数据的输出及其标签，算法将调整网络参数。Python 代码如下。该部分定义交叉熵（cross_entropy）为损失函数。然后，TensorFlow 采用 RMSPropOptimizer 算法最小化交叉熵。

Argmax 是一个非常有用的函数，它将张量中沿某个轴的最高条目的索引返回给用户。例如，tf.argmax（y，1）是模型中每个输入的标签，而 tf.argmax（y_，1）是正确的标签。可以使用 tf.equal 来检查预测是否正确。

```
cost=tf.reduce_mean(tf.nn.softmax_cross_entropy_with_logits(py_x, Y))
train_op=tf.train.RMSPropOptimizer(0.001, 0.9).minimize(cost)
predict_op=tf.argmax(py_x, 1)
// 创建会话对象来启动图
sess=tf.Session()
init=tf.initialize_all_variables()
sess.run(init)
foriinrange(100):
forstart, endinzip(range(0, len(trX), 128), range(128, len(trX), 128)):
sess.run(train_op, feed_dict={X: trX[start: end], Y: trY[start: end], p_keep_input: 0.8,
p_keep_hidden: 0.5})
    printi, np.mean(np.argmax(teY, axis=1)==sess.run(predict_op, feed_dict=
{X: teX, Y: teY, p_keep_input: 1.0, p_keep_hidden: 1.0}
    endfor
    endfor
```

步骤 4：测试网络。该算法比较测试数据的输出及其相应的标签，并计算准确率。训练数据用于训练模型参数，但测试数据不用于训练参数。因此，可以使用测试数据来获得训练模型的准确率。如图 9.8 所示，每次训练后的准确率变高，经多次训练，准确度达到 0.9851。

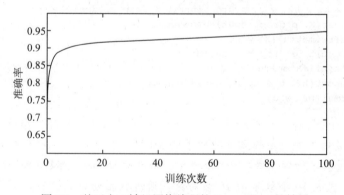

图 9.8 基于人工神经网络编程的 TensorFlow 的结果

9.2.5　TensorFlow 用于认知服务

给定一个计算图，TensorFlow 实现的主要职责之一是将计算映射到一组可用的设备上。此处介绍该算法的简化版本。部署算法的一个输入是成本模型，该模型包含尺寸的估计（以字节为单位）。

单机和分布式系统结构为每个图节点输入和输出张量，以及呈现输入张量时每个节点所需计算时间的估计。图的分布式执行与多设备执行非常相似。设备部署后，每个设备都创建一个子图。

谷歌开发机器学习的 TensorFlow 步骤

TensorFlow 提供一个 Python API，以及一个较少记录的 C/C++ API。在广泛应用中，TensorFlow 成功应用于自动图像标注软件（例如 DeepDream）。Google 于 2015 年 10 月 26 日正式实施 RankBrain。该包由 TensorFlow 完全支持，用来处理大量的搜索查询，替换静态算法以获得更快更准确的搜索结果。机器学习中的具体需求如下：

- 轻松地将机器学习思想或算法表示为数据流图。
- 使可扩展的 ML 系统开发能够处理越来越多的数据集。
- 可以在具有高可移植性的多云平台上运行实验。
- 易于共享和重现搜索、分类和预测结果。

Google 的 50 个内部团队将 TensorFlow 应用于开发新的服务产品。

488

机器学习系统的数据流图

机器学习或深度学习系统中的计算通常被描述为数据流图。以下示例来自 Jeff Dean 的幻灯片演示（http://tensorflow.org/white paper2015.pdf）。我们使用图 9.2 中的序列图来说明 TensorFlow 操作中的四个主要步骤。TensorFlow 将计算视为数据流图，其中张量（多维数组）沿确定边流动，以实现各种执行状态下的连续计算步骤。分布式执行可以在多个设备（进程、机器或 GPU 等）上实现。

Google 推荐了四种机器学习开发的方法：（1）使用基于云的 API（视觉、语音等），（2）运行训练好的模型，（3）使用现有的模型结构微调（fine-tuning）用户的数据集，（4）为新问题开发自己的机器学习模型。Google Brain 团队开发了 TensorFlow，重点是处理需要大量计算的大型数据集。TensorFlow 是用于各种感知和语言理解任务的机器学习开源软件库。它是第二代 API，目前 50 个 Google 团队使用该 API，负责语音识别、Gmail、Google 照片和搜索的众多 Google 产品。这些团队以前使用过第一代 API DistBelief。TensorFlow 最初由 Google Brain 团队开发，用于 Google 的研究和生产。该软件包于 2015 年根据 Apache 2.0 开源许可证发布。

声学语音信号作为输入信号输入到系统中。通过从深层循环神经网络（DRNN）系统的反复学习，自动生成文本输出一个问题："外面有多冷？"苹果的 Siri 系统也已经建立了这样的会话功能。深度卷积神经网络（DCNN）也被证实对实现此目标非常有用。此外，对象识别和检测同等重要，这是模式识别和图像处理传统领域的一部分。更深的卷积和可扩展的对象检测为解决现代云问题提供了可行方法。

机器翻译可以通过神经网络序列到序列的学习来实现。Google 已经实现了神经机器翻译，以十亿字的基准管理语言建模，该方法用于衡量统计语言建模的进展。另一个激动人心的领域是自动解析语法作为外语。ANN 的整体目标是从数据中学习一个复杂的函数。在过

489 去 30 年，ANN 已经成为一个热点研究领域。

例 9.7 Google 的 ImageNet 用于图像理解

ANN 模型尤其是深度卷积神经网络正在经历轮回。它们提供了简单、可训练的数学函数的集合，与机器学习的许多变体兼容。图 9.9 显示了使用 DCNN 从数百万张有上千个类别的图像中识别"猫"或"海洋"的思想。图像标注在 Google 搜索中有很大的需求。

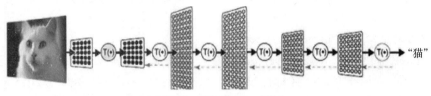

a）识别一只猫（不是一只狗）

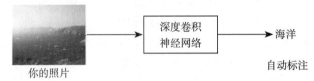

b）区分海景与许多其他风景

图 9.9 使用深度卷积神经网络在属于不同类或相似类的数百万张照片中识别特定图像。（来源：Jeff Dean, Google Brain Team, 2016）

搜索没有标签的个人照片等同于在 1 000 个不同类别中识别一个图像的任务。Google 使用 ImageNet 实施此项工作。使用 GoogLeNet 的另一个项目在开创性领域也强调了更深的卷积方法。神经网络在图像识别方面取得了飞速发展。ImageNet 项目挑战了许多分类任务。使用 GoogLeNet 的 Inception 团队在 2014 年将错误率降低到 6.66%。

接下来，我们介绍 Google 的大查询（big query）概念。然后使用 TensorFlow 为图像识别系统构建计算图。首先，我们通过一个示例开发来跟踪工作流程。

使用 TensorFlow 工具构建计算图

TensorFlow 是一个可轻松编程的开源软件库，用户可以使用 TensorFlow 将计算表示为数据流图。图中的节点称为操作（op），流经图的数据表示为张量，其类型为多维数组。执行图中的操作需要创建一个会话。在图执行期间，使用变量来维持状态，并且可以通过使用 490 TensorFlow 中的提取或输入机制直接从图的任何操作中提取或输入张量。

TensorFlow 程序的第一步是使用操作（op）构建图。操作采用零个或多个张量执行某些计算，并产生零个或多个张量。在图中执行操作需要会话来启动该图，这是 TensorFlow 程序的第二步。会话将图的操作部署到诸如 CPU 或 GPU 之类的设备上，提供执行这些操作的方法并返回它们生成的张量。

图 9.10 描述了 TensorFlow 的计算图。首先，使用 Reshape 操作来转换输入，使其可用于 TensorFlow 的训练，然后分别对 W_1 和 b_1 进行 MatMul 和 BiasAdd 操作。使用交叉熵计算估算的输出和原始标签之间的损失，通过梯度下降找到最小损失来更新 W 和 b。所有这些操作都是一种计算单元。设置这些单元，并确认它们的组成方式，就像逐个把门组合在一起。使用会话执行图的方式与给门电路通电相同，只是数据被送入操作单元后形成数据流。

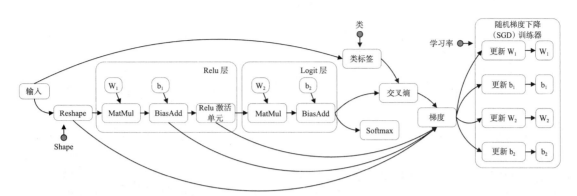

图 9.10　将图像识别模型表示为 TensorFlow 图（来源：Jeff Dean, Google Brain Team）

然后，我们继续添加更多的节点来将文件数据解码为图像，将整数转换为浮点值，调整其大小，最终对像素值执行减法和除法运算。

TensorFlow 用于图像识别

使用 GoogleNet Inception-v3（http://arxiv.org/pdf/1512.00567v3.pdf）来训练 ImageNet（http://www.image-net.org/）。整个图像集有 1000 个类别。该示例中，我们将使用预训练的 Inception-v3 作为模型，并将数据集中的一个图像作为测试用例来描述使用 TensorFlow 进行图像分类的过程。将 800×608 的 RGB 图像作为输入用于识别，采用 C++ 构建 TensorFlow 图的过程如下。

491

1. 创建 GraphDefBuilder 的对象 b，用于指定模型来运行或加载数据，代码段如下。

```
Status ReadTensorFromImageFile(string file_name, const int input_height,
const int input_width, const float input_mean, const float input_std),
td::vector<Tensor>* out_tensors)
tensorflow::GraphDefBuilder b;
```

2. 为需要运行的模型创建节点，这些节点加载、调整大小并缩放像素值，使原始图像符合模型的输入条件。创建的第一个节点只是一个常量操作（Const op），用于保存要加载的图像的文件名的张量。

```
string input_name = "file_reader";
string output_name = "normalized";
tensorflow::Node* file_reader =tensorflow::ops::ReadFile(tensorflow::ops
Const(file_name, b.opts()),b.opts().WithName(input_name));
const int wanted_channels = 3;
tensorflow::Node* image_reader;
if (tensorflow::StringPiece(file_name).ends_with(".png")) {
image_reader = tensorflow::ops::DecodePng( file_reader,
b.opts().WithAttr("channels",wanted_channels).WithName("png_reader"));}
else{ image_reader = tensorflow::ops::DecodeJpeg( file_reader,
b.opts().WithAttr("channels", wanted_channels).WithName("jpeg_reader"));}
tensorflow::Node* float_caster = tensorflow::ops::Cast(
image_reader, tensorflow::DT_FLOAT, b.opts().WithName("float_caster"));
tensorflow::Node* dims_expander = tensorflow::ops::ExpandDims(
float_caster, tensorflow::ops::Const(0, b.opts()), b.opts());
tensorflow::Node* resized = tensorflow::ops::ResizeBilinear(
dims_expander, tensorflow::ops::Const({input_height, input_width},
b.opts().WithName("size")), b.opts());
tensorflow::ops::Div(
```

```
tensorflow::ops::Sub(
resized, tensorflow::ops::Const({input_mean}, b.opts()), b.opts()),
tensorflow::ops::Const({input_std}, b.opts()),
b.opts().WithName(output_name));
```

3. 最后，关于模型定义的所有信息存储在 b 变量中，使用 ToGraphDef 函数将其转换为全图定义：tensorflow::GraphDef graph。

4. 创建一个会话对象，它是运行图的接口，运行该会话。同时，我们需要指定想从哪个节点获取输出，以及将该输出数据放在哪里。

该示例中，我们得到张量对象的一个向量，它只是一个输入图像，即高 608 像素、宽 800 像素的多维数组的张量（3 通道图像）。下载用于模型定义的 GraphDef 文件，然后编译、加载和运行 C ++ 代码，最终得到预测分类。

```
wget
https://storage.googleapis.com/download.tensorflow.org/models/inception_dec_2015
    .zip —O
tensorflow/examples/label_image/data/inception_dec_2015.zip
unzip tensorflow/examples/label_image/data/inception_dec_2015.zip -d
tensorflow/examples/label_image/data/
bazel build tensorflow/examples/label_image/ . . .
bazel-bin/tensorflow/examples/label_image/label_image
```

结果是大菜粉蝶（644）：0.908836，分别代表所有类别中最佳得分的索引和相应得分（图 9.11）。从结果可以看出，该模型正确识别了图片中的大菜粉蝶，得分高达 0.90。上面的例子展示了 TensorFlow 如何使用预训练模型进行图像识别。另一个有趣的领域是将视觉与翻译结合起来，或将视觉与机器人智能相结合。这对于正在 Google、百度及其他研究中心积极推行的自主驾驶项目至关重要。例如，我们希望机器人通过汽车上的深度学习系统来学习手眼协调。在美国和中国正在进行的几个项目已经有了一些进展。

图 9.11   Google 用于 TensorFlow 图像识别系统测试的样本图像

9.3   Google DeepMind 及其他 AI 计划

在本节中，我们将学习目前在 Google AI 计划中使用的 DeepMind 技术。强化深度学习（RDL）方案随其在 AlphaGo 和 Google 云上的其他计划中的应用而提出。2010 年，英国人工智能公司启动了 DeepMind 技术，该公司获得了英国剑桥计算机实验室颁发的"年度最佳公司"奖。随后，DeepMind 于 2014 年被 Google 收购。

9.3.1   强化深度学习算法

如 9.1.2 节所述，强化深度学习过程主要表现为学习代理与其工作环境之间的互动。强化学习提供了一种解决顺序决策问题的算法。软件代理在工作环境中采取一系列行动后，将累积奖励最大化。代理事先不知道任何规则，它会观察当前的环境状况，并采取一些行动来改善深度学习过程。奖励是通过调整其行动策略提供给代理的反馈。经过多次调整，强化算法获得了最佳动作知识，从而为决策环境中的特定情况获得最佳结果。

图 9.12 展示了学习过程中代理及其环境的互动。在每个时间 t，代理接收状态 s_t，执行动作 a_t。然后，代理收到观察 o_t，以及与该动作相关联的奖励 r_t。环境通常被设定为马尔科夫决策过程（MDP），以允许代理与之进行互动。收到一个动作后，环境会发出一个状态和一个标量奖励。强化学习的目标是在连续步骤上尽可能多地累积奖励。一系列观察、行动和奖励 $\{o_1, r_1, a_1, \cdots, a_{t-1}, o_t, r_t\}$ 形成一种经验，状态是经验的函数，即

$$s_t = f(o_1, r_1, a_1, \cdots, a_{t-1}, o_t, r_t) \tag{9.1}$$

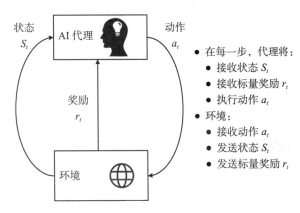

图 9.12 深度学习中代理和环境的互动

AlphaGo 的算法使用蒙特卡洛树搜索（Monte Carlo Tree Search，MCTS）根据先前通过机器学习"学到"的知识来查找其移动策略。通过大量训练，深度学习 ANN 被用于人类和电脑游戏。MCTS 由价值网络和政策网络引导，这两种引导方式均采用深度神经网络技术实现。发送给神经网络之前，有限数量的游戏专用特征检测在预处理阶段被应用于输入。

该系统的神经网络最初是由人类游戏专业知识引导出来的。AlphaGo 最初经过训练，通过尝试将记录的历史游戏的专家玩家的策略与大约 3000 万策略的数据库进行比较来模拟人类游戏。一旦达到一定的熟练程度，就让其与其他实例进行大量比赛以实现进一步的训练。

这是通过强化学习来改善游戏，目的是尽量避免浪费对手的时间。如果其胜利概率的评估低于给定阈值，该程序将被编程为放弃。在 2016 年 AlphaGo 与李世石的比赛中，放弃阈值设定为 20%。

在第 33 届国际机器学习会议（ICML 2016）上，Silver 等介绍了 DeepMind 使用强化深度学习（RDL）方法的应用细节。具体来说，价值函数、政策和模型由深度神经网络来表示。在 RDL 方法中，AI 通过强化学习和深度学习共同实现。人类任务可以通过一个具有强化学习的代理来解决，以实现深度学习机制设定的目标。代理选择行动后，政策、价值函数和模型会对其性能发挥重要作用。

- 政策是选择给定状态动作的行为函数。有两种典型的政策。一种是确定性政策，其在特定状态 s 下明确地执行动作 a，即 $a = \pi(s)$。另一种是随机政策，这意味着在状态 s 下有可能执行动作 a，即 $\pi(a|s) = P(a|s)$。
- 价值函数预测未来的奖励并评估行动或状态的功效，即 $Q\pi(s,a)$ 是状态 s 和动作 a 在政策 π 下的预期总奖励。它计算在未来状态下获得的累积奖励的预期值，即 $t+1$，

$t+2$，$t+3$，…等。然而，未来的奖励随着时间的推移会减少。折扣率 $\gamma \in [0,1]$ 用于减少未来状态的奖励。目标是获得 $Q\pi(s,a)$ 的最大值。通过最大化如下价值函数获得最优策略。

$$Q^*(s,a) = E[r_{t+1} + \gamma \max_{a_{t+1}} Q^*(s_{t+1}, a_{t+1}) \mid s, a]$$

（9.2）

式（9.2）归功于 Bellman，他采用动态规划通过多次迭代得到最优值。给定状态 s 的动作 a，获得状态 S_{t+1} 的奖励 r_{t+1}。为了达到最大的 Q 值，需要最优状态 S_{t+1}。类似地，也应该最优化状态 S_{t+2} 的 Q 值，以保证状态 S_{t+2} 的最佳 Q 值等。该迭代过程持续到最终状态。当状态和动作数量少时，可以构建状态动作表来记录最佳 Q 值。对于无限状态，需要近似函数来表示状态、动作和值之间的关系。神经网络是实现此目标的最佳选择。

深度 Q 网络（DQN）提供了三种稳定的解决方案来克服上述问题。

- 使用经验重放来破坏数据的相关性，并返回独立且同分布（IID）的设置。将所有过去的政策存储于重放内存中，并从中进行学习。
- 冻结目标 Q 网络，以避免振荡，并且破坏 Q 网络与目标之间的相关性。
- 自适应地削减奖励或将网络标准化到一个合适的范围，这需要使用鲁棒的梯度法。

9.3.2   政策网络与价值网络的互动

该项目采用卷积深度网络，用模仿人类大脑短时记忆的方式学习玩视频游戏。由于围棋（Go）的搜索空间巨大，对于人类玩家和电脑来说，它都是一个非常复杂的游戏。1997 年，IBM 的深蓝电脑在一次公开竞赛中击败了世界象棋冠军 Garry Kasparov。

从那之后，最强的 AI 程序的围棋技能只能达到业余的 5 段级别，这仍然不能在不让子的情况下打败专业的围棋玩家。例如，在四台 PC 集群上运行的软件程序 Zen 在让 5 个和 4 个棋子时击败 Masaki Takemiya（九段）两次。程序 Crazy Stone 在让 4 子的情况下击败了 Yoshio Ishida（九段）。

在 19×19 网格棋盘上，使用黑子和白子玩围棋游戏。游戏的搜索树复杂度为 b^d，其中 b 是游戏的宽度（每个状态下的非法移动次数），d 是深度（游戏结束前的移动次数）。这意味着对于计算机来说，蛮力搜索评估输赢是不可能的。直到 2016 年 3 月，计算机从未打败过人类围棋玩家。事实上，围棋比其他任何游戏都复杂得多，比方说象棋。这是由于围棋棋盘上存在大量的可能性。复杂性涉及很多步，甚至超出某些步之后职业玩家也无法通过准确评估可能的奖励而进行跟踪。

AlphaGo 研究项目大约成立于 2014 年，旨在测试使用深度学习的神经网络与专业围棋玩家对抗能够达到什么级别。与之前的围棋计划相比，该项目得到了显著改善。在多台电脑上运行的 AlphaGo 赢得了 500 场与其他围棋程序的比赛。2015 年 10 月比赛用的分布式系统使用了 1 202 个 CPU 和 176 个 GPU。2016 年 1 月，该团队在《自然》杂志上发表了一篇论文，介绍了 AlphaGo 中使用的算法。2016 年 3 月，该计算机程序在一场比赛中以 4 比 1 击败了九段围棋世界冠军李世石。AlphaGo 没有受过专门应对李世石的训练，它完全是靠机器智能在没有让子的情况下赢得了游戏。尽管 AlphaGo 在第四场比赛中输给了李世石，但是李世石最终放弃了比赛。

AlphaGo 和李世石的比赛证明，可以对计算机进行训练，以形成人类智能。除了围棋比赛，其他七种 Atari 视频游戏 Pong、Breakout、Space Invaders、Seaquest、Beam Rider、Enduro 和 Q* bert 也使用类似的计算机程序进行了测试。所有这些游戏都涉及不完美或不确定性信息的战略性思考。

DeepMind 声称他们的 AI 程序没有预先编程。每次移动限制为 2 秒。该程序仅使用原始像素作为数据输入进行经验学习。在技术上，该程序在卷积神经网络上使用深度学习。谷歌的 DeepMind 计划旨在利用机器学习和神经科学系统解决非常困难的智能问题。谷歌的 DeepMind 已经结合了深度学习和强化算法，在一些创新的 AI 应用中实现了人类级别的性能。该新算法称为深度强化学习（DRL），采用一组代理选择最佳动作。DeepMind 的 David Silver 提出了第一个 DRL 方法，称为深度 Q 网络（DQN），他也是 AlphaGo 的作者之一。DQN 结合了 CNN 和 Q 网络算法。Q 网络用于评估代理执行特定操作后的奖励。

智能程序通过足够数量的学习便能学会玩游戏。对于大多数游戏来说，DeepMind 玩的水平还达不到世界纪录水准。例如，DeepMind 程序在 3D 视频游戏（比方说 Doom）方面的应用在 2016 年仍处于开发阶段。据 DeepMind 的联合创始人 Mustafa Suleyman 介绍，DeepMind 技术将他们的应用扩展到了 DeepMind 健康计划。该计划旨在为医疗保健社区提供诊所服务。这将开辟有利于病人的智能医疗服务。接下来，我们通过将深度学习与强化学习思想相结合，介绍 DeepMind 方法。然后我们将检查 AlphaGo 和 Floppybird 游戏中使用的算法，包括其实现和学习过程。

AlphaGo 的 CNN 构造及其训练过程

如图 9.13 所示，用户在 19×19 的网格棋盘上玩围棋游戏。黑子和白子放置在棋盘上，两名玩家交替放置棋子。一旦相同颜色的棋子被对手的棋子完全包围，它们将被从棋盘上移除。获胜者最终可以控制较大的区域。围棋本质上是一个占领和控制的游戏。这个游戏每次增加一个棋子，涉及很大的搜索空间。可以根据从左边到右边的战略性网格位置上棋子的连续插入规则建立卷积神经网络（CNN）。

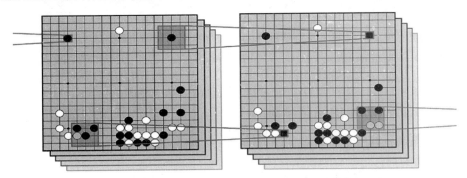

图 9.13　围棋游戏棋盘上卷积神经网络的构建

DeepMind 团队提出了一种基于强化学习的新的 Q 学习方案。图 9.14 显示了 Google 强化学习架构（称为 Gorila）的系统原理图。该系统在 Google 大型集群的服务器上实现。在 AlphaGo 和李世石的比赛中使用了分布式集群，该集群有 64 个搜索线程、1930 个 CPU 和 280 个 GPU。并行执行产生与分布式重放内存的新互动来保存迭代信息。并行学习计算重放迭代中的梯度。分布式 CNN 使用梯度更新网络。

AlphaGo 程序由 4 部分构成：政策网络、快速走子、价值网络和蒙特卡洛树搜索（MCTS）。利用局部特征的线性模型训练快速走子网络，其速度快但准确度低。而政策网络速度低但准确度高，该网络是采用基于全局特征的深度卷积神经网络实现的。价值网络评估黑色和白色棋子哪一方会赢得当前状态。MCTS 结合了以上三个部分。图 9.15 说明了使用人类专家的神经网络训练过程。学习工作流从左流向右。专家的连续位置作为输入。政策网络启动监督学习算法，通过随机梯度法使概率最大化。自我对局后，使用 RL 算法强化政策网络。然后，系统移动产生自我对局数据，输入到价值网络以评估其奖励值。重复此过程，直到满足获胜条件。

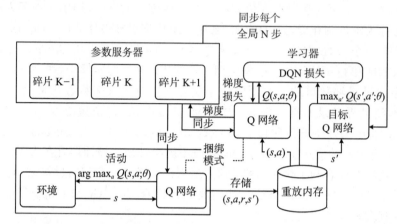

图 9.14   实施谷歌强化学习系统的 Gorila 架构（来源：David Silver，"Deep Reinforcement Learning," http://www0.cs.ucl.ac.uk/staff/d.silver /web /Resources_files /deep_ rl .pdf, May 8, 2015.）

图 9.15   人类专家的政策网络与价值网络之间的自我对局训练工作流（来源：David Silver，"Deep Reinforcement Learning," http://www0.cs.ucl.ac.uk/staff/d.silver/web/Resources_files /deep_ rl .pdf, May 8, 2015.）

9.3.3　AlphaGo 计划中的强化学习

如图 9.16 所示，我们提供了一个原理框图，以说明 AlphaGo 程序在三个学习阶段的数据流。

阶段 1：如图 9.16 左图所示，该阶段执行离线深度学习。实现一种监督深度学习方法以对抗专业玩家的棋谱。目标是并行执行两个任务：

- 通过线性模型训练进行局部特征提取，以生成快速走子用于蒙特卡洛树搜索。
- 使用 DEAL 学习模型在 48 步内运行特征图来更新政策网络，以在接下来的两个阶段和在线执行过程中使用。

阶段 2：该阶段通过强化学习将以前的政策网络更新为增强版政策网络，准备在阶段 3 中使用。自我棋谱用于对阶段 3 中步骤 $u-1$ 到步骤 u 的随机漫步进行抽样。

阶段 3：该阶段在步骤 u 中使用自我棋谱在三个并行任务中标记胜利或失败，提取有用的特征和当前棋子的颜色。

将 3 个任务的输出合并，输入到深度学习逻辑回归模型，以便与价值网络一起工作。更新的走子、政策网络和价值网络将在五个步骤的在线执行过程中使用。

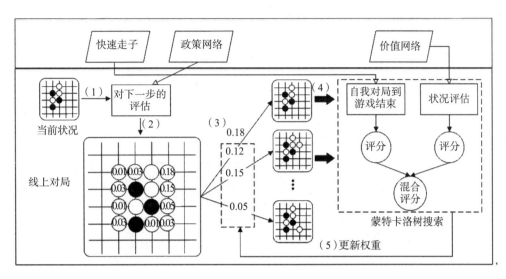

图 9.16　AlphaGo 的线上学习过程（来源：Junbo Zhang, Huazhong University of Science and Technology, China 2016.）

AlphaGo 如何击败围棋冠军李世石

图 9.16 显示了 AlphaGo 在线程序的五个执行步骤。基本上，这些步骤使用更新的政策网络，采用蒙特卡洛树搜索决定下一个棋子应放置的位置。

步骤 1：根据放置棋子的当前状态提取特征。

步骤 2：采用政策网络估算每个空位置的概率。

步骤 3：基于初始值的概率计算每个空位置移动下一步的权重。

步骤 4：检查价值网络、快速走子网络以更新得分。这里快速走子需要高速度而不是高精度。在比赛中，每次移动均重复此记分过程。在每个插入位置估计获胜率。价值网络获取每个状态的估计结果。

步骤 5：选择最大权重决定下一步移动。这些权重可以并行更新。如果访问一个位置的次数超过某值，则在蒙特卡洛树的下一层搜索下一步。

MCTS 使用价值网络和政策网络协同执行以下任务：

1. 根据当前情况选择对手下一步移动可能选择的几种策略。

2. 判断对手的策略，选择一个最有利的方法来遍历正确的子树。AlphaGo 的搜索树不会扩展所有节点，除非是沿着遍历子树的最佳路径。

3. 使用价值网络估计获胜的概率，以估计下一步移动的最佳方式。蒙特卡洛树搜索需要沿着树层预测更深的结果。这两个网络的相互支持是 AlphaGo 赢得比赛的关键。

4. 决定最佳动作后，根据最佳行动的位置，通过政策网络估计对手下一步可能的移动及相应的策略。

总之，AlphaGo 的算法结合深度学习和强化学习，通过人类玩家和机器围棋谱进行训练。强化学习方法基于价值网络和政策网络上的蒙特卡洛搜索树，这两种网络均是采用深度神经网络实现的。

500
～
501

例 9.8　**蒙特卡洛树搜索的性能结果**

MCTS 过程基本上穷尽了所有可能的移动和奖励。19×19 AlphaGo 程序建立了一个大型的前瞻性搜索树来覆盖数百万种可能性，使用 MCTS 达到图 9.17a 中列出的精度。通过使用专业围棋游戏的大型数据库，价值网络被训练用于预测专家的移动策略。图 9.17b 比较了该情况下 4 种竞争围棋程序的获胜率。

12 层 CNN 的预测准确率达到 55%，这比早期围棋程序 31% 和 39% 的预测精度有了显著提高。神经网络比传统的基于搜索的 GNU Go 程序更强大，其性能与 MoGo 相当，MoGo 每移动一步搜索 100 000 步。Pachi 减少了搜索，每移动一步搜索 10 000 步。与每步搜索 100 000 步的 Pachi 对抗，它赢得了大约 11% 的比赛。

程序	准确率
Human 6-dan	~ 52%
12-Layer ConvNet	55%
8-Layer ConvNet*	44%
Prior state-of-the-art	31~39%

程序	胜率
GNU Go	97%
MoGo（100k）	46%
Pachi（10k）	47%
Pachi（100k）	11%

a）准确率比较　　　　b）4 个围棋程序的胜率

图 9.17　不同程序的性能（来源：David Silver, "Deep Reinforcement Learning," http://www0.cs.ucl.ac.uk/staff/d.silver/web/Resources_files/deep_rl.pdf, May 8, 2015.）

9.3.4　英国 DeepMind Health 项目

2016 年，谷歌 DeepMind 团队宣布与伦敦 Moorfields 眼科医院和国家卫生服务（NHS）基金会建立 DeepMind 健康研究伙伴关系。这给 DeepMind 提供了为医疗保健行业服务的机会。NHS 基金会是世界领先的眼科医院之一，在临床护理、研究和教育方面拥有 200 年的历史。本次合作的灵感源自探索高科技和医疗行业如何共同合作解决导致视力丧失的两个特定条件的愿望：糖尿病性视网膜病变和老年性黄斑变性（AMD）。总而言之，这一举措可能惠及英国 625 000 人以及全球超过 1 亿人。

据估计，世界上 9% 的成年人口受糖尿病的影响。糖尿病也是处于工作年龄阶段的人口失明的主要原因。糖尿病患者遭受某种视力损失的可能性高出 25 倍。早期检查和治疗可以将由糖尿病导致严重视力丧失的风险降低 98%。AMD 是英国最常见的失明原因。到 2020 年，AMD 导致的失明估计将达到 2 亿例。眼科专业人员使用眼底数字扫描（眼睛后部）和称为光学相干断层扫描（OCT）的扫描来诊断和确定正确的治疗方法。这些扫描是非常复杂的，眼科医生需要很长时间才能进行分析。

DeepMind 和 NHS 联合努力尝试探索机器学习如何有效地分析上述扫描，从而为患者提供早期检查和干预，减少恶化的病例数。二者将研究 100 万匿名者的眼睛扫描及一些有关眼睛状况和疾病管理的匿名信息。这意味着患者的身份可以与扫描分开。此外，历史扫描可能用于改善未来病例。尽管联合工作仍处于初期阶段，但其长期影响是显而易见的。

DeepMind Health 计划的成立旨在将 AI 技术应用到医疗保健领域，从而可以对全世界的人们的生活产生积极影响。这将帮助有才华的临床医生获得所需的工具和支持，以继续提供世界一流的护理。前线护士、医生和其他医护人员也可以得到技术帮助。DeepMind Health 将通过提供所需的专业技术来支持临床医生，以建立和规模化帮助他们为病人提供最佳护理的技术。这些工具还可以帮助与 Hark 及 AKI（急性肾损伤）检查类似的项目。最终，联合团队的目标是让护士和医生有更多时间专注于更重要的问题。以下是开发人员确定的几个原则。

- 重视临床医师和患者的经验：该计划将用于帮助护士、医生和患者，但它对于临床专家和工作人员更有用。前线护理人员的需求和见解将驱动这些工具的发展。
- 支持国家卫生服务：目标是建立世界一流的技术，支持临床应用的直接患者护理。英国 NHS 认为，医疗保健应该是普遍可用的并且免费使用。DeepMind Health 的工作支持并加强了这一原则。
- 建立合作的技术：有效的医疗保健技术在支持临床医师和技术人员进一步创新的同时，必须与现有系统保持一致。这是 NHS 和 DeepMind Health 联合团队的基本准则。即使创新体系将在全国范围内广泛共享，他们也将保护患者数据的机密性。　503

　　开发团队确定了患者的两个核心安全问题：检查和干预。检查旨在帮助医院识别患者恶化的早期迹象，以便在适当的时间进行正确的医疗干预。

　　目前已经启动急性肾损伤（AKI）的检查工作。NHS 已经将治疗 AKI 列为临床优先事项。DeepMind Health 还收购了另一个临床应用 Hark，以帮助临床医生进行更有效的干预。

9.4　预测软件库、Keras 库、DIGITS 库和图库

　　本节专门讨论预测软件库。我们将研究支持 TensorFlow 计算的 Keras，用于神经网络学习的 DIGIT，以及用于社交媒体应用的图分析。必须设计一个健全的 TensorFlow 生态系统，以便与各种开源框架进行整合。我们评估将 GPU 和 CPU 用于深度学习应用的分布式执行环境。我们还将评估促进由服务器、工作机或参数服务器处理的许多学习任务之间的资源共享的生态系统。图分析用于揭示嵌入在社交媒体网络中的洞察力。

9.4.1　用于认知应用的预测软件库

　　下面介绍一些商业预测分析工具。这些工具在大数据资源的社交媒体和业务应用中是不可或缺的。它们可以应用于许多重要的实际应用中，使用数据挖掘、机器学习和统计技术从商业或政府数据集中提取信息，目的是揭示隐藏的模式和趋势，并预测未来的结果。开源和商业分析工具都可以从大型或小型软件公司或研究机构获得，如 IBM、SAP、Oracle、MATLAB、SAS 和 Predixion。

预测分析应用

　　预测分析软件的重要应用如下。它们大多与财务事项、营销分析、健康护理、社会管理等相关。通常采用回归和机器学习技术实现这些应用。

- 分析客户关系管理（CRM）。
- 临床决策支持和疾病预测。
- 欺诈检测、贷款审批和收集分析。　504
- 儿童保护、医疗保健和老年人护理。
- 客户保留和直接营销。
- 投资组合，产品或经济预测。
- 承保和风险管理。

用于预测分析的商业软件

　　我们从 31 个预测分析软件包（https://www.predictiveanalyticstoday.com/ what-is-predic-tive-analytics/）中选出了 5 个有代表性的软件包，其功能和应用领域见表 9.3。

表 9.3 前 5 名的商业预测分析软件系统

软件名称	功能和应用领域
IBM Predictive Analytics	来自 IBM 的预测分析组合包括 SPSS Modeler、分析决策管理、社交媒体分析、SPSS 数据收集、统计、分析服务和分析答案
SAS Predictive Analytics	SAS 支持预测、描述性建模、数据挖掘、文本分析、预测、优化、模拟和实验设计
SAP Predictive Analytics	SAP 预测分析软件与现有数据环境以及 SAP Business Objects BI 平台协同工作，以挖掘和分析业务数据、预测业务变化、推动做出更智能以及更具战略性的决策
GraphLab Create	来自 Dato 的机器学习平台，使数据科学家和应用开发人员能够轻松地创建大规模智能应用
Predixion	基于云的预测建模平台，支持从数据整合到部署的端到端预测分析功能。模型由 Microsoft SQL Analysis Services、R 和 Apache Mahout 从机器学习库发展而来

　　IBM 提供可满足不同用户特定需求的预测分析组合。此软件包包括：IBM SPSS 分析服务器，数据收集、统计和建模器，分析决策管理，社交媒体分析，IBM 分析解答。IBM SPSS 建模器提供了一个广泛的预测分析平台，旨在为个人、团体、系统和企业做出的决策提供智能预测。该解决方案提供了一系列先进的算法和技术，包括文本分析、实体分析、决策管理和优化。IBM SPSS Statistics 是一个集成的产品系列，用于处理整个分析过程，从规划到数据收集再到分析、报告和部署。

　　SAP 预测分析有助于分析客户，提供有针对性的产品和服务，并降低风险。该软件可与现有的数据环境以及 SAP BusinessObjects BI 平台一起开发和分析商业数据，预测商业变化，推动更智能化和更具战略性的决策。它们执行直观的、重复的或实时的预测建模、高级数据可视化和集成。GraphLab Create 是一个机器学习平台，数据科学家和应用开发人员能够轻松创建大规模的智能应用。该软件包可用于清理数据、开发功能、训练模型和创建预测服务。

　　Oracle 数据挖掘（ODM）包含用于分类、预测、回归、关联、特征选择、异常检测、特征提取和专业分析的数据挖掘和数据分析算法。它还为数据库环境中的数据挖掘模型的创建、管理和操作部署提供了手段。Oracle 电子表格加载项提供 Microsoft Excel 电子表格中的预测分析操作。

　　Predixion 于 2010 年发布了第一个基于云的预测建模平台。Predixion Insight 可在公共、私有或混合云环境以及内部部署中使用，并支持从数据整形到部署的完整的端到端预测分析功能。Predixion 中的模型是利用各种集成的机器学习库（如微软 SQL Server 分析服务、R 或 Apache Mahout）创建的。例 9.9 描述了 SAS 软件在预测分析中的应用。

例 9.9 用于预测和描述性建模的 SAS 分析

　　SAS 预测分析为集成预测、描述建模、数据挖掘、文本分析、预测、优化、仿真和实验设计提供了一个商业软件包。SAS 分析的应用领域包括预测分析、数据挖掘、视觉分析、预测、计量经济学和时间序列分析。该软件包还可以应用于模型管理和监控、运筹学、质量改进、统计、文本分析和 Microsoft Office 分析。

　　预测分析和数据挖掘组件用于构建描述性和预测性模型，并在整个企业中部署结果。其功能包括探索性数据分析、模型开发和部署、高性能数据挖掘、信用分析、分析加速、评分加速及模型管理和监控。SAS Enterprise Miner 为了创建准确的模型简化了数据挖掘流程。SAS 输出面板在报告预测结果中显示表格、直方图、ROC 图表和范围图。

9.4.2　用于深度学习的 Keras 库和 DIGITS 5

在本节中，我们研究使用 TensorFlow 和 Theano 平台进行深度学习的 Keras 软件库。然后研究 NVIDIA 开发的 DIGIS 5 软件工具，该工具用于加速分布式 GPU 设备上的深度神经网络的训练。

506

Keras：一个高级的深度学习库

Keras 是用 Python 编写的高级神经网络库。该系统能够运行于 TensorFlow 或者 Theano 的上层。Keras 开发人员专注于通过各种深度神经网络实现深度学习的快速实验。该库允许通过完全模块化、极简主义和可扩展性实现简单快速的原型设计。

具体来说，它支持卷积网络和循环网络，以及这两个最重要的神经网络的组合。支持任意的连接方案，包括多输入和多输出训练。该系统能在 CPU 和 GPU 上无缝运行。使用 Keras 库的指导原则如下。

- 模块化。模型被理解为独立的序列或图，完全可配置的模块能以尽可能少的限制连接在一起。特别地，神经层、代价函数、优化器、初始化方案、激活函数和正则化方案都是可以组合创建新模型的独立模块。
- 极简主义。每个模块应该保持短且简单。每段代码第一次阅读时就应该是透明的。没有魔法——这伤害了迭代速度和创新能力。
- 易扩展性。新模块非常容易添加（作为新的类和函数），现有的模块提供了许多例子。轻松创建新模块的能力使其具有完整的表现力，使得 Keras 适合高级研究。
- 使用 Python。Python 不使用声明格式的单独的配置文件。模型在 Python 代码中进行了描述，Python 代码是紧凑的，易于调试，并且易于扩展。

Keras 的主页为 https：//keras.io/。Keras 有两种类型的模型：*序贯模型（sequential model）*，与功能 API 一起使用的模型类。这些模型有许多共同的方法：model.summary() 打印模型的摘要表示，model.get_config() 返回包含模型配置的字典。model.get_weights() 返回模型中所有权重张量的列表，作为 Numpy 数组。model.set_weights（weights）从 Numpy 数组的列表中设置模型权重的值。列表中数组的形状应该与 get_weights() 返回的数组形状相同。最后，model.to_json() 返回模型的表示作为 JSON 字符串。

DIGITS 5 用于基于 GPU 深度学习的分割工作流

2016 年，NVIDIA 宣布推出一款名为 NVIDIA DIGITS 5 的新的软件平台。该平台支持基于 GPU 深度学习应用中的神经网络的训练。在很多方面，该软件包完成了 TensorFlow 方法，以促进在多个 GPU 设备上的分布式并行执行。该软件平台已经设计了用于神经网络计算的两个重要功能：

507

- 神经网络应用中完全集成的分割工作流系统。该系统为照片图像分割创建了数据库，使得能够从分割神经网络中可视化输出图像。
- DIGITS 模型库是一个开源的在线知识库。它可以下载网络描述和预训练模型。

我们接下来探讨图像分割的对象。我们介绍使用 DIGITS 5 训练神经网络的步骤，了解和设置 SYNTHIA 数据库以合成汽车、行人、路标和城市街道上的其他物体。这个功能对于读取并理解车载摄像机拍摄的图像以及加快深度学习引导自驾车非常重要。NVIDIA 多年来一直是深度学习软件工具支持 GPU 硬件加速深度学习的先驱。以下示例说明了涉及的关键概念。

例 9.10　神经学习中的实例感知图像分割

实例感知图像分割（IAIS）是指将给定图像分割成多个片段或组成部分。神经网络可以学习每个子图像段的边界。这在实际的图像理解应用中非常有用。如图 9.18 所示，IAIS 系统必须能够理解每个类别的图像片段，即使某些图像片段边界模糊且与周围图像片段无法区分。

图 9.18　这张 5 人照片来自 PASCAL VOC 数据库。中间图像为分割图像。右侧显示的是用于识别的实例分割图像（来源：www.nvidia.com，2016）

左图 5 人排成一列。中间是彼此相连的五个人的分割图像，它们之间没有明确的界限。最右边的图像是 IAIS 处理同一张图像的结果。现在，他们的边界采用边缘提取并用不同颜色标记不同的人，颜色标签是区分个体的一种方式。这是实例分割的主要概念。Facebook SharkMask 已经应用该技术来做图像理解和标注。

今天的深度学习解决方案几乎完全依赖于 NVIDIA GPU 加速计算机来训练和加速具有挑战性的应用，如图像、手写和语音识别。采用 NVIDIA GPU 的深度学习系统实现了图像工作负载的并行执行。这可以将网络加速，比使用传统 CPU 快 10 到 75 倍，将很多图像数据训练迭代的时间从数周减少到几天。NVIDIA 声称，使用 GPU 训练深度神经网络（DNN）比使用 CPU 设备快 12 倍。

一般而言，GPU 方法提供更快的 AI 应用开发。事实上，今天的电脑不仅可以进行学习，还可以在图像识别过程中进行某种思考。这为机器人、医药和自驾车的应用开辟了机会。你可以通过实时响应快速设计和部署深度学习应用。GPU 在世界各地的台式机、笔记本电脑、服务器和超级计算机中大量使用。甚至现在 GPU 云已经出现在亚马逊、IBM 和微软的云平台上。以下示例展示了多玩家游戏的完整训练方案。

例 9.11　小型 PC 上的多玩家云游戏

现在大部分游戏都是采用 GPU 流水线设计的。NVIDIA GeForce GPU 已经以流媒体模式用在了许多游戏中。例如，许多 PC 游戏都支持 GPU。有 80 多种游戏可供 PC 用户选择。云游戏越来越受欢迎。对于分散在不同地方的大量玩家的网络游戏尤为有吸引力。云游戏最常用的方法是使用视频流和文件流。

云游戏也被称为点播游戏，通过将游戏视频流传输到计算机、控制台和移动设备上，这与使用客户端计算机的视频点播类似。实际的游戏在游戏公司的远程云上进行存储、执行和渲染。渲染视频结果直接传输到消费者的电脑上。这大大降低了昂贵计算机上的游戏成本。游戏信号连接到大的家庭电视屏幕以进行播放或分发播放。使用这种云游戏的公司包括 NVIDIA（GeForce NOW）、Playkey、PlayGiga、CiiNOW、Ubitus、Playcast Media Systems、Gaikai 和 OnLive。

社交图中的关系发现

要了解关系强度，人们经常会问下列问题：节点或个人相互沟通的频率如何？还有哪些节点或个人倾向于加入对话？根据正在进行的分析，应该给予节点类型多少"权重"？要评估关系的方向，人们会问另外一些问题：谁通常会发起对话？是双向会话，还是其中一方一直占主导？会话多久以及在什么情况下转发给他人？例 9.12 阐明了这些概念。

例 9.12　用于揭示社交网络中的人际关系的图分析

图 9.19 中，Alice 是国际象棋小组的成员，并且认识了 Bob，Bob 也是国际象棋小组的成员。可以收集关于关系的一组辅助数据（元数据），例如他们彼此认识多长时间以及他们是同一组成员多久了。节点表示诸如人员、企业、账户、设备、ATM 或你可能想要跟踪作为网络一部分的任何其他项目。属性是与节点有关的相关信息。

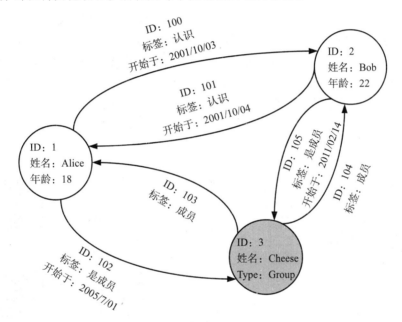

图 9.19　用于揭示社交群体中人际关系的图分析（来源：Bill Schmarzo，" Graph Analytics 101，" EMC2, January 2014.）

边是连接节点到节点或节点到属性的线，用来表示两个节点之间关系的大小和方向。大多数重要的信息实际上存储在边上。当检查节点、属性和边的连接和互连时，会出现有意义的模式。

图提供了一种组织数据的方法，以突出社交网络上的人或物联网上的设备之间的关系。分析技术可以揭示相关实体的团体，识别社交网络中的中心影响者，或者找出倡导或欺诈行为的复杂模式。例如，Google PageRank 系统不是专注于网页中流行的关键词，而是利用网页之间的关系，优先考虑高度权威网站的结果，这归因于对 Google 搜索引擎上托管的搜索查询的快速准确的响应。

社交媒体网络（如 Facebook 和 LinkedIn）是以关系和联系为基础的。例如，Facebook 用户现在可以使用"图搜索"服务来查找住在同一个城市或同一个棒球队的朋友的好友，并且该站点经常根据未建立连接的两个个体的相互关系来建议"你可能认识的人"。LinkedIn

510

专注于帮助商业专业人士拓展他们的社交网络，找到与现有朋友或同事相关联的关键联系人或潜在客户，并允许用户利用这些现有关系形成新的联系。

同样地，理解和评估这种关系的能力是推动大量业务分析的关键组成部分。例如，业务经理经常想知道以下问题的答案：

- 影响他人看法的社交影响力最大的社交影响者是谁？
- 根据所讨论的话题，谁是社交驱动因素，谁是他们的典型追随者？
- 一个人对犯罪数据库的兴趣可能与另一个有兴趣的人有关系？
- 基于公司网络中已知的可疑行为，如何识别恶意的黑客攻击？
- 团体中的哪一个合作伙伴对其他公司的失败有经济风险？

9.4.3 云中的图并行计算

从社交网络到网络规模的计算，我们可以通过多种方式利用图数据。Hadoop 和 Spark 中使用的传统数据并行模型强调从大数据表合并数据（缩减操作）。社交媒体行业和科学界中使用图数据规模的不断扩大，推动了许多新的图并行系统的发展，特别是 Giraph、GraphLab 和 GraphX 应用程序。通过引入新技术来划分和分发图，这些系统能有效地执行复杂的图算法，比使用传统的数据并行系统要快几个数量级。图 9.20 显示了将 XML 原始数据从文本表或决策表到图表示的转换，然后可以应用某些图算法来产生这些数据或图查询所需的答案。

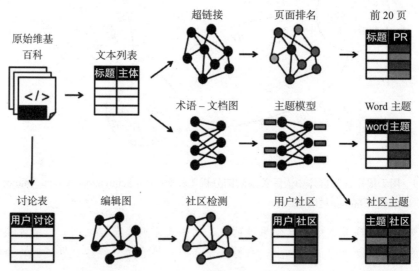

图 9.20 将原始数据转换为表和图，然后通过图算法进行分析。（来源：Apache Foundation，"Cluster Mode Overview—Spark 1.2.0 Documentation—Cluster Manager Types," www.apache.org, December 18, 2014.）

图表示可能显示为超链接、术语文档图表或社区检测图。应用的图算法可能是 PageRank、主题模型（LDA）或用户社区统计。PageRank 可以通过前 20 个网页来响应用户的查询。LDA 揭示了最相关的话题或社区话题。社区检测也将社区主题作为答案。请注意，像 LDA 这样的图算法可以产生不同格式的结果。

云中的图并行计算可能会在速度和精度方面产生显著的性能提升。然而，在典型图分析工作流的重要阶段，他们在探索资源的过程中遇到了一些困难。该情况如图 9.21 所示。图分析工作流中的数据从左流向右,该工作流包含 5 个阶段。前 3 个阶段应用 Hadoop 执行一些预处理任务,即使用 ETL 从 XML 原始数据构建初始图,然后将其(采用 Slice)分割成原始数据的子图。第 4 阶段使用 GraphLab 工具(如 PageRank)进行计算。最后阶段应用 Hive 分析图并行计算的结果。

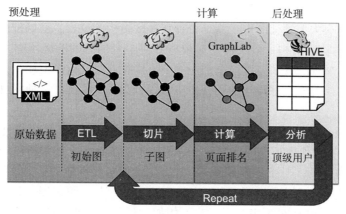

图 9.21　由 5 个功能阶段组成的一个典型的图分析工作流(来源:Apache Foundation, " Cluster Mode Overview—Spark 1.2.0 Documentation—Cluster Manager Types, " www .apache .org, December 18, 2014.)

请注意,结果可以为 Slice 阶段提供反馈,进行重复微调操作,以优化查询答案。因此,通常需要在相同物理数据的表和图视图之间移动,并利用每个视图的属性来表达结果。然而,现有的图分析工作流必须由图并行和数据并行子系统组成。这可能导致大量的数据移动和重复。因此,图编程模型可能相当复杂并在云中分层结构化。有时需要云混搭服务来做更好的工作。

9.4.4　社交网络中的社区检测

在社会科学中,社区(或群体)是由一群有限关系的人组成的。检测社区在社会学、生物学和计算机科学中是非常重要的。社区结构通常用社交图来表示。对于结构良好的社区,其每个社交图都被组织成一组节点(顶点),其中许多边连接到社区的内部节点,一些边连接到原始全局图的外部节点。社区可以是不相交或重叠的。不相交的社区不共享节点,而重叠社区共享一些节点。

为了简单起见,提出社区检测问题及其解决方案,我们在这里只考虑不相交的社区,这种社区内部的边多于连接到所研究的社交图外部节点的边。在自主性方面,社区是与内部节点具有更高内聚力的子图,其与图系统的其余部分的连接非常小。我们专注于代表具有一些共同属性的社区的子图。社区子图的形成与其节点之间具有一些相似的功能。如图 9.22 所示,6 个图操作可以改变图拓扑。像人类社区一样,

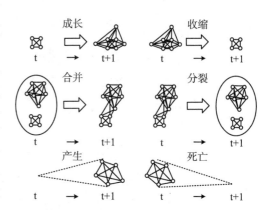

图 9.22　社区图操作:产生、死亡、成长、合并、分裂和收缩

社交图也可以在其生命周期中发生变化。

社区在全局图中被定义为自我维持的子图。对于社交网络分析，定义社交图时我们遵循4个子图属性：完全相互关系、可达性、节点度以及内部与外部凝聚力。识别社区的全球标准因社区形成规则的不同而不同。全局图可能具有由相邻社区共享的一些全局属性。然而，每个社区子图可能有其独特的规则来形成其社区结构。我们期望随机子图没有这样的结构。

社区检测是指在大型社交图中检测是否存在社区结构的过程。空模型用于验证研究中的图是否显示特定的社区结构。最流行的空模型对应于全局图的随机子图。随机子图拥有随机重新布线的边。然而，其节点度与全局图的节点度相匹配。这个空模型是原始图模块化概念背后的基本概念。具有良好模块的社交图可被划分为许多子图，以便集群服务器进行并行处理。

模块化使得我们能够检测到社区结构。图聚类的执行通常基于模块性质。各种聚类技术——基本聚类、k均值聚类和层次聚类——可用于检测社区。如果子图中的边数超过空模型中随机子图边的数目，则社交子图是一个社区。该预期数字是空模型的所有可能实现的平均值。节点相似性是组合节点以形成社区的一种方式。例如，可以通过某些预定义的标准来计算顶点的每个节点对之间的相似度。节点相似度的另一个重要指标基于图上随机漫步的属性。

例 9.13 基于年级的高中社区检测

这个例子显示了基于年级分组高中生的简单社交图。每个年级都被称为社区。这里的社区检测问题是根据学生在同一年度上的课程来区分年级。这是一个重叠的社区检测问题，因为有些学生可能被标记为2个或多个年级。图 9.23 所示的图将69名学生分为6个等级，标记为7年级至12年级。边通过谁上了相同的课程展示了他们的课堂关系。显然，同一年级的学生往往上类似的课程。因此，它们之间存在更多的内部边连接。

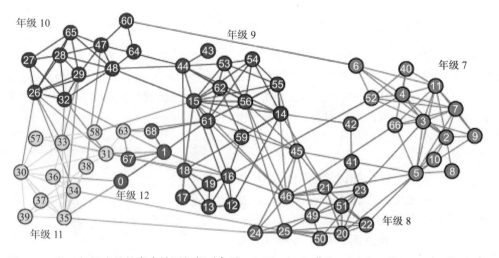

图 9.23 基于年级成员的高中社区组织（来源：J. Xie et al.," Overlapping Community Detection in Networks." *ACM Computing Survey, August* 2013.）

由于年龄差异或安排冲突，部分课程由相邻年级的学生共同分享，甚至由相差两个或多个年级的学生共享，这与他们的学习进度有关。这些通过跨级或距离边连接来显示。当然，跨级边比同级社区的内部边少。事实表明，7年级和12年级的学生更容易与其他学生分开。

在 9 年级和 10 年级，学生的交叉边比其他年级要高。这个社交图清楚地表明了与不同年级社区相关的内部和外部边之间的差异。可以通过学生之间的分布式连接来检测社区之间的边界。

为了检测社交图中的社区隶属关系，我们了解到，不重叠社区比重叠社区更易于检测。社交图中列出了检测社区的三种方法。这些方法的区别在于所应用的隶属关系规则，以及基于 spin-spin 交互、随机漫步和同步三种方法的结果。 515

- spin-spin 模型：该系统用于在 q 个可能状态之间旋转。互动是强磁性的，即有利于旋转对准，所以在零度下，所有旋转都处于相同的状态。如果还存在反铁磁相互作用，系统的基态可能不是所有旋转对齐的状态，而是同质簇中不同旋转值共存的状态。随着社区结构和相邻旋转之间的相互作用，结构集群很可能可以从系统的同值自旋簇中恢复，这是因为社区内的互动比外部更多。
- 随机漫步：随机漫步有助于寻找社区。如果图具有强大的社区结构，由于内部边的密度很高且路径数量多，随机漫步者在社区内将花费很长时间。这里我们描述最流行的基于随机漫步的聚类算法。所有这些算法都可以简单地扩展到加权图。
- 同步：在同步状态下，系统的单元每次处于相同或相似的状态。同步也被应用于在图中查找社区。如果振荡器放置在顶点，具有初始随机相位和近邻的互动，同一社区中的振荡器首先同步，而完全同步需要更长的时间。因此，如果遵循进程的时间演化，具有同步顶点簇的状态是相当稳定和长寿命的，因此容易识别它们。 516

聚类算法的最终目标是尝试推断顶点的属性和关系，这些信息不能直接通过观察 / 测量获得。还有一些应用旨在理解真实的系统。前面的章节已经提到了一些结果。本节旨在给出使用聚类算法可以做什么。因此，此处的介绍并不详尽。大多数研究聚焦于生物和社交网络，同时我们也提到了其他类型网络的一些应用。

其他社交媒体网络也存在于当今的 IT 界。我们简要介绍这些网络，它们也生成可以输入云进行分析决策的双数据集。

- 协作网：在这种社交网络中，个人由共同利益或商业合作而联系在一起。协作是通过隐含的客观熟人概念来完成的。例如，某人可以将一个人当成朋友，而后者可能不同意。正式协作小组通过特殊协议或情感而关联在一起。最好的例子是过去 IBM、Apple 和 Motorola 开发 PowerPC 电脑系列的虚拟机构。

  科学协作网结构的分析对现代网络科学的发展产生了巨大的影响。科学的协作与合著相关。如果两个科学家共同合作了至少一篇论文，那么这两个科学家是有联系的。合著作者的信息可以从各个领域出版作品的大数据库中提取出来。一些协作网隶属于私有云，以获得知识产权保护。
- 引用网络：这些网络已经被用来了解作者的引用模式并揭示学科之间的关系。该系统在 6000 多个科学期刊的引用网络上进行了测试，最终得出一张科学图。他们使用基于信息压缩的聚类技术在引用图上随机漫步。随机漫步遵循从一个领域到另一个领域的引用流，并且这些领域自然地从聚类分析中产生。
- 立法网：这些网络可以通过议会活动来推断政治家之间的联系，这可能与党派关系有关或无关。针对该问题进行了大量研究，这些研究是使用美国国会的图书馆数据完成的。他们审查了美国众议院的委员会网络的社区结构。共享共同成员的委员会

517　　　　　通过加权边进行连接。分层聚类揭示了一些委员会之间的密切联系。

　　　　这种动态变化的社交群体的检测比静态或不相交社区的检测要复杂得多。重叠社区概念的定量定义还没达成共识，因为这取决于所采用的方法。直观地，人们期望社区集群在其边界上共享节点。该想法激发了许多有趣的检测算法。随时间变化的动态社交图也更难评估。这可以采用时间戳的数据集进行研究。跟踪社区结构在时间上的演变对于发现社区是如何产生的以及它们之间是如何互动的至关重要。

9.5　结论

　　　　在本章中，我们学习了 Google TensorFlow 和 DeepMind 程序开发的操作原理和软件工具。Google 大脑团队已经通过这些工具实现了很多机器智能和认知功能。该小组继续开展了许多其他 AI 和机器人应用的工作。DeepMind AlphaGo 程序应用强化深度学习，击败了顶级的围棋选手。他们还将工作扩展到 DeepMind，用于医疗保健。我们还研究了 Keras 软件库在集成深度学习环境中简化 TensorFlow 计算过程中所起的作用。

　　　　机器学习编程中的这些进步证明，训练有素的机器可以在许多方面增强人的智慧。我们还研究了社交网络的图理论。许多社交媒体分析工具由大规模的大数据分析应用进行审查和论证。特别地，我们讨论了社区检测问题，并在流模式下使用 Spark 库提出了一些解决方案。

　　　　在本书中，我们强调了机器学习和 AI 应用中智能云资源的使用。本章介绍的编程工具——Hadoop、Spark、TensorFlow、Keras、DIGITS 和图分析将帮助读者实现上述目标。

习题

9.1　选择一个数据密集型应用，比方说涉及公众众包的大规模搜索或业务处理。从以下三种云平台中选择一种实现上述应用：AWS、GAE 或 Azure。主要目标是最小化应用的执行时间，次要目标是最小化用户服务代价。评估你的计算和存储代价、设计体会和实验结果，并对获得的性能结果和 QoS 结果进行解释。

9.2　AlexNet 是 Alex 提出的网络架构，Alex 在 2012 年赢得了 ImageNet 大型视觉识别挑战赛的冠军。

518　　　AlexNet 是用于图像识别的 CNN 网络模型的改进。使用 TensorFlow 平台重复 AlexNet 的实验。关于 Google 在该领域的最新进展，请访问 https://www.tensorflow.org/。此问题需要你加载或创建程序代码，并说明使用 TensorFlow 平台构建 AlexNet 手写数字识别的步骤。

9.3　在 TensorFlow 中使用开源的 BigQuery 来预测纽约需要的出租车数量。你可以通过以下步骤完成此题。

　　步骤 1：获取数据集。出租车总数的历史数据和国家海洋和大气管理局（NOAA）的天气数据，比方说位置、最低和最高的降水量等。然后，合并天气数据和出租车数量。

　　步骤 2：构建深度学习神经网络并进行测试。你可以使用 80% 的数据集用于训练，其余用于测试（当然，你可以根据需求决定数据集的比例）。使用 TensorFlow 构建并保存模型，使用测试集进行评估。如果结果与预期结果相差甚远，你可以重新设计网络模型。

　　步骤 3：应用训练好的模型。当我们得到未来 24 小时的天气数据时，可以将预测因素（如位置、最低和最高温度、降雨等）直接传递到网络模型中，然后可以预测当天的出租车需求。

9.4　访问谷歌大脑团队（g.com/brain）或 TensorFlow 平台（https://www.tensorflow.org/）的网站。了解 Google 探索深度学习（DL）或 TensorFlow 平台在 Android 应用上的技术细节。学习 Google 或公共领域可获得的相关论文、报告或演示文稿。撰写一篇简短的技术报告，总结你对 Google 应用的深度神经网络、使用或开发的 DL 算法以及其构建的任何产品或原型系统的发现和观察。如果你可以根据研究中的发现和挖掘的信息来评估所声明的功能并鉴别缺陷，那将是非常有趣的。

9.5　在谷歌大脑团队的 Gmail 、Map 或 YouTube 应用上重复问题 9.4。这实际上是一种以研究为导向的学习，你可以根据自己的时间完成 1 个、2 个或者 3 个应用。

9.6　在通过 Google 大脑团队的药物发现或照片服务的应用上重复问题 9.4 和 9.5。

9.7　在 Google 大脑团队的图像或自然语言理解的应用上重复问题 9.4 和 9.5。

9.8　在 Google 大脑团队的语音翻译或机器人研究的应用上重复问题 9.4 和 9.5。　519

参考文献

[1] Abadi, M., et al. "TensorFlow: A System for Large-Scale Machine Learning." Google Brain Team White Paper. https://www.tensorflow.org, November 15, 2015.

[2] Apache Foundation. "Cluster Mode Overview—Spark 1.2.0 Documentation—Cluster Manager Types." www.apache.org, December 18, 2014. ·

[3] Bengio, Y., Y. LeCun, and G. Hinton. "Deep Learning." *Nature* 521 (2015): 436–444.

[4] Dean, J. "Large Scale Deep Learning on Intelligent Computer Systems." Google Brain Team Slide Presentation, http:/tensorflow.org/whitepaper2015.pdf.

[5] Deng, L., and D. Yu. "Deep Learning: Methods and Applications." *Foundations and Trends in Signal Processing* 7 no. 3–4 (2014).

[6] Derek, I., C. Rose, and T. Karnowski. "Deep Machine Learning—A New Frontier in Artificial Intelligence Research." *IEEE Computational Intelligence Magazine* (2013).

[7] Gonzalas, J. E., Y. Low, H. Gu, D. Bickson, and C. Guestrin. "Powergraph: Distributed Graph-Parallel Computation on Natural Graphs." USENIX Symposium, OSDI'12, USENIX Association: 17–30.

[8] Google TensorFlow Group. "TensorFlow Tutorials." http://www.tensorflow.org, 2016.

[9] Hansen, D., et al. *Analyzing Social Media Networks with NodeXL*. Morgan Kaufmann, 2010.

[10] Hwang, K., and M. Chen. *Big Data Analytics for Cloud, IoT and Cognitive Learning*. Wiley, 2017.

[11] Jouppi, N. "Google Supercharges Machine Learning Tasks with TPU Custom Chip." Google Cloud Platform Blog, May 18, 2016.

[12] Pinheiro, C. A. R. *Social Network Analysis in Telecommunications*. Wiley, 2011.

[13] Russakovsky, O., J. Deng, H. Su, J. Krause, S. Satheesh, S. Ma, Z. Huang, A. Karpathy, A. Khosla, M. Bernstein, A. C. Berg, and F. Li. "ImageNet Large Scale Visual Recognition Challenge." *International Journal of Computer Vision* (2015).

[14] Schmarzo, B. "Graph Analytics 101." *EMC Infocus*, January 28, 2014.

[15] Silver, D. "Deep Reinforcement Learning." http://www0.cs.ucl.ac.uk/staff/d.silver/web/Resources_files/deep_rl.pdf, May 8, 2015.

[16] Silver, D., A. Huang, C. Maddison, A. Guez, L. Sifre, G. Driessche, J. Schrittwieser, I. Antonoglou, and V. Panneershelvam. "Mastering the Game of Go with Deep Neural Networks and Tree Search." *Nature* 529 no. 7587 (2016): 484–489.

[17] Wikipedia. "DeepMind." https://en.wikipedia.org/wiki/Google_DeepMind, July 2016.

[18] Xie, J., et al. "Overlapping Community Detection in Networks." *ACM Computing Survey* (August 2013).

[19] Xu, G., et al. *Web Mining and Social Networking: Techniques and Applications*. Springer, 2010.　520

第 10 章
Cloud Computing for Machine Learning and Cognitive Applications

云性能、安全和数据隐私

10.1 引言

2007 年首次提出云计算时，许多计算机科学家和专业人员都质疑过它的性能和面临的网络安全威胁。我们研究了一些看似可行的维持云使用过程中高通量性能的方案，并将学习一些云中抵御网络攻击和防止用户隐私信息泄露给公众的技术。

10.1.1 什么是云性能和 QoS

到目前为止，原始的云设计目标只有部分实现了。我们仍然在攻克重重挑战，以提供持续的云生产力。弹性及动态的资源配置是降低资源租赁开销和最大化利用率来实现云性能的基础。美国国家标准与技术研究院（NIST）认为云计算需要可扩展性能、规模效益、可度量的生产力、高可用性和能量效率。通过担保的服务级协议（SLA），云在工作量超过某个阈值时自动地通过放大或横向扩展的方式分配更多资源。在工作量降低时，系统则通过缩小或横向收缩的方式释放未被使用的资源。

数据中心由大量能够提供服务所需资源的服务器组成。在使用云来支持社会、商业、教育、政府运营的情况下，云服务中需要考虑许多服务质量（QoS）参数，如响应时间、资源租赁开销、服务级协议、可靠性保障、系统可用性和信任/安全保障。特别地，QoS 需求不是静态的，它可能由于业务运行和操作需求的持续改变而随着时间变化。总而言之，云用户和供应商都会对高 QoS 感到满意。

521 云计算在互联网上实现了支持 IT 服务按需、付费使用和规模经济的新商业模式。互联网云作为围绕虚拟数据中心建立的服务工厂运作。用户和供应商之间的信任匮乏阻碍了云作为外包计算服务的普遍接受度。通过虚拟化从预分配的硬件、软件、网络和数据集上动态地构建云平台，这一想法是使用数据中心的虚拟服务器集群将桌面计算迁移到面向服务平台。为满足多租户，云生态系统必须被设计为安全、可信、可靠的。

为了构建云性能模型，我们需要使用现实的基准程序并在现有的公共云上测试它们。我们通过横向扩展和放大工作量来评估各种云平台。分析结果用于定义云系统的弹性、可扩展性、生产力、效率、可用性和 QoS。我们在支持弹性 MapReduce（EMR）服务的 Amazon 弹性计算云（EC2）上测试了五个云基准：Yahoo! YCSB、CloudSuite、HiBench、BenchClouds 和 TPC-W。

BenchClouds 是由南加州大学（USC）开发的新基准，旨在处理运行在混合云或混搭服务上的社交媒体工作负载。我们旨在揭示主要云类中弹性对扩展性能、QoS 和生产力的影响。

- 云的持续性能主要来自适应工作量变化的快速弹性资源配置。当弹性高时，应当使用横向扩展，并且放大有利于使用更多更高效、更强大的节点。
- 为了实现高生产力服务，选择放大或横向扩展方案应当基于工作量模式。我们在

HiBench 和 BenchClouds 实验中观察到横向扩展基准测试具有高性能。

- 横向扩展重配置开销远低于放大实验中的开销，但是在 YCSB 和 TPC-W 实验中放大更划算。
- 云生产力主要归功于系统弹性、效率、QoS 和可扩展性。云供应商必须保证遵守 SLA 的符合规定的用户性能。

云性能可以指导现有及未来云系统的设计和升级。互联云混搭服务中的信任管理问题非常复杂，特别是当云构建于全球的分布式数据中心之上时，如位于全球不同区域的九个 Amazon Web Services（AWS）EC2 站点。

10.1.2 如何保护云和共享数据

实际上，信任是一个社会问题，而不是纯技术问题。但是我们相信技术可以增强互联网应用中的信任、公正、信誉、可信和保证。对于网络和云服务，首先必须建立信任和安全来缓和大量用户的担忧。我们提出了一个通过数据着色和软件水印增强的基于信誉的信任管理方案。我们需要一个免受虐待、暴力、欺骗、黑客、病毒、谣言、色情、垃圾邮件、隐私和版权侵犯的健康云生态系统。公共云和私有云均需要一个可信区域来保护数据、虚拟机（VM）和用户身份。

信任和安全阻碍了云平台用于商业计算的接受度。受保护的云首先必须保护虚拟化数据中心资源，维护用户隐私，并保持数据完整性。我们建议在多个数据中心使用信任覆盖网络（TON），其目的是实现一套信誉系统来建立服务提供者和数据拥有者之间的信任。建议使用数据着色和软件水印技术是为了保护共享数据对象和大规模分布式软件模块。这些技术可以保障多路认证，实现云中的单点登录，并加强对公共云和私有云中敏感数据的访问控制。

云需要安全和版权保护，这是其被数字社会所接受的关键。本节介绍分布式或云计算系统中的系统漏洞、网络威胁、防御对策和版权保护。

系统和网络威胁

在普遍的攻击中，网络病毒已经威胁到许多用户。这些事件通过攻陷大量路由器和服务器来造成蠕虫流行。此外，攻击对企业、政府和服务造成数十亿美元的损失。图 10.1 总结了各种攻击类型和对用户的潜在危害。信息泄露导致机密性的丧失。数据完整性的破坏可能是由用户更改、特洛伊木马和服务欺骗攻击造成的。拒绝服务（DoS）导致系统运行和互联网连接丢失。

缺乏认证或授权导致攻击者非法使用计算资源。数据中心、点对点（P2P）网络、网格和云基础架构等开放式资源可能成为下一个目标。用户需要保护集群、网格、云和 P2P 系统，否则任何用户都不敢在外包工作中使用或信任它们。对这些系统的恶意入侵可能会破坏有价值的主机、网络和存储资源。在路由器、网关和分布式主机中发现的互联网异常可能会阻碍这些公共资源计算服务的接受度。

安全责任

接下来考虑大多数互联网服务供应商和云用户的三个安全需求：机密性、完整性和可用性。在软件即服务（SaaS）、平台即服务（PaaS）和基础设施即服务（IaaS）中，供应商逐渐转向将安全控制的责任移交给用户。总而言之，SaaS 模型依赖于云供应商来执行所有安全功能。在另一端，IaaS 模型希望除了可用性需要由供应商处理以外，几乎所有其他的安全功能均由用户承担。PaaS 模型依赖于供应商维护数据的完整性和可用性，而用户承担机密性和隐私控制。

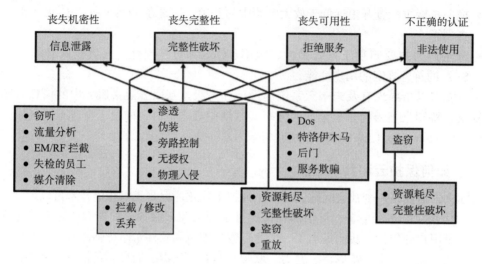

图 10.1　包括云在内的网络空间面临的各种系统攻击和网络威胁

系统防御技术

过去出现了三代网络防御技术。在第一代中，工具旨在防止或避免入侵。这些工具通常表现为访问控制策略或令牌、加密系统等。然而，入侵者总是可以穿透一个安全系统，这是因为安全配置过程中总是存在一个最薄弱的环节。第二代可以检测正在发生的入侵行为，以采取补救行动。这些技术包括防火墙、入侵检测系统（IDS）、公钥基础设施（PKI）服务和信誉系统。第三代提供了更加智能的入侵响应。

版权保护

联合盗版是 P2P 网络边界内侵犯知识产权的主要来源。付费客户（共谋者）可能会非法与非付费客户（盗版者）共享受版权保护的内容文件。网上侵权已经阻碍了开放式 P2P 网络用于商业内容分发。人们可以设计一个主动内容污染方案来阻止共谋者和盗版者在 P2P 文件共享中可能的版权侵犯，并基于身份签名和时间戳令牌检测盗版者。该方案在不伤害合法 P2P 客户的情况下阻止了联合盗版。网格和云安全、P2P 信誉系统和版权保护都是相关的。

数据保护基础设施

网络和云服务需要安全基础设施提供保护。在用户层面，我们需要对所有用户执行信任协商和信誉聚合。在应用程序端，我们需要建立蠕虫控制的安全防御措施和针对病毒、蠕虫与分布式拒绝服务（DDoS）攻击的入侵检测机制。我们还需要部署防止数字内容的网络盗版和版权侵犯机制。

在三个云服务模型中，云供应商和用户之间存在安全责任的划分。供应商对维护平台可用性有全责。IaaS 用户对机密性问题承担主要责任。IaaS 供应商则更多地支持数据完整性。在 PaaS 和 SaaS 服务中，供应商和用户在保护数据完整性和机密性上具有同样的责任。

10.2　云性能指标和基准

我们提出通用云性能模型来评估 IaaS、PaaS、SaaS 以及混搭或混合云。我们用现实的基准程序来测试云，并提出一些新的性能指标。我们的基准实验主要研究 IaaS 云平台上的横向扩展和放大工作量。并从效率、弹性、QoS、生产力和可扩展性方面分析云基准测试结果。

云扩展通过使用虚拟化的资源实现。因此，计算能力的规模需要在虚拟资源的抽象层次上计算。为了处理由大量小作业组成的工作负载，考虑的性能问题应该是平均响应时间和吞吐量，而不是单个任务的完成时间。因此，可扩展性需要升级系统性能来处理大量小型用户。云生产力与性能成本比率有关。云依靠虚拟化技术来实现弹性资源配置或取消配置。因此，虚拟化的有效性对云性能至关重要。

10.2.1 自动扩展、横向扩展和放大策略

由于多租户需求，云面临各种各样的工作负载，包括多任务处理、批处理、流式传输、数据挖掘和分析。云工作负载必须与充分配置的资源相匹配，以实现高性能和持续的生产力。云主要用于数据密集型和延迟敏感型的作业、搜索引擎、OLTP/业务处理、社交媒体网络、数据仓库和大数据分析。云工作负载的特点是其数据集大小、算法、内存访问模式和应用的服务模型。我们在图 10.2 中展示了三种云资源缩放技术。 525

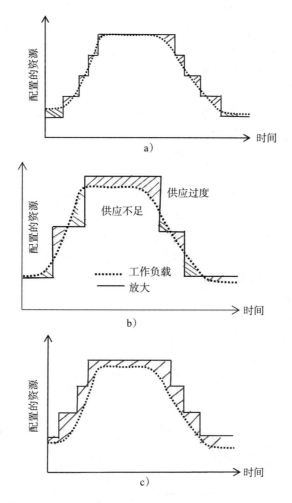

图 10.2　弹性云中的自动扩展、横向扩展和放大机器实例资源，其中供应过度 / 不足由工作负载之上 / 之下的阴影区域显示（来源：Hwang et al., "Cloud Performance Modeling with Benchmark Evaluation of Elastic Scaling Strategies," *IEEE Transactions on Parallel and Distributed Systems*, January 2016.）

图 10.2c 所示的自动扩展是增加或减少云中资源的强力策略。其思想是在一个固定观察期内，当特定资源（如 CPU）利用率超过预设阈值时添加更多机器实例。实施自动扩展能够以总是提供超过工作量需求的资源为代价增强云性能。从图 10.2c 可以看出，自动扩展很容易通过阈值方法实现。然而，它往往浪费了更多的资源。我们阐述了图 10.2a 中放大资源和图 10.2b 中的横向扩展资源的思想。这些扩展策略及其可能的组合的特征如下。

- 一旦实例利用率在预设时间段（如 100 秒）超过预设阈值（如 85%），自动扩展策略就会自动地应用阈值增加机器实例。自动扩展倾向于过度提供资源以在运行时满足用户需求。
- 横向扩展策略允许根据 SLA 所允许的配额添加更多的机器实例或相同类型的处理节点。显然，横向扩展适用于使用具有相同节点的同构集群。
- 通过将云从使用小节点扩展到使用具有更好处理器、内存或存储的强大节点来实现放大策略。

混合扩展策略允许将实例类型放大（或缩小）并同时通过横向扩展（或横向收缩）资源来调整实例数量。混合扩展在使用异构集群时能更好地工作。我们将在后续章节中评估三种扩展策略的相对性能。一般来说，放大方法需要更长的重配置开销，并且在所有扩展方法中具有最低的弹性。放大或缩小需要更长的时间，从而导致资源的过度配置或配置不足，如工作负载曲线上方或下方阴影区域所见。

横向扩展策略与工作负载变化更为匹配。因此，它出现资源过度配置或配置不足的情况最少。自动扩展由于过度配置浪费了很多资源，但是不会导致承诺的客户端服务中断。基准结果支撑了这些结论。这是在云平台中横向扩展方式比放大方式更实用的主要原因。

扩展策略的差异

[526]   弹性扩展仅适用于虚拟化的资源（VM 和容器），这是因为其重配置开销较低。对于物理集群，横向扩展或放大需要太长的时间来重配置。因此，在物理节点上执行扩展是不划算的。在图 10.3 中，我们使用一个工作负载变化示例来展示弹性横向扩展和放大策略的差异。细线显示了实际的工作量变化。工作负载曲线上方的粗线对应理想的自动弹性资源扩展。由于在运行之前并不知道工作量的变化，因此这种理想的弹性在实际中难以实现。

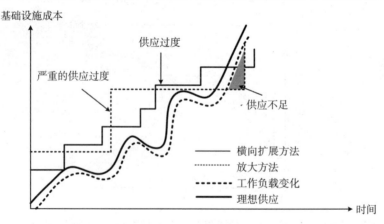

图 10.3   三种弹性扩展策略——横向扩展、放大和自动扩展对于工作量变化的性能成本分析

实际上，我们通过紧密跟踪工作量变化，实现了低开销和小增量增长的横向扩展方案（如虚阶梯线所示）。放大方案（虚线所示）在更新前需要更长的时间。这是由于从小机器实

例切换到较大的机器实例时会需要更高的开销。然而，它提供了一个避免资源配置不足的巨大突破。一般来说，我们会发现云中资源的横向扩展比放大导致的过度供应更少。需要注意，基础设施成本与所提供的资源总量成正比。

云基准套件测试

表 10.1 总结了我们测试的五个开源云基准套件。Yahoo YCSB 和 TPC-W 由工业界开发。BenchCloud 和 CloudSuite 由学术界开发。CloudSuite 由瑞士洛桑的 EPFL 开发。这些开源基准的所有源代码和数据集均可获得。BenchCloud 目前仍在南加州大学的开发中。该套件主要从社交媒体应用程序中收集用户的程序和数据集。HiBench 专门针对在大多数云端运行 Hadoop 程序。该套件是为了测量一套大型程序的速度、吞吐量、HDFS 带宽和资源利用率而开发的。YCSB 是 Yahoo! 的云服务基准。

表 10.1 云基准、工作负载，应用指标和系统测试

基准和开发者	报告的应用程序和工作负载	性能指标	应用的云和工作负载生成
BenchCloud，USC	具有大数据处理的社交媒体应用程序	加速、效率、QoS、可扩展性	AWS EC2、Twitter API 工作负载
CloudSuite，洛桑 EPFL	数据 / 图形分析、流媒体和网络服务	延迟、WIPS、加速、效率、可扩展性	AWS、GAE、Faban 工作负载生成器
HiBench，Intel	Terasort、字数、DFSIO、Nutch 索引、页面排名等	速度、HDFS 带宽、利用率（CPU、内存、IO）	Hadoop Random Text Writer、k 均值数据集
TPC-W，Trans. Proc. Council	网页搜索和分析查询处理	WIPS、$/WIPS、TPS（每秒事务）、QoS、效率	AWS EC2、Rackspace、TPC 客户端工作负载
YCSB，Yahoo!	合成负载、数据服务	延迟、吞吐量、加速、可扩展性、复制影响	Microsoft Azure、AWS、HBase、共享的 MySQL

例 10.1 用于大数据处理的 Intel HiBench 微型基准

HiBench 是一套微基准，专门针对基于 MapReduce 范式测试的 Hadoop/Spark 程序。该套件由 Intel 开发，用于测量排序、字数、页面排名、贝叶斯分类器和分布式 I/O 工作负载中的速度、吞吐量、HDFS 带宽和资源利用率。HiBench 程序的详细信息可以在 https://github.com/intel-hadoop/HiBench 找到。HiBench 由以下列出的 10 个云基准程序组成。

- Sort：此工作负载将对使用 TexWriter 随机生成的文本输入数据进行排序。
- WordCount：统计用 TexWriter 生成的输入文本数据中每个单词的出现次数。
- TeraSort：这是由 Hadoop TeraGen 程序生成的标准基准。
- Sleep：工作负载在每个任务中休眠数秒以测试框架调度程序。
- Scan、join 和 aggregation：具有五个 Hive OLAP 查询的 SQL 查询处理。
- PageRank：在 Spark-MLlib/Hadoop 示例中实现的基准 PageRank 算法。
- Nutch 索引：在 Nutch 搜索引擎上使用 MapReduce 进行大规模搜索索引。
- 贝叶斯分类器：此工作负载对 Spark-MLlib/Mahout 示例中实现的朴素贝叶斯分类算法进行基准测试。
- k 均值聚类：在 Mahout 0.7 或 Spark-MLlib 中测试知识发现和数据挖掘的 k 均值聚类算法。
- 增强的 DFSIO：同时测试 Hadoop 读写操作的 HDFS 吞吐量。测量了每个映射任务的平均 I/O 速率和聚合吞吐量。

前四个程序是微基准。Scan、join 和 aggregation 用于 SQL 处理。PageRank 和 Nutch 索引是网页搜索基准。贝叶斯分类器和 k 均值聚类用于机器学习。DFSIO 程序是一个 HDFS 基准。

例 10.2 瑞士洛桑 EPFL 的 CloudSuite 基准

CloudSuite 是来自本地和其他资源的基准程序集合。该套件由洛桑科学技术大学（EPFL）的教员和研究人员编译，用于测试云上的横向扩展工作量。CloudSuite 收集的基准程序包括：数据分析、数据缓存、数据服务、图形分析、流媒体、软件测试、网络搜索和网络服务。有关这些程序的详细信息可以访问 http://parsa.epfl.ch/cloudsuite.html。

其他云基准包括 CloudCmp、Phoronix、CloudStone 和 C-Meter。最近进行了两次商业云评估。BitCurrent 评估了九大云供应商，CloudHarmonics 对 144 个云站点进行了评估。然而，他们使用的性能指标远远不足以覆盖云的 QoS 和生产力。

例 10.3 测试云 / 网络服务的 TPC-W 基准

事务处理性能委员会（TPC）开发了大量基准（标记为 C、D、E、H、能量、W 等）来测量计算机、数据库和网络服务性能。TPC-C 和 SPECweb 是测量电子商务服务器性能中最著名的。2000 年 2 月，TPC-W 基准被引入云工作负载测试。TPC-W 由浏览、搜索、显示、更新和订购商业产品的 14 个网络交互组成。其主要开销测量的性能指标是每秒网络交互次数（WIPS 或 $/WIPS）。详情可以访问 http：//www.tpc.org/tpcw/default.asp。

10.2.2 云性能指标

我们使用一个扩展的性能概念来包含能力和生产力。能力和性能对于提升云的生产力是必要的。在表 10.2 中，我们将云性能指标分为三个层次：性能、能力和生产力。基本性能层次包括速度、加速、效率、利用率等传统指标。云能力以网络延迟、数据吞吐量、存储容量、数据分析和系统可恢复性为特征。第三级涉及云生产力，通过 QoS、SLA、安全性、功耗、成本、可用性等体现。表 10.2 总结了以三个性能抽象级别分组的度量标准。

表 10.2 用于评估云的性能、能力和生产率指标

抽象层	性能指标	符号	包含代表性单位或概率的简短定义
基本性能指标	执行时间	T_e	程序或作业执行经过的时间（秒、小时）
	速度	S_r	每秒操作执行数（PFlops、TPS、WIPS 等）
	加速度	S_u	使用更多处理节点代替一个节点的速度增益
	效率	E	最大性能（加速或利用率）的百分比（%）
	可扩展性	S	放大资源以获得系统性能的能力
	弹性	E_l	根据工作量变化自动扩展资源的动态间隔
云能力	延迟	T	作业提交后收到第一个响应的等待时间（秒）
	吞吐量	H	每单位时间作业 / 任务 / 操作平均次数（PFops、WIPS）
	带宽	B	数据传输率或 I/O 处理速度（MBps、Gbps）
	存储能力	S_g	使用虚拟磁盘服务大量用户组的存储能力
	软件工具	S_w	云应用的软件可移植性、API 和 SDK 工具
	大数据分析	A_n	发现隐藏信息及预测未来的能力
	可恢复性	R_c	从失败或灾难中恢复的能力或恢复率（%）

（续）

抽象层	性能指标	符号	包含代表性单位或概率的简短定义
云生产力	云 QoS	QoS	云服务或基准测试的满意率（%）
	能源需求	W	云计算系统的耗电量（MWatt）
	服务费用	Cost	每个提供的云服务（计算、存储等）的价格（美元 / 小时）
	SLA/ 安全	L	SLA、安全、隐私或版权条例的承诺
	可用性	A	系统提供有用工作的时间百分比（%）
	生产力	P	每单位费用云服务性能（TFlops/ 美元、WIPS/ 美元等）

大多数基本的性能指标和能力指标是过去定义的。这里新提出了一些弹性、生产力和可扩展性指标。我们将在后续章节展示使用这些新指标评估云性能的威力。

基本性能指标

包括速度、加速、效率等传统并行和分布式计算中的性能指标。

- 速度（S_r）：每秒百万次运算的数值（Mops）。该操作可以是整数或浮点数，如每秒百万次浮点运算（MFlops）。速度也被一些基准称为吞吐量，如每秒百万次网络交互（WIPS）等。
- 加速（S_u）：使用多个节点的速度增益。
- 效率（E）：达到性能峰值的百分比。
- 利用率（U）：使用中的资源（CPU、内存、存储）。
- 可扩展性（S）：升级性能的扩展能力。

云能力

这些是描述云的硬件、软件、重配置和网络功能的宏观指标。这些指标是云性能的良好指标。

531
~
532

- 延迟（T）：系统响应时间或访问延迟。
- 带宽（B）：数据传输率或 I/O 率。
- 弹性（E_l）：横向扩展 / 收缩或放大 / 缩小以匹配工作负载变化的能力。
- 软件（S_w）：软件可移植性、API 和 SDK 工具。
- 大数据分析（A_n）：发现隐藏信息或预测大数据趋势的能力。
- 云生产力：与许多技术和经济因素（如 QoS、可用性、能源效率和性价比）相关。
- 服务质量（QoS）：用户服务的满意度。
- 系统可用性（A）：每年系统可服务时间。
- 服务费用（C_o）：用户租赁费用和供应商费用。
- 能源需求（W）：云耗电量（MWatt）。
- SLA/ 安全（L）：SLA、安全等承诺。
- 生产力（P）：满足 QoS 的每单位成本性能。

云效率和生产力

我们针对给定时间实例描述一个资源供应的云配置。配置由下面的资源矩阵描述：

$$\Lambda = \begin{array}{c} \\ r_1 \\ r_2 \\ \vdots \\ r_m \end{array} \begin{array}{c} v_1 \quad v_2 \quad \cdots \quad v_k \\ \begin{bmatrix} a_{11} & a_{12} & \cdots & a_{1k} \\ a_{21} & a_{22} & \cdots & a_{2k} \\ \vdots & \vdots & & \vdots \\ a_{m1} & a_{m2} & \cdots & a_{mk} \end{bmatrix} \end{array} \tag{10.1}$$

其中 $V = \{v_j \mid j = 1, 2, \cdots, k\}$ 是机器实例，$R = \{r_i \mid i = 1, 2, \cdots, m\}$ 是实例中的资源类型，a_{ij}（$1 \leqslant i \leqslant m$，$1 \leqslant j \leqslant k$）是资源数量。

AWS 的弹性计算单元（ECU）

通过可比较的 QoS 和成本估算发现，可扩展性与生产力成正比。因此，我们将展示生产力的测量结果，并在后续章节中跳过可扩展性的图表。表 10.3 显示了我们在 Amazon EC2 上的实验中应用的一些机器实例。供应商根据实例类型和数量出租资源。AWS 在表 10.3 中定义了一个术语 ECU（EC2 计算单元）来量化每个实例类型的计算能力。根据 2009 年的标准，1 个 ECU 实例相当于 1.2GHz Xeon 处理器的 CPU。

表 10.3　2014 年 Amazon EC2 机器实例类型的 ECU 评级

实例类型	ECU	虚拟核心	内存（GB）	存储（GB）	价格（美元 / 小时）
m1.small	1	1	1.7	1 × 160	0.044
m1.medium	2	1	3.7	1 × 410	0.087
m3.medium	3	1	3.75	1 × 4 SSD	0.07
m1.xlarge	8	4	15	4 × 420	0.350
m3.xlarge	13	4	15	2 × 40（SSD）	0.280
c1.xlarge	20	8	7	4 × 420（SSD）	0.520
c3.xlarge	14	4	7.5	2 × 40（SSD）	0.210

内存和存储容量也会影响 ECU 计数。例如，系统可以在 EC2 上租用三个实例，用于具有两种实例类型的通用应用程序。我们使用 $a_{\text{m1.large}} = 1$ 和 $a_{\text{m3.large}} = 2$ 实例构建实例向量 $V = \{\text{m1.large}, \text{m3.large}\}$。为了评估成本效益，我们还列出了 2014 年实例的租赁价格。

考虑一个集群配置 Λ。令 $T(1)$ 为一个 1-ECU 实例上应用代码的执行时间。令 $T(\Lambda)$ 是一个虚拟集群 Λ 上相同代码的执行时间。加速由 $\text{Speedup}(\Lambda) = T(1)/T(\Lambda)$ 定义。假设集群是用 n 个实例类型构建的。类型 I 有 n_i 个实例，每个实例都有一个 ECU 计数 c_i。我们通过以下方式计算总集群 ECU 数量：

$$N(\Lambda) = \sum_{i=1}^{i=n} n_i \times c_i \qquad (10.2)$$

该 $N(\Lambda)$ 计数设置了一个集群加速的上限。现在，我们可以按照下面的方式定义集群 Λ 的云效率：

$$\text{Efficiency}(\Lambda) = \text{Speedup}(\Lambda)/N(\Lambda) = T(1)/\left\{ T(\Lambda) \times \sum_{i=1}^{i=n} n_i \times c_i \right\} \qquad (10.3)$$

一般来说，云生产力是由三个技术因素驱动：(1) 系统性能，如吞吐量，基于每秒交易数量或响应时间；(2) 以 QoS 为指标的系统可用性通过正常运行时间的百分比度量；(3) 租赁资源成本按价格计算。令 Λ 是使用中的云配置。我们通过三个因素定义云生产力，它们都是 Λ 的函数：

$$P(\Lambda) = \frac{p(\Lambda) \times \omega(\Lambda)}{C(\Lambda)} \qquad (10.4)$$

其中 $p(\Lambda)$ 是使用的性能指标，可以是从表 10.3 中选择的速度或吞吐量。$\omega(\Lambda)$ 是云的 QoS。为了简单起见，可以通过服务可用性测量来估计 QoS。根据"CloudHarmonics 报告"对 144 个云端网站的统计，它们中半数以上的可用性达到 99% 或更高。$C(\Lambda)$ 是租用资源以

形成虚拟簇 Λ 的用户成本。

生产驱动的可扩展性

对于不同的工作负载，扩展性能通常与不同的资源类型相关联，即使实例通常在配置包中进行分配。CPU 限制型作业的性能主要由机器实例数量决定。内存限制型问题受到机器实例中内存（包括缓存）分配的限制。存储限制型问题受到网络延迟、磁盘存储和 I/O 带宽的限制。

云可扩展性由云系统的生产力和 QoS 驱动。这个指标与服务成本成反比。当我们从配置 $\Lambda1$ 扩展到另一个配置 $\Lambda2$ 时，该指标通过一对生产率比值来评估规模经济。可扩展性指标的值越高，目标扩展方案的机会就越多。

$$S(\Lambda1, \Lambda2) = \frac{P(\Lambda2)}{P(\Lambda1)} = \frac{p(\Lambda2) \times \omega(\Lambda2) \times C(\Lambda1)}{p(\Lambda1) \times \omega(\Lambda1) \times C(\Lambda2)} \tag{10.5}$$

10.2.3 雷达图表示的云性能模型

根据使用的云服务模型，资源可以由用户、供应商或两者共同控制。相对而言，除了网络设施的控制权是共享的之外，桌面计算系统的控制权在用户手中。这给用户带来了很大的负担。随着我们转向 IaaS、PaaS 和 SaaS 云，云资源的控制会将用户的负担转移到供应商。首先，我们介绍一个通用云性能模型。然后，我们将展示如何扩展或改进通用框架来建模所有类型云计算服务。云性能记作（Cloud），它由 5 元组表达式组成的性能函数 F 建模。

$$F(\text{Cloud}) = \{\text{Service Model, Service Offerings, Performance,} \atop \text{Capabilities, Availability}\} \tag{10.6}$$

其中 Cloud 由云站点名称标识。服务模型可以是一个或多个可用的模型，如 IaaS、PaaS、SaaS、数据即服务（DaaS）、测试即服务（TaaS）、医疗保健即服务（HaaS）、网络即服务（NaaS）、位置即服务（LaaS）和通信即服务（CaaS）等。

这里的性能是指从表 10.2 中的第一列中选择的性能指标的子集。为了说明建模思路，我们首先指定三种基本的云服务模型，即 IaaS、PaaS 和 SaaS。然后我们展示如何将模型扩展到混合云或混搭云。图 10.4 显示了三个云服务模型的雷达图。多边形的每个辐条表示一个属性维度。属性级别与辐条的定向长度成比例。离中心越远，性能越高。性能表示为 0 到 5 的级别，其中值"0"表示最低，"5"表示最高。

多边形面积提供了云在这些维度上整体性能的平均或近似指标。令 $\{p_i \mid i = 1, 2, \cdots, n\}$ 为 n 个性能属性的集合。通常，多边形的面积越大，平均性能越高。这里我们假设六个维度具有相同的权重：

$$\text{Area} = 0.5 \times \sin(2\pi/n) \times \sum p_i \times p_{i+1} \tag{10.7}$$

图 10.4 针对不同的性能指标集合评估了三种云配置。它们在配置的资源、达到的性能水平、记录的性能结果等方面有所不同。运行时状态不能被用户完全预测或捕获。

IaaS 性能模型

在评估 IaaS 云时，我们测试了以下一组性能属性。该模型规范可以专为特殊用户组或供应商量身定制。一般来说，我们建议使用五元组来建模一个基础设施 IaaS 云的性能：

$$F(\text{Infrastructure cloud}) = \{<\text{IaaS}>, <\text{Compute, Storage}>, \atop <S_w, E_l, S>, <B>, <A, C_o>\} \tag{10.8}$$

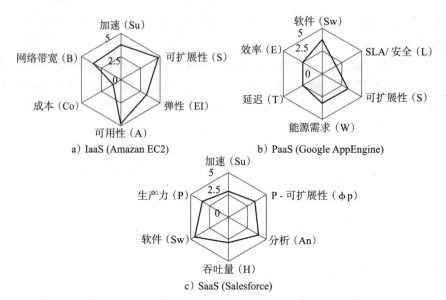

a）IaaS (Amazan EC2)   b）PaaS (Google AppEngine)

c）SaaS (Salesforce)

图 10.4　各种云的性能图，数据点从 Amazon EC2、Google AppEngine 和 Salesforce 云的报告中提取（来源：Hwang et al.，" Cloud Performance Modeling with Benchmark Evaluation of Elastic Scaling Strategies," *IEEE Transactions on Parallel and Distributed Systems*, January 2016.）

其中六个指标选自表 10.2。图 10.4a 显示了 Amazon EC2 的性能图，其中多边形的数据点从以前的报告中提取并规范化。通过一些修改，该模型可以用于评估其他 IaaS 云，如 Rackspace、GoGrid、FlexiScale 或 Joyent。

PaaS 和 SaaS 性能模型

PaaS 云平台主要用于开发用户应用程序。因此，式（10.9）中选择了一组特殊的与评估 IaaS 模型中不同的性能指标。对于应用程序开发者而言，主要关注的是可编程性或软件开发工具包（SDK）的有效使用。再次声明，维度性能是基于以前的报。

$$F(\text{Platform Cloud}) = \{<\text{PaaS}>, <\text{Apps Development, TaaS}>,$$
$$<E, S>, <B, S_w>, <W, L>\}$$

（10.9）

其中六个性能指标选自表 10.2。该模型可以进行修改以评估多个 PaaS 平台，如 Microsoft Azure、Google AppEngine、Salesforce.com 和 Amazon EMR。

多租户架构体现在 SaaS 模型中。它允许单个软件实例被许多租户共享。每个用户都可以在专门的环境中工作。这里介绍了与 SaaS 性能相关的常见问题。为了简单起见，式（10.10）显示了六个性能维度中的 SaaS 映射模型。

$$F(\text{Application Cloud}) = \{<\text{SaaS}>, <\text{Marketing Social, Media}>,$$
$$<S_u, \Phi_p>, <H, S_w, A_n>, <P>\}$$

（10.10）

混合云或混搭建模

私有云由组织或企业员工使用。它们用于研究 / 开发、提供消息、通信即服务（CaaS）等。私有云具有更好的安全性、成本因素和可用性。私有云用户更关心原始速度、利用率和生产力。混合云是通过私有云和一些与之频繁交互的公共云构建的。它们也被称为混搭云。式（10.11）是混合云或混搭云的性能模型示例。

$$F(\text{Hybrid Cloud}) = \{<\text{LaaS, PaaS, SaaS}>, <\text{Social Media,}$$
$$\text{Compute, Backup Storage, etc.}>, S_u, U, E, \Phi, S_r, T_e>, \quad (10.11)$$
$$<T, H, B, S_g, S_w, >, <A, C_o>\}$$

其中六个指标选自表 10.2。在图 10.4c 中，我们绘制了 Salesforce 在 CRM（客户关系管理）应用程序中的两个性能多边形。数据是由 [4，10，21，36] 推测出来的点。该模型可以进行修改以评估多个 SaaS 云，如 Gmail、IBM Lotus Live、Microsoft Dynamic CRM、Salesforce CRM 等。

第一个相对性能模型在式（10.12）中详述。目的是比较在同一个云平台上运行的几个基准套件的相对性能。式（10.12）中指定的模型被用来比较 HiBench 和 BenchClouds 的性能。

$$F(\text{YCSB, CloudStone, BenchCloud}) = \{<\text{AWS EC2 and S3}>, <\text{YCSB, CS, BC}>,$$
$$<\text{Raw Speed}(S_r), \text{Utilization}(U), \quad (10.12)$$
$$\text{Service Costs}(C_0), \text{Productivity}(P) >\}$$

考虑被 p 基准程序 $<B_1, B_2, \cdots, B_p>$ 测试的 k 个云平台 $<C_1, C_2, \cdots, C_k>$。假设云被 m 个性能指标 $<M_1, M_2, \cdots, M_m>$ 测试。以下模型（式（10.13））揭示了多个云平台的相对性能。例如，图 10.4b 评估 EC2 和 Rackspace 在 $k = 2$、$p = 1$ 和 $m = 6$ 情况下的相对性能。

$$F(C_1, C_2, \cdots, C_k) = \{<C_1, C_2, \cdots, C_k>, <B_1, B_2, \cdots, B_p>,$$
$$<M_1, M_2, \cdots, M_m>\} \quad (10.13)$$

在图 10.5 中，九个云站点的性能按照 Bitcurrent 在五个国家的 HTTP 请求的响应时间绘制。在亚太、欧盟、美国东部和美国西部有四个 EC2 站点测试。其他云供应商是 GoGrid、Google AppEngine、Joyent（在英国）、Rackspace 和 Azure。通常，延迟限制在 200ms 和 580ms 之间。从英国接入云端耗时较少，在澳大利亚和法国所需时间更长。在所有地区中，需要更长时间才能从澳大利亚和日本进入 Google AppEngine。从澳大利亚接入欧盟 EC2 耗时最长。

538

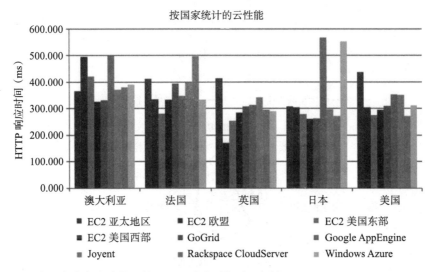

图 10.5　五个国家中九个公共云的 HTTP 响应时间（ms）（来源：Bitcurrent, Inc., "Cloud Computing Performance Report," http://www .bitcurrent .com, 2010.）

云用户组的关注点

我们可以使用雷达图表来比较主要用户组的关注点。在图 10.6 中，六个云用户组由雷达图上的各种多边形区分。G2000 是指大型组织中的用户。大型网络业务包括 Facebook、Twitter、AWS 云等。上市公司和政府或非营利组织的用户组成另外两个用户组。剩下的组是私人和区域用户以及创业用户。用户的关注点表示为 11 个维度，如数据隐私、基础设施控制、高成本、低性能等。在每个维度上，级别从位于中心代表"无关注"的 0 到代表最高关注度的 3.5。值越高，则关注越多。

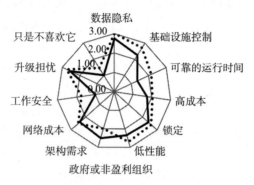

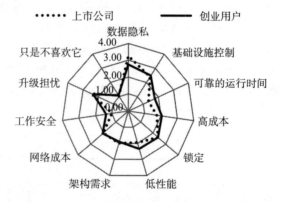

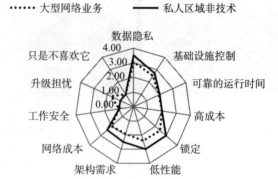

图 10.6   用于表达来自 6 个云用户组的 11 个关注点的 Keviate 图（雷达图）（来源：Bitcurrent, Inc.,"Cloud Computing Performance Report," 2010.）

维度"只是不喜欢它"是指不论什么原因，只是单纯讨厌使用云的带有偏见的用户。显然，数据隐私是所有群体的主要关注点。私人群体或非技术用户最关心数据隐私、锁定问题和低性能。上市公司有升级、数据隐私和网络成本等方面的担忧。令人惊讶的是，所有群体都不是很担心工作安全和高成本。这些数据来自 Bitcurrent 公司在 2010 年云刚被引入时的调查。现在云已经变得越来越成熟，越来越常用，这些担忧可能会在一定程度上转移。

539
~
540

10.3　云基准结果的性能分析

下面评估一些云基准性能。我们首先分析弹性问题。然后，我们比较横向扩展和放大工作负载的相对性能。

10.3.1　可扩展云性能的弹性分析

没有虚拟化就无法实现弹性。多租户架构需要自动扩展至所需性能的弹性资源。虚拟化抽象层面（IaaS、PaaS、SaaS）的差异会影响系统重配置能力或云系统的弹性。在过去，物理计算机资源可能需要很长时间来重配置。因此，弹性由于较大的重配置开销而显得非常低。根据两个问题引入弹性来评估云的可扩展性：

- 改变云中的资源状态有多迅速或及时？
- 应对工作量变动的资源配置有多精确？

弹性如图 10.7a 所示，它通过两个参数测量：速度和精度。速度由配置或取消配置过程的时间延迟（θ）计算，而精度是指低或过度配置的偏差（μ）。Herbst 等人[12]定义弹性为系统能够通过自动配置或取消配置资源来适应工作量变化的程度。这意味着每次可用资源都尽可能地接近当前的需求。令 θ 是从供应不足状态转变到升高状态的平均时间，μ 是扩展过程中供应不足资源的平均百分比。弹性由以下表达式定义：

$$E_l = 1/(\theta \times \mu) \tag{10.14}$$

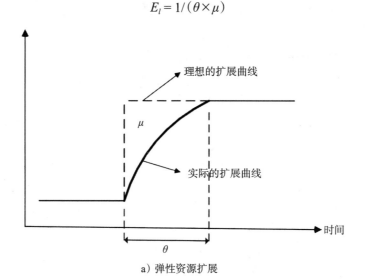

a）弹性资源扩展

图 10.7　弹性云资源配置，其中 θ 是开销时间，μ 是实际扩展与自动扩展过程之间的偏差（来源：Herbst et al., International Conference on Autonomic Computing [ICAC], January 2013.）

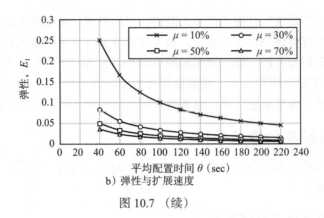

b）弹性与扩展速度

图 10.7　（续）

图 10.7b 绘制了在不同配置偏差（μ）下，弹性作为重配置开销（θ）的函数的实际扩展曲线。当偏差较小（$\mu = 10\%$）时，弹性随着开销（θ）的增加而急剧下降。当偏差达到 70% 时，弹性从 0.25 下降到 0.04，此时平均供应时间 θ 为 40 秒。当 θ 增加时，弹性保持稳定和较低的值。为了提高云系统的弹性，我们应该尽可能减少配置时间，并使得偏差尽可能低。弹性是可扩展性的必要条件，但不是充分条件。内置的自动扩展机制受弹性测量的影响很大。资源使用和实例复制也极大地影响着云性能。

10.3.2　横向扩展、放大和混合扩展性能

在具有 EMR 库支持的 Amazon AWS EC2 上进行了广泛的云基准测试。这些实验测试了五个基准：BenchCloud、YCSB、CloudSuite、HiBench 和 TPC-W，如表 10.1 所列。实验的目的是在不同数据大小和不同基准程序下检查 EC2 的性能。实验配置采用固定实例类型进行横向扩展。对于放大实验，我们必须通过程序方向更改实例类型。所有实验都在程序控制下使用手动扩展。由于强力配置策略，自动扩展不适用于 EC2 的扩展实验。在 EMR 库的控制下，EC2 自动实施一些负载均衡。

例 10.4　由 TPC-W 基准测试的 AWS EC2 横向扩展性能

在横向扩展实验中，相同的机器实例复制了许多副本。图 10.8 报告了 TPC-W 横向扩展实验结果。TPC-W 由在业务事务中测试网络和云服务的程序组成。横向扩展工作负载假定为 200 到 4000 个用户事务。图 10.8a 给出了四个吞吐量曲线，该系统在 4000 个用户时可扩展至 550WIPS，但在 20 个实例时达到饱和。

事务越少，可实现的吞吐量越低，并且越早趋于饱和。例如，对于 200 个用户事务，吞吐量无法较好地扩展，并且随着集群大小的增加，吞吐量几乎一直在底部保持平稳。具有 800 个事务时，吞吐量可以扩展到 100WIPS，并在 4 个机器实例时变得平稳。具有 2400 个事务时，吞吐量在 12 个节点时达到饱和，在此之前能达到 300WIPS。

具有较大集群大小的饱和性能也反映在图 10.8b 绘制的生产力曲线中。换句话说，生产力在迅速下降之前扩展到峰值。在 4000 名用户的情况下，生产力从 20 个节点和峰值 0.8 下降到 32 个节点和 0.55。这些图的结论是，TPC-W 基准测试结果表明，只有用户事务足够大使得云实例一直繁忙，吞吐量和生产力才具有可扩展性。

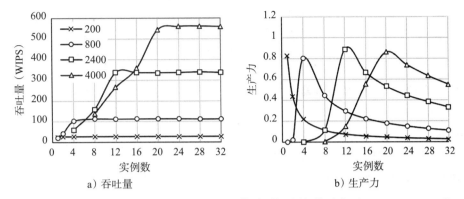

a) 吞吐量　　　　　　　　　　　b) 生产力

图 10.8　TPC-W 基准在 Amazon EC2 云上的横向扩展性能（来源：Hwang et al., " Cloud Performance Modeling with Benchmark Evaluation of Elastic Scaling Strategies, " *IEEE Transactions on Parallel and Distributed Systems*, January 2016.）

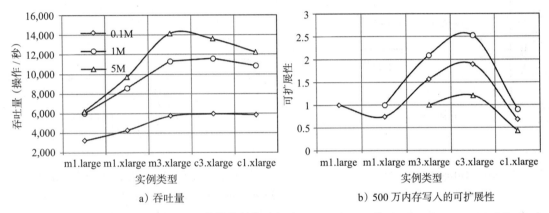

a) 吞吐量　　　　　　　　　　　b) 500 万内存写入的可扩展性

图 10.9　Yahoo! YCSB 在 EC2 上的放大性能（来源：Hwang et al., " Cloud Performance Modeling with Benchmark Evaluation of Elastic Scaling Strategies, " *IEEE Transactions on Parallel and Distributed Systems*, January 2016.）

在放大实验中，为了增强计算能力（ECU 和 vCPU）、内存和存储容量，我们将机器实例从小型升级到中型和极大型，如表 10.3 所示。当然，资源成本从小型到大型实例也相应地增加。可以通过在 EC2 上分别运行 YCSB、HiBench 和 TPC-W 来进行三次放大实验。图 10.9 显示了 TPC-W 放大实验的结果，系统按照从 m1.small 实例到 m1.medium、m3.medium、m1.large 和 m1.xlarge 实例的顺序扩展。由于巨大的开销或低弹性，无法使用自动扩展来实现自动化的放大过程。

例 10.5　**通过 Yahoo! YCSB 基准测试放大性能**

Yahoo！ YCSB 是 AWS HBase 0.92.0 集群的 CloudSuite 数据服务基准的一部分。图 10.9 分别显示了吞吐量和可扩展性。集群放大到 m3.large 节点。图 10.9a 显示，对于所有三个工作负载，性能随着从 m1.large 扩展到 m3.xlarge 实例而显著增加，但是对于 c3.xlarge 和 c1.xlarge，吞吐量和执行时间几乎与 m3.xlarge 实例保持一致。

从图 10.9b 可以看到，效率从 m1.large 到 m1.xlarge 以及从 c3.xlarge 到 c1.xlarge 快速下降。这是因为放大没有赶上硬件资源增加的速度。对于 5M 内存操作，我们绘制图 10.9b 所示的可扩展性。在这里，我们将 QoS（云可用性）设为 100%。随着我们的扩展，所有工作负载在 c3.xlarge 达到生产力的峰值。这里传递的信息是，YCSB 显示了大量内存密集型数据库操作，并且可以在 c3.xlarge 实例达到最高的生产力。

例 10.6　混合扩展和横向扩展性能

对于混合扩展，图 10.10 中沿 x 轴指定了四个集群配置。最左侧的集群有 8 个 small 实例，总的 ECU 数量为 8。然后是具有 12 个 ECU 的 4 个 medium 实例和 4 个 small 实例。接下来是具有 16 个 ECU 的 3 个 large 实例和 2 个 medium 实例。右边的集群是有 32 个 ECU 的 3 个 xlarge 和 2 个 large 实例。

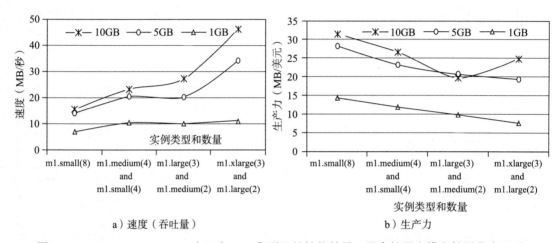

图 10.10　HiBench WordCount 在四个 EC2 集群上的性能结果，混合扩展和横向扩展节点显示在 x 轴上（来源：Hwang et al.," Cloud Performance Modeling with Benchmark Evaluation of Elastic Scaling Strategies," *IEEE Transactions on Parallel and Distributed Systems*, January 2016.）

显然，混合扩展策略在映射具有大量工作负载变化的应用程序方面提供了更多的灵活性。混合扩展的速度在三种方法中是最高的。效率变化与放大情况类似。然而，由于计算能力的显著增加，租赁成本也按比例增加。因此，生产力可能会随着成本急剧增加而在一定程度上下降。使用式（10.11）和式（10.12）中的相对性能模型，我们比较了三个基准程序 HiBench、YCSB 和 BenchCloud 以及两个云平台 EC2 和 Rackspace。这些比较研究揭示了不同基准或云平台的优缺点。

10.3.3　扩展策略的优缺点

企业云由许多组织内的用户使用。每个用户可以在云上构建一些战略应用程序。用户需要通过元数据定制数据、逻辑和数据库的分区。许多这样的私有云是用公共云的租赁资源建造的。混搭云因同时或按顺序使用多个云的需求而产生。例如，工业供应链可能涉及在链的不同阶段使用不同的云资源或服务。存在数千种服务 API 的公共存储库和用于网络商务服务的混搭。流行的 API 包括 Google Maps、Twitter、YouTube、Amazon 电子商务和 Salesforce.com。

例 10.7 **比较云性能的三个扩展策略**

图 10.11 展示了对横向扩展、纵向扩展和混合策略进行的评估。我们通过在 AWS EC2 平台上执行 HiBench 套件中的两个基准程序 Sort 和 WordCount 来比较它们的优缺点。这两个程序的工作负载是 10GB 的数据元素。我们从六个性能维度来衡量这两个程序的 HiBench 性能：吞吐量、可扩展性、QoS、生产力、成本和效率。

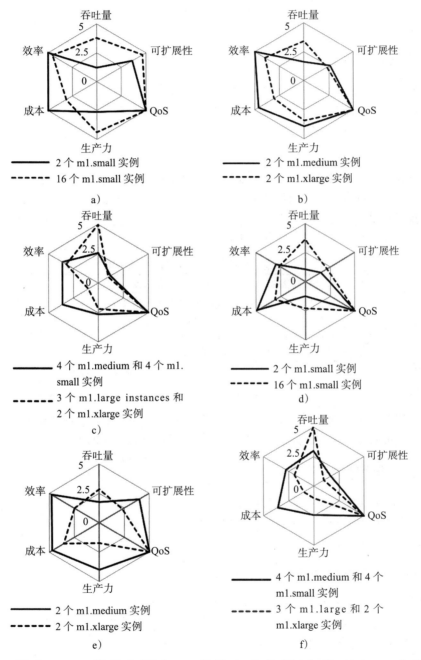

图 10.11 两个 HiBench 程序在两个 EC2 集群上的性能（来源：Hwang et al., " Cloud Performance Modeling with Benchmark Evaluation of Elastic Scaling Strategies, " *IEEE Transactions on Parallel and Distributed Systems*, January 2016.）

QoS 主要由系统可用性表示，所有集群配置记录在 99.95% ～ 100%。在成本方面，WordCount 这一横向扩展小集群（图 10.11a 和 d 中的实体多边形）具有最小的服务成本。图 10.11b 和 e 中的放大集群成本更高，混合集群实施起来成本最高。混合扩展需要更多地考虑性能和成本之间的权衡。

对于 Sort（图 10.11c 和 e），所有混合策略都具有最快的吞吐量（或速度）。WordCount 程序在所有情况下均具有较低的吞吐量。放大集群对于 WordCount 来说具有非常高的效率。在图 10.11f 中，Sort 集群（虚线多边形）除了在混合模式下对非常大的集群排序时具有较高的吞吐量之外，其效率和吞吐量都很差。在图 10.11a 中，我们看到大型集群（16 个节点）配置的生产力更高。

峰值取决于应用。不同的基准可能导致不同的结论。一般来说，当弹性速度很高时，应该进行横向扩展。这些性能图根据其多边形面积值进行了比较。在每个扩展情况下，我们比较了两个集群配置。报告的多边形面积提供了一种比较通用基准下集群配置相对性能的简单方法。

在表 10.4 中，我们在各种 EC2 配置下的 HiBench 实验中对三种扩展技术进行了定性评估。评估基于前面章节中介绍的量化方法。我们从宏观角度查看报告的数值结果，以便在各种操作限制下实现关于云性能的广义考察。总的来说，我们发现横向扩展在同构集群上最容易实现。在这些集群配置下，弹性开销也比较低。

表 10.4　基于 EC2 上 HiBench 基准测试结果的扩展技术

影响因子	横向扩展技术	放大技术	混合扩展
弹性速度、扩展复杂度和开销	快速弹性，可能的自动扩展和启发式支持	高重配置开销并且不支持自动扩展	在大范围机器实例中最难扩展
对性能、效率和可扩展性的影响	若程序能利用并行性，则可以得到期望的扩展性能	在异构节点之间切换可能会降低可扩展性	灵活的应用，低效率和资源利用率
QoS、成本、错误恢复和云生产力	成本最低，容易恢复，生产力增加	成本较高，降低的 QoS 可能减少生产力	成本最高，难以恢复，生产力最高

由于要切换节点类型，放大比横向扩展更难实现。这将降低弹性速度并延长重配置开销。混合扩展是最难实现的，但由于节点类型的切换而具有最好的灵活性。

10.4　云安全和数据隐私保护

一个健康的云生态系统需要使用户免遭滥用、暴力、欺骗、黑客攻击、病毒、谣言、色情、瘫痪、隐私和版权侵犯的威胁。这里描述了三种云服务模型（IaaS、PaaS 和 SaaS）的安全需求。这些安全模型基于供应商和用户之间的各种 SLA。

10.4.1　云安全和隐私问题

基于恶意软件的攻击，如蠕虫、病毒和拒绝服务（DoS），利用系统漏洞使得入侵者未经授权便能访问关键信息。有风险的云平台可能导致企业数十亿美元的损失并破坏公共服务。我们在下面提出安全感知云架构，并确定五种所需的保护机制。

安全感知云架构

图 10.12 提出了一种安全感知云架构。这种架构通过为各种云应用建立可信操作区域来帮助隔离网络攻击。安全承诺要求保护所有数据中心服务器和存储区域。我们保护管理程序

或 VM 监视器免受基于软件的攻击，并保护数据和信息免遭盗窃、腐坏和自然灾害。我们提供强大的身份验证和敏感数据与按需服务的授权访问。

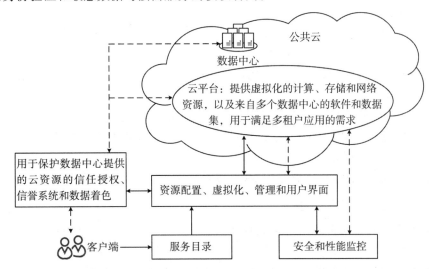

图 10.12　一个建立在数据中心服务器的虚拟机、存储和网络资源上的安全感知云平台（来源：Hwang and Li, " Trusted Cloud Computing with Secure Resources and Data Coloring, " *IEEE Internet Computing* 14 no. 5, September 2010.）

这里将这些建议的安全和隐私功能总结为一个可信赖和可靠的云的设计目标。

- 虚拟网络安全和信任协商：虚拟网络安全保护虚拟化数据中心的 VM。该方案还可以防止其他租户的数据丢失。对于数据中心跨 PKI 域的信任授权必须使用交叉证书。不同认证机构（CA）之间的信任协商解决了策略冲突。〔548〕
- 蠕虫遏制和 DDoS 防御：互联网蠕虫遏制和 DDoS 攻击的分布式防御对于防止基础设施遭受恶意软件、木马和网络犯罪是必要的。这就要求在公共云中加入身份。
- 数据中心的信誉系统：信誉系统可以用 P2P 技术构建。可以在图 10.12 中所示的虚拟化数据中心和分布式文件系统中构建信誉系统的层次结构。通过使用主动内容污染的盗版预防保护知识产权。
- 数据着色和软件水印：这是指在软件文件或数据对象层面使用数据着色。这需要用户访问的分离和供应商对敏感数据访问的隔离。

虚拟资源的安全防护

虚拟化增强了云安全。但 VM 增加了一个可能成为单点失效的额外软件层。通过虚拟化，一个物理机可以分割或划分成多个 VM（如服务器整合）。这为每个 VM 提供了更好的安全隔离，并且每个分区都受到其他分区的 DDoS 攻击防护。一个 VM 中的安全攻击在影响其他 VM 之前被隔离和控制。VM 故障不会传播到其他 VM。管理程序提供客户 OS 的可见性和完全的客户隔离。因此，VM 的故障控制和故障隔离提供了更安全且更健壮的环境。〔549〕

沙箱提供了运行程序的可信区域。此外，沙箱可以为客户操作系统提供一组严格控制的资源，允许安全测试台对来自第三方供应商的应用程序代码进行测试。通过虚拟化可以使 VM 与物理硬件分离。整个 VM 可以表示为软件组件或视为二进制或数字数据。这意味着可以轻松地保存、克隆、加密、移动或还原 VM。VM 可实现更高的可用性和更快的灾难恢复。许多研究人员建议通过 VM 在线迁移构建分布式入侵检测系统（DIDS）。可以在各种资源站点包括数据中心上部署多个 IDS VM。DIDS 设计要求 PKI 域之间的信任否定。安全策略冲突必须在设计时解决，并定期更新。

在线迁移和开放虚拟格式

我们建议专门为构造 DID 而设计 VM 在线迁移。可以在各种资源站点包括数据中心上部署多个 IDS VM。DIDS 设计要求 PKI 域之间的信任否定。安全策略冲突必须在设计时解决，并定期更新。需要防御方案来保护用户数据免受服务器攻击。用户私人数据在未经许可时不得泄露给其他用户。

安全威胁可能针对虚拟机、客户操作系统和云上运行的软件。IDS 试图在攻击生效之前停止攻击。可以通过在 VM 上实现签名匹配和异常检测来构建 IDS。签名匹配 IDS 更成熟，但需要频繁更新签名数据库。网络异常检测揭示与正常流量模式相对的异常流量模式，如未经授权的 TCP 连接序列片段。分布式 IDS 可以对抗这两种类型的入侵。

例 10.8   虚拟机上的中间人攻击

考虑 VM 通过易受攻击的网络从主机 A 迁移到另一台主机 B。在中间人攻击中，攻击者可以查看正在迁移的虚拟机内容，窃取敏感数据，甚至修改包括 OS 和应用程序状态在内的 VM 特定内容。从一台主机到另一台主机的 VM 迁移如图 10.13 所示。攻击者可以发起主动攻击，将基于虚拟机的 rootkit（VMBR）插入到迁移 VM 中，这可能会颠覆迁移过程的整个操作而不需要客户 OS 和嵌入式应用程序的知识。

550

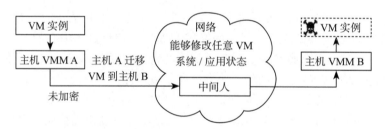

图 10.13   虚拟机通过易受攻击的网络从主机 A 迁移到主机 B，威胁来自于能够修改 VM 模板和 OS 状态的中间人攻击

10.4.2   云安全基础设施

云中服务器可以是物理机（PM）或 VM。用户界面用于请求服务。配置工具从云端切出系统以满足所请求的服务。安全感知云架构要求安全增强。基于恶意软件的攻击，如网络蠕虫、病毒和 DDoS 攻击，利用系统漏洞。这些攻击会破坏系统功能或让入侵者未经授权访问关键信息。因此，需要安全防护来保护所有集群服务器和数据中心。需要特殊安全保护的云组件如下：

- 保护服务器免受恶意软件攻击，如蠕虫、病毒和恶意软件。
- 保护管理程序或 VM 监视器免受基于软件的攻击和漏洞。
- 保护 VM 和监视器免受服务中断和拒绝服务攻击。
- 保护数据和信息免遭盗窃、腐坏和自然灾害。
- 提供对关键数据和服务的认证和授权访问。

公共云和私有云需要不同级别的安全增强。通过云供应商和用户之间不同程度的共同责任区分不同的 SLA。关键的安全问题包括数据完整性、用户机密性以及供应商、个人用户及用户组之间的信任。我们接下来评估了三种受欢迎的云服务模型（Iaas、Paas 和 Saas）的安全需求。图 10.14 描绘了三种云服务模型所要求的各种安全、隐私和版权保护措施。

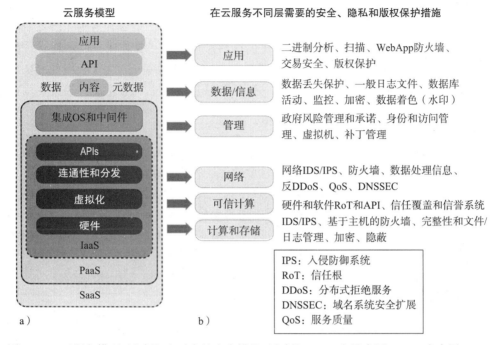

图 10.14 云服务模型（左侧）和对应的安全措施（右侧）：IaaS 在最内层，PaaS 在中层，SaaS 在包含所有资源的最外层（来源：Hwang and Li, " Trusted Cloud Computing with Secure Resources and Data Coloring, " *IEEE Internet Computing* 14 no. 5, September 2010.）

图 10.14 中列出的许多保护功能在网格和基于网络的计算系统中已经很好地实现了。它们可以很好地保护云。有用的功能包括保护具有版权内容的云计算、数据着色、水印、VM管理、信任覆盖结构以及专为保护数据中心而设计的信誉系统。这些新的保护功能将在后续章节中介绍。

IaaS 位于实现层的最内层，通过添加 OS 和中间件扩展到 PaaS 层。PaaS 通过使用特殊API 在数据、内容和元数据上创建应用程序来进一步扩展到 SaaS 模型。这意味着 SaaS 需要在所有层面的所有保护功能。IaaS 主要需要在网络、可信计算和计算 / 存储层面进行保护。PaaS 包含 IaaS 支持以及资源管理层面的额外保护。

保护基础设施安全即服务

该模型允许用户在虚拟化环境中租赁计算、存储、网络和其他资源。用户不需要管理或控制底层云基础设施，但可以控制 OS、存储、部署的应用程序，并可能选择网络组件。Amazon EC2 是一个很好的例子。在云基础设施层面，可以通过 IDS、防火墙、防病毒和DDoS 防御来实施网络安全。

保护平台安全即服务

云平台建立在具有系统集成和虚拟化中间件支持的 IaaS 之上。该平台允许用户通过供应商支持的编程语言和软件工具（如 Java、Python、.NET）在云基础设施上部署用户构建的

551 ~ 552

软件应用程序。用户不需要管理底层的云基础设施。PaaS 由 Google AppEngine 和 Microsoft Azure 推动。这一层面需要保护 VM 配置、执行安全承诺、管理潜在风险，并在所有云用户和供应商之间建立信任。

保护软件安全即服务

这是被数千或更多云客户使用的浏览器初始化的应用软件。在客户方面，没有对服务器或软件许可的预付。在供应商方面，与传统的用户应用程序托管相比，成本相对较低。由 Google、Microsoft、Salesforce 等大力推动的 SaaS 需要保护数据不被丢失、扭曲或盗窃。事务安全和版权承诺旨在保护所有知识产权。数据加密和着色提供维护数据完整性和用户隐私的选择。

虚拟机中的安全挑战

传统网络攻击包括缓冲区溢出、DoS 攻击、DoS、间谍软件、恶意软件、rootkit、木马和蠕虫。在云环境中，可能通过管理程序恶意软件、客户端跳转和劫持或 VM rootkit 产生新的攻击。另一个是针对 VM 迁移的中间人攻击。一般而言，被动攻击试图窃取敏感数据或口令。主动攻击操纵内核数据结构。IDS 可以是基于网络的 *IDS*（NIDS）或基于主机的 *IDS*（HIDS）。程序引导可用于控制和验证代码执行。其他防御技术包括使用 DynamoRIO 动态优化架构，或 VMware 的 vSafe 和 vShield 工具，管理程序的安全性承诺以及使用 Intel vPro 技术。其他则应用了硬化的 OS 环境或使用执行隔离和沙盒。

云防御方法

虚拟化增强了云安全。然而，VM 增加了一个可能成为单点失效的软件附加层。通过虚拟化，一个物理机可以分割或划分成多个 VM（如服务器整合）。这为每个 VM 提供了更好的安全隔离，并且每个分区都受到其他分区的 DoS 攻击的保护。一个虚拟机中的安全攻击在影响其他虚拟机之前被隔离和控制。在表 10.5 中，列出了 8 个保护公共云和数据中心的保护方案。

表 10.5　云 / 数据中心的物理和网络安全保护

保护方案	简单描述及部署建议
安全数据中心和云站点	选择无危险地区，加强建筑安全。避免窗口、在站点周围保留缓冲区、炸弹检测、视频监控、抗震等
多重站点的冗余工具	多重电源、备用网络连接、在分离的站点的多重数据库、数据一致性、数字水印、用户认证等
信任授权和协商	在多个数据中心的 PKI 域之间授权信任必须使用交叉证书。CA 之间的信任协商用于解决策略冲突
蠕虫控制和 DDoS 防御	互联网蠕虫控制和 DDoS 攻击的分布式防御是保护所有数据中心和云平台所必需的
数据中心信誉系统	可以通过 P2P 技术构建信誉系统。可以构建从数据中心到分布式文件系统的分层信誉系统
细粒度文件访问控制	在文件或对象层面进行细粒度访问控制。这在防火墙和入侵检测系统之外增加了安全保护
版权和隐私保护	通过共谋预防、污染内容过滤、非破坏性读取、更改检测等实现隐私保护
隐私保护	用户认证、生物识别、入侵检测、灾难恢复、通过数据水印和数据分类的隐私增强等

信任协商通常在 SLA 层面完成。PKI 服务可以通过数据中心信誉系统进行增强。蠕虫和 DDoS 攻击必须得到控制。由于所有数据和软件默认共享的事实，因此在云中建立安全性是比较困难的。

例 10.9 EMC 信任区的建立，用于保护提供给大量租户的虚拟集群

EMC 和 VMware 已经加入到分布式系统和私有云中信任管理安全中间件的构建。"信任区"的概念是作为虚拟基础设施的一部分而建立的。图 10.15 说明了在分离的虚拟环境中为虚拟集群（每个租户的多个 App 和 OS）创建信任区的概念。物理基础设施在底部显示为云 [554] 供应商。针对两个租户的虚拟集群或基础设施显示在上方框中。公共云和与之关联的全局用户社区显示在顶部。

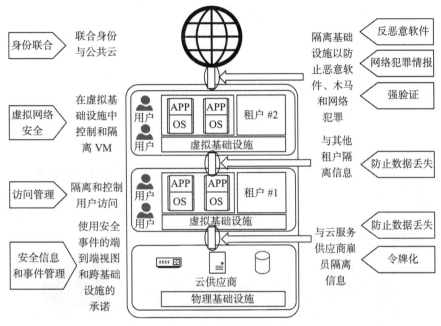

图 10.15　建立信任区来隔离虚拟集群和 VM 的技术（来源：L. Nick, EMC presentation, Tsinghua University, May 25, 2010.）

安全功能和操作在从用户到供应商的四个层面上进行。四个框之间的小圆圈是指用户和供应商之间以及用户之间的交互。右侧的箭头框是在租户环境、供应商和全局社区之间使用的功能和操作。安全措施使租户区隔离，并隔离虚拟区域中的 VM。这里的主要创新是建立虚拟集群之间的信任区。最终结果是在专用于不同租户的虚拟集群中实现端到端安全性和合规性。

数据完整性和隐私保护

用户希望提供各种有用工具来在大型数据集上构建云应用程序的软件环境。除了云应用软件，用户还需要一些安全和隐私保护软件来使用云。[555]

- 用于认证用户和使用商业账户发送电子邮件的特殊 API。
- 用于保护数据完整性并阻止入侵者或黑客的细粒度访问控制。
- 保护共享数据集免受恶意更改、删除或侵犯版权。
- 防止 ISP 或云服务供应商（CSP）侵犯用户隐私。
- 用户端的个人防火墙。保留来自 Java、JavaScript 和 ActiveX 小程序的共享数据集。
- 隐私策略与 CSP 策略一致。防止身份盗用、间谍软件和网络错误。
- 资源站点之间的 VPN 通道，以确保关键数据对象的传输。

隐私和版权保护

　　用户在实际系统集成之前获得可预测的配置。Yahoo Pipes 是一个轻量级云平台的例子。隐私、安全和版权可能在云计算环境中通过共享文件和数据集而受损。用户需要在提供了面向大型数据集的云应用构建工具的软件环境中工作。Google 平台基本上使用内部软件来保护资源。Amazon EC2 使用 HMEC 和 X.509 证书来确保资源安全。有必要在云环境中保护浏览器初始化的应用软件。在安全云中需要以下一些安全特性。

- 受安全网络技术全面保护的动态网络服务。
- 通过 SLA 和信誉系统建立用户和供应商之间的信任。
- 有效的用户身份管理和数据访问管理。
- 单点登录和单点注销以减少安全执行开销。
- 主动执行审计和版权规范。
- 将数据操作的控制从客户端环境转移到云供应商。
- 在共享环境中保护敏感和受管制的信息。

数据着色和云水印

　　过去，水印主要用于数字版权管理。如图 10.16b 所示，系统为每个数据对象生成特殊的颜色。数据着色意味着通过独特的颜色标记每个数据对象。因此，不同颜色的数据对象是可区分的。用户身份也被着色来与数据颜色匹配。这种颜色匹配过程可用于实现不同的信任管理事件。云存储提供了着色对象中水印的生成、嵌入和提取过程。

556

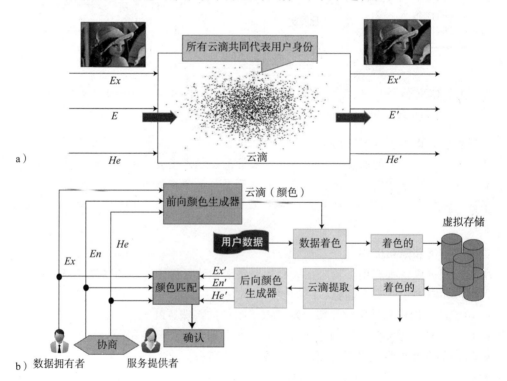

图 10.16　开放云环境中用于共享数据可信访问的数据着色（来源：Hwang and Li, "Trusted Cloud Computing with Secure Resources and Data Coloring," *IEEE Internet Computing* 14 no. 5, September 2010.）

数据锁定问题的主动解决方案

云计算将计算和数据转移到由云服务供应商维护的服务器集群。一旦数据迁移到云中，用户就难以轻松地从云服务器中提取数据和程序，以便在另一个平台上运行。这导致数据锁定问题，阻碍了云计算的使用。数据锁定归因于以下两个原因。

- 缺乏互通性：每个云供应商都有自己专有的 API，这限制了用户提取提交的数据。
- 应用程序兼容性不足：大多是计算云希望用户在变换云平台时从头开始编写新的应用程序。

数据锁定的一个可能的解决方案是使用标准化的云 API。这需要建立遵循开放虚拟格式（OVF）的标准化虚拟平台，该格式是平台无关、高效、可扩展和开放的 VM 格式。这将实现高效、安全的软件分发，促进 VM 移动性。使用 OVF，可以将数据从一个应用程序移动到另一个应用程序。这将增强 QoS，从而实现跨云应用，允许数据中心和用户指定存储之间的工作负载迁移。通过部署应用程序，用户可以跨不同云服务访问和混合应用程序。

例 10.10 公共云针对共享大数据访问控制的数据着色

一般来说，数据保护通过计算昂贵的加密或解密完成。数据着色需要最少量的计算来对数据对象进行着色或脱色。密码学和数据着色可以共同使用。我们添加唯一的数据颜色来扩展这个模型以保护云中的大数据集。为了保护云安全，我们通过数据着色和信任协商结合了安全云存储和软件水印的优势。

数据着色的概念如图 10.16 所示。女士的图像是要被保护的数据对象。前向和后向颜色生成过程如图中所示。数据着色在保护云中的大数据方面的成本效益更高。在计算上，它比使用加密来保护数据要简单得多。这两种方法可以共同使用来提供双重保护。

10.4.3 移动云和安全威胁

如图 10.17 所示，携带移动设备的用户在异构移动计算环境中移动，如蜂窝网络、移动自组织网络、体域网、车载网等。然而，移动设备的资源受限天性，特别是有限的电池寿命，成为用户体验移动应用和服务进步的绊脚石。我们引入特殊微云[27]作为移动用户与互联网之间的无线网关。通过这些微云，可以安全地将计算或网络服务部署到远程云。

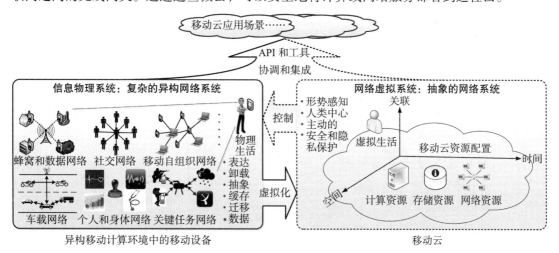

图 10.17 通过异构移动计算环境中的移动云来增强移动设备的功能（来源：Hwang and Chen, Big Data Analytics for Cloud, IoT, and Cognitive Computing, Wiley, 2017.）

移动通信和移动云的结合在我们日常生活中为更多有用的应用铺路。换句话说，由"小"移动设备初始化的高负荷计算可以由"大"云执行。在示例中，用户在物理世界中移动。同时，通过各种移动环境中的物联网（IoT）传感收集丰富的数据。这些感知信号必须被引导到云以进行数据存储。虚拟化数据对象在云中为用户创建。通过利用云平台丰富的资源，数据挖掘和 ML 算法通常用来分析移动用户的情况并主动采取及时行动。在图 10.17 的底部，部署了一个信息物理系统（CPS）来集成大量移动应用程序的执行。

在移动计算和以云为中心的 IoT 应用中，需要移动性、数据保护、安全基础设施和信任管理的支持。目的是在固定或移动分布式计算环境中保护这些云计算服务。移动支持包括特殊的空中接口和移动 API 设计，以及用于云平台无线接入的无线 PKI。虚拟专用网络（VPN）也可用于保护云平台。

10.5   云和数据中心的信任管理

服务提供者和云用户之间的信任缺乏已经阻碍了云计算作为按需服务的普遍接受度。在过去，信任模型主要用于保护如 eBay 和 Amazon 提供的电子商务和网上购物。对于网络和云服务，信任和安全需求变得更迫切，这是因为将用户应用程序完全托管给云供应商面临来自大多数 PC 和服务器用户的强大阻力。由于缺乏隐私保护、安全保证和版权保护，云平台正变得让一些用户充满担忧。

通过常识，我们可以看到技术能够增强互联网应用的信任、公正、声望、信誉和保证。作为一个虚拟环境，云涉及一些比传统客户端和服务器配置下更难控制的新安全威胁。为了解决这些信任问题，一种新的数据保护模型被提出了。在许多情况下，我们可以扩展 P2P 网络和网格系统中的信任模型来保护云和数据中心。

例 10.11 Vordel 公司的云安全部署

图 10.18 展示了一个由 Vordel 提供的安全防护系统。这个系统由 Vordel 开发，用于保护一些对公众开放的商业云的访问。防火墙提供了外部屏蔽。Vordel XML 保护应用服务器、消息队列、数据库、网络服务客户端和使用 HTTP、JMS、SQL、XML 和 SSL 安全协议的浏览器。

10.5.1   分布式入侵和异常检测

数据安全是所有云模型的最薄弱环节。我们需要新的云安全标准以应用到公共 API 工具来处理数据锁定问题和网络攻击或滥用。以 Amazon EC2 为代表的 IaaS 模型是

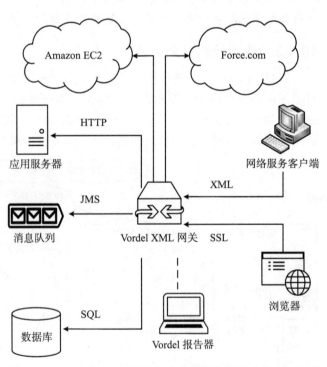

图 10.18   一个由 XML 网关加上外部防火墙组成的 Vordel 安全结构，用于保护 Amazon EC2 和 Force.com 云平台的访问（来源：Vordel 公司）

对外部攻击最敏感的。基于角色的界面工具缓和了配置系统的复杂性。例如，IBM Blue Cloud 通过一个基于角色的门户网站进行配置。SaaS 机构可能需要从一个公共云平台订购秘书服务。大量 IT 公司目前提供没有任何安全保证的云服务。

防御 DDoS 洪泛攻击

DDoS 防御系统的设计必须覆盖一个给定云平台涉及的多重网络域。这些网络域覆盖了云资源连接的边缘网络。DDoS 攻击来源于广泛传播的蠕虫。洪泛流量大到足以通过缓冲区溢出、磁盘耗尽、连接饱和等摧毁受害服务器。图 10.19a 展示了一个洪泛攻击模式。这里，隐藏的攻击者在底层路由 R0 通过大量僵尸电脑对受害服务器发动攻击。

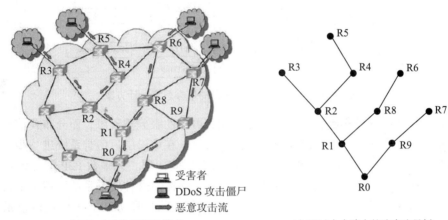

a）DDoS 攻击的流量模式　　　　　b）通过十个路由的攻击流量树

图 10.19　DDoS 攻击和在洪泛树中所有路由上进行改变点检测来防御（来源：Chen et al.，
"Collaborative Detection of DDoS Attacks over Multiple Network Domains," *IEEE Transactions on Parallel and Distributed Systems* (June 2007).)

洪泛流量基本上按照图 10.19b 中的树型模式流动。沿着树的连续攻击传输路由显示出异常的流量激增。这个 DDoS 防御系统基于所有路由上的改变点检测。基于在覆盖的网络域中检测到的异常模式，该方案在受害者不堪重负之前发现 DDoS 攻击。这种检测方案适用于保护云核心网络。供应商层面的合作消除了通过边缘网络干预的需求。

560

10.5.2　云中基于信誉的信任管理

信任是一个非常主观且通常带有偏见的个人观点。信任可以被传递，但是在双方之间不一定是对称的。信誉是一个更加客观且通常依赖于通过大量观点聚合来评估的公众观点。信誉可能随着时间改变或衰退。最近的信誉应该比旧的印象更具优先性。在这一节，我们回顾用于保护数据中心或云用户社区的信誉系统。

信誉系统设计方案

图 10.20 给出了一个信誉系统设计方案的概览。一个实体的特性或名声（如诚实行为或可靠性）的公开方案可以是个人、代理、产品或服务的信誉。它代表一群人 / 代理和资源拥有者的集体评估。在过去，许多信誉系统被提出，这些系统主要针对 P2P、多代理或电子商务系统。

为了解决云服务的信誉系统，系统的方法是基于信誉系统的设计标准和管理。图 10.20 显示了一个近年来提出的现有信誉系统的双重分类。它们中的大部分针对 P2P 或社交网络设计。这些信誉系统可以在修改后用于保护云计算应用。一般来说，根据信誉系统是如何实现的，它们可以分为中心式或分布式。在中心式系统中，一个中心权威机构负责管理信誉系统；而在分布式模型中，多个控制中心协同工作。基于信誉的信任管理以及保护 P2P 和社交网络的技术可以结合来保护数据中心和云平台免受来自开放网络的攻击。

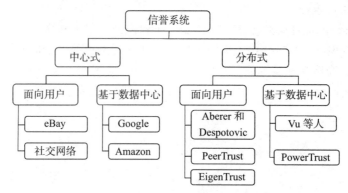

图 10.20   社交网络和云平台的信誉系统设计方案

中心式信誉系统容易实施，但是需要更强大和可靠的服务器资源，而分布式信誉系统实施起来更复杂。分布式系统面对故障更加灵活和可靠。在第二层，信誉系统进一步根据信誉评估范围分类。面向用户信誉系统专注于单独的用户或代理。大多数 P2P 信誉系统属于这一类。在数据中心中，信誉系统将资源站点当作一个整体。这种信誉系统适用于由云提供的产品或服务。eBay、Google 和 Amazon 已经针对它们提供的服务建立了商业信誉系统。这些是中心式信誉系统。

分布式信誉系统主要由学术研究团体开发。EigenTrust 信誉系统由斯坦福大学通过信任矩阵方法开发。PeerTrust 系统由乔治亚理工学院开发以支持电子商务应用。PowerTrust 系统由南加州大学基于 P2P 应用互联网流量的幂律特征设计。图 10.20 中的其他系统也是用于 P2P 信誉评估。

云信誉系统

为保护数据中心而重新设计上述信誉系统提供了将这些系统用于 P2P 网络之外的其他应用的新机会。数据一致性在多个数据库中进行检查。版权保护防护大范围内容分发。为了将用户数据与特定的 SaaS 程序分开，供应商负责保持数据完整性和一致性。用户可以使用他们的数据在不同服务之间切换。只有用户拥有访问所请求的数据的密钥。

数据对象必须唯一命名以保证全局一致性。为了保证数据一致性，其他用户对数据对象的未授权更新是被禁止的。信誉系统可以通过 TON 实现。一个 P2P 信誉系统的层次建议在站点层面保护云资源并在文件层面保护数据对象。这需要共享资源的粗粒度和细粒度访问控制。这些信誉系统在所有层面持续追踪安全泄露。

信誉系统的设计必须使得云用户和数据中心都受益。云计算中使用的数据对象通过存储区域网络（SAN）在多个数据中心中驻留。在过去，大部分信誉系统的设计针对 P2P 社交网络或在线购物服务。这些信誉系统可以经过修改来保护云平台资源或云上的用户应用程序。前面提到的五个安全机制可以通过使用专为数据中心设计的信誉系统而起到极大的作用。

然而，通过添加像信誉系统这样的社交工具来支持安全的 VM 克隆是可能的。快照控制基于定义的恢复点目标（RPO）。用户需要新的安全机制来保护云。例如，可以使用安全的信息日志记录、通过安全的虚拟 LAN 迁移，以及使用基于加密的纠错码（ECC）实现安全的迁移。

信任覆盖网络

信誉代表用户和资源所有者的集体评估。过去已经提出了许多针对 P2P、多重代理或电子商务系统的信誉系统。为了支持可信云服务，Hwang 和 Li[17]建议建立 TON 来建模数据中心模块之间的信任关系。这个信任覆盖可以用分布式哈希表（DHT）来构建，从而通过大量局部信誉得分来快速聚合全局信誉。在这里，设计人员需要设计两层来实现快速信誉聚合、更新和传播给所有用户。

底层是用于多个资源站点分布式信任协商和信誉聚合的信任覆盖。该层处理用户/服务器认证、访问授权、信任授权和数据完整性控制。顶层用于快速病毒/蠕虫签名生成和传播以及盗版检测的覆盖。此覆盖可帮助蠕虫遏制和入侵检测系统对病毒、蠕虫和 DDoS 攻击的防护。内容污染技术以信誉为基础。该保护方案可以轻松地扩展来防止数据中心周围云环境中的版权侵权。

信誉系统实现了云用户和数据中心所有者之间的可信交互。通过匹配着色的用户标识和着色的数据对象来实现隐私。建议使用内容污染来保护数字内容的版权。安全感知云架构（图 10.12）是专门为保护虚拟化云基础架构而量身定做的。云平台提供的信任不仅来自 SLA，也来自有效执行安全策略和部署防范网络攻击的对策。图 10.21 显示了用于在大规模云或跨多个云保护多个数据中心的 TON 架构。

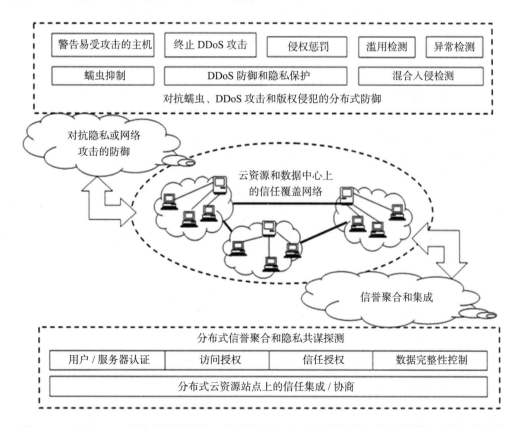

图 10.21　基于 DHT 的信任覆盖网络，该网络建立在多个数据中心的云资源上，用于信任管理和分布式安全增强（来源：Hwang and Li, "Trusted Cloud Computing with Secure Resources and Data Coloring," *IEEE Internet Computing* 14 no. 5, September 2010.）

通过改变安全控制标准，可以应对云操作环境的动态变化。设计的目标是构建可靠的云环境来确保包括安全在内的高质量的服务。云安全趋势是对数据中心的安全增强使用虚拟化支持。信誉系统和数据水印机制都可以在粗粒度文件级保护数据中心访问，并在细粒度文件级限制数据访问。

从长远来看，需要一个新的 SaaS。这种 SaaS 对于在个人、商业、社区和政府应用程序中采用网络级别云计算的普遍接受度至关重要。互联网云肯定符合 IT 全球化和高效的计算外包。然而，不同云之间的互通性依赖于通过建立健康的云生态系统而达成的共同操作标准。

图 10.21 中下方的框显示了 TON 在分布式信誉聚合和探测分布式资源站点上隐私共谋者的应用。这些包括用户 / 服务器认证、多个数据中心敏感数据的访问授权、用户组之间的信任删除以及防止共享数据盗窃和删除的数据完整性控制。上方的框由用于防御蠕虫传播、DDoS 攻击和版权侵犯的安全对策模块组成。

10.5.3　多个数据中心的 P2P 信任覆盖网络

本节定义了点和点之间的信任矩阵，并描述了如何聚合全局信誉。目标是在多个数据中心中设计一个健壮且可扩展的 P2P 信誉系统。将每个数据中心看作具有用户集体信誉评分的对等实体。这里，P2P 互动是指数据中心到数据中心的信任评分交换。

点信任特性

有两种方式对点之间的信任或不信任建模：信任和信誉。信任是指一个点根据其直接经验对另一个点的信念。信誉是基于其他点对一个点的建议形成的集体观点。为了面对一个开放 P2P 网络的实际情况，人们必须假设 P2P 系统中参与的点在没有明确证明时相互不信任。因此，需要一个公平的信誉系统根据记录的点的历史行为来建立点之间的信任或不信任。目的是通过科学的筛选过程来区分好的点与坏的点。信誉系统的质量主要由其准确性和定期更新的有效性来表征。

计算信誉的信任矩阵

考虑有五个数据中心点的 P2P 系统中用于全局信誉聚合的覆盖网络，如图 10.22 所示，由有向图的节点 N1，N2，…，N5 表示。点之间的信任关系由式（10.15）所示的信任矩阵表示。这里，$m_{ij}(t)$ 是节点 i 在时间 t 评估节点 j 时得出的局部得分。所有的信任分数是范围（0，1）中的分数，0 表示不信任（或无接触），1 表示 100% 信任。对于五个节点的网络，实现了在特定时间 t 的信任矩阵。需要注意，所有行的和均为 1。零元素 $m_{ij}(t)=0$ 表示节点 i 由于缺少直接接触而没有评估节点 j。对角线分数都为零，意味着没有点评估自己。

$$M(t)=\begin{bmatrix} 0 & 0 & 0 & 0.2 & 0.8 \\ 0.6 & 0 & 0 & 0 & 0.4 \\ 0 & 0.7 & 0 & 0 & 0.3 \\ 0 & 0 & 0 & 0 & 0 \\ 0.9 & 0 & 0 & 0.1 & 0 \end{bmatrix} \quad (10.15)$$

边缘标签是在所有（源，目的）对之间产生的局部评分。图 10.22 中每个节点内的分数值是该点在时间 t 的全局信誉评分。全局评分来自于所有点对被评估的点的局部评分的聚合。然而，所有的局部评分都必须根据点的全局信誉加权。换句话说，全局信誉是所有局部评分的加权和。为了清楚起见，所有的全局信誉评分被归一化，使得它们的和总是"1"。例如，五个点的全局评分由加起来为 1 的五个分量组成的信誉向量表示。

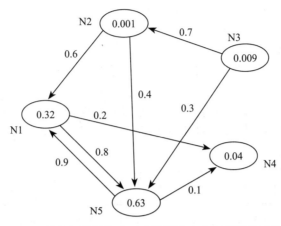

图 10.22   P2P 信任覆盖网络中五个数据中心之间信任关系的有向图

$$V(t) = \{v_1(t), v_2(t), v_3(t), v_4(t), v_5(t)\} = \{0.32, 0.001, 0.009, 0.04, 0.63\} \quad (10.16)$$

信誉系统

信誉系统通过考虑与该点进行交互的所有其他点的意见（即反馈）来计算该点的全局信誉评分。在完成事务（例如下载音乐文件）后，该点将为其他点提供反馈，以供将来的事务使用。通过公开信誉评分，点能够对哪些点可以信任做出明智的决定。

eBay 信誉系统是一个简单而成功的系统，这是因为它拥有一个管理所有用户反馈分数的中心机构。然而，在开放和分布式的 P2P 系统中，点不具有维护和分发信誉信息的中心机构。相反，大多数现有的 P2P 信誉系统通过完全分布式的方式聚合点的反馈来计算全局信誉评分。由于大型 P2P 系统的一些内在要求，构建高效的 P2P 信誉系统是一项具有挑战性的任务。

为了衡量点的信誉，可以建立一套评估体系。在每次事务后，两个参与方通过给出一个诚实的评分相互评价。每个点的信誉都可以从投票系统中获取。然而，并不是每个点都是值得信赖的。恶意点的评分是无用的，而来自更可靠点的评分更有用。这提醒我们根据投票点的信誉来为投票分配不同的权重。应该注意，不同的点信誉可能不同。信誉可以用信誉矩阵来表达。

全局信誉聚合

随着全局信誉评分从局部反馈中聚合，反馈的分布特性在高效信誉系统的设计中起着重要的作用。令人惊讶的是，大多数以前的工作或者忽略了点的反馈的分布或假定任意的随机分布，这都可能产生误导。为了实现全局信誉评分，每个点计算自己的部分，然后所有点协同计算一个全局矩阵。例如，在 $t+1$ 时刻，节点 N5 的全局信誉评分计算如下：

$$v_5(t+1) = m_{15}(t) \times v_1(t) + m_{25}(t) \times v_2(t) + m_{35}(t) \times v_3(t)$$
$$= 0.8 \times 0.32 + 0.4 \times 0.001 + 0.3 \times 0.009 = 0.2573 \quad (10.17)$$

类似地，计算余下的其他四个点的全局评分来产生以下更新的全局信誉向量：

$$V(t+1) = \{v_1(t+1), v_2(t+1), v_3(t+1), v_4(t+1), v_5(t+1)\}$$
$$= \{0.5673, 0.0063, 0, 0.1370, 0.2573\} \quad (10.18)$$

上述矢量是不规范的。将每个点的评分除以所有节点评分的总和，可以获得以下标准化的全局信誉向量。需要注意，归一化向量中五个点信誉分数之和应为 1。

$$V(t+1) = \{v_1(t+1), v_2(t+1), v_3(t+1), v_4(t+1), v_5(t+1)\}$$
$$= \{0.5862, 0.0065, 0, 0.1416, 0.2657\}$$

(10.19)

三大数据中心信誉系统

PeerTrust 系统是在乔治亚理工学院开发的。系统通过发起者评分的加权平均反馈计算给定点的信誉评分。本系统建议使用五个信任属性。EigenTrust 系统是在斯坦福大学开发的，它利用点的信任矩阵的特征向量聚合信誉信息。EigenTrust 依赖于一些预可信的点的良好选择。这种假设在分布式计算环境中可能过于乐观，这是因为预可信的点（或数据中心）可能随时间而变化（参见表 10.6）。

表 10.6 三个 P2P 信誉系统的比较

信誉系统	局部信任评估	全局信誉聚合	实现代价	可扩展性和可靠性
EigenTrust，斯坦福大学	使用正负评分之和	使用预可信点从信任矩阵计算全局评分	分配评分管理和全局评分聚合通信中具有中等开销	若预可信节点离开，则可扩展性和可靠性有限
PeerTrust，乔治亚理工学院	每个事务的标准化评分	在分布式方式下通过五个因子计算信任评分	在通过五个因子的全局评分计算和信任管理建立中具有中等开销	部分可扩展性并可抵抗恶意点
PowerTrust，南加州大学	使用贝叶斯方法生成局部信任评分	分布式能量节点评级和全局信誉评分聚合的 LRW 策略	在使用局部保留哈希定位能量节点中具有低开销。全局聚合时间随着使用先行随机漫步策略急剧下降	具有动态点加入及离开的高可扩展性和健壮性

例 10.12 PowerTrust——多数据中心的可扩展信誉系统

PowerTrust 信誉系统[31] 由南加州大学开发。TON 是位于 P2P 系统之上的虚拟网络。TON 由定向覆盖图表示。图的节点对应于每个点。有向边或链路由两个交互点之间的反馈分数标记。反馈的分数由点（链路的源）发布，用于由交互点（链路的目的）提供的服务。

PowerTrust 系统的主要组件如图 10.23 所示。首先，TON 建立在 P2P 系统所有点（节点）之上。每当点与点之间进行交易时，所有点都对对方进行评估。因此，所有点之间频繁地发送局部信任评分。这些分数被视为输入 PowerTrust 系统的原始数据。该系统汇总局部评分来计算每个参与点的全局信誉评分。

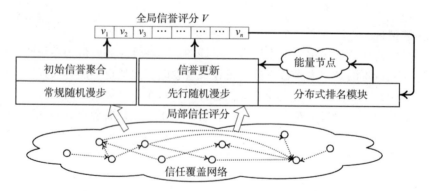

图 10.23 PowerTrust 信誉系统中的功能模块，用于局部评分收集和全局信誉评分聚合。（来源：Zhou and Hwang, "PowerTrust: A Robust and Scalable Reputation System for Trusted Peer-to-Peer Computing," *IEEE Transactions on Parallel and Distributed Systems* (TPDS) 18 no. 4, April 2007.）

所有的全局评分形成一个信誉向量，$V = (v_1, v_2, v_3, \cdots, v_n)$，它是 PowerTrust 系统的输出。所有全局评分用 $\Sigma_i v_i = 1$ 进行归一化，其中 $i = 1, 2, \cdots, n$，n 是 TON 网络的大小。系统内置五个功能模块，如图 10.23 所示。常规随机漫步模块支持初始信誉聚合。先行随机漫步（LRW）模块用于定期更新信誉评分。 [569]

为此，LRW 还与分布式排名模块一起识别能量节点。该系统利用能量节点来更新全局评分信誉。PowerTrust 实现了高聚合速度和准确性，抵御恶意对等体的健壮性，以及支持大规模 P2P 应用的高可扩展性。

信誉收敛

收敛开销定义为全局信誉收敛前的迭代次数。收敛意味着两个连续信誉向量之间的距离小于阈值。EigenTrust 方法依赖于一些预信任节点来计算全局信誉。它们假设一些点被认为是值得信赖的，基本上是加入系统的最初几个点。

为公平起见，选择与 EigenTrust 中使用的预信任节点相同数量的能量节点。PowerTrust 中的能量节点和 EigenTrust 中的预信任节点可以自由离开。当 α 从 0.15 增加到 1 时，PowerTrust 迭代次数急剧下降到不足 50，而 EigenTrust 仍然需要超过 100 次迭代来收敛。EigenTrust 系统收敛速度非常慢。当允许预信任节点自由离开系统时，系统不能保证其收敛。

在 PowerTrust 系统中，能量节点在每次汇聚后重新选取。根据分布式评分机制，离开 [570] 的能量节点的评分管理通知系统及时更换其他更合适的能量节点。计算开销的减少意味着网络流量减少以及所有点的工作量减少。PowerTrust 系统的低开销使其在执行高可扩展的 P2P 应用中具有吸引力。

10.6 结论

尽管目前云计算的使用变得普遍，大多数云用户仍然担心其中的安全威胁和隐私侵犯。这一担忧主要来自于公共域中的资源和数据在大量用户中共享的事实。云安全和隐私保护仍然存在大量需要解决的公开问题。IoT 技术和大数据技术可以用来缓和其中的一些问题。特别地，移动云是最脆弱的。就这一点而言，云网格可能会增强 WiFi 网格。在 5G 移动系统中，基于云的无线接入网可能拥有更多安全措施。由于公共云数量的增长，云混搭服务在未来十年中可能会快速增长。如果 ML 和数据分析用于网上业务，云混搭服务的天际线发现和组合会有极大的提升。

一般来说，高性能提升云生产力，但反之未必成立。云的 QoS 基于用户选择。不同的用户可能根据他们能接受的 QoS 设置其特有的满足阈值。效率由供应商根据同一时刻所有用户的兴趣来控制。总的来说，可以认为横向扩展策略是现代云中最容易实施的。弹性开销在这些云配置中是较低的。由于要在节点类型间切换，因此放大比横向扩展实施起来更复杂。这将降低弹性速度并增大重配置开销。混合扩展是最难实施的，但是提供了最好的应用灵活性。

习题

10.1 访问 Microsoft Azure 开发者中心。你可以下载 Azure 开发工具包来运行一个 Azure 的本地版本。在本地计算机（如你的台式电脑或笔记本电脑）、大学的工作站或服务器上设计应用程序实验并测试运行。通过 Azure 平台报告你的实验结果。

10.2 这个问题需要读者在 EC2 和 AWS 云上运行以下两个 HiBench 微基准：Sort 和 WordCount，从而获得具体的云应用程序的亲身体验。你的基准实验应该使用 Hadoop 软件库的 MapReduce 范式。你将在 EC2 上执行横向扩展实验。你需要绘制出关于执行时间、加速、效率和可扩展性等指标的实测基准性能，其中 EC2 集群从 1 增长至 4、8、12 和 16。

10.3 通过改变 EC2 机器实例类型（从小到中、大和极大），针对 Sort 和 WordCount 的放大实验重复习题 10.2。现在，你需要在 EC2 上执行放大实验。你需要绘制出关于执行时间、加速、效率和可扩展性等指标的实测基准性能，其中机器实例配置从小到极大。

10.4 通过改变 EC2 机器实例类型（从小到中、大和极大），针对 TeraSort 和 Sleep 程序的放大实验重复习题 10.2。在 EC2 上执行放大实验。你需要绘制出关于执行时间、加速、效率和可扩展性等指标的实测基准性能，其中机器实例配置从小到极大。

10.5 在 HiBench 套件上运行以下三个 SQL 程序：Scan、Join 和 Aggregate。你的基准实验应该使用 Hadoop 软件库的 MapReduce 范式。你将在 EC2 上执行横向扩展实验。你需要绘制出关于执行时间、加速、效率和可扩展性等指标的实测基准性能，其中 EC2 机器实例数量从 1 增长至 4、8、12 和 16。

10.6 在 AWS 云的 EC2 上运行以下两个 HiBench 网络搜索基准：PageRank 和 Nutch 索引。你的基准实验应该使用 Hadoop 软件库的 MapReduce 范式。你将在 EC2 上执行横向扩展实验。你需要绘制出关于执行时间、加速、效率和可扩展性等指标的实测基准性能，其中 EC2 机器实例数量从 1 增长至 4、8、12 和 16。

10.7 在 AWS 云 EC2 的 HiBench 套件上运行 DFSIO 增强的 HDFS 程序。你的基准实验应该使用 Hadoop 软件库的 MapReduce 范式。你将在 EC2 上执行横向扩展实验。绘制出关于执行时间、加速、效率和可扩展性等指标的实测基准性能，其中 EC2 从 1 增长至 4、8、12 和 16。

10.8 这个问题需要你开发一个在 AWS 平台上托管并执行的新的有意义的基准应用程序。应用领域可以从以下四个中选择。你可以使用任何语言开发一个新的 Web 2.0 服务、云混搭或大数据分析应用。
- 基于云的移动计算 / 通信。
- AWS 云上的社交媒体应用。
- 针对关键决策的大数据挖掘及分析应用。
- 托管在 AWS 上的校园教育服务。

10.9 这个问题需要你开发一个在 AWS 平台上托管并执行的新的有意义的基准应用程序。应用领域可以从以下四个中选择。你可以使用任何 AWS 支持的语言开发一个新应用。
- 云上的健康应用程序。
- 云协助的 IoT 应用程序。
- 位置敏感或地理信息服务。
- 任何 AWS 上的新 MapReduce、Hadoop 和 Spark 应用。

10.10 测试使用两个公共云 AWS 和 Salesforce 的相对性能。你可以使用在本章学习的任何基准程序。例如，你可以使用 TPC-W 基准来评估大规模网络搜索或社交媒体数据集的事务处理。假设主要的基准测试目标是最小化所选应用程序的执行时间或服务费用。
- （a）在 AWS 平台上运行服务。
- （b）在 Salesforce 云上运行服务。
- （c）在两个选择的云上比较你的计算和存储开销以及实验结果。报告它们的相对性能和测量的 QoS 结果。

10.11 Magnum 是一个优秀的软件项目，用于在 OpenStack Nova 机器实例上实现容器编排和主机集群。检查 OpenStack 网站获得最新的 Magnum 源码。写一个简短的技术报告总结你的研究发现。

10.12 考虑一个 EC2 云上的两个集群配置 $V(1)$ 和 $V(2)$。这些集群配置的性能通过它们的系统吞吐量 $T(1)$ 和 $T(2)$ 度量。QoS 通过它们的可用性 $A(1)$ 和 $A(2)$ 度量。假设配置开销分别由 $C(1)$ 和 $C(2)$ 给出。

(a) 导出两个公式来表达这两个集群关于配置 $V(1)$ 和 $V(2)$ 的生产力 $P(1)$ 和 $P(2)$。

(b) 假设云系统从配置 $V(1)$ 扩展至配置 $V(2)$。你能表示这个云的可扩展性吗?

参考文献

[1] Bahar, A., A. Habib, and M. Islam. "Security Architecture for Mobile Cloud Computing." *International Journal of Scientific Knowledge* 3 (2013): 11–17.

[2] Bai, X., Y. Wang, G. Dai, W. T. Tsai, and Y. Chen. "A Framework for Contract-Based Collaborative Verification and Validation of Web Services." In *Component-Based Software Engineering.* Springer, 2007.

[3] Binnig, C., D. Kossmann, T. Kraska, and S. Loesing. "How Is the Weather Tomorrow?: Towards a Benchmark for the Cloud." ACM Second International Workshop on Testing Database Systems, Providence, RI, June 29, 2009.

[4] Bitcurrent, Inc. "Cloud Computing Performance Report." http://www.bitcurrent.com, 2010.

[5] Cai, M., K. Hwang, Y. K. Kwok, S. Song, and Y. Chen. "Collaborative Internet Worm Containment." *IEEE Security and Privacy* (2005): 25–33.

[6] Chen, Y., K. Hwang, and W. S. Ku. "Collaborative Detection of DDoS Attacks over Multiple Network Domains." *IEEE Transactions on Parallel and Distributed Systems* (June 2007).

[7] Cloud Security Alliance. "Trusted Cloud Initiative (TCI)." https://research.cloudsecurityalliance.org/tci, 2013.

[8] CloudHarmony. "Benchmark Evaluation of 114 Public Clouds." http://cloudharmony.com/clouds, 2014.

[9] Cooper, B., A. Silberstein, E. Tam, R. Ramakrishnan, and R. Sears. "Benchmarking Cloud Serving Systems with YCSB." *Proc. of the 1st ACM Symposium on Cloud Computing* (2010): 143–154.

[10] Farber, M., and S. Kounev. "Existing Cloud Benchmark Efforts and Proposed Next Steps." Presentation at Karlsruhe Institute for Technology (KIT), Karlsruhe, Germany, August 31, 2011.

[11] Ferdman, M., et al. "Clearing the Clouds: A Study of Emerging Scale-Out Workloads on Modern Hardware." ACM 17th Int'l Conf. on Architectural Support for Programming Languages and Operating System (ASPLOS), London, England, March 2012.

[12] Herbst, N., S. Kounev, and R. Reussner. "Elasticity in Cloud Computing: What It Is, and What It Is Not." International Conference on Autonomic Computing (ICAC 2013), San Jose, CA, June 2013.

[13] Hill, M. "What Is Scalability?" *ACM SIGARCH Computer Architecture News* 18 no. 4 (December 1990).

[14] Huang, S., J. Huang, J. Dai, T. Xie, and B. Hong. "The HiBench Benchmark Suite: Characterization of the MapReduce-Based Data Analysis." International Conference on Data Engineering Workshops, Long Beach, CA, March 1–6, 2010.

[15] Hwang, K., X. Bai, Y. Shi, M. Y. Li, W. G. Chen, and Y. W. Wu. "Cloud Performance Modeling with Benchmark Evaluation of Elastic Scaling Strategies." *IEEE Transactions on Parallel and Distributed Systems* (January 2016).

[16] Hwang, K., G. Fox, and J. Dongarra. *Distributed and Cloud Computing.* Morgan Kaufmann, 2012.

[17] Hwang, K., and D. Li. "Trusted Cloud Computing with Secure Resources and Data Coloring." *IEEE Internet Computing* 14 no. 5 (September 2010).

[18] Hwang, K., Y. Shi, and X. Bai. "Scale-Out and Scale-Up Techniques for Cloud Performance and Productivity." IEEE Cloud Computing Science, Technology and Applications (CloudCom 2014), Workshop on Emerging Issues in Clouds, Singapore, December 18, 2014.

[19] Hwang, K., and Z. Xu. "Scalable Parallel Computing." In *Performance Benchmarking.* McGraw-Hill, 1998.

[20] Iosup, A., S. Ostermann, M. Yigitbasi, R. Prodan, T. Fahringer, and D. Epema. "Performance Analysis of Cloud Computing Services for Many-Tasks Scientific Computing." *IEEE Transactions on Parallel and Distributed Systems* 22 no. 6 (June 2011).

[21] Kamvar, D., T. Schlosser, and H. Garcia-Molina. "The EigenTrust Algorithm for Reputation Management in P2P Networks." Proc. of the 12th International Conference on World Wide Web, Budapest, Hungary, May 20–24, 2003.

[22] Krebs, R., C. Momm, and S. Knounev. "Metrics and Techniques for Quantifying Performance Isolation in Cloud Environments." ACM QoSA'12, Bertinoro, Italy, June 25–28, 2012.

[23] Ostermann, S., A. Iosup, N. Yigitbasi, R. Prodan, T. Fahringer, and D. Epema. "A Performance Analysis

of EC2 Cloud Computing Services for Scientific Computing." *Proc. of the International Conference on Cloud Computing.* Springer, 2010.

[24] Satyanarayanan, M., P. Bahl, R. Caceres, and N. Davies. "The Case for VM-Based Cloudlets in Mobile Computing." *IEEE Pervasive Computing* 8 no. 4 (2009): 14–23.

[25] Shi, Y., S. Abhilash, and K. Hwang. "Cloudlet Mesh for Securing Mobile Clouds from Intrusions and Network Attacks." Third IEEE International Conference on Mobile Cloud Computing (MobileCloud), San Francisco, CA, April 2, 2015.

[26] Smith, W. *TCP-W: Benchmarking: An E-commerce Solution.* Intel, 2005.

[27] Sobel, W., S. Subramanyam, A. Sucharitakul, J. Nguyen, H. Wong, S. Patil, and D. Patterson. "Cloudstone: Multi-platform, Multi-language Benchmark and Measurement Tools for Web 2.0." Proc. of First Workshop on Cloud Computing and Applications, October 2008.

[28] Song, S., K. Hwang, R. Zhou, and Y. K. Kwok. "Trusted P2P Transactions with Fuzzy Reputation Aggregation." *IEEE Internet Computing,* Special Issue on Security for P2P and AD Hoc Networks 9 (November/December 2005).

[29] Xiong, L., and L. Liu. "PeerTrust: Supporting Reputation-Based Trust for Peer-to-Peer Electronic Communities." *IEEE Transactions on Knowledge and Data Engineering* (2004): 843–857.

[30] Yigitbasi, N., A. Iosup, D. Epema, and S. Ostermann. "C-Meter: A Framework for Performance Analysis of Computing Clouds." *IEEE/ACM Proc. of 9th International Symposium on Cluster Computing and the Grid (CCGrid)* (June 2009).

[31] Zhou, R., and K. Hwang. "PowerTrust: A Robust and Scalable Reputation System for Trusted Peer-to-Peer Computing." *IEEE Transactions on Parallel and Distributed Systems (TPDS)* 18 no. 4 (2007): 460–473.

索　引

索引中的页码为英文原书页码，与书中页边标注的页码一致。

注意：页码后的"f"和"t"分别表示图和表。

推荐阅读

认知计算与深度学习：基于物联网云平台的智能应用

作者：陈敏 黄铠 著 ISBN：978-7-111-58496-4 定价：99.00元

深入理解机器学习：从原理到算法

作者：[以] 沙伊·沙莱夫-施瓦茨 (Shai Shalev-Shwartz) [加] 沙伊·本-戴维 (Shai Ben-David)
著 ISBN：978-7-111-54302-2 定价：79.00元

机器学习导论(原书第3版)

作者：[土耳其] 埃塞姆·阿培丁(Ethem Alpaydin) 著 译者：范明
ISBN：978-7-111-52194-5 定价：99.00元

神经网络与机器学习（原书第3版）

作者：[加] Simon Haykin 著 译者：申富饶 徐烨 郑俊 晁静 译
ISBN：978-7-111-32413-3 定价：79.00元